# 贺兰山东麓暴雨形成机理及预报研究

陈豫英　主编

气象出版社
China Meteorological Press

## 内 容 简 介

本书系统介绍了贺兰山东麓暴雨分钟和小时尺度的精细发生规律、低空急流与贺兰山东麓暴雨的相关性、不同类型和量级暴雨的环流特征、热带气旋远距离影响暴雨的机理、暴雨中尺度系统的卫星和雷达回波形态结构特征、典型暴雨过程的数值模拟和分析、地形和低空急流相互作用触发或增强山前暴雨机制、暴雨预报方法等方面的最新研究成果。本书资料翔实、结构严谨，内容丰富全面、阐述简明，理论性、针对性和实用性较强，具有较高的学术价值，对于旱区复杂地形暴雨预报预警业务有着重要的指导作用。

本书既可供气象、地理、环境、生态、水文等相关从事科研和业务的专业技术人员，以及政府部门的决策管理者参考，也可供相关学科的大专院校师生参考。

**图书在版编目（CIP）数据**

贺兰山东麓暴雨形成机理及预报研究 / 陈豫英主编 ；隆霄等编. -- 北京 : 气象出版社, 2024. 10. -- ISBN 978-7-5029-8214-0

Ⅰ. P426.62

中国国家版本馆 CIP 数据核字第 2024Z0P470 号

**贺兰山东麓暴雨形成机理及预报研究**

**Helan Shan Donglu Baoyu Xingcheng Jili ji Yubao Yanjiu**

---

**出版发行**：气象出版社

**地　　址**：北京市海淀区中关村南大街 46 号　　**邮政编码**：100081

**电　　话**：010-68407112(总编室)　010-68408042(发行部)

**网　　址**：http://www.qxcbs.com　　**E-mail**：qxcbs@cma.gov.cn

**责任编辑**：王萃萃　　**终　　审**：张　斌

**责任校对**：张硕杰　　**责任技编**：赵相宁

**封面设计**：艺点设计

**印　　刷**：北京建宏印刷有限公司

**开　　本**：787 mm×1092 mm　1/16　　**印　　张**：20.25

**字　　数**：518 千字

**版　　次**：2024 年 10 月第 1 版　　**印　　次**：2024 年 10 月第 1 次印刷

**定　　价**：160.00 元

---

# 《贺兰山东麓暴雨形成机理及预报研究》编委会


**主　编：**陈豫英

**编　委：**隆　霄　寿亦萱　苏　洋　张晓茹
韩子霏　曹怡清　李　超　闫　军
杨　侃　张成军　王素艳　王　晖
陈　迪　王　勇　马　宏　温昕晟

# 前　言

贺兰山东麓地处中国西北内陆，位于宁夏北部干旱区，西、北、东三面被腾格里沙漠、乌兰布和沙漠和毛乌素沙地相围，地理位置 105°36′—106°58′E、37°47′—39°25′N。区域降水少而集中，年际变率大，除贺兰山外，其他地区年平均降水量不足 200 mm，暴雨日数不足 0.5 d，但受西风带、副热带高压、青藏高原季风等东亚季风系统诸环流的共同影响，以及多尺度地形与复杂下垫面的相互作用，易突发落点分散、局地性强、时间短、强度大、成灾率高的强对流暴雨。贺兰山东坡山前沟道分布广、数量多，流域面积小，山势陡峭、植被稀疏，山前洪积扇较银川平原高 4～18 m，暴雨引发山洪、地质灾害、城市内涝积水等次生灾害极易通过山洪沟向下游平原地区传播，形成灾害链。银川平原作为宁夏政治、经济和文化中心，人口密度大，产业集中，灾害链一旦形成，对沿山特色产业以及城市生活、交通、通信、水利、电力等将构成极大威胁，甚至是毁灭性的。

在全球气候变暖的大背景下，贺兰山东麓年降水量自 1961 年以来呈减少趋势，但极端降水的频率和强度却明显增强，尤其是近十几年，小时雨强超过 50 $mm \cdot h^{-1}$ 和过程雨量超过 100 mm 的极端暴雨频繁发生。2016 年 8 月 21 日夜间，贺兰山滑雪场 6 h 累计雨量达到 242.1 mm，小时雨强 82.5 $mm \cdot h^{-1}$，雨量和雨强同创历史极值，特大暴雨引发 50 年一遇山洪，致银川市 3 个县(区)50 余万人、2400 $hm^2$ 农作物受灾，3 人死亡，直接经济损失 2.9 亿元。2018 年 7 月 22 日夜间，贺兰山滑雪场再次爆发 277.6 mm 的历史罕见百年一遇极端暴雨，小时雨强 74.1 $mm \cdot h^{-1}$，特大暴雨引发多地山洪，致银川、石嘴山两市 6007 人、598.6 $hm^2$ 农作物受灾，1 人死亡，直接经济损失 1.06 亿元。业务模式对这两次极端暴雨的预报量级显著偏小，预报员对干旱区复杂地形处暴雨形成机理认识不足而无法有效订正，造成极端暴雨漏报，给预报工作和防灾减灾带来诸多问题和挑战。

受限于观测资料和研究水平，以往贺兰山东麓暴雨个例少，气候统计无法细致反映干旱区暴雨精细分布特征和地形影响，研究内容也以单个暴雨过程的天气尺度居多，自动气象站、卫星、雷达等中尺度观测资料的应用局限于暴雨监测，没有充分利用这些精细资料对引发干旱区暴雨中尺度系统的发生发展及地形影响机理进行系统性研究。另外，以往研究表明，宁夏暴雨与低空急流密切相关，但贺兰山东麓暴雨与低空急流的相关性、伴和不伴有低空急流的暴雨形成机理是否有差异、低空急流在贺兰山东坡山前如何受到地形影响、改变或增强了哪些关键物理量、如何触发或促进暴雨中尺度系统的发生发展、影响地形性暴雨的关键因子有哪些等，都没有开展系统性研究，还没有一个完整清晰的贺兰山东麓暴雨概念模型。

本书主要以国家自然科学基金“贺兰山东麓暴雨的中尺度特征与形成机理研究(41965001)”、宁夏重点研发计划(2024BEG02034)、宁夏智能数字预报技术研究与应用科技创新团队(2024CXTD006)、宁夏科技创新领军人才专项(2021GKLRLX05)、中国气象局预报员专项“贺兰山东麓两次罕见特大暴雨的对比分析(CMAYBY2019-130)”和“贺兰山东麓极端暴雨的异常天气特征分析(CMAYBY2018-084)”、宁夏自然科学基金“低空急流对贺兰山东麓暴雨中尺度系统的影响研究(2023AAC03788)”和“影响宁夏的台风远距离暴雨热力动力特征及其影响机理研究(2022AAC03670)”、宁夏第五批青年科技人才托举工程(NXKJTJGC2021089)等取得的最新成果为基础编写完成。利用宁夏自动气象站网布设以来的分钟和小时降水量、常规气象探测、地面加密观测、雷电、风云和葵花-8卫星、银川C波段多普勒天气雷达、EAR5、NCEP/NCAR、WRF等多源高分辨率气象资料构建的贺兰山东麓暴雨数据集,采用气候统计、天气学分析、热力动力诊断、中尺度动力学、数值模拟等方法,首次系统研究贺兰山东麓暴雨精细发生规律及低空急流活动频率和演变规律,挖掘贺兰山东麓不同历时暴雨的降水细节分布特征,得到低空急流与贺兰山东麓暴雨时间、空间上的一致性变化规律,提炼伴和不伴低空急流的暴雨云团光谱结构特征,总结不同类型和量级暴雨环流配置及MCS形态结构特征,揭示低空急流与地形配合触发或增强暴雨中尺度系统的物理机制,确定对流参数阈值和$Z$-$R$关系式,提出预报着眼点,建立预报模型和订正指标,形成干旱区复杂地形处暴雨预报技术思路,并介绍了宁夏天气业务应用的降水预报方法。

本书共包含8章内容,全书总体思路、框架设计、内容安排、书稿统稿定稿等工作由陈豫英负责完成。前言由陈豫英主笔完成。第1章绪论,1.1节、1.2节由陈豫英主笔完成,1.3节由王素艳主笔完成,1.4节、1.5节由陈豫英主笔完成。第2章贺兰山东麓暴雨精细发生规律,2.1节、2.2节、2.3节、2.4节由张晓茹主笔完成,2.5节、2.6节由陈豫英主笔完成,2.7节由张晓茹和陈豫英共同完成。第3章低空急流与贺兰山东麓暴雨过程的相关性,3.1节、3.2节、3.3节由苏洋主笔完成,3.4节由李超和隆霄共同完成,3.5节由苏洋主笔完成,3.6节由陈豫英主笔完成。第4章贺兰山东麓暴雨过程的环流特征,4.1节、4.2节、4.3节由陈豫英主笔完成,4.4节由闫军主笔完成,4.5节由陈豫英主笔完成。第5章贺兰山东麓暴雨的中尺度特征,5.1节由寿亦萱主笔完成,5.2节由张晓茹主笔完成,5.3节、5.4节由陈豫英主笔完成。第6章贺兰山东麓暴雨过程数值模拟,6.1节由隆霄主笔完成,6.2节由李超和隆霄共同完成,6.3节由韩子霏和隆霄共同完成,6.4节、6.5节由曹怡清和隆霄共同完成,6.6节由陈豫英主笔完成。第7章贺兰山东麓暴雨预报方法,7.1节、7.2节、7.3节、7.4节、7.5节、7.6节由陈豫英主笔完成,7.7节的7.1.1小节由杨侃主笔完成,7.1.2小节由张成军主笔完成,7.1.3小节由陈豫英主笔完成,7.8节、7.9节由陈豫英主笔完成。第8章贺兰山东麓典型暴雨过程分析,8.1节的8.1.1小节由王晖主笔完成,8.1.2小节由陈豫英主笔完成,8.1.3小节由韩子霏和隆霄共同完成,8.1.4小节由张晓茹主笔完成,8.2节、8.3节由陈豫英主笔完成。王勇、温昕晟协助完成本书部分绘图和编图工作,马宏提供第2章的部分数据,陈迪协助完成书稿校对、修改等工作。

本书出版得到国家自然科学基金(课题编号:41965001)、宁夏智能数字预报技术研究与应用科技创新团队(课题编号:2024CXTD006)和宁夏科技创新领军人才专项(课题编号:2021GKLRLX05)的共同资助。

衷心期待本书的出版能为中国西北干旱区各省区天气预报业务和科研人员提供参考,对干旱区复杂地形暴雨预报预警业务和科研发展起到一定的推动和借鉴作用。由于作者水平有限,书中瑕疵在所难免,真诚欢迎读者及专家学者批评指正!

陈豫英

2024年3月

# 目　录

# 第 1 章 绪论

## 1.1 贺兰山东麓自然概况

贺兰山东麓地处中国西北内陆、青藏高原东北部的边坡地带，位于宁夏回族自治区中北部黄河两岸的银川平原，西接贺兰山，东接鄂尔多斯高原，北起石嘴山，南止黄土高原，地理位置105°36′—106°58′E、37°47′—39°25′N，东西宽约 126 km，南北长约 178 km，面积约 1.3 万 $km^2$，包括 12 个市(县、区)(图 1.1，图 1.2)。在中国自然区划中，属于西北干旱区域。

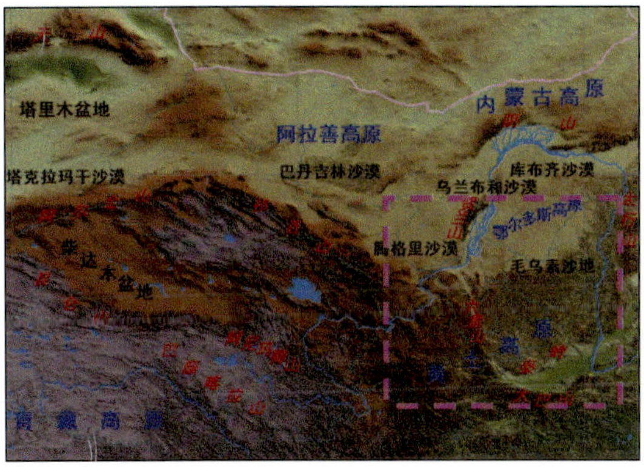


图 1.1 西北地区东部(方框)及周边地形

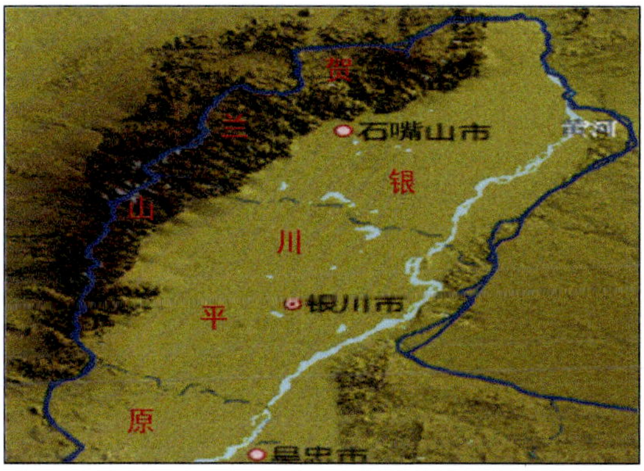


图 1.2 贺兰山东麓地形

贺兰山东麓主要由黄河冲积平原与贺兰山洪积扇组成，地形南北狭长，地势整体自西北向东南倾斜，西部高差较大，东部起伏较缓。境内地貌形态复杂、植物种类丰富，但土壤贫瘠，以盐化草甸土、龟裂土、沼泽土为主。黄河从甘肃境内流入宁夏中卫的南长滩，自南向北蜿蜒而上，贯穿整个银川平原，从石嘴山头道坎流出。凭借着贺兰山对风沙的遏制、黄河的灌溉滋润，再加上历代人民的辛勤开凿，地处半荒漠地带的银川平原逐渐形成渠道纵横、阡陌相连的“塞上江南”景观。

## 1.2 贺兰山东麓地形地貌

贺兰山东麓地区的西面、北面、东面被腾格里沙漠、乌兰布和沙漠和毛乌素沙地相围，南面与黄土高原相连。境内地形地貌复杂，从西向东依次分布着东北—西南向的贺兰山、银川平原、鄂尔多斯台地(灵盐台地)西北隅(图 1.1,图 1.2)。

天然屏障贺兰山。贺兰山脉位于宁夏回族自治区与内蒙古自治区交界处,北起巴彦敖包,南至毛土坑敖包及青铜峡,呈东北—西南弧形走向,南北长约 220 km,东西宽 20～60 km,是中国西北地区的重要地理界线。山体南北和东西不对称,三关口以北的北段山势较高,海拔 2000～3000 m;南段山势相对和缓;山体东坡陡峭、山势雄伟、植被稀疏、高差较大、分布着 100 多条与山体垂直分布的东西向 V 形沟道,海拔不超过 2000 m,但最大垂直落差接近 2000 m;西坡地势和缓,逐渐过渡到内蒙古高原;主体在贺兰山中部,山势陡峭,山体庞大,海拔较高,一般在 2000～3000 m,主峰敖包疙瘩位于贺兰山中部,海拔 3555 m。山麓部分,海拔 1500 m 以下为荒漠草原带,1500 m 以上出现覆盖度较大、草本植物生长较高的山地草原及旱生灌丛带。在大约海拔 2000 m 以上,有以云杉、油松等为主要成分的森林。森林带以上,有一定面积的高山灌丛草甸带,是较好的夏季牧场。山岭中间,也有一些较低矮的山口,成为东西交通要道,其中三关口是银川通往内蒙古阿拉善盟的重要通道。贺兰山山势巍峨雄伟,构成一道天然屏障,既削弱了西伯利亚高压冷气流的侵袭,又阻挡了腾格里沙漠流沙的东侵,成为银川平原的天然屏障,但同时阻止了潮湿的东南季风西进,使得贺兰山东西两侧气候、水源、植被有着显著的差别,成为中国外流区和内流区的分水岭,是温带荒漠草原与荒漠、季风气候和非季风气候、半农半牧区和牧区的分界线,也是中国 200 mm 等降水量线。

“塞上江南”银川平原。海拔 1100～1200 m,地势从西南向东北逐渐倾斜。平原上土层深厚,地势平坦,加上坡降相宜,引水方便,便于自流灌溉。自秦汉以来,水利发达,渠道纵横、阡陌相连,素有“塞上江南”的美誉,为宁夏的商品农业基地。银川平原以青铜峡为界,分为南北两部分:青铜峡口以南为卫宁平原,比较狭窄,宽仅 2～10 km。坡度较大,不仅有利于灌溉,排水也比较方便。地面径流及地下水均可顺利排入黄河,地下水位较低,土壤盐渍化现象较少;青铜峡以北为银川平原,地形开阔,有的地方宽度达 40 km 以上,尤以黄河以西的地区平原面积较广,这里坡度较小,引水虽然方便,但排水欠佳,地下水位较高,土壤盐渍化现象相对较重。

风沙侵袭鄂尔多斯台地。在黄土丘陵区以北、银川平原以东,即灵武市东部和盐池县北部的广大地区,为鄂尔多斯高原的一部分,是海拔 1100～1650 m 的台地。台面上固定和半固定沙丘较多,地势平坦,渠系发达,山洪沟多达 50 余条。台地区域降水少,地下水埋藏深,水质差。风沙侵袭严重,沙荒多,农田少。天然植物主要为旱生草类和低矮的灌木丛,是生态比较脆弱的天然牧场。

## 1.3 贺兰山东麓天气气候特征

### 1.3.1 四季分明,气温日较差大

贺兰山东麓属于温带大陆性气候,四季分明,春迟夏短,秋早冬长,昼夜温差大,雨雪稀少,蒸发强烈,气候干燥,风大沙多等。年平均气温在 0～10.7 ℃,1 月平均气温 −14.0～−8.3 ℃,极端最低气温 −32.0～−24.0 ℃,7 月平均气温 13.0～25.1 ℃,极端最高气温 27.6～41.0 ℃,气温年较差 27.0～32.5 ℃,年平均气温日较差 11.8～13.7 ℃,无霜期长达 110～221 d,≥10 ℃积温大部分地区在 3000 ℃·d 以上。

贺兰山地区垂直气候带较为明显，具有独特的山地气候特征，冬季严寒，夏季温凉，降水较贺兰山东麓和灵盐台地多，年日较差小，气候多变、无霜期短等特点。山下到山顶年平均气温由 9 ℃左右降至 0 ℃左右，海拔 2100 mm 以上无气象学意义夏季，春秋相连，夏季气候宜人。1 月平均气温在－14.0～－8.0 ℃，极端最低气温－32.0～－25.7 ℃；7 月平均气温 13.0～23.7 ℃，极端最高气温 27.6～37.5 ℃；气温年较差 27.0～31.7 ℃，年平均气温日较差 11.8～13.7 ℃；无霜期较短，山下 180 d 左右，山顶只有 110 d 左右；≥10 ℃积温山下为 3000 ℃·d 以上，山顶不足 1000 ℃·d。

银川平原年平均气温 8.7～10.7 ℃；1 月平均气温在－8.3～－5.7 ℃；极端最低气温－30.6～－24.0 ℃；7 月平均气温 23.7～25.1 ℃，极端最高气温 37.5～41.0 ℃，该区域同时也是宁夏高温集中发生区；气温年较差 29.9～32.5 ℃，年平均气温日较差 11.8～14.4 ℃，无霜期长达 166～221 d，≥10 ℃积温为 3300～3700 ℃·d。

灵盐台地年平均气温 8.9～9.6 ℃；1 月平均气温在－7.7～－7.0 ℃，极端最低气温－29.4～－26.9 ℃；7 月平均气温 23.3～23.7 ℃，极端最高气温 38.7 ℃左右；气温年较差 30.7～31.0 ℃，年平均气温日较差 13.8～14.4 ℃，无霜期长达 165 d 左右，≥10 ℃积温为 3100～3400 ℃·d。

### 1.3.2 降水少而集中，年际变率大

贺兰山东麓除西侧贺兰山随着海拔升高降水量增加，贺兰山山下不足 200 mm 逐渐增加到山体上部可达 400 mm 以上。贺兰山的降水量具有明显的垂直分布特征，平均每上升 100 m，降水量增加 13.2 mm；银川平原年降水量均不足 200 mm，介于 170～200 mm 之间，灵盐台地年降水量介于 200～300 mm 之间。

各地降水季节分配不均匀，夏季最多（占年降水量的 54%～64%），其次为秋季（占年降水量的 21%～25%）和春季（占年降水量的 12%～20%），冬季最少，大多数地区降水量不足 10 mm，占年降水量的 1%～3%；其中 5—9 月降水量在 149～350 mm，尤其贺兰山主体在 160 mm 以上，均约占年降水量的 80%～86%。

降水以小雨为主，年均雨日 100 d 以内，尤其银川平原和灵盐台地不足 60 d，小雨日数占 86%～91%；暴雨日年均不足 1 d，出现在 5—9 月，其中 7—8 月占总次数的 80%以上。自 1961 年以来贺兰山东麓银川平原和灵盐台地大暴雨累计仅出现 5 站次，其中大武口 2 次，平罗、贺兰、银川均出现过 1 次；特大暴雨仅出现在贺兰山，尤其近年来，贺兰山暴雨呈现趋多、趋强，如 2016 年 8 月 21 日夜间，贺兰山沿山出现特大暴雨，滑雪场雨量为 241.7 mm；2018 年 7 月 22 日午后—23 日夜间，贺兰山沿山特大暴雨再次刷新宁夏日降水量纪录，滑雪场累计雨量达 297.4 mm。

降水年际间变率大，最多年降水量在 290～600 mm，最少年大多降水量不足 100 mm，最多年是最少年的 3.9～6.1 倍，其中贺兰山山体上部最多年降水量可达 600 mm，银川平原为 290～380 mm，灵盐台地 350～600 mm。日降水量最大值 56.8～297.4 mm，其中银川平原和灵盐台地在 140 mm 以内。

### 1.3.3 蒸发强烈，气候干燥

贺兰山东麓各地年平均蒸发量（小型蒸发皿）在 1500～2500 mm。其中贺兰山 2000 m 以上的中山区平均蒸发量为 1400～1600 mm，浅山及洪积扇为 1600～2000 mm，北段的低山区

为 2000～2300 mm；潜在蒸散量 2000 m 以上的中山区为 900～1000 mm，浅山及洪积扇为 1000～1200 mm，北段的低山区为 1200～1400 mm。由于蒸发量与年降水量差值大，从中段高山向南北段的低山和东部坡麓，干燥度由 2.0 增加到 8.0。银川平原年平均蒸发量（小型蒸发皿）为 1600～2500 mm，潜在蒸散量 1000～1200 mm，干燥度在 5～8。灵盐台年平均蒸发量（小型蒸发皿）为 1800～2000 mm，潜在蒸散量 1000～1200 mm，干燥度在 3.5 左右。

### 1.3.4 日照充足，风光资源丰富

贺兰山东麓各地日照充足，光能资源丰富，是中国太阳辐射和日照时数最多的地区之一。各地年日照时数在 2700～3100 h，年太阳总辐射量均高于 5800 $MJ \cdot m^{-2}$，总体上，贺兰山东麓西南的青铜峡、吴忠大于其他地区，银川、永宁、石嘴山较小；按照国家太阳资源划分等级，均达到了"资源很丰富"级别。太阳总辐射量总体上夏季＞春季＞秋季＞冬季，春季太阳总辐射量均在 1750 $MJ \cdot m^{-2}$ 以上，夏季在 2000 $MJ \cdot m^{-2}$ 以上，秋季在 1300 $MJ \cdot m^{-2}$ 以上，冬季在 950 $MJ \cdot m^{-2}$ 以上。

宁夏存在三条风资源丰富带，其中一条位于贺兰山脉，随着海拔升高，风功率密度逐渐增大，大部分地区 70 m 高度上年平均风功率密度大于 250 $W \cdot m^{-2}$。风功率密度呈现"春冬大、夏秋小"的特征，70 m、100 m 高度上平均风功率密度，春季分别在 350 $W \cdot m^{-2}$、400 $W \cdot m^{-2}$ 以上，且以 3 月最大，在 400～700 $W \cdot m^{-2}$；夏季和秋季均分别在 200 $W \cdot m^{-2}$、250 $W \cdot m^{-2}$ 以上；冬季分别在 250 $W \cdot m^{-2}$、300 $W \cdot m^{-2}$ 以上。

### 1.3.5 光热水匹配合理，特色作物生长环境优良

贺兰山东麓与干旱气候区完美重合，光照充足，气候干爽。年日照时数约 2700 h 以上，农作物生长季（4—10 月）无雨日超过 170 d，气温稳定通过 10 ℃的持续日数超过 170 d，积温在 3000 ℃ · d 以上，气温日较差超过 13 ℃。由于黄河横穿银川平原，享有优越的灌溉条件；得天独厚的气候及水资源优势，加之优越的土壤条件，为酿酒葡萄提供了优良的生长环境，贺兰山东麓酿酒葡萄品质媲美法国波尔多，为宁夏的"紫色名片"。

### 1.3.6 气象灾害种类多，发生频率高

贺兰山东麓气象灾害种类多、发生频率高、危害重。各地暴雨洪涝、冰雹、低温冻害、大风、沙尘暴是最主要的气象灾害，高温、连阴雨、雷电、寒潮、暴雪等极端天气气候事件和气象灾害也时有发生。受地形影响，贺兰山沿山一带是暴雨、大风、冰雹发生频率较高的地区；灵盐台地受灌溉及下垫面条件影响，干旱、沙尘暴多发；银川平原和灵盐台地是宁夏高温集中发生区。

贺兰山东麓各地年平均暴雨日数、冰雹日数不足 1 d。霜冻日数贺兰山由山下到山体上部由 2 d 左右增加至 20 d 左右，银川平原 1～5 d，灵盐台地在 5 d 左右。贺兰山东坡多风且风速较大，山体上部尤为显著；主风向在山体上部为偏西风，中下部为偏北风；随海拔升高，大风日数增多，贺兰山高山气象站 7～8 级以上大风的日数年平均 50 d 以上，银川平原和灵盐台地大部在 10～20 d。沙尘暴年平均 6.8 d 以内，其中灵盐台地最多。年平均高温日数银川平原在 2.0～8.4 d，灵盐台地 2.1～3.1 d；随着气候变暖，高温日数明显增加，如 2022 年银川平原和灵盐台地高温日数多达 6～20 d，多地创历史新高。

## 1.4 贺兰山东麓暴雨研究现状

贺兰山东麓周边高原、沙漠、河流、山地、平原、丘陵交错(图 1.1)，横跨干旱、半干旱、半湿润与湿润多个气候区。与华南和江淮地区相比，贺兰山东麓兼受西风带、副热带、青藏高原季风等东亚季风系统诸环流成员及多尺度地形与复杂下垫面的相互作用，暴雨的地域特色鲜明：落点分散、局地性强、时间短、强度大、成灾率高(白肇烨 等，1988)。

赵庆云等(2014)、蔡英等(2015)利用国家级气象站日降水与 NCEP/NCAR 再分析资料总结出西北地区东部暴雨的主要天气气候特征：集中在 7—8 月，与西太平洋副热带高压(简称“副高”)异常偏强偏北有关，常出现在副高西北侧；东高西低(副高西伸，高原低槽或涡)、北槽南涡(蒙古槽，西南涡)、上高下低(高层东部型南亚高压，中层低槽、低压)是三种主要的环流和系统配置；水汽输送通道为：水汽源地(孟加拉湾、南海、西太平洋)借助三支低空急流(副高西南侧东南急流、西侧偏南急流及河西偏东急流)和两个中转站(四川盆地和高原东北侧)的三棒接力，最终到达西北地区东部。王宝鉴等(2017)、赵庆云等(2017)利用自动气象站、常规气象探测、风云卫星、多普勒雷达、数值模式等资料，分析西北地区东部典型暴雨过程的主要环流形势和天气系统配置、关键物理量及暖区暴雨的中尺度特征。毕宝贵等(2006)利用中尺度模式 MM5 模拟地形对西北地区东部暴雨的影响：地形可能是通过重力波、地形产生的垂直次级环流影响降水，动力作用是主要的。薛纪善(2005)指出：相较东部和南部地区，地形地表条件复杂、观测资料缺乏、新资料同化技术与中尺度模式发展缓慢，是制约西北地区东部定量降水预报水平的主要因素。

邵建等(2015)统计了贺兰山东麓暴雨的变化：2001—2013 年暴雨频数(25 d)相当于 1961—2000 年总和(26 d)，短历时暴雨易发生在傍晚到前半夜；王晖等(2017)、Chen 等(2022)、杨侃等(2020)、李超等(2022a)利用常规气象探测与模式再分析资料分析了贺兰山东麓典型暴雨过程的天气尺度系统演变和环境场条件：副高西伸北抬，河套到华北呈“东高西低”的环流分布，西风槽、低涡切变线、低空急流是主要影响系统，暴雨区上空有四股气流(200 hPa 西北气流、500 hPa 西南气流、700 hPa 偏南气流、850 hPa 偏东气流)汇合，同时具有高温高湿、不稳定、较强的上升运动等环境条件。穆建华等(2014)、陈豫英等(2021)、张晓茹等(2022a)利用自动气象站、风云卫星、银川多普勒雷达等资料，分析贺兰山东麓强对流暴雨的卫星雷达监测指标：辐射亮温(TBB)$<-52$ ℃、云顶面积$\geqslant 2\times10^4$ $km^2$、回波强度$\geqslant$50 dBZ。杨侃等(2020)、陈晓娟等(2020)、韩子霏(2021)、曹怡清等(2022)利用中尺度模式 WRF 模拟了几次贺兰山东麓暴雨过程，发现：贺兰山脉促进了低层流场与水汽辐合及持续上升运动，有利于东麓地区降水增幅。陈豫英等(2018)分析了 2016 年 8 月 21 日历史极端暴雨的预报偏差：业务模式预报量级显著偏小，预报员对地形处暴雨的形成机理认识不足无法有效订正模式偏差，是极端暴雨漏报的主要原因。

虽然气象工作者对暴雨做了很多研究，成果显著，但还缺乏对干旱区复杂地形条件下暴雨的中尺度特征与形成机理的系统性深入研究，存在如下问题亟待解决。

以往气候统计无法细致反映暴雨的中尺度特征和地形影响。2006 年之前，贺兰山东麓只有 12 个国家级观测站，包括 2 个山区测站(图 1.3，贺兰山和石炭井)；2006 年以来，随着自动气象站网的加密布设，截至 2023 年 5 月，贺兰山东麓气象站已增加到 559 个，尤其是靠近贺兰山东坡山洪沟口新增了近 70 多个测站（图 1.4），空间分辨率明显提高，同时观测时间分辨率也从以往的 3 h 提高到 1 min。尽管这些高时空分辨率的观测资料只有数十年，但足以对以往的暴雨统计特征提出质疑和订正，同时也可以用来更好地揭示贺兰山地形对东麓暴雨的作用。

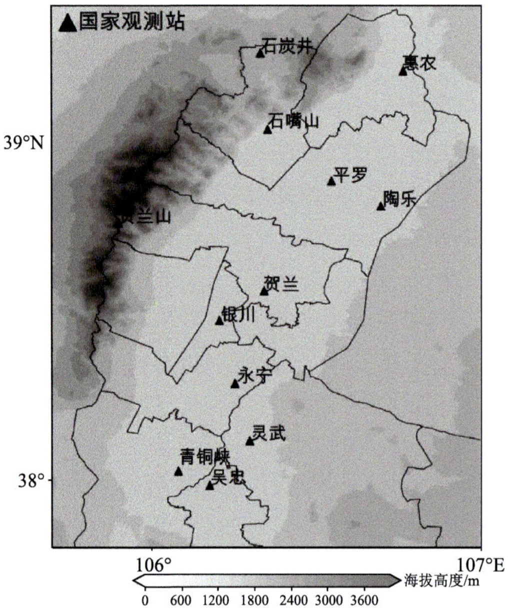


图 1.3　2006 年之前贺兰山东麓气象观测站分布

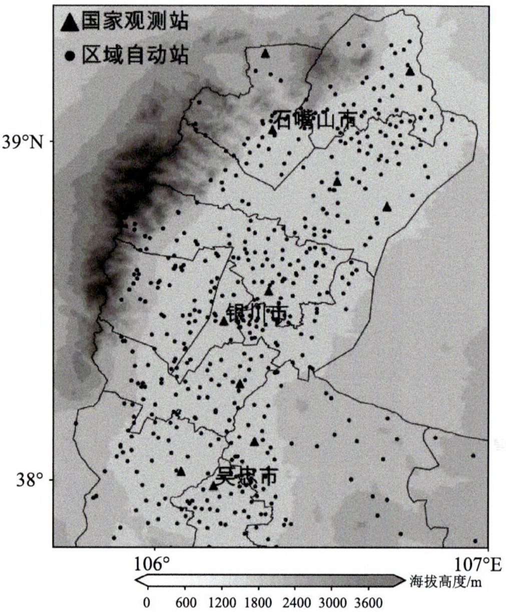


图 1.4　2006 年以来贺兰山东麓气象观测站分布

没有充分利用中尺度气象资料系统性研究干旱区地形性暴雨的形成机理。受限于观测资料，以往贺兰山东麓暴雨个例少，研究内容也以单个暴雨过程的天气尺度居多，自动气象站、卫星、雷达等中尺度观测资料的应用局限于暴雨的监测，没有充分利用这些精细资料对引发干旱区暴雨中尺度系统的发生发展及地形影响机理进行系统性研究。

缺乏贺兰山东麓暴雨概念模型。虽然以往研究表明宁夏暴雨与低空急流密切相关，但贺兰山东麓暴雨与低空急流的相关性、伴有和不伴有低空急流的暴雨形成机理是否有差异、低空急流在贺兰山东坡山前如何受到地形影响、改变或增强了哪些关键物理量、如何触发或促进暴雨中尺度系统的发生发展、影响地形性暴雨的关键因子有哪些等，都还没有开展系统性研究，还没有一个完整而清晰的贺兰山东麓暴雨概念模型。

## 1.5　研究贺兰山东麓暴雨的重要性和必要性

暴雨是多尺度环流和天气系统相互作用的产物（陶诗言，1980），物理过程复杂，影响因子众多，地域差异大，致灾严重。虽然研究广泛，但预报准确率依然较低。因此，迫切需要持续深入地开展暴雨的形成机理研究，以提高暴雨的预报预警能力。

西北地区东部深居内陆，远离海洋，是我国年降水量(350 mm)和暴雨日(不足 $1\ d \cdot a^{-1}$)最少的地区之一，但该区域近三分之一测站日最大降水量接近或超过年降水量的一半以上，部分测站甚至是年降水量1倍以上、10 min或1 h雨强接近中国极值(徐建芬 等，1986)。可见，西北地区东部暴雨虽然概率小，但历时短、强度大，加之常年干旱，地质和生态环境脆弱，一旦发生，必将造成严重损失。过去几十年，我国暴雨研究主要集中在华南和江淮地区，但西北地区东部暴雨的主要影响因素和形成机制与东部和南部不同，地域特色鲜明；近十几年的观测事实表明，西北地区东部暴雨日数增多、强度增大(姚慧茹 等，2017)，贺兰山东麓暴雨日数异常趋于频繁(陈晓光 等，2008)，但相关研究少，形成机理不清晰。贺兰山东麓是全国最大的酿酒葡萄种植基地，酿酒葡萄是宁夏的支柱和特色优势产业，年创产值10多亿元，银川平原作为宁夏政治、经济和文化中心，暴雨诱发山洪、泥石流通过山洪沟向下游平原倾泻，洪水、城市内涝等灾害链一旦形成，对沿山特色产业、城市基础设施和生活生产安全等将构成极大威胁。2016年8月21日夜间，贺兰山滑雪场出现历史极值降水，6 h雨量238.1 mm，超过年平均降水量1.2倍，暴雨引发50年一遇山洪，致使多处道路、房屋、农田被冲毁，1万 $hm^2$ 农作物和2.84万人受灾、3人死亡，经济损失2.9亿元；2018年7月22日夜间，贺兰山滑雪场降雨量再次刷新历史纪录，6 h雨量277.6 mm，百年一遇的极端暴雨引发多地山洪，致银川周边多个市县受灾、1人死亡，经济损失1.06亿元。因此，研究贺兰山东麓暴雨对建设黄河流域生态保护和高质量发展先行区具有重要意义。

受地形、下垫面和天气气候的综合影响，贺兰山东麓在傍晚到夜间易发生局地短历时暴雨，这与地形以及低空急流在夜间增强有关(Chen et al.，2021)；而触发局地短历时暴雨的系统尺度小，常规气象观测往往很难捕捉到，同时，由于初始条件和模式物理过程参数化的不确定性，现行业务模式对复杂地形处的降水模拟能力有限，尤其是对降水的极端性和强降水时段的模拟存在较大预报偏差，对地形与低空急流配合在地形处触发暴雨的形成机理认识不足也导致预报员没有订正能力而往往漏报，对预报工作和防灾减灾提出了许多问题和挑战。因此，为了提升干旱区的暴洪防灾减灾能力，研究贺兰山东麓暴雨的形成机理有着重要的科学价值和现实意义。

综上所述，为了提高贺兰山东麓暴雨的预报预警水平，迫切需要开展关键影响因子与地形配合触发或增强贺兰山东麓暴雨的机理研究，进一步增强对贺兰山东麓暴雨形成机理的认识，为沿黄经济带发展提供有力的气象保障。

# 第 2 章　贺兰山东麓暴雨精细发生规律

西北地区东部深居内陆，远离海洋，是中国年降水量和暴雨日数最少的地区之一，但该区域近 1/3 测站日最大降水量接近或超过年降水量的一半以上，部分测站甚至是年降水量 1 倍以上、10 min 或 1 h 雨强接近中国极值(白肇烨 等，1988)。贺兰山东麓区域年降水量不足 200 mm，是西北地区东部最干旱的地区，暴雨概率小，但强度大、降水效率高，加之常年干旱，地质和生态环境脆弱，一旦发生，损失严重。

宁夏暴雨的气候统计大多是基于国家级观测站(国家站)日及日以上尺度的降水观测数据，一是国家站资料序列长、质量高、管理完善；二是区域自动气象站(区域站)建站晚、分布广、难以管理、质量相对差、资料序列长短不一；三是传统的全球或区域气候模式对于产生次日尺度极端降水的物理过程的模拟能力有限，基于国家站的常规气象观测很难捕捉到。暴雨虽然是发生在不同天气尺度系统相互作用之下，但暴雨本身是中尺度现象(丁一汇，1980；陶诗言等，1979；陶诗言，1980)，常规气象观测往往很难捕捉到，以往气候统计无法细致反映暴雨的中尺度分布特征和地形影响。尽管宁夏高时空分辨率的观测资料只有数十年，但足以对以往的暴雨统计特征提出质疑和订正，同时也能更好地揭示贺兰山地形对东麓暴雨中尺度系统的触发和增强作用。Chen 等(2021)利用高分辨率气象观测资料，统计分析贺兰山东麓暴雨的极值变化、中心分布、出现频次、集中区域和时段等反映地形作用暴雨的中尺度分布和变化特征，补充和订正以往根据国家站暴雨统计信息的不足，为贺兰山东麓暴雨预报、灾害风险评估和防灾减灾提供科学依据。

## 2.1　研究方法

### 2.1.1　所用资料

所用降水资料为宁夏气象信息中心提供的 2006—2022 年加密区域自动气象站和国家气象观测站逐 5 min 和逐 1 h 观测资料，资料经过极值检验与时间一致性、内部一致性和空间一致性检验等质量控制。小时降水量指该时刻前 1 h 累计降水量，如 20:00(北京时，以下未标注世界时均为北京时，下同)的降水量是指 19:00—20:00 的 1 h 累计降水量。

由于加密自动气象站网是逐年不断完善的，不同阶段可用站点数量不同。为尽量兼顾站点数量和时间长度，剔除缺测时次较多的站点后，最终选取数据较稳定的站点如表 2.1 和图 1.4 所示。其中，山区测站 146 个(占比 28.5%)，平原测站 366 个(占比 71.5%)。

表 2.1　2006—2022 年贺兰山东麓最终选取站点数

| 时段 | 2006—2014 年 | 2015 年 | 2016 年 | 2017 年 | 2018—2022 年 |
|---|---|---|---|---|---|
| 站点数 | 13 | 449 | 450 | 451 | 512 |

### 2.1.2　暴雨标准

暴雨：依据 IPCC(2013)第五次评估报告及中国气象局发布的国家标准《降水量等级》(GB/T 28592—2012)，并结合宁夏实际业务，定义贺兰山东麓暴雨标准：前一日 20:00(08:00)到当日 20:00(08:00)的 24 h 日雨量 $R_{24\ h} \geqslant 50$ mm，其中，一般暴雨 50 mm$\leqslant R_{24\ h} <$100 mm，大暴雨 100 mm$\leqslant R_{24\ h} <$200 mm，特大暴雨 $R_{24\ h} \geqslant$200 mm。

短时强降水或短时暴雨：定义短时强降水事件，1 h 降水量 $R_{1\ h} \geqslant 10$ mm。将伴有短时强降水事件的暴雨定义为短时暴雨，将未伴有短时强降水事件的暴雨定义为非短时暴雨。

暴雨日：某日贺兰山东麓区域内任意一站出现暴雨，则该日就记为一个暴雨日。暴雨日降水开始(结束)时间为该站 5 min 降水量 $R_{5\ min} \geqslant 0.1$ mm 的初始(最终)时间，达暴雨标准时间为该站 24 h 累计降水量达 50 mm 的时间，暴雨日最大累计降水量、最大 1 h 雨强、最大 5 min 雨量分别为该暴雨日内该区域都有测站的最大累计或 1 h 或 5 min 降水量。若一个暴雨日中，有一个或以上站点出现短时强降水，则该日记为一个短时强降水暴雨日，否则该日为一个非短时强降水暴雨日。一个暴雨日内出现的总暴雨站次为短时强降水暴雨站次与非短时强降水暴雨站次之和。某站的暴雨日(短时强降水暴雨)频次指 2006—2022 年内该站降水量达到暴雨(短时强降水暴雨)标准的降雨天数，累计或 1 h 或 5 min 降水量极值分别指 2006—2022 年内该站最大累计或 1 h 或 5 min 降水量。

此外，由于宁夏区域自动气象观测站的布设为逐步完善、逐年增加，因此统计阶段内每年的自动站数量不同。为方便比较，引入降水效率、相对强度、平均雨量、暴雨比率等反映暴雨特征量。其中：

降水效率：
$$p=\frac{R_{1\ h}}{R_{24\ h}} \tag{2.1}$$

相对强度：
$$F_{rel}=\frac{R_{24\ h}}{R_{ave}} \tag{2.2}$$

平均雨量：
$$F_{ave}=\frac{R_{accum}}{N_{storm}} \tag{2.3}$$

暴雨比率：
$$R=\frac{N_{storm}}{N_{total}} \tag{2.4}$$

式中，$R_{1\ h}$、$R_{24\ h}$ 分别对应 1 h、24 h 或过程雨量，$R_{accum}$ 为某个暴雨日所有暴雨站点的累计降水量之和，$N_{storm}$、$N_{total}$ 分别对应某个时段内暴雨站次及所有站次(国家站及区域站总和)，国家站 $R_{ave}$ 为 1991—2020 年 30 a 年平均降水量，区域站 $R_{ave}$ 为有完整气象观测记录以来的年平均降水量。

暴雨过程：为了凸显干旱区暴雨的极端性和灾害性特征，结合陈豫英等(2021)、姚慧茹等(2017)、邵建等(2015)、陈晓光等(2008)的研究，定义 2006 年以前，至少相邻 2 站$\geqslant$50 mm 为一次暴雨过程；2006 年以来，至少一个测站 24 h 累计雨量 $R'_{24\ h} \geqslant$100 mm 为一次暴雨过程，否则至少相邻 5 站 $R'_{24\ h}\geqslant 25$ mm，其中至少相邻 3 站 $R'_{24\ h}\geqslant 50$ mm；过程开始时间以至少 5 站 $R_{1\ h}\geqslant 2$ mm 计算，结束时间以连续 3 h 无降水，若降水超过 24 h，则以不超过相邻 5 站 $R_{1\ h}\leqslant 2$ mm 计算。按照区域平均雨量 $\bar{R}<25$ mm、$25\leqslant\bar{R}<50$ mm、$\bar{R}\geqslant 50$ mm 将暴雨过程分为局地性、区域性、全域性。对流性暴雨过程伴有短时强降水或雷电。根据上述标准，挑选出贺兰山东麓暴雨过程 55 次，其中，2006 年以前有 26 次，2006 年以来有 29 次（过程详见 8.2）。

## 2.2 暴雨时间变化特征

### 2.2.1 年际变化

从 2006—2022 年贺兰山东麓总暴雨日数、短时暴雨日数和非短时暴雨日数的年际分布（表 2.2）可以看出，2006—2022 年，贺兰山东麓共出现总暴雨日 57 d，包括一般暴雨 46 d、大暴雨 8 d、特大暴雨 3 d，平均每年出现总暴雨日 3.4 d；短时暴雨日 54 d，包括 10 mm$\leqslant R_{1\ h}<$20 mm 强度 2 d、20 mm$\leqslant R_{1\ h}<$30 mm 强度 12 d、30 mm$\leqslant R_{1\ h}<$40 mm 强度 8 d、40 mm$\leqslant R_{1\ h}<$50 mm 强度 13 d、$R_{1\ h}\geqslant$50 mm 强度 19 d，平均每年出现短时暴雨 3.2 d；非短时暴雨日 3 d，平均每年出现 0.2 d。贺兰山东麓总暴雨日数的年际变化较大，2006—2015 年暴雨日数较少，其中 2008 年、2010 年、2011 年和 2014 年可用测站均未观测到暴雨，这可能和区域站布设不完善相关、缺少观测数据有关，2016 年暴雨日明显增长（8 d），2018 年总暴雨日数达最高（12 d），2019 年又逐渐减少，直至 2022 年出现次大值（9 d）。其中，一般暴雨日的年际变化特征与总暴雨日一致，以 2018 年最多（9 d）、2022 年次之（7 d）；大暴雨日也主要出现在 2016 年之后，以 2017 年和 2018 年最多（2 d）；而特大暴雨日仅在 2016 年、2018 年和 2022 年各出现 1 d。短时暴雨日数占总暴雨日数的平均比例为 94.7%，其年际变化特征与总暴雨日数类似，但短时强降水事件的强度差异较大，表现为短时强降水事件多以 $R_{1\ h}\geqslant$50 mm 的极端强对流为主，2018 年出现最多（6 d），其次为 2022 年（5 d），2006—2014 年及 2021 年未观测到；出现极端强对流事件的暴雨日均伴有 30 mm$\leqslant R_{1\ h}<$50 mm 的短时强降水，且又以 40 mm$\leqslant R_{1\ h}<$50 mm 强度居多（2018 年出现最多达 3 d）。非短时暴雨日数仅在 2007 年、2015 年和 2019 年出现，占总暴雨日数的 5.3%。可见，贺兰山东麓暴雨日以一般暴雨日为主，但多伴有强度很大（$R_{1\ h}\geqslant$30 mm）的短时强降水事件，以 2018 年和 2022 年表现最明显。

**表 2.2 2006—2022 年贺兰山东麓暴雨特征量统计**

| 特征量 | 2006 年 | 2007 年 | 2009 年 | 2012 年 | 2013 年 | 2015 年 | 2016 年 | 2017 年 | 2018 年 | 2019 年 | 2020 年 | 2021 年 | 2022 年 |
|---|---|---|---|---|---|---|---|---|---|---|---|---|---|
| 总暴雨日/d（站次） | 3(8) | 1(2) | 1(2) | 2(6) | 2(2) | 3(14) | 8(44) | 6(93) | 12(130) | 3(6) | 5(15) | 2(8) | 9(129) |
| 短时暴雨日/d（站次） | 3(7) | 0(0) | 1(2) | 2(4) | 2(2) | 2(4) | 8(43) | 6(83) | 12(127) | 2(5) | 5(15) | 2(8) | 9(129) |
| 非短时暴雨日/d（站次） | 0(1) | 1(2) | 0(0) | 0(2) | 0(0) | 1(10) | 0(1) | 0(10) | 0(3) | 1(1) | 0(0) | 0(0) | 0(0) |
| 暴雨比率/% | 61.5 | 15.4 | 15.4 | 46.2 | 15.4 | 2.9 | 9.8 | 20.6 | 25.4 | 1.2 | 2.9 | 1.6 | 25.2 |
| 降水效率/% | 35.5 | 13.7 | 39.1 | 34.3 | 58.1 | 29.9 | 53.0 | 38.5 | 45.5 | 53.8 | 41.5 | 26.3 | 51.4 |
| 平均雨量/mm | 64.2 | 58.2 | 53.8 | 78.0 | 53.7 | 55.9 | 72.8 | 65.4 | 75.0 | 64.2 | 68.4 | 65.5 | 71.4 |
| 相对强度/% | 37.0 | 33.3 | 31.9 | 44.0 | 31.0 | 36.8 | 44.4 | 41.7 | 44.1 | 52.0 | 32.9 | 47.1 | 56.5 |
| 最大过程雨量/mm | 87.1 | 60 | 54.7 | 102 | 57.3 | 65.9 | 239.1 | 114.4 | 291.6 | 80.6 | 117 | 94.6 | 212 |

续表

| 特征量 | 2006年 | 2007年 | 2009年 | 2012年 | 2013年 | 2015年 | 2016年 | 2017年 | 2018年 | 2019年 | 2020年 | 2021年 | 2022年 |
|---|---|---|---|---|---|---|---|---|---|---|---|---|---|
| 最大小时雨量/mm | 37.7 | 8.1 | 25.1 | 40.6 | 42.3 | 50.4 | 82.5 | 81.3 | 74.1 | 53.9 | 84.5 | 23.2 | 89.5 |
| 最大 5 分钟雨量/mm | 12.3 | 5.1 | 4.2 | 15 | 8.7 | 15.5 | 13.3 | 35.8 | 35 | 13.2 | 19.5 | 7.2 | 27 |
| 50 mm≤$R_{24\,h}$<100 mm 日/d（站次） | 3(8) | 1(2) | 1(2) | 1(5) | 2(2) | 3(14) | 6(39) | 4(91) | 9(114) | 3(6) | 4(14) | 2(8) | 7(115) |
| 100 mm≤$R_{24\,h}$<200 mm 日/d（站次） | 0(0) | 0(0) | 0(0) | 1(1) | 0(0) | 0(0) | 1(3) | 2(2) | 2(13) | 0(0) | 1(1) | 0(0) | 1(13) |
| $R_{24\,h}$≥200 mm 日/d（站次） | 0(0) | 0(0) | 0(0) | 0(0) | 0(0) | 0(0) | 1(2) | 0(0) | 1(3) | 0(0) | 0(0) | 0(0) | 1(1) |
| 10 mm≤$R_{1h}$<20 mm 日/d（站次） | 0(3) | 0(0) | 0(1) | 0(1) | 0(0) | 0(2) | 1(4) | 0(61) | 1(30) | 0(0) | 0(1) | 0(7) | 0(24) |
| 20 mm≤$R_{1h}$<30 mm 日/d（站次） | 1(1) | 0(0) | 1(1) | 0(1) | 1(1) | 1(1) | 1(11) | 1(6) | 1(45) | 1(1) | 2(4) | 2(1) | 0(47) |
| 30 mm≤$R_{1h}$<40 mm 日/d（站次） | 2(3) | 0(0) | 0(0) | 0(0) | 0(1) | 0(0) | 1(18) | 1(9) | 1(25) | 0(1) | 1(6) | 0(0) | 2(37) |
| 40 mm≤$R_{1h}$<50 mm 日/d（站次） | 0(0) | 0(0) | 0(0) | 2(2) | 1(0) | 0(0) | 2(6) | 2(4) | 3(14) | 0(1) | 1(3) | 0(0) | 2(12) |
| $R_{1\,h}$≥50 mm 日/d（站次） | 0(0) | 0(0) | 0(0) | 0(0) | 0(0) | 1(1) | 3(4) | 2(3) | 6(13) | 1(2) | 1(1) | 0(0) | 5(9) |

注：最大过程雨量、最大小时雨量和最大 5 分钟雨量均为该年所有暴雨站点中的最大雨量值，相对强度和降水效率为该年所有暴雨站点的平均值。(站次)指特征量中包含的站次。

从 2006—2022 年贺兰山东麓总暴雨频次、短时暴雨频次和非短时暴雨频次的年际分布(表 2.2)可以看出：贺兰山东麓共出现总暴雨 459 站次，年均 27 站次，包括一般暴雨 420 站次、大暴雨 33 站次、特大暴雨 6 站次；短时暴雨 429 站次，年均 25 站次，包括 10 mm≤$R_{1\,h}$<20 mm 强度 134 站、20 mm≤$R_{1\,h}$<30 mm 强度 120 站、30 mm≤$R_{1\,h}$<40 mm 强度 100 站、40 mm≤$R_{1\,h}$<50 mm 强度 42 站、$R_{1\,h}$≥50 mm 强度 33 站；非短时暴雨日 30 站次，平均每年出现 2 站次。

贺兰山东麓总暴雨频次的年际变化与暴雨日数特征相似，2006—2015 年暴雨频次较少(3.4 站次/a)，2016 年明显增长(44 站次)，2018 年总暴雨频次达最高(130 站次)，2019 年又迅速减少，直至 2022 年出现次大值(129 站次)。其中，一般暴雨频次的年际变化特征与总暴雨频次相似，均表现为双峰型，2016—2018 年逐年增加，之后迅速减少，直至 2022 年突然增加，不同点在于总频次最大值出现在 2022 年(115 站次)，其次为 2018 年(114 站次)；大暴雨也主要出现在 2016 年之后，以 2018 年和 2022 年频次最多(13 站次)；而特大暴雨也仅在 2016 年、2018 年和 2022 年出现，分别为 2 站次、3 站次和 1 站次。短时暴雨频次占总暴雨频次的 93.5%，其年际变化特征与总暴雨频次一致，但短时强降水事件的差异较大，表现为短时强降水事件总频次随小时雨量的增加而减少，其中，10 mm≤$R_{1\,h}$<20 mm 强度在 2017 年出现最多(61 站次)，其次为 2018 年(30 站次)；20 mm≤$R_{1\,h}$<30 mm 和 30 mm≤$R_{1\,h}$<40 mm 强度均在 2022 年出现最多(47 站次和 37 站次)，其次为 2018 年(45 站次和 25 站次)，再次为 2016 年(11 站和 18 站)；40 mm≤$R_{1\,h}$<50 mm 和 $R_{1\,h}$≥50 mm 强度均在 2018 年出现最多(14 站次和 13 站次)，其次为 2022 年(12 站次和 9 站次)。非短时暴雨频次在 2015—2019 年出现较明显，以 2015 年和 2017 年最多(均为 10 站次)，占总暴雨频次的 6.5%。

可见，贺兰山东麓暴雨频次也以一般暴雨为主，多伴有短时强降水事件，且 82.5%的短时强降水事件强度集中在 10 mm≤$R_{1h}$<40 mm。

考虑到区域站布设的影响，计算了逐年暴雨比率、降水效率、平均雨强和相对强度等特征量来进行暴雨强度的变化分析。通过分析可知（表 2.2 和图 2.1a），2006—2022 年贺兰山东麓暴雨比率平均为 15.2%，年际变化呈现多峰型特征，峰值分别出现在 2006 年（61.5%）、2012 年（46.2%）、2018 年（25.4%）和 2022 年（25.2%），基本上 4～6 a 波动一次，但整体呈弱减小趋势，但未通过 90%信度检验；降水效率均值为 40.0%，进一步印证了短时强降水事件对贺兰山东麓暴雨的重要贡献，其年际变化也呈现多峰型，但峰值分别出现在 2009 年（39.1%）、2013 年（58.1%）、2016 年（53.0%）、2019 年（53.8%）和 2022 年（51.4%），每 2～3 a 波动一次，整体呈增加趋势，通过 95%信度检验；相对强度的均值为 41.0%，年际变化也呈多峰型，峰值出现时间与暴雨比率相似，分别为 2006 年（37.0%）、2012 年（44.0%）、2019 年（52.0%）和 2022 年（56.5%），每 3～7 a 波动一次，整体呈增加趋势，通过 98%的信度检验，较降水效率增加趋势更为显著；平均雨强均值为 70.3 mm，年际变化特征也呈现多峰型，峰值出现时间与暴雨比率一致，分别为 2006 年（64.2 mm）、2012 年（78.0 mm）、2018 年（75.0 mm）和 2022 年（71.4 mm），整体呈增加趋势，通过 90%的置信水平，但相较而言，2015—2022 年间的平均雨强变化较缓，增加趋势明显弱于降水效率和相对强度。综合而言，暴雨比率呈减小趋势，降水效率、相对强度和平均雨强都呈增加趋势；暴雨比率最高的年份，降水效率、相对强度和平均雨强并不是最高；降水效率高的年份，暴雨比率反而较低，相对强度和平均雨强也无明显特征；相对强度强的年份，平均雨强也比较大。上述分析表明：贺兰山东麓暴雨呈多峰型特征，发生频次减少，但降水效率和降水强度却增加，2006 年、2012 年、2016 年、2018 年和 2022 年是暴雨发生频次较多、降水效率较高、相对强度和平均雨强较强的年份，基本为 4～6 a 出现一次。可见，近 16 a，贺兰山东麓暴雨频次减少、量级和强度增大，局地性增强。

暴雨极值年际变化如表 2.2 和图 2.1b 所示，2006—2022 年贺兰山东麓暴雨极值的年际变化均呈增加趋势，都通过 95%的置信水平，其中最大小时雨量增加趋势还通过 99%的置信水平，增加趋势最为显著。其中，最大过程雨量以一般暴雨为主，2012 年、2017 年和 2020 年为大暴雨，2016 年、2018 年和 2022 年为特大暴雨，且雨量以 2018 年最高，达 291.6 mm，为当地年均降水量 1.4 倍；最大小时雨量在 2015—2022 年（除 2021 年）超过 50 mm，达极端强对流标准，以 2022 年最高，达 89.5 mm，突破历史极值；最大 5 min 雨量在 2017 年、2018 年和 2022 年超过 25 mm，以 2017 年最大，达 35.8 mm。上述分析表明，近 16 a，贺兰山东麓暴雨极端性增强，且以小时雨强极端性增强最为显著。

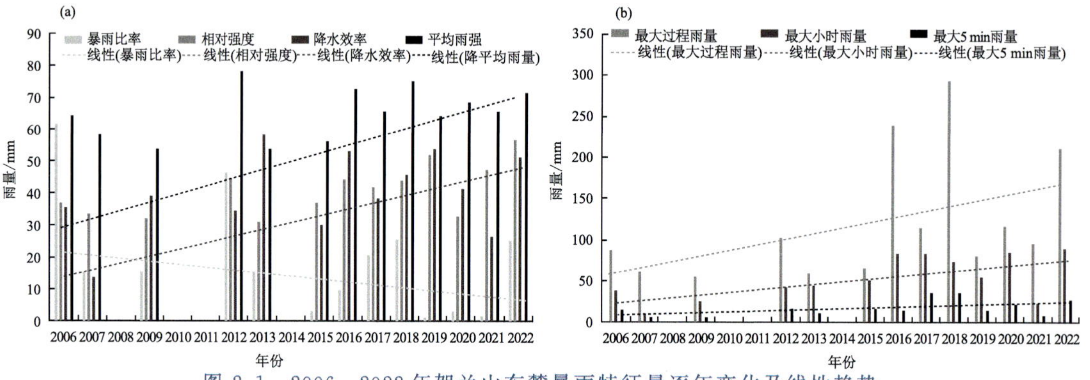


图 2.1　2006—2022 年贺兰山东麓暴雨特征量逐年变化及线性趋势

### 2.2.2　月季变化

2006—2022 年贺兰山东麓暴雨最早出现在 5 月下旬，最迟结束于 10 月下旬，集中在 6—8 月。

从 5—10 月总暴雨日数统计结果(表 2.3)可以看出，贺兰山东麓总暴雨日呈单峰型分布，8 月为其峰值(23 d)，7 月次之(20 d)，6 月和 9 月相当(分别为 7 d 和 5 d)，5 月和 10 月均只有一个暴雨日。各月均以一般暴雨为主，占总暴雨日的 80.7%，以 8 月最多(19 d)，7 月次之(15 d)；大暴雨占比为 14.0%，出现在 6—9 月，以 7 月最多(4 d)，8 月次之(2 d)；特大暴雨仅出现在 8 月(2 d)和 7 月(1 d)。

短时暴雨日数的月际变化特征与总暴雨日相同，也呈单峰型，各月出现短时暴雨的占比均≥0.8，且短时强降水事件强度普遍 $R_{1h}$≥20 mm，但各月强度分布明显不同。7 月和 8 月的短时强降水事件最多，分别为 20 d 和 21 d，其中，7 月短时强降水事件的强度分布较均匀，以 40 mm≤$R_{1h}$<50 mm 的短时强降水为主(占比为 30.0%)，30 mm≤$R_{1h}$<40 mm 的短时强降水次之(占比为 25.0%)，20 mm≤$R_{1h}$<30 mm 和 $R_{1h}$≥50 mm 的短时强降水相当(均占 20.0%)；8 月短时强降水事件的强度分布差异较大，以 $R_{1h}$≥50 mm 的短时强降水为主(占比为 57.1%)，其次为 40 mm≤$R_{1h}$<50 mm 的短时强降水(占比为 23.8%)。6 月和 9 月短时强降水事件相当，分别为 6 d 和 4 d，但前者强度分布较均匀，$R_{1h}$≥20 mm 的短时强降水均有出现，而后者仅出现 20 mm≤$R_{1h}$<30 mm 和 $R_{1h}$≥50 mm 的短时强降水(各 2 d)。5 月和 10 月各出现 1 d 短时暴雨，强度均为 20 mm≤$R_{1h}$<30 mm。非短时暴雨日数仅 3 d，在 6 月、8 月和 9 月各出现一次。这表明贺兰山东麓暴雨以短时暴雨为主，集中出现在 7 月和 8 月，且 8 月短时强降水事件更极端(表 2.3)。

**表 2.3　2006—2022 年贺兰山东麓 5—10 月暴雨特征量统计**

| 特征量 | 5 月 | 6 月 | 7 月 | 8 月 | 9 月 | 10 月 |
|---|---|---|---|---|---|---|
| 总暴雨日/d (站次) | 1(1) | 7(86) | 20(208) | 23(103) | 5(60) | 1(1) |
| 短时暴雨日/d (站次) | 1(1) | 6(74) | 20(203) | 22(101) | 4(49) | 1(1) |
| 非短时暴雨日/d (站次) | 0(0) | 1(12) | 0(5) | 1(2) | 1(11) | 0(0) |
| 暴雨比率/% | 0.2 | 8.4 | 18.8 | 4.8 | 3.0 | 0.2 |
| 降水效率/% | 46.0 | 27.9 | 48.0 | 54.5 | 23.9 | 44.9 |
| 平均雨量/mm | 60.7 | 66.2 | 72.0 | 70.0 | 70.9 | 55.2 |
| 相对强度/% | 53.5 | 43.9 | 37.5 | 48.2 | 40.6 | 33.8 |
| 最大过程雨量/mm | 60.7 | 113.9 | 291.6 | 239.1 | 136.9 | 55.2 |
| 最大小时雨量/mm | 27.9 | 81.3 | 74.1 | 89.5 | 65.1 | 24.8 |
| 最大 5min 雨量/mm | 7.2 | 35.8 | 35 | 19.5 | 15.5 | 1.8 |
| 50 mm≤$R_{24h}$<100 mm 日/d (站次) | 1(1) | 6(85) | 15(186) | 19(94) | 4(53) | 1(1) |
| 100 mm≤$R_{24h}$<200 mm 日/d (站次) | 0(0) | 1(1) | 4(19) | 2(6) | 1(7) | 0(0) |
| $R_{24h}$≥200 mm 日/d (站次) | 0(0) | 0(0) | 1(3) | 2(3) | 0(0) | 0(0) |

续表

| 特征量 | 5月 | 6月 | 7月 | 8月 | 9月 | 10月 |
|---|---|---|---|---|---|---|
| 10 mm≤$R_{1h}$<20 mm 日/d（站次） | 0(0) | 0(60) | 1(46) | 1(6) | 0(22) | 0(0) |
| 20 mm≤$R_{1h}$<30 mm 日/d（站次） | 1(1) | 2(6) | 4(74) | 2(24) | 2(14) | 1(1) |
| 30 mm≤$R_{1h}$<40 mm 日/d（站次） | 0(0) | 1(4) | 5(55) | 2(34) | 0(7) | 0(0) |
| 40 mm≤$R_{1h}$<50 mm 日/d（站次） | 0(0) | 2(3) | 6(16) | 5(19) | 0(4) | 0(0) |
| $R_{1h}$≥50 mm 日/d（站次） | 0(0) | 1(1) | 4(12) | 12(18) | 2(2) | 0(0) |

注：最大过程雨量、最大小时雨量和最大5分钟雨量均为该年所有暴雨站点中的最大雨量值，相对强度和降水效率为该年所有暴雨站点的平均值。（站次）指特征量中包含的站次。

从2006—2022年贺兰山东麓总暴雨频次、短时暴雨频次和非短时暴雨频次的月际分布（表2.3）可以看出，贺兰山东麓总暴雨频次也呈单峰型分布，7月为其峰值（208站次），8月次之（103站次），再者为6月（86站次），9月减少为60站次，5月和10月各只有一站，表明贺兰山东麓暴雨6—8月出现范围较广，其中7月暴雨面积最大。各月均以一般暴雨为主，占总暴雨频次的91.5%，以7月最多（186站次），8月次之（94站次）；大暴雨占比仅为7.2%，出现在6—9月，以7月最多（19站次），9月和8月相当（分别为7站次和6站次）；特大暴雨仅出现在7月和8月，均为3站次。短时暴雨频次的月际变化特征与总暴雨频次相同，各月出现短时暴雨的占比均≥0.82，且短时强降水事件总频次随小时雨量的增加而减少。其中，7月短时强降水事件最多（203站次），10 mm≤$R_{1h}$<40 mm强度的短时强降水事件占比达86.2%，以20 mm≤$R_{1h}$<30 mm强度为主（占比为36.5%）；8月短时强降水事件的强度分布较均匀，$R_{1h}$≥20 mm强度的短时强降水事件占比达94.1%，30 mm≤$R_{1h}$<40 mm的短时强降水为主（占比为33.7%）；6月明显以10 mm≤$R_{1h}$<20 mm的短时强降水为主（占比为81.1%）；9月10 mm≤$R_{1h}$<30 mm的短时强降水事件占比达73.5%，以10 mm≤$R_{1h}$<20 mm强度为主（占比为44.9%）。非短时暴雨频次在9月和6月最高，分别为18.3%和14.0%。可见，贺兰山东麓暴雨频次以一般暴雨为主，多伴有短时强降水事件，且7月暴雨范围更广。

从各月暴雨比率、降水效率、平均雨量和相对强度等特征量的变化可知（表2.3和图2.2a），贺兰山东麓暴雨比率月际分布呈单峰型特征，7月最高（0.19），6月次之（0.08），8月和9月分别为0.05和0.03；平均雨量分布特征与之相似，但各月强度差异不大，7—9月雨强接近，以7月最强（72.0 mm），5月和10月雨强较弱，以10月最弱（55.2 mm）；相对强度表现为双峰型，第一个波峰和波谷分别出现在5月（0.54）和7月（0.38），第二个波峰和波谷分别出现在8月（0.41）和10月（0.34）；降水效率分布特征与相对强度相似，8月最高（0.55），7月次之（0.48），9月最小（0.24）。这表明贺兰山东麓暴雨7月发生频次最高、平均强度最强，但降水效率和相对强度却以8月为主，因此7月需防范区域性暴雨的发生，8月需防范极端短时暴雨的出现。此外，5月和10月暴雨出现次数较少，但相对强度和降水效率却很高，表明晚春向初夏和夏秋过渡季节，春雷伴随短时强降水和秋季连阴雨过程常伴有暴雨、甚至大暴雨，也值得关注。

从降水极值的月季分布看出（表2.3和图2.2b）：2006—2022年，贺兰山东麓暴雨最大过程雨量的月际变化呈单峰型分布，7月雨量最大（291.6 mm），8月次之（239.1 mm），均为特大暴雨；最大小时雨量在 6—9 月均达极端强对流标准（小时雨强≥50 mm），但月际分布表现为双峰型特征，主峰出现在 8 月，峰值为 89.5 mm，副峰出现在 6 月，峰值为 81.3 mm；最大 5 min 雨量月际特征与最大过程雨量一致，呈单峰型分布，但最大值却出现在 6 月，达 35.8 mm，7 月次之，为 35 mm。这说明贺兰山东麓特大暴雨多出现在 7—8 月，但 6 月易出现极端短时暴雨，可能造成的次生灾害也不容忽视。此外，最大过程雨量与最大小时雨量主峰时间的不一致也说明：极端短时强降水并不是特大暴雨出现的主要因素，强降水的持续时间可能是更重要的影响因素。

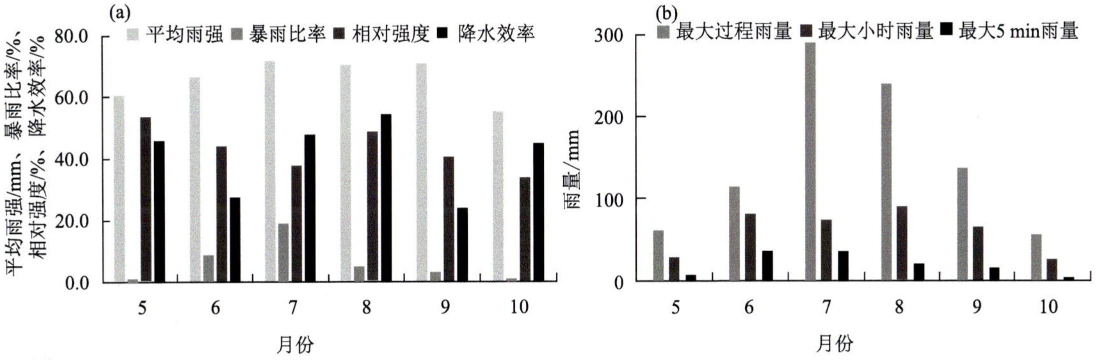


图 2.2　2006—2022 年 5—10 月贺兰山东麓暴雨特征量分布

### 2.2.3　日变化

日变化是全球天气气候系统变化的最基本模态之一，降水的日变化差异在诸多气象变量中表现得最为显著（宇如聪 等，2014）。按照上午（08:00—14:00）、下午（14:00—20:00）、前半夜（20:00—次日 02:00）和后半夜（02:00—8:00）四个时段，分别统计各时段不同级别暴雨频次占总暴雨频次的比例及各时段最大小时雨量之和占总雨量的比例（表 2.4）。需要注意的是，此处总暴雨、一般暴雨、大暴雨和特大暴雨分时段统计时以降水量达暴雨标准时刻为准。举例来说，当确定某个暴雨日某站的累计降水量满足大暴雨标准时，且该站降水量是在 15:00 达 100 mm，则下午时段大暴雨频次记 1 次。

表 2.4　2006—2022 年贺兰山东麓暴雨频次/降水量昼夜分布比例

| 降水占比 | 特征量 | 上午/% | 下午/% | 前半夜/% | 后半夜/% |
|---|---|---|---|---|---|
| 频次比例 | 总暴雨 | 20.1 | 21.7 | 11.3 | 48.7 |
| | 50 mm≤$R_{24\,h}$<100 mm | 21.0 | 23.1 | 8.9 | 48.2 |
| | 100 mm≤$R_{24\,h}$<200 mm | 7.4 | 0 | 40.7 | 66.7 |
| | $R_{24\,h}$≥200 mm | 0 | 0 | 83.3 | 16.7 |
| | 总短时暴雨 | 9.2 | 12.7 | 34.3 | 43.7 |
| | 10 mm≤$R_{1\,h}$<20 mm | 9.7 | 10.7 | 33.9 | 45.6 |
| | 20 mm≤$R_{1\,h}$<30 mm | 7.2 | 12.6 | 37.7 | 42.6 |
| | 30 mm≤$R_{1\,h}$<40 mm | 9.6 | 20.2 | 25.4 | 44.7 |
| | 40 mm≤$R_{1\,h}$<50 mm | 6.1 | 24.5 | 34.7 | 34.7 |
| | $R_{1\,h}$≥50 mm | 16.7 | 8.3 | 47.2 | 27.8 |

续表

| 降水占比 | 特征量 | 上午/% | 下午/% | 前半夜/% | 后半夜/% |
|---|---|---|---|---|---|
| 频次比例 | $R_{5\ min}$≥5 mm 总频次 | 15.3 | 24.8 | 31.6 | 28.3 |
| | 5 mm≤$R_{5\ min}$<10 mm | 15.3 | 24.3 | 31.2 | 29.2 |
| | 10 mm≤$R_{5\ min}$<15 mm | 15.6 | 31.3 | 37.5 | 15.6 |
| | 15 mm≤$R_{5\ min}$<20 mm | 25.0 | 50.0 | 25.0 | 0.0 |
| | 20 mm≤$R_{5\ min}$<30 mm | 0.0 | 0.0 | 100.0 | 0.0 |
| | $R_{5\ min}$≥30 mm | 0.0 | 50.0 | 50.0 | 0.0 |
| 降水量比例 | 最大小时雨量 | 26.3 | 21.3 | 27.2 | 25.2 |
| | 最大 5 min 雨量 | 21.7 | 29.5 | 31.9 | 16.8 |

从表 2.4 可知，2006—2022 年贺兰山东麓各时段的总暴雨频次比例差异较大，下午及后半夜为其高发时段。有研究表明(黄荣辉 等，1997)，白天太阳辐射直接加热下垫面，午后陆地表面感热达到最强，常在近地层形成绝对不稳定层结，使得对流容易发展，如果当天水汽丰富，那么这一天午后到傍晚就容易出现短时强降水。另外，也有研究指出低空急流在凌晨会达到最大值(郝莹 等，2012)。其中，一般暴雨比例分布与总暴雨一致，主要出现在后半夜，其次为下午时段；大暴雨和特大暴雨夜雨特征极其显著，基本均为夜雨，前者主要出现在后半夜，后者则主要出现在前半夜，这可能和前半夜近地层层结不稳定及低空急流增强密切相关。

短时暴雨频次也具有明显的夜雨特征，且以后半夜为主。其中，10 mm≤$R_{1\ h}$<40 mm 强度的短时强降水事件的比例分布与总短时暴雨一致，以后半夜为主；40 mm≤$R_{1\ h}$<50 mm 强度的短时强降水事件在前半夜和后半夜频次比例相同，且其下午时段的比例也比其他强度的短时强降水事件高；$R_{1\ h}$≥50 mm 强度的短时强降水事件主要出现在前半夜，且其频次比例显著高于其他强度的短时强降水事件，表明短时强降水事件越强，出现在前半夜的概率越大。

$R_{5\ min}$≥5 mm 强度降水的高发时段也主要出现在夜间，且前半夜比例更高。其中 5 mm≤$R_{5\ min}$<10 mm 降水频次与总频次一致，虽主要出现在前半夜，但后半夜和下午时段的比例与之差异较小；10 mm≤$R_{5\ min}$<15 mm 降水主要出现在前半夜和下午；15 mm≤$R_{5\ min}$<20 mm 降水则显著出现在下午时段；20 mm≤$R_{5\ min}$<30 mm 降水仅在前半夜出现；$R_{5\ min}$≥30 mm 降水在下午和前半夜占比相同，进一步表明极端强对流暴雨更易出现在前半夜和下午。就最大降水量而言，各时段最大小时雨量比例差异较小，但夜雨占比更高；最大 5 min 雨量比例分布特征更显著，占比以前半夜为主，其次为下午时段。

从 2006—2022 年贺兰山东麓总暴雨频次和不同量级暴雨频次的日变化可以看出(图 2.3a)，总暴雨频次表现为三峰型特征，其主峰出现在 03:00—04:00，副峰为 16:00—17:00 和 10:00—11:00。其中，一般暴雨频次的逐时变化特征与总暴雨一致，但主峰值出现在 05:00—06:00；大暴雨频次和特大暴雨频次的逐时变化特征比明显为单峰型，前者的峰值为 02:00—03:00，后者的峰值为 21:00—22:00。

短时暴雨频次的逐时变化也表现为三峰型(图 2.3b)，主峰也出现在 03:00—04:00，副峰为 22:00—23:00 和 16:00—17:00，夜发性特征更显著。其中，10 mm≤$R_{1\ h}$<20 mm 和 20 mm≤$R_{1\ h}$<30 mm 强度的短时强降水事件的逐时变化特征与总短时暴雨频次完全一致；

30 mm≤$R_{1\,h}$<40 mm 和 40 mm≤$R_{1\,h}$<50 mm 强度的短时强降水事件也表现为三峰型，主峰也均出现在 03:00—04:00，但副峰出现时间有所差异(高值时段为前半夜和午后)；$R_{1\,h}$≥50 mm 强度的短时强降水事件也在夜间及午后时段呈现三峰型分布特征，但其主峰出现在 21:00—22:00，其次为 04:00—05:00 和 12:00—13:00。

从 5 min 雨量分布来看(图 2.3c)，总频次呈明显的三峰型分布，主峰出现在 20:00—21:00，副峰为 03:00—04:00 和 15:00—16:00。其中，5 mm≤$R_{5\,min}$<10 mm 降水频次逐时变化特征与总频次完全一致；10 mm≤$R_{5\,min}$<15 mm 降水也呈三峰型分布，主峰位于 20:00—21:00，但副峰位于 14:00—15:00 和 03:00—04:00；15 mm≤$R_{5\,min}$<20 mm 降水的主峰为 15:00—16:00；20 mm≤$R_{5\,min}$<30 mm 降水为单峰型分布，峰值为 23:00—00:00；$R_{5\,min}$≥30 mm 降水在 01:00—02:00 和 16:00—17:00 出现，频次相当。综合而言，贺兰山东麓暴雨日变化明显，下午及夜间为其高发时段，极端强降水易出现在夜间，导致夜发性特征极其显著。

就最大雨量而言(图 2.3 d)，2006—2022 年贺兰山东麓暴雨最大小时雨量和 5 min 雨量均在中午至夜间高发。其中，最大小时雨量的日变化呈明显的三峰型分布，主要高值时段为 00:00—04:00(峰值为 02:00—03:00)，其次为 10:00—16:00(峰值为 10:00—11:00)和 20:00—21:00(峰值为 21:00—22:00)；最大 5 min 雨量的日变化呈双峰型分布，主要高值时段为 14:00—17:00(峰值为 15:00—16:00)，其次为 22:00—次日 01:00(峰值为 00:00—01:00)。值得注意的是，最大小时雨量出现的高值时段内，对应的最大 5 min 雨量均低于 20 mm，尤其最大小时雨量的主峰时段(02:00—03:00)内，最大 5 min 雨量仅为 13.3 mm，这说明贺兰山东麓极端短时强降水事件的出现多由较强降水的持续导致。

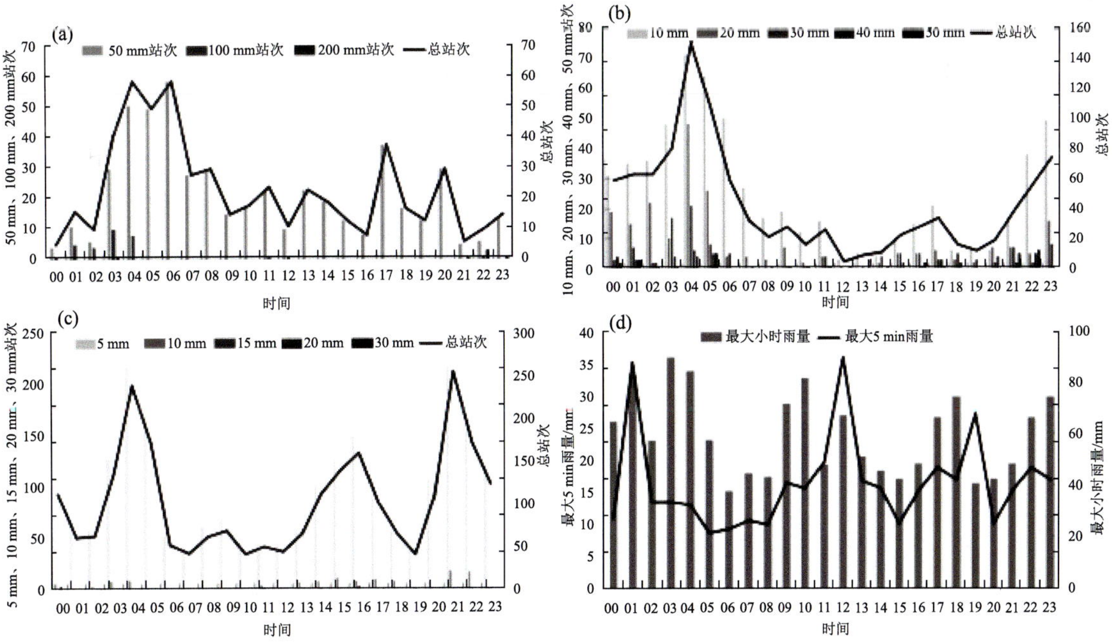


图 2.3　2006—2022 年贺兰山东麓暴雨日变化图

## 2.3 暴雨空间变化特征

### 2.3.1 暴雨日与短时暴雨日

2006—2022 年贺兰山东麓暴雨空间分布存在明显差异。从暴雨日分布可以看出(图略)，由于平原地区测站多、占比大，所以总暴雨日主要分布在平原地区，自南向北暴雨日略有减小，且总暴雨日≥4 d 的高频站点主要集中在山区，以贺兰山沿山平罗段至贺兰段居多。其中，一般暴雨日分布特征与总暴雨日一致；大暴雨日频次明显减小，较集中出现区域为吴忠市利通区北部、贺兰山沿山大武口段至永宁段，整体仍以山区分布为主，但大暴雨日≥2 d 的站点分布较散乱；特大暴雨日频次最少、落区最集中，中心位于贺兰山沿山贺兰段。值得注意的是，总暴雨日≥4 d、一般暴雨日≥4 d、大暴雨日≥2 d 和特大暴雨日≥2 d 的高频站点基本均位于山腰或山脚，即海拔高度与频次并非明显正比关系。

从短时暴雨频次分布可以看出(图略)，出现短时强降水事件的站点仍主要分布在平原地区，自南向北密集度减小，总短时暴雨频次≥15 的高频站点主要出现在山区，以贺兰山沿山平罗段至银川段最集中。其中，10 mm≤$R_{1\,h}$<20 mm 的频次分布较散乱，但频次≥12 的高频站点以山区分布为主；20 mm≤$R_{1\,h}$<30 mm 的频次在平原地区减小较明显，频次≥5 的高频站点主要分布在山区，中心位于贺兰山沿山贺兰段；30 mm≤$R_{1\,h}$<40 mm 的频次明显减小，频次≥4 的高频站点仅在贺兰山沿山青铜峡段出现；40 mm≤$R_{1\,h}$<50 mm 的频次自西向东明显减少，频次≥3 的高频站点位于贺兰山沿山贺兰段；$R_{1\,h}$≥50 mm 的频次最少，较集中区域为贺兰山沿山、银川市区及吴忠市区，频次≥3 的高频站点位于贺兰山沿山贺兰段。这说明短时强降水强度越强，频次越低、落区越集中、山区地形增幅作用越明显，但短时强降水的强度与山区海拔高度无明显正比关系。

从 $R_{5\,min}$≥5 mm 降水频次分布可以看出，平原地区仍是 $R_{5\,min}$≥5 mm 降水的主要发生地，但频次≥30 的高频站点仍分布在山区，以贺兰山沿山贺兰段最集中、频次最高。其中，5 mm≤$R_{5\,min}$<10 mm 降水频次分布与总频次一致；10 mm≤$R_{5\,min}$<15 mm 降水频次和高频站点显著减少，频次≥3 的站点主要在山区；15 mm≤$R_{5\,min}$<20 mm 降水频次主要出现在贺兰山沿山和银川市南部，但高频站点均出现在山区；20 mm≤$R_{5\,min}$<30 mm 和 $R_{5\,min}$≥30 mm 降水仅有两站，分别出现在贺兰山沿山贺兰段和银川市区(平原)，且更强降水的高频站点反而出现在银川市区。这说明 5 min 强降水量级越大，频次越低、站点越少，且降水强度并不随海拔的升高而增大。

### 2.3.2 暴雨极值

日雨量极值。从图 2.4a 可知，2006—2022 年贺兰山东麓日雨量极值≥50 mm 的测站有 320 个，占所有测站的 63%，分布区域较广，但密集度自南向北逐渐减小。极值在 100 mm 的测站有 32 个，占 50 mm 以上测站数的 10%，分布范围明显趋于集中化，中心区主要位于贺兰山沿山大武口段和银川段、吴忠市区北部。极值在 200 mm 以上的测站有 5 个，占 50 mm 以上测站数的 2%，集中在贺兰山沿山贺兰段。具体而言，排名前三位的测站是：滑雪场

291.6 mm、贺兰山岩画 229.9 mm、拜寺沟 225.6 mm，海拔分别为 1494 m、1443 m、1384 m。因此，降水日极值量级越大，测站位置越靠近贺兰山，但均分布在山腰或山脚。

小时雨量极值。从图 2.4b 可知，2006—2022 年贺兰山东麓所有测站中有 99.6%（510 个）的测站小时雨强极值≥10 mm，其中极值≥20 mm 的测站有 383 个，占 10 mm 以上测站数的 75.1%，遍布整个区域，但平原地区分布更多；极值≥30 mm 和≥40 mm 的测站分别有 210 个和 81 个，分别占 10 mm 以上测站数的 41.2%和 15.9%，分布密集度均自南向北逐渐减小；极值≥50 mm 的测站有 31 个，占 10 mm 以上测站数的 6.1%，主要集中在贺兰山沿山。相较而言，极值≥10 mm 的测站平原地区分布更多，但量级以 $10 \leqslant R_{1h} < 40$ mm 为主，山区测站较少，但量级更大，且大量级降水更集中，强度以≥40 mm 为主，且 60 mm/h 以上的区域基本都在山区，排名前 3 是西三社区 89.5 mm、五渠村 84.5 mm、滑雪场 82.5 mm，海拔分别为 1418 m、1096 m、1494 m；平原地区也有极值≥40 mm 的测站出现，但是分布零散、区域小。

分钟雨量极值。从图 2.4c 可知，2006—2022 年贺兰山东麓所有测站中有 87.3%（447 个）的测站 5 min 雨量极值≥5 mm，遍布整个区域，但平原地区分布更加密集。其中极值≥10 mm 的测站有 81 个，占 5 mm 以上测站数的 18.1%，主要分布在贺兰山沿山和中南部地区；极值≥15 mm 的测站有 15 个，占 5 mm 以上测站数的 3.4%，分布中心主要位于贺兰山沿山、银川市东南部，且平原站点多于山区站点；极值≥20 mm 的测站仅 3 个，占 5 mm 以上测站数的 0.7%，主要出现在银川市区，测站分别是景泰社区 35.8 mm、滑雪场 35 mm、通南村 21.5 mm，海拔分别为 1128 m、1494 m、1102 m，表明 5 min 降水越强，测站分布更趋于平原地区。

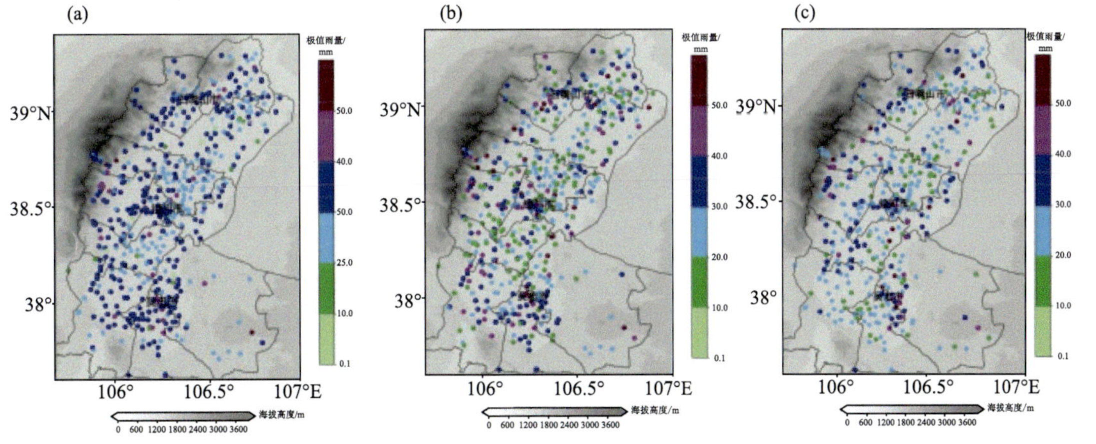


图 2.4　2006—2022 年贺兰山东麓暴雨极值空间分布

(a)日极值；(b)小时极值；(c)分钟极值

## 2.4　地形对暴雨分布影响

从 2006—2022 年贺兰山东麓各站点在不同海拔区间出现不同类型暴雨的平均日数分布可以看出（表 2.5），贺兰山东麓暴雨在不同海拔高度均可以出现，但总暴雨主要分布在海拔低于 2000 m 的区域，其中出现在海拔为 1300～2000 m 区域的总暴雨占比为 51.3%，且又以

1400～1500 m 区域的占比最高(21.3%,3.2 d)。其中,一般暴雨随海拔分布与总暴雨一致;大暴雨只出现在海拔低于 1500 m 的区域,以 1200～1300 m 区域最多(1.2 d);特大暴雨在海拔低于 1100 m 和高于 2500 m 的区域均未观测到,出现区域主要集中在海拔 1300～1500 m 区域,其中 1300～1400 m 区域最多(2.0 d)。

就不同强度短时暴雨随海拔高度的分布而言,总短时暴雨主要出现在海拔 1300～1500 m 的区域,且又以海拔为 1400～1500 m 区域最多(9.2 d),以海拔为 2000～2500 m 区域最少(2.0 d),但其在海拔高于 2500 m 的区域又明显增加。其中,10 mm≤$R_{1\,h}$<20 mm、20 mm≤$R_{1\,h}$<30 mm 和 40 mm≤$R_{1\,h}$<50 mm 强度的短时强降水事件主要出现在海拔 1400～1500 m 区域,但前者峰值在海拔 1400～1500 m,后两者在 1300～1400 m;30 mm≤$R_{1\,h}$<40 mm 和 $R_{1\,h}$≥50 mm 强度的短时强降水事件出现高度都较集中,前者峰值在海拔 1200～1300 m,后者在 1400～1500 m。由此可知,贺兰山东麓短时强降水事件主要出现在海拔小于 1500 m 区域,当其强度低于 40 mm·$h^{-1}$ 时,海拔每下降 100 m,降水强度增加 10 mm·$h^{-1}$;而当强度高于 40 mm·$h^{-1}$ 时,海拔每上升 100 m,降水强度增加 10 mm·$h^{-1}$。

$R_{5\,min}$≥5 mm 降水频次随海拔的分布与短时暴雨一致,先在海拔为 1400～1500 m 的区域出现峰值,随后逐渐减小于 2000～2500 m 达最小,后又在海拔高于 2500 m 时迅速增加。其中,5 mm≤$R_{5\,min}$<10 mm 和 10 mm≤$R_{5\,min}$<15 mm 降水频次分布与总频次一致;$R_{5\,min}$≥15 mm 降水均只出现在海拔低于 1500 m 区域,相对而言,较强的 5 min 雨量反而出现在较低海拔区域。总体而言,贺兰山东麓暴雨及强降水并非随海拔高度的增加而线性增加。

**表 2.5 2006—2022 年贺兰山东麓暴雨日、降水极值在不同海拔区间的分布**

| 海拔/km | 1.0～1.1 | 1.1～1.2 | 1.2～1.3 | 1.3～1.4 | 1.4～1.5 | 1.5～2.0 | 2.0～2.5 | ≥2.5 |
|---|---|---|---|---|---|---|---|---|
| 平均总暴雨日/d | 1.5 | 1.6 | 1.6 | 2.6 | 3.2 | 1.9 | 1.3 | 1.3 |
| 50 mm≤$R_{24\,h}$<100 mm | 1.4 | 1.5 | 1.5 | 2.2 | 2.9 | 1.9 | 1.0 | 1.3 |
| 100 mm≤$R_{24\,h}$<200 mm | 1.0 | 1.0 | 1.2 | 1.0 | 1.0 | 0 | 0 | 0 |
| $R_{24\,h}$≥200 mm | 0 | 1.0 | 0 | 2.0 | 1.3 | 0 | 1.0 | 0 |
| 平均总短时暴雨日 | 5.8 | 6.7 | 6.4 | 8.4 | 9.2 | 5.4 | 2.0 | 6.0 |
| 10 mm≤$R_{1\,h}$<20 mm | 4.6 | 5.0 | 5.2 | 5.7 | 6.7 | 4.1 | .0 | 3.3 |
| 20 mm≤$R_{1\,h}$<30 mm | 1.6 | 1.7 | 2.0 | 2.7 | 2.5 | 1.3 | 1.5 | 1.7 |
| 30 mm≤$R_{1\,h}$<40 mm | 1.2 | 1.2 | 1.8 | 1.3 | 1.4 | 1.3 | 1.3 | 0 |
| 40 mm≤$R_{1\,h}$<50 mm | 1.0 | 1.1 | 1.0 | 2.0 | 1.4 | 1.0 | 1.0 | 0 |
| $R_{1\,h}$≥50 mm | 1.5 | 1.0 | 1.0 | 1.0 | 2.7 | 0 | 0 | 1.0 |
| $R_{5\,min}$≥5 mm 平均总频次 | 4.0 | 5.2 | 5.8 | 11.7 | 14.1 | 5.1 | 4.8 | 8.3 |
| 5 mm≤$R_{5\,min}$<10 mm | 3.8 | 5.0 | 5.5 | 10.9 | 12.4 | 5.1 | 4.8 | 8.0 |
| 10 mm≤$R_{5\,min}$<15 mm | 1.9 | 1.5 | 1.5 | 1.9 | 2.2 | 0 | 0 | 1.0 |
| 15 mm≤$R_{5\,min}$<20 mm | 1.5 | 1.0 | 1.5 | 1.0 | 1.5 | 0 | 0 | 0 |
| 20 mm≤$R_{5\,min}$<30 mm | 0 | 3.0 | 0 | 0 | 1.0 | 0 | 0 | 0 |
| $R_{5\,min}$≥30 mm | 0 | 1.0 | 0 | 0 | 1.0 | 0 | 0 | 0 |
| 平均日极值/mm | 56.5 | 58.8 | 69.2 | 68.7 | 93.7 | 71.7 | 85.7 | 76.1 |
| 平均小时极值/mm | 25.9 | 28.7 | 28.6 | 32.1 | 40.7 | 29.5 | 35.8 | 59.6 |
| 平均 5 min 极值/mm | 7.5 | 8.2 | 8.0 | 9.6 | 12.1 | 7.3 | 5.9 | 7.9 |

就降水极值而言(表 2.5),2006—2022 年贺兰山东麓平均日雨量极值基本呈现随海拔高度的升高而增强的特征,但在 1400～1500 m 达峰值(93.7 mm);平均小时雨量极值也随海拔的升高而明显增强,峰值主要出现在海拔高于 2500 m 的区域($59.6\ mm \cdot h^{-1}$),其次为海拔 1400～1500 m 区域;平均 5 min 雨量极值在海拔 1300～1500 m 区域较突出,尤其在海拔 1400～1500 m 的区域可达 $12.1\ mm \cdot (5\ min)^{-1}$。由此可知,贺兰山东麓雨量随时间分布极不均匀,5 min 降水强度与小时降水强度在不同海拔区间无明显对应关系。此外,当站点海拔越高时,越容易出现更强的小时降水,但该强度降水持续时间较短,从而导致日降水值较小。综合而言,海拔为 1400～1500 m 的区域更易出现较强的 5 min、小时、日雨量,是贺兰山东麓最佳降水海拔高度。

## 2.5 暴雨过程的降水精细特征

从量级、强度、降水效率、集中时段和区域、极值变化等进一步分析贺兰山东麓暴雨过程的降水精细分布特征。

对流性强。95%暴雨过程伴有短时暴雨,81%暴雨过程伴有雷电,76%暴雨过程同时伴有短时暴雨和雷电,没有短时暴雨和雷电都不出现的过程;雷电频次超过 100 的多数过程暴雨≥20 站、短时暴雨≥30 站、最大 $R_{1\,h}$≥50 mm、最大 $R_{5\,min}$≥12 mm,而不伴有雷电的多数过程短时暴雨<4 站、$R_{1\,h}$<30 mm、$R_{5\,min}$<10 mm。可见,雷电频次越高、强度越强、暴雨和短时暴雨频次越高、雨强越大,多数过程最大雷电强度超前最大雨强 1～2 h。

持续时间长。71%暴雨过程持续时间 $T$≥10 h,其中,48%暴雨过程 $T$≥20 h;只有 29%暴雨过程 $T$≤10 h。研究区域以长历时暴雨为主。

量级大、强度强、降水效率高。过程雨量 $R'_{24\,h}$≥100 mm 的过程超过总数的一半;91%暴雨过程暴雨相对强度>0.33,其中 40%暴雨过程>0.5,最大 0.83(18.7.22);59%暴雨过程过程 $R_{1\,h}$≥50 mm、降水效率≥0.6,41%暴雨过程 $R_{5\,min}$≥10 mm,超过 95%的暴雨过程雨量 50～99%在 4 h 内完成,三次特大暴雨过程(2022 年 8 月 10 日、2018 年 7 月 22 日、2016 年 8 月 21 日),过程雨量分别为 212 mm、277.6 mm、241.7 mm,最大小时雨强为 89.5 mm、71.4 mm 和 82.5 mm,最大 $R_{5\,min}$ 雨强为 14.9 mm、35 mm、12.4 mm,4 h 雨量占 $R'_{24\,h}$ 的 80%以上。可见,贺兰山东麓暴雨过程虽然历时长,但强降水还是以短历时暴雨为主,多数测站年降水量集中在 1～2 次强暴雨过程。

局地性、地形性特征凸显。76%过程为局地性暴雨,10%过程为区域性暴雨,14%过程为全域性暴雨,最大和最小区域平均雨量分别为 78.7 mm(2006 年 7 月 14 日)和 4.7 mm(2017 年 7 月 25 日),其中,3 次特大暴雨和超过 60%的大暴雨都是局地性暴雨过程。从过程雨量分布看,全域性和多数局地性、部分区域性过程的暴雨落区和中心分布在山区,占过程总数的 71%,其中大和特大暴雨中心均在山区,平均海拔 1407 m,滑雪场是暴雨中心最集中的测站,出现了 2 次特大暴雨和 1 次大暴雨。可见,贺兰山东麓以局地性暴雨为主,暴雨落区和中心主要集中在山区。

夜雨特征明显。62%暴雨过程的强降水集中在夜间,其中 2 次特大暴雨和 64%大暴雨过程的雨强峰值都在夜间，伴有雷电的暴雨过程 59%强雷电出现在夜间。

极端暴雨频繁发生。2016 年之后较之前，大暴雨过程的次数、短时暴雨测站数达 2 倍、11 倍，大暴雨测站数、暴雨中心雨量、最大 1 h 和 5 min 雨强、降水效率、相对强度等暴雨特征量达 1 倍，特大暴雨更是突破了零的记录，暴雨极值集中在 2016 年、2018 年、2022 年，极值暴雨的刷新频率从 6 a 加快到 2 a。

表 2.6　宁夏有气象观测记录以来排名前十位降水量

| 排名 | 测站 | 24 h 雨量 | 时间 | 测站 | 1 h 雨量 | 时间 | 测站 | 5 min 雨量 | 时间 |
|---|---|---|---|---|---|---|---|---|---|
| 1 | 滑雪场 | 296.9 mm | 2018 年 7 月 22 日 20:00—23 日 20:00 | 西三社区 | 89.5 mm | 2022 年 8 月 10 月 02:00—03:00 | 丽景街办事处 | 35.8 mm | 2017 年 7 月 6 日 16:00—16:05 |
| 2 | 拜寺沟 | 273.7 mm | 2018 年 7 月 22 日 20:00—23 日 20:00 | 红果子 | 84.5 mm | 2020 年 8 月 11 日 10:00—11:00 | 滑雪场 | 35 mm | 2018 年 7 月 23 日 01:00—01:05 |
| 3 | 滑雪场 | 241.7 mm | 2016 年 8 月 21 日 08:00—22 日 08:00 | 西三社区 | 84.2 mm | 2022 年 8 月 10 日 03:00—04:00 | 滑雪场 | 21.5 mm | 2018 年 7 月 23 日 01:05—01:10 |
| 4 | 岩画 | 233 mm | 2018 年 7 月 22 日 20:00—23 日 20:00 | 滑雪场 | 82.5 mm | 2016 年 8 月 23 日 00:00—01:00 | 史店镇 | 19.9 mm | 2018 年 7 月 8 日 01:05—01:10 |
| 5 | 拜寺沟 | 220.3 mm | 2016 年 8 月 21 日 08:00—22 日 08:00 | 拜寺沟 | 80.6 mm | 2016 年 8 月 22 日 23:00—23 日 00:00 | 头闸镇 | 19.5 mm | 2020 年 8 月 11 日 15:30—15:35 |
| 6 | 贺兰山 | 211.5 mm | 1975 年 8 月 4 日 20:00—5 日 20:00 | 拜寺沟 | 76.6 mm | 2016 年 8 月 21 日 21:00—22:00 | 下马关镇 | 19.5 mm | 2016 年 7 月 4 日 00:00—00:05 |
| 7 | 西三社区 | 212 mm | 2022 年 8 月 9 日 20:00—10 日 20:00 | 滑雪场 | 74.1 mm | 2018 年 7 月 22 日 21:00—22:00 | 滑雪场 | 18.7 mm | 2018 年 7 月 22 日 21:35—21:40 |
| 8 | 南水 | 207.1 mm | 2018 年 7 月 22 日 20:00—23 日 20:00 | 临河镇 | 71.4 mm | 2018 年 8 月 9 日 12:00—13:00 | 黄铎堡镇 | 18.6 mm | 2017 年 8 月 26 日 15:25—15:30 |
| 9 | 隆德 | 154.6 mm | 1977 年 7 月 4 日 08:00 —5 日 08:00 | 拜寺沟 | 70.5 mm | 2018 年 7 月 22 日 21:00—22:00 | 彭阳 | 18.4 mm | 2010 年 9 月 3 日 16:20—16:25 |
| 10 | 王乐井 | 151.4 mm | 2010 年 8 月 9 日 08:00 —10 日 08:00 | 银光村 | 65.1 mm | 2018 年 9 月 1 日 00:00 —01:00 | 寨科镇 | 18.4 mm | 2018 年 8 月 11 日 09:45—19:50 |

## 2.6　特大暴雨的降水极端性特征

宁夏有气象观测记录以来，监测到 3 次特大暴雨过程，都发生在贺兰山东麓地区。3 次特大暴雨过程分别为：2016 年 8 月 21 日 08:00—22 日 08:00（“8・21”），2018 年 7 月 22 日 20:00—23 日 20:00（“7・22”），2022 年 8 月 9 日 20:00—10 日 20:00（“8・10”）。下面分析这 3 次特大暴雨过程的降水极端性特征。

如表 2.6 所示，3 次特大暴雨过程的最大日、小时和 5 min 雨量分别占宁夏历史排位前十位的 70%、70%、10%。其中：

“8・21”过程日雨量有 2 站位列历史第 4、5，11 站超过当地 8 月降水量历年平均值 1～3 倍，5 站突破当地 8 月历史极值。1 h 雨量有 2 站 3 个时次位列历史第 3、4、5、6 站突破历史极值，11 站突破当地 8 月历史极值。5 min 雨量有 11 站突破历史极值，14 站突破当地 8 月历史极值。

“7·22”过程日雨量有 4 站位列历史第 1、2、3、8，2 站超过当地年均降水量 1 倍，120 站超过当地 7 月降水量历年平均值 1～3.5 倍，11 站突破当地历史极值，20 站突破当地 7 月历史极值。1 h 雨量有 1 站 1 个时次位列历史第 9，25 站突破历史极值，33 站突破当地 7 月历史极值。5 min 雨量有 1 站位列历史第 2，48 站突破历史极值，112 站突破当地 7 月历史极值。

“8·10”过程日雨量有 1 站位列历史第 7，该站日雨量站超过当地年均降水量 1.5 倍，23 站超过当地 8 月降水量历年平均值 1～3.3 倍。1 h 雨量有 1 站 2 个时次位列历史第 1、3，8 站突破历史极值，11 站突破当地 8 月历史极值。5 min 雨量有 5 站突破历史极值，11 站突破当地 8 月历史极值。

上述分析表明，贺兰山东麓特大暴雨极端性特征突出。相较分钟雨量，日和小时雨量的极端性更为显著。“7·22”过程雨量和 5 min 雨强更极端，“8·21”和“8·10”强降水小时雨强更极端。

## 2.7　本章小结

利用加密区域自动站和国家站逐 5 min 和逐 1 h 观测资料，统计分析了 2006—2022 年贺兰山东麓暴雨的时空精细分布特征，结果如下。

(1)干旱区暴雨地域特色鲜明：范围小、强度大、过程时间长、强降水历时短、局地性强、降水效率高、夜发性和地形性特征明显、伴有低空急流、短时暴雨或(和)雷电的对流性暴雨。这样的降水分布与低空偏东南急流夜间增强，并配合地形影响在贺兰山东坡山前触发或增强了暴雨中小尺度系统造成地形处降水增幅密切相关。

(2)贺兰山东麓暴雨日数少(平均每年总暴雨日 3.4 d)、频次低(平均每年总暴雨频次 27 站)、量级小(一般暴雨为主)，局地性强(暴雨比例平均为 15.2%)，多是伴有短时强降水的强对流暴雨。

(3)贺兰山东麓暴雨最早出现在 5 月下旬，最迟结束于 10 月下旬，集中在 6－8 月，其中，暴雨日 8 月为其峰值，多伴有 $R_{1h}$≥40 mm 的短时强降水事件，7 月次之，但短时强降水事件强度分布较均匀；暴雨频次 7 月为其峰值，8 月次之，说明 7 月暴雨范围更广；特大暴雨仅在 7、8 月出现过。暴雨比率和平均雨强单峰型分布(7 月为峰值)，相对强度和降水效率双峰型分布(主峰分别为 5 月和 8 月)，表明贺兰山东麓暴雨 7 月发生频次最高、平均强度最强，降水效率和相对强度以 8 月为主，但 5 月也需防范春雷雨过程造成的暴雨；最大过程雨量 7 月最大，最大小时雨量 8 月最强，最大 5 min 雨量 6 月最高，表明极端短时强降水并不是特大暴雨出现的主要因素，强降水的持续时间可能是更重要影响因素。

(4)贺兰山东麓暴雨日变化明显、夜雨特征显著。暴雨总频次和一般暴雨主要出现在呈双峰型分布，后半夜和下午为高发时段，主峰出现在 03:00—06:00，大暴雨和特大暴雨夜发性显著，分别主要出现在后半夜(主峰为 02:00—03:00)和前半夜(主峰为 21:00—22:00)；短时暴雨以后半夜为主(主峰为 03:00—04:00)，但短时强降水事件越强，出现在前半夜的概率越大，$R_{1h}$≥50 mm 强度的短时强降水事件主要出现在 21:00—22:00；最大小时雨量呈明显的三峰型分布，主要高值时段为 00:00—04:00(峰值为 02:00—03:00)，最大 5 min 雨量的日变化呈双峰型分布，主要高值时段为 14:00—17:00(峰值为 15:00—16:00)。

(5)近十几年，降水效率、相对强度、平均雨强、最大雨量的增加趋势通过 90%～99%的信度检验，暴雨比率的减少趋势未通过 90%的信度检验。表明，暴雨频次减少、量级和雨强显著增大，极端性加剧。2006 年、2012 年、2016 年、2018 年和 2022 年是暴雨发生频次较多、降水效率较高、相对强度和平均雨强较强的年份，基本每 4～6 a 波动一次。

(6)贺兰山东麓暴雨主要分布在平原地区，自南向北暴雨日和短时暴雨频次略有减小，但总暴雨日≥4 d、一般暴雨日≥4 d、大暴雨日≥2 d、特大暴雨日≥2 d、总短时暴雨频次≥15 和 $R_{5\ min}$≥5 mm 降水频次≥30 的高频站点分布在山区，以贺兰山沿山贺兰段最集中、最高发；暴雨频次和降水强度与山区海拔高度无明显正比关系；短时强降水强度越强，频次越低、落区越集中、山区地形增幅作用越明显，但 5 min 强降水量级越大，高频站点在平原占比越大。

(7)贺兰山东麓降水日极值、小时极值量级越大，测站位置越靠近贺兰山，但 5 min 极值越大，测站分布越区域平原地区；日最大极值出现在滑雪场为 291.6 mm，小时极值出现在西三社区 89.5 mm，5 min 极值出现在景泰社区 35.8 mm，海拔分别为 1494 m、1418 m、1128 m。总体上，贺兰山东麓暴雨在不同海拔高度均可以出现，但暴雨频次主要分布在海拔为 1300～2000 m 的区域，其中又以 1400～1500 m 区域的占比最高，该区域更易出现较强的 5 min、小时、日降水。

# 第 3 章 低空急流与贺兰山东麓暴雨过程的相关性

低空急流对暴雨的影响主要体现在四个方面：一是暴雨的日变化特征与低空急流的发展密切相关，我国东部暖区暴雨和梅雨锋暴雨过程在清晨出现的降水峰值与夜间西南低空急流加强有关(Jiang et al.，2017；周静 等，2017)；二是低空急流为暴雨区输送水汽和不稳定能量(许彬 等，2019；陈芳丽 等，2021；苏爱芳 等，2022)；三是低空急流具有强烈的不稳定性使得急流轴上的风速出现强风速脉动传播现象，从而触发中尺度低涡及暴雨雨团发生，低空急流在地形抬升的作用下造成强烈的垂直上升运动，激发对流云团强烈发展，也能够触发暴雨过程(胡雅君 等，2020；汪小康 等，2022；黄美金 等，2022)；四是低空急流与暴雨是相互促进的(刘鸿波 等，2014)。

陈豫英等(2018，2021)、杨侃等(2020)研究表明：贺兰山东麓暴雨分布与低空偏东南急流夜间增强、并配合地形作用在贺兰山东坡山前触发或增强暴雨中小尺度系统造成地形处降水增幅密切相关。但这些研究仅限于个别极端暴雨过程，尚未开展系统性研究。

苏洋等(2023)、李超等(2022)利用贺兰山东麓地区逐时降水、常规气象探测、银川 CA 雷达资料和 ERA5(欧洲中期天气预报中心对 1950 年 1 月至今全球气候的第五代大气再分析数据)高分辨率再分析资料，系统研究影响贺兰山东麓暴雨过程的低空急流演变规律，低空急流与暴雨时空间上的相关性，综合分析暴雨过程的环流形势及低空急流特征与降水分布之间的关系，并初步探讨低空急流与地形配合影响贺兰山东麓暴雨过程的发生发展机制。

## 3.1 低空急流标准和分类

### 3.1.1 低空急流标准

由于低空急流出现的高度、范围、风速强度及垂直风切变均有一定的差异，迄今为止，低空急流的定义尚未形成统一的标准(刘鸿波 等，2014)。Bonner(1968)在研究北美低空急流时，定义的单站低空急流观测标准包括了三个方面：一是距地高度，通常指最大风速出现在距地 1.5 km 之内的大风层；二是最大风速，最大风速层的风速必须$\geqslant$12 m·s$^{-1}$；三是最大风速层上方的风速垂直切变要求，通常要求最大风速层上方风速随高度必须是减小的，最低要求是最大风速层与其上方出现的最小风速层之间要有 6 m·s$^{-1}$ 的风速差，或者距地 3 km 处的风速要比最大风速层上的风速小 6 m·s$^{-1}$。这一定义方式在后续针对南、北美洲低空急流研究工作中被广泛采用(Vera et al.，2006)。我国学者在研究中国低空急流时一般将其定义为，600 hPa 以下的大气低层某一层等压面上(指 700 hPa、850 hPa、925 hPa)上某一区域内存在的风速达到某一标准的强风带，最常用的风速标准是$\geqslant$12 m·s$^{-1}$(陶诗言，1980)。中国低空急流定义中没有对风速的垂直切变提出要求，对低空急流局地高度的要求也较宽，通常只用标准等压面上的风速大小为标准。

基于对流层低层加密的 ERA5 高分辨率再分析资料（垂直分辨率为 23 层 750～1000 hPa 为 25 hPa/层，600～750 hPa 为 50 hPa/层，100～600 hPa 为 100 hPa/层），参照 Zhang 等(2019)对华南暖区暴雨过程的低空急流的选取标准，对影响贺兰山东麓暴雨过程的低空急流选取标准为：在 30°—40°N、100°—120°E 范围内，600 hPa 以下存在风速≥10 $m \cdot s^{-1}$ 的气流带（长度超过 100 km），低层风速最大值超出该风速出现高度上方风速最小值至少 2 $m \cdot s^{-1}$，且暴雨区与低空急流轴的距离不超过 4 个经距或纬距。

考虑到银川平原地区海拔高度在 1102～1122 m（大约是 875 hPa），选取 ERA5 资料的 875 hPa、850 hPa、825 hPa、800 hPa、775 hPa、750 hPa、700 hPa、650 hPa 和 600 hPa 共 9 个高度层进行低空急流的统计分析。定义急流最大频率：贺兰山东麓暴雨过程期间，某个高度层、某个格点上，急流出现的最多次数。

依据上述标准，经统计，2006—2021 年贺兰山东麓 23 次暴雨过程中有 22 次过程伴随低空急流出现（表 3.1），占总暴雨过程的 95.7%。

**表 3.1　2006—2021 年 22 次伴有低空急流出现的贺兰山东麓暴雨过程**

| 序号 | 暴雨过程 | 累计降水量/mm | 最大小时雨强/($mm \cdot h^{-1}$) | 暴雨站数 | 短时暴雨站数 | 700 hPa 急流最大风速/($m \cdot s^{-1}$) | 775 hPa 急流最大风速/($m \cdot s^{-1}$) | 850 hPa 急流最大风速/($m \cdot s^{-1}$) |
|---|---|---|---|---|---|---|---|---|
| 1 | 2006 年 7 月 14 日 11 时—15 日 10 时 | 168.2 | 33.3 | 14 | 16 | 18.6 | 17.3 | 17.4 |
| 2 | 2007 年 6 月 16 日 13 时—17 日 12 时 | 93.5 | 16.6 | 14 | 0 | 18.5 | 19.7 | 17.6 |
| 3 | 2009 年 7 月 7 日 08 时—8 日 07 时 | 107.6 | 39.6 | 10 | 8 | 17 | 15.1 | 16.9 |
| 4 | 2012 年 7 月 29 日 20 时—30 日 11 时 | 174.3 | 47.7 | 52 | 21 | 16.1 | 15.4 | — |
| 5 | 2015 年 9 月 3 日 04 时—4 日 01 时 | 65.9 | 27.9 | 11 | 1 | 20.7 | 19.7 | 17.4 |
| 6 | 2015 年 9 月 8 日 01 时—8 日 20 时 | 69.6 | 50.4 | 5 | 3 | 17.1 | 15.5 | — |
| 7 | 2016 年 7 月 24 日 05—12 时 | 89.5 | 56.5 | 8 | 20 | 17.8 | — | — |
| 8 | 2016 年 8 月 13 日 15 时—14 日 14 时 | 110.2 | 51.7 | 32 | 48 | 14.6 | 15.3 | — |
| 9 | 2016 年 8 月 21 日 19 时—22 日 08 时 | 241.7 | 82.5 | 11 | 29 | 19.9 | 18.9 | 14.8 |
| 10 | 2016 年 8 月 22 日 22 时—23 日 06 时 | 57.3 | 53.7 | 3 | 14 | 12.7 | 13.8 | — |
| 11 | 2017 年 6 月 4 日 15 时—5 日 10 时 | 116.5 | 26.7 | 121 | 4 | 19.7 | 20.4 | 16.6 |
| 12 | 2017 年 7 月 5 日 03—18 时 | 114.4 | 47.4 | 10 | 17 | 16.6 | 14.3 | 13.5 |

续表

| 序号 | 暴雨过程 | 累计降水量/mm | 最大小时雨强/(mm·h$^{-1}$) | 暴雨站数 | 短时暴雨站数 | 700 hPa 急流最大风速/(m·s$^{-1}$) | 775 hPa 急流最大风速/(m·s$^{-1}$) | 850 hPa 急流最大风速/(m·s$^{-1}$) |
|---|---|---|---|---|---|---|---|---|
| 13 | 2017 年 7 月 25 日 20 时—26 日 02 时 | 64.4 | 57.7 | 4 | 35 | 20.3 | 20.1 | 18.3 |
| 14 | 2018 年 7 月 1 日 09 时—2 日 01 时 | 84.3 | 29.8 | 38 | 24 | 19.4 | 16 | 15.9 |
| 15 | 2018 年 7 月 19 日 03—10 时 | 136.2 | 54.5 | 21 | 39 | 26 | 21.3 | — |
| 16 | 2018 年 7 月 22 日 19 时—23 日 07 时 | 277.6 | 74.1 | 35 | 61 | 20.7 | 20.1 | 14.7 |
| 17 | 2018 年 7 月 23 日 12 时—20 时 | 89.3 | 58 | 21 | 95 | 14.4 | 14.5 | — |
| 18 | 2018 年 8 月 9 日 12 时—10 日 13 时 | 71.4 | 71.4 | 14 | 29 | — | 13 | — |
| 19 | 2018 年 8 月 31 日 19 时—9 月 1 日 17 时 | 136.9 | 65.1 | 60 | 53 | 21.8 | 20.1 | 16.2 |
| 20 | 2019 年 8 月 2 日 18 时—3 日 00 时 | 71 | 53.9 | 6 | 35 | 19.2 | 14 | — |
| 21 | 2020 年 8 月 11 日 07 时—12 日 08 时 | 126 | 84.5 | 23 | 31 | 25.9 | 19 | 15.8 |
| 22 | 2021 年 9 月 15 日 00—15 时 | 93.8 | 23.2 | 9 | 1 | 23.3 | 13.7 | — |

### 3.1.2　对比 ERA5 与探空数据低层风场

影响贺兰山东麓暴雨过程的低空急流主要为偏南急流和东南急流，选取西北地区东部的银川、延安、崆峒、武都、汉中和安康 6 个探空站（图 3.1），对比探空和 ERA5 的低层风场（700 hPa、850 hPa 风向、风速）。统计检验时段包括 22 次暴雨过程期间的 08:00 和 20:00，共 37 个时次。

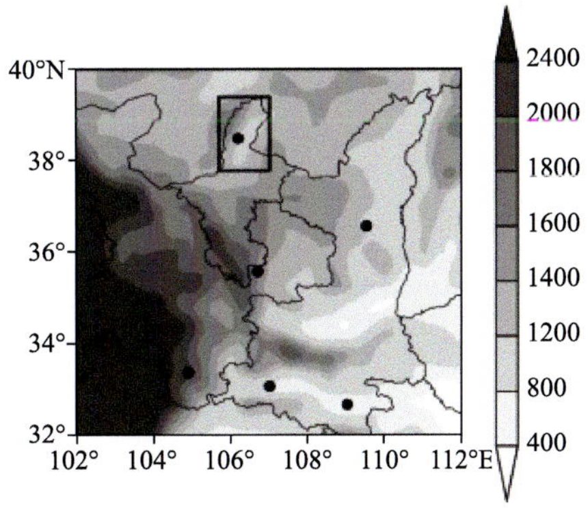


图 3.1　西北地区东部的探空站分布和地形高度（阴影，单位：m）
（方框为贺兰山东麓地区，圆点表示探空站位置）

杨程等(2018)对浙江探空数据和 ERA-Interim 数据进行了评估，结果表明两类数据的风向和风速相对误差都小于 15%，ERA-Interim 数据是可信的。考虑到该文中用于对比的杭州、义乌、衢州和湖州 4 个探空站海拔高度均低于 90 m，而西北地区东部的 6 个探空站海拔高度在 290.8～1467.6 m，地势较高，地形以高原、山地为主，更为复杂，低层风场受不同下垫面影响造成的观测误差也更大。因此，当 80%以上的相对误差低于 16%，就认为 ERA5 资料是可用的。评价指标包括：平均相对误差 MRE、平均绝对误差 MAE、平均绝对偏差 MDE、均方根误差 RMSE 和相关系数 CC。其中：

平均相对误差：
$$\mathrm{MRE}=\frac{1}{N}\sum_{i=1}^{N}\frac{|V_{oi}-V_{pi}|}{V_{oi}}\times 100\% \tag{3.1}$$

平均绝对误差：
$$\mathrm{MAE}=\frac{1}{N}\sum_{i=1}^{N}|V_{oi}-V_{pi}| \tag{3.2}$$

平均绝对偏差：
$$\mathrm{MDE}=\frac{1}{N}\sum_{i=1}^{N}(V_{oi}-V_{pi}) \tag{3.3}$$

均方根误差：
$$\mathrm{RMSE}=\sqrt{\frac{1}{N}\sum_{i=1}^{N}(V_{oi}-V_{pi})^2} \tag{3.4}$$

相关系数：
$$\mathrm{CC}=\frac{\sum_{i=1}^{N}(V_{oi}-\overline{V_{oi}})(V_{pi}-\overline{V_{pi}})/(N-1)}{\sqrt{\frac{1}{N}\sum_{i=1}^{N}(V_{oi}-\overline{V_{oi}})^2}\,g\,\sqrt{\frac{1}{N}\sum_{i=1}^{N}(V_{pi}-\overline{V_{pi}})^2}} \tag{3.5}$$

式中，$V_{oi}$ 为某站的探空风速或风向，$V_{pi}$ 为该站 ERA5 风速或风向。

从表 3.2 中可以看出，两类数据的相关性高，相关系数普遍在 0.92 以上(通过了 99%的显著性 t 检验 $t_{\alpha=0.01}^{36}=0.413$)，其中两类数据风向的相关性略好于风速，均高于 0.95。两类数据风向的绝对误差在 7.31°～10.94°，均方根误差在 9.66°～14.17°，其中安康站的两种风向误差均为最小；风速的绝对误差在 0.83～1.07 $\mathrm{m\cdot s^{-1}}$，均方根误差在 1.26～1.49 $\mathrm{m\cdot s^{-1}}$，其中延安站的绝对误差最小，崆峒站的均方根误差最小。从平均绝对偏差来看，银川站、崆峒站和汉中站的风向为负值，即相对于探空风向，ERA5 的风向平均偏右，相反地，对于延安站、武都站和安康站而言，ERA5 的风向平均偏左；相对于探空风速，ERA5 的风速普遍略偏大。两类数据的风向相对误差均低于 8%，除武都站的风速相对误差为 18.48%外，其他 5 站的风速相对误差普遍低于 16%，这可能与武都站地形有关。通过以上分析可知，ERA5 低层风场数据总体上是可信的，将利用该数据和逐时降水数据及银川 CA 雷达资料研究 22 次暴雨过程与低空急流的相关性。

**表 3.2 贺兰山东麓暴雨过程期间 37 个时次 ERA5 再分析数据与西北地区东部 6 个探空数据的评估结果**

| | 平均相对误差 | 平均绝对误差 | 平均绝对偏差 | 均方根误差 | 相关系数 |
|---|---|---|---|---|---|
| 银川风向 | 7.96% | 10.94° | −4.13° | 13.39° | 0.99 |
| 延安风向 | 5.34% | 8.48° | 2.06° | 11.19° | 0.95 |
| 崆峒风向 | 6.47% | 10.90° | −1.30° | 14.17° | 0.97 |

续表

| | 平均相对误差 | 平均绝对误差 | 平均绝对偏差 | 均方根误差 | 相关系数 |
|---|---|---|---|---|---|
| 武都风向 | 5.73% | 10.25° | 2.25° | 12.45° | 0.98 |
| 汉中风向 | 5.29% | 7.90° | −0.32° | 9.73° | 0.99 |
| 安康风向 | 4.92% | 7.31° | 0.16° | 9.66° | 0.99 |
| 银川风速 | 15.19% | 1.05 $m \cdot s^{-1}$ | 0.73 $m \cdot s^{-1}$ | 1.49 $m \cdot s^{-1}$ | 0.92 |
| 延安风速 | 12.18% | 0.83 $m \cdot s^{-1}$ | −0.27 $m \cdot s^{-1}$ | 1.33 $m \cdot s^{-1}$ | 0.90 |
| 崆峒风速 | 12.92% | 0.84 $m \cdot s^{-1}$ | 0.72 $m \cdot s^{-1}$ | 1.26 $m \cdot s^{-1}$ | 0.97 |
| 武都风速 | 18.48% | 0.90 $m \cdot s^{-1}$ | 0.70 $m \cdot s^{-1}$ | 1.39 $m \cdot s^{-1}$ | 0.95 |
| 汉中风速 | 15.74% | 1.07 $m \cdot s^{-1}$ | 0.72 $m \cdot s^{-1}$ | 1.43 $m \cdot s^{-1}$ | 0.92 |
| 安康风速 | 14.77% | 0.87 $m \cdot s^{-1}$ | 0.25 $m \cdot s^{-1}$ | 1.30 $m \cdot s^{-1}$ | 0.88 |

### 3.1.3 低空急流分类

根据低空急流最大风速轴所在高度可以将其分为自由大气(600～850 hPa)低空急流和边界层低空急流(850 hPa 或 1500 m 以下),按来向可以分为低空西南风急流、东南风急流、内陆地区偏东风急流和偏北风急流,内陆地区低空急流按地形可以分为平原低空急流和山区低空急流(赛瀚 等,2012)。

参考 Zhang 等(2019)、赛瀚等(2012)研究,结合宁夏地形,考虑到 B 区宁夏东南部的海拔高度为 1400～1600 m(图 3.1),775 hPa 急流所在高度低于 1 km,依据低空急流最大风速轴所在高度对其进行分类,影响贺兰山东麓暴雨过程的 775 hPa、850 hPa 急流均为边界层急流,700 hPa 急流为低空急流。在此基础上,进一步将影响贺兰山东麓暴雨过程的低空急流过程分为 7 类(表 3.3)。

表 3.3 不同类型低空急流出现的频率

| 类型 | 定义 | 频率 |
|---|---|---|
| 低空急流型 | 仅 700 hPa 出现急流 | 4.50% |
| 边界层急流Ⅰ型 | 仅 775 hPa 出现急流 | 4.50% |
| 边界层急流Ⅱ型 | 仅 850 hPa 出现急流 | 0 |
| 边界层急流型Ⅲ型 | 775 hPa 和 850 hPa 同时出现急流,但 700 hPa 没有出现急流 | 0 |
| 双层低空急流Ⅰ型 | 700 hPa 和 775 hPa 同时出现急流,但 850 hPa 没有出现急流 | 36.50% |
| 双层低空急流Ⅱ型 | 700 hPa 和 850 hPa 同时出现急流,但 775 hPa 没有出现急流 | 0 |
| 三层低空急流型 | 700 hPa、775 hPa 和 850 hPa 同时出现急流 | 54.50% |

2006—2021 年 22 次伴随低空急流出现的贺兰山东麓暴雨过程中有 20 次过程(约为 90.9%)同时伴有低空急流和边界层急流出现,其中,三层低空急流型占比 54.5%,双层低空急流Ⅰ型占比 36.5%,低空急流型和边界层急流Ⅰ型过程各有 1 次(4.5%),其他类型过程均没有发生(表 3.3)。这样的分布表明:850 hPa 有边界层急流出现,775 hPa 边界层急流也一定会出现,可见 850 hPa 急流对 775 hPa 急流的发生发展有着重要的影响。

## 3.2 低空急流关键区和关键层次

图 3.2a 为 22 次贺兰山东麓暴雨过程 600～875 hPa 的急流最大频率分布图(因各高度急流发生次数差异较大,选取急流次数最多的高度层(700 hPa,793 次)为标准,统计这 793 个时次内每个格点的急流最大频率,即研究同一个较长时间段内的急流最大频率分布),图 3.32b 为对应图 3.2a 中急流最大频率出现的高度分布图,可以看到:影响贺兰山东麓暴雨过程的低空急流分布大值区有三个，A 区位于河套南部、B 区位于宁夏东南部、C 区位于山西西南部,其中,A 区范围最大,频率最高(中心达到 793 次),B 区次之(中心为 627 次),C 区范围最小,频率也最低(中心为 510 次);A、B 和 C 区对应的平均高度分别为 700 hPa、775 hPa 和 850 hPa。从各区最大频率中心水平风速的垂直廓线(图 3.2c)上也可以看出:A 区低空急流出现的高度最高且强度最强,高度为 700 hPa,平均风速达到 12.9 $\mathrm{m \cdot s^{-1}}$;B 区低空急流出现在 775 hPa,急流强度较强(11.0 $\mathrm{m \cdot s^{-1}}$);C 区低空急流高度为 850 hPa,强度最弱,最大风速为 9.8 $\mathrm{m \cdot s^{-1}}$。

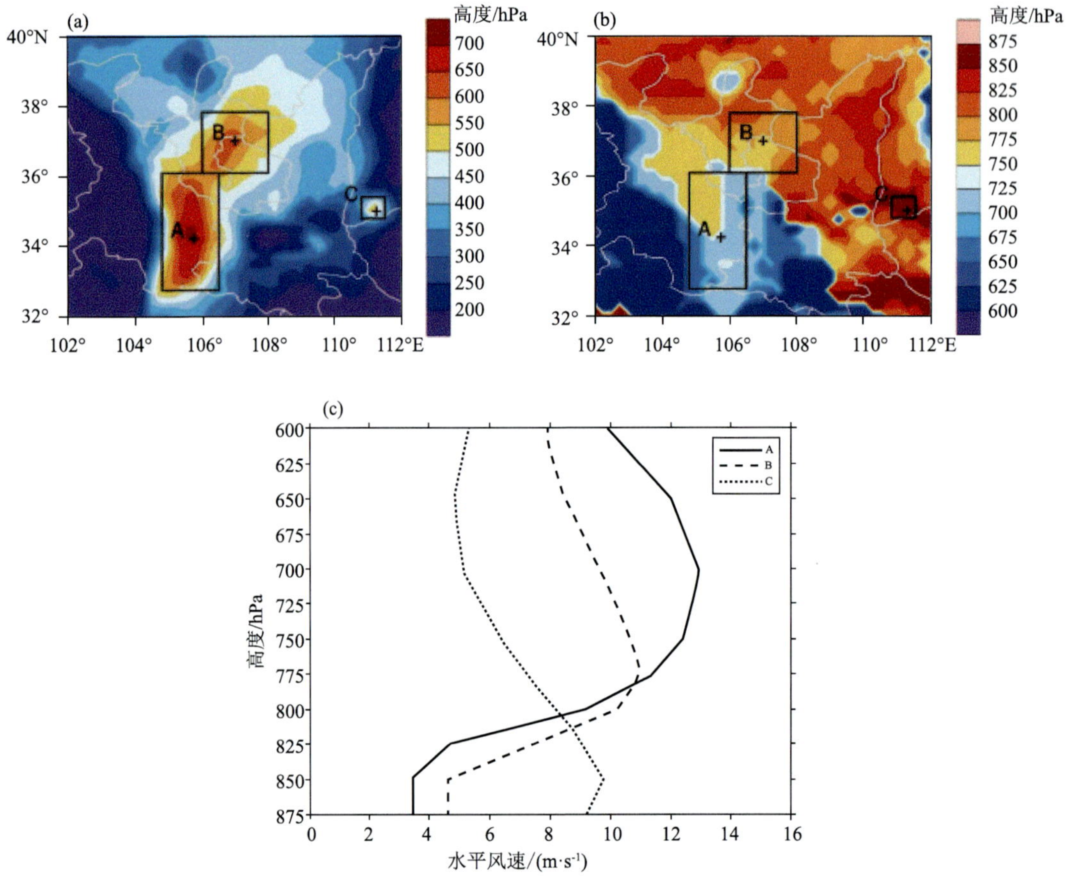


图 3.2 贺兰山东麓暴雨过程 600～875 hPa 的低空急流最大频率(黑色方框表示急流关键区,A、B、C 分别表示三个关键区的最大频率中心,+表示最大频率中心位置)(a)、低空急流最大频率对应的高度分布(单位:hPa)(b)和关键区最大频率中心的水平风速的垂直廓线(c)(单位:$\mathrm{m \cdot s^{-1}}$)

从图 3.3 可以看出，700 hPa 急流为南风急流，775 hPa 为偏南急流，850 hPa 为东南急流，且急流核与频率分布大值区（图 3.2a）有很好的对应关系，分别位于 A、B 和 C 三个关键区。775 hPa 急流区距离贺兰山东麓地区最近，对该地区暴雨有直接影响，而 700 hPa 急流轴最前端恰好处于 B 区 775 hPa 急流核所在位置，850 hPa 急流出口区前方恰好对应 775 hPa 急流入口区；结合图 3.1 的地形分布可知，850 hPa 急流经地形抬升可造成 B 区 775 hPa 急流加强。由此可见：B 区是三支低空急流汇合后继续北上西进的中转站，对贺兰山东麓暴雨过程的发生发展有着极其重要的作用。

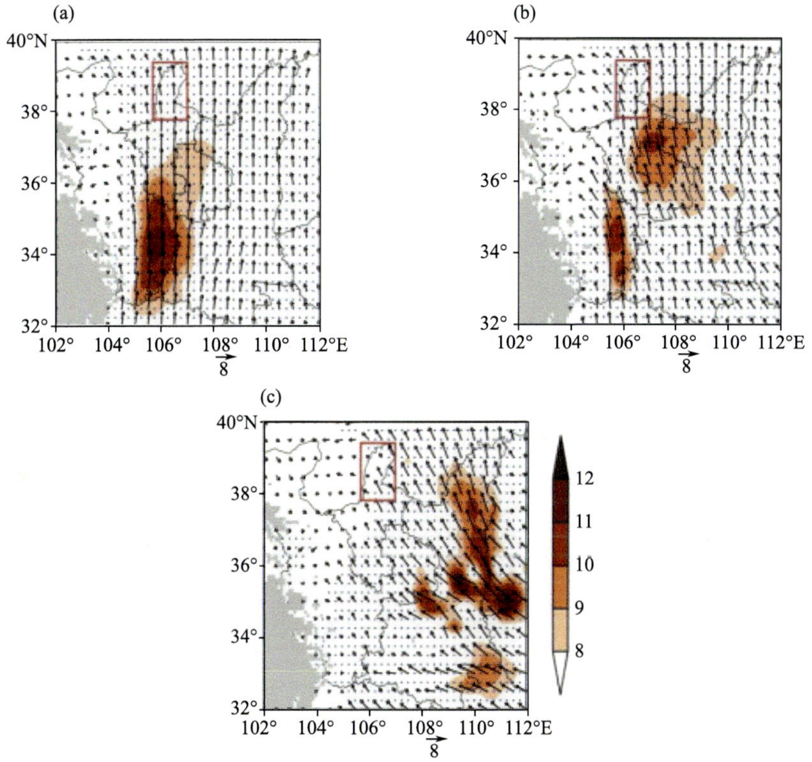


图 3.3　贺兰山东麓暴雨过程合成平均的 700 hPa(a)、775 hPa(b)和 850 hPa(c)低空急流风场（风速，阴影，单位：m・s$^{-1}$；风矢量，单位：m・s$^{-1}$；灰色圆点表示合成平均风速通过了 99%的显著性 $t$ 检验；红色方框为贺兰山东麓地区）

## 3.3　低空急流与暴雨过程的时空间相关性

### 3.3.1　不同层次低空急流与暴雨过程的时间相关性

从急流的发生频率来看（图 3.4a），700 hPa、775 hPa 和 850 hPa 三个高度上的急流总频率分布呈单峰变化，峰值出现在夜间 00:00，中午 13:00—14:00 频率最低，其中 700 hPa 急流出现次数最多为 793 时次，775 hPa 急流次之（597 时次），850 hPa 急流最少为 212 时次，700

hPa、775 hPa 和 850 hPa 急流频率的峰值分别出现在 22:00—00:00、23:00—00:00 和 00:00，急流频率最低值分别出现在 13:00 和 18:00、12:00 和 14:00、12:00—14:00；分时段来看，上午(08:00—13:00)、下午(14:00—19:00)、前半夜(20:00—次日 01:00)和后半夜(02:00—07:00)急流总频率分别为 350 时次、348 时次、464 时次、440 时次，各高度急流夜间发生频率均较白天明显偏多，700 hPa、775 hPa 和 850 hPa 急流分别偏多 57 时次、93 时次、56 时次。这样的急流日变化表明，急流的夜间增多特征显著，前半夜急流发生最频繁，下午急流出现最少，其中 775 hPa 夜间增多特征最为明显。进一步统计表明，22 次暴雨过程的平均时长为 18 h，700 hPa、775 hPa 和 850 hPa 急流的平均持续时间为 36 h、27 h 和 10 h，可见 700 hPa、775 hPa 急流的生命史普遍较暴雨过程更长，850 hPa 急流持续时间最短。

从图 3.4a 短时暴雨总频率分布可以看出，短时暴雨总频率呈双峰结构，主峰值出现在 22:00，次峰值出现在 16:00。19:00—22:00 短时暴雨频率急剧增加，与此时低空急流增多有密切关系。下面讨论急流建立、最大风速时间与暴雨开始、最大雨强时间的对应关系。

从急流建立时间的频率分布(图 3.4b)可以看出：低空急流普遍在中午到前半夜建立，其中，700 hPa 和 775 hPa 急流均在 19:00 建立频率最高，850 hPa 急流在 20:00 建立频率最高。图 3.4c 为低空急流建立相对暴雨过程开始的超前滞后时间关系(−1 表示低空急流建立较暴雨过程开始早 1 h，0 表示低空急流与暴雨过程开始时间同步，1 表示低空急流建立较暴雨过程开始晚 1 h，其他时间类似)，可以看到：80%的低空急流普遍在暴雨过程发生前建立，进一步统计可知 700 hPa、775 hPa 和 850 hPa 急流建立较暴雨开始平均提前 18 h、10 h 和 7 h。值得注意的是，只有 10%的 700 hPa 急流和 20%的 775 hPa 急流建立时间滞后于暴雨过程的开始时间，而接近一半的 850 hPa 急流(41.7%)在暴雨过程开始后才建立，因此 700 hPa 急流和 775 hPa 急流的建立时间相对暴雨过程的开始时间有更好的指示作用。

图 3.4d 为低空急流最大风速时间和暴雨过程最大雨强时间的超前滞后关系。可以看到：40.7%的低空急流最大风速较暴雨最大雨强发生时间提前，48%的急流最大风速滞后于最大雨强时刻。结合图 3.4a—b 急流分布，表明低空急流与暴雨过程之间存在相互反馈，即急流增强时，不仅促进水汽输送，还使得垂直切变增强，超地转现象明显，不稳定性增大，有利于对流发展，从而造成降水强度增大(陶诗言，1980)；同时，上升运动和凝结潜热释放所诱发的中尺度环流系统对低空急流的最大风速起到了显著的加强作用(Qian et al.，2004)。总体上，急流最大风速超前最大雨强 1 h 到滞后 1 h 的 3 个时次内出现的频率达到 63%，这与王东阡等(2012)对中国东部西南低空急流日变化特征的研究结论一致，进一步统计表明：700 hPa 和 775 hPa 急流最大风速较暴雨最大雨强平均提前 54 min、18 min，而 850 hPa 急流最大风速较暴雨最大雨强平均滞后 12 min。

上述分析表明，贺兰山东麓暴雨的夜发性与低空急流的夜间增多密切相关，且两者存在相互反馈，其中 700 hPa 和 775 hPa 急流的建立、最大风速时间对暴雨过程的开始、最大雨强时间的指示性更明显。

### 3.3.2 不同强度低空急流和短时暴雨的时间相关性

参考 Bonner(1968)研究，根据最大风速将低空急流强度分为 3 个等级，10～14 $m \cdot s^{-1}$ 为 1 级急流，14～18 $m \cdot s^{-1}$ 为 2 级急流，18 $m \cdot s^{-1}$ 以上为 3 级急流。统计表明，2 级急流出现频率最高(654 时次)，1 级急流次之(623 时次)，3 级急流出现频率最低(325 时次)。可见，影

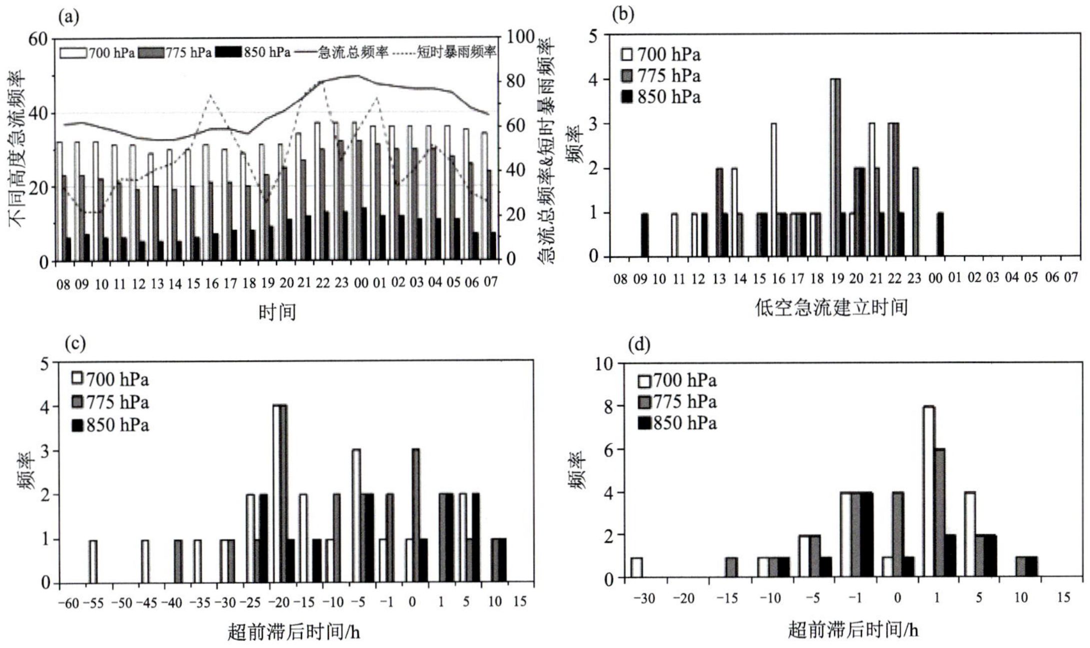


图 3.4　贺兰山东麓暴雨过程期间不同高度低空急流与暴雨过程的时间相关性
(a)不同高度的低空急流频率和低空急流总频率及短时暴雨总频率分布；(b)低空急流建立时间；
(c)低空急流建立相对暴雨过程开始时间的超前滞后关系；(d)低空急流最大风速相对暴雨
最大雨强时刻的超前滞后关系

响贺兰山东麓暴雨过程的低空急流风速普遍为 10～18 $m \cdot s^{-1}$。从图 3.5 可以看出，不同强度的低空急流频率分布的日变化特征差异明显，1 级急流普遍在白天出现频率高，夜间降低，而较强等级的 2 级、3 级急流在夜间显著增多，其中 775 hPa 和 850 hPa 的 2、3 级急流的高频时段集中在 22:00—次日 01:00，而 700 hPa 的较强急流从 23:00 持续到 06:00。这表明低空急流普遍在夜间强度较白天更强，并且在前半夜迅速增强，后半夜逐渐减弱。不同强度的短时暴雨频率呈类似的分布，短时暴雨雨强以 20～40 $mm \cdot h^{-1}$ 为主，20～40 $mm \cdot h^{-1}$ 短时暴雨频率在 16 时达到最高，而 40～60 $mm \cdot h^{-1}$ 和 60 $mm \cdot h^{-1}$ 以上的短时暴雨均在 22:00 出现次数最多，即短时暴雨在夜间强度更强。由此可见，贺兰山东麓暴雨和低空急流的强度在时间上呈一致性变化，夜间随着低空急流增强，暴雨量级增大，而 21:00—次日 01:00 20～40 $mm \cdot h^{-1}$ 短时暴雨维持较高频率，也与这一时段内低空急流强度明显增强有关。但是，不同强度的低空急流和短时暴雨的频率相关程度不同，其中，20～40 $mm \cdot h^{-1}$ 短时暴雨与 850 hPa 的 1 级急流显著正相关(相关系数为 0.44)，40～60 $mm \cdot h^{-1}$ 短时暴雨与 775 hPa 的 2 级急流相关系数为 0.43，均通过了 $\alpha=0.01$ 的显著性水平检验。

图 3.6 给出了暴雨过程的最大雨强与对应时刻的三个关键区内最大风速和平均风速分布，可以发现，A 区 700 hPa 急流和 B 区 775 hPa 急流的最大风速和平均风速变化趋势一致性极高，且二者与最大雨强的分布也比较一致，其中最大雨强与 A 区 700 hPa 急流的平均风速相关程度最高，相关系数为 0.22，通过了 $\alpha=0.01$ 的显著性水平检验。

上述分析进一步表明，贺兰山东麓暴雨的夜间增强与低空急流夜间增强密切相关，其中

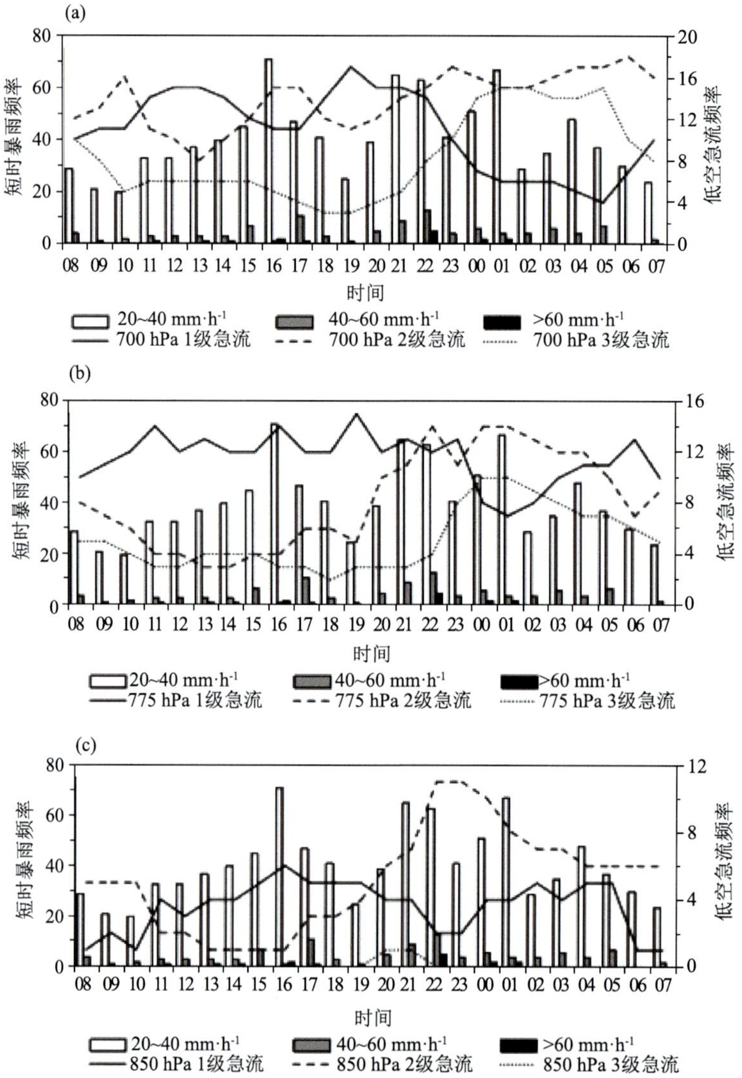


图 3.5 贺兰山东麓暴雨过程期间不同强度的低空急流和短时暴雨频率

850 hPa 的 1 级急流、775 hPa 的 2 级急流分别对 20～40 mm・h$^{-1}$、40～60 mm・h$^{-1}$ 短时暴雨的频率指示性更强，而 700 hPa 平均风速对暴雨过程的最大雨强量级指示性更强。

### 3.3.3 低空急流对暴雨空间分布的影响

贺兰山东麓暴雨过程有量级大、强度强、降水效率高、对流性强、局地性和地形性显著等特征(Chen et al.，2021)。除个别持续性暴雨过程外，大部分对流性暴雨过程均存在雨强大于 20 mm・h$^{-1}$ 的站数明显突增的时刻。借鉴罗辉等(2020)以 20 mm・h$^{-1}$ 降水站数的突增为时间节点对四川盆地暖区暴雨演变时段的划分标准，定义突增前为暴雨初始阶段，其后为发展阶段，突减时刻视为暴雨过程减弱阶段。类似地，根据低空急流强度的突增和突减来定义低空急流的建立、发展和减弱阶段。

图 3.7 给出了 22 次暴雨过程合成平均的不同阶段降雨量分布和低空急流的风场分布。

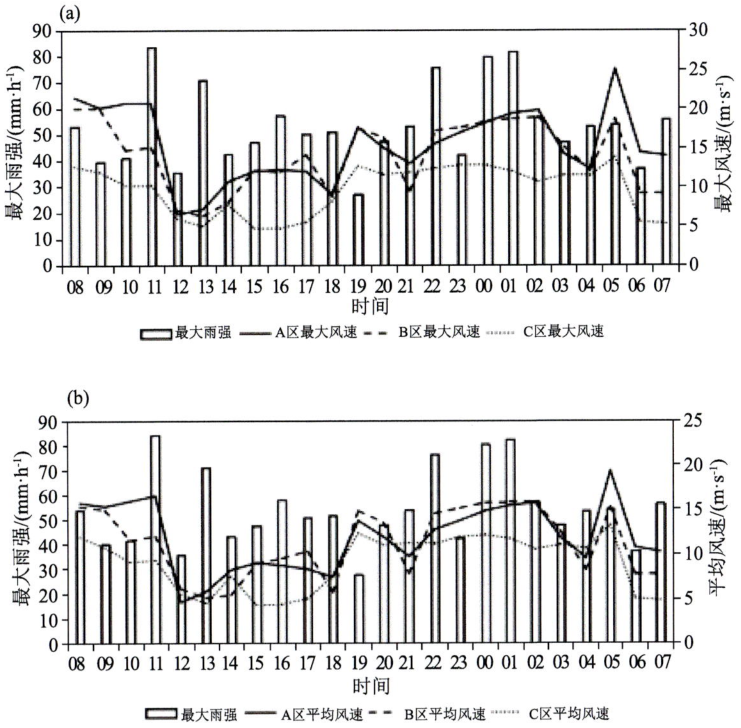


图 3.6　贺兰山东麓暴雨过程期间最大雨强与对应时刻的急流关键区最大风速(a)和平均风速(b)分布

急流建立阶段(图 3.7d),各关键区均出现了风速小于 11 m・s$^{-1}$ 的弱急流。低空急流将充沛水汽和不稳定能量输向暴雨区(图 3.8a,图 3.8d,图 3.8g,图 3.8j),700 hPa 和 775 hPa 上水汽辐合中心位于大于 10 g・hPa$^{-1}$・cm$^{-1}$・s$^{-1}$ 的水汽输送带前部(宁夏中部地区),暴雨区水汽辐散,只有 850 hPa 上位于水汽辐合区。大于 500 J・kg$^{-1}$ 的对流有效位能和大于 31 ℃的 $K$ 指数分布显示暴雨区有较强的对流不稳定能量,同时,在对流层低层都有上升运动。相应的该时段,贺兰山东麓地区普遍出现 5 mm 以下的降水(图 3.7a)。

急流发展阶段(图 3.7e),700 hPa 南风急流(急流核 13 m・s$^{-1}$)前端北抬到 775 hPa 偏南急流核 37.4°N 附近(最大风速为 12 m・s$^{-1}$),775 hPa 偏南急流前端也进一步北抬至暴雨区东部,850 hPa 东南急流核风速也增大至 12 m・s$^{-1}$,前端北抬西进至 775 hPa 急流入口区。随着低空急流加强北抬,大于 10 g・hPa$^{-1}$・cm$^{-1}$・s$^{-1}$ 的水汽通量区也进一步北抬,700 hPa 的水汽通量辐合中心位于 775 hPa 偏南急流关键区 B,775 hPa 水汽辐合中心也位于 B 区西部,对应 775 hPa 急流核和 700 hPa 南风急流前端所在地,更加有利于低空急流将水汽向暴雨区输送,且暴雨区在对流层低层都位于水汽辐合区,其中 850 hPa 更是位于水汽辐合大值区;随着降水增强,贺兰山东麓地区的对流有效位能(CAPE)降低至 300 J・kg$^{-1}$,$K$ 指数变化不大,表明对流不稳定能量释放对应暴雨增强阶段,而贺兰山东麓地区在低层的上升运动较暴雨开始阶段明显增强(图 3.8b,图 3.8e,图 3.8h,图 3.8k)。可见,低空急流的加强北抬或西进进一步增强了暴雨发生发展的环境条件。从图 3.7b 也可以看到,大于 10 mm 的降水区域已经遍布整个贺兰山东麓地区,尤其是贺兰山区,贺兰山沿山平罗到永宁段出现大于 25 mm 的强降水区,有 2 站超过 30 mm,可见随着急流加强北抬或西进,暴雨范围扩大、量级增强。

急流减弱阶段(图 3.7f),700 hPa 转为西南急流(急流核 11 m·s$^{-1}$)并南压东退至河套东南部(前端位于 36°N 附近),775 hPa 偏南急流和 850 hPa 东南急流基本东退出境。700 hPa 和 775 hPa 水汽输送明显减弱东移(图 3.8c,图 3.8f,图 3.8i,图 3.8l),775 hPa 和 850 hPa 水汽辐合中心东移至内蒙古鄂托克旗附近,与 850 hPa 东南急流出口区对应,除了 700 hPa 上暴雨区呈水汽弱辐合,暴雨区在 775 hPa 已转为水汽辐散,暴雨区北部在 850 hPa 也转为水汽辐散;同时,暴雨区 CAPE 降至 200 J·kg$^{-1}$,$K$ 指数降低到 30 ℃,垂直上升运动也减弱,对应暴雨区降水量普遍低于 10 mm(图 3.7c),暴雨过程趋于减弱结束。

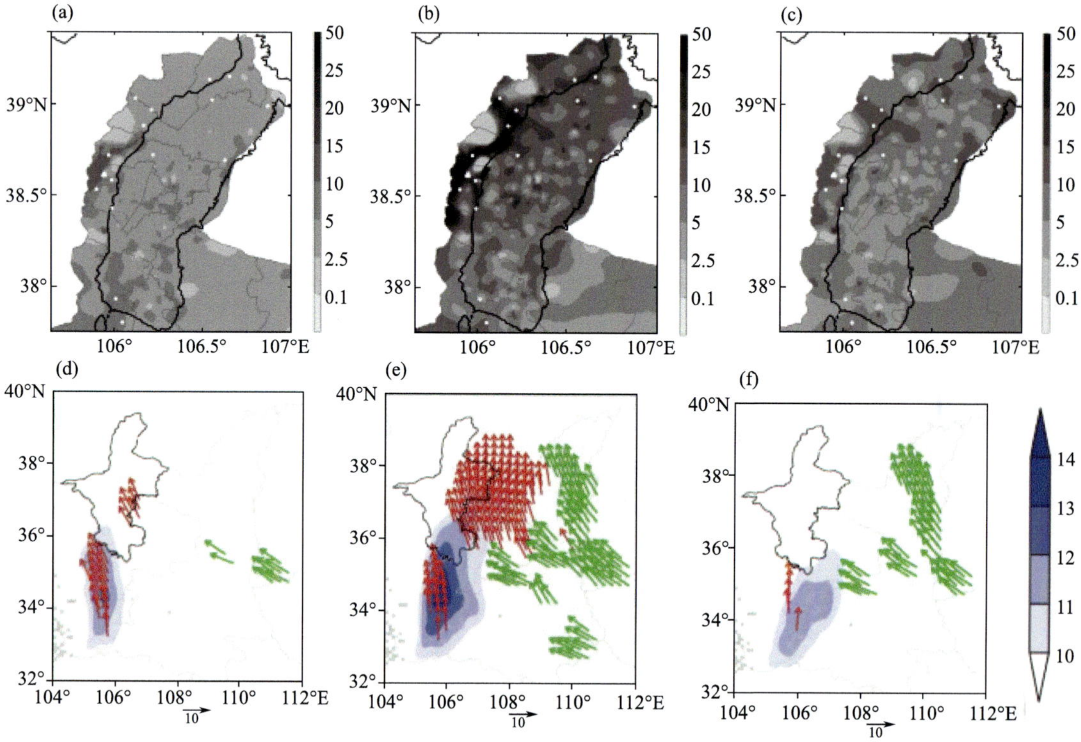


图 3.7 22 次贺兰山东麓暴雨过程合成平均的暴雨初始(a)、发展(b)、减弱(c)阶段的降水量(a—c 阴影,单位:mm;黑色实线为地形线,白色圆点表示暴雨中心位置);低空急流建立(d)、发展(e)和减弱(f)阶段的 700 hPa 低空急流(d—f,阴影,单位:m·s$^{-1}$)、775 hPa(d—f,红色矢量,单位:mm·s$^{-1}$)和 850 hPa 边界层急流(d—f,绿色矢量,单位:m·s$^{-1}$)空间分布

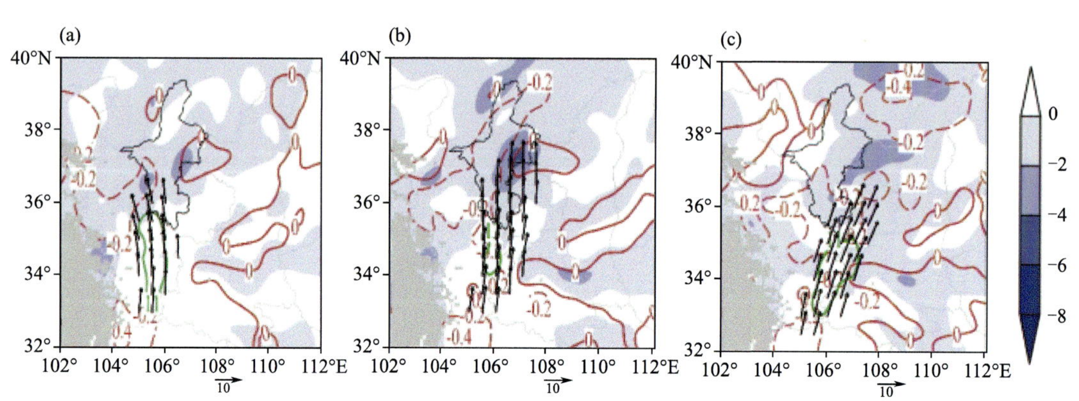

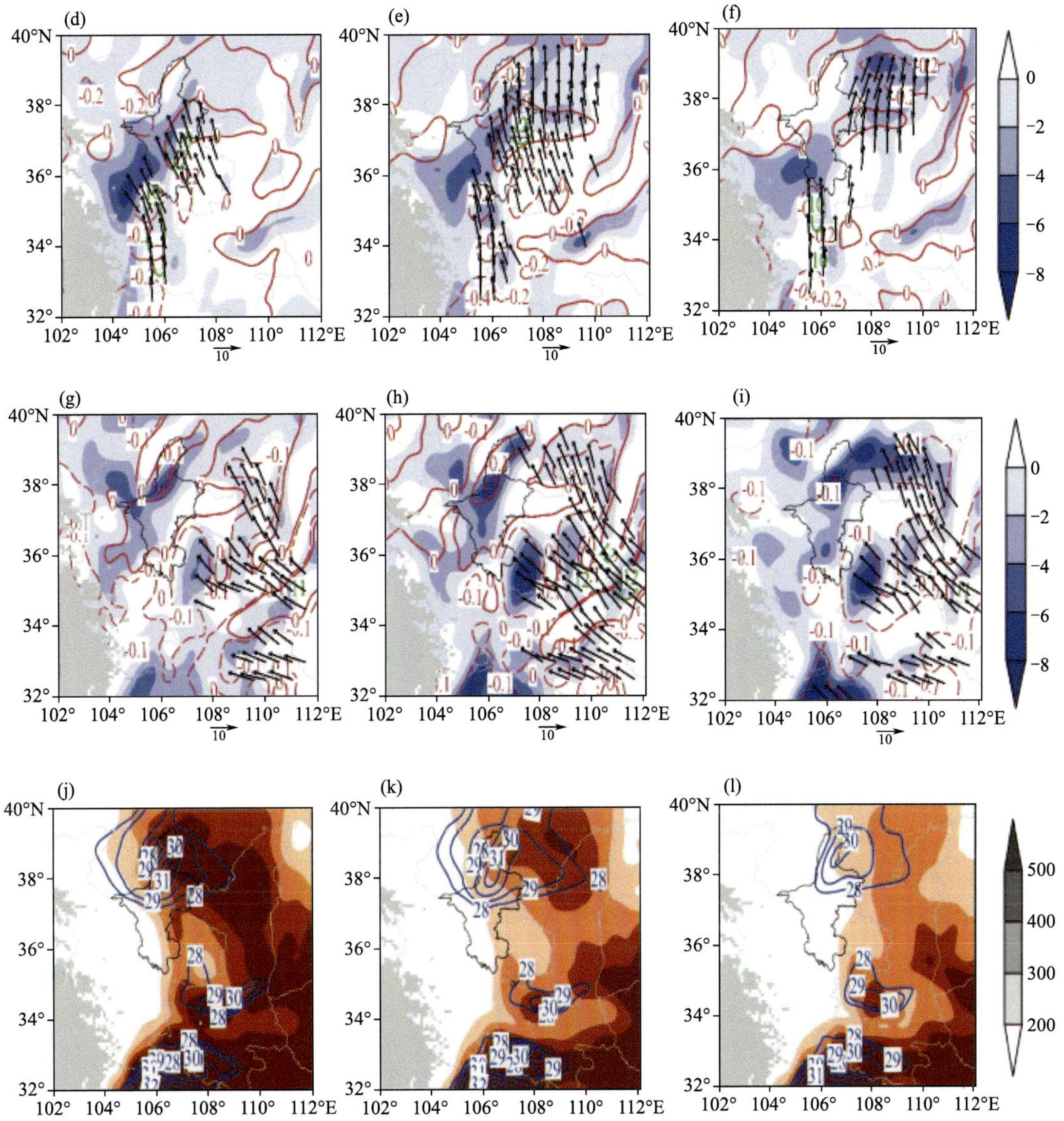


图 3.8　22 次贺兰山东麓暴雨过程合成平均的低空急流建立(a,d,g,j)、发展(b,e,h,k)和减弱(c,f,i,l)阶段的 700 hPa(a—c)、775 hPa(d—f)、850 hPa(g—l)的水汽通量散度(a—i,阴影,单位:$10^{-7}$ g・$hPa^{-1}$・$cm^{-2}$・$s^{-1}$)、水汽通量矢量(a—i,矢量,单位:g・$hPa^{-1}$・$cm^{-1}$・$s^{-1}$)、垂直速度(a—i,虚线为负速度,粗实线为速度零线,单位:Pa・$s^{-1}$)、最大风速(a—i,绿色实线,单位:m・$s^{-1}$)、对流有效位能 CAPE(j—l,阴影,单位:J・$kg^{-1}$)和 $K$ 指数(j—l,蓝色实线,单位:℃)空间分布

综上所述,低空急流和贺兰山东麓暴雨过程在空间分布上存在一致性变化,即随着低空急流建立、加强北抬或西进、减弱东退或南压,贺兰山东麓暴雨开始、增强、减弱,暴雨落区位于急流轴的左前方。低空急流为暴雨区带来充沛水汽和不稳定能量,有利于上升运动增强,关键区 B 则是水汽和热力不稳定叠加区。当 700 hPa 急流前端叠加在 775 hPa 急流核上方,850 hPa 急流经地形抬升后使 775 hPa 急流风速增大,共同作用造成 B 区垂直风切变增大,更加有利于

急流将水汽和不稳定能量进一步向暴雨区输送。

### 3.3.4 小结

(1)贺兰山东麓暴雨过程与低空急流在时间上存在一致性。暴雨的夜发性与夜间低空急流增强增多密切相关,其中,700 hPa、775 hPa 和 850 hPa 急流建立较暴雨开始平均提前 18 h、10 h 和 7 h,700 hPa 和 775 hPa 急流最大风速较暴雨最大雨强平均提前 54 min 和 18 min,而 850 hPa 急流最大风速较暴雨最大雨强平均滞后 12 min。850 hPa 的 1 级急流、775 hPa 的 2 级急流频率分别对 20～40 mm・$h^{-1}$、40～60 mm・$h^{-1}$ 的短时暴雨频率指示性更强,而河套南部关键区的 700 hPa 平均风速对暴雨过程的最大雨强量级指示性更强。

(2)贺兰山东麓暴雨过程和低空急流在空间上也存在一致性。随着低空急流建立、加强北抬或西进、减弱东退或南压,贺兰山东麓暴雨开始、增强、减弱,暴雨落区位于急流轴的左前方。

## 3.4 低空急流对暴雨强度和落区的影响

上面的分析表明:700 hPa 低空急流影响贺兰山东麓暴雨过程频次高、范围大,是主要天气影响系统。李超等(2022)利用 NCEP FNL(Final Operational Global Analysis 全球再分析资料)再分析资料(水平分辨率为 1°×1°,垂直分辨率为 26 层),选取 2009—2020 年资料较为完整的 20 次贺兰山东麓暴雨个例,根据 500 hPa 环流形势,将暴雨过程分为两类,并在此基础上对比了两类暴雨过程的 700 hPa 低空急流分布特征,系统研究低空急流对暴雨强度和落区的影响机理,以期深入了解诱发贺兰山东麓暴雨过程的环流形势及低空急流的演变特征和可能机制。

### 3.4.1 资料和方法

#### 3.4.1.1 使用资料

主要利用天气学分析和合成分析方法对 2009—2020 年贺兰山东麓地区暴雨过程的环流形势及低空急流特征进行了统计分析,所用资料包括:①2009—2020 年 20 次暴雨过程的宁夏自动站加密降水观测资料。宁夏区域自动站自 2006 年以来已趋于完善,时空分辨率高,已经过质量控制。②暴雨个例发生期间 NCEP 的逐 6 h FNL 客观分析资料(水平分辨率为 1°×1°,垂直 26 层)。该再分析资料是经过同化后的最终分析场,适合做历史个例的分析,该资料从地表到高空共设置了 26 层,包含温度、气压、湿度、风速等气象要素。③美国国家航天局(http://www.nasa.gov/)提供的 GPM－IMERG_final 卫星降水数据,时间分辨率为月,空间分辨率为 0.1°×0.1°,数据格式为 HDF5。

#### 3.4.1.2 降水个例的分类及合成分析

采用天气学分析(朱乾根 等,2000)和合成分析方法(施能 等,1997)对贺兰山东麓暴雨过程环流形势特征开展分析,分析时将不同类降水个例的环流场进行合成分析。通过对 2009—2020 年 20 次贺兰山东麓降水个例的 500 hPa 环流场进行统计分类后,对不同类型不同事件的物理量按照对应的经纬度网格进行算术平均,得到其各自的天气学特征。

所做合成分析包括降水前期(使用出现降水前最近一次的 FNL 资料)、降水后期(使用降水结束后最近一次的 FNL 资料)环流场及水汽场合成分析以及利用贺兰山东麓加密降水观测资料所计算的降水分布合成图。

#### 3.4.1.3 LLJ 移速计算方法及其移动路径的确定

低空急流(Low-Level Jet,LLJ)是低对流层出现的快速流动的空气薄层,一般根据不同地区来定义与该区域相匹配的低空急流最小风速阈值。在统计低空急流特征时,考虑到宁夏周边实际地形分布特征,本研究中低空急流是指在 700 hPa 等压面上,以贺兰山东麓(106°E,38°N)为中心 500 km 内风速超过 12 $m \cdot s^{-1}$ 的极大风速带。有研究指出偏东风气流对西北暴雨有重要影响(《西北暴雨》编写组,1992),因此对风速≥10 $m \cdot s^{-1}$ 的强风速带活动特征也进行了统计,并计算了离暴雨中心最近的风速超过 12 $m \cdot s^{-1}$ 的最大风速中心位置,急流移速是通过计算暴雨过程中平均的急流中心位置变率得到的,急流移动路径则为降水过程中每 6 h 急流中心连线并做平滑后得到的(图 3.9),具体计算公式如下:

$$\begin{aligned} \mathrm{LLJ}_{\mathrm{speed}} &= (S_{0\text{-}1} + S_{1\text{-}2})/12\ \mathrm{h} \\ \mathrm{Lat}_{\mathrm{cen}} &= \mathrm{sum}(\mathrm{Lat}_{\mathrm{windspeed}>10} \times V)/\mathrm{sum}_{(\mathrm{windspeed}>10)} \\ \mathrm{Lon}_{\mathrm{cen}} &= \mathrm{sum}(\mathrm{Lon}_{\mathrm{windspeed}>10} \times V)/\mathrm{sum}_{(\mathrm{windspeed}>10)} \end{aligned} \tag{3.6}$$

式中,$\mathrm{LLJ}_{\mathrm{speed}}$ 为低空急流移动速度,$S_{0\text{-}1}$、$S_{1\text{-}2}$ 分别为 0~6 h 和 6~12 h 低空急流的移动距离,$\mathrm{Lat}_{\mathrm{cen}}$ 为低空急流中心纬度,$\mathrm{Lon}_{\mathrm{cen}}$ 为低空急流中心经度,$V$ 为经向风,windspeed 为风速,sum 为总和。

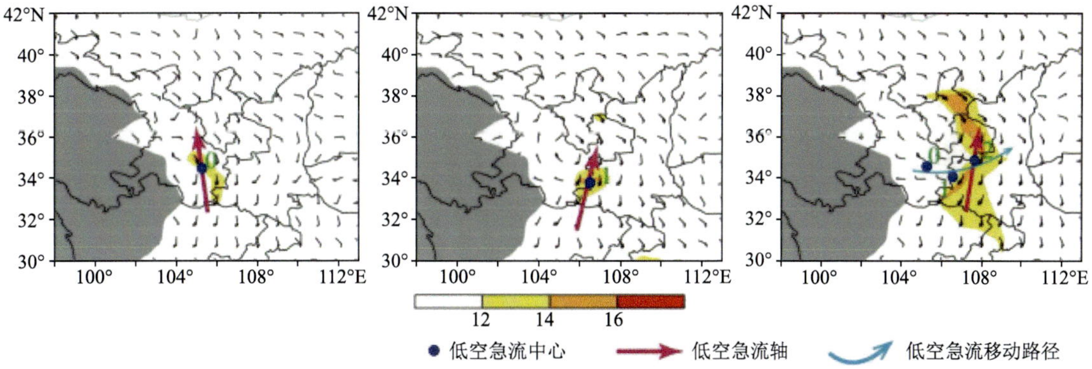


图 3.9 低空急流移动路径示意图

### 3.4.2 20 次贺兰山东麓暴雨过程的环流背景

使用加密自动站降水观测资料以及 NCEP FNL 客观分析资料,分析了贺兰山东麓降水的时空分布特征,并依据 500 hPa 的主要影响系统对该地区的 20 次暴雨事件进行了分类,主要分为"副高(西太平洋副热带高压,以下简称副高)西北侧型"和"高空槽前型"两类暴雨过程,对比分析了这两类暴雨过程的环流特征。

#### 3.4.2.1 暴雨过程的降水分布特征

贺兰山地区出现暴雨的频次相对较少,且暴雨主要位于贺兰山东麓,因此针对贺兰山东麓地区暴雨过程挑选个例。使用 2017 年 12 月 1 日起正式实施的标准《暴雨灾害等级》(GB/T 33680—2017)(表 3.4),将至少有一个站点 24 h 累积雨量达到暴雨标准(24 h 累积降雨量≥50 mm)的降水过程称为一次暴雨过程,据此标准,共挑选了 2009—2020 年 20 次数据资料较为完整的贺兰山东麓暴雨个例(图 3.10a),20 次个例的降水中心均位于贺兰山山体东侧,分布相对均匀,其中 11 次个例的降水中心紧临贺兰山山体东侧,迎风坡气流的山体强迫抬升机制对此类暴雨过程中的降水有增幅作用,另外 9 次个例的降水中心距离山体相对较远,受贺兰山地形影响较小,多为大尺度环流影响下的大范围强降水过程。

图 3.10b 为所选 20 次暴雨个例平均降水量的日变化特征,计算方法为每个时刻(00:00—23:00)计算 20 次个例的所有站点的平均降水量。从 3.10b 图中可以看出,所选个例的平均降水量日变化的峰值主要出现在午后(12:00—16:00)与夜间(20:00—次日 08:00),夜间出现的波动式降水峰值更强,且在 04:00 存在一个极值,这说明贺兰山东麓的暴雨过程多为午后与夜间降水过程,且夜间降水特征更加明显。

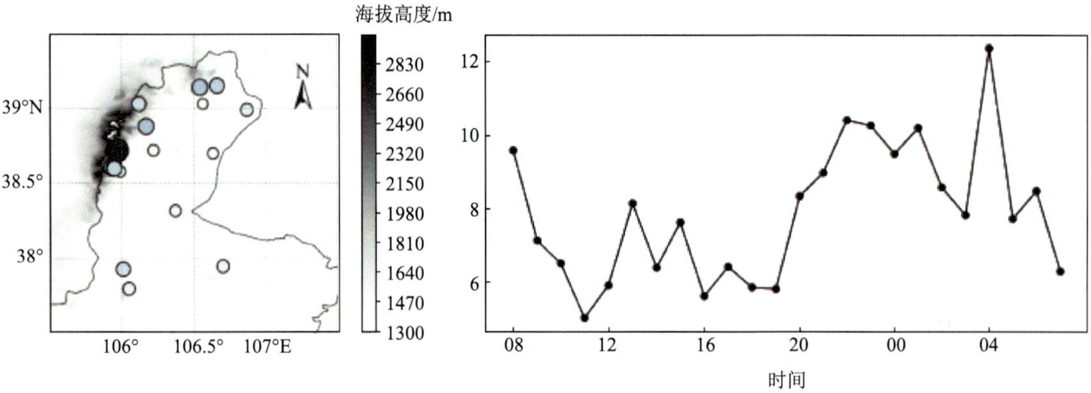


(a) 暴雨中心分布　　(b) 平均降水量日变化

图 3.10　所挑选的 20 次降水个例的暴雨中心分布(a,圆点面积越大、颜色越深代表降水量级越大)及平均降水量日变化(b,单位:mm)

#### 3.4.2.2　暴雨过程的天气背景分型

西北地区远离海洋,暴雨过程中水汽的输送及所必需的动力条件需要有利的大尺度环流形势的支持,常表现为冷、暖空气在某个区域交汇,并伴有中尺度系统发展,天气尺度环流形势又制约着中尺度系统的发展演变,因此对所选的 20 次个例进行天气尺度背景分类,有助于理解西北地区暴雨发生与维持的机理。

3.4.2.2.1　天气背景分类标准

西北地区暴雨事件的发生与西风带、副热带和热带环流系统有关(黄玉霞 等,2019),如新疆天山地区的暴雨过程,与西伯利亚西风槽、中亚低涡等西风带系统有关,位于西北东部的宁夏地区暴雨多与副高带来的暖湿气流与西风槽引导的冷空气南下相交汇有关,故西北地区暴雨的大尺度环流形势主要依据西风带以及副高的位置来确定,《中国西北天气》(西北暴雨编写组,1991)中也将西北地区东部暴雨最主要的大尺度环流形势概括为“副高西北侧西南气流型”和“副高西侧偏南气流型”,此后学者们在这两类分型的基础上进行了完善和补充。因此,本章主要从 500 hPa 环流形势这一角度对贺兰山东麓的 20 次暴雨过程进行了分类。

对 20 次暴雨过程的 500 hPa 环流场进行天气学分析后可以看出,该地区的暴雨过程与大尺度环流形势密切相关,且大致可分为两类,一类主要受到高空西风槽影响(图 3.11),在该类暴雨过程中,副高的位置距离西北地区较远,其对暴雨过程中的影响作用并不明显;另一类主要受到副高影响(图 3.12),可以看到该类暴雨过程的副高已经明显偏西北、偏强。因此,副高是否起到主导作用,贺兰山东麓区域的高空是否有明显的西风槽活动,是区分这两类暴雨过程的主要标准。

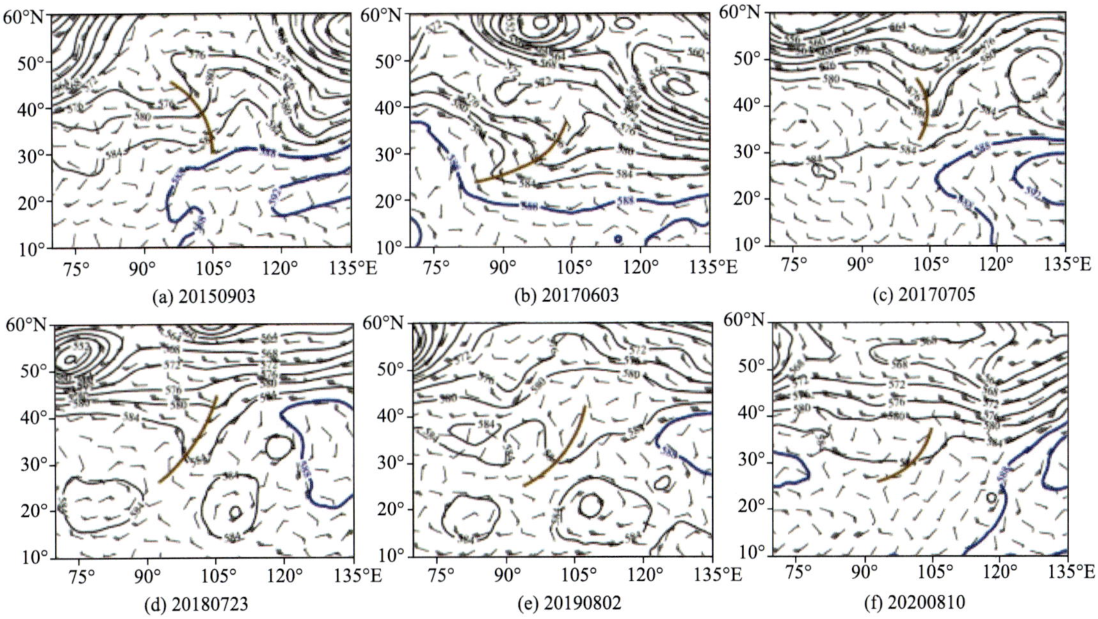


图 3.11　“高空槽前型”典型暴雨过程的 500 hPa 位势高度场(等值线,单位:dagpm)和风场(风羽,单位:m · s$^{-1}$),棕色线为槽线,蓝色等值线为副高位置(5860 gpm、5880 gpm)

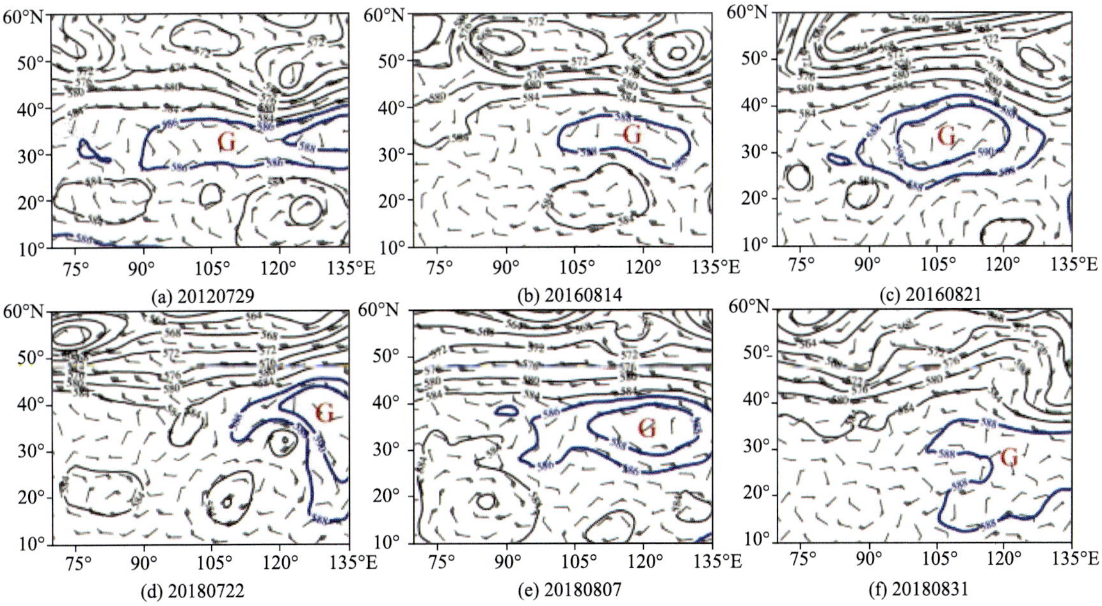


图 3.12　“副高西北侧型”典型暴雨过程的 500 hPa 位势高度场(等值线,单位:dagpm)和风场(风羽,单位:m · s$^{-1}$),G 为高压中心,蓝色等值线为副高位置(5860 gpm、5880 gpm)

3.4.2.2.2　统计结果

基于上节的分类标准，可将贺兰山东麓 20 次暴雨个例主要概括为两类（表 3.4），一类受高空西风槽东移影响，以下简称为“高空槽前型”，该类共有 11 次个例，该类暴雨过程的最大过程雨量在 70～100 mm；另一类主要为副高影响下的暴雨过程，以下简称为“副高西北侧型”，该类降水过程受到副高带来的暖湿气流与东移南下的冷空气相交汇的影响，水汽输送条件更加有利，其最大过程雨量可达 200 mm 以上（2016 年 8 月 21 日降水事件和 2018 年 7 月—22 日降水事件），降水强度要强于高空槽前型个例的。

表 3.4　降水个例分类

| 天气系统 | 暴雨时段（北京时） | 持续时间/h | 过程最大雨量/mm |
|---|---|---|---|
| 副高西北侧型 | 2009 年 7 月 7 日 08:00—8 日 07:00 | 24 | 汝箕沟 107.6 |
| | 2012 年 7 月 29 日 20:00—30 日 11:00 | 16 | 滚钟口 174.3 |
| | 2016 年 8 月 13 日 15:00—14 日 14:00 | 24 | 王老滩 110.2 |
| | 2016 年 8 月 21 日 19:00—22 日 08:00 | 14 | 滑雪场 241.7 |
| | 2016 年 8 月 22 日 22:00—23 日 06:00 | 9 | 路家营子村 57 |
| | 2017 年 7 月 25 日 20:00—26 日 02:00 | 6 | 窑子圈 64.4 |
| | 2018 年 7 月 22 日 19:00—23 日 07:00 | 13 | 滑雪场 277.6 |
| | 2018 年 8 月 6 日 12:00—7 日 16:00 | 29 | 马莲口 119.1 |
| | 2018 年 8 月 31 日 19:00—9 月 1 日 17:00 | 23 | 苦水沟 136.9 |
| 高空槽前型 | 2015 年 9 月 3 日 04:00—4 日 01:00 | 21 | 小口子 65.9 |
| | 2015 年 9 月 8 日 01:00—8 日 20:00 | 20 | 八顷村 69.6 |
| | 2016 年 7 月 24 日 05:00—12:00 | 8 | 灵武煤矿 89.5 |
| | 2017 年 6 月 4 日 15:00—5 日 10:00 | 20 | 黄旗口沟 116.5 |
| | 2017 年 7 月 5 日 03:00—18:00 | 16 | 滑雪场 114.4 |
| | 2018 年 7 月 1 日 09:00—2 日 01:00 | 17 | 牛首山 84.3 |
| | 2018 年 7 月 19 日 03:00—10:00 | 8 | 明长城 136.2 |
| | 2018 年 7 月 23 日 12:00—20:00 | 9 | 红翔新村 89.3 |
| | 2018 年 8 月 9 日 12:00—10 日 13:00 | 26 | 临河镇 71.4 |
| | 2019 年 8 月 2 日 18:00—3 日 00:00 | 7 | 暖泉农场 71 |
| | 2020 年 8 月 11 日 07:00—12 日 08:00 | 26 | 五渠村 142.5 |

注：表中持续时间是宁夏气象局依据加密地面自动站资料汇总所得的。

#### 3.4.2.3　“高空槽前型”暴雨过程环流形势

“高空槽前型”暴雨过程共有 11 次，对这些个例的合成分析显示，500 hPa 高度呈现出东高西低的有利环流形势。降水前期（图 3.13a），500 hPa 高空存在西风槽，宁夏地区位于西风槽前，在西风槽东移过程中，槽后不断南下的干冷空气与高原东北侧暖湿气流相交汇（陈晓娟 等，2020；陈豫英 等，2022），有利于降水的形成。因此对流层中层的短波槽是造成此类降水的主要影响系统。

在对流层高层 200 hPa，此类暴雨过程的南亚高压呈扁椭圆形，东脊点位于（105°E、28°N）附近，高压中心大于 1256 dagpm，贺兰山东麓位于高空急流入口区右侧、南亚高压边缘区（图 3.13c），高空急流入口区右侧激发的次级环流（朱乾根 等，2000），加强了低空的辐合上升气流，此类暴雨过程具备较好的动力条件。

强降水的发生与维持需要满足充沛的水汽输送条件。从 850 hPa 水汽通量合成图可以看出，“高空槽前型”降水其贺兰山东麓低空存在一个强的水汽辐合中心(图 3.14a)，宁夏东侧的东南气流为此类暴雨过程提供有利的水汽条件。

到降水过程后期，随着西风槽(图 3.13b)和高空急流(图 3.13d)的东移，水汽辐合明显减弱(图 3.14b)，此时宁夏地区高空槽分布特征不利于上升气流的发展，并逐渐为下沉气流所控制，这种情况下的大尺度环流形势已经不利于降水的维持，降水过程逐渐结束。此类暴雨过程持续时间与短波槽的移速有一定关系，持续时间在 10～30 h，24 h 累计降水量在 80～120 mm。

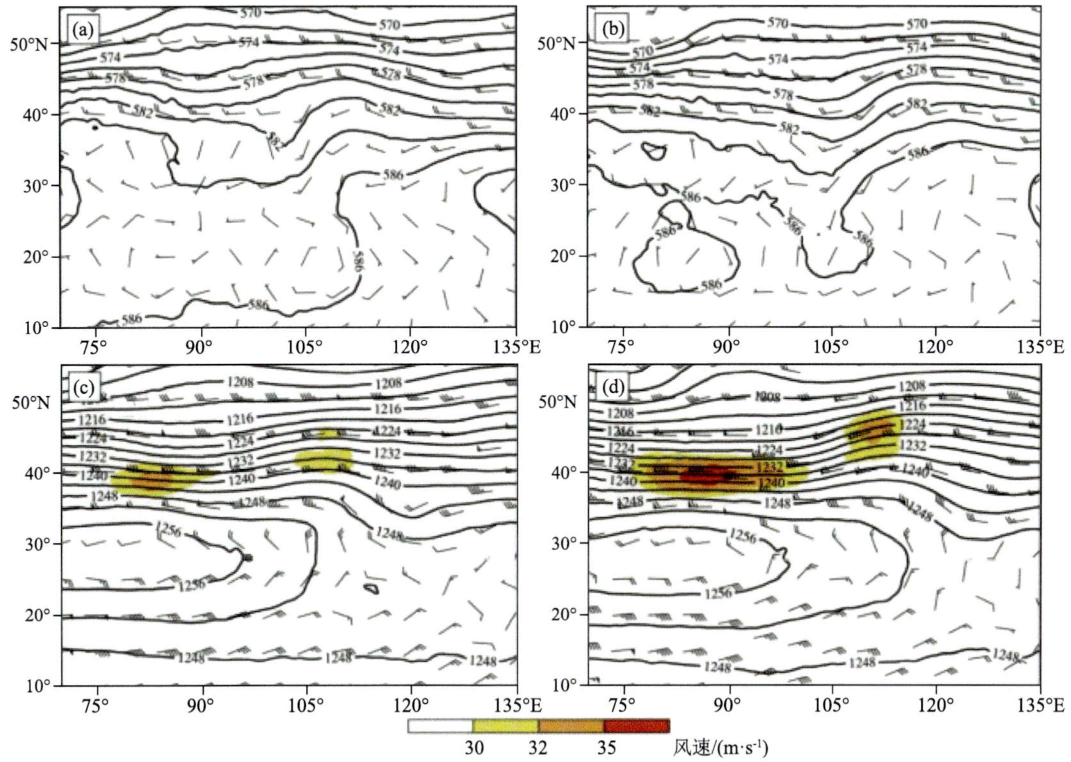


图 3.13　“高空槽前型”暴雨 500 hPa(a：降水前；b：降水后)和 200 hPa(c：降水前；d：降水后)的平均风场(风羽，单位：m・s$^{-1}$)及位势高度场(等值线，单位：dagpm)，图中棕色粗实线为槽线，G 为高压中心，阴影为风速大于 30 m・s$^{-1}$ 的高空急流区

#### 3.4.2.4　“副高西北侧型”暴雨过程环流形势分析

由副高活动引起的暴雨个例共有 9 次，合成分析结果显示降水前期在 500 hPa，副高 588 dagpm 线西脊点位于(105°E，30°N)附近，586 dagpm 线则已经跃至贺兰山北部，南下的冷空气与副热带高压系统带来的暖湿空气交汇于贺兰山东麓地区，利于产生强对流天气(陈豫英 等，2018)。

在 200 hPa 上，南亚高压东脊点位于(120°E，32°N)附近，高压中心大于 1260 dagpm，位置较“高空槽前型”暴雨的南亚高压明显偏东、偏强，属东部型南亚高压。南亚高压为东部型时，宁夏地区位于高压中心边缘，高空辐散较强，加强了低空的上升气流，配合 500 hPa 副高的西伸北跳，对暴雨的触发与维持有一定的作用(朱乾根 等，2000)。南亚高压的偏东、偏强导致该

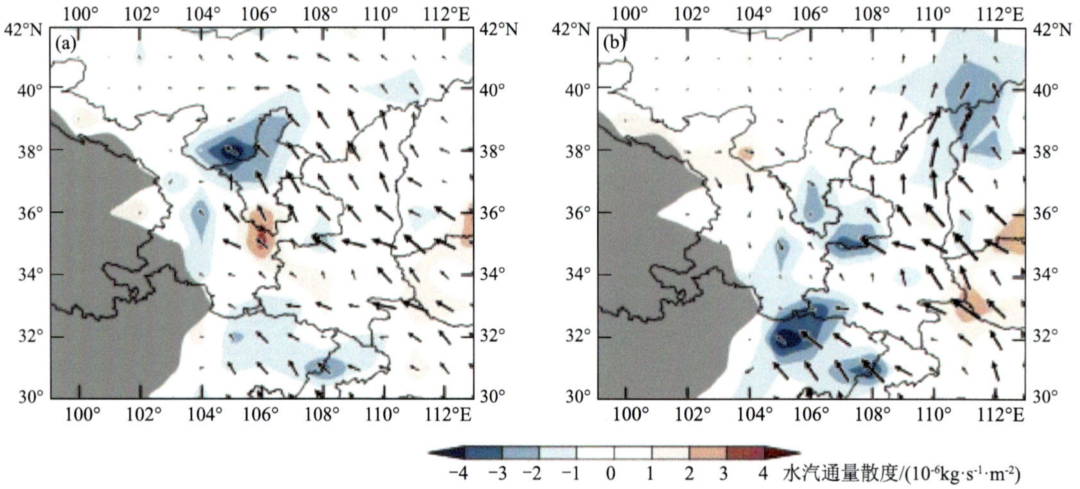

图 3.14 “高空槽前型”暴雨的 850 hPa(a:降水前;b:降水后)平均水汽通量(矢量,单位:kg · s$^{-1}$ · m$^{-1}$)和水汽通量散度(阴影,单位:10$^{-6}$kg · s$^{-1}$ · m$^{-2}$),灰色阴影为地形大于 3000 m 的区域

类降水事件其高空急流也更强,宁夏位于急流轴的右侧,高空动量的下传(Orlanski et al., 1993)导致低空切变、水汽辐合更强(图 3.15a),即使在降水结束阶段贺兰山东麓 850 hPa 依然存在较强的水汽辐合(图 3.15b)。

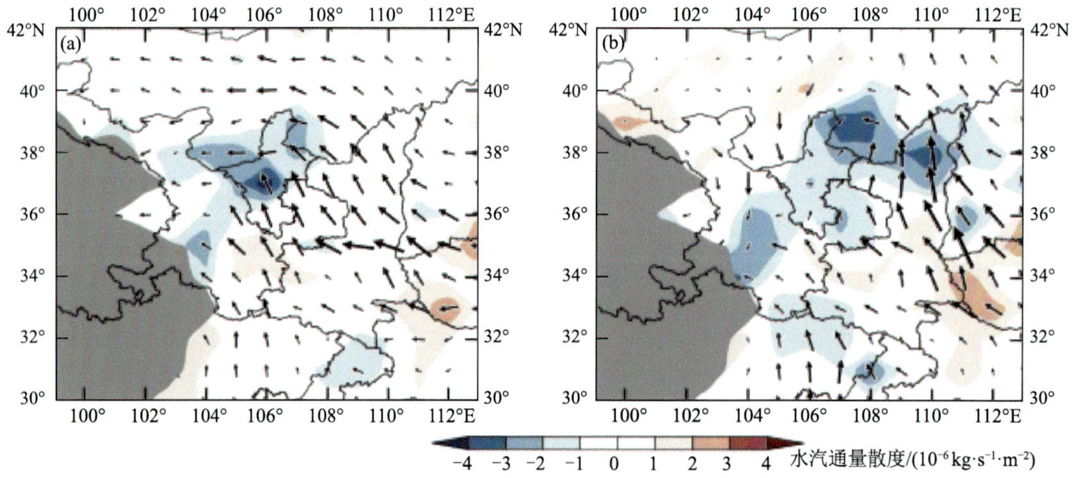

图 3.15 “副高西北侧型”暴雨的 850 hPa(a:降水前;b:降水后)平均水汽通量(矢量,单位:kg · s$^{-1}$ · m$^{-1}$)和水汽通量散度(阴影,单位:10$^{-6}$kg · s$^{-1}$ · m$^{-2}$),灰色阴影为地形大于 3000 m 的区域

随着副高的东退减弱,副高控制范围的不断缩小,降水过程趋于结束。这类降水过程就是在副高进退的有利环流背景下发生的,暴雨过程中的水汽辐合强度明显强于“高空槽前型”降水过程,如 20160821、20180722 暴雨过程,其最大过程雨量达到了 12 h 降水 200 mm 以上,出现在宁夏北部干旱区的这种短时极端暴雨过程往往会导致更大的危害。

以上分析表明,贺兰山东麓地区暴雨的发生离不开有利的大尺度环流背景,两类暴雨过程其西风槽东移及副高系统的进退决定了冷暖空气交汇区域,并且两类暴雨事件的降水分布和强度也存在差异(图 3.16,表 3.4)。图 3.8 表明“高空槽前型”暴雨其环流背景主要与宁夏北部的区域大范围强降水过程相对应,而“副高西北侧型”暴雨环流背景对应的降水特征则主要表现为沿贺兰山东麓地区的地形暴雨,强度也要比第一类大很多(表 3.4),已有学者研究指出此类暴雨过程中山体对气流的强迫抬升对降水起到了增幅作用(陶林科 等,2014;陈豫英 等,2018;陈晓娟 等,2020)。

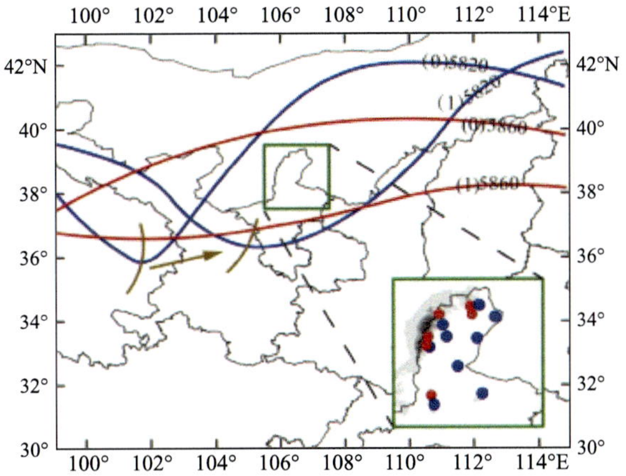


图 3.16　“副高西北侧型”(红色实线、红色点)和“高空槽前型”(蓝色实线,蓝色点)降水过程中 500 hPa 槽脊分布与对应的暴雨中心(右下角小图)示意图,图中棕色曲线和棕色箭头分别代表槽线与槽移动方向

#### 3.4.2.5　小结

利用 FNL 客观分析资料、贺兰山区域站加密降水观测资料对贺兰山东麓 20 次暴雨过程的降水特征及其 500 hPa 大尺度环流背景进行了分析,并依据 500 hPa 环流形势特征对这些暴雨事件进行了分类,对分类后的两类暴雨事件的高低空环流配置特征的不同进行了分析,主要结论如下。

(1)对 2009—2020 年发生在贺兰山东麓 20 次数据资料较为完整的贺兰山东麓暴雨个例进行了综合分析,结果表明所选个例的降水中心均位于贺兰山山体东侧,分布相对均匀,降水多出现在午后至夜间阶段。

(2)贺兰山东麓暴雨是在有利的大尺度环流条件下形成和发展的,对所挑选的 20 次暴雨过程进行天气学合成分析后,可将大尺度环流特征分为两类,一类暴雨区域位于槽前脊后,个别个例可能也伴随有副高的进退,但是其主要影响系统为槽的移动,简称为“高空槽前型”暴雨过程;另一类主要受到副高(588 dagpm、586 dagpm 线)的异常向西北伸展的影响,简称为“副高西北侧型”暴雨过程。

(3)“高空槽前型”暴雨过程其暴雨区域位于 500 hPa 西风槽前,高空急流入口区右侧,南亚高压边缘,具备较好的动力条件,并且在 850 hPa 存在较强的水汽辐合中心,低层的东南支气流为暴雨提供充足的水汽。

(4)“副高西北侧型”暴雨过程的降水区位于高空急流轴右侧,南亚高压属于东部型,高低空的动力辐合配合较“高空槽前型”过程更加显著,并且该类暴雨过程位于副高西北侧边缘,水汽输送更加充足,低层 850 hPa 水汽辐合也更强。

### 3.4.3 不同环流背景下的低空急流特征

上述分析表明，贺兰山东麓暴雨的发生与有利的大尺度环流背景密切相关。两类天气形势下的暴雨过程的降水分布特征差异则与中小尺度系统的发展演变密切相关，低空急流是暴雨过程中重要的中小尺度系统之一，所选的20次贺兰山东麓暴雨个例的整个生命周期中大都伴随着不同强度、不同活动特征的低空急流系统。低空急流的形成维持与高低空环流耦合及天气系统强迫有关，低空急流与西太平洋副热带高压系统北跳有关，并且低空急流系统也与锋面、地形波及背风气旋的生成发展密切相关。下面，针对两类不同环流背景暴雨个例的低空急流活动特征进行分析。

#### 3.4.3.1 贺兰山东麓暴雨过程的低空急流基本特征

宁夏地区低空急流特征统计结果表明，与贺兰山东麓夏季暴雨相联系的低空急流多为宁夏南部的偏南急流，其形态多为偏南北走向的狭长区域（700 hPa 风速≥10 m·s$^{-1}$ 的区域），虽然急流中心位置较贺兰山东麓较远，但是其北端点基本在宁夏中部（38°N，106°E）附近（图3.17），低空急流北端点强风速带遇贺兰山对气流的强迫抬升为暴雨过程的触发与增强产生影响。

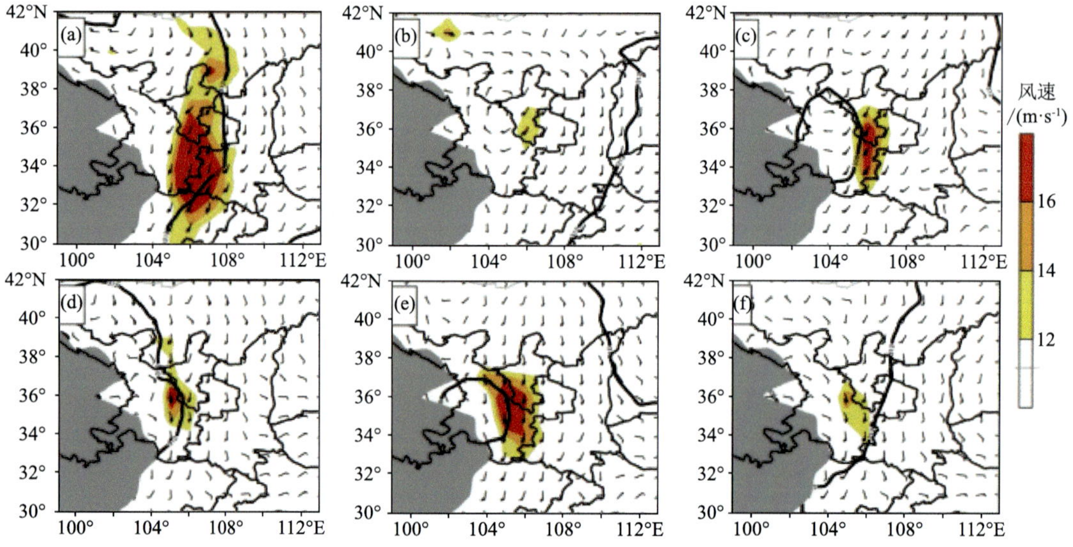


图3.17 与贺兰山东麓暴雨相关低空急流系统的分布特征
(a)20150903，(b)20160724，(c)20180723，(d)20160821，(e)20180722，
(f)20180831(20150903代表2015年9月3日过程，下同)

通过计算贺兰山东麓20次暴雨过程中相关的低空急流其中心风速以及其急流中心的位置移动速度得到了表3.5的结果，此外，表3.5还统计了20次暴雨过程的降水中心位置、最大过程雨量、最大小时雨强。结果表明，所选的20次降水个例中仅有2例没有低空急流（降水中心500 km范围内不存在风速大于10 m·s$^{-1}$ 的区域）的影响，绝大多数个例在其降水的始终均存在低空急流系统的影响，虽然两类降水过程其急流强度差异不大，但是副高西北侧型暴雨过程中的低空急流移速较小，这说明，该类过程中低空急流系统较为稳定，加之副高的影响，此

类暴雨其最大过程雨量最高可达 200 mm 以上(20160821,20180722)。

**表 3.5　贺兰山东麓 20 次暴雨个例的低空急流特征统计**

| | 个例 | 降水中心距山体位置/km | 最大过程雨量/mm | 最大小时雨强/(mm·h$^{-1}$) | 急流强度/(m·s$^{-1}$) | 急流中心移速/(km·h$^{-1}$) |
|---|---|---|---|---|---|---|
| 副高西北侧型 | 20160821 | 6.1 | 241.7 | 82.5 | 14.492 | 12.0 |
| | 20180722 | 11.5 | 277.6 | 74.1 | 17.935 | 17.4 |
| | 20170725 | 15.6 | 64.4 | 57.7 | 16.055 | 10.1 |
| | 20180831 | 24.5 | 136.9 | 65.1 | 15.672 | 27.1 |
| | 20120729 | 25.8 | 174.3 | 47.7 | 11.626 | 29.3 |
| | 20090707 | 9.7 | 107.6 | 39.6 | 14.094 | 23.2 |
| | 20180806 | 28.2 | 119.1 | 52.3 | — | — |
| | 20160822 | 35.0 | 57.3 | 53.7 | 9.756 | 20.7 |
| | 20160813 | 35.8 | 110.2 | 51.7 | 12.000 | 15.1 |
| | 20180719 | 20.1 | 136.2 | 54.5 | 23.582 | 23.5 |
| | 20170705 | 21.7 | 114.4 | 47.4 | 14.200 | 19.9 |
| 高空槽前型 | 20200811 | 20.7 | 142.5 | 84.5 | 18.112 | 41.9 |
| | 20180809 | 26.1 | 71.4 | 71.4 | — | — |
| | 20150903 | 30.2 | 65.9 | 27.9 | 16.924 | 26.6 |
| | 20170604 | 30.8 | 116.5 | 26.7 | 11.901 | 29.2 |
| | 20190802 | 30.8 | 71 | 53.9 | 14.328 | 34.0 |
| 高空槽前型 | 20150908 | 34.7 | 60.6 | 50.4 | 13.581 | 26.5 |
| | 20160724 | 37.2 | 89.5 | 56.5 | 13.901 | 19.3 |
| | 20180723 | 41.4 | 89.3 | 58 | 13.625 | 19.5 |
| | 20180701 | 44.3 | 84.3 | 29.8 | 10.892 | 53.8 |

注:"— "代表无急流或强风速带系统。

#### 3.4.3.2　低空急流与贺兰山东麓降水强度关系

图 3.18 为使用 FNL 客观分析资料计算的低空急流特征与宁夏地区加密降水观测数据计算的降水特征之间的统计关系,结果表明,宁夏南部的低空急流与降水强度之间有着较好的对应关系,低空急流的强度与最大小时雨强、最大过程雨量存在很好的正相关关系(图 3.18b、c),急流中心风速越大,最大小时雨强、最大过程雨量也越大,急流平均移速与最大小时雨强存在负相关关系(图 3.18a),急流移速越小,其对暴雨的水汽及能量输送也越稳定,降水强度也越大。

需要指出的是,FNL 再分析资料中并没有在贺兰山东麓附近发现明显的低空急流系统,与暴雨过程相伴的低空急流位于距离山体较远的宁夏南部地区,但其与暴雨强度之间有很好的相关性,且急流的北端点基本在宁夏中部(38°N,106°E)附近,贺兰山东麓暴雨的形成与维持和这些低空急流的发展演变密切相关。

#### 3.4.3.3　低空急流演变特征与暴雨落区关系

图 3.19 为低空急流移动路径与降水落区之间的关系统计图。前文提到两类不同环流形

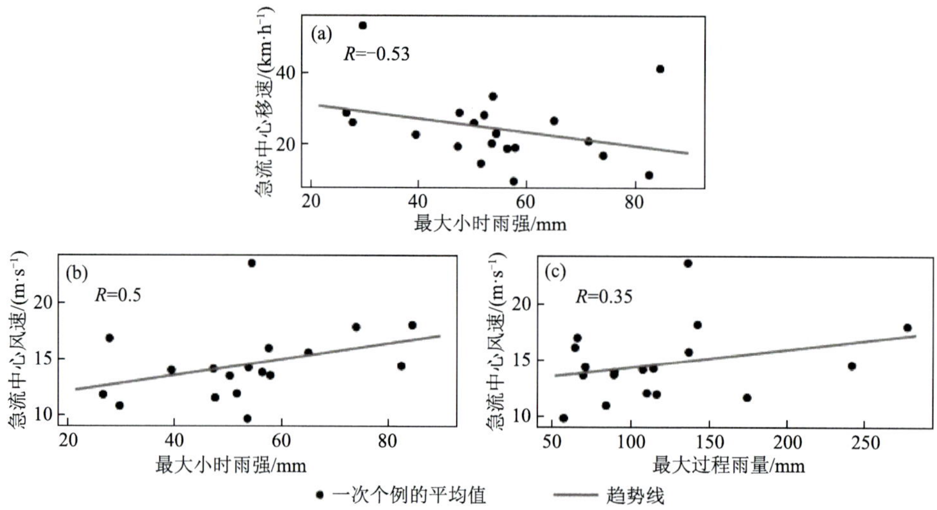


图 3.18 (a)为低空急流中心移速(单位:km·h$^{-1}$)与最大小时雨强(单位:mm)的统计特征，(b)和(c)分别为低空急流中心风速(单位:m·s$^{-1}$)和最大小时雨强及最大过程雨量(单位:mm)的统计特征，图中每个点代表一次个例的平均值，灰色实线为趋势线

势下暴雨落区分布存在差异(图 3.16)，两类天气形势下的暴雨个例降水量的合成分析结果进一步表明(图 3.19a)，两类降水过程不仅在空间分布上存在显著差异，而且在平均降水量级上也存在不同，其中“副高西北侧型”降水合成图多为沿贺兰山山脉呈现南北走向(图 3.19a 中虚线左侧)，平均站点累积雨量在 30 mm 以上，贺兰山脉对气流的强迫抬升对暴雨过程有增幅作用，而“高空槽前型”降水平均暴雨中心位置大多位于红色虚线右侧，距离贺兰山山体较远，中心较分散，整体合成的降水强度也比第一类小，平均站点累积雨量在 20 mm 左右。

图 3.19b 为 18 例有低空急流暴雨过程中低空急流的中心位置，其中红色和蓝色分别表示“副高西北侧型”降水过程和“高空槽前型”降水过程，图 3.19c 为两类降水过程中初始时刻和结束时刻急流中心变化的示意图，从图中可以看出两类降水过程中低空急流移动路径表现为两种不同的特征(图 3.19c)，其中“副高西北侧型”降水(图 3.19a，I 类)所对应的低空急流系统受副高南北向的进退影响多表现为北进而后南退的特点，有些急流的中心在南北小范围内进退(图 3.19c 中编号 6、13、15)；“高空槽前型”降水过程其对应的低空急流系统受高空槽影响多呈东移的特点(图 3.19c 中编号 4、11、12)，这两类急流过程伴随着降水过程的始终，对降水的维持产生作用。

图 3.20 为两类降水过程对应的低空急流特征统计图，两类降水过程的最大过程雨量存在差异(图 3.20a)，“副高西北侧型”降水的最大过程雨量平均在 150 mm 左右，较“高空槽前型”降水的平均雨量 100 mm 要强。急流中心风速大小统计结果(图 3.20b)显示“副高西北侧型”降水过程的急流中心风速大小的平均值、中位数都要强于“高空槽前型”的。贺兰山山体主峰位置在(38.8°N、106.0°E)附近，从两类急流的活动区域上可以看出(图 3.20c、d)，“副高西北侧型”降水对应的低空急流中心纬度的平均值、中位数均在 35°N，要大于“高空槽前型”降水的，“副高西北侧型”降水其急流中心位置要更加靠近山体，急流遇到贺兰山山体在迎风坡(东麓)对气流的强迫抬升对降水产生增幅作用。两类降水过程的低空急流中心经度中位数基本

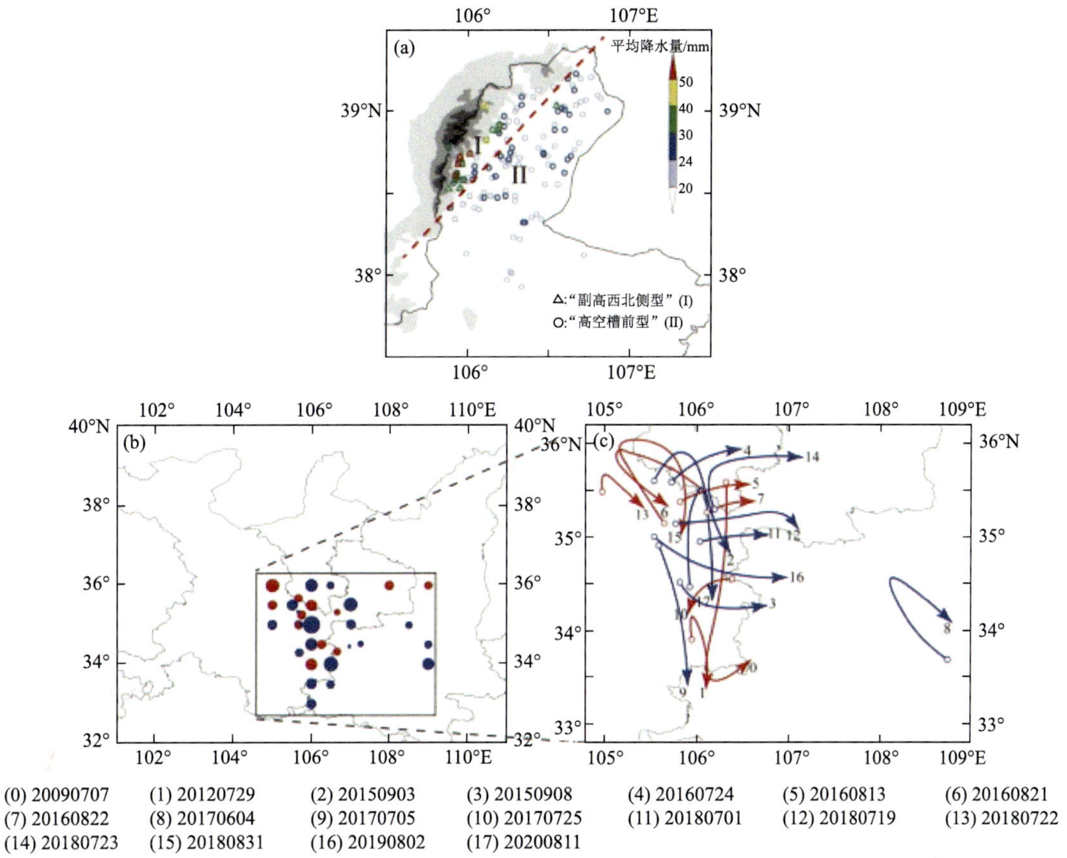


图 3.19 两类降水过程(Ⅰ:“副高西北侧型”降水,Ⅱ:“高空槽前型”降水)的合成平均降水量(a)与降水过程中低空急流中心位置(b,圆点面积越大表示急流中心风速越大)、活动路径(c)示意图,其中红色和蓝色分别对应“副高西北侧型”(Ⅰ)、“高空槽前型”(Ⅱ)降水过程,c 中箭头末端 0~17 数字对应图例中的暴雨个例编号

一致,但是“高空槽前型”降水其急流中心经度平均值在 106.5°E,要稍大沿地形类降水急流中心经度,并且该类降水的急流中心经度统计显示更加分散,多在贺兰山山体(相对于主峰 106°E)偏东一侧,“副高西北侧型”降水的急流中心经度更加集中,且多在山体(相对于主峰 106°E)偏西一侧。综上,两类降水过程对应的低空急流活动特征差异明显,“副高西北侧型”降水过程其低空急流更靠近山体左侧,多为南北向活动,“高空槽前型”降水过程的低空急流多为东西向活动,“副高西北侧型”降水过程的低空急流风速更强,最大过程雨量更大。

两类降水过程中对应的急流风向频率也存在差异(图 3.21)。“副高西北侧型”降水过程中低空急流集中为偏南风(图 3.21a),不同风速大小的南风急流占 50%左右,“高空槽前型”降水过程其低空急流风向则较为分散(图 3.21b),除了南风向急流占了 30%左右外,还存在约 30%的偏西南向急流。相对于贺兰山山体走向来看,南风低空急流与贺兰山山体夹角要大于偏西南风急流的,更大的夹角有利于地形对气流产生强迫抬升作用,“副高西北侧型”降水过程其南风急流占比较“高空槽前型”的更多,这类暴雨过程的急流对山体强迫气流抬升的增幅作用更为突出,“高空槽前型”降水存在南风急流东移转为西南急流的特点,偏西南风急流造成的地形强迫抬升作用弱于偏南急流,急流左前方的动力辐合作用对降水的影响更大。

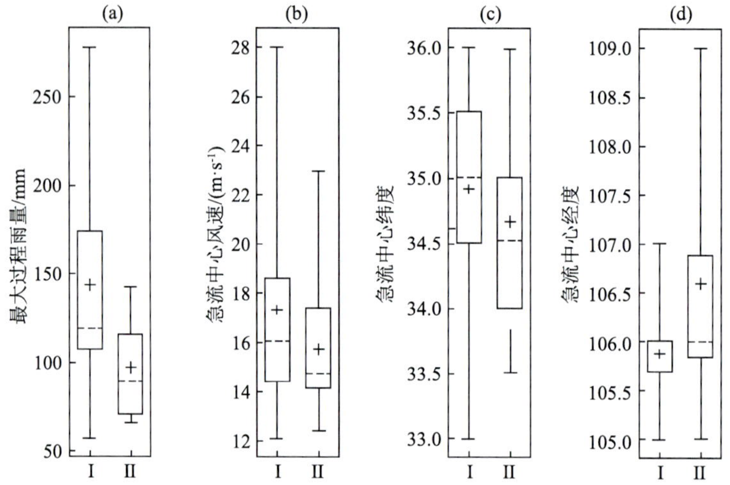


图 3.20　两类降水过程（Ⅰ：“副高西北侧型”降水；Ⅱ：“高空槽前型”降水）对应的低空急流特征，图中虚线代表中位数，“＋”号代表平均值

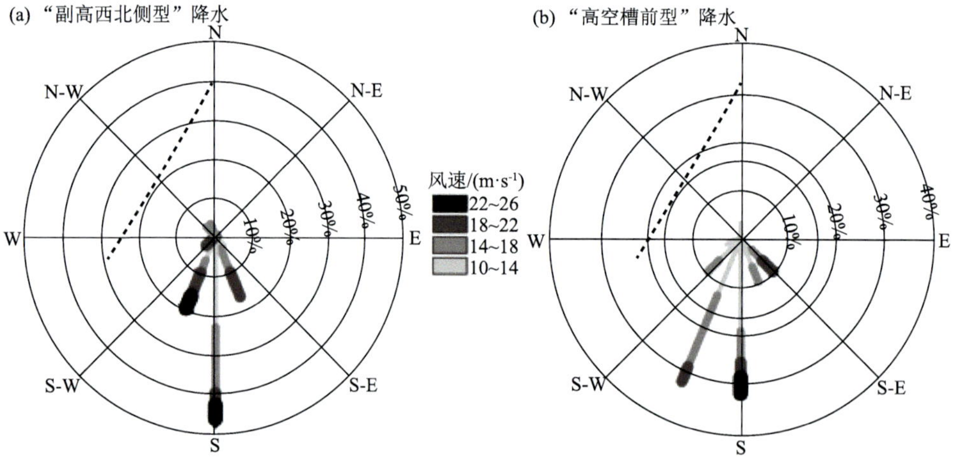


图 3.21　低空急流中心风向频率统计图（图中黑色虚线表示贺兰山山体走向）
(a)“副高西北侧型”降水；(b)“高空槽前型”降水

图 3.22 为所挑选的两类降水过程中典型个例（降水强度强、低空急流系统强）的急流变化特征对比图，结合图 3.20 可知，两类降水过程其急流中心相对贺兰山山体位置具有一定差异，其中第一类降水过程（“副高西北侧型”降水：20160821、20180722、20180831），其急流轴主要位于贺兰山山体左侧（图 3.22a1、b1、c1），700 hPa 流场图上此类降水过程中低空急流的左前方并没有明显的中尺度涡旋影响贺兰山东麓地区，结合该类暴雨过程的强降水中心小时降水量变化图可以看出（图 3.22a2、b2、c2），降水峰值多出现在低空急流系统北进增强之后（图 3.22a1、c1）或北进过程中（图 3.22b1），小时雨强在 80～100 mm，在贺兰山这种大地形背景下，低空急流向贺兰山东麓发展触发的重力波扰动对暴雨的触发与增强起到了重要作用，此类暴雨过程低空急流的作用主要体现在输送充沛水汽、增大迎风坡风速等方面（陶林科 等，

2014；陈豫英 等，2018；陈晓娟 等，2020）。

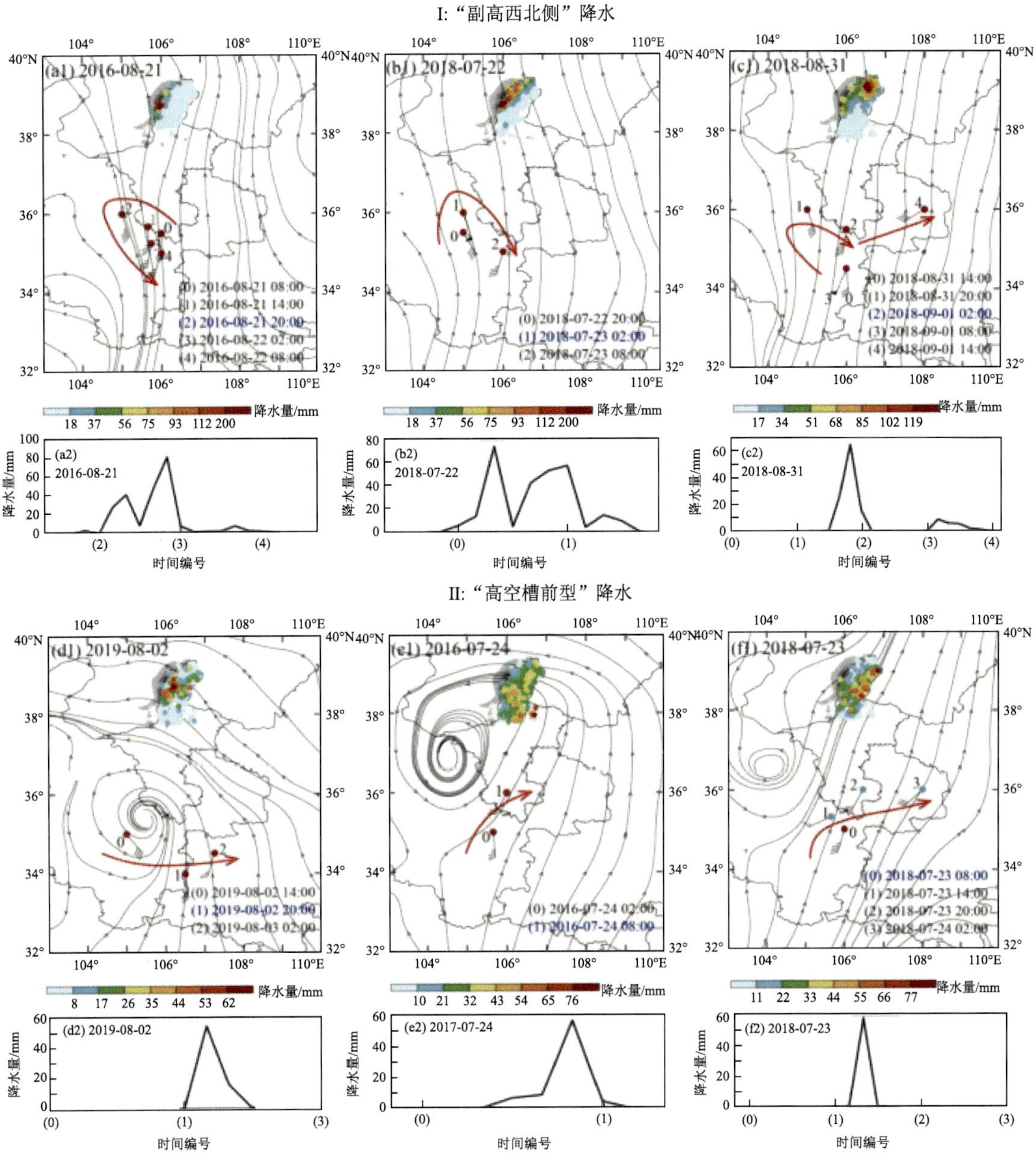


图 3.22　两类降水过程中典型个例（Ⅰ:a1 和 a2,20160821、b1 和 b2,20180722、c1 和 c2,20180831；Ⅱ:d1 和 d2,20190802、e1 和 e2,20160724、f1 和 f2,20180723）的急流移动路径、急流最强时刻（标记为蓝色的时刻）700 hPa 流场图及雨强中心站点小时降水量折线图（单位,mm），图中风羽、红色（蓝色）点分别代表此时的急流中心的风速、（风速＞10 m·s$^{-1}$）位置，散点图表示此个例降水量分布，红色箭头表示急流中心移动方向，折线图 $x$ 轴编号与流场图中时刻相对应

第二类降水过程（“高空槽前型”降水：20160724、20180723、20190802），其急流轴主要位于贺兰山右侧（图 3.22d1、e1、f1），该类降水过程的急流系统表现出了明显位于急流左前方的辐

合流场,并随着低空急流的东移逐渐对贺兰山东麓降水过程产生影响(图略),低空急流左前方的辐合上升流场是此类暴雨的触发与维持的有利动力条件,此类降水过程雨强中心的小时降水量变化图呈现出单峰值特征(图 3.22d2、e2、f2),降水峰值多出现在急流发展移动的后期,这种由低空急流动力作用所产生的中尺度气旋的发展变化对此类暴雨的发生与维持起到重要作用。

#### 3.4.3.4 低空急流影响贺兰山东麓两类暴雨过程的天气学概念模型

综合考虑贺兰山东麓暴雨发生过程中的环流背景及低空急流系统演变特征,并结合本章提出的两类暴雨过程的典型个例分析("副高西北侧型":20160821、20180722、20180831;"高空槽前型":20190802、20160724、20180723),建立贺兰山东麓两类暴雨过程的天气学概念模型(图 3.24)。通过概念模型可知,南亚高压、副高、高低空急流是关键影响系统,暴雨量级及落区差异主要来自低空急流系统的演变特征的不同。

"副高西北侧型"暴雨过程其暴雨强度更大,降水强中心区域集中分布于贺兰山体东侧,该类暴雨过程中的副高(586 dagpm、588 dagpm 线)均异常向西北地区伸展(图 3.24a),具有较好的水汽输送条件,高空 200 hPa 南亚高压为东部型,暴雨区位于高空急流中心的南侧,加之低空急流前端遇贺兰山体对气流的强迫抬升作用,该类暴雨过程具有较好的水汽和动力条件,形成的暴雨强度也较"高空槽前型"暴雨过程强,降水落区也更加集中于山体附近。

500 hPa 西风槽东移是"高空槽前型"暴雨过程中的主要天气背景。该类降水事件其降水区域位于高空槽前、高空急流入口区南侧、南亚高压中心东侧(图 3.23b),高低空的动力配合加强了气流的上升,具有较有利的动力条件,此外低空急流的移动变化也与槽的移动方向相符,该类暴雨过程中低空急流系统左前方的辐合式气旋对贺兰山东麓暴雨的触发与维持起到了重要作用,因此该类暴雨过程其降水范围相对分散。

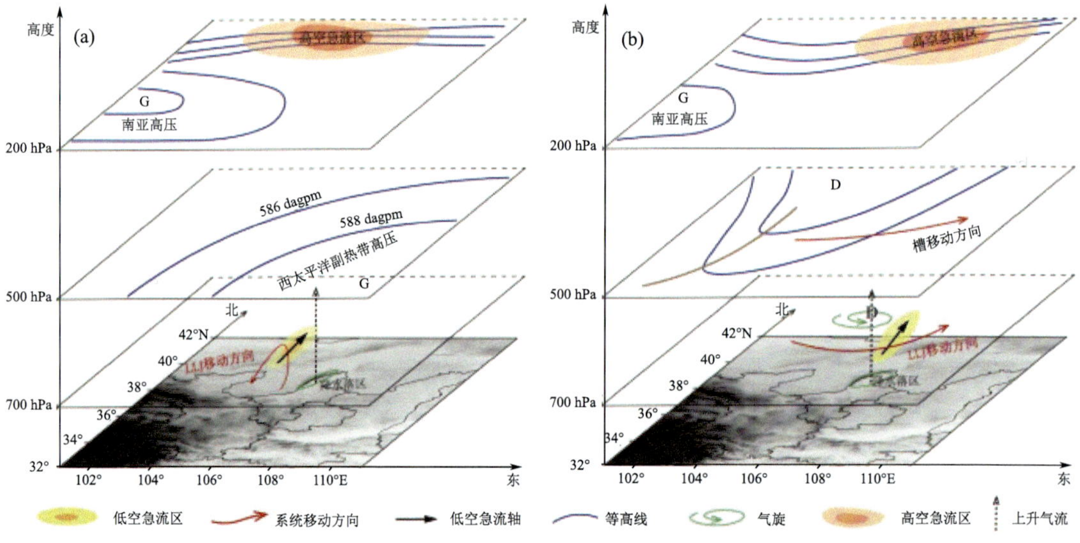


图 3.23 概念模型

(a)"副高西北侧型";(b)"高空槽前型"

#### 3.4.3.5 小结

系统分析贺兰山东麓 20 次暴雨过程中低空急流系统的演变特征,建立了低空急流影响贺兰山东麓两类暴雨过程的天气学概念模型,主要结论如下。

(1)贺兰山东麓暴雨过程大多伴随呈南北走向的低空急流系统，虽然急流中心较降水区域较远，但是暴雨过程中低空急流属性(急流强度、移速)与降水特征之间存在很好的对应关系，因此这些低空急流系统对暴雨的发生起到了重要影响。

(2)“副高西北侧型”降水过程中低空急流呈北进增强—南退减弱的特点，“高空槽前型”降水过程多呈东移减弱的特点。“副高西北侧型”降水过程中低空急流轴主要位于贺兰山山体左侧，急流风向多垂直于山体；“高空槽前型”降水过程中低空急流轴出现在贺兰山体右侧，急流风向多平行于山体。

(3)“副高西北侧型”暴雨过程的主要作用体现在输送充沛水汽和增大迎风坡风速等方面，而“高空槽前型”降水过程中低空急流轴出现在贺兰山山体右侧，由低空急流动力作用所产生的中尺度气旋的发展演变对此类暴雨的触发和维持起到重要作用。

(4)通过对 20 例暴雨事件的环流合成分析给出了两类暴雨过程的概念模型，从概念模型图可以看出南亚高压、副高、高低空急流是贺兰山东麓暴雨事件的主要影响系统，暴雨量级及落区差异则主要与低空急流系统的演变特征有关。

## 3.5 低空急流与地形相互作用对暴雨的影响机制初步探讨

2018 年 7 月 22 日夜间贺兰山东麓出现了特大暴雨过程，最大累计降水量和最大雨强均出现在贺兰山滑雪场(图 3.24)，分别为 277.6 mm 和 74.1 mm • $h^{-1}$(22:00)(表 3.1)，过程累计降水量位列宁夏历史第一。苏洋等(2023)以这次暴雨过程为例初步探讨了低空急流与贺兰山地形配合影响贺兰山东麓暴雨过程发生发展的可能机制。

7 月 22 日 14:00(图略)，关键区 A 区出现大于 12 m • $s^{-1}$ 的 700 hPa 偏南急流，急流北端伸至宁夏中南部同心至海原一线。17:00(图 3.24a)，775 hPa 急流和 850 hPa 急流开始建立，700 hPa 急流核增强到 14 m • $s^{-1}$。19:00 急流发展北抬或西进(图 3.24b、e)，700 hPa、775 hPa 和 850 hPa 急流核分别增强到 15 m • $s^{-1}$、14 m • $s^{-1}$ 和 12 m • $s^{-1}$，775 hPa 急流轴前端北抬西进至贺兰山东坡。此时，暴雨区附近在对流层中低层 600 hPa 以下存在东南西北向的次级环流，贺兰山东侧暴雨区位于上升运动大值区，中心为−0.9 Pa • $s^{-1}$ 位于 775 hPa 附近，贺兰山西侧的下沉运动中心(0.6 Pa • $s^{-1}$)也位于 775 hPa 附近，暴雨中心恰好处于上升运动中心偏西的梯度带上，其上空 700 hPa 附近有 70%以上的相对湿度(图 3.24e)。可见，随着低空急流北抬西进，降水落区从贺兰山东麓的平原地区移至贺兰山东坡山区，降水强度显著增大，20:00 有 4 站出现 10 mm 以上降水，最大小时雨强为 48.1 mm • $h^{-1}$(图 3.24g、h)。

21:00(图 3.24c)，低空急流进一步增强并继续北抬西进，700 hPa 和 775 hPa 急流核均增强到 17 m • $s^{-1}$，三支急流的前端位置重合，均落在贺兰山东侧山区，暴雨中心滑雪场站位于三支低空急流轴前端的风速辐合大值区；与 19:00 相比，沿着急流前进方向的次级环流明显加强，其中，850 hPa 急流经关键区 B 区地形抬升后，风速明显加大，急流核位于 775 hPa 高度上，而后在 B 区的西北方向背风坡气流下沉(下沉速度中心为 0.9 Pa • $s^{-1}$，高度在 775 hPa 附近)，下沉支急流的前部落在暴雨区，急流继续北上西进，遇到贺兰山地形阻挡，地形抬升和动力抬升作用叠加，东坡山前的上升运动增强，上升速度中心风速达到最大，为−1.5 Pa • $s^{-1}$(775 hPa 高度附近)，贺兰山西侧的下沉运动中心强度也增强到 0.9 Pa • $s^{-1}$，此时，整个暴雨区

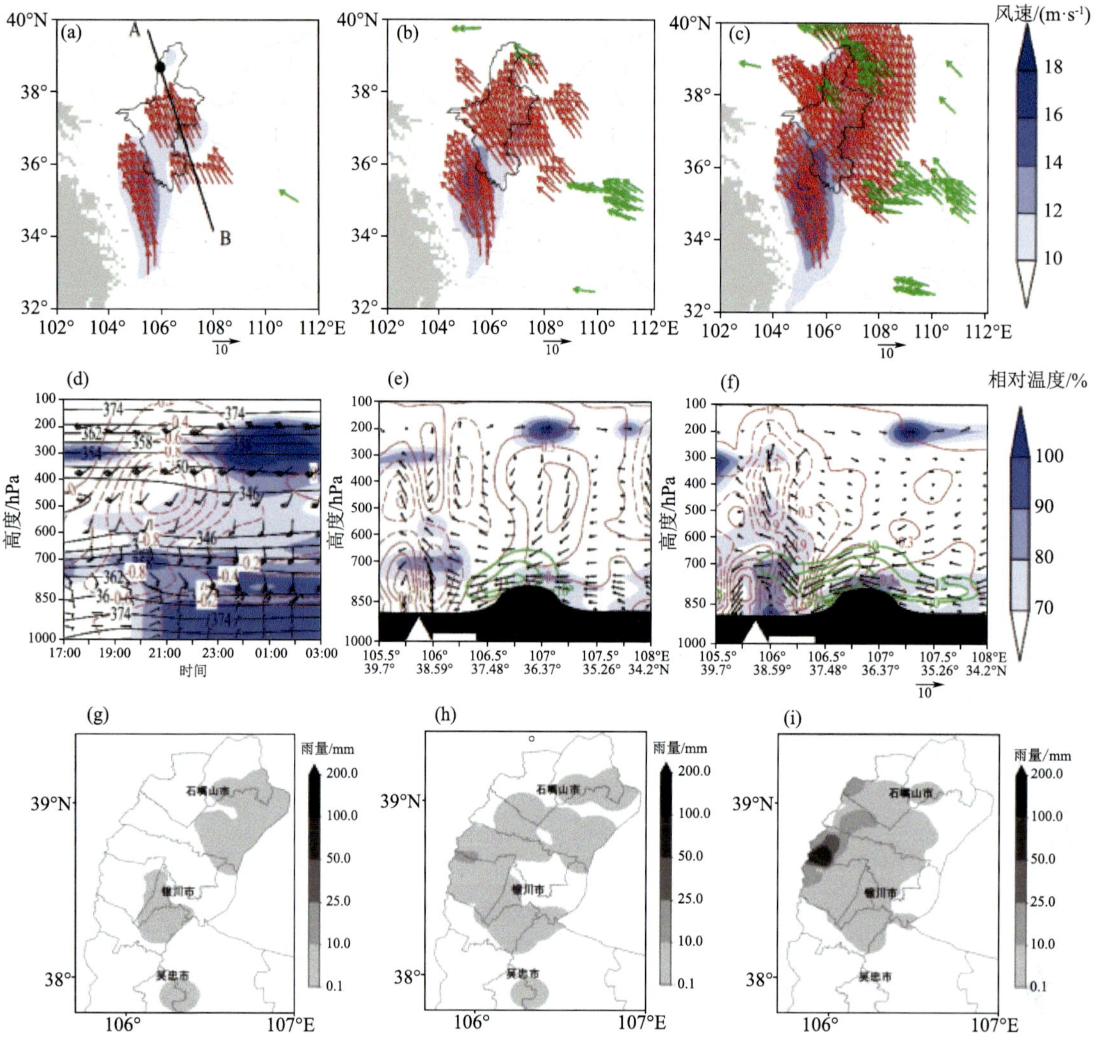


图 3.24　2018 年 7 月 22 日暴雨过程期间的急流演变(a—c)、暴雨中心滑雪场站的时间—高度剖面(d)、沿 AB 剖线的垂直剖面(e—f)及小时降水量分布(g—i)(a—c,700 hPa 急流,蓝色阴影,单位:m・s$^{-1}$;775 hPa 急流,红色矢量,单位:mm・s$^{-1}$;850 hPa 急流,绿色矢量,单位:m・s$^{-1}$;黑色圆点表示暴雨中心滑雪场站位置,AB 直线为剖线;d,相对湿度,蓝色阴影,单位:%;假相当位温,黑色等值线,单位:K;垂直速度,红色等值线,单位:Pa・s$^{-1}$;风场,风向杆,单位:m・s$^{-1}$;e—f,相对湿度,蓝色阴影,单位:%;垂直速度,红色等值线,单位:Pa・s$^{-1}$;低空急流,绿色等值线,单位:m・s$^{-1}$;风场,矢量,单位:m・s$^{-1}$;因资料分辨率低无法显示贺兰山地形,贺兰山东西宽约 30 km,故用白色三角形表示贺兰山位置;白色矩形区域为贺兰山东麓地区;g—i,降水量,阴影,单位:mm)

(a)17:00;(b,e)19:00;(c,f)21:00;(g)17:00—18:00;(h)19:00—20:00;(i)21:00—22:00

在对流层中低层均为强烈的上升运动区,暴雨中心仍处于上升运动中心偏西的梯度带上(图 3.24f);同时,显著增强的低空急流还为暴雨区带来了充沛的水汽,整个对流层中低层相对湿度明显增大,700 hPa 以下相对湿度大于 80%,500 hPa 以上相对湿度低于 70%,呈上干下湿的分布(图 3.24d、f)。对应 21:00—22:00 有 3 站出现 60 mm 以上的强降水,最大小时雨强为 74.1 mm·h$^{-1}$(图 3.24i)。

另外,从暴雨中心滑雪场站的时间一高度剖面图(图 3.24d)可以看出,暴雨期间(22 日 19:00—23 日 03:00),对流层中低层 600 hPa 以下,$\frac{\partial\theta_{se}}{\partial P}<0$,假相当位温 $\theta_{se}$ 的水平梯度≈0,700 hPa 以下 $\theta_{se}>350$ K,850 hPa 以下 $\theta_{se}>370$ K,表明暴雨中心上空在对流层中下层高温高湿高能且存在强盛的对流不稳定。

从银川雷达径向速度图上(图 3.25 和图 3.26)也可以看到,从 19:21(图 3.25b)到 21:37(图 3.26a),急流核强度由 21.5 m·s$^{-1}$ 增强到 23.5 m·s$^{-1}$,急流方向几乎与山体垂直,随着急流加强发展并进一步北抬西进,暴雨中心滑雪场附近的气旋式辐合也显著增强,旋转速度由 12 m·s$^{-1}$ 增强到 14.5 m·s$^{-1}$。稳定维持并加强发展的低空急流遇到贺兰山东坡地形抬升后不断触发对流单体反复生消形成强烈的带状线性回波沿山体传播,向北缓慢移动,形成列车效应。并且 60 dBZ 以上的强回波中心在经过暴雨中心滑雪场站附近时维持了 5 个体扫时间(约 30 min),对流活动发展旺盛且稳定少动,造成了暴雨中心滑雪场 74.1 mm·h$^{-1}$ 的强降水。反射率因子的剖面图上可见强回波质心有所下降,也表明了强降水效率增大。

可见,急流为暴雨区带来了充沛的水汽,暴雨区呈上干下湿的不稳定层结,低层持续的高温高湿高能为中尺度系统的触发和维持提供了重要的热动力条件,急流遇到贺兰山东坡地形抬升后不断触发对流单体反复生消形成强烈的带状线性回波沿山体传播,经过暴雨中心时稳定少动,造成了局地强对流暴雨。

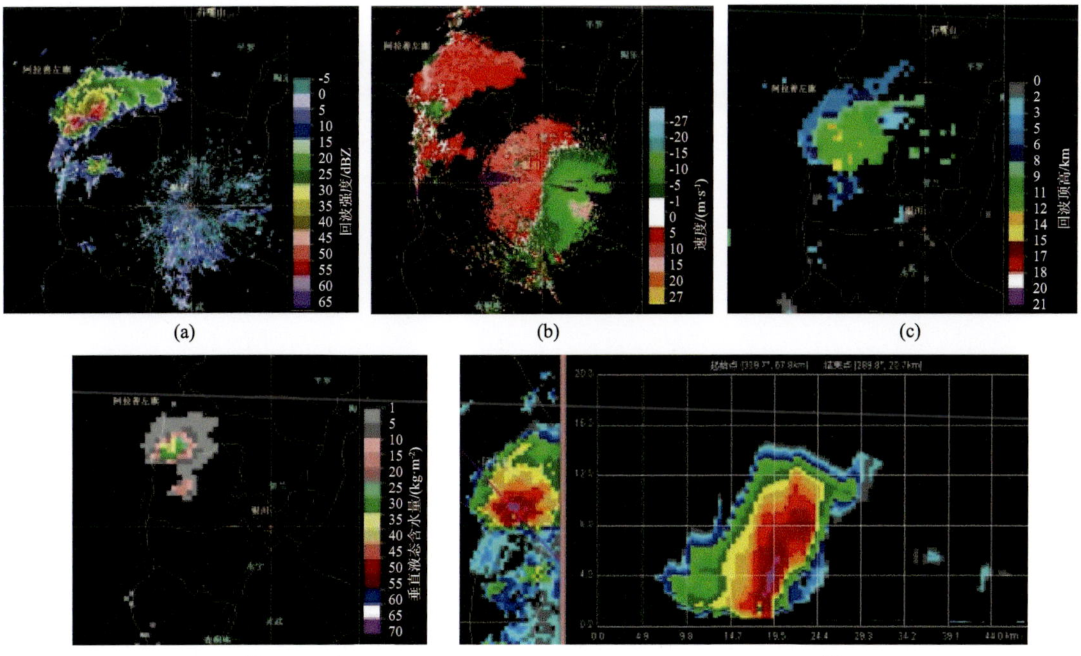


图 3.25 2018 年 7 月 22 日 19:21 银川多普勒雷达产品图(a:2.4°仰角基本反射率因子图、b:1.5°仰角速度图、c:回波顶高、d:垂直液态水含量、e:反射率因子垂直剖面图)

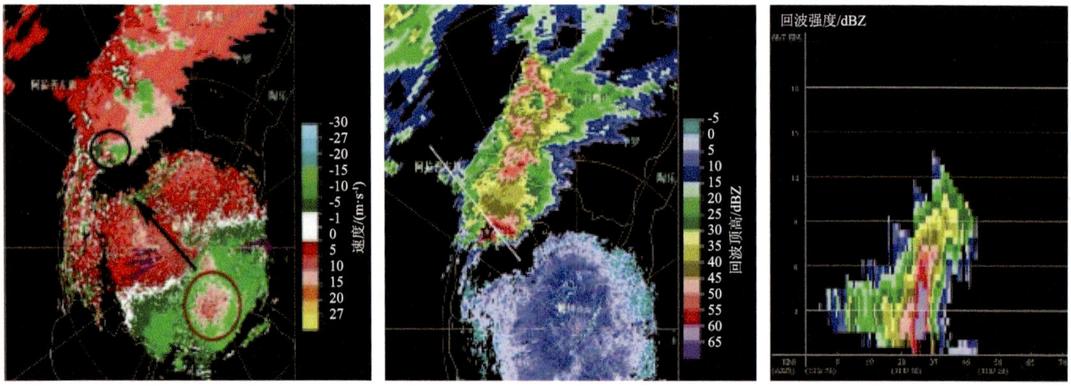


(a)　　　(b)　　　(c)

图 3.26　2018 年 7 月 22 日(a—c)21:37 银川 CA 雷达的 2.4°仰角(a)径向速度(单位:m・$s^{-1}$;黑色圆圈为气旋式辐合,红色圆圈表示急流核,黑色箭头指示急流方向)、(b)反射率因子(单位:dBZ;五角星为滑雪场测站位置,白色直线为剖线位置)及(c)反射率因子垂直剖面(单位:dBZ)

## 3.6　本章小结

本章利用 ER5 和 NCEP FNL 全球再分析资料,系统研究了影响贺兰山东麓暴雨过程的低空急流活动轨迹和演变规律,找到了 3 个低空急流关键区和关键层次,揭示低空急流与贺兰山东麓暴雨过程的时空间一致性变化特征,在此基础上,重点研究了 700 hPa 低空急流对不同环流背景下暴雨过程的影响机制,提炼了低空急流相对暴雨开始时间的定量指标,建立低空急流影响贺兰山东麓两类暴雨过程的天气学概念模型,并初步探讨了低空急流与贺兰山地形结合影响东麓暴雨中尺度系统发生发展的环境场和雷达特征,对暴雨预报预警有很好的指示意义。

# 第 4 章　贺兰山东麓暴雨过程的环流特征

暴雨的产生与环流形势关系密切。中国大范围暴雨的发生与高中低纬环流形势以及各种尺度天气系统都有关系（卢珊 等，2022），很大程度上，天气系统的配置决定了暴雨的分布、落区与强度（Shepherd et al. ，2011），其中副热带系统同中国暴雨关系最为密切，尤其是西太平洋副热带高压（以下简称“副高），它的位置是暴雨环流分型的重要依据（陶诗言，1980）。中国多地暴雨环流分型也主要依据副高位置确定，同时兼顾热带和西风带系统，“东高西低”是中国西北地区东部暴雨的基本特征（孔祥伟 等，2021；韩子霏 等，2021；王成福 等，2019）。

以往依据主观经验的环流分型在宁夏暴雨预报中发挥了重要的指导作用，但过度依赖主观判断和因统计样本、分型标准不同导致分类结果无法统一，同时，随着气象现代化的快速发展，能获取的气象资料越来越丰富，基于大数据挖掘的客观环流分型技术发挥了越来越重要的业务应用价值。另外，即使处于同一环流背景下，同一地区既可以出现 100 mm 以下的一般性普通暴雨，也可以出现 100 mm 甚至 200 mm 以上的大暴雨或特大暴雨，或者在不同的环流背景下，也同样可以出现相同量级的暴雨过程，结果导致预报员“即使知道了环流型，也并不清楚暴雨的量级”，研究成果距离精准预报需求尚有差距。

因此，在客观环流分型的基础上，提炼不同环流背景下、不同量级暴雨过程的关键影响因子和预报指标，建立贺兰山东麓分级暴雨的天气学概念模型，有助于增强预报员对干旱区复杂地形处不同量级暴雨的形成机理认识，提升定量暴雨预报服务能力。

## 4.1　基本环流特征

利用 ERA5 小时 0.25°×0.25°再分析资料，Chen 等（2022）对贺兰山东麓 22 次暴雨过程（表 4.1）的环流及其距平场进行合成，给出高低空（纬）环流和关键物理量配置：200 hPa 平均场上，南亚高压呈东西向分布，脊线在 27°N 附近，中心≥1256 dagpm，高空急流呈东北—西南向分布，急流轴在 42°N 附近，两个急流中心 34 $m \cdot s^{-1}$ 和 36 $m \cdot s^{-1}$ 分别位于 87°E 和 110°E 附近，河套北部为辐散正距平大值区，中心≥$24 \times 10^{-6} s^{-1}$；500 hPa 高度距平场上河套处于由东高向西低过渡的正位势梯度带上，中心 6 dagpm 位于 120°E 附近，孟加拉湾及南海为弱负距平区；海平面气压距平场上，河套中北部为正距平，以南为负距平，正距平中心 3 hPa 在 120°E 附近，5 个 1～2 hPa 的负距平中心位于 35°N 以南及 100°—110°E、130°—140°E；低层 700 hPa 和 850 hPa 在河套北部为强烈的偏南风和东南风距平构成的水汽通量、假相当位温 $\theta_{se}$、CAPE 和 $K$ 指数正距平大值区，中心＞2 $g \cdot (cm \cdot s \cdot hPa)^{-1}$、12 K、250 $J \cdot kg^{-1}$ 和 12 ℃，它们是由 500 hPa 高度和气压正距平南侧的偏东气流与高原东侧的西南气流在四川盆地汇聚北上形成，同时高原东部风向和风速辐合有西风槽或高原低值系统活动(图 4.1)。

上述环流分布表明:贺兰山东麓地区暴雨过程的形成与高低空及中低纬度天气系统相互作用、远距离暖湿输送造成的暴雨区水汽充足、大气不稳定增强、低值系统活跃、热动力抬升机制发展关系密切。

**表 4.1 2006—2020 年贺兰山东麓暴雨过程**

| 序号 | 暴雨过程时段 | 持续时间/h | 平均雨量/mm | 暴雨频次 | 短时暴雨频次 | 雷电频次 | 最大雷电强度/kA(时间) | 过程最大雨量/mm | 最大小时雨强/mm(时间) |
|---|---|---|---|---|---|---|---|---|---|
| 1 | 2006 年 7 月 14 日 11:00—15 日 10:00 | 23 | 78.7 | 14 | 16 | | 有雷电 | 黄草滩 168.2 | 33.3(00:00) |
| 2 | 2007 年 6 月 16 日 13:00—17 日 12:00 | 24 | 58.1 | 14 | | 2 | 115.0(13:00) | 苏峪口 93.5 | 16.6(17:00) |
| 3 | 2009 年 7 月 7 日 8:00—8 日 07:00 | 24 | 22.6 | 10 | 8 | 14 | −122.2(16:00) | 汝箕沟 107.6 | 39.6(22:00) |
| 4 | 2012 年 7 月 29 日 20:00—30 日 11:00 | 16 | 59.8 | 52 | 21 | 440 | −196.0(22:00) | 滚钟口 174.3 | 47.7(00:00) |
| 5 | 2015 年 9 月 3 日 04:00—4 日 01:00 | 21 | 18 | 11 | 1 | | | 小口子 65.9 | 27.9(19:00) |
| 6 | 2015 年 9 月 8 日 01:00—8 日 20:00 | 20 | 23 | 5 | 3 | | | 八顷村 69.6 | 50.4(04:00) |
| 7 | 2016 年 7 月 24 日 05:00—12:00 | 8 | 25.1 | 8 | 20 | 9 | 65.2(05:00) | 灵武煤矿 89.5 | 56.5(07:00) |
| 8 | 2016 年 8 月 13 日 15:00—14 日 14:00 | 24 | 13.5 | 32 | 48 | 136 | 216.0(17:00) | 王老滩 110.2 | 51.7(18:00) |
| 9 | 2016 年 8 月 21 日 19:00—22 日 08:00 | 14 | 6.6 | 10 | 28 | 265 | −216.4(01:00) | 滑雪场 241.7 | 82.5(01:00) |
| 10 | 2016 年 8 月 22 日 22:00—23 日 06:00 | 9 | 6.7 | 3 | 14 | 20 | −152.8(03:00) | 路家营子村 57.3 | 53.7(04:00) |
| 11 | 2017 年 6 月 4 日 15:00—5 日 10:00 | 20 | 37.9 | 121 | 4 | | | 黄旗口沟 116.5 | 26.7(23:00) |
| 12 | 2017 年 7 月 5 日 03:00—18:00 | 16 | 10.9 | 10 | 17 | 65 | 107.5(03:00) | 滑雪场 114.4 | 47.4(13:00) |
| 13 | 2017 年 7 月 25 日 20:00—26 日 02:00 | 6 | 4.7 | 4 | 35 | 4 | −77.3(22:00) | 窑子圈 64.4 | 57.7(22:00) |
| 14 | 2018 年 7 月 1 日 09:00—2 日 01:00 | 17 | 19.5 | 38 | 24 | | | 牛首山 84.3 | 29.8(20:00) |
| 15 | 2018 年 7 月 19 日 03:00—10:00 | 8 | 8.7 | 21 | 39 | 115 | −124.9(03:00) | 明长城 136.2 | 54.5(05:00) |

续表

| 序号 | 暴雨过程时段 | 持续时间/h | 平均雨量/mm | 暴雨频次 | 短时暴雨频次 | 雷电频次 | 最大雷电强度/kA（时间） | 过程最大雨量/mm | 最大小时雨强/mm（时间） |
|---|---|---|---|---|---|---|---|---|---|
| 16 | 2018 年 7 月 22 日 19:00—23 日 07:00 | 13 | 11.7 | 35 | 61 | 1820 | 177.4(00:00) | 滑雪场 277.6 | 74.1(22:00) |
| 17 | 2018 年 7 月 23 日 12:00—20:00 | 9 | 19.4 | 21 | 95 | 101 | 159.7(14:00) | 红翔新村 89.3 | 58(16:00) |
| 18 | 2018 年 8 月 6 日 12:00—7 日 16:00 | 29 | 14.7 | 18 | 51 | 396 | −151.8(15:00) | 马莲口 119.1 | 52.3(12:00) |
| 19 | 2018 年 8 月 9 日 12:00—10 日 13:00 | 26 | 13.4 | 14 | 29 | 911 | −218.2(11:00) | 临河镇 71.4 | 71.4(13:00) |
| 20 | 2018 年 8 月 31 日 19:00—9 月 1 日 17:00 | 23 | 22.8 | 60 | 53 | 5 | 52.4(23:00) | 苦水沟 136.9 | 65.1(01:00) |
| 21 | 2019 年 8 月 2 日 18:00—3 日 00:00 | 7 | 9.8 | 6 | 35 | 60 | 168.6(19:00) | 暖泉农场 71 | 53.9(21:00) |
| 22 | 2020 年 8 月 11 日 07:00—12 日 08:00 | 26 | 19.5 | 23 | 28 | 97 | 119.6(07:00) | 五渠村 126 | 84.5(11:00) |

注：最大雷电强度负值表示负闪。下同。

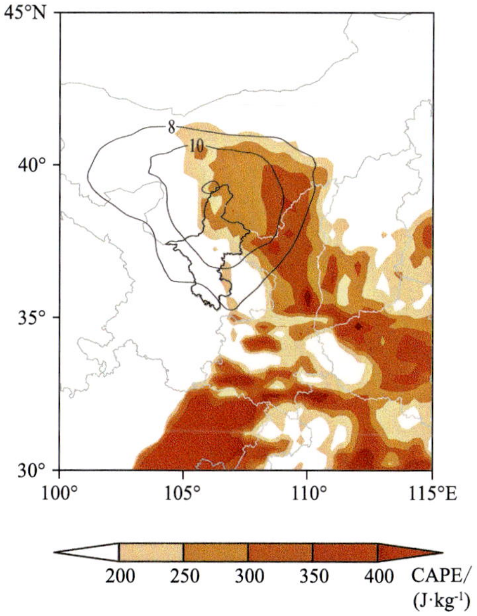


图 4.1　贺兰山东麓暴雨过程合成距平场。等值线为 $K$ 指数距平，阴影为 CAPE 距平；灰色阴影为青藏高原地形。单位：$K$ 指数为℃，CAPE 为 $J \cdot kg^{-1}$

## 4.2 不同环流背景下的暴雨天气特征

基于天气学意义的大尺度环流背景分类或者分型是合成分析的前提，但是对大气环流具有显著差异的暴雨事件进行合成分析，容易造成具有天气学指示意义的环流特征和动力学结构特征被掩盖，而针对具有环流背景相似的暴雨事件的合成分析能够更好地揭示其共性特征(Wang et al., 2021)。客观分类的基础是相似的环流特征，不同类间具有显著不同的天气学意义(Zhou et al.,2010)。$k$-means 均值聚类方法($k$-means)(Macqueen,1967)是解决聚类问题的经典算法，当结构集是密集的，类与类之间区别明显时，聚类结果较好，尤其在处理大量数据时，该算法具有较高的可伸缩性和高效性，但 $k$-means 需要事先指定聚类个数 $k$ 且初始聚类中心是随机设置的，因此聚类结果不稳定而且易陷入局部最优，算法的自适应性较差。相较而言，层次聚类更为客观。

### 4.2.1 客观环流分型方法介绍

层次聚类最大的优点是事先不指定分类个数 $k$，通过计算惯性权重，根据肘点法获得最合适的分类数 $k$ 值。层次聚类最大的缺点是不可逆性，即一旦聚类结果形成，想要再重新合并来优化聚类性能就不可能了；另外一个缺点是聚类终止条件的不精确性，比如指定两个距离最近的聚类之间最小距离阈值等。它的主要理论是：初始时将每个对象作为单独的一个聚类，然后相继合并相互邻近的聚类，合并一次后，聚类总数减一，直到所有的聚类合并成一个聚类或者满足一个终止条件，比如，类的数目达到了预定值，或者最近的类之间的距离达到了给定的阈值。

贺兰山东麓暴雨以对流性降水为主，根据对流天气的 3 个基本条件：水汽、不稳定和抬升，选用 500 hPa 高度($H_{500}$)、700 hPa $U$、$V$ 风($U_{700}$、$V_{700}$)、850 hPa 温湿场(假相当位温，$\theta_{se850}$)作为聚类的要素场。这是因为强对流天气发生在有利的大尺度背景条件下，是热力和动力综合作用的结果。因此，选取 500 hPa 高度场代表对流层中层的主要影响系统，700 hPa 是对流层中层和低层的过渡层次，在西北地区东部不易受地形影响，可代表低层动力作用，850 hPa 的温湿场可代表大气低层的热力和水汽作用。

采取自底向上的凝聚 AGNES(Agglomerative Nesting 合并聚类)层次聚类算法。首先，将贺兰山东麓每次过程期间所有时次的 4 个物理量 $H_{500}$、$U_{700}$、$V_{700}$、$\theta_{se850}$ 求平均并标准化；其次，采用主成分分析法将数据进行降维处理，按照 95%的方差贡献率，得到 17 个特征向量，其中前 2 个主成分(对应图 4.2a 中的横纵坐标)PC1 和 PC2 方差贡献率达到 33.7%；接着，使用 AGNES 算法进行聚类分型，计算所有个例 17 个特征向量之间的欧氏距离，先将每次过程各成一类，然后根据过程之间距离系数最小原则，逐级归并，最终归为一类，聚类过程如图 4.2b。这里涉及如何确定哪种聚类结果是合理的，采用以下原则：①类内成员间的距离系数尽可能小，②类与类的距离系数尽可能大，③采用皮尔逊相关系数作为相似判据，保证上述两种距离系数通过显著性 $t$ 检验。

欧氏距离：
$$d=\sqrt{\sum_{k=1}^{m}(x_{ik}-x_{jk})^{2}} \tag{4.1}$$

皮尔逊相关系数：
$$r=\frac{\operatorname{cov}(x_i',x_j')}{s[x_i']s[x_j']} \tag{4.2}$$

$t$ 检验：
$$t=\frac{r\sqrt{n-2}}{\sqrt{1-r^2}} \tag{4.3}$$

式中，$\operatorname{cov}(x_i',x_j')$ 为第 $i$ 个样本与第 $j$ 个样本的协方差，$s[x_i']$ 和 $s[x_i']$ 为第 $i$ 个样本与第 $j$ 个样本的方差，$x'=x-\overline{x}$，$\overline{x}$ 为 6—8 月气候平均值，$k=1,2,\cdots,m$ 特征向量数。

聚类结果如图 4.2c 所示，当分为 3 类时，类内最大距离系数和类间最小距离系数出现陡增，当分类数小于 3 时，两者均不能通过 95% 的显著性 $t$ 检验（$n=77361$，$t_{0.05}=1.96$，$t=6.351$，$t>t_{0.05}$）。因此，将贺兰山东麓暴雨过程客观分为 3 类（表 4.2）。

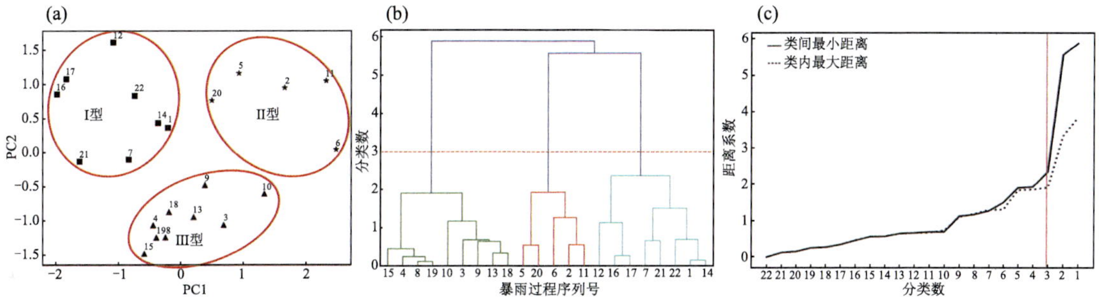


图 4.2　贺兰山东麓暴雨过程层次聚类分型结果。图 a 中的横纵坐标 PC1、PC2 为方差贡献率最高的前 2 个主成分，数字代表暴雨过程序号（与表 4.1 序号一致），图 c 中的竖实线为通过 95% 的 $t$ 检验等级线

**表 4.2　贺兰山东麓 22 次过程客观环流分型暴雨特征**

| 序号 | Ⅰ型 | Ⅱ型 | Ⅲ型 |
|---|---|---|---|
| 1 | 2006 年 7 月 14—15 日 | 2007 年 6 月 16—17 日 | 2009 年 7 月 7 日 |
| 2 | 2016 年 7 月 24 日 | 2015 年 9 月 3 日 | 2012 年 7 月 29—30 日 |
| 3 | 2017 年 7 月 5 日 | 2015 年 9 月 8 日 | 2016 年 8 月 13—14 日 |
| 4 | 2018 年 7 月 1—2 日 | 2017 年 6 月 4—5 日 | 2016 年 8 月 21 日 |
| 5 | 2018 年 7 月 22 日 | 2018 年 8 月 31 日—9 月 1 日 | 2016 年 8 月 22 日 |
| 6 | 2018 年 7 月 23 日 | | 2017 年 7 月 25 日 |
| 7 | 2019 年 8 月 2 日 | | 2018 年 7 月 19 日 |
| 8 | 2020 年 8 月 11 日 | | 2018 年 8 月 6—7 日 |
| 9 | | | 2018 年 8 月 9—10 日 |
| 平均雨量/mm | 18.5 | 25.8 | 13.3 |
| 过程平均持续时间/h | 14.8 | 21.6 | 17.3 |
| 过程最大雨量/mm | 277.6 | 136.9 | 241.7 |
| 最大小时雨强/mm | 84.5 | 65.1 | 82.5 |
| 暴雨总频次/站次 | 155 | 215 | 165 |
| 一般暴雨频次/站次 | 137 | 205 | 138 |
| 大暴雨频次/站次 | 15 | 10 | 25 |
| 特大暴雨频次/站次 | 3 | 0 | 2 |

续表

| 序号 | Ⅰ型 | Ⅱ型 | Ⅲ型 |
|---|---|---|---|
| 短时暴雨总频次/站次 | 300 | 61 | 273 |
| 一般短时暴雨频次/站次 | 271 | 54 | 230 |
| 强短时暴雨频次/站次 | 25 | 6 | 39 |
| 特强短时暴雨频次/站次 | 4 | 1 | 4 |
| 平均雷电频次 | 358.7 | 3.5 | 255.7 |
| 最大雷电强度/KA | 177.4 | 115 | −218.2 |

### 4.2.2 降水分布

图 4.3 为研究区域 3 种类型暴雨过程的平均雨量和不同量级暴雨频次分布，结合表 4.2，可以看到。

Ⅰ型(图 4.3a、图 4.3 d、图 4.3g)：8 次暴雨过程集中在 7 月(占比 75%)到 8 月上旬，平均雨量≥40 mm 的大值区与特大暴雨站点相对应，都位于贺兰山银川与贺兰段的交界处。对比其它两类暴雨，雷电站次、特大暴雨站数和日数、短时暴雨总站次、一般短时暴雨站次、短时特大暴雨站次最多，过程雨量和小时雨强最大，持续时间最短，对流性暴雨的极端性最强。

Ⅱ型(图 4.3b、图 4.3e、图 4.3h)：5 次暴雨过程集中在初夏(6 月上中旬)和初秋(9 月上旬，占比 60%)，以连阴雨中的暴雨过程为主，平均雨量≥40 mm 的大值区与暴雨总频次的高频站点基本一致，分布在整个贺兰山区，贺兰山银川到平罗段最为集中。对比其它两类暴雨，雷电站数、大暴雨站数、不同量级短时暴雨站次最少，没有出现特大暴雨，过程雨量和小时雨强最小，但暴雨总站数和一般暴雨站数及日数最多、持续时间最长、平均雨量最大，稳定的、大范围的持续性降水特征明显。

Ⅲ型(图 4.3c、图 4.3f、图 4.3i)：9 次暴雨过程分布集中在 7 月到 8 月上中旬(8 月占比 56%)，平均雨量≥40 mm 的大值区与总和特大暴雨高频站点一致，集中在贺兰山银川与贺兰段的交界处。对比其它两类暴雨，雷电最强，大暴雨站数和日数、短时大和特大暴雨站次最多，平均雨量最小，局地强对流特征最明显。

上述分析表明：贺兰山地形对东麓地区暴雨的分布有着重要的影响，暴雨中心形成的决定因素是降水强度，而非持续时间。过程平均雨量≥40 mm 的区域与暴雨高频站点，尤其是高级别暴雨站点相对应，都集中在山区，其中，盛夏季节的Ⅰ型和Ⅲ型暴雨过程多(占比 77%)，这两类暴雨的高频站点，尤其是大和特大暴雨集中区域相似，历时短、范围小、大量级暴雨站次和日数多、对流强，Ⅰ型的极端性更强，Ⅲ型的局地强对流特征更明显；而初夏和初秋的Ⅱ型暴雨过程少，由于是相对稳定的持续阴雨过程中的暴雨过程，因此历时长、范围大、大量级暴雨站次和日数少、对流弱。

### 4.2.3 环流分布

西北地区暴雨大都出现在一定的大尺度环流形势下，与西风带、副热带和热带系统密切相关。对比 3 类暴雨过程的大尺度环流分布和主要天气系统配置，可以看到。

南亚高压多年平均特征线 1252 dagpm 脊线位于 25°N，北界位于 35°N，副高多年平均特

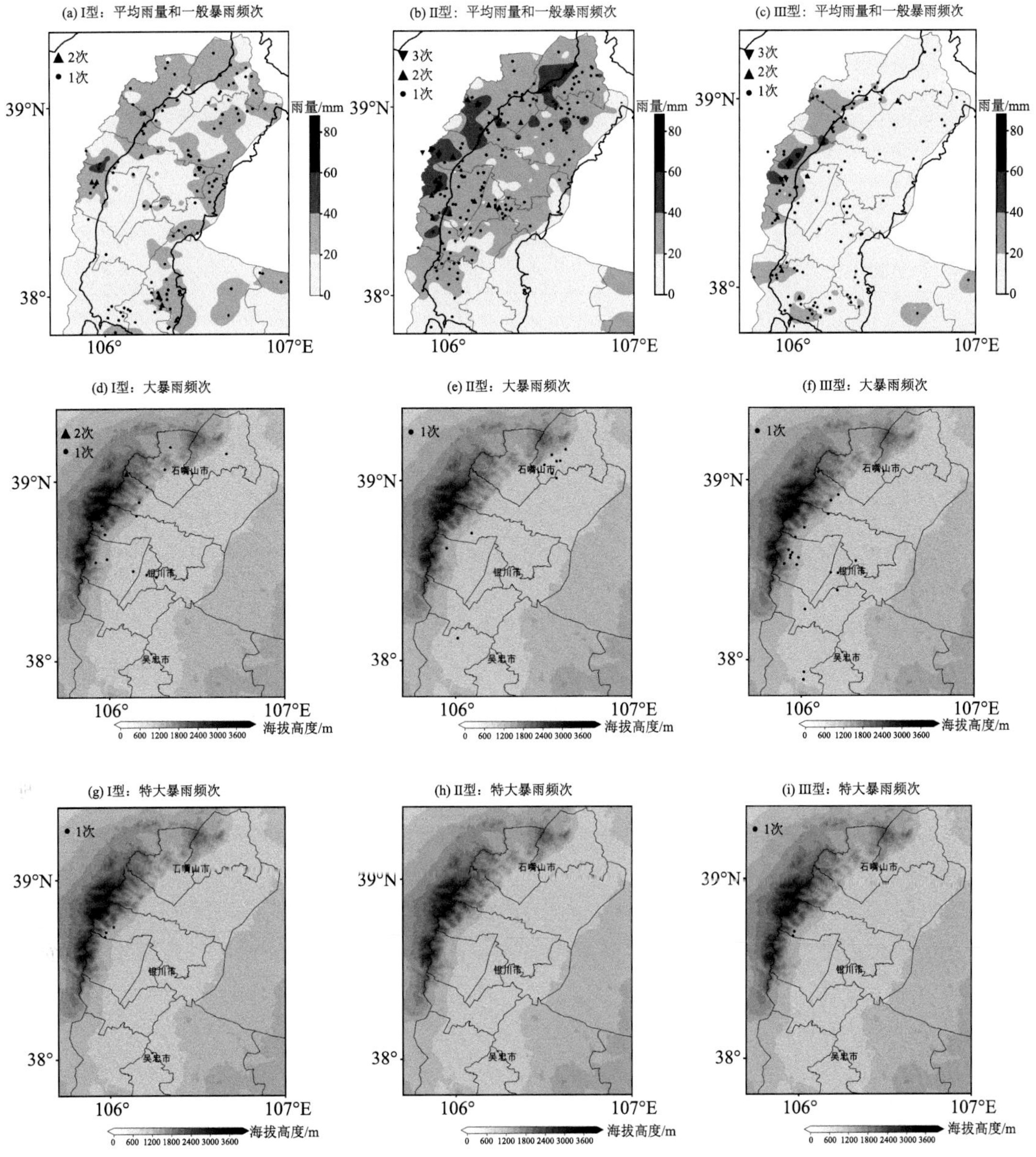


图 4.3　贺兰山东麓 3 类暴雨过程的平均雨量(单位:mm)和暴雨频次(单位:d)。图 a—c 阴影为平均雨量,黑色加粗线为 1200 m 地形线;图 a—i 圆点和三角为暴雨频次;图 d—i 阴影为海拔高度(单位:m)

征线 588 dagpm 西脊点位于 130°E 附近、北界位于 25°N 附近,584 dagpm 北界位于 32°N 附近(图 4.4)。Ⅰ型 1252 dagpm 脊线位于 28°N、北界位于 37°N,1260 dagpm 脊线位于 28°N、北界位于 34°N,588 dagpm 西脊点位于 122°E、北界位于 38°N,584 dagpm 北界位于 40°N,贺兰山东麓地区位于 1252 dagpm 和 584 dagpm 的北部(图 4.4a,图 4.4 d);Ⅱ型 1252 dagpm 脊线位于 25°N、北界位于 30°N,588 dagpm 西脊点位于 110°E、北界位于 24°N,584 dagpm 北界位于 34°N,贺兰山东麓地区位于 1244 dagpm 和 580 dagpm 的北部(图 4.4b,图 4.4e);Ⅲ型 1252 dagpm 脊线位于 30°N、北界位于 40°N,1260 dagpm 脊线 32°N、北界位于 35°N,588 dagpm 西

脊点位于108°E、北界位于36°N,584 dagpm北界位于40°N,贺兰山东麓地区位于1252 dagpm东北部和584 dagpm西北部(图4.4c,图4.4f)。相较气候态,Ⅲ型南亚高压和副高最强最北,Ⅰ型次之,Ⅱ型与气候态相当。

从环流距平场分布看(图4.4),对流层中高层中高纬Ⅰ型和Ⅲ型以平直西风环流为主,Ⅱ型以东高西低的经向环流为主。Ⅰ型500 hPa位势高度正距平呈东强西弱分布,河套地区处于东西向位势梯度带上小于2 dagpm正距平区,正距平中心位于130°E附近,强度超过8 dagpm,青藏高原东部到南部洋面为大于−2 dagpm负距平区(图4.4 d),其中河套东部2 dagpm以上的正距平区通过90%的显著性 $t$ 检验(图略,以下同),4 dagpm以上的正距平区通过99%的显著性 $t$ 检验;海平面气压距平呈东正西负分布,贺兰山东麓地区负距平大于−1 hPa,河套以南地区的负距平小于−2 hPa(图4.4a),该负距平区通过90%的显著性 $t$ 检验。Ⅱ型500 hPa位势高度距平场从东向西呈负—正—负分布,即中高纬度环流呈两槽一脊型,河套地区位于东正向西负过渡带上小于−2 dagpm负距平区,正距平中心位于120°E附近,中心强度超过4 dagpm,河套以西地区和东部洋面有中心小于−4 dagpm的负距平区(图4.4e),其中大于2 dagpm正距平区和小于−4 dagpm负距平区通过90%和95%的显著性 $t$ 检验;海平面气压距平场,中国大部分地区都为正距平,其中新疆到河西走廊的正距平中心超过8 hPa,贺兰山东麓地区位于2~4 hPa的正距平区(图4.4b),其中2 hPa和6 hPa以上的正距平区分别通过90%和99%的显著性 $t$ 检验。Ⅲ型500 hPa位势高度正距平也呈东强西弱分布,河套地区处于东西向位势梯度带上大于4 dagpm的正距平区,正距平中心位于120°E附近,强度超过6 dagpm,南部洋面有中心小于−2 dagpm负距平区(图4.4f),其中,4 dagpm以上的正距平区通过99%的显著性 $t$ 检验;海平面气压距平呈北正南负分布,宁夏以北、以西大部地区为正距平,河套地区与华南沿海为负距平区,贺兰山东麓地区负距平为−1 hPa,青藏高原与河套东南部的负距平小于−2 hPa(图4.4c),其中,河套南部小于−2 hPa的负距平区通过90%的显著性 $t$ 检验。

从风场分布看(图4.5a—i),200 hPa中高纬都以西风气流为主,40°N地区都伴有中心超过30 $m \cdot s^{-1}$ 的高空急流;700 hPa在河套地区都以南风气流为主,在河套中南部都伴有中心超过12 $m \cdot s^{-1}$ 的低空急流;850 hPa河套及东部以东南气流为主,在河套东南部都伴有中心超过9 $m \cdot s^{-1}$ 的低空急流。其中,Ⅱ型和Ⅲ型高空急流中心都超过38 $m \cdot s^{-1}$,且Ⅲ型38 $m \cdot s^{-1}$ 的范围较Ⅱ型更大,Ⅰ型高空急流中心为30 $m \cdot s^{-1}$。700 hPa南风急流轴Ⅰ型和Ⅱ型的前段都北抬到宁夏中东部38°N附近,Ⅲ型南风急流轴偏南,在36°N附近;Ⅱ型的急流中心最强,超过13 $m \cdot s^{-1}$,Ⅰ型和Ⅲ型急流中心都为12 $m \cdot s^{-1}$;Ⅰ型在青藏高原东南部有气旋式环流(图4.5 d标“C”处),该环流位于急流轴左侧,环流风场距平在2~8 $m \cdot s^{-1}$(没有通过显著性 $t$ 检验),Ⅱ型和Ⅲ型在内蒙古西部都有气旋式环流(图4.5e和图4.5f标“C”处),该环流都位于急流轴左前部,但环流风场距平偏弱,在1~2 $m \cdot s^{-1}$(没有通过显著性 $t$ 检验)。Ⅰ型和Ⅲ型位于山西和陕西南部的850 hPa东南风急流都不连续、较为分散,中心都为9 $m \cdot s^{-1}$,Ⅲ型急流轴较Ⅰ型偏北2个纬距,Ⅱ型东南急流区域集中在山西到甘肃东部,急流轴北抬到38°N,西进到107°E,中心超过11 $m \cdot s^{-1}$;Ⅰ型在贺兰山区附近有气旋式环流(图4.5g标“C”处),环流风场距平较弱,小于2 $m \cdot s^{-1}$(环流距平没有通过显著性 $t$ 检验),Ⅱ型在宁夏中部有南北向切变线(图4.5h标“C”处),切变线两侧风速距平超过4 $m \cdot s^{-1}$(没有通过显著性 $t$ 检验),Ⅲ型在贺兰山东麓地区有气旋式环流(图4.5i标“C”处),环流

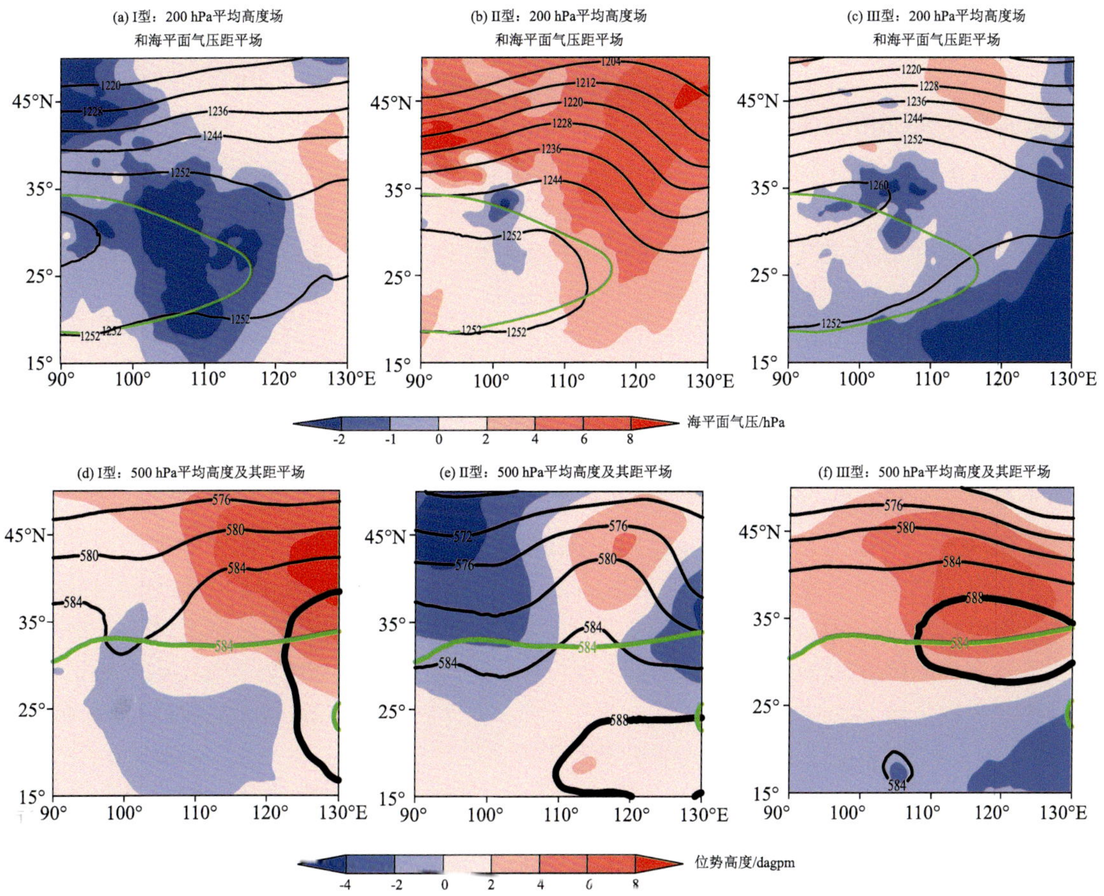


图 4.4　贺兰山东麓 3 种类型暴雨过程合成的平均环流场和距平场，绿线为多年平均
图 a—c 黑色等值线为 200 hPa 平均位势高度，绿线为 1252 dagpm 等值线，阴影为海平面气压距平；
图 d—f 黑色等值线为 500 hPa 平均位势高度，绿线为 588 dagpm 和 584 dagpm 等值线，阴影为 500 位势高度距平。高度单位：dagpm，海平面气压单位：hPa

风场距平超过 4 $m \cdot s^{-1}$（通过 90％的显著性 $t$ 检验），3 类气旋式环流或切变线都位于东南急流轴的前段。

综上分析，Ⅰ型暴雨过程期间，对流层中下层没有相对明显的冷空气活动，来自南海与孟加拉湾的东亚夏季风沿副高外围汇合，引导 700 hPa 偏南和 850 hPa 东南气流北上，与青藏高原东南部和河套北部的低值系统结合形成暖区强对流暴雨；Ⅱ型暴雨过程期间，中国东部地区的高压脊（脊线 120°E 附近）从对流层高层到低层同位相叠加，形成贯通高中低纬度的强大高压脊，而东高西低的环流背景有利于高压脊西侧的西南季风，与副高 588 dagpm 北侧减弱热带气旋携带的偏东气流汇合，引导低层 700 hPa 偏南和 850 hPa 偏东暖湿气流西进北上，与东移冷槽相遇，冷暖空气交汇形成持续性降水；Ⅲ型暴雨过程期间，南亚高压、副高和河套热低压发展强盛，对流层中层没有明显的冷空气活动，地面从新疆和蒙古国有弱冷空气东移南下，而来自南部洋面的东亚夏季风异常强盛，引导 700 hPa 南风气流和 850 hPa 东南气流西进北上，沿地面弱锋面抬升形成强对流暴雨。

上述环流配置表明：贺兰山东麓3类暴雨过程都处于一个相对稳定的环流背景和相对固定的天气系统配置下，相较而言，Ⅰ型和Ⅲ型都以平直西风纬向气流为主，南亚高压和副高偏强偏北，南部洋面的热带系统活跃，研究区域从对流层低层到高层都处于暖气团控制，暴雨的强对流特征明显，其中Ⅲ型较Ⅰ型的南亚高压和副高更强更北，热带系统更活跃，中高纬弱冷空气入侵形成的暴雨较Ⅰ型暖区暴雨的局地性和对流性更强；Ⅱ型东高西低的经向环流特征明显，东部洋面的热带系统活跃，对流层中下层的锋面系统异常活跃，高空急流更强更南、两支低空急流更强更北，冷暖空气交汇形成的暴雨持续时间长，对流性弱。

### 4.2.4 水汽输送和热动力特征

陶诗言等(1979)、钱正安等(2018)、Yan等(2021)研究表明：中国西北地区东部暴雨的形成与充沛的水汽输送、持续的上升运动、对流环境的反复重建等密切相关，而这3个条件又与低空急流紧密相连。上述分析表明，贺兰山东麓多数暴雨过程都伴有低空急流，为暴雨的发生发展提供了重要的水汽、热动力条件，进一步分析结果如下。

Ⅰ型(图4.5a、图4.5 d、图4.5g、图4.5j、图4.6a)：来自南部洋面的水汽主要通过两支低空急流传输，700 hPa贯穿中低纬度的偏南风气流(宁夏及以东地区风场距平通过99%的的显著性$t$检验)与副高和地面高压南侧850 hPa偏东气流(宁夏东部及以东地区风场距平通过95%的显著性$t$检验)转向北上在河套东南部汇合，两支气流的汇合区也是低层水汽通量积分正距平最大的区域，距平中心超过$8\times10^3$ kg·(m·s)$^{-1}$(宁夏东部及以东地区通过99%的显著性$t$检验)，同时也是$K$指数和CAPE正距平的大值区(河套东部CAPE距平≥200 J·kg$^{-1}$和$K$指数≥8 ℃的正距平区分别通过95%和99%的显著性$t$检验)，暴雨中心偏向这几个物理量正距平中心的左侧，也是低空急流轴左侧；这类暴雨的水汽贡献主要来自700 hPa南风急流，850 hPa急流偏东偏南、强度弱、范围小且不连续，700 hPa急流区域则更加完整、集中、强度更大。暴雨区处在200 hPa高空急流南侧强辐散区，散度正距平中心超过$2.4\times10^{-5}$s$^{-1}$(河套北部超过$2\times10^{-5}$s$^{-1}$的正散度距平区通过90%的显著性$t$检验)，但是850 hPa散度负距平只在暴雨区的东南部，贺兰山区和银川平原靠近山脉的地区为弱的正散度距平(没有通过显著性$t$检验)，这主要是由于850 hPa东南风遇到贺兰山脉产生绕流，从而呈现出弱的正散度距平，低层强的辐合中心主要位于宁夏中部($-4\times10^{-5}$s$^{-1}$的负距平中心通过90%的显著性$t$检验)。沿106°E的纬向-高度剖面图4.6a也证实这一点：暴雨区北部(39°—40°N)在650 hPa及以下为弱的异常下沉运动，中心0.1 Pa·s$^{-1}$位于相对湿度正距平和$\theta_{se}$正距平最大值的顶端、800 hPa附近，暴雨区南部的异常上升运动贯穿整个对流层，中心−0.2 Pa·s$^{-1}$位于300～800 hPa、34°—38°N，位于异常偏南风气流里；同时，假相当位温$\theta_{se}$正距平区宽广而深厚，对流层中下层600 hPa及以下都为正距平区，800 hPa及以下正距平超过12 K，$\theta_{se}$距平水平梯度≈0，表明暴雨区上空在对流层中下层存在异常强盛的对流不稳定($\frac{\partial\theta_{se}}{\partial p}>0$)；对流层低层还存在较强的垂直风切变；虽然暴雨区整个对流层都为相对湿度≥20%的正距平区，但正距平≥30%的区域主要位于700 hPa及以下，表明"上干下湿"的大气层结不稳定特征明显。因此，西风纬向环流背景下的Ⅰ型暖区暴雨过程多是强对流降水，雨量和雨强的极端性突出。可见，贯穿整个中低纬度的700 hPa南风急流不仅有利于水汽输送，对暴雨区对流不稳定的反复重建、动力抬升机制增强、对流系统组织化等至关重要。

Ⅱ型(图 4.5b、图 4.5e、图 4.5h、图 4.5k、图 4.6b):东高西低的经向环流背景与Ⅰ型和Ⅲ型不同,水汽来源和输送路径也不同,由于Ⅱ型东部洋面的热带系统活跃(低于−4 dagpm 的 500 hPa 位势高度负距平通过 90%的显著性 $t$ 检验),因此,850 hPa 的东南急流和东南风距平(河套以东地区风场距平通过 99%的显著性 $t$ 检验)较Ⅰ型和Ⅲ型更强,位于副高 588 dagpm 北侧热带气旋携带的偏东气流与中国东部高压脊西侧的西南季风引导 700 hPa 西南气流在河套东南部汇合,形成异常强劲的两支低空急流,700 hPa 和 850 hPa 急流的范围、强度、北抬或西进的位置是 3 类暴雨型中最强的,但从低层水汽通量积分距平分布看,暴雨区的正距平量值与Ⅰ型一致,都小于 $2\times10^3$ kg·(m·s)$^{-1}$(宁夏东部及以东地区通过 99%的显著性 $t$ 检验),这种水汽分布与Ⅱ型沿祁连山有较强的冷空气东移南下,影响了水汽进一步向北输送有关。暴雨区上空位于 $1.2\times10^{-5}\text{s}^{-1}$ 的 200 hPa 正散度距平区(暴雨区北部通过 90%的显著性 $t$ 检验)、$-4\times10^{-5}\text{s}^{-1}$ 的 850 hPa 负散度距平场(暴雨区北部没有通过显著性 $t$ 检验,暴雨区南部通过 90%的显著性 $t$ 检验),高层弱辐散、低层强辐合有利于暴雨区动力抬升;暴雨区上空的 $K$ 指数正距平中心大于 8 ℃(通过 99%的显著性 $t$ 检验),但 CAPE 为小于 100 J·kg$^{-1}$ 的弱正或负距平区(没有通过显著性 $t$ 检验),热力不稳定条件是 3 类暴雨型中最差的。从沿 38°N 的经向-高度剖面图 4.6b 也可看到:暴雨区上空在对流层中下层 450 hPa 以下的相对湿度距平都超过 30%或 40%,较Ⅰ型和Ⅲ型,对流层中下层湿度更大、湿层更厚;同时,对流层低层 700 hPa 及以下的偏北风和偏南风距平都较Ⅰ型和Ⅲ型更强,异常上升运动几乎贯穿整个对流层,中心−0.3 Pa·s$^{-1}$ 位于 300~800 hPa,与低层风向辐合最强的区域一致,与暴雨区相对应,异常上升运动不仅深厚,中心强度也大,位列 3 类暴雨型之首;暴雨区上空仅在 700~750 hPa 有 $\theta_{se}$ 正距平,中心 1 K,表明对流层中下层的层结不稳定性差,即$\dfrac{\partial\theta_{se}}{\partial p}\approx0$,结合 $\theta_{se}$ 距平水平梯度(超过 5 K)远强于垂直梯度(1 K)、强上升运动异常和湿度条件强等特点,表明这类暴雨过程的对流活动不如纬向型剧烈,锋区上的混合性降水或者稳定的持续性降水特征更清晰。这可能也是Ⅱ型暴雨过程的累计雨量和小时雨强以及短时暴雨和雷电频次明显低于对流性暴雨,但过程平均雨量和一般暴雨频次却更多的主要原因;虽然Ⅱ型暴雨过程的强度和量级较对流性暴雨弱,但持续性更好,降水范围更大且在空间分布上更均匀。

Ⅲ型(图 4.5c、图 4.5f、图 4.5i、图 4.5l、图 4.6c):环流背景与Ⅰ型相似,因此水汽输送、动力抬升、大气层结等分布也与Ⅰ型相似,不同的是,河套东南部的 850 hPa 东南急流和东南风距更强(通过 99%的显著性 $t$ 检验),700 hPa 南风急流偏南,南亚高压和副高则更强、更北,因此,暴雨区上空的低层水汽通量积分正距平[(2~6)$\times10^3$kg·(m·s)$^{-1}$ 的正距平区通过 95%和 99%的显著性 $t$ 检验)]、$K$ 指数正距平(中心超过 14 ℃,通过 99%的显著性 $t$ 检验)和 CAPE 正距平(中心超过 300 J·kg$^{-1}$,通过 95%的显著性 $t$ 检验)更强;暴雨区上空位于 200 hPa 散度正距平区域(没有通过显著性 $t$ 检验)和 850 hPa 散度负距平区(通过 95%和 99%的显著性 $t$ 检验),高空 $2\times10^{-5}\text{s}^{-1}$ 的散度正距平中心位于贺兰山区,低空 $-4\times10^{-5}\text{s}^{-1}$ 的散度负距平中心位于暴雨区东部和南部,贺兰山区受气流绕流影响,为弱散度正距平。沿 106°E 的纬向一高度剖面图 4.6c 可以看到:经向剖面结构上存在着清晰的随高度向北倾斜的 $\theta_{se}$ 锋面结构,对流层中下层 550 hPa 及以下呈现出异常强盛的对流不稳定($\dfrac{\partial\theta_{se}}{\partial p}>0$),850 hPa 及以下的 $\theta_{se}$ 正距平超过 20 K,最大异常强度约是Ⅰ型的 1.6 倍,对流层中下层 $\theta_{se}$ 距平的垂直梯度(20 K)远大于水平梯度(4 K);与之对应的垂直环流表现为沿锋面向北倾斜的上升运动异常,暴雨区北侧(38°—39°N)下沉运动异常位于 6050 hPa 及以下,但正负异常值都偏弱,尤其是上升运动异常是 3 类暴雨过程中最弱的,仅有 0.1 $Pa \cdot s^{-1}$;对流层低层还存在较强的风垂直切变异常;暴雨区上空都为相对湿度正距平,但正距平≥40%的区域集中在 800 hPa 及以下,较Ⅰ型湿度大、湿层薄,结合 $\theta_{se}$ 正距平垂直分布,表明同样“上干下湿”的大气层结分布,Ⅲ型的对流不稳定较Ⅰ型更强、更深厚。靠近异常暖湿舌顶端的对流不稳定和 $\theta_{se}$ 锋面附近的条件性对称不稳定的维持机制对这类强对流暴雨过程可能是非常重要的,低空急流持续的暖湿平流输送对于不稳定机制的维持也至关重要。因此,Ⅲ型暴雨过程一般与弱锋面系统强迫

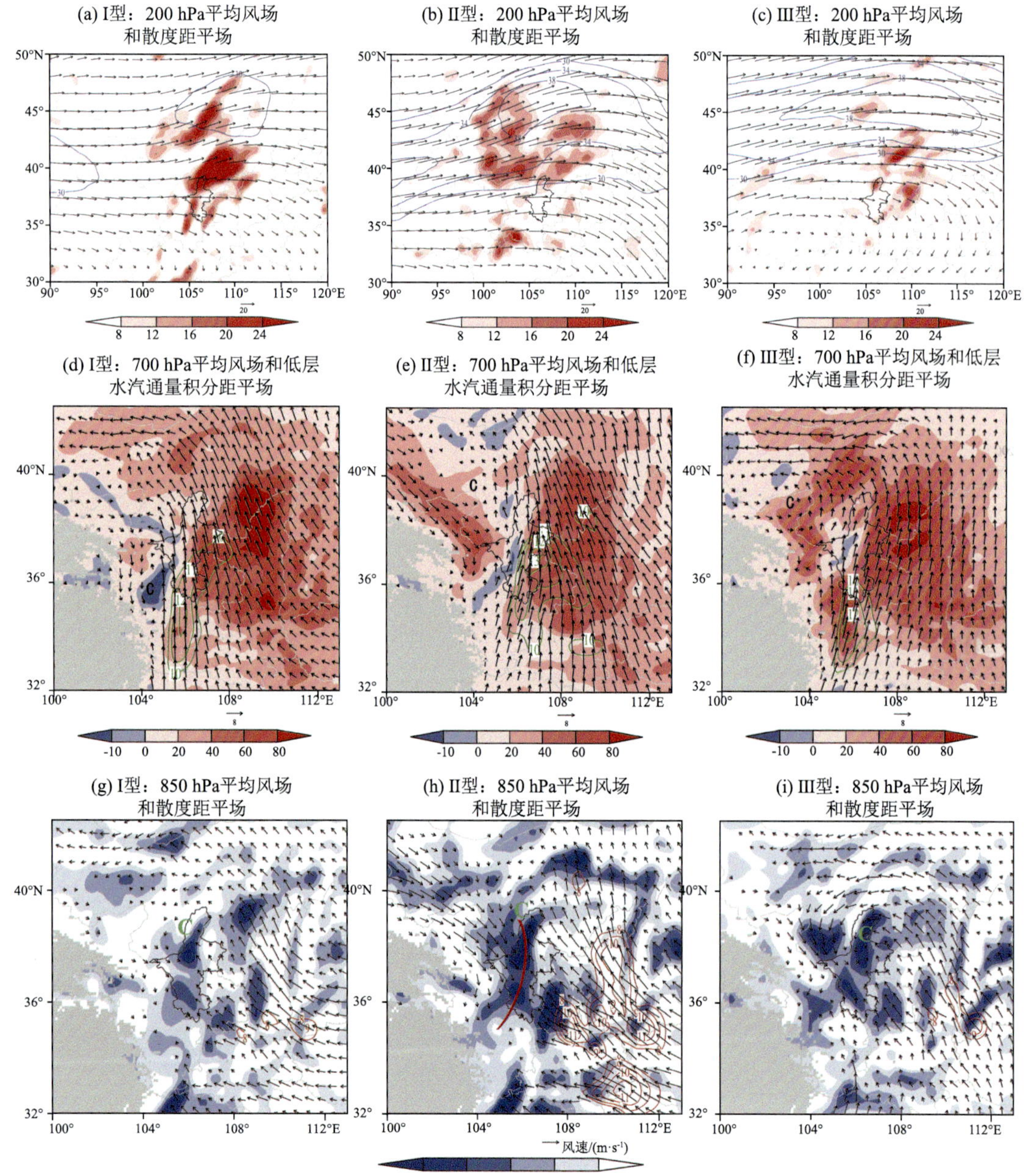

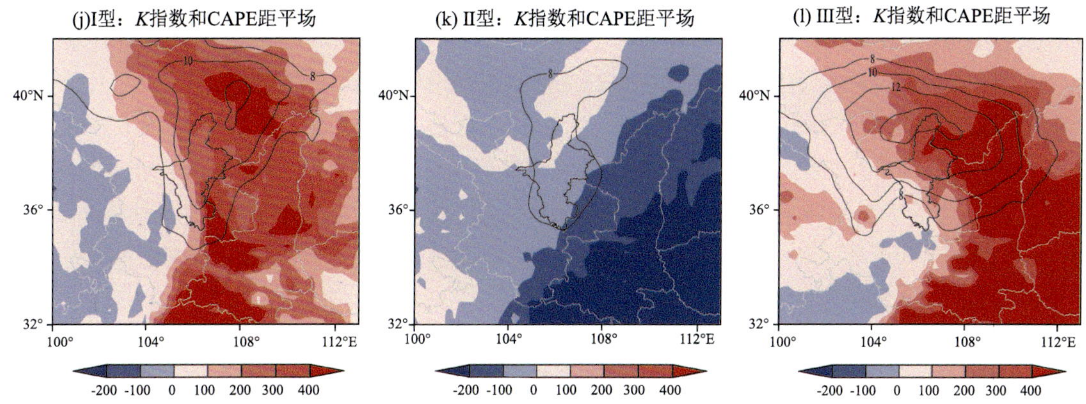


图 4.5　贺兰山东麓 3 种类型暴雨过程合成的平均环流场和距平场。图中标“C”处中为气旋式环流或切变线，风矢量≥1 m·s$^{-1}$。图 a—c 风矢量为 200 $u$、$v$ 风合成风场，等值线为 200 hPa 平均风速≥30 m·s$^{-1}$ 的高空急流，阴影为 200 hPa 散度正距平（单位：10$^{-6}$s$^{-1}$）；图 d—f 风矢量为 700 hPa $u$、$v$ 合成风距平，绿色实线为 700 hPa 平均风速≥10 m·s$^{-1}$ 的低空急流，阴影为 875 hPa 到 700 hPa 水汽通量积分距平（单位：10$^{2}$ kg·(m·s)$^{-1}$）；图 g—i 风矢量为 850 hPa $u$、$v$ 合成风距平，绿色实线为 850 hPa 平均风速≥8 m·s$^{-1}$ 的低空急流，阴影为 850 hPa 散度负距平（单位：10$^{-6}$s$^{-1}$）；图 j—l 黑色等值线为 $K$ 指数距平，阴影为对流有效位能距平（单位：J·kg$^{-1}$）

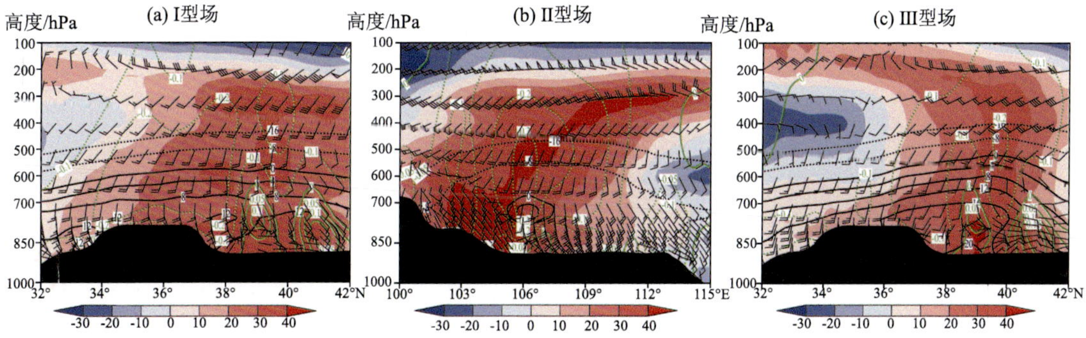


图 4.6　贺兰山东麓 3 种类型暴雨过程的平均环流距平场剖面图，黑色阴影为地形，红色线段为暴雨区，实线为正，虚线为负，风矢量≥1 m·s$^{-1}$。其中，图 a 和图 c 是沿 38°N 的纬向-高度剖面，图 b 是沿 106°E 的经向-高度剖面；图中的黑色等值线为假相当位温距平（单位：K），绿色等值线为垂直速度距平（单位：Pa·s$^{-1}$），矢量为风距平（单位：m·s$^{-1}$），阴影为相对湿度距平（单位：%）

下的对流性强降水过程有关，这种天气尺度形势和热动力学不稳定背景下的对流性降水强度大且组织化程度较高，可能是这类暴雨过程平均雨量最大区域与特大暴雨高频站点区域高度重合的天气学原因；副高更强更北导致低层湿度和不稳定能量更强，深厚的不稳定大气状态，是低层偏南暖湿气流沿弱锋面抬升形成的暴雨，比同样纬向环流背景下的Ⅰ型暖区暴雨强对流特征更明显的直接原因。

上述分析表明：贺兰山东麓暴雨过程一般都与不同天气系统配置结构下的锋面动力学过程有关，但是由于锋面结构特征、环境大气层结状态以及与低空急流有关的暖湿输送通道和强度不同，造成不同环流特征背景下，暴雨强度和量级及强降水空间分布上的差异。Ⅰ型和Ⅲ型的平直西风纬向环流背景相似，来自南部洋面的暖湿气流主要由贯通中低纬度的 700 hPa 偏南急流和 850 hPa 东南急流输向暴雨区，“上干下湿”的大气不稳定层结明显，动力抬升条件相对较弱，有利于对流系统的触发和组织化，强降水与特大暴雨站点重叠性高，其中，Ⅲ型副高更强更北，低层湿度更大、水汽条件更充沛，不稳定能量更强，低层暖湿气流沿弱锋面抬升形成的暴雨对流性、局地性更强，但Ⅰ型暖区暴雨的极端性更强；Ⅱ型东高西低的经向环流特征突出，来自东部洋面的水汽由两支急流共同输送暴雨区，副高偏弱、偏南、西风带锋面系统活跃，冷暖空气势力相当，湿度大、湿层厚、上升运动异常深厚且强烈、大气层结不稳定性差，有利于锋面降水的持续性，强降水与一般暴雨高频站点重叠性高。

## 4.2.4 对流参数

利用研究区域唯一探空站银川站，选取表征热力、动力不稳定和两者相结合的 14 个对流参数(见表 4.3)，对比 3 种类暴雨过程前与过程中对流参数的变化，以期为干旱区暴雨预报提供定量指标。

表 4.3 贺兰山东麓 3 类暴雨过程前与过程中的对流参数变化

| 暴雨类型 | | CAPE/ $(J\cdot kg^{-1})$ | CIN/ $(J\cdot kg^{-1})$ | $L_s$/ ℃ | $K$/ ℃ | LI/ ℃ | SI/ ℃ | $T_{85}$/ ℃ | $T_{75}$/ ℃ | EHI | SWEAT | LCL/ hPa | LFC/ hPa | $H_{warm}$/ km | $H_{wet}$/ km |
|---|---|---|---|---|---|---|---|---|---|---|---|---|---|---|---|
| Ⅰ型 | 过程前 | 174.1 | 282.0 | −46.5 | 34.8 | −0.4 | −0.5 | 28.2 | 17.5 | 26.9 | 194.3 | 775.9 | 555.4 | 2.3 | 1.7 |
| | 过程中 | 525.0 | 64.3 | −49.0 | 37.9 | −0.6 | 0.1 | 24.5 | 14.5 | 86.4 | 249.0 | 823.3 | 745.0 | 3.2 | 3.8 |
| Ⅱ型 | 过程前 | 7.5 | 67.0 | −39.6 | 28.2 | 2.7 | 2.8 | 25.8 | 15.4 | −2.3 | 144.6 | 778.8 | 591.8 | 1.9 | 3.3 |
| | 过程中 | 19.9 | 18.3 | −43.0 | 31.8 | 1.8 | 2.5 | 20.9 | 13.6 | 5.6 | 200.5 | 867.9 | 695.0 | 3.0 | 4.6 |
| Ⅲ型 | 过程前 | 327.5 | 79.6 | −51.3 | 37.8 | −0.7 | −0.8 | 25.3 | 15.7 | 12.2 | 237.3 | 810.5 | 680.5 | 3.1 | 2.3 |
| | 过程中 | 741.8 | 81.1 | −55.3 | 41.2 | −1.7 | −1.1 | 26.0 | 15.3 | 173.2 | 267.0 | 799.0 | 689.3 | 3.2 | 3.2 |

注：CAPE 为对流有效位能、CIN 为对流抑制有效位能、$L_s$ 为干暖盖强度指数、$K$ 为 $K$ 指数、LI 为抬升指数、SI 为沙氏指数、$T_{85}$ 为 850 hPa 与 500 hPa 温度差、$T_{75}$ 为 700 hPa 与 500 hPa 温度差、EHI 为能量螺旋度指数、SWEAT 为强天气威胁指数、LCL 为抬升凝结高度、LFC 为自由对流高度、$H_{warm}$ 为暖云层厚度、$H_{wet}$ 为湿层厚度。

过程开始前 6～12 h，暴雨区上空 CAPE、$K$、EHI、SWEAT 增大，$H_{warm}$ 和 $H_{wet}$ 增厚，CIN、$L_s$、LI、SI、$T_{75}$ 减小，LCL 和 LFC 降低，表明：随着低空急流的建立、发展、北抬或西进，暴雨区低层增温、增湿、增能，环境大气的不稳定性加大，对流潜势的可能性增加。从对流参数的量值分布来看，$L_s$＜−40 ℃、LI＜2 ℃和 SI＜3 ℃ 、$K$＞30 ℃、$T_{85}$＞20 ℃、$T_{75}$＞13 ℃、SWEAT＞200、$H_{warm}$ 和 $H_{wet}$＞3 km，LCL＞800 hPa、LFC＜750 hPa 时，贺兰山东麓易发生对流性暴雨，而 CAPE 和 EHI 的量级跨越较大，CAPE 从 100～102 $J\cdot kg^{-1}$，EHI 从−100～102。总体上这些对流参数的绝对值越大，越有利于干旱区强对流降水的发生。

相较而言，暴雨发生前后，Ⅰ型和Ⅲ型多数对流参数的绝对值远远高于Ⅱ型 1～3 倍，表明：Ⅰ型和Ⅲ型的强对流特征更明显，低层异常暖湿环境更有利于对流系统的触发和维持，其中，Ⅲ型中高纬弱干冷空气的入侵加剧了环境大气的不稳定，虽然湿层较Ⅰ型薄，但其他对流参数绝对值都明显高于Ⅰ型，尤其是 CAPE(Ⅲ型较Ⅰ型高 1.4 倍)，对流不稳定能量更充足，对流不稳定更剧烈，大暴雨和短时大暴雨频次更多、雷电活动更强等强对流特征更显著，Ⅰ型较Ⅲ型 $H_{wet}$ 湿层厚(0.6 km)、LFC 低(55.7 hPa)，更有利于极端暴雨的发生；而Ⅱ型的对流特征弱，但 $H_{wet}$ 湿层（>4.5 km）更厚、LCL（>860 hPa）更低、CAPE 不足 20 J·$kg^{-1}$，更有利于相对稳定的持续性暴雨发生。

### 4.2.5　气象要素变化

由于研究区域地面加密观测以两要素（降水和气温）为主（占比 80%），22 次暴雨中心都是两要素，综合考虑过程雨量和雨强大、要素全，选取 2018 年 7 月 22—23 日贺兰山岩画（Ⅰ型，图 4.7a）、2018 年 8 月 31—9 月 1 日平罗（Ⅱ型，图 4.7b）、2018 年 7 月 19 日大武口（Ⅲ型，图 4.7c）分别作为三类暴雨过程的代表站，对比过程前后气温、气压、相对湿度、风速、风向等气象要素的变化。

从图 4.7 可以看出，Ⅲ型暴雨过程前后气温、风和相对湿度的变化最为明显，过程前为偏东或偏南风，过程中转为偏西或西北风，Ⅰ型和Ⅲ型气压和相对湿度先升后降，气温先降后升，Ⅱ型气压和气温先降后升，相对湿度先升后降，降幅均比升幅明显；降水主峰出现在风速和相对湿度涌升、气温下降时段，Ⅰ型和Ⅲ型降水峰值分别出现在气压下降和上升时段，Ⅱ型主峰在气压下降、次峰在气压上升时段；降水期间，气压、气温、相对湿度Ⅱ型最大、Ⅰ型最小，风速则相反。相较而言，Ⅰ型和Ⅲ型较Ⅱ型的气象要素变化更为明显。

气象要素变化与天气系统配置和降水性质有关，Ⅱ型以冷暖空气交汇形成的持续阴雨为主，冷暖空气都较强，气压大、气温低、湿度高、风速小，降水期间气象要素变化较为平稳；Ⅰ型和Ⅲ型属于强对流天气，冷空气弱、暖空气强、气压小、气温高、湿度低、风速大，过程前后气象要素变化相对明显，其中Ⅰ型冷空气在中高层活动，无明显锋区，气压小于Ⅲ型。总体上，对流越强、雨强越大，温压湿越小、风速越大。

### 4.2.6　小结

利用 2006—2020 年贺兰山东麓 22 次暴雨过程，使用层次聚类方法客观分为 3 类暴雨型，通过分类合成方法对比分析了不同环流背景下，降水分布、环流配置、水汽输送、热动力、对流参数、气象要素变化等特征，结果表明。

（1）贺兰山东麓地区大多数暴雨过程的形成，与高低空及中低纬度天气系统相互作用、远距离暖湿输送造成的暴雨区层结不稳定增强、动力抬升机制关系发展密切，暴雨中心位于低层水汽和热力不稳定大值中心的左侧，即低空急流轴左侧。

（2）不同环流背景下暴雨过程的天气形势和降水分布不同。Ⅰ型和Ⅲ型暴雨过程的西风纬向环流背景相似，南亚高压和副高偏强、偏北，南部洋面热带系统活跃，700 hPa 偏南急流和 850 hPa 东南急流及西风带锋面系统偏弱，暴雨过程以局地强对流降水为主，其中，Ⅰ型暖区暴雨的极端性突出，Ⅲ型弱干冷空气入侵的局地强对流特征更明显；Ⅱ型暴雨过程的东高西低经向环流特征明显，南亚高压和副高偏弱、偏南，东部洋面热带系统活跃，700 hPa 和 850 hPa 两支低空急流偏强、偏北（西），势力相当的冷暖空气交汇形成的暴雨持续时间长、范围广、对流弱。

（3）不同类型暴雨过程的水汽输送差异较大。Ⅰ型和Ⅲ型暴雨主要依靠 700 hPa 偏南低空急流将南部洋面的水汽运送暴雨区，Ⅱ型由 700 hPa 南风急流和 850 hPa 东南急流将东部洋面的水汽输向暴雨区，其中，Ⅰ型相对湿度小、湿层薄，Ⅱ型相对湿度大、湿层厚，Ⅲ型对流层低层水汽最为充沛。

（4）不同类型暴雨过程的热动力特征差异较大。Ⅰ型和Ⅲ型动力抬升异常相对偏弱，“上

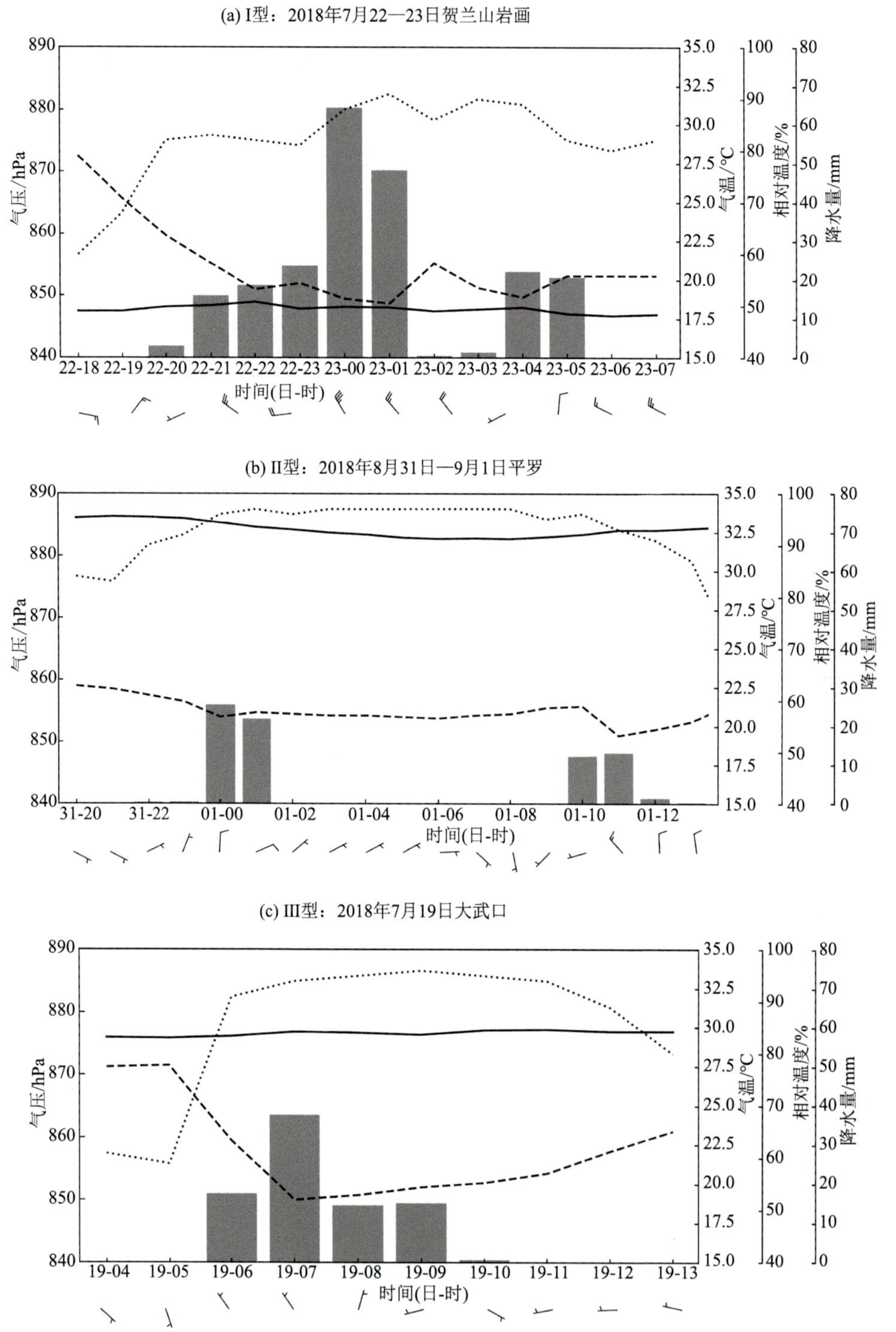


图 4.7　贺兰山东麓 3 种类型暴雨过程代表站的气象要素变化。图中黑色实线为气压(单位:hPa)、虚线为温度(单位:℃)、点线为相对湿度(单位:%)、柱状为降水量(单位:mm)

干下湿”的大气层结不稳定异常强盛，对流层低层垂直风切变相对明显，环境场更有利于对流系统的触发和组织化，其中，Ⅲ型较Ⅰ型的对流不稳定异常更强、更深厚，对流参数的绝对值更大,更有利于对流系统的触发和增强;Ⅱ型动力抬升异常深厚且强烈,但热力不稳定条件差,对流参数值偏小,对流活动弱,锋面和锋区降水的持续性特征更清晰。

(5)气象要素变化与天气系统和降水性质有关,对流越强,气象要素变化越剧烈。Ⅱ型冷暖空气都强,气压大、气温低、湿度高、风速小;Ⅰ型和Ⅲ型冷空气弱,气压小、气温高、湿度低、风速大,其中Ⅰ型地面更暖,气压更小。Ⅲ型气象要素变化最明显,Ⅱ型最弱。

通过客观聚类分型和合成分析方法对比不同环流背景下,贺兰山东麓暴雨过程的降水分布、环流配置和热动力特征,限于篇幅,仅对大尺度环流特征做了分析,没有对暴雨区附近精细的局地环流特征展开研究。后续,将选取典型暴雨过程,利用高分辨率数值模拟和敏感性试验,深入研究贺兰山东麓暴雨局地环流分布特征,以及复杂地形处暴雨中尺度系统的触发、发展与消亡机制,试图进一步摸清贺兰山东麓暴雨的形成机理。

## 4.3　不同量级暴雨过程的环流特征

陈豫英等(2022)选取 2006—2021 年贺兰山东麓 23 次暴雨过程,其中,一般暴雨过程 11 次,大暴雨过程 10 次,特大暴雨过程 2 次(表 4.4),对比研究不同量级暴雨过程的环流特征和关键影响因子,提炼贺兰山东麓分级暴雨的天气学概念模型,同时也为下一步研究不同量级暴雨过程的中尺度对流系统的触发和维持机理打下基础。

表 4.4　贺兰山东麓不同量级暴雨特征

| 序号 | 一般暴雨过程 | 大暴雨过程 | 特大暴雨过程 |
|---|---|---|---|
| 1 | 2007 年 6 月 16 日<br>13:00 —17 日 12:00 | 2006 年 7 月 14 日<br>11:00—15 日 10:00 | 2016 年 8 月 21 日<br>19:00—22 日 08:00 |
| 2 | 2015 年 9 月 3 日<br>04:00—4 日 01:00 | 2009 年 7 月 7 日<br>08:00—8 日 07:00 | 2018 年 7 月 22 日<br>19:00—23 日 07:00 |
| 3 | 2015 年 9 月 8 日<br>01:00—20:00 | 2012 年 7 月 29 日<br>20:00—30 日 11:00 | |
| 4 | 2016 年 7 月 24 日<br>05:00—12:00 | 2016 年 8 月 13 日<br>15:00—14 日 14:00 | |
| 5 | 2016 年 8 月 22 日<br>22:00—23 日 06:00 | 2017 年 6 月 4 日<br>15:00—5 日 10:00 | |
| 6 | 2017 年 7 月 25 日<br>20:00—26 日 02:00 | 2017 年 7 月 5 日<br>03:00—18:00 | |
| 7 | 2018 年 7 月 1 日<br>09:00—2 日 01:00 | 2018 年 7 月 19 日<br>03:00—10:00 | |
| 8 | 2018 年 7 月 23 日<br>12:00—20:00 | 2018 年 8 月 6 日<br>12:00—7 日 16:00 | |
| 9 | 2018 年 8 月 9 日<br>12:00—10 日 13:00 | 2018 年 8 月 31 日<br>19:00—9 月 1 日 17:00 | |
| 10 | 2019 年 8 月 2 日<br>18:00—3 日 00:00 | 2020 年 8 月 11 日<br>11:00—12 日 08:00 | |

续表

| 序号 | 一般暴雨过程 | 大暴雨过程 | 特大暴雨过程 |
|---|---|---|---|
| 11 | 2021年9月15日<br>00:00—16日15:00 | | |
| 平均雨量/mm | 19.6 | 28.9 | 9.2 |
| 平均持续时间/h | 15 | 21 | 13 |
| 最大雨量/mm | 93.8 | 174.3 | 277.6 |
| 最大小时雨强/mm | 71.4 | 84.5 | 82.5 |
| 暴雨总站次 | 133 | 361 | 46 |
| 一般暴雨站次 | 133 | 320 | 31 |
| 大暴雨站次 | 0 | 41 | 10 |
| 特大暴雨站次 | 0 | 0 | 5 |
| 短时暴雨总站次 | 257 | 288 | 89 |
| 一般短时暴雨站次 | 231 | 251 | 72 |
| 短时大暴雨站次 | 25 | 35 | 10 |
| 短时特大暴雨站次 | 1 | 2 | 7 |
| 平均雷电频次 | 144 | 159 | 1043 |
| 平均雷电强度/KA | 125 | 136 | 197 |

### 4.3.1 降水分布

一般暴雨过程的时间段和区域分布都较为分散，从6月中旬到9月中旬、2 d以上的高频站点在平原和山区都有出现。2～3 d的站点主要集中在两个区域，其中贺兰山区中段与平均雨量≥25 mm的集中区域一致，而东部沿黄河区域的分布极为零散，与平均雨量≥25 mm的区域并不对应(图4.8a、d)。对流相对较弱，有4次过程没有雷电，4次过程雷电频次＜10站次，1次过程没有短时暴雨，3次过程短时暴雨＜5站次且最大小时雨强＜30 mm。对比大和特大暴雨过程，一般暴雨过程小时雨强、雷电频次和强度最弱、25 mm以上强降水区域最小(表4.4)。

大暴雨过程在整个夏季6—8月都有出现，主要集中在7月上旬—8月中旬(占比70%)，连阴雨中的暴雨过程较多(有50%过程持续时间≥24 h)。2 d站点只有3个，且非常分散，平均雨量≥50 mm的两个小区域主要分布在贺兰山区银川段和平罗段，两者所在区域并不对应(图4.8b、e)。对比一般和特大暴雨过程，大暴雨过程平均雨量和小时雨强最大、持续时间最长、(大)暴雨和短时(大)暴雨频次最多、25 mm以上区域分布范围最广(表4.4)。

特大暴雨过程仅出现过2次，分别在7月和8月的下旬，平均雨量≥100 mm的区域与3个1～2 d的站点高度重合，集中在贺兰山区中段(图4.8c、f)。对比一般和大暴雨过程，特大暴雨过程平均雨量最小、持续时间最短、暴雨和短时(大)暴雨频次最少，但短时特大暴雨和雷电频次最多、最强，25 mm以上区域最集中(表4.4)。

上述分析表明，贺兰山地形对东麓地区暴雨的分布和量级作用显著，量级越大，地形的影响越凸显。不同量级暴雨过程平均雨量≥25 mm的区域与高频站点都在东坡山区较为集中，

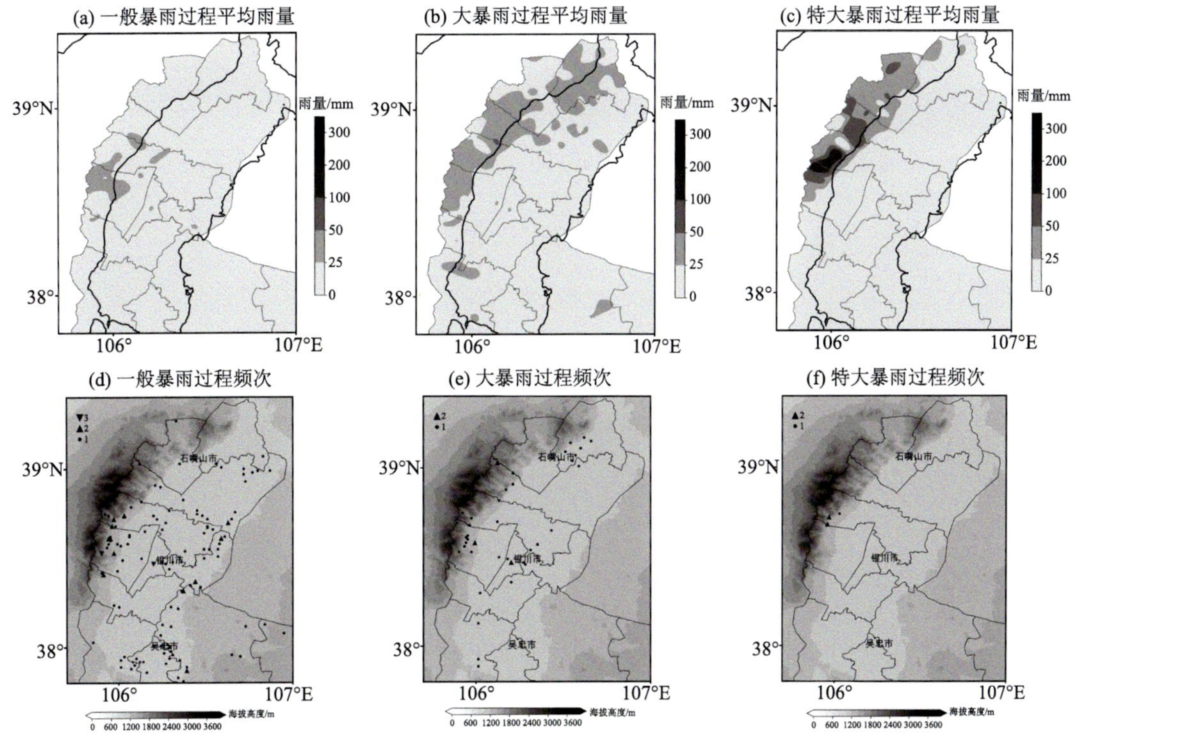


图 4.8　贺兰山东麓不同量级暴雨过程的平均降水量(图 a—c,单位:mm)和暴雨频次(图 d—f,单位:d)分布。图 a—c 黑色加粗线为 1200 m 地形线,图 d—f 灰色阴影为海拔高度(单位:m);图 a 和图 d 为一般暴雨过程,图 b 和图 e 为大暴雨过程,图 c 和图 f 为特大暴雨过程

尤以贺兰山区中段最为集中;随着暴雨量级增大,强降水区域和暴雨高频站点的重合度增高,暴雨的对流性、局地性、地形性、极端性增强。

### 4.3.2　斜压性特征

贺兰山东麓既有锋面暴雨,也有暖区暴雨(Chen et al.,2021)。Hoskins (1982)、Badger (2001)、Heifetz 等(2004)等研究表明,EGR(Eady Growth Rate)是斜压最不稳定模态的线性增长速率,是衡量斜压性或涡旋增长速率的一个常用指标,能够合理反映天气系统的斜压性,计算公式(Hoskins et al.,1990; 刘瑞鑫 等,2021)如下:

$$\mathrm{EGR}=0.3098\,\frac{|f|\left|\dfrac{\partial U}{\partial Z}\right|}{N} \tag{4.4}$$

$$N=\sqrt{\frac{g\,\dfrac{\partial U}{\partial Z}}{\theta}} \tag{4.5}$$

式中,$f$ 为柯氏参数,$U$ 为纬向风,$Z$ 为高度,$N$ 为浮力振荡频率,$g$ 为重力加速度,$\theta$ 为位温,$\frac{\partial U}{\partial Z}$是纬向风随高度的切变。

为了研究不同量级暴雨环流形势的三维结构特征,将贺兰山东麓地区作为暴雨关键区

(37.8°—39.4°N,105.7°—107°E,图 4.9 虚线方框所示),暴雨中心都集中在关键区内。采用式(4.4)分别计算关键区内外 23 次过程 700～875 hPa、500～700 hPa、200～500 hPa 垂直积分的 EGR 值,再分别对不同量级暴雨过程进行合成,分析低、中、高三层 EGR 与贺兰山东麓暴雨中心、分布形态的对应关系。结果表明(图略),分别有 57%、39%、4%的暴雨中心和形态分布与低、中、高层 EGR 分布相似,其中,64%的一般暴雨过程和 100%的特大暴雨过程与中层 EGR 对应较好,60%的大暴雨过程与低层 EGR 对应较好。因此,下文着重分析中低层 EGR 分布与贺兰山东麓不同量级暴雨过程的对应关系。

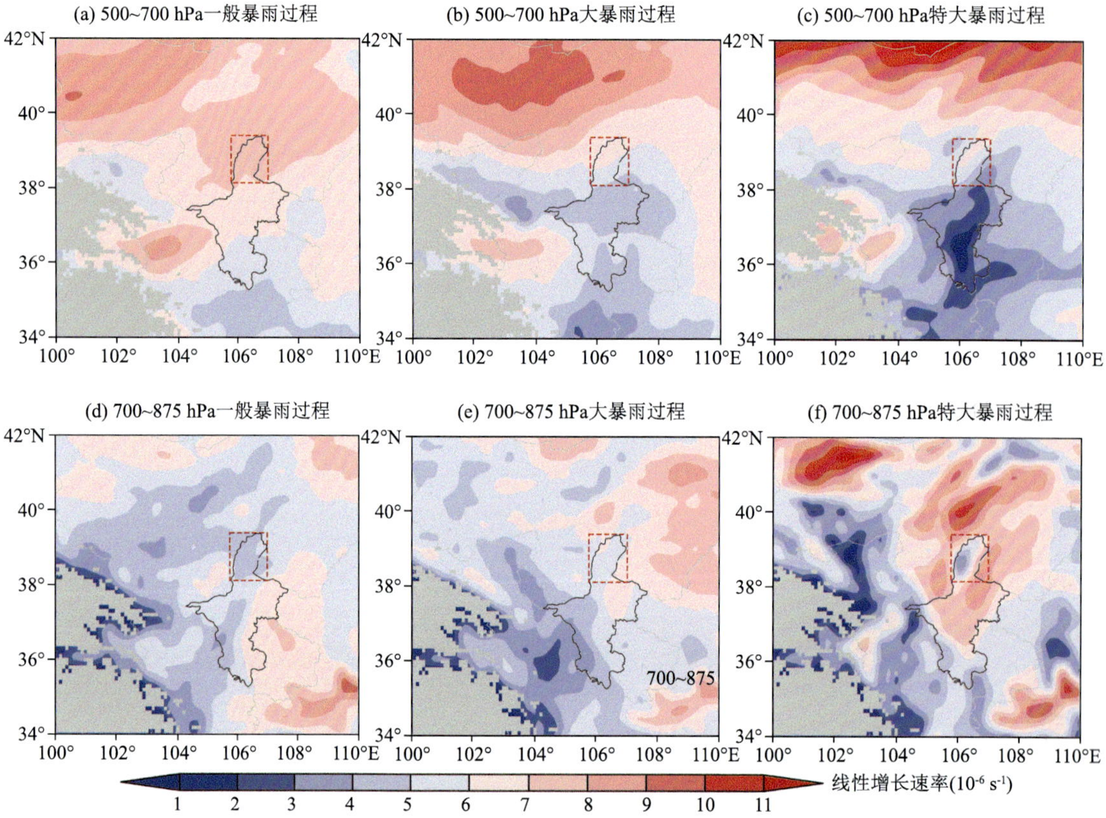


图 4.9　贺兰山东麓不同量级暴雨过程的中层 500～700 hPa(上)和低层 700～875 hPa(下)的垂直积分 EGR 分布(彩色区,单位:$10^{-6}\ s^{-1}$)。其中,灰色阴影为青藏高原,红色虚线框为暴雨关键区

中层 500～700 hPa,暴雨量级越大,EGR 大值中心偏离暴雨中心越远、关键区内 EGR 值越小,只有一般暴雨过程的降水中心处在 EGR 次大值区,大和特大暴雨过程都位于自北向南的 EGR 递减梯度带上,其中,一般暴雨过程的 EGR 大值中心在 40.5°N 附近,关键区内 EGR 中心值大于 $7\times10^{-6}\ s^{-1}$,暴雨中心位于 EGR 次大值区(图 4.9a);大暴雨过程的 ERG 大值区位于 40°N 以北地区,关键区内 EGR 中心值大于 $6\times10^{-6}\ s^{-1}$,暴雨中心位于 EGR 大值区的底前部(图 4.9b);特大暴雨过程的 ERG 大值区位于 41°N 以北地区,关键区内 EGR 中心值大于 $6\times10^{-6}\ s^{-1}$,暴雨中心较 ERG 大值中心偏南约 3 个纬距(图 4.9c)。EGR 分布表明,一般暴雨过程出现在西风槽过境,锋区最强;特大暴雨过程处于西风槽底,锋区最弱;大暴雨过程位于西风槽前,锋区强度居中。

低层 700～875 hPa，不同量级暴雨过程的降水中心都在 EGR 小值区，EGR 大值区大都位于贺兰山西侧、河套以北或以东地区，其中，特大暴雨过程的北部 EGR 大值中心为 $1.1\times10^{-5}\ s^{-1}$，关键区内的 EGR 中心小于 $4\times10^{-6}\ s^{-1}$，降水中心与 EGR 低值中心高度重合(图 4.9f)；大暴雨过程的 EGR 大值中心 $8\times10^{-6}\ s^{-1}$ 位于内蒙古中东部，关键区内的 EGR 中心小于 $6\times10^{-6}\ s^{-1}$(图 4.9e)；一般暴雨过程的 EGR 大值中心 $7\times10^{-6}\ s^{-1}$ 位于河套东南部，贺兰山西侧和北部有 2 个次中心 $6\times10^{-6}\ s^{-1}$，关键区内的 EGR 中心小于 $5\times10^{-6}\ s^{-1}$(图 4.9d)。低层 EGR 分布表明，一般暴雨过程和大暴雨过程位于弱锋区，特大暴雨过程处于河套锋面气旋中心。

上述分析表明，贺兰山东麓暴雨过程的斜压性特征在中层表现得最为明显，且随着暴雨量级增大，斜压性减弱。总体上，特大暴雨过程的斜压性最弱，暖区暴雨特征明显，一般暴雨过程受西风带锋面系统影响最明显，斜压性最强。

### 4.3.3　环流形势和天气系统配置

一般暴雨过程中，对流层中高层中高纬呈西风平直气流，南亚高压脊线与气候态基本一致，副高 588 dagpm 较气候态显著偏东偏南(图 4.10a、d)。200 hPa 高空急流呈东北—西南向分布，急流核 $36\ m\cdot s^{-1}$ 位于蒙古国中部(图 4.11a)。河套地区位于 500 hPa 东西向正位势距平梯度带的小值区，河套西部的短波槽较气候态偏弱(图 4.10d)。700 hPa 南风急流区前端到达宁夏南部 36°N 附近，青藏高原东南部到河套北部有东北—西南向的气旋式环流(图 4.11g)标“C”处。850 hPa 东南急流偏东(108°E 以东)，分布零散，且受贺兰山地形影响，山脉东侧气流绕流产生气旋式环流(图 4.11j)标“C”处。海平面气压距平场(图 4.10a)，中国境内大部地区为正距平控制，2～4 hPa 正距平南压至宁夏中部 36°N 附近，贺兰山西侧有超过 4 hPa 的正距平中心，表明从西北路径影响暴雨区的冷空气较气候态显著偏强。

大暴雨过程中，中高层环流分布与一般暴雨相似，但副高 588 dagpm 明显偏北偏西(图 4.10e)。差异较大的是海平面气压距平分布(图 4.10b)，河套及以南大部地区为负距平，尤其是宁夏南部到四川的负距平超过－4 hPa，表明地面上西北路冷空气势力偏弱，无法翻越贺兰山进入暴雨关键区。较一般暴雨过程，200 hPa 高空急流更强(急流核 $40\ m\cdot s^{-1}$)，500 hPa 河套槽偏强，700 hPa 南风急流区偏北(接近 38°N)，850 hPa 东南急流偏强偏东(急流核 $10\ m\cdot s^{-1}$，108°E 以西)(图 4.10e)，(图 4.11b、e、h、k)。700 hPa 在河套西部和青藏高原东南部分别有 2 个气旋式环流图 4.11h 标“C”处，850 hPa 在河套北部有气旋式环流(图 4.11k)标“C”处，暴雨区位于该环流右侧的(东)南风气流，气旋结构较一般暴雨过程强。

特大暴雨过程中，环流分布与大暴雨相似，但是南亚高压和副高显著偏强偏北，海南岛附近的热带系统也更活跃，海平面气压距平场的“东高西低”形势更明显，500 hPa 西风槽偏北(40°N 以北)，较气候态显著偏弱(图 4.10c、f)。高低空急流最强(200 hPa 急流核 $44\ m\cdot s^{-1}$，700 hPa 达 $18\ m\cdot s^{-1}$，850 hPa 达 $11\ m\cdot s^{-1}$)，两支低空急流都穿过暴雨区，急流轴偏西，河套西部和青藏高原东南部的气旋式环流更强(图 4.10f)，(图 4.11c、f、i、l)。

上述分析表明，贺兰山东麓暴雨期间，对流层中高层中高纬都呈西风平直气流；影响特大暴雨过程的南亚高压、副高、高低空急流等关键天气系统最强最北，西风带锋面系统最弱；影响一般暴雨过程的副高和低空急流最南、高空急流最弱，西风带锋面系统最强。

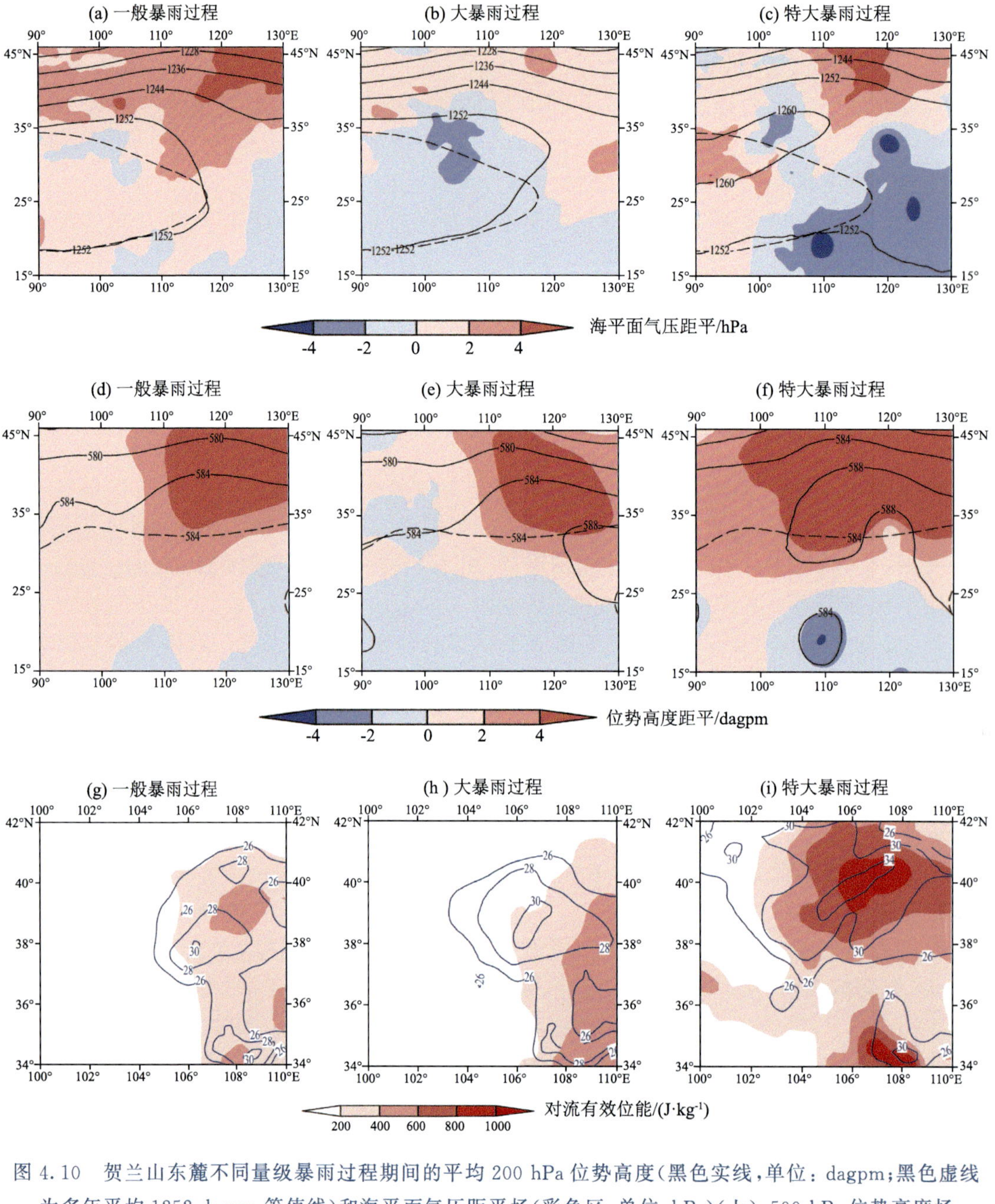


图 4.10 贺兰山东麓不同量级暴雨过程期间的平均 200 hPa 位势高度(黑色实线,单位: dagpm;黑色虚线为多年平均 1252 dagpm 等值线)和海平面气压距平场(彩色区,单位:hPa)(上),500 hPa 位势高度场(黑色实线,单位: dagpm;黑色虚线为多年平均 584 dagpm 和 588 dagpm 等值线)和距平场(彩色区)(中),以及 $K$ 指数(蓝色实线,单位:℃)和 CAPE(彩色区,单位:J・kg$^{-1}$)(下)

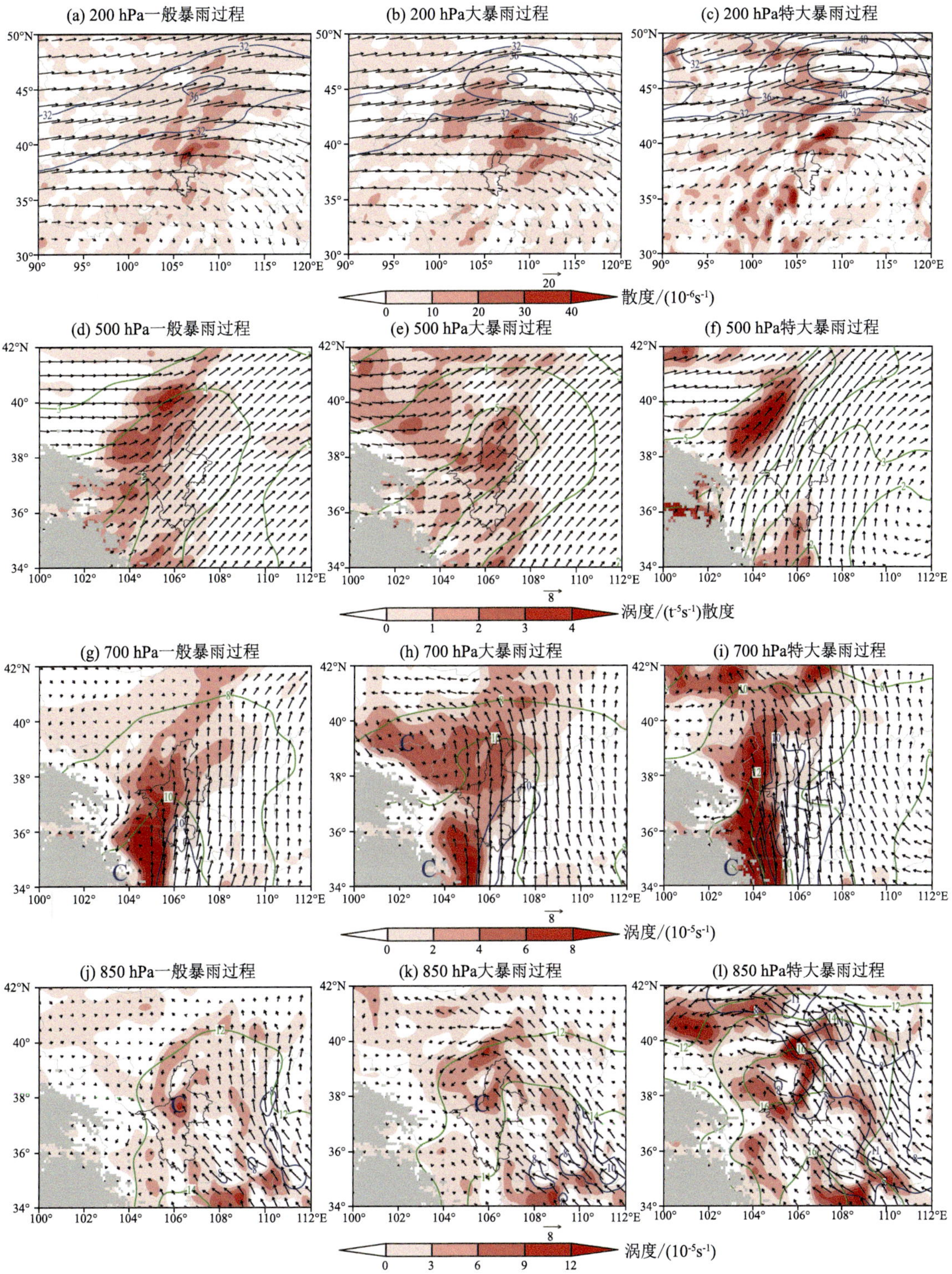


图 4.11　贺兰山东麓不同量级暴雨过程期间的平均 200 hPa 高空急流(风速≥36 $m \cdot s^{-1}$,实线,单位:$m \cdot s^{-1}$)、风场(矢量,单位:$m \cdot s^{-1}$)和散度(阴影区,单位:$10^{-6}\ s^{-1}$)(a—c),500 hPa 比湿(实线,单位:$g \cdot kg^{-1}$)、风场(矢量,单位:$m \cdot s^{-1}$)和涡度(阴影区,单位:$10^{-5}\ s^{-1}$)(d—f),以及 700 hPa(g—j)和 850 hPa(j—l)低空急流(蓝色实线,单位:$m \cdot s^{-1}$)、比湿(绿色实线,单位:$g \cdot kg^{-1}$)、风场(矢量,单位:$m \cdot s^{-1}$)和涡度(彩色区,单位:$10^{-5}\ s^{-1}$)。灰色阴影为青藏高原

### 4.3.4 热动力特征

一般暴雨过程中，200 hPa 辐散大值区位于高空急流轴南侧的暴雨区（图 4.11a）。500 hPa 正涡度区处于槽前西南气流，暴雨中心位于正涡度次值中心$(2\sim3)\times10^{-5}\ s^{-1}$（图 4.11 d）。700 hPa 的正涡度区大值区位于青藏高原东南部的气旋式环流（图 4.11g）标“C”处，正涡度中心在气旋中心附近，即急流区的左侧，暴雨区涡度在$(2\sim4)\times10^{-5}\ s^{-1}$（图 4.11g）。850 hPa 东南风受贺兰山阻挡，暴雨区为弱的负涡度（图 4.11j）。同时，暴雨区位于 500 hPa 比湿（$q_{500}$）>4 g·kg$^{-1}$、700 hPa 比湿（$q_{700}$）>8 g·kg$^{-1}$、850 hPa 比湿（$q_{850}$）>12 g·kg$^{-1}$、$K$ 指数>28 ℃、CAPE>200 J·kg$^{-1}$ 的区域（图 4.10g，图 4.11d、g、j）。沿 106°E 的纬向－高度剖面可知（图 4.12a）：暴雨区的上升运动和 70%以上的相对湿度几乎贯穿整个对流层，上升运动中心－0.3 Pa·s$^{-1}$ 位于暴雨区南部 500～750 hPa，90%以上的高相对湿度位于 500～600 hPa；以假相当位温 $\theta_{se}$＝350 K 作为暖湿气团与一般气团的标准（陶诗言，1980），暴雨区在 850 hPa 以下有弱的位势不稳定（$\frac{\partial\theta_{se}}{\partial p}<0$），但中低层中高纬干冷空气南压到 39°N，配合地面上北方大范围的正变压与中低层较强的 EGR，导致 $\theta_{se}$ 水平方向的梯度远远大于垂直方向。可见，贺兰山东麓一般暴雨过程期间，中低层强的干侵入和持续的水汽输送，导致湿层厚、动力抬升强，但热力强迫弱且主要集中在边界层，90%高湿集中在中层。

大暴雨过程中，较一般暴雨过程，暴雨区上空 200 hPa 辐散偏弱 2 倍，中低层正涡度、比湿及 K 指数偏强 1～3 倍（图 4.10h，图 4.11b、e、h、k）。这主要是因为两支低空急流北抬西进的位置更接近暴雨区，同时 700 hPa 和 850 hPa 的两个气旋式环流结构较一般暴雨过程强，而暴雨区恰好位于气旋环流右侧的（东）南风气流，有利于暴雨区的动力抬升和湿度增强。沿 106°E 的纬向-高度剖面可知（图 4.12b）：暴雨区的上升运动贯穿整个对流层，70%以上的相对湿度在 300 hPa 以下，上升运动中心－0.2 Pa·s$^{-1}$ 位于暴雨区 350～850 hPa，90%以上的高相对湿度位于 650～750 hPa 及 500～600 hPa，上升运动中心强度和湿层厚度不及一般暴雨过程，但上升运动中心范围和低层湿度却更强；暴雨区在 775 hPa 以下有 350 K 以上的暖湿气团活动，中低层同样有干侵入南压到 39°N，但地面上暴雨区为负变压。可见，较一般暴雨过程，大暴雨过程的低层更湿更暖，中高纬弱冷空气与低层暖湿气流在暴雨区交汇形成的锋面对流和锋区层状云降水量级更大、持续时间更长、强降水范围更广、对流更强。

特大暴雨过程中，暴雨区 850 hPa 水汽和动力条件（$q_{850}$＞16 g·kg$^{-1}$，正涡度大值中心超过 $9\times10^{-5}\ s^{-1}$）及不稳定能量最强（$K$ 指数>32 ℃，CAPE>600 J·kg$^{-1}$），但是 200 hPa 辐散、500 hPa 和 700 hPa 正涡度最弱（图 4.10i，图 4.11c、f、i、l）。沿 106°E 的纬向-高度剖面可以看到（图 4.12c）：低空急流轴上的南北向次级环流非常清晰，－0.4 Pa·s$^{-1}$ 的上升运动中心和 0.2 Pa·s$^{-1}$ 的下沉运动中心分别位于暴雨区的南部和北部，都集中在 750～850 hPa，其中上升气流贯穿整个对流层，下沉气流位于 650 hPa 以下；中层干冷空气在 41°N 以北，650 hPa 以下 $\theta_{se}\geqslant$350 K，850 hPa 以下 $\theta_{se}\geqslant$370 K，暴雨区上空低层 $\theta_{se}$ 垂直梯度远远大于水平梯度，相对湿度≥90%和 $\theta_{se}\geqslant$370 K 的高湿高能区位于上升运动区，且中低层垂直风切变较大。可见，较一般和大暴雨过程，特大暴雨过程的“上干冷下暖湿”的大气层结不稳定异常强烈，低层更暖更湿、热动力抬升更强的大气环境更有利于对流系统的触发和维持，而强的垂直风切变也更有利于对流系统的组织化。

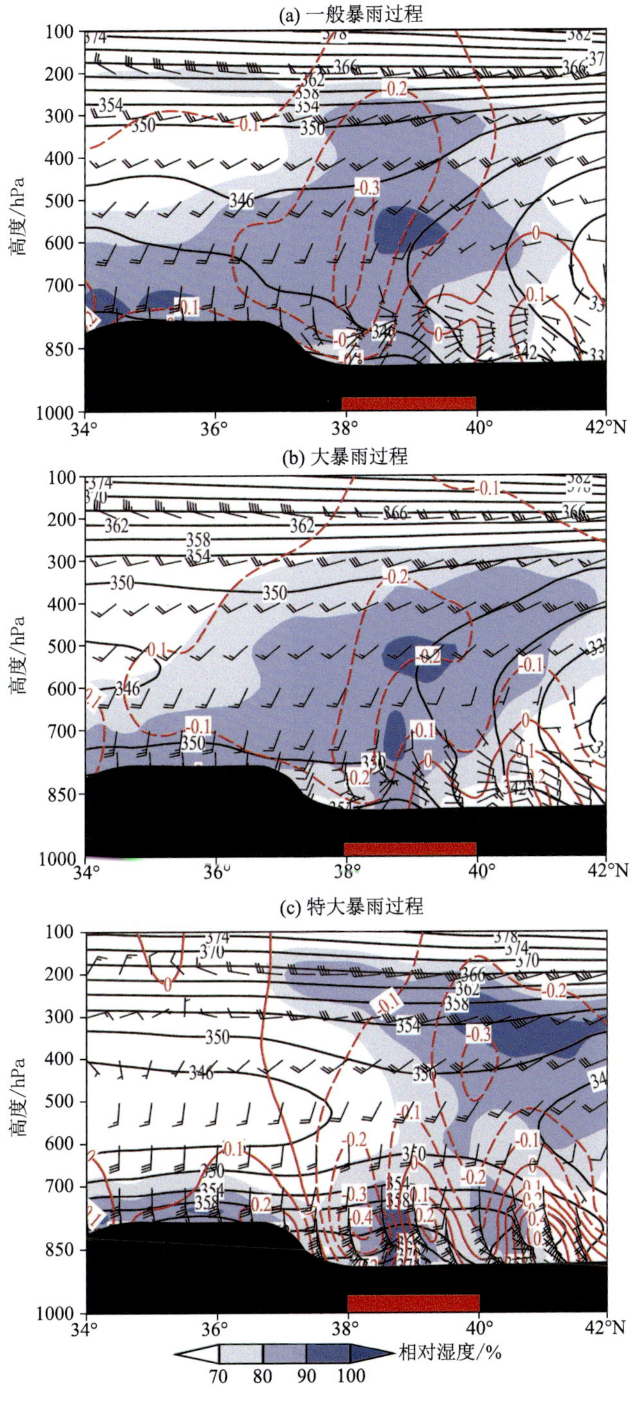


图 4.12　贺兰山东麓不同量级暴雨过程沿 106°E 的垂直速度(灰色等值线,单位:Pa·s$^{-1}$,负值为上升速度)、假相当位温(黑色实线,单位:K)和 70%以上的相对湿度(阴影区,单位:%)的垂直剖面。黑色阴影为地形,灰色线段为暴雨区域

上述分析表明,贺兰山东麓不同量级暴雨过程都处于一个相对稳定的环流背景和相对固

定的天气系统配置下，南亚高压、副高、高低空急流等关键天气系统的分布差异是影响暴雨量级的主要因素，其中副高与低空急流的位置和强度及低层温湿能与热动力强迫是暴雨量级的关键影响因素。

### 4.3.5 环境对流参数

贺兰山东麓暴雨过程多是对流性降水，而环境对流参数有助于揭示对流天气发生的物理过程，在实际预报中具有较好的指示意义（Tian et al.，2015）。利用贺兰山东麓地区唯一探空站银川，选取了 13 个表征热动力不稳定和两者相结合对流参数，其中，风切变是影响对流发展和组织的重要动力条件（Weisman et al.，2004；Schumacher et al.，2005），以地面 880 hPa 到 700 hPa 和 400 hPa 的垂直风切变代表 0～3 km 和 0～6 km 风切变（SR3 和 SR6）。其他对流参数分别为：CAPE 为对流有效位能、$K$ 指数、SI 沙氏指数、BLI 为最大抬升指数、$L_s$ 为干暖盖强度指数、$T_{85}$ 和 $T_{75}$ 分别为 850 hPa 和 700 hPa 与 500 hPa 温度差、SRH 为风暴相对螺旋度、BRN 为粗理查逊数、Hwet 和 Hwarm 分别为湿层和暖云层厚度。比较 CAPE、$K$ 指数、SI 指数等 13 个对流参数在不同量级暴雨过程前和过程中的变化，结合前面总结出来的关键物理量预报指标，有助于预报员更好地制作干旱区暴雨定量预报。

表 4.5 给出了不同量级暴雨过程前、中 13 个对流参数的平均值。过程开始前 6～12 h，暴雨区上空 CAPE、K、$L_s$、$T_{85}$、$T_{75}$、SRH、SR3、SR6 增大，$H_{warm}$ 和 $H_{wet}$ 增厚，SI、BLI、BRN 减小，表明随着低空急流的建立、发展、北抬或西进，暴雨区低层增温、增湿、增能，环境大气的热力和动力不稳定加大，有利于对流天气发生发展。除了 CAPE、$T_{75}$、SR3、SR6，其他 7 个对流参数都是随着暴雨量级增大，绝对值增大，湿层厚度 Hweat 则相反，它们的阈值可以作为多数贺兰山东麓暴雨定量预报指标，而 CAPE 等 4 个对流参数还需根据具体过程具体分析使用。

表 4.5 贺兰山东麓不同量级暴雨过程前与过程中的环境对流参数变化

| 暴雨量级 | 时段 | CAPE/ (J·kg$^{-1}$) | $K$/ ℃ | SI/ ℃ | BLI/ ℃ | $L_s$/ ℃ | $T_{85}$/ ℃ | $T_{75}$/ ℃ | SRH/ ($10^7$ m$^2$·s$^2$) | BRN | SR3/ (m·s$^{-1}$) | SR6/ (m·s$^{-1}$) | $H_{wet}$/ km | $H_{warm}$/ km |
|---|---|---|---|---|---|---|---|---|---|---|---|---|---|---|
| 一般暴雨 | 过程前 | 160 | 32 | 1.1 | −0.2 | −45 | 26 | 15 | 0.39 | −1.3 | 6.7 | 12.5 | 3185 | 4525 |
| | 过程中 | 460 | 35 | 1.0 | −0.4 | −47 | 22 | 14 | 0.15 | −1.3 | 7.7 | 14.2 | 4357 | 4649 |
| 大暴雨 | 过程前 | 236 | 35 | −0.04 | −1.1 | −48 | 27 | 17 | 0.19 | −1.7 | 5.9 | 8.1 | 2206 | 4642 |
| | 过程中 | 398 | 37 | −0.8 | −1.7 | −51 | 24 | 15 | 0.38 | −1.9 | 7.4 | 10.4 | 3598 | 4976 |
| 特大暴雨 | 过程前 | 98 | 35 | 1.0 | 0.1 | −49 | 21 | 15 | 0.35 | −1.1 | 4.7 | 10.2 | 2022 | 4941 |
| | 过程中 | 870 | 45 | −3.1 | −3.2 | −56 | 26 | 14 | 0.95 | −2.1 | 11.6 | 16.9 | 2781 | 5018 |

$T_{75}$ 在不同量级的暴雨过程中差别不大，不如 $T_{85}$ 对暴雨量级的指示性强，$T_{75} \geqslant 14$ ℃适用于不同量级的暴雨过程，表明；随着暴雨量级增大，850 hPa 与 500 hPa 的温度递减率增大，中低层的静力不稳定加剧。一般暴雨 SR3、SR6 和 CAPE 的平均值高于大暴雨，表明：多数一般暴雨过程在对流层高低层的斜压性较大，（图 4.9a、b、d、e）也反映了这一点。具体到暴雨过程，一般和大暴雨的 CAPE 从 100～103 J·kg$^{-1}$，50%的大暴雨过程 CAPE 在 101 J·kg$^{-1}$，以稳定性降水为主，对流弱，而接近 30%的一般暴雨过程 CAPE 在 103 J·kg$^{-1}$，为强对流暴雨，所以导致一般暴雨的 CAPE 平均值大于大暴雨，但不代表所有一般暴雨过程的 CAPE 都比大暴雨强，要视具体过程具体分析。

上述分析表明，贺兰山东麓一般暴雨过程的湿层最厚、暖云层最薄，76％的对流参数值都最小，多数过程对流弱；大暴雨过程除了 CAPE、高低层垂直风切变、中低层温差最小，其他对流参数的绝对值都较一般暴雨过程大，多数过程对流强、雨强大；特大暴雨过程的湿层最薄、暖云层最厚，84％的对流参数值都最大，对流最强。

### 4.3.6　天气学概念模型

综合考虑暴雨量级、范围、区域、致灾性、极端性等多种因素，选取 2007 年 6 月 16 日、2012 年 7 月 29 日、2016 年 8 月 21 日作为一般、大、特大暴雨过程的典型代表过程，结合上述研究，建立贺兰山东麓不同量级暴雨过程的天气学概念模型（图 4.13）。通过概念模型可以看到：低层高温高湿高能是贺兰山东麓大量级暴雨的重要特征，尤其是特大暴雨，而低空急流是对流环境反复重建的关键因素，它的强弱和位置直接决定暴雨的量级；暴雨的范围和持续时间则与冷暖空气强度及其在暴雨关键区滞留时间、活动区域相关。

一般暴雨过程中副高和低空急流偏弱偏南，有冷锋过境，南下冷空气较北上暖空气更强，500 hPa 和 700 hPa 动力抬升较强，850 hPa 动力和湿度、热力不稳定较弱，以锋区降水为主（图 4.13 左列）。大暴雨过程的副高和低空急流较一般暴雨偏强偏北，贺兰山西侧有冷锋，冷暖空气势力相当，中低层动力、湿度和热力不稳定都较强，以锋面对流和锋区层云降水为主（图 4.13 中列）。特大暴雨过程的副高和低空急流都异常偏强偏北（西），地面处于河套热低压控制，低层高温高湿高能及强动力抬升等特征尤为显著，“上干下湿”的大气层结不稳定异常强烈，低空急流北上西进与贺兰山地形结合，易在山区形成强对流暴雨（图 4.13 右列）。

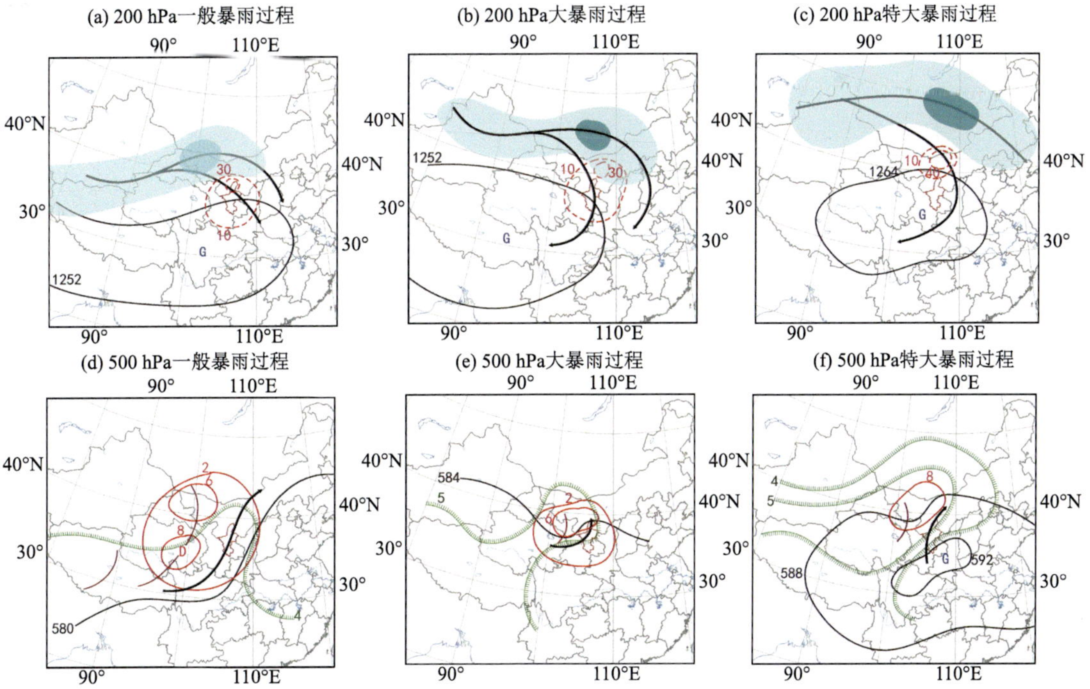

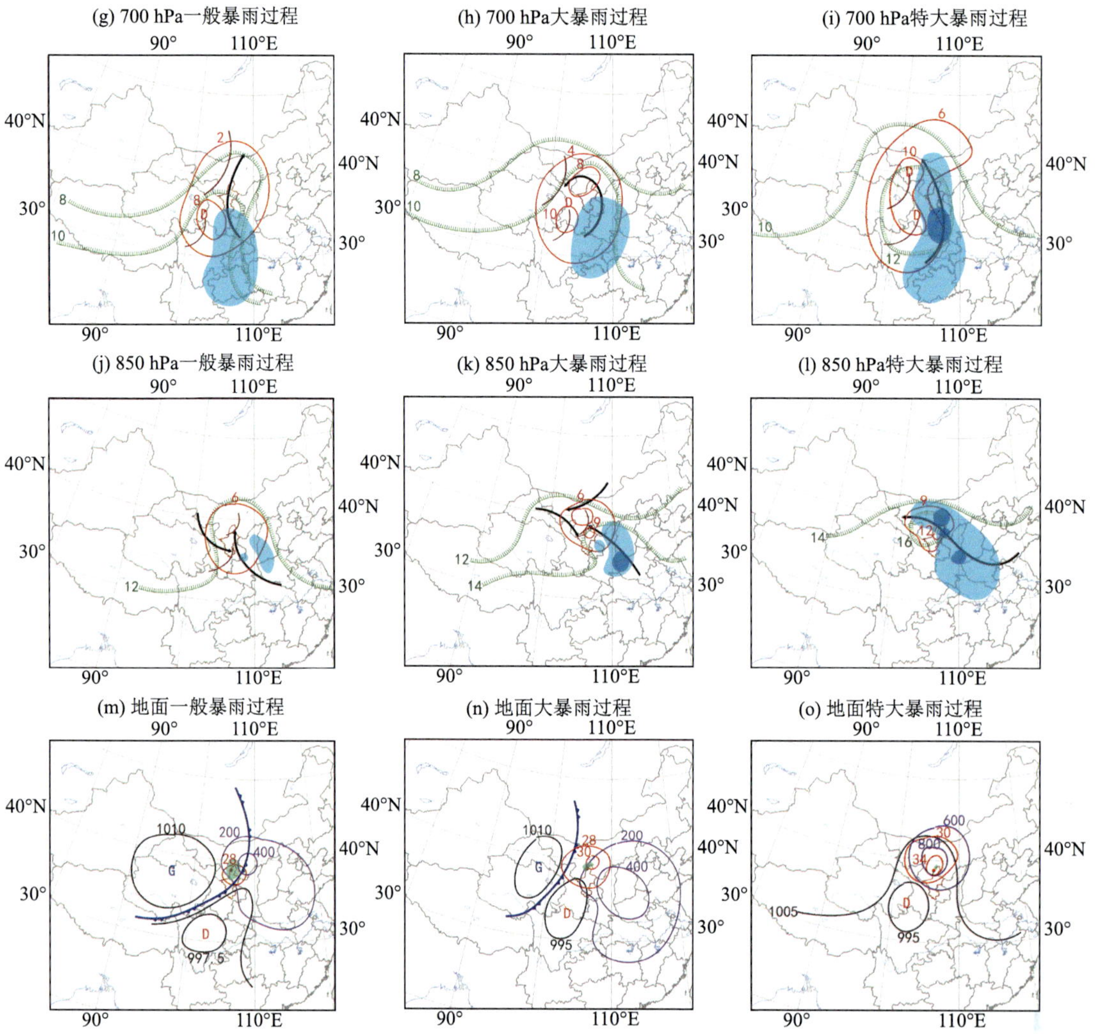


图 4.13 贺兰山东麓不同量级暴雨过程的天气学概念模型（/为水平流场，G 和 D 为高低压中心，彩色区颜色越深，强度越大；图 a—c：为 200 hPa 位势高度（单位：dagpm），为散度（单位：$10^{-6}\ s^{-1}$），阴影区为高空急流；图 d—l：为 500 hPa 位势高度（单位：dagpm），为涡度（单位：$10^{-5}\ s^{-1}$），为比湿（单位：g·$kg^{-1}$），为槽线或切变线，彩色区为低空急流；图 m—o：为海平面气压（单位：hPa），为冷锋，为 $K$ 指数（单位：℃），为 CAPE（单位：g·$kg^{-1}$），为暴雨中心，彩色区为暴雨区）

## 4.3.7 小结

利用 2006—2021 年贺兰山东麓 23 次暴雨过程，利用合成和热动力诊断方法对比分析了不同量级暴雨过程的斜压性、降水分布、环流配置、热动力和对流参数等特征，建立了分级暴雨的天气学概念模型，并得到如下结论。

（1）贺兰山东麓暴雨环流以平直西风气流为主，南亚高压、副高、高低空急流等是关键影响系统，暴雨量级上的差异主要来自南亚高压、副高及低空急流的位置、强度所导致的低层温湿、热动力强迫、大气层结稳定度的不同。

(2)贺兰山东麓暴雨过程的斜压性在中层 500～700 hPa 表现得最为明显，低层 700～875 hPa 次之，高层 200～500 hPa 最弱。随着暴雨量级增大，斜压性减弱，其中，一般暴雨过程的斜压性最强，大暴雨过程次之，特大暴雨过程最弱。

(3)一般暴雨过程以锋区降水为主，量级小、对流弱。过程期间，西风带锋面系统最强，高空急流最弱，副高和低空急流最弱最南，动力抬升强且深厚，湿层最厚，暖云层最薄，低层湿度和热力强迫最弱，*K* 指数、SI、BLI 等对流参数绝对值最小，大气层结不稳定最弱。

(4)大暴雨过程以锋面对流降水和锋区层云降水构成的混合性降水为主，时间长、范围广、量级较大、对流较强。过程期间，西风带锋面系统和高空急流较强，副高和低空急流较强且偏北，动力抬升最弱，低层湿度和热力强迫较强，虽然 CAPE、高低层垂直风切变最小，但 *K* 指数、SI、BLI 等对流参数绝对值较大，大气层结不稳定较强。

(5)特大暴雨过程以暖区降水为主，时间最短、范围最小、量级最大、对流最强。过程期间，西风带锋面系统最弱，南亚高压、副高、高低空急流最强最北，湿层最薄，暖云层最厚，低层湿度和热动力抬升最强，CAPE、*K* 指数、高低层垂直风切变和温差等对流参数绝对值最大，大气层结不稳定最强。

由于贺兰山东麓处于西北干旱区，暴雨过程相对少，尤其是特大暴雨历史上仅有 2 次，暴雨中尺度对流系统的触发和维持机制更为复杂，预报难度加大。虽然通过对比分析得到了一些定性和定量的预报指标和概念模型，但限于篇幅，仅对大尺度环流背景做了分析，没有对暴雨区附近精细的局地环流特征展开研究，尤其是对暴雨中尺度对流系统没有深入研究，低空急流、锋面、地形等系统如何相互作用影响对流的触发机制尚不清楚。接下来，将选取典型暴雨过程，利用高分辨率数值模拟和敏感性试验，深入研究贺兰山东麓不同量级暴雨过程的局地环流特征，以及复杂地形处暴雨中尺度系统的触发、发展与消亡机制，进一步凝练出具有较高业务应用价值的预报指标和概念模型，为干旱区暴洪防灾减灾提供精准气象服务。

## 4.4 热带气旋远距离影响宁夏暴雨的形成机理

中国近海台风活动不但能够直接在东南沿海地区产生暴雨，而且能通过中低纬系统的相互作用，直接或间接的造成西北内陆地区极端暴雨天气(张东 等，2019；李慧芹 等，2018；姚日升 等，2018；陈联寿 等，2017)。一些研究表明，近海台风活动与我国西北地区东部降水关系密切，比如，台风活动与青藏高原东侧年降水量之间的联系最为显著(卓嘎 等，2000)；台风活动与西北区东部旱涝存在正相关联系，少台风活动年青藏高原东北侧干旱，多台风活动年高原东北侧多雨(谢金南 等，2000)；台风有利于西北地区东部降水的产生，敏感区位于河套，多台风年和少台风年环流形势及其对西北地区东部降水影响有明显差异(姚宗国 等，2008)；近海台风活动与重大洪灾事件关系极为密切，相关率达 90%(侯建忠 等，2010；张弘 等，2006)。上述结论表明：台风活动与降水统计最密切的区域大体位于青藏高原东北侧的西北地区东部一带时，降水事件与台风活动关系是显著的。

除山东(杨晓霞 等，2008)、陕西(侯建忠 等，2010；张弘 等，2006)对影响当地的热带气旋远距离暴雨进行了相关统计工作外，其他研究多为预报业务人员针对本省域个例的诊断分析或数值模拟为主，系统研究较少，且单个个例诊断分析难以给出完整的预报概念模型供预报员参考。宁夏气象工作者（纪晓玲 等，2016；赵蔚 等，2010；肖云清 等，2008）在分析宁夏近年来的暴雨过程中发现，20020608、20060714、20080730、20130620 等暴雨过程中均存在台风与中纬度天气系统的相互作用，业务一线预报人员也普遍认同当地出现暴雨过程时，我国近海往往有台风活动这一预报经验。不仅相当部分的宁夏暴雨个例我国近海有台风活动，在总结暴雨预报概念模型工作中调查发现，暴雨发生时台风中心位置分布似乎存在着一定的规律性，因此，闫军（2019）、闫军等（2020）普查 1961—2010 年宁夏的暴雨并从中筛选出热带气旋远距离暴雨个例，利用 1961—2010 年宁夏的暴雨并从中筛选出热带气旋远距离暴雨个例，利用常规气象观测、日本气象厅（JMA）最佳热带气旋（TC）路径数据集和 NCEP 再分析数据等资料，从天气学角度较全面的统计了远距离暴雨的时空分布和热带气旋相关特征，根据热带气旋两个高频影响区的统计结果将远距离暴雨个例分为两类，利用合成分析方法分别对两类远距离暴雨过程进行天气学诊断分析，探讨了远距离暴雨的大尺度环流背景，主要影响天气系统的空间配置及其作用，水汽通道的建立过程，以及暴雨过程的动力和热力结构特征及其差异，归纳出两类远距离暴雨预报概念模型并探讨了远距离暴雨的影响机制，为提高和改进宁夏此类天气预报水平和方法提供参考依据。

### 4.4.1 资料与方法

#### 4.4.4.1 使用资料

1961—2010 年 NCEP 水平分辨率 1.0°×1.0°的 FNL 再分析资料（间隔 6 h），宁夏国家级气象观测站 20—20 时日降水数据，JMA 最佳 TC 路径资料。

宁夏暴雨多发于夏季 7、8 月份，这也是台风影响我国较为频繁的月份，1961—2010 年在西北太平洋有台风活动的多达 83 次，而其中距离我国大陆太远的台风很难去界定其与暴雨的联系，因此热带气旋的研究范围不宜过大，为此定义宁夏远距离暴雨的热带气旋研究范围为 105°—130°E，15°—30°N。

#### 4.4.4.2 研究方法

（1）热带气旋远距离暴雨选取标准

参考陈联寿（2007）、Cote（2007）、丁治英等（2014）给出的远距离暴雨定义，综合考虑中低纬系统相互作用、水汽输送通道及宁夏降水气候特点三个因素，给出宁夏远距离暴雨的选取标准：①同一个降水区不少于 5 个测站的日降水量≥25 mm；②降水在台风环流之外；③降水区与热带气旋之间在 850 hPa 或 700 hPa 存在明显的水汽通道；④需有产生降水的中纬度天气系统配合；⑤热带气旋位于 105°—130°E，15°—30°N 区域内。

（2）远距离暴雨的合成分析

天气学诊断是预报业务人员普遍采用的灾害性天气分析方法，从大尺度环流入手并进行合理的天气学分型通常是诊断分析的基础，也较贴合天气预报实际业务需求。在多个个例的天气学诊断中通常采用合成分析方法，这在远距离暴雨研究中有广泛的应用，与单个个例诊断分析相比，合成分析能够消除单个个例偶然因素的影响，突出研究对象的共有特征。远距离暴雨合成分析通常以热带气旋作为主要参考对象，大体有两种合成方式，比如丁治英等（2014）和邢蕊等（2015）以台风中心位置作为坐标中心，将不同位置的台风均投影到同一坐标系下来合成，此种合成方式适合研究所有样本的共性而忽略台风的具体地理位置信息，而杨晓霞等（2008）、从春华等(2012)等则选取台风中心位置相近的个例来合成平均，这种方式倾向于在后续研究中需要保留台风的位置特征。统计得出宁夏远距离暴雨具有两个热带气旋高频影响关键区的特征，并据此分类进行合成分析，台风所在位置信息在分析过程中较为关键，因此选取上述第二种方式来进行合成，重点探讨大气环流、水汽输送等大尺度合成场特征。

为了合成结果能体现大多数个例的共有特征，在满足热带气旋位于研究关键区域的前提下，参与合成的样本须逐个进行筛选，重点考察副高位置形态、低空急流位置及路径的相似性。比如 2002 年 6 月 8 日西北地区东部出现了一次影响范围非常广的极端远距离暴雨过程，台风虽位于影响关键区台湾附近，低空急流水汽输送通道也具有代表性，但由于宁夏远距离暴雨大多集中发生在 8 月份，而此次过程发生在 6 月上旬，过程副高位置较大多数过程显著偏南，因而在合成分析时，对该样本进行了剔除。

(3)物理量诊断分析

采用传统天气学及物理量诊断方法。首先，从大尺度环流和水汽输送特征两个方面探讨宁夏远距离暴雨的主要影响天气系统作用及其空间配置结构以及水汽通道的建立机制和过程；然后，分析各类远距离暴雨的动力和热力结构特征，定量探讨远距离暴雨的发生发展机制，涉及的主要物理量包括水汽通量、水汽通量散度、涡度、散度、垂直速度和假相当位温等。各物理量的物理意义及计算公式如下：

水汽通量指单位时间内流经与速度矢正交的某一单位截面积的水汽质量。计算公式为：

$$F=|V|\cdot q/g \tag{4.6}$$

式中，$|V|$为垂直于截面的风速，$q$ 为比湿，$g$ 为重力加速度，水汽通量单位是 $\mathrm{g\cdot(cm\cdot hPa\cdot s)^{-1}}$。

水汽通量散度指单位时间内单位体积中水汽的净流失量，是描述水汽集中程度的物理量。计算公式为：

$$A=\frac{\partial}{\partial x}\left(\frac{uq}{g}\right)+\frac{\partial}{\partial y}\left(\frac{vq}{g}\right) \tag{4.7}$$

式中，$q$ 表示比湿，$g$ 表示重力加速度，$u$，$v$ 分别表示纬向和经向水平风速，水汽通量散度单位是 $\mathrm{g\cdot(cm^2\cdot hPa\cdot s)^{-1}}$；$A>0$ 表示水汽辐散，$A<0$ 表示水汽辐合。

涡度是衡量空气质块旋转程度的物理量，单位为 $\mathrm{s^{-1}}$，表达式为：

$$\zeta=\frac{\partial v}{\partial x}-\frac{\partial u}{\partial y} \tag{4.8}$$

散度表征空气在单位时间内、单位面积上的相对膨胀率，单位为 $\mathrm{s^{-1}}$，表达式为：

$$D=\frac{\partial u}{\partial x}+\frac{\partial v}{\partial y} \tag{4.9}$$

假相当位温是综合反映大气温湿的物理量，在分析暴雨能量锋区，大气对流稳定度等方面有重要作用。单位为 K，表达式为：

$$\theta_{se}=\left(T+\frac{L}{C_p}q\right)\left(\frac{1000}{p}\right)^{\frac{R}{C_p}} \tag{4.10}$$

式中，$T$ 为温度，$q$ 为比湿，$P$ 为大气压强，$L$ 为凝结潜热，$C_p$ 为定压比热，$R$ 为比气体常数。

### 4.4.2　远距离暴雨统计特征

按照同一个降水区不少于 5 个测站日降水量≥25 mm 的统计标准，1961—2010 年宁夏共发生区域性暴雨 110 次，其中有热带气旋在西北太平洋活动或在我国沿海陆地登陆的多达 83 次，占所有区域性暴雨个例的 75%，考虑到宁夏暴雨气候多发期与西北太平洋台风盛期重叠的原因，如此高的比例并不能代表这部分暴雨与热带气旋之间都存有内在物理联系，严格按照本文定义的宁夏远距离暴雨选取标准，满足标准的过程共计 43 次，占所有暴雨过程的 39%。如表 4.6 所示。

**表 4.6　西北太平洋热带气旋活动与宁夏区域性暴雨相关统计**

| | 区域性暴雨 | 西北太平洋有热带气旋的暴雨 | 热带气旋远距离暴雨 |
|---|---|---|---|
| 次数/次 | 110 | 83 | 43 |
| 占比/% | — | 75 | 39 |

#### 4.4.2.1　空间分布特征

1961—2010 年，影响宁夏的热带气旋远距离暴雨累积日数全区平均为 14 d，从空间分布图(图 4.14a)可以看出，远距离暴雨事件自东南向西北呈现递减趋势，其中，贺兰山东麓地区相对较少，贺兰以北地区少于 6 d，贺兰到同心一带 6～8 d；同心到海源一带 9～14 d；海源以南地区最多，有 14～24 d，位于宁夏最南端的泾源站最多达 24 d。

由于远距离暴雨日数的空间分布特征与宁夏暴雨的气候空间分布特征基本一致，为了将远距离暴雨的空间分布特征从暴雨气候特征中抽离出来，计算了逐个测站远距离暴雨日数在总暴雨日中的百分率占比，从而得到远距离暴雨的百分率占比分布图(图 4.14b)。可以看出，图 4.14b 中的空间分布与图 4.14a 中的特征有明显的区别，全区空间分布南北差异并不十分显著。除了宁夏北部有两站不足 30%以外，其他地区远距离暴雨日数在暴雨总日数中的占比普遍在 30%～46%，由此也可看出远距离暴雨在宁夏暴雨类型里是十分重要的一类。图 4.14b 表明，远距离暴雨在暴雨中占比最大的区域位于宁夏东部区域和中部偏西地区，其中最大位于宁夏东部的麻黄山站，达到 46%。

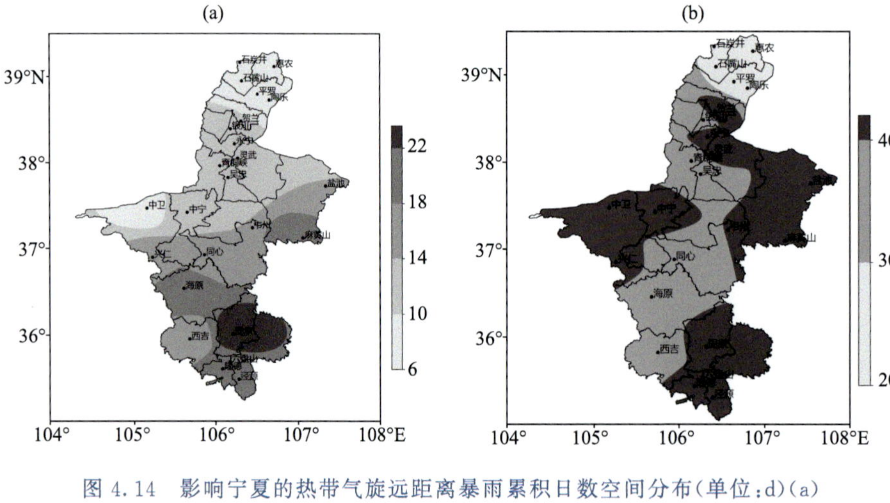


图 4.14　影响宁夏的热带气旋远距离暴雨累积日数空间分布(单位：d)(a)
及其在暴雨日数中的百分率占比分布(单位：%)(b)

宁夏远距离暴雨过程中各测站平均降雨量空间分布如图 4.15 所示。全区各站降水量普遍在 35～50 mm，降雨量分布整体呈现东多西少的趋势，降雨量大值区分布在宁夏中部偏东一侧，其中灵武站最大，达 50.9 mm，降雨量最少的测站是中卫站，位于宁夏西端，仅有 33.5 mm。远距离暴雨降雨量的这种空间分布可能与宁夏各地受夏季东南季风影响程度不同有关，宁夏正好位于我国季风区的西边界上，图 4.15 降雨量等值线呈南北走向，这与我国季风区和非季风区的边界走向基本一致，可见宁夏东部与西部受东南季风的影响差异显著；此外，远距离暴雨降雨量的空间分布也可能与宁夏中南部的地形分布有关，降雨量相对较少的几个测站中，中卫测站位于宁夏中部香山北侧，西吉、隆德两站位于南部六盘山西侧，相对夏季东南季风而言，测站均位于山地背风坡一侧。结合远距离暴雨日数的空间分布来看，宁夏南部远距离暴雨次数虽多，但每次暴雨过程的平均降雨量相对较弱，中部偏东地区远距离暴雨次数少于南部，但平均降雨量却是全区最大区域。

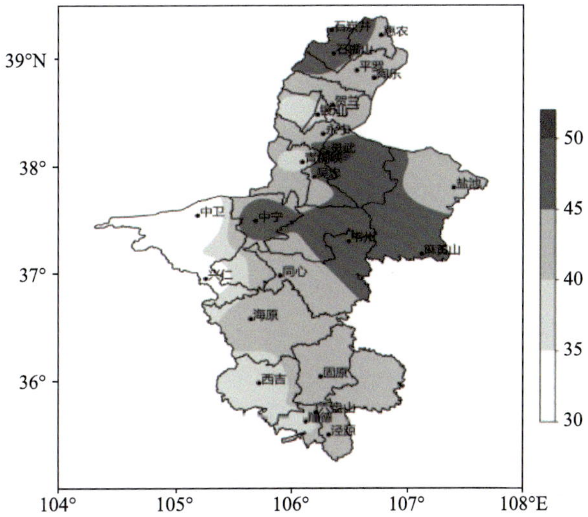


图 4.15　影响宁夏的热带气旋远距离暴雨平均降雨量空间分布(单位：mm)

#### 4.4.2.2　时间变化特征

图 4.16 为宁夏远距离暴雨过程日数逐旬分布图，全年中最早的远距离暴雨出现在 6 月 8 日(1970 年)，最晚出现在 9 月 27 日(1996 年)。远距离暴雨 7 月下旬开始逐渐增多，主要集中发生在 8 月，其中 8 月下旬发生次数最多，进入 9 月后次数明显减少。宁夏暴雨具有明显的季节变化特点，7 月下旬和 8 月上旬发生次数最多，而远距离暴雨多发期较之推迟 10～20 d，这主要是因为 8 月无论从台风影响的范围以及台风造成的降水量来看，均是影响我国最严重的月份。

#### 4.4.2.3　热带气旋中心位置分布特征

宁夏发生远距离暴雨时，热带气旋中心的位置分布如图 4.17a 所示。可以看出，热带气旋主要分布在 15°—30°N，105°—130°E 的近海洋面上，最北可到达黄海海域。并非热带气旋深入内陆距离宁夏越近越容易产生远距离暴雨，大部分暴雨过程发生时，热带气旋位于近海洋面上，即使登陆的热带气旋也多分布在沿海陆地，仅有 16% 的远距离暴雨发生在热带气旋深入内陆之后，且产生远距离暴雨时热带气旋的中心位置多位于江南中南部和华南西南部，深入内陆最远的产生远距离暴雨的热带气旋曾到达四川盆地南侧。

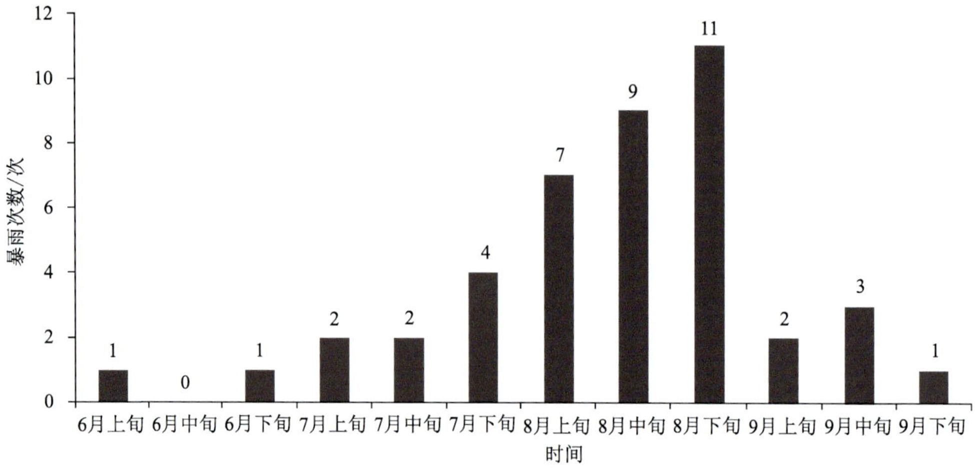


图 4.16　影响宁夏的热带气旋远距离暴雨逐旬分布

远距离暴雨发生时，热带气旋最明显的分布特征是，存在两个较集中的分布区域（如图 4.17a 左边和右边的圆圈所示）和一个少 TC 甚至无 TC 的区域（如图 4.17a 中间圆圈所示）。其中，分布最多的区域位于 20°—28°N、120°—130°E 台湾海峡和台湾以东洋面，其次位于 18°—23°N、105°—115°E 的海南岛周边洋面及沿海陆地，此区域热带气旋个数略少于台湾岛处，但位置分布更加集中，以海南岛为中心 300 km 半径范围内分布最为密集。另外，在上述两个集中区域之间，在广东东部沿海至菲律宾西北侧之间的洋面上是一个热带气旋对宁夏暴雨影响很少的海域，在所有远距离暴雨样本中，仅有 1 例位于该区域中，在丛春华等(2012)等研究川陕地区的远距离暴雨给出的 TC 位置分布图上可看到相似的特征。

上述热带气旋中心位置分布统计特征表明，导致宁夏出现远距离暴雨时的热带气旋的确存在明显的规律性，类似于寒潮天气过程冷高压影响关键区的概念，台湾岛及其以东洋面和海南岛附近是宁夏产生远距离暴雨的热带气旋影响关键区。

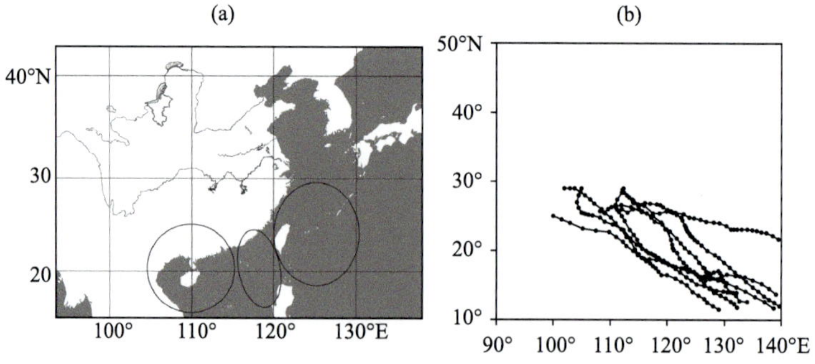


图 4.17　宁夏发生远距离暴雨时热带气旋中心的位置分布，黑点表示 TC 中心位置。其中，图 a 中左边和右边的圆圈表示多 TC 影响区域，中间圆圈表示少 TC 影响区域；图 b 为深入内陆后产生远距离暴雨的热带气旋路径汇总图

产生远距离暴雨的热带气旋路径如表 4.7 所示。为便于讨论，根据上述宁夏发生远距离暴雨时，热带气旋中心位置的分布特征，将远距离暴雨个例分为 3 类：将热带气旋集中分布在我国台湾附近的远距离暴雨称为“台湾类”，将分布在海南岛周围区域的称为“海南类”，而把登陆我国内陆较远距离后才产生远距离暴雨的个例称为“内陆类”。

**表 4.7　宁夏远距离暴雨强度、影响范围分布及台风路径统计**

| 日期 | 分类 | ≥25 mm 站数 | ≥50 mm 站数 | 暴雨落区 | 最大降水值/mm | TC 路径 |
|---|---|---|---|---|---|---|
| 1964-07-05 | 台湾类 | 5 | 3 | 北部 | 64.7 | 西北 |
| 1978-08-13 | | 5 | 2 | 南部 | 57.0 | 西北 |
| 1985-08-24 | | 19 | 2 | 北部、中部 | 82.2 | 西北偏西 |
| 1994-08-20 | | 6 | 0 | 中部 | 31.2 | 西北 |
| 1996-07-31 | | 5 | 2 | 中部、南部 | 68.2 | 西北 |
| 2001-09-18 | | 5 | 0 | 中部 | 32.1 | 西南 |
| * 2002-06-08 | | 20 | 10 | 北部、中部、南部 | 87.5 | 偏东 |
| * 2006-07-14 | | 11 | 7 | 北部 | 124.1 | 西北 |
| 1964-08-14 | 海南类 | 5 | 0 | 南部 | 47.5 | 西行 |
| 1973-08-24 | | 5 | 1 | 南部 | 50.1 | 西行 |
| 1978-08-13 | | 5 | 2 | 南部 | 57.0 | 西行 |
| 1979-08-02 | | 6 | 1 | 南部 | 52.9 | 西北偏西 |
| 1981-08-18 | | 5 | 2 | 南部 | 53.8 | 西北 |
| 1994-06-24 | | 5 | 0 | 南部 | 43.0 | 西北 |
| 1995-08-28 | | 5 | 1 | 南部 | 58.0 | 西行 |
| 2001-07-26 | | 6 | 3 | 中部 | 75.7 | 西行 |
| 2003-08-25 | | 5 | 0 | 中部 | 49.9 | 西行 |
| 1961-08-28 | 内陆类 | 5 | 0 | 北部、南部 | 35.6 | 西北路径，台湾登陆 |
| 1964-08-12 | | 12 | 6 | 北部、中部 | 77.8 | 西北偏西路径，广东登陆 |
| 1967-08-22 | | 6 | 1 | 中部 | 55.3 | 西北偏西路径，广东登陆 |
| 1968-08-24 | | 10 | 3 | 中部 | 71.3 | 西北偏西路径，广东登陆 |
| 1984-07-10 | | 5 | 3 | 中部、南部 | 86.2 | 西北偏西路径，广东登陆 |
| 1985-08-24 | | 19 | 2 | 北部 | 82.2 | 西北偏西路径，台湾登陆 |
| 1996-07-27 | | 13 | 3 | 中部、南部 | 61.5 | 西北路径，台湾登陆 |

注：“*”为极端暴雨个例。

台湾类远距离暴雨中，热带气旋多发源于菲律宾以东洋面，暴雨发生时，75%的热带气旋以西北路径到达台湾周围海域，2002 年 6 月 8 日极端暴雨过程是个例外，热带气旋发源于南海并缓慢向东移动，到达台湾以南区域时产生暴雨；海南类暴雨热带气旋有两个发源地，56%暴雨个例发源于菲律宾以东洋面，以偏西路径进入南海，到达海南岛附近海域，其余个例发源于南海，路径以偏西路径为主，值得注意的是，发源于南海的热带气旋移速比发源于菲律宾以东洋面的慢得多。

内陆类远距离暴雨的热带气旋路径汇总如图 4.17b 所示，热带气旋发源于菲律宾以东洋面，登陆地点集中于台湾和广东，主要分为两支优势路径：一支以西北路径在台湾附近登陆，随后再次登陆福建，进入内陆后路径明显向西偏折；另一支以西北偏西路径在广东省珠江口以西登陆。比较而言，从广东省登陆这支往往可深入内陆更远的距离。

#### 4.4.2.4 暴雨落区和强度特征

宁夏远距离暴雨落区分布、暴雨强度及影响范围统计结果如表 4.7、表 4.8 所示。统计暴雨落区分布时，按照宁夏气候分区惯例，将宁夏分为三部分：引黄灌区（以下简称北部）、中部干旱带（以下简称中部）和南部山区（以下简称南部）。75％的台湾类远距离暴雨落区位于北部和中部，共计 9 次，位于南部的仅有 3 次；海南类暴雨落区位于南部的有 7 次，占总数的 78％，中部有 2 次，值得注意的是，此类远距离暴雨没有出现暴雨落区位于北部的个例；内陆类的暴雨落区位于中部的有 5 次，占总次数的 46％，北部和南部各有 3 次。

表 4.8 三类远距离暴雨落区分布占比

| 暴雨落区 | 引黄灌区（北部） | 中部干旱带（中部） | 南部山区（南部） |
|---|---|---|---|
| 台湾类 | 33％ | 42％ | 25％ |
| 海南类 | 0％ | 22％ | 78％ |
| 内陆类 | 27％ | 46％ | 27％ |

三类远距离暴雨过程影响范围和暴雨强度平均状况如图 4.18 所示，台湾类远距离暴雨的降水量极值平均值为 68.4 mm，63％的个例普遍在 60 mm 以上；89％的海南类个例降水量极值普遍在 40～60 mm，超过 60 mm 的仅有 1 次，平均值为 54.2 mm；内陆类降水量极值平均值为 67.1 mm，71％的个例普遍在 60～90 mm。平均每次远距离暴雨过程中，降水量超过 25 mm 的测站个数台湾类 9.5 个，海南类 5.2 个，内陆类 10.0 个；超过 50 mm 的测站个数三类平均分别为 3.3 个、1.1 个、2.6 个。

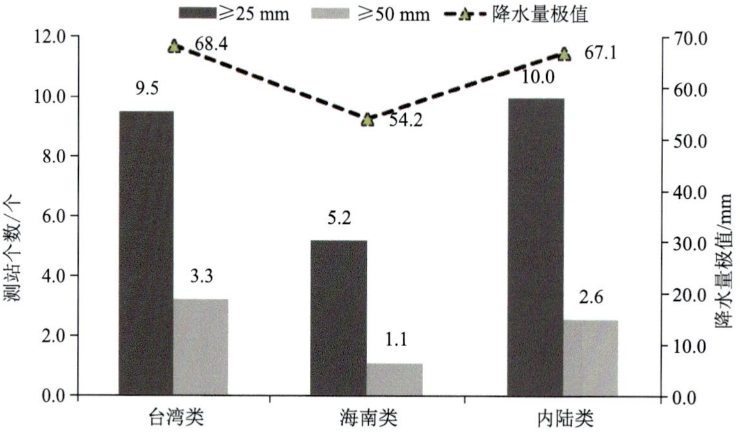


图 4.18 三类远距离暴雨影响范围（超过 25 mm 和 50 mm 观测站个数）和暴雨强度平均值

从表 4.7 可以看出，不同于夏季局地性强降水，对于宁夏区域性远距离暴雨，暴雨强度大的过程，往往暴雨影响范围也较广。暴雨强度和暴雨影响范围历史排名前两位的极端个例均属于台湾类远距离暴雨，其中 2006 年 7 月 14 日个例暴雨强度排第一，降水量极值达 124.1 mm，暴雨影响范围排第二，有 11 个观测站超过 25 mm，7 站超过 50 mm；2002 年 6 月 8 日个例暴雨影响范围排第一，有 20 个观测站超过 25 mm，10 站超过 50 mm，暴雨强度排第二，降水量极值达 87.5 mm。

上述分析表明，三类远距离暴雨过程随着热带气旋中心位置的不同，暴雨落区分布、暴雨极值强度和影响范围的分布有不同的特点。台湾类暴雨落区以中部和北部居多，海南类的暴雨落区以南部为主，内陆类暴雨落区没有明显倾向性。对于宁夏区域性远距离暴雨，暴雨强度与暴雨影响范围存在高相关性，就平均状况而言，台湾类和内陆类暴雨的降水极值和影响范围两者相当，明显强于海南类暴雨过程；从历史个例极端性角度考虑，台湾类远距离暴雨的极端性最强，内陆类次之，海南类最弱。

#### 4.4.2.5　小结

(1)影响宁夏的热带气旋远距离暴雨累积日数全区平均为 14 d，空间分布自东南向西北呈现递减趋势；远距离暴雨在暴雨总日数中的占比普遍在 30%～46%，是宁夏暴雨类型里十分重要的一类，占比最高区域位于宁夏东部的麻黄山站。全年中最早的远距离暴雨出现在 6 月上旬，最晚出现在 9 月下旬，集中发生在 8 月，其中 8 月下旬发生次数最多，与宁夏暴雨气候多发期相比较，远距离暴雨多发期较之推迟 10～20 d。

(2)并非热带气旋深入内陆距离宁夏越近越容易产生远距离暴雨，大部分远距离暴雨发生时，热带气旋中心位置位于近海洋面上，仅有 16%的远距离暴雨发生在热带气旋深入内陆之后。远距离暴雨发生时，热带气旋存在两个集中区域，一个位于台湾附近 120°—130°E，20°—28°N 区域，另一个位于海南岛周围 105°—115°E，18°—23°N 区域，两者之间还存在一个少 TC 甚至无 TC 影响的区域。

(3)大多数热带气旋发源于菲律宾以东洋面，海南类暴雨中有部分发源于南海，热带气旋移动路径以西北或偏西路径为主，内陆类远距离暴雨登陆地点集中于台湾和广东两地。

(4)三类远距离暴雨过程的暴雨落区分布、暴雨极值强度和影响范围的分布特征不同：台湾类暴雨落区位于宁夏中北部居多，海南类的暴雨落区以南部为主，暴雨强度与暴雨影响范围高度相关，台湾类和内陆类降水极值和影响范围明显强于海南类，台湾类远距离暴雨的强度与影响范围极端性最强。

### 4.4.3　不同类型暴雨的环流特征

按照宁夏产生远距离暴雨时近海热带气旋的两个高频影响关键区将远距离暴雨分为两类，由于两类远距离暴雨的主要影响天气系统，如热带气旋、西太平洋副热带高压、西风槽、高、低空急流等的强度和空间配置有较为显著的差异，因此，有必要将两类远距离暴雨分别加以讨论并总结其异同点，这将对概括针对宁夏热带气旋远距离暴雨预报有参考价值的预报概念模型有较大帮助。

#### 4.4.3.1　环流形势和影响系统

为便于讨论，将热带气旋集中分布在台湾东侧区域的远距离暴雨称为“Ⅰ类”，而将分布在海南岛附近区域的称为“Ⅱ类”。Ⅰ类选取的暴雨个例为：19610927、19780813、19850824、19940819、19960727、19960731、20010918、20060714；Ⅱ类选取的暴雨个例为：19640814、19730824、19940624、19950828、20010726、20030825。

(1)首先考察Ⅰ类环流特征

200 hPa 合成场上(图略)，30°N 附近我国大陆为庞大的南压高压所控制，高压北侧 40°N

一带有显著的高空急流，宁夏位于高压东北侧的反气旋辐散区。500 hPa(图略)，热带气旋位于台湾岛附近，处于副高南侧，副高主体位于黄海海域，副高脊线到达33°N附近，一直延伸至我国西南地区，平均西风槽线位置位于100°E附近，宁夏处于平均西风槽前与副高外围586 dagpm等值线之间。考察参与合成的逐个样本发现，热带气旋往往导致副高出现明显的“形变”，海上副高主体呈东—西向带状分布，而伸入大陆部分的高压脊线则被热带气旋“挤压”成东北—西南向，从而使得副高西侧从青藏高原到河套表现为大范围的西南气流，几乎每个样本均有此特征，只是在副高强度上各样本间存在一定差异。中纬度槽多以西来低槽影响为主，不同合成样本之间槽的强度差别较大，强槽可向南伸至30°N附近，弱槽则表现为仅仅是西南风气流中的弱波动，因而平均场上表现出来是一经向度不大的浅槽，样本间中纬度槽的位置差异不大，与平均槽线位置基本一致，位于100°E附近。个别样本，如“20060714”宁夏北部极端暴雨，影响低槽并非从宁夏西侧东移而来，而是东北低压槽及冷锋的“尾部”移至河套地区触发所致。700 hPa副高主体位置与500 hPa相近，但副高控制范围明显“东缩”，宁夏处于低值区或鞍型场环流下，这种环流下往往有利于高原上低涡的发展东移。海平面气压场宁夏处于西侧冷空气和河套低压倒槽之间锋面附近区域。低空急流(图略)方面，Ⅰ类700 hPa急流有两种路径分布，一支从四川沿高原边缘进入河套，另一支由台风北侧东南气流直接输送至河套，因此合成图中700 hPa表现出两支急流带。平均场上850 hPa急流最为清楚，即从台风外围东南气流直接进入河套地区。

(2)Ⅱ类环流特征

200 hPa合成场中(图略)，40°N一带为显著的西风急流，急流核位于河套北部。500 hPa(图略)热带气旋中心位于海南岛附近，处于副高西南侧；副高脊线到达30°N，呈东西向延伸至四川盆地附近，平均西风槽线位置位于105°E附近，宁夏受副高西北侧西南气流控制。700 hPa副高主体位置与500 hPa相近，高原东侧为低压环流，宁夏位于副高与高原低压环流之间，受显著偏南气流控制。海平面气压场我国西南地区至西北地区东部为大范围低压槽区控制，冷空气强度很弱，主要以扩散冷空气形式影响宁夏。700 hPa和850 hPa低空急流(图略)位置基本一致，由台风北侧东南气流或偏南气流直接输送至河套，但从强度来看，700 hPa急流强度更强。

(3)Ⅰ类与Ⅱ类环流特征异同点

共同点在于，热带气旋、副高、西风槽(低涡)、高、低空急流等影响系统配置均有利于暴雨的产生。Ⅰ类与Ⅱ类500 hPa上均能直观地看出热带气旋—西太副高—中纬度槽(低涡)三者之间的相互作用，近海热带气旋与副高相互作用，迫使副高能够到达足够偏北的位置，副高与西风槽相互作用，一方面“高压坝”使得低槽东移受阻，移动缓慢；另一方面，副高西侧边缘偏南气流向低槽槽前输送水汽，从而形成北方暴雨过程最为典型的“东高西低”环流形势；在700 hPa和850 hPa对流层中低层，热带气旋外围气流将海上暖湿空气向北输送，并与副高西侧边缘偏南气流汇合形成低空急流，增强了向暴雨区的水汽和动能输送；200 hPa高空，两类暴雨均表现为南亚高压北侧西风急流从河套地区北侧穿过，暴雨区位于高空急流南侧的辐散区域中；高、低空急流所在位置也满足北方暴雨常见的空间配置结构。

不同点主要表现在以下几个方面：

①Ⅰ类200 hPa西风急流和南亚高压脊线位置较Ⅱ类偏北3～5个纬距；

②由于热带气旋位置差异，两种类型中副高位置有较大差异，Ⅰ类副高较Ⅱ类位置偏北，

且西脊点偏西；500 hPa Ⅱ类平均西风槽位置较Ⅰ类偏东 5 个经距左右；

③海平面气压场上，在蒙古国境内，Ⅰ类为冷高压控制，而Ⅱ类却为大范围低压环流；Ⅰ类中影响宁夏的锋面系统比较清楚，而Ⅱ类冷空气弱，为扩散冷空气形式影响；

④Ⅰ类中低空急流 700 hPa 有两种分布路径，850 hPa 低空急流最强；而Ⅱ类 700 hPa 和 850 hPa 只有一条一致的路径，700 hPa 急流强度最强。

以上分析了热带气旋在台湾、海南岛两个集中分布区域的环流特征，在这两个集中区域之间，广东东部沿海至菲律宾西北侧之间的洋面上还存在一个热带气旋对宁夏暴雨影响很少的海域，在所有远距离暴雨样本中，仅有 1 例位于该区域中。2019 年 7 月 30 日和 2019 年 8 出现这一现象的初步原因。

两个例中高纬度西风带环流相似，呈现一脊一槽的形势，我国西北地区至贝加尔湖一带为宽广高压脊区，东北冷涡位于我国东北地区西侧，宁夏处于槽后脊前西北气流控制，不利于降水的产生。两个热带气旋中心位置也接近，位于 15°N，115°E 附近。2019 年 7 月 30 日个例中，副高位置偏东，副高主体位于海上，副高西脊点在 110°E 以东，副高西侧偏南气流无法到达宁夏；2019 年 8 月 28 日个例中(图 4.19b)，海上副高与大陆高压打通，副高西脊点超过 100°E 以西，副高伸入内陆控制范围过于偏大，庞大的反气旋环流阻绝了在热带气旋与宁夏之间建立水汽通道的可能(图略)。

上述分析表明，热带气旋在讨论区域内很少能对宁夏产生远距离暴雨的可能原因有两个，一是由于西风带系统不能提供有利于降水发生的动力作用，更关键的是，当热带气旋位于该区域时，热带气旋与副热带高压之间的相互作用，使得副高位置偏东或副高控制内陆过于偏强，两种情况均使得中低空无法建立自热带气旋外围通向宁夏的水汽通道。

#### 4.4.3.2　水汽条件

水汽输送是形成远距离暴雨的一个重要因素，远距离暴雨过程中水汽通道的不同指向与降水区的位置关系密切(丁治英 等，2014)。宁夏深处内陆，处于夏季风影响区的边缘，强降水的发生需要依靠明显的水汽输送，一般水汽输送往往是依靠副高西北侧偏南气流来提供，而近海热带气旋的参与加强了这一水汽输送机制，一方面使得副高位置更偏北一些；另一方面它加强了副高边缘偏南气流的强度。这两方面的因素都促使水汽能大量的进入内陆从而产生可观的降水，这也是宁夏的热带气旋远距离暴雨在所有暴雨类型中占据很大比重的原因之一。

分析Ⅰ类和Ⅱ类整层水汽通量(图略)发现，两种类型中均存在明显的从热带气旋东侧指向宁夏的水汽输送通道。不同点主要表现在水汽输送的源地和路径的区别。Ⅰ类水汽源地来自台湾附近洋面及东海，以偏东南气流输送为主；Ⅱ类水汽源地主要来自南海，以偏南气流输送为主。另外，Ⅰ类热带气旋东侧水汽通量及向宁夏输送水汽的强度较Ⅱ类更强。

分析相对湿度垂直分布发现(图略)，Ⅰ类远距离暴雨区(37°N 附近)整层高湿，且高湿区向北倾斜，Ⅱ类湿层厚度明显比Ⅰ类偏低，合成图湿层仅从地面到达 600 hPa，且高湿区位置较Ⅰ类偏南。

上述水汽条件分析表明，Ⅰ类远距离暴雨与Ⅱ类相比，水汽输送强度和湿层厚度前者均强于后者，另外，Ⅰ类高湿区较Ⅱ类偏北，这在一定程度上解释了Ⅰ类远距离暴雨强度较Ⅱ类更强，且落区更偏北的原因。

#### 4.4.3.3　能量场特征

沿 106°E 假相当位温剖面(图 4.19a、b)能够看出，两类远距离暴雨均在宁夏(35°—40°N)

上空存在明显的 $\theta_{se}$ 能量锋区，暴雨区位于能量锋区偏南一侧，锋区在垂直方向呈现双层结构特征，在对流层 700 hPa 以下，锋区向暖区倾斜，这部分锋区特别强，这是台风外围气流汇合偏南低空急流向暴雨区输送水汽并与北方冷空气相互作用的结果；300～600 hPa，锋区则向冷区倾斜，这部分锋区属于与西风槽相伴随的向冷区倾斜的高空锋，以温度对比为主。上述双层锋区结构使得在锋区南侧中低层的 $\theta_{se}$ 在垂直方向上存在明显梯度，$\theta_{se}$ 随高度减小，表明大气为对流不稳定层结；Ⅰ类 $\theta_{se}$ 锋区前后水平温差可达 38 K，暴雨区(37°N 附近)$\theta_{se}$ 垂直温差达 14 K，Ⅱ类 $\theta_{se}$ 锋区前后温差 28 K，暴雨区(35°N 附近)$\theta_{se}$ 垂直温差达 10 K，Ⅰ类和Ⅱ类相比，能量锋区更强，暴雨区中低层暖湿程度更高，不稳定度更强。比湿垂直分布上，Ⅰ类暴雨区比湿在 4 $g \cdot kg^{-1}$ 以上湿层能够到达 500 hPa，700 hPa 以下比湿均在 10 $g \cdot kg^{-1}$ 以上，Ⅱ类暴雨区比湿与Ⅰ类相比，湿层厚度明显偏低，强度偏弱，4 $g \cdot kg^{-1}$ 以上湿层只能到达 600 hPa，10 $g \cdot kg^{-1}$ 以上比湿仅出现在 850 hPa 低层。

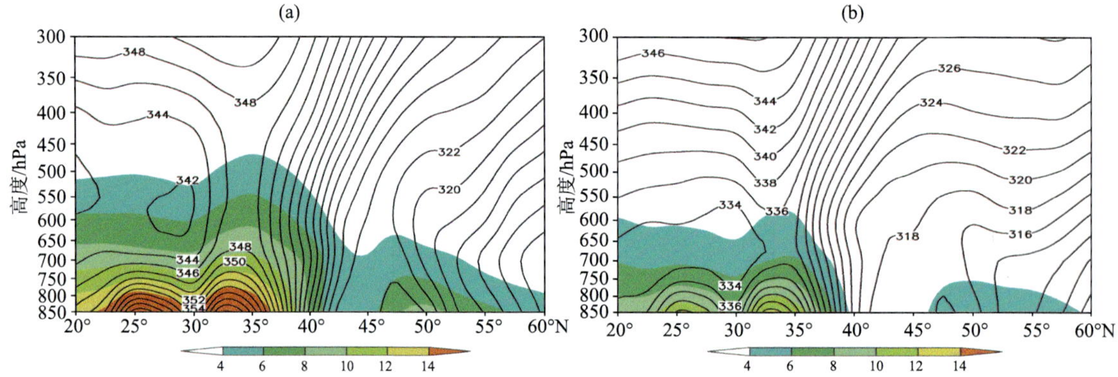


图 4.19 $\theta_{se}$(实线，单位：K)和比湿(阴影填色，单位：$g \cdot kg^{-1}$)沿 106°E 纬向垂直剖面合成图

(a)Ⅰ类；(b)Ⅱ类

#### 4.4.3.4 散度场特征

合成样本中远距离暴雨落区多位于宁夏中南部，虽然宁夏地域面积相对较小，但不同样本间暴雨空间分布仍存在着差异，加之散度场量级很小，对于水平风场的变化十分“敏感”，且辐散辐合区域的水平尺度往往较小，因此水平散度的合成平均场特征不能着眼于“局部”，只能根据影响系统的空间位置作大致分析。

两类远距离暴雨过程对流层高、低层的水平散度合成场分布图略，热带气旋在高层 200 hPa 对应有辐散中心，在低层 850 hPa 存在辐合区；远距离暴雨区主要分布在宁夏中南部，其上空 200 hPa 为正散度区域，大致位于高空西风急流入口区南侧，850 hPa 上与暴雨相关的中纬度槽(涡)及切变线附近对应有负散度中心；在暴雨区与热带气旋之间，特别是热带气旋北侧至副高西侧一带，在 200 hPa 高空与之对应的是南亚高压东部脊线附近，存在明显的负散度中心，在 850 hPa 存在较明显的正散度区域。上述分析能够看出，远距离暴雨区附近、副高及热带气旋三者所在区域的平均水平散度分布大体呈现低层负、正、负，高层正、负、正的分布特征，暴雨区与热带气旋区域对应上升运动，而副高西侧为下沉运动，这三者之间可能形成垂直环流，来自热带气旋与暴雨区的上升气流，其中一部分在高层分别向南亚高压脊线方向汇合，使得该区域质量堆积气流下沉，该区域下方对应为副热带高压西侧，这种垂直环流可以促进副高的稳定维持或西伸加强；此外，200 hPa 暴雨区附近的气流辐散将导致低层气压降低，南亚高压东部脊线区域的气流辐合使得低层气压升高，从而加大了低层副热带高压西侧与暴雨区之间的气压梯度，使副高西侧偏南气流强度得以维持与加强。同理，在热带气旋与副高之间也存在着类似的相互作用，这将有利于水汽与能量从热带气旋向远距离暴雨区输送。

700 hPa 是宁夏暴雨预报分析中十分重要的特征层，这是因为在多数暴雨过程中，700 hPa 上暴雨影响系统以及动力、热力特征往往表现得最为清楚。暴雨区位于副高西侧，低压环流东侧，700 hPa 为明显的散度辐合中心，这是中纬度低涡、切变线及副高西侧偏南低空急流共同作用产生垂直运动的结果。

#### 4.4.3.5　小结

(1)两类远距离暴雨主要影响系统均包括热带气旋、中纬度槽(涡)、副高和水汽通道、高空急流等，且影响系统配置均有利于暴雨的产生。副高是联系热带气旋与中纬度天气系统的"桥梁"和"纽带"，热带气旋－西太副高－中纬度槽(低涡)三者之间的相互作用明显，三者所在区域的平均水平散度分布大体呈现低层负、正、负，高层正、负、正的分布特征，低槽槽前与热带气旋区域对应上升运动，副高西侧为下沉运动，三者之间可能形成垂直环流，这种垂直环流能够促进副高的稳定维持或西伸加强，同时能够加强低空急流，有利于水汽与能量从热带气旋向远距离暴雨区输送。两类远距离暴雨过程中，700 hPa 为明显的散度辐合中心，这是中纬度低涡、切变线及副高西侧偏南低空急流共同作用产生上升运动的结果。

(2)Ⅰ类与Ⅱ类环流形势的不同点，除了主要影响系统在空间位置上的偏差外，主要表现在地面冷空气影响方式和低空急流路径的差异上：Ⅰ类暴雨过程有明显冷锋影响，而Ⅱ类冷空气弱，为扩散冷空气形式影响；Ⅰ类低空急流 700 hPa 有两种分布路径，850 hPa 低空急流最强；而Ⅱ类 700 hPa 和 850 hPa 只有一条一致的路径，700 hPa 急流强度最强。

(3)热带气旋在广东东部沿海至菲律宾西北侧之间的洋面上很少能对宁夏产生远距离暴雨的可能原因关键在于，当热带气旋位于该区域时，副高所在位置使得中低空无法建立自热带气旋外围通向宁夏的水汽通道。

(4)远距离暴雨区北侧存在双层 $\theta_{se}$ 锋区结构：高层锋区向冷区倾斜，属于与西风槽相伴的向冷区倾斜的高空锋，以温度对比为主；在低层，锋区强度特别强且向暖区倾斜，这部分锋区是中低纬系统相互作用的结果。远距离暴雨过程中，存在明显的自热带气旋东侧指向宁夏的水汽输送通道。不同过程之间的区别主要表现为水汽输送的源地和路径的不同。Ⅰ类远距离暴雨在水汽输送、$\theta_{se}$ 锋区强度、层结不稳定度、湿层厚度等方面均强于Ⅱ类暴雨过程，且Ⅰ类高湿区位置较Ⅱ类偏北，在一定程度上解释了Ⅰ类远距离暴雨强度较Ⅱ类更强，落区更偏北的原因。

### 4.4.4　天气学概念模型

选取 2006 年 7 月 14 日位于台湾附近的台风"碧利斯"引发宁夏北部暴雨的过程作为Ⅰ类远距离暴雨，选取 2019 年 8 月 2 日登陆海南岛的热带风暴"韦帕"造成宁夏南部远距离暴雨的个例作为Ⅱ类。20060714 暴雨是宁夏 1961—2010 年以来降水量极值最大，暴雨影响范围排位第二的最为极端的远距离暴雨过程，不仅如此，银川、惠农两个测站在当时还创了日降水量气象记录历史极值。宁夏气象工作者(赵蔚 等，2010；肖云清 等，2008)对 20060714 暴雨从多个角度做了大量细致的分析研究，其中部分研究提及此次暴雨过程发生在台风登陆背景下，但未从台风远距离暴雨角度深入分析。20190802 暴雨则是最近宁夏发生的一次远距离暴雨过程，属于Ⅱ类远距离暴雨过程，同样具备一定的极端性，降水量极值超过本文Ⅱ类暴雨所有统计样本(为便于同历史数据比较，降水数据均选取常规观测站数据，不包括近年来的加密自动站降水数据)。

下面通过典型个例分析，观察合成分析得出的共性特征在远距离暴雨个例中的表现形式及其差异，更重要的是，探讨宁夏远距离暴雨的“个性”特征。综合研究结论，建立宁夏远距离暴雨的概念模型，并对模型的机理及在预报业务中的应用进行探讨。

#### 4.4.4.1 宁夏两次远距离暴雨个例对比分析

(1)两次暴雨过程降水实况及其特点

200604 号台风“碧利斯”远距离暴雨降水实况如图 4.20 所示。随着“碧利斯”沿西北路径进入Ⅰ类远距离暴雨台风影响关键区，2006 年 7 月 14 日午后—15 日白天(简称“07·14”)，宁夏北部出现区域性暴雨，过程累积降雨量如图 4.20a 所示，共有 6 个常规观测站 24 h 降水量超过 50 mm，其中银川站和惠农站 24 h 降水量分别达到 104.8 mm 和 92.6 mm，均创有气象记录以来日降水量历史极值。此次过程降水南北差异较大，宁夏西南部几乎没有出现降水，降水空间分布极不均匀。整个过程降水从开始到全部结束持续近 30 h，强降水时段主要集中在 14 日 13:00—15 日 01:00，从逐时雨量分布来看(图 4.20b)，惠农站 14 日 13:00—14:00 连续两个时次小时雨强超过 30 mm·h$^{-1}$，结合雷达数据分析，主要原因是惠农测站南侧不断有新生对流单体生成并北移，在惠农站上空形成列车效应所致；银川站强降水集中发生在 14 日 19:00—15 日 01:00，属于混合性降水，期间出现两次降水峰值，最大小时雨强出现在 14 日 23:00，达到 27.8 mm·h$^{-1}$。银川与惠农两个测站相距仅 100 km 左右，但强降水时段存在很大差异，降水中尺度特征显著。

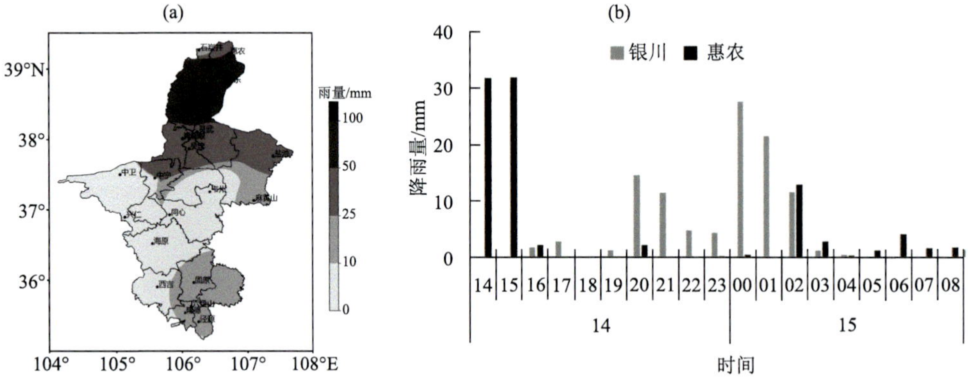


图 4.20 (a) 2006 年 7 月 14 日 08:00—15 日 20:00 宁夏各站累积降雨量；(b)银川、惠农站 7 月 14 日 14:00—15 日 08:00 逐时降雨量(单位:mm)

201907 号热带风暴“韦帕”远距离暴雨降水实况如图 4.21 所示。2019 年 8 月 2 日午后到 3 日白天(简称“08·02”)，随着“韦帕”沿西北偏西路径进入Ⅱ类远距离暴雨台风影响关键区，到达广西北海南侧近海时引发了宁夏东南部地区的区域性远距离暴雨。过程累积降雨量如图 4.21a 所示，共有 5 个测站降水量超过 50 mm，其中彭阳站 24 h 降水量 102.7 mm，达到大暴雨量级，超过 1961—2010 年所有Ⅱ类远距离暴雨历史样本极值，具有极端性。从逐时雨量分布来看(图 4.21b)，彭阳站和泾源站强降水时段相近，主要集中在 2 日 14:00—3 日 01:00，小时降水均存在两个雨强峰值，且泾源站小时降雨峰值先于彭阳站出现；最大小时雨强两站接近，均在 20 mm・h$^{-1}$ 左右。从宁夏南部六盘山周围测站降水量空间分布来看，位于六盘山西侧（背风坡）的西吉、隆德两站降水量在 45～50 mm，而位于六盘山东侧和南侧（迎风坡）的彭阳站和泾源站是此次暴雨极值中心，降水量均超过 95 mm 以上，是西吉、隆德降水量的两倍左右，可见此次过程低空东南风急流在六盘山迎风坡强迫抬升，地形对暴雨增幅作用十分显著。

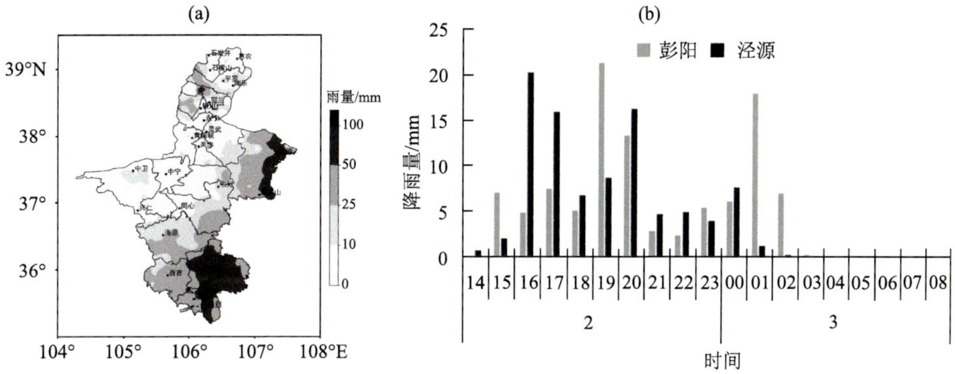


图 4.21　(a)2019 年 8 月 2 日 08:00—3 日 20:00 宁夏各站累积降雨量；(b)彭阳站和泾源站 8 月 2 日 14:00—3 日 08:00 逐时降雨量(单位：mm)

"碧利斯"暴雨落区位于宁夏北部，而"韦帕"暴雨落区位于宁夏东南部，这符合Ⅰ类和Ⅱ类远距离暴雨落区的统计特征，即Ⅰ类暴雨落区多数分布在宁夏中北部，Ⅱ类暴雨落区以南部为主。两次过程极值降雨量相当，小时雨强"碧利斯"略强于"韦帕"过程。值得注意的是，两次过程强降水时间段几乎完全一致，均出现在 14:00—次日 02:00(北京时)，这并非完全是"巧合"，据不完全统计，宁夏极端性暴雨过程的强降水时段往往就开始于午后或傍晚，进入后半夜趋于减弱，这与宁夏夏季边界层层结稳定度的日变化高度相关。

(2)大尺度环流形势对比分析

200 hPa 上，"07・14"过程中庞大的南亚高压控制我国大部分地区，40°N 以北南亚高压北侧高空急流呈反气旋性弯曲，急流中心风速超过 55 m・s$^{-1}$(图 4.22a，图 4.22b)，宁夏位于高空急流南侧分流区辐散气流控制，有利于上升运动的发展。"08・02"过程的南亚高压位置相对偏南偏西，高空急流在河套地区有"断裂"迹象(图 4.22c、d)，急流强度及暴雨区上空高空辐散形势均显著弱于"07・14"过程。

500 hPa 上，7 月 14 日 08:00，台风位于台湾岛附近，副高位于其北侧呈东西向带状分布，受台风影响，副高位置偏北，副高脊线到达 33°N 附近；西风带环流较平直，40°N 以北大体呈一脊一槽分布，冷槽位于我国东北地区，青藏高原受偏南气流控制，高原短波槽位于青海一带，宁夏位于副高西侧偏南气流中(图 4.22a)；14 日 20:00，台风西行在福建沿海登陆，副高强度增强，在日本一带形成 592 dagpm 的中心，副高跟随台风移动明显西进，在陆地控制范围增大，副高外围 588 线到达陕西地区；东北低槽强度也有所增强，在东北地区北部形成闭合冷涡系统；副高西进使得高原短波槽东移受阻，位置少变(图 4.22b)。"08・02"过程中，2 日 08:00，台风"韦帕"位于海南岛西北侧广西南部近海，缓慢向西移动，强度为热带风暴级，台风环流有所减弱，副高位于朝鲜半岛至日本一带，脊线位于 33°N 附近(图 4.22c、d)，30°—40°N 高原东侧有高原槽东移，到 3 日 02:00 高原槽在宁夏南部加强为低涡，低涡东侧偏南风显著增大。

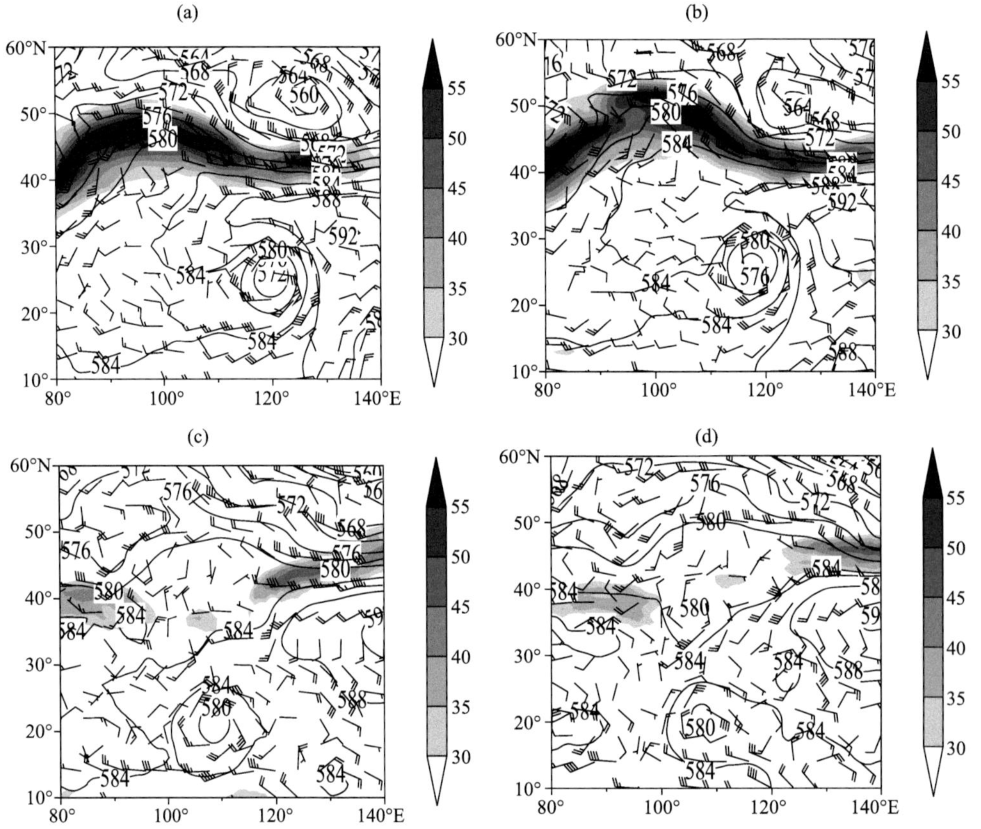


图 4.22　2006 年 7 月 14 日 08:00(a)、20:00(b)、2019 年 8 月 2 日 08:00(c)、3 日 02:00(d)500 hPa 高度场(等值线，单位：dagpm)、风场(风向杆，单位：$m \cdot s^{-1}$)和 200 hPa 高空急流(阴影，单位：$m \cdot s^{-1}$)

对流层中低层，“07 · 14”过程中，7 月 14 日 08:00—20:00，随着台风“碧利斯”向西移动，河套地区至甘肃西部沿着河西走廊的低空急流与台风北侧的偏东气流存在汇合的过程，且低空急流逐渐加强。其中，700 hPa 低空急流带横穿宁夏北部暴雨区(图 4.23a)，850 hPa 副高西侧东南气流与北方冷空气伴随的东北气流在内蒙古中东部至宁夏北部形成一条辐合线，为暴雨的发生提供了动力触发机制(图 4.23b)。“08 · 02”过程中，2 日 08:00—20:00，河套南部的偏南气流有所发展，随着台风“韦帕”缓慢西移，台风北侧东南气流逐渐与河套偏南气流汇合，偏南低空急流得到显著加强(图 4.23c)；3 日 02:00，随着高原槽东移，宁夏南部动力抬升条件增强，700 hPa 出现闭合气旋式环流，与 500 hPa 低涡位置一致，表明低涡系统深厚，强度较强，它“捕获”了低空急流的水汽与能量输送，在宁夏南部地区产生了强烈的暴雨天气(图 4.23 d)。与 700 hPa 水汽输送通道不同，由于秦岭地形阻挡，850 hPa 上气流绕过地形以东南气流输送水汽和能量(图略)。

海平面气压场上，“07 · 14”过程在东北冷涡与河套低压槽之间，是一条东北西南向的冷锋，且锋面尾部呈准静止状态，宁夏北部暴雨区就处于这条冷锋的尾部。“08 · 02”过程中宁夏一直处于气压鞍型场区域，注意到高原东北侧为地面高压控制，且宁夏 24 h 变压为 2～3 hPa

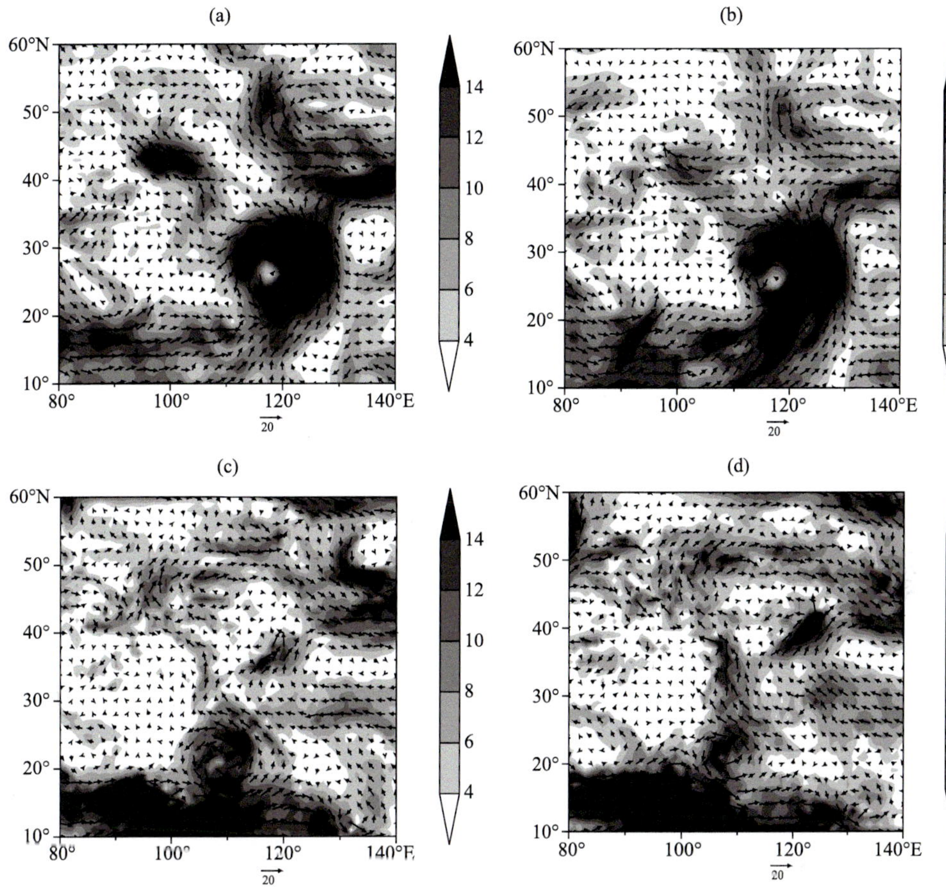


图 4.23　2006 年 7 月 14 日 20:00 700 hPa(a)、850 hPa(b)、2019 年 8 月 2 日 08:00(c)和 3 日 02:00(d)700 hPa 风场(箭头表示风矢,阴影为风速,单位:$m \cdot s^{-1}$)

正变压,表明此次过程没有明显的冷锋过境,但有扩散弱冷空气影响(图略)。

对比分析发现,两次远距离暴雨过程均发生在台风登陆之初,且台风强度处于减弱阶段,对流层中低层进入河套的偏南气流与台风北侧的偏东南气流均存在汇合加强的过程。"07・14"过程中低空急流强度非常强,为暴雨区提供了充沛的水汽和能量条件,而与东北冷涡对应的地面冷锋尾部和低空辐合线直接触发了暴雨过程;"08・02"过程则具有强大的动力抬升系统,深厚持久的河套低涡系统与热带风暴"韦帕"通过两者之间的偏南低空急流相联结,实现了中低纬系统间的相互作用。

(3)水汽条件对比分析

"07・14"过程强降水开始前,台风"碧利斯"至宁夏之间的水汽通道还未建立,7 月 14 日 08:00,宁夏处于副高西侧较弱的偏南气流中,水汽通量为 5～10 $g \cdot (s \cdot hPa \cdot cm)^{-1}$,"碧利斯"位于台湾岛东侧,台风周围的水汽通量大值区与河套地区的水汽通量高值区相互分离,这在 700 hPa 表现尤为明显(图 4.24a、c);随着"碧利斯"向西移动,台风外围偏东气流与副高偏南气流汇合,14 日 20:00,低空急流显著加强,河套至甘肃西部出现强水汽输送,水汽通量普遍达到 10～15 $g \cdot (s \cdot hPa \cdot cm)^{-1}$,台风与暴雨之间在 700 hPa 和 850 hPa 的水汽通量大值区均已联结，深厚的水汽通道已经建立(图 4.24b、d)。

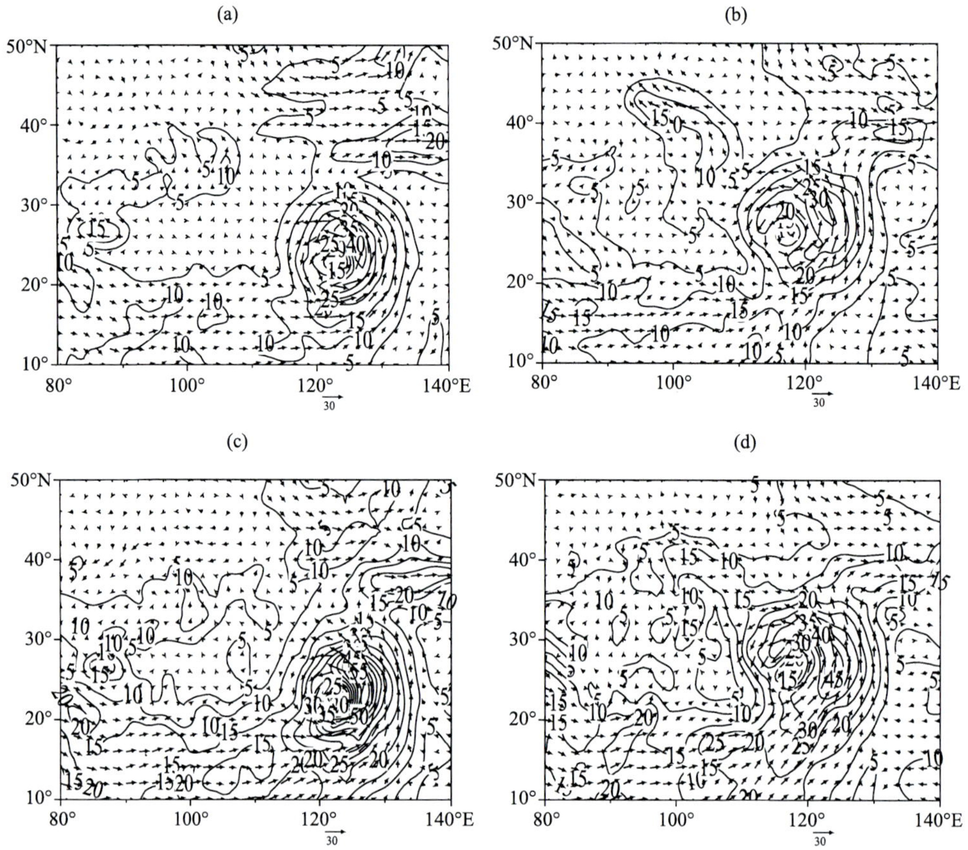


图 4.24 2006 年 7 月 13 日 08:00(a,c)、14 日 20:00(b,d)700 hPa(a,b)、850 hPa(c,d)水汽通量(等值线，单位:g·(s·hPa·cm)$^{-1}$))和风场(箭头表示风矢，单位:m·s$^{-1}$)

对流层中低层水汽通量散度随时间变化如图 4.25 所示，7 月 14 日 14:00，700 hPa 宁夏中北部出现水汽辐合区(图 4.25a)，850 hPa 宁夏中部水汽辐合中心强度达$-3\times10^{-5}$ g·(s·hPa·cm$^2$)$^{-1}$(图 4.25c)，辐合中心与中尺度对流活动相对应，此时在该辐合中心附近已经出现小范围的短时强降水天气；14 日 20:00，700 和 850 hPa 水汽通量辐合均增强至$-4\times10^{-5}$ g·(s·hPa·cm$^2$)$^{-1}$(图 4.25b、d)，说明水汽辐合上升运动已经变得比较深厚，700 hPa 水汽通量辐合区较 850 hPa 偏北，向冷区倾斜，也表明中低层的辐合运动与地面冷锋是相互关联的。

“08·02”过程对流层中低层水汽通道建立方式(图 4.26a、c)与“07·14”过程相似，同样经历了河套地区内陆偏南气流与台风外围气流从最初“断开”到相互“联结”，导致低空急流显著增强的水汽通道建立的过程，到 3 日 02:00(图 4.26b、d)，中低层水汽通量大值区范围明显扩大，河套地区 700 hPa 水汽通量增大至 10 g·(s·hPa·cm)$^{-1}$ 以上，850 hPa 水汽输送相对 700 hPa 强度偏弱，但也实现了水汽通道的建立。

如图 4.27 所示，8 月 2 日 20:00(图 4.27a、c)，700 hPa 上河套低涡已经在宁夏南部生成，850 hPa 上仅表现为一个中尺度涡旋，低涡东南侧水汽辐合中心绝对值在 700 hPa 和 850 hPa 均超过$-8\times10^{-5}$ g·(s·hPa·cm$^2$)$^{-1}$，河套低涡经过的区域均出现了强降水天气；3 日 02:00

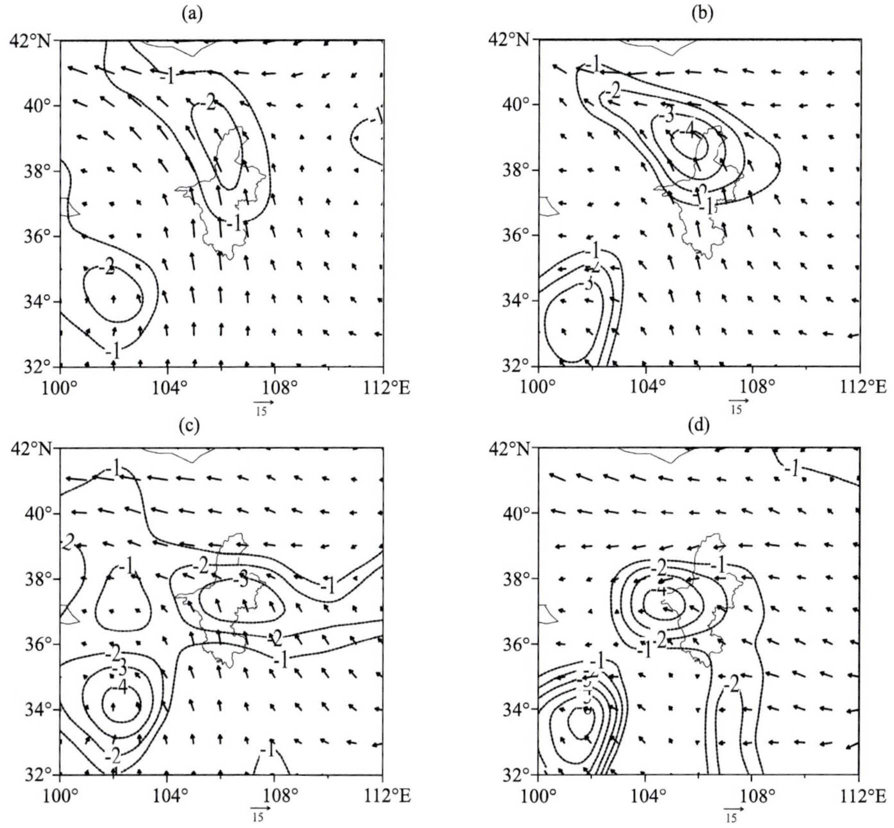


图 4.25　2006 年 7 月 14 日 14:00(a,c)、20:00(b,d)700 hPa(a,b)、850 hPa(c,d)水汽通量散度（等值线，只显示≤−1 部分，单位：$10^{-5}$ g·(s·hPa·cm$^2$)$^{-1}$）和风场（箭头表示风矢，单位：m·s$^{-1}$）

（图 4.27b、d），700 hPa 河套低涡缓慢向东北方向移动，低涡尺度明显增大，辐合强度略有减弱；850 hPa 仍然维持中尺度涡旋结构，并在宁夏南部稳定维持了 6 h 左右，加之涡旋前侧东南气流在宁夏南部六盘山区强迫抬升，此次暴雨过程的超过 100 mm 的大暴雨中心就处于该涡旋所在位置；3 日 08:00，河套低涡移动至宁夏东部，在该地区也产生了暴雨。

由此可见，台风“碧利斯”和“韦帕”都起到了增强暴雨区的水汽能量输送的作用，两次暴雨过程中水汽通道的建立均经历了水汽通量大值区由分离到合并加强的过程，其中后者中低层水汽通量辐合强度显著高于前者。

(4)动力条件对比分析

“07·14”过程散度场分布如图 4.28 所示，台风所在位置上空 300 hPa 为辐散区（图 4.28a），低层 850 hPa 为辐合区（图 4.28b），暴雨区的散度场配置与台风相似，高层辐散与高空急流南侧分流区相对应，而低层辐合与 850 hPa 辐合线位置一致。分别沿暴雨区所在经度 106°E 和台风所在经度 118°E 作散度剖面，暴雨区在 600 hPa 以下基本为辐合区控制，辐合中心位于 700 hPa，辐合强度中心为 $-5\times10^{-5}$ s$^{-1}$，300～600 hPa 为辐散区域，辐散中心位于 400 hPa，达到 $3\times10^{-5}$ s$^{-1}$（图 4.28c）；台风 600 hPa 以下为强辐合区，其上为强辐散区，辐合辐散中心强度绝对值均超过 $3\times10^{-5}$ s$^{-1}$（图 4.28d）。

“08·02”过程中最明显的特征是在 35°—38°N 区域 500～850 hPa 存在随高度向北倾斜

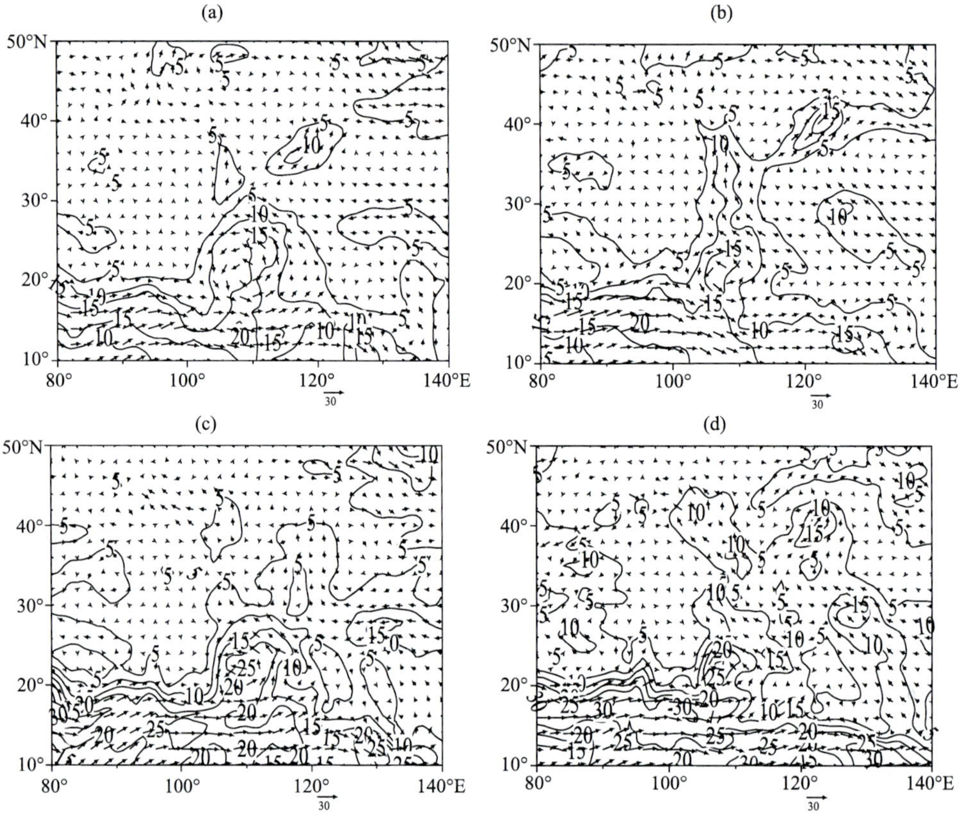


图 4.26 2019 年 8 月 2 日 08:00(a、c)和 3 日 02:00(b、d)700 hPa(a、b)和 850 hPa(c,d)水汽通量(等值线,单位:g·(s·hPa·cm)$^{-1}$)和风场(箭头表示风矢,单位:m·s$^{-1}$)

的强辐合区(图 4.29c、d)。2 日 20:00,700～850 hPa 辐合区在垂直方向接近垂直分布,在 500 hPa 高度附近辐合区出现倾斜;有两个辐合中心分别位于 750 hPa 和 500 hPa,中心强度均超过$-1\times10^{-4}$ s$^{-1}$,其上空分别对应两个较强的辐散中心,其中 300 hPa 辐散区对应着高空槽前辐散气流区域,有利于垂直运动发展(图 4.29a)。从 2 日 20:00—3 日 02:00,上述倾斜的辐合区一直维持,在低层略向北移动了 1～2 个纬距,700～850 hPa 辐合区由原来的垂直分布也逐渐变得倾斜,辐合中心由 2 个变为 3 个,辐合强度有所降低,降至$-6\times10^{-5}$ s$^{-1}$,其上层的辐散中心也相应减弱。结合 2 日 20:00 散度场和流场在 500～850 hPa 水平分布来看(图 4.29b),该倾斜的强辐合区是由深厚的河套低涡所引起的,河套低涡同样向北倾斜,值得注意的是它的水平尺度从低到高由小变大,在 850 hPa 表现为一个中尺度涡旋,涡旋直径 200 km,700 hPa 低涡直径约 400 km,500 hPa 接近 1000 km。由此可见,作为此次暴雨的重要影响系统,河套低涡不仅起到较强的动力抬升作用,它还具有倾斜的“漏斗”状垂直结构。

可见,“08·02”过程存在深厚的河套低涡,而“07·14”过程的动力抬升系统仅为近地层的冷锋和 850 hPa 辐合线,前者中低层辐合抬升运动要显著强于后者,不过,由于“07·14”过程高空急流与暴雨区的配置条件更有利,高层辐散好于“08·02”过程。

(5)热力条件对比分析

假相当位温是综合反映大气温湿的物理量,两次过程的假相当位温垂直分布如图 4.30 所

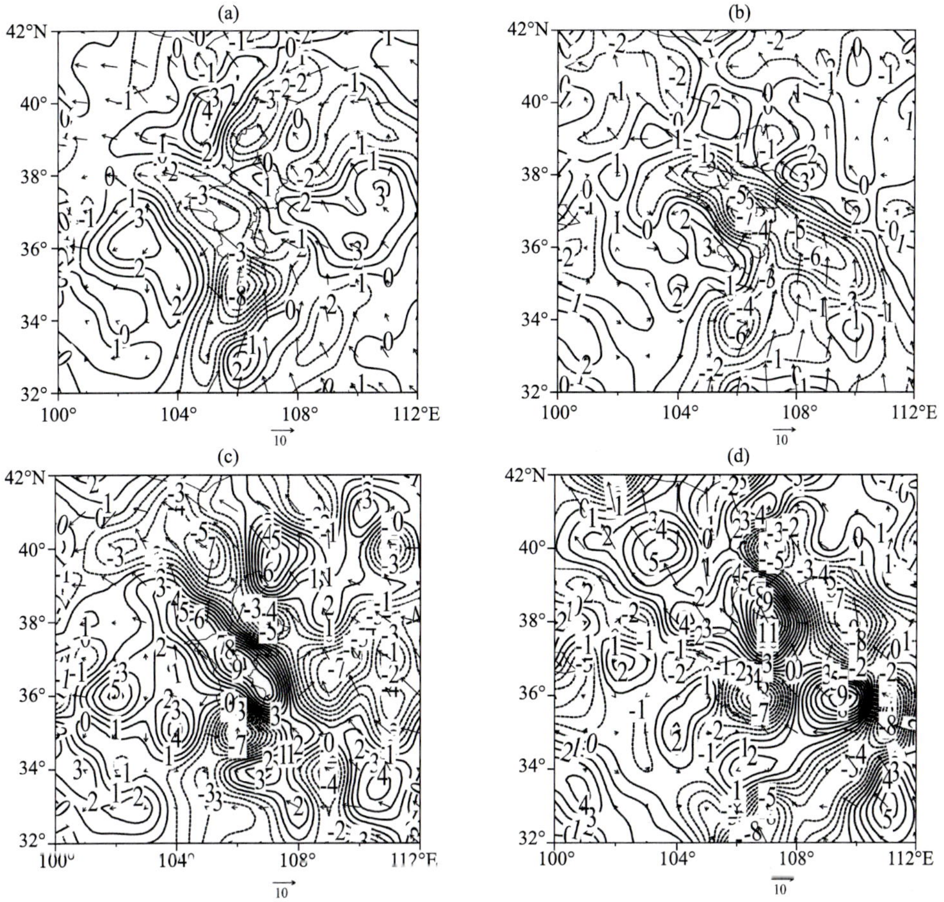


图 4.27　2019 年 8 月 2 日 20:00(a、c)和 3 日 02:00(b、d)700 hPa(a、b)和 850 hPa(c、d)水汽通量散度(等值线,单位:$10^{-5}$ g·(s·hPa·$cm^2$)$^{-1}$)和风场(流线,单位:m·$s^{-1}$)

示。7 月 14 日 02:00—20:00,暴雨区(38°—40°N)上空 700 hPa 以下假相当位温明显增大,中心强度由 356 K 增强至 364 K,这是中低层低空急流与台风外围偏东气流汇合后偏南水汽输送加强的结果,低层能量锋区一直准静止维持在 40°—42°N(图 4.30a、b)。14 日 02:00,500 hPa 以下能量锋走向接近垂直,500 hPa 以上则向冷区倾斜,到 20:00 强降水发生时,能量锋在 500～700 hPa 发生了明显向暖区倾斜的现象,而高层的锋区向冷区倾斜的程度也较 02:00 增大。高层向冷区倾斜的能量锋与北方冷空气形成的锋区相对应,以温度对比为主,而低层向暖区倾斜的能量锋可能是远距离暴雨能量场的关键特征,它是中低纬系统相互作用的结果,正是由于能量锋在垂直方向上向暖区倾斜,使得暴雨区 600 hPa 以下假相当位温具备了明显的垂直梯度,假相当位温随高度迅速减小,垂直温差接近 20 K,大气处于对流不稳定状态,一旦有上升运动的触发,就能激发强对流活动。

"08·02"过程中,2 日 14:00,宁夏上空(35°—40°N)700 hPa 以下逐渐变暖湿,假相当位温高值区在低层超过 350 K,低层能量锋区位于 38°—44°N,锋区强度较弱,假相当位温等值线在低层并不十分密集,能量锋区宽度较宽;此次暴雨过程低层锋区强度虽然偏弱,但仍具备远距离暴雨双层能量锋结构,600 hPa 以下锋区向暖区倾斜,而高层锋区向冷区倾斜(图 4.30c)。2

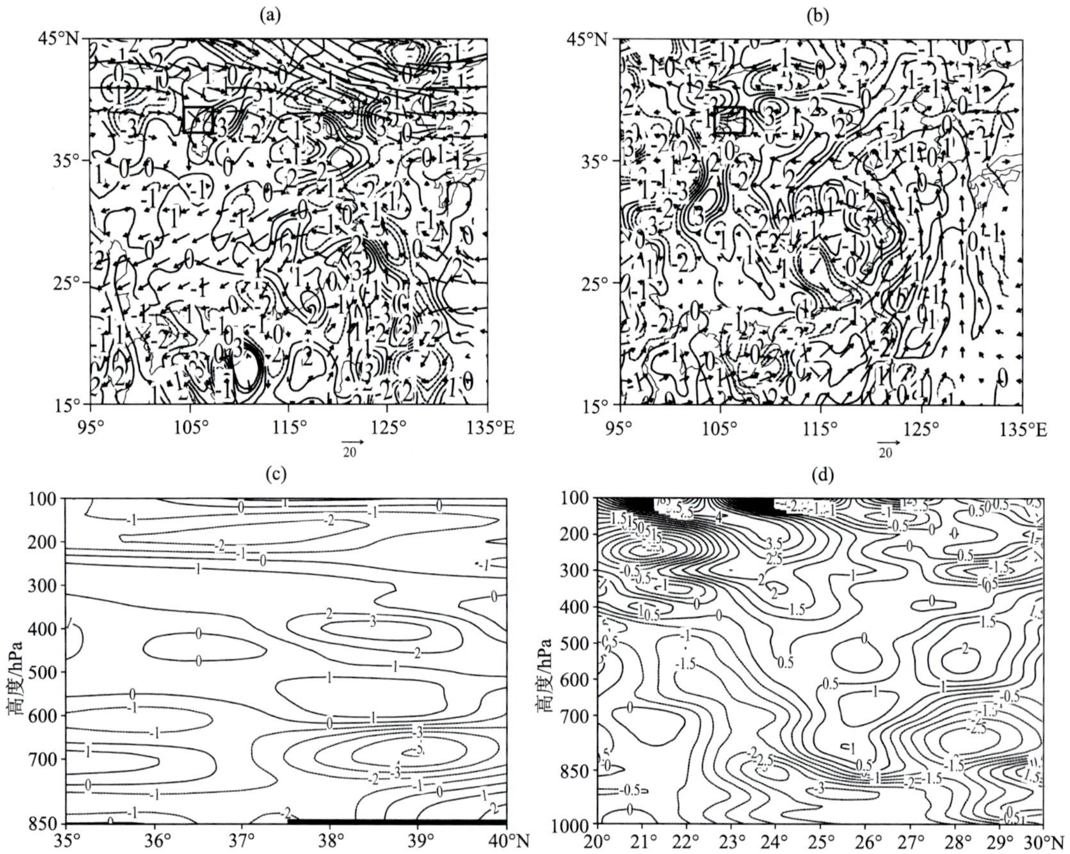


图 4.28　2006 年 7 月 14 日 20:00 300 hPa(a)、850 hPa(b)散度(阴影,单位:$10^{-5}$ $s^{-1}$)和风场(箭头表示风矢,单位:m·$s^{-1}$)及沿 106°E(c)和 118°E(d)散度垂直剖面图(等值线,单位:$10^{-5}$ $s^{-1}$)(上图中黑色矩形代表远距离暴雨区域,下图中黑色矩形区域表示降水区)

日 20:00,随着河套低涡形成,其所在位置(35°—38°N)出现了倾斜的假相当位温低值区,它与南侧的假相当位温高值区形成了新的假相当位温锋区,水平温差在 10 K 左右,强降水就出现在这条建立的能量锋区附近(图 4.30d)。从水汽条件分析判断,河套低涡所在位置的湿度条件是较好的,然而河套低涡却处于假相当位温低值区,原因主要在于温度场,分析温度场分布发现,在 700 hPa 和 850 hPa 上低涡中心对应明显的温度场冷中心,也就是说,河套低涡在低层处于冷湿的环境场之中。

上述分析表明,两次过程均具备双层能量锋区垂直结构,这是台湾类和海南类远距离暴雨的共同特征,也是宁夏远距离暴雨非常重要的热力条件特征。“08·02”过程的特别之处在于,深厚的河套低涡不仅为此次暴雨过程提供了充足的上升运动条件,它还改变了环境场热力条件,“破坏”了双层能量锋垂直结构,在原本强度偏弱的低层能量锋上构建了新的能量锋区。

#### 4.4.4.2　影响宁夏的热带气旋远距离暴雨预报概念模型

(1)概念模型天气系统配置

综合主要研究结论,根据Ⅰ类和Ⅱ类影响宁夏的远距离暴雨典型过程,概括出两类暴雨过程的预报概念模型(参见图 4.31):两类过程均包含热带气旋、中纬度槽(低涡)、副热带高压和

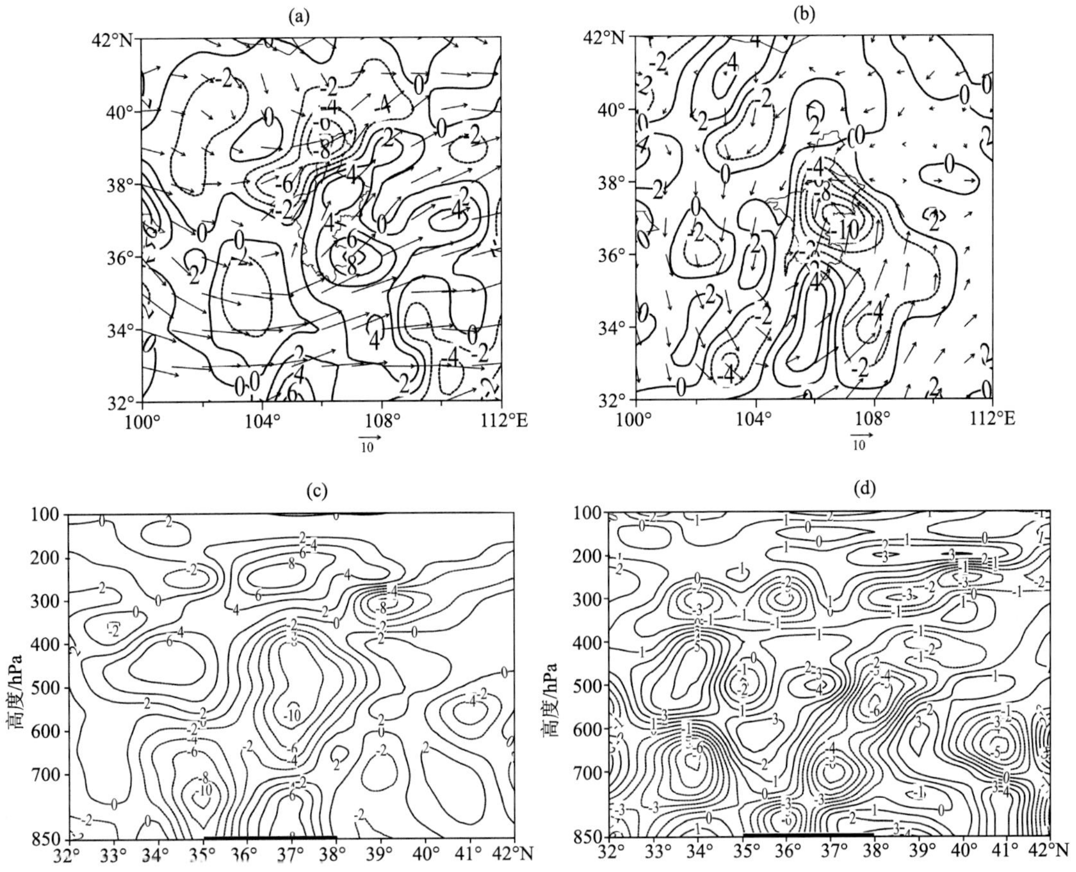


图 4.29　2019 年 8 月 2 日 20:00 300 hPa(a)和 500 hPa(b)散度(阴影,单位:$10^{-5}s^{-1}$)和风场(流线,单位:$m \cdot s^{-1}$),2 日 20:00(c)和 3 日 02:00(d)沿 106°E 散度垂直剖面图(等值线,单位:$10^{-5}s^{-1}$)

水汽通道、高空急流等主要影响系统,但空间配置有所区别,500 hPa 等压面上(图略),除了热带气旋所在位置的区别之外,主要差异表现在副高脊线位置Ⅰ类比Ⅱ类更偏北,且西脊点偏西;低空急流Ⅱ类(图 4.31b)在 700 hPa 和 850 hPa 急流位置基本一致,强度上 700 hPa 相对更强,而Ⅰ类(图 4.31a)850 hPa 低空东南风急流强度最强,但 700 hPa 低空急流一部分个例和 850 hPa 一致,另一部分则往往来自云贵高原地区的偏南风急流;冷空气方面,Ⅰ类冷空气较清晰,有明显的冷锋,而Ⅱ类主要以扩散冷空气形式影响。

热带气旋一般向西北或西北偏西方向移动进入影响关键区,迫使其北侧副热带高压位置偏北且伸入内陆偏西地区,并促使副高边缘偏南气流在 700 hPa 和 850 hPa 加强为低空急流向暴雨区输送水汽和能量,副高形成的“高压坝”阻挡了中纬度槽的东移,使低槽、低涡等动力影响系统在暴雨区上空长时间维持,200 hPa 高空西风急流位于远距离暴雨区北侧,一方面增强了暴雨区上空的大气辐散;一方面能够将降水凝结潜热迅速带走,减缓高空增暖,有利于垂直运动的维持与加强。

(2)概念模型影响机理探讨

前面探讨过宁夏远距离暴雨的热力条件特征,Ⅰ类和Ⅱ类远距离暴雨最显著的特征均表现为具有双层能量锋区垂直结构。图 4.32 给出了宁夏远距离暴雨假相当位温在垂直方向和

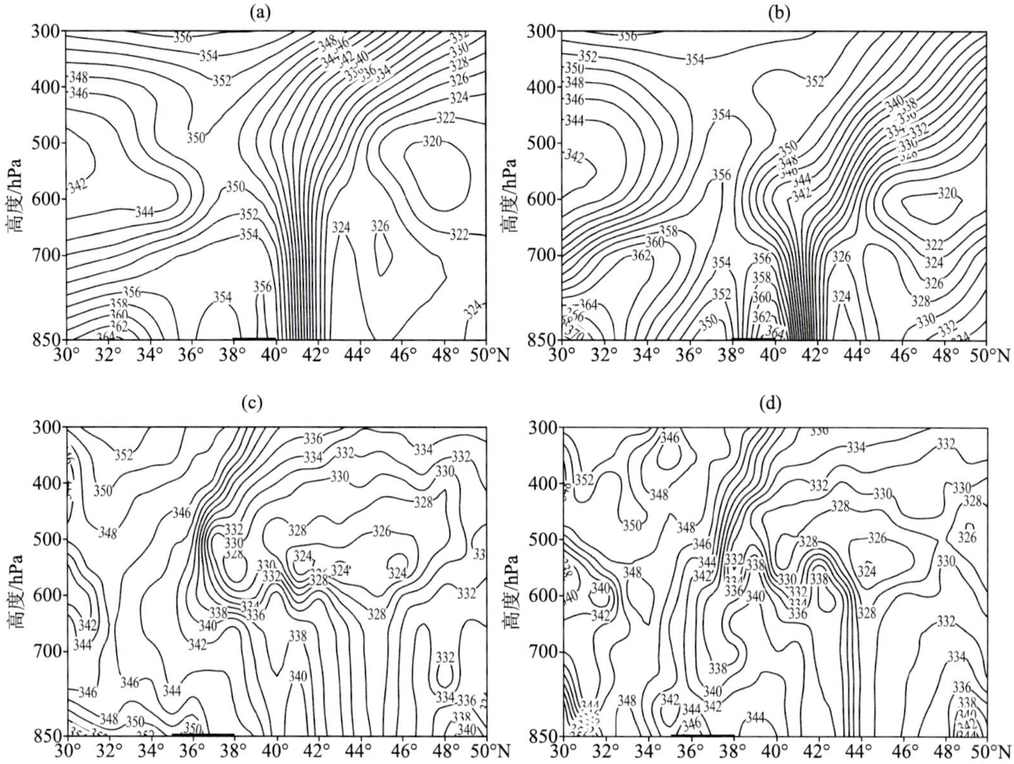


图 4.30 2006 年 7 月 14 日 02:00(a)、20:00(b)及 2019 年 8 月 2 日 14:00(c)、20:00(d)沿 106°E 假相当位温 $\theta_{se}$ 垂直剖面(等值线,单位:K)(图中黑色矩形区域表示降水区)

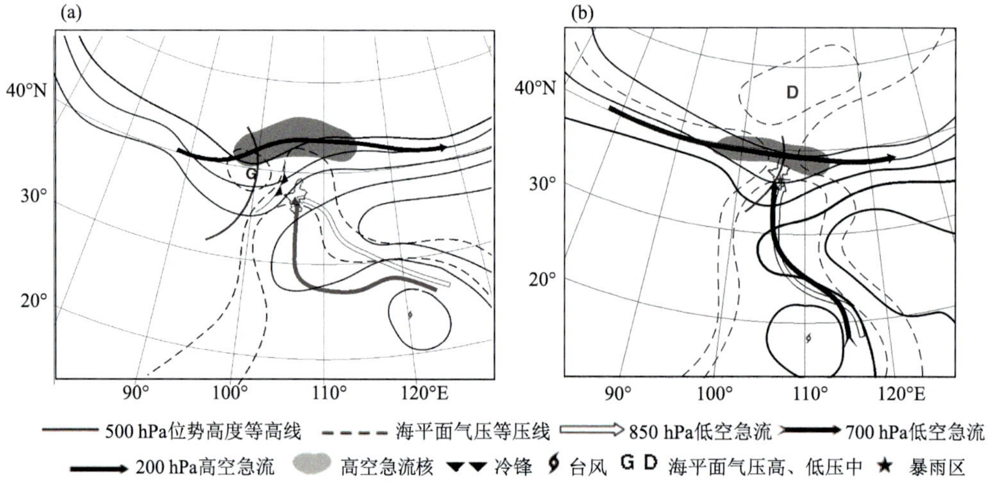


图 4.31 影响宁夏的热带气旋远距离暴雨预报概念模型影响天气系统配置

(a) Ⅰ类;(b) Ⅱ类

对流层中低层水平方向上的概念模型。陈忠明(2007)从湿斜压大气运动方程出发,推导出包含热、动力耦合强迫作用的散度方程,该方程能够从理论上较好的解释图 4.31 模型的物理意义。

上述散度方程包含若干项,本节仅讨论与预报模型直接相关的两项。设地表和无辐散层的气压分别为 $p_s$,$p_0$,$V$ 为二维风矢量,$D=\Delta \cdot V$ 为水平散度,$F=\frac{\mathrm{d}}{\mathrm{dt}}\Delta\theta_{se}$ 为锋生函数矢量,$\left(\frac{\partial}{\partial t}\int_{p_s}^{p_0} D\mathrm{d}p\right)$ 表示从地表至无辐散层之间的气柱的辐合增长与以下两项有关。

(1) $\int_{p_s}^{p_0}[1/(\partial\theta_{se}/\partial p)]F \cdot (\partial V/\partial p)\mathrm{d}p$ 该项表示能量锋生与垂直风切变的耦合强迫作用。如图 4.32a 所示,宁夏远距离暴雨的双层能量锋区垂直结构特征使得暴雨区上空对流层中低层具备的垂直梯度,且随高度减小,即>0;热带气旋促使低空偏南风急流加强,伴随着水汽和能量的向北输送在河套地区形成高能舌(图 4.32b),同时,北方冷空气引起的低值区向南扩张,两者相遇产生的锋生过程与低空急流垂直切变两者矢量方向相反,即 $F \cdot (\partial V/\partial p)<0$,则 $\int_{p_s}^{p_0}[1/(\partial\theta_{se}/\partial p)]F \cdot (\partial V/\partial p)\mathrm{d}p<0$,即 $\left(\frac{\partial}{\partial t}\int_{p_s}^{p_0} D\mathrm{d}p\right)<0$。由此说明,图 4.43 模型中,$\theta_{se}$ 能量锋生与低空急流垂直风切变的耦合强迫作用使得对流层中低层气流辐合增长。

(2) $\int_{p_s}^{p_0}[1/(\partial\theta_{se}/\partial p)]\ (\Delta\theta_{se} \cdot \Delta)V \cdot (\partial V/\partial p)\mathrm{d}p$ 该项表示无辐散层(通常在 500～600 hPa)以下 $\theta_{se}$ 水平非均匀分布和风场的水平与垂直切变耦合强迫作用。同上分析,暴雨区 $\partial\theta_{se}/\partial p>0$,处于不稳定大气层结;为便于讨论,作理想化处理,仅讨论图 4.32b 暴雨区锋区准东西向部分在 $y$ 方向和垂直方向的变化,$(\Delta\theta_{se} \cdot \Delta)V \cdot (\partial V/\partial p)=(\partial\theta_{se}/\partial y)(\partial v/\partial y)(\partial v/\partial p)$,分析图 4.32b 可知,暴雨区对流层中低层 $\theta_{se}$ 沿 $y$ 方向减小,即 $\partial\theta_{se}/\partial y<0$,暴雨区位于低空偏南风急流北侧风速辐合区,则有 $\partial v/\partial y<0$,低空急流在垂直方向的切变 $\partial v/\partial p<0$,因此,对于处于 $\theta_{se}$ 密集带高能区一侧和偏南低空急流北侧风速辐合区的暴雨区而言,$(\Delta\theta_{se} \cdot \Delta)V \cdot (\partial V/\partial p)=(\partial\theta_{se}/\partial y)(\partial v/\partial y)(\partial v/\partial p)<0$,则 $\int_{p_s}^{p_0}[1/(\partial\theta_{se}/\partial p)]\ (\Delta\theta_{se} \cdot \Delta)V \cdot (\partial V/\partial p)\mathrm{d}p<0$,即 $\left(\frac{\partial}{\partial t}\int_{p_s}^{p_0} D\mathrm{d}p\right)<0$。因此,远距离暴雨过程中,无辐散层以下与低空急流相联系的 $\theta_{se}$ 高能舌在水平方向的不均匀分布与低空急流水平和垂直切变的耦合强迫作用将激发辐合的持续增长。

上述分析表明,在远距离暴雨过程中,与热带气旋相关联的低空急流往往会伴随着图 4.32 所示的热力环境场分布,由此产生的湿斜压热、动力耦合强迫对暴雨区对流层中低层气流的辐合增长有重要作用。

(3)概念模型在预报业务中的应用

预报模型中(图 4.31a、b),副热带高压的位置尤其是能够代表副高边缘偏南气流水汽输送的特征线的位置对于远距离暴雨的影响是十分"敏感"的。宁夏预报员通常用 500 hPa、584 dagpm 等值线来表示副高外围特征等高线,但由于宁夏的远距离暴雨集中发生在 8 月,此时副高的季节性北跳加之台风强迫副高西伸北抬,往往副高 588 dagpm 等值线也可到达宁夏附近区域,不同的远距离暴雨过程副高的强度不同,因此不能简单地使用一个固定数值的特征等值线来描述副高边缘偏南风环流。从Ⅰ类和Ⅱ类远距离暴雨合成平均场来看,586 dagpm 等值线基本代表了影响宁夏的副高外围平均状况,因此在绘制预报概念模型时,采用合成平均场 586 dagpm 等值线代表副高外围,而用 588 dagpm 等值线代表副高主体位置,但考虑到单个个例特征等值线的不确定性,预报模型中的等值线不作标值处理。

预报概念模型给出了两类宁夏远距离暴雨的大尺度环流特征和主要影响系统的空间配置

结构，在预报业务应用中基本可按照“相似形势预报法”的思路，去比对预报时段内各天气系统的位置分布是否满足预报模型的空间配置条件，但在具体应用过程中，还需注意以下几点。

①如图 4.31a、b 所示，低空急流到达宁夏远距离暴雨区上空通常发生明显的风速风向辐合，但也存在少数个例低空急流会穿过暴雨区的情况，例如“碧利斯”远距离暴雨过程。

②当 500 hPa 副高的位置对热带气旋外围偏南气流引导作用不明显时，不能由此简单断定该形势下不利于产生远距离暴雨，此时还需判断是否存在大陆高压能够代替副高的作用引导偏南气流加强，这种大陆高压的引导作用往往在 700 hPa 表现最为清楚。

③预报概念模型中西风带系统仅表现为一个短波槽，这是合成平均的结果。实际远距离暴雨过程中，中纬度动力抬升系统的变化是最多的，包括西风槽、中低空低涡、切变线，近地层辐合线，锋面等，需要具体过程具体分析。

④影响宁夏远距离暴雨的冷锋通常以西路冷锋为主，盛夏由于冷空气势力弱，使得从海平面气压场分析冷锋较为困难，建议使用海平面气压 24 h 变压场预报来判断冷锋活动更为有效。类似于“碧利斯”远距离暴雨过程中触发暴雨的这类冷锋，由于冷空气主体位于东北至内蒙中东部一带地区，宁夏位于冷锋尾部，非常容易被预报员忽视而导致预报失误，甚至暴雨触发前在卫星云图上都难以辨别出较完整的冷锋云带，因此当宁夏地区具备充沛的水汽和能量条件时，需要对此类冷锋引起足够的重视。

⑤宁夏远距离暴雨过程发生前中低层水汽通量场上，通常会经历内陆水汽通量大值区与台风周围水汽通量大值区从相互“分离”到“联结”的过程。如若两个大值区互相联通，且河套地区水汽通量值能超过 10 g·(s·hPa·cm)$^{-1}$，则表明水汽通道已经完全建立。

⑥宁夏远距离暴雨区中低层 $\theta_{se}$ 通常应超过 340 K，并具备双层能量锋垂直结构，当对流层中低层锋区 $\theta_{se}$ 等值线密集时，此时的锋区对判断暴雨落区有指示意义，暴雨区一般就位于 $\theta_{se}$ 密集带高能区一侧和低空急流风向风速辐合区域(图 4.32b)。

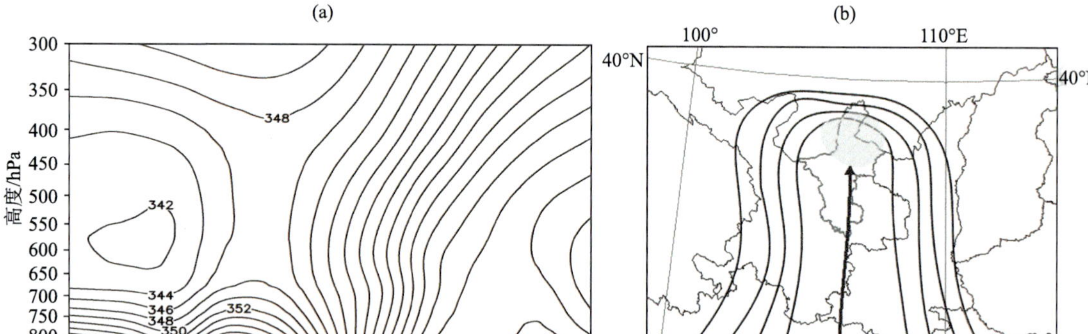


图 4.32 宁夏热带气旋远距离暴雨假相当位温 $\theta_{se}$ 经向垂直剖面模型(a)(等值线，单位：K，▲表示暴雨区位置)和对流层中低层 $\theta_{se}$ 水平分布模型(b)(等值线表示 $\theta_{se}$，箭头表示低空急流，阴影区表示暴雨区)

#### 4.4.4.3 小结

针对 2006 年 7 月 14 日和 2019 年 8 月 2 日两次远距离暴雨过程分别从环流和水汽特征，动力和热力条件几个角度进行对比分析，并综合本研究成果，概括出宁夏两类远距离暴雨预报概念模型。主要结论如下。

(1)两次暴雨虽分别属于Ⅰ类和Ⅱ类两种远距离暴雨类型,但也具有若干共同点:暴雨均发生在台风登陆之初,台风强度减弱阶段;均存在内陆偏南气流与台风外围气流从最初“断开”到相互“联结”,导致低空急流显著增强的水汽通道建立的过程,宁夏远距离暴雨的选取标准时就指出,在暴雨区和热带气旋之间须存在明显的水汽通道,因此上述台风对暴雨区水汽和能量输送的加强机制应是产生远距离暴雨的必要条件;两次过程均存在双层 $\theta_{se}$ 能量锋区垂直结构特征,高层锋区向冷区倾斜而低层锋区向暖区倾斜,这种向暖区倾斜的低层能量锋区使得对流层中低层大气处于层结不稳定状态。

(2)两次远距离暴雨的“个性”特点表现如下:“碧利斯”远距离暴雨过程中,低空急流从台湾一直深入西北内陆腹地,到达甘肃西部,形成一条超远距离的水汽通道,如此强度的水汽与能量输送是十分罕见的,而暴雨的动力条件就很“一般”,远在东北的一条冷锋的尾部就足以触发暴雨;“韦帕”过程的水汽与能量条件远不如“碧利斯”过程,甚至高空急流和副热带高压的位置条件也不理想,但由于存在一个“漏斗”状深厚持久的河套低涡,低涡具有很强的倾斜上升动力结构,并且在原本强度偏弱的低层能量锋上构建了新的能量锋区,使得环境场热力条件向着有利于暴雨产生的方向调整,此次过程同样产生了超过 100 mm 的大暴雨。由此可见,水汽和动力抬升这两个暴雨形成条件有“互补”作用,当其中一项很强时,往往另一项不需要太强就足以产生暴雨。

(3)Ⅰ类和Ⅱ类预报概念模型中用来描述副高外围的 500 hPa 特征等值线对于远距离暴雨预报是十分“敏感”的,对于宁夏远距离暴雨而言,不能简单应用一个固定数值的特征等值线,该数值一般介于 584～588 dagpm 之间;内陆地区的水汽通量大值区和台风水汽通量大值区相互联通,且河套地区水汽通量超过 10 g·(s·hPa·cm)$^{-1}$ 标志着远距离暴雨所需的水汽通道已经完全建立。

(4)与热带气旋相关联的低空急流与 $\theta_{se}$ 能量锋生所产生的湿斜压热、动力耦合强迫是宁夏远距离暴雨的重要影响机制,暴雨区一般就位于 $\theta_{se}$ 密集带高能区一侧与低空急流风向风速辐合相叠加的区域;暴雨区地表至无辐散层之间的气柱辐合增长主要源于能量锋生与垂直风切变的耦合强迫以及 $\theta_{se}$ 高能舌在水平方向的非均匀分布与低空急流水平、垂直切变的耦合强迫作用。

### 4.4.5 小结

在普查 1961—2010 年宁夏的暴雨并从中筛选出热带气旋远距离暴雨个例的基础上,利用常规气象观测、JMA 最佳 TC 路径数据集和 NCEP 再分析数据等资料,从天气学角度较全面的统计了远距离暴雨的时空分布和热带气旋相关特征,根据热带气旋两个高频影响区的统计结果将远距离暴雨个例分为两类,利用合成分析方法分别对两类远距离暴雨过程进行天气学诊断分析,探讨了远距离暴雨的大尺度环流背景,主要影响天气系统的空间配置及其作用,水汽通道的建立过程,以及暴雨过程的动力和热力结构特征及其差异,归纳出两类远距离暴雨预报概念模型并探讨了远距离暴雨的影响机制。得到如下结论。

(1)宁夏的热带气旋远距离暴雨空间分布自东南向西北递减,全区各站远距离暴雨累积日数平均为 14 d,在暴雨总日数中的占比高达 30%～46%,是宁夏十分重要的暴雨类型;远距离暴雨集中发生在 8 月,其中 8 月下旬发生次数最多,较宁夏暴雨气候多发期推迟 10～20 d。

(2)并非热带气旋深入内陆距离宁夏越近越容易产生远距离暴雨,大部分远距离暴雨发生时，热带气旋位于近海洋面上，仅有16%的暴雨过程发生在热带气旋深入内陆之后；台湾附近海域（120°—130°E，20°—28°N）和海南岛周围（105°—115°E，18°—23°N）是热带气旋的高频影响关键区，在两者之间还存在一个少TC甚至无TC影响的区域；影响台风多发源于菲律宾以东洋面，进入海南岛关键区的热带气旋中部分发源于南海；台风移动路径以西北或偏西路径影响为主，深入内陆后才产生远距离暴雨的热带气旋登陆地点集中于台湾和广东两地。

（3）按照产生远距离暴雨时热带气旋的中心位置分布特征，将远距离暴雨分为三个类型，位于两个高频影响关键区的分别简称"台湾类"和"海南类"，深入内陆后才产生暴雨的简称"内陆类"。台湾类远距离暴雨的暴雨落区集中分布在宁夏中北部地区，海南类暴雨落区则以宁夏南部为主，内陆类暴雨落区没有明显倾向性；区域性的远距离暴雨强度越强，通常暴雨影响范围也越大，台湾类和内陆类暴雨极值和暴雨影响范围均显著强于海南类；暴雨极值最强的暴雨个例（20060714）和暴雨影响范围最广个例（20020608）均归属于台湾类远距离暴雨。

（4）热带气旋、副热带高压、中纬度槽（低涡）、高空急流以及联结台风与暴雨区的水汽通道是远距离暴雨的主要影响系统。Ⅰ类与Ⅱ类远距离暴雨环流形势的不同点，除了影响系统在空间位置上的细节差异外，主要表现为近地面冷空气的影响方式和水汽源地与输送路径的不同。两个关键影响区域之间存在一个少TC甚至无TC影响的海域，当热带气旋位于该区域时，副高的位置不利于建立自热带气旋通向宁夏的水汽通道，这是该区域的热带气旋几乎不对宁夏产生远距离暴雨的关键原因。

（5）宁夏深居内陆，位于东亚夏季风影响区的边缘地带，暴雨的产生往往依赖于长距离的水汽输送，水汽输送通常由副高边缘偏南气流来完成，而台风的参与可以加强副高边缘偏南气流的强度，促成低空急流的建立和加强，从而实现暴雨区充足的水汽与能量供应。台风促使水汽通道建立的这种机制是宁夏产生远距离暴雨的必要条件。

（6）副热带高压是联系中纬度槽（低涡）和热带气旋的"桥梁"和"纽带"，这在大尺度环流上有直观的体现。中纬度槽-副高-热带气旋三者所在区域的平均水平散度大体呈现低层负、正、负，高层正、负、正的分布特征，高空槽前与热带气旋上空为上升运动，副高西侧区域为下沉运动，如此三者之间可能形成垂直环流圈，这种垂直环流一方面能够促进副高的稳定维持或加强西伸；另一方面有利于低空急流的加强。

（7）宁夏远距离暴雨具有双层能量锋区垂直结构特征，高层锋区是与西风槽所伴随的向冷区倾斜的高空锋，以温度对比为主；低层锋区则是低空急流输送至暴雨区的暖湿空气与北方干冷空气相遇的结果，这部分能量锋区向暖区倾斜，使得暴雨区上空出现较强的$\theta_{se}$垂直梯度，中低层大气处于层结不稳定状态，利于对流不稳定能量的释放而加强垂直上升运动。

（8）200604号台风"碧利斯"远距离暴雨和201907号热带风暴"韦帕"远距离暴雨是宁夏两次极端远距离暴雨过程，它们具有各自独有的特点。"碧利斯"个例水汽输送条件极端，低空急流从台湾一直深入西北内陆腹地，到达甘肃西部，形成一条罕见的超远距离水汽通道；"韦帕"个例动力抬升机制超常，过程产生了一个自近地层延伸至500 hPa附近的"漏斗"状深厚持久的河套低涡，低涡具有倾斜的强烈抬升动力结构，并在原本强度偏弱的低层能量锋上构建了新的能量锋区，强迫环境场热力条件向着有利于暴雨产生的方向调整。

（9）内陆地区的水汽通量大值区和台风水汽通量大值区相互联通，且河套地区水汽通量超过10 g·(s·hPa·cm)$^{-1}$标志着远距离暴雨所需的水汽通道已经完全建立。能量锋生与低空急流垂直风切变的耦合强迫以及$\theta_{se}$水平非均匀分布与低空急流水平和垂直切变的耦合强迫是宁夏产生远距离暴雨的重要机制。

与以往热带气旋远距离暴雨研究相比，有如下两个创新点。

（1）本节确立了宁夏发生远距离暴雨时，热带气旋两个高频影响关键区和一个无影响海域，对预报业务人员来说，这是比较有意义的预报指标。两个高频影响关键区分别位于台湾附近海域（120°—130°E，20°—28°N）和海南岛周围（105°—115°E，18°—23°N），而位于广东东部沿海和菲律宾西北部之间的一片海域内（115°—120°E，16°—22°N）的热带气旋对宁夏远距离暴雨几乎没有影响，1961—2010 年间仅有 1 例远距离暴雨发生在上述区域的边缘地带。

（2）以往远距离暴雨研究归纳的天气学概念模型仅给出了远距离暴雨影响天气系统配置的示意图，并不包含影响系统的地理位置信息，这给预报业务人员在实际业务应用中带来一定困扰。正是由于宁夏远距离暴雨具备上述两个热带气旋高频影响关键区的特征，使得本研究能够在涵盖大量个例样本的前提下，归纳出的预报模型中各主要影响天气系统均包含有具体空间位置信息。这就便于预报员利用“相似形势预报法”的思路，去比对预报时段内各个天气系统的位置是否满足预报模型的空间配置条件从而做出合理的判断。

热带气旋远距离暴雨过程涉及的天气系统和影响因素众多，影响机理复杂，还有很多问题需要研究和探索：

（1）仅讨论了热带气旋在两个高频影响关键区对宁夏产生远距离暴雨的情况，事实上当热带气旋位于关键区时，也有很多没有造成宁夏远距离暴雨的个例，它们的大气环流和水汽输送特征会有怎样的差异；

（2）台风的存在与否及其强度的变化，改变中纬度槽的位置与强度会对宁夏远距离暴雨产生怎样的影响，通过数值模拟和敏感性试验可以比较客观的探讨上述影响机制，值得在今后的研究工作中去尝试；

（3）20190802 远距离暴雨个例中，位于宁夏南部的六盘山对暴雨有明显的增幅作用，近年来宁夏北部的贺兰山东麓也发生几次突破历史记录的极端暴雨过程，地形对宁夏远距离暴雨的影响作用也不容忽视，值得研究。

## 4.5 本章小结

利用 EAR5 再分析资料，对贺兰山东麓暴雨过程的平均环流、不同类型和量级暴雨的环流特征、热带气旋影响宁暴雨的环流特征进行了深入研究，揭示贺兰山东麓暴雨过程期间的环流形势分布、天气系统配置、水汽输送、热动力等特征，得到对流参数阈值，建立了预报模型和预报指标，为干旱区暴雨预报业务提供了技术支撑。

# 第 5 章　贺兰山东麓暴雨的中尺度特征

暴雨往往因中小尺度对流系统引发，具有持续时间短、灾害性强等特点，一直以来是气象科研的重点和预报的难点。气象卫星的覆盖范围广，观测频次稳定，其部分性能甚至可与地面天气雷达相媲美，因其高时空分辨率观测能很好地捕捉到强对流云团发展的演变特性，其在短时暴雨监测和研究方面具有得天独厚的“遥感”优势，可以用作识别大气中正在发生的动力和热力过程的有效指示。新一代多普勒天气雷达可以有效地监测暴雨、冰雹、龙卷等灾害性天气的发生、发展；同时还具有良好的定量测量回波强度的性能，可以定量估测大范围降水；除实时提供各种图像信息外，还可提供对多种灾害性天气的自动识别、追踪产品。新一代多普勒天气雷达在灾害性天气监测、预警方面，发挥着不可替代的作用。宁夏境内的新一代多普勒天气雷达都为 C 波段。

Shou 等(2024)、张晓茹等(2022b)、陈豫英等(2021)利用风云卫星和葵花-8 卫星、银川 CD 多普勒天气雷达，研究了贺兰山东麓暴雨云团和雷达回波结构特征，建立特征参量与降水量的定量关系，为西北干旱区暴雨监测预警提供技术支撑。

## 5.1　暴雨中尺度系统的卫星观测特征

卫星观测是利用卫星遥感探测仪器对具有多种辐射特性的物体和气体发出的辐射进行测量的现代化观测技术，是对现有常规观测的有效补充。云是卫星观测的一个重要参数。作为大气热动力过程的一种直观反映，云的分布和变化规律不仅可以帮助我们认识和理解天气系统的发生、发展和内部组织机制，还可以为天气预报的改进提供实况数据支撑。

Shou 等(2024)以诱发贺兰山东麓暴雨的中尺度系统为重点，利用我国风云静止系列气象卫星(包括风云二号和风云四号卫星)及葵花-8 卫星的观测资料，对干旱区复杂地形处暴雨中小尺度天系统在卫星不同通道(例如可见光、红外和水汽通道)、通道差以及彩色合成图像上典型的云场配置和它们的特征进行分析，基于卫星观测的对流组织结构识别算法，对 2016 年 8 月 21 日夜间在贺兰山东麓一带出现的一次特大暴雨过程(以下简称“08 • 21”暴雨) 的中尺度对流系统组织结构演变过程进行详细分析。

### 5.1.1　FY-2/4 卫星通道

风云静止气象卫星包括一代的风云二号以及二代的风云四号卫星，风云二号卫星上面搭载的扫描辐射计(VISSR)共有 5 个通道，风云四号 A 星上搭载的先进的静止轨道辐射成像仪(AGRI)共有 14 个通道，风云四号 B 星在 A 星的基础上又增加了 1 个低层水汽通道(通道 11)。按照不同通道对来自地球和太阳以及大气中三种最重要的吸收气体辐射测量值的不同，

表 5.1 和表 5.2 分别给出风云二号 VISSR 以及风云四号 AGRI 通道的基本特性。

**表 5.1　风云二号 VISSR 通道**

| 通道号 | 波长/μm | 分辨率(星下点) | 附加特征 | 主要用途 |
|---|---|---|---|---|
| 1 | 0.65 | 1.25 km | VIS:窗区 | 白天的云、雪、水体 |
| 2 | 10.8 | 5 km | IR:窗区 | 云、地表温度等 |
| 3 | 12.0 | 5 km | IR:窗区 | 云、总水汽量、地表温度 |
| 4 | 6.7 | 5 km | WV:水汽吸收带 | 半透明卷云的云顶温度、中高层水汽 |
| 5 | 3.75 | 5 km | IR:窗区 | 云、火点、地表 |

注:VIS:可见光,IR:红外,NIR:近红外,WV:水汽。

**表 5.2　风云四号 AGRI 通道**

| 通道号 | 波长/μm | 附加特征 | 主要用途 |
|---|---|---|---|
| 1 | 0.47 | VIS:窗区 | 气溶胶、真彩色合成 |
| 2 | 0.65 | VIS:窗区 | 气溶胶、真彩色合成 |
| 3 | 0.825 | VIS:窗区 | 植被、水面上空气溶胶 |
| 4 | 1.375 | NIR:窗区 | 卷云 |
| 5 | 1.61 | NIR:窗区 | 低云/雪识别、水云/冰云判识 |
| 6 | 2.25 | NIR:窗区 | 卷云、气溶胶、粒子大小 |
| 7/8 | 3.75 | IR:窗区 | 云、火点、地表 |
| 9 | 6.25 | WV:水汽吸收带 | 高层水汽 |
| 10 | 6.95 | WV:水汽吸收带 | 中层水汽 |
| 11 | 7.42 | WV:水汽吸收带 | 低层水汽 |
| 12 | 8.55 | IR:窗区 | 云 |
| 13 | 10.8 | IR:窗区 | 云、地表温度等 |
| 14 | 12.0 | IR:窗区 | 云、总水汽量、地表温度 |
| 15 | 13.3 | IR:$CO_2$ 吸收带 | 云、水汽 |

注:VIS:可见光,IR:红外,NIR:近红外,WV:水汽。

### 5.1.2　贺兰山东麓暴雨云团的基本特征

基于 2006—2019 年 FY-2 卫星观测资料(包括 FY-2C,FY-2E 和 FY-2G),结合气候预测中心融合技术(Climate Prediction Center MORPHing technique,CMORPH)降水资料,对宁夏贺兰山东麓强降水过程的降水云团的辐射特征、几何特征以及云团的组织结构等方面进行了分析(图 5.1—图 5.3)。

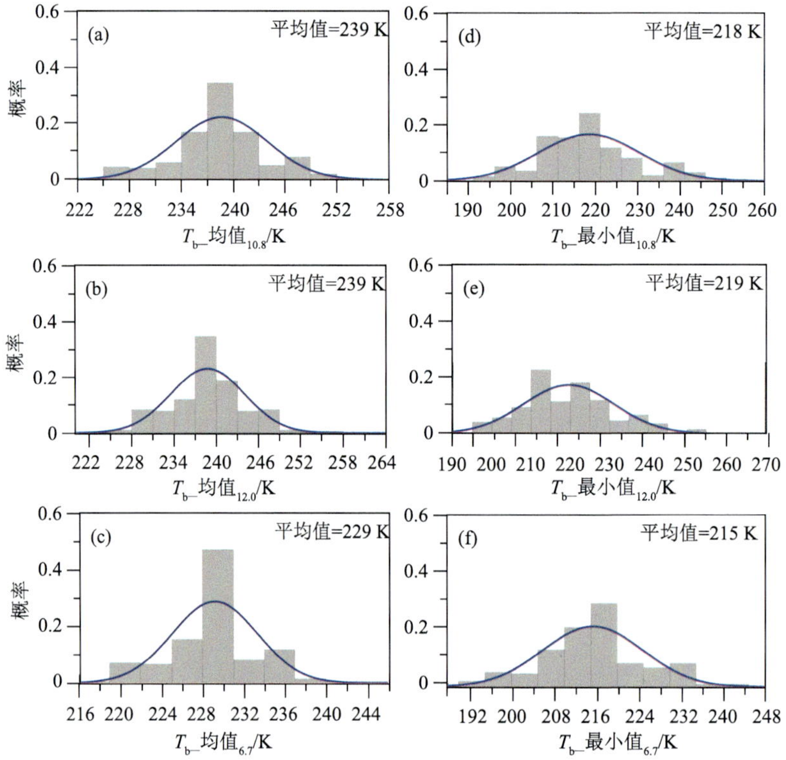


图 5.1 贺兰山东麓致雨云团 FY-2 卫星观测辐射特征

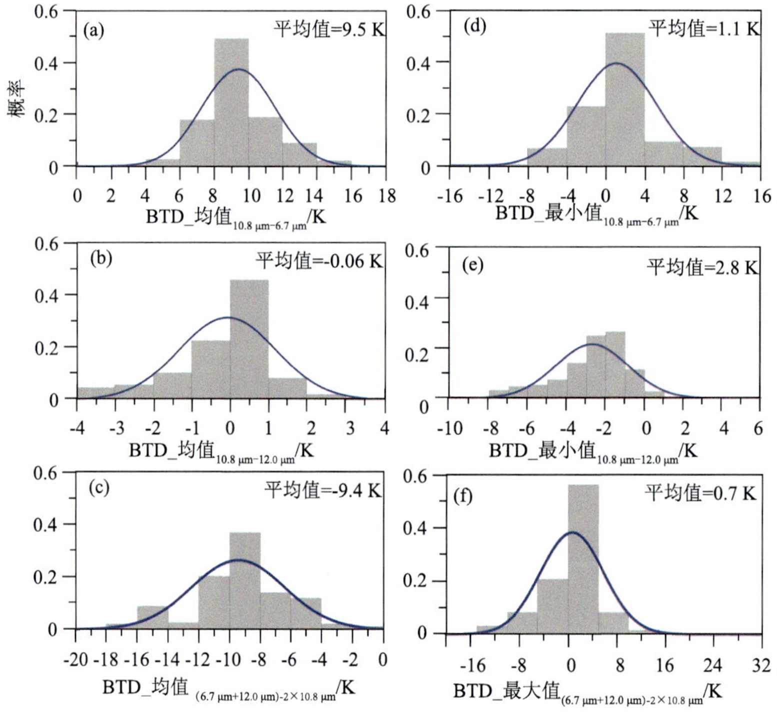


图 5.2 贺兰山东麓致雨云团的几何特征

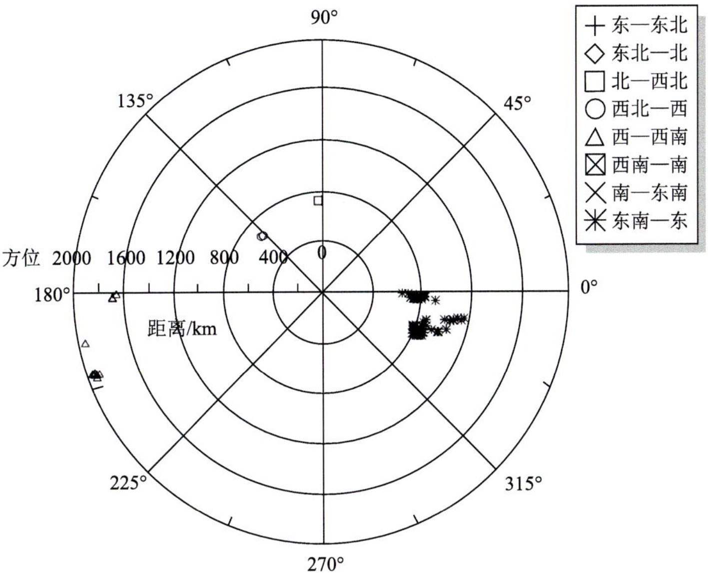


图 5.3　贺兰山东麓致雨云团对流核的几何中心相对云团重心方位

从统计结果看，引发宁夏贺兰山东麓强降水的云团在 10.8 μm 通道上，最低亮温平均约 218 K(−55 ℃)，整个云团的平均亮温约 239 K(−34 ℃)。达到 Maddox(1980)所给的对流云团亮温标准(图 5.1)。6.7 μm 和 10.8 μm 通道亮温差的最小值平均为 1.1 K，表明引发该地区强对流云团的云顶高度最高可以达到或接近对流层顶高度，深对流区的云顶汇聚大量冰晶粒子。此外，从图 5.3 可见，贺兰山东麓致雨云团多以线状系统为主，云团中对流在整个云团中占比约 1/3，对流核易出现在整个云体前部，多呈现尾随层状 MCS 结构。

### 5.1.3　中尺度系统的组织结构

中尺度对流系统(MCS)是造成极端降水的直接天气系统(Maddox，1983；Schumacher et al.，2005)。它们通常由多个单体对流云系，如塔状积雨云、对流线等构成，这些单体对流云系相互连结，常常可造成数千平方公里的大范围的降水。从 20 世纪开始，国内外在有关中尺度对流系统发生发展机理以及与灾害性天气关系方面已经做了许多深入的工作。在这些工作中科学家们普遍发现，MCS 的大小、组织结构特征以及移动速度是决定它们是否会产生强降水的关键(Parker et al.，2000；Schumacher et al.，2005 )。Houze 等(2017)曾指出：对流系统的组织结构特征反映了对流系统内部的对流单体新生、发展和传播过程，对这种物理过程的理解是改进临近预报水平的基础。

目前全球已发现多种可能引发极端强降水的 MCS 组织结构特征。例如，Houze 等(2004)发现在美国 Oklahoma 地区诱发强降水的 MCS 大多具有线状结构。Parker 等(2000)研究发现当风暴呈前导层状降水 MCS(Leading Stratiform，简称 LS)或平行层状降水 MCS(Parallel stratiform，简称 PS)结构时，常常会引发极端强降水天气。Schumacher 等(2005)对美国 1999—2001 年极端降水事件相伴的中尺度对流系统的组织结构进行分析并发现，这些降水事件中的 MCS 主要表现为两类结构，一类是线状对流结构；另一类则具有后向建立或准静止的对流区特征。Vertz 等(2020)基于一年的雷达和强天气观测资料,系统地分析和总结了北美区域春夏季对流系统的组织形态特征。并将中尺度对流系统划分为 9 种类型:单体 MCS(Individual Cell,简称 IC)、多单体 MCS(Cluster of Cells,简称 CC)、断裂线状 MCS(Broken squall lines,简称 BL)、非线状对流系统(Non Linear MCS,简称 NL)、尾随层状降水 MCS(Trailing stratiform MCS,简称 TS)、无层状降水飑线 MCS(squall lines without stratiform rain,简称 NS)、弓状回波 MCS(Bow Echoes MCS,简称 BE)以及前导层状降水 MCS(LS)和平行层状降水 MCS(PS)。其中具有 PS 和 TS 结构的 MCS 更易引发雷暴大风天气和强降水天气。

近年来,我国的一些学者也陆续开展了针对中国区域 MCS 组织结构特征的研究。例如,王晓芳等(2012)基于两年的资料总结了长江中下游梅雨锋暴雨所对应的 MCS 组织结构特征,结果发现导致该地区强降水的 MCS 多以 TS 结构的线状结构的线状 MCS 为主。陈涛等(2020)分析华南沿海地区致雨对流系统时发现,该地区与强降水相对应的对流系统也多表现为线状结构,长度超过 300 km,稳定维持时间超过 12 h。Cheng 等(2022)在陈涛等(2020)的基础上又进一步细分后发现,该地区夏季最易引起极端强降水的 MCS 结构是 LS 型,其次是具有平行层状降水结构的 PS 型。Yang 等(2019)总结了中国东部沿海地区极端强降水事件的 MCS 组织结构特征,根据他们的分析,multiple MCSs 和非线状对流系统是该地区强降水发生时常见的组织结构特征。相反,线状结构在这里与强降水天气的相关性并不显著。

中国西北地区包括陕西、甘肃、宁夏、青海及新疆五省(自治区),地处青藏高原北坡至东坡,受地形地势以及局地小气候影响,这里的暴雨强对流常常复杂多变,预报预警难度很大。2010 年 8 月 17 日甘肃舟曲地区突降特大暴雨,40 min 降雨量达 97 mm,引发特大山洪地质灾害,造成大量人员和财产损失。2016 年 8 月 21 日夜间,宁夏贺兰山滑雪场出现历史极值降水,6 h 雨量达 238.1 mm,超过年均降水量 1.2 倍。暴雨引发 50 年一遇山洪,致使多处道路、房屋、农田被冲毁,经济损失 2.9 亿元(陈豫英 等,2021)。由于观测条件限制,西北地区致雨对流系统组织结构的相关研究较少。王宝鉴等(2017)利用 TRMM 卫星结合 C 波段多普勒雷达和地面观测资料,研究了 2013 年甘肃和陕西一次暴雨过程 MCS 结构。他们发现降水系统中分散分布着多个直径 20～50 km 的对流核,对应≥32 $mm \cdot h^{-1}$ 地面强降水中心,主降水带中层云降水顶部相对平缓,而对流降水顶部则凸起明显,强降水中心区域的质心在 6 km 附近。该地区中尺度对流系统发生发展环境条件以及成因与华北、华南以及华东存在一定的差别,这些差别对 MCS 组织结构会带来哪些变化值得开展深入研究。

一个理想的中尺度对流系统主要由对流和非对流区两部分组成,其中对流区由垂直向上强烈发展的对流核组成,而非对流区则由层状云降水区核不产生降水的云砧构成,这个区域上的云顶相对平缓,产生弱降水(Houze et al.,2004)。因此研究 MCS 组织结构,实际上就是弄清楚对流和非对流区这两部分在一个中尺度对流系统中的分布规律。目前 MCS 组织结构的分类主要基于雷达和卫星两类资料。由于这两类遥感资料的探测原理不同,在分类方法和标准上存在较大不同。

基于雷达的 MCS 组织结构分类是当前主流的分析方法,国际上目前发现的中尺度对流系统组织结构类型大多也都是基于雷达资料分析获得的。这类方法的核心是基于雷达反射率因子及其衍生产品(例如回波顶高、垂直累积液态水含量 VIL 等)与对流强度的对应关系,通过主观分析的方法按照 MCS 内对流区和层状云降水区的相对位置关系进行分类(例如 Bluestein et al.,1985,1987)。由于雷达接收到的回波是云和降水粒子对雷达波的散射,因此它能够很好地测定目标物内云和降水粒子的组成和分布，对降水系统结构的认识具有天然优势。这也是长期以来人们普遍使用雷达资料开展 MCS 组织结构研究的重要原因之一。但是由于雷达探测不仅受雷达参数以及各种降水云性质的影响，还受到地理条件的影响，因此基于雷达的 MCS 组织结构分类方法，对一些在山区或雷达站点稀疏区域出现的中尺度对流系统结构特征常常无法给予完整认识。

相比于雷达，卫星的空间覆盖度方面具有明显的优势。传统的基于卫星的 MCS 组织结构分类方法主要采用卫星的长波红外通道云图，通过一些形态学客观标准，例如离心率，长短轴比，亮温≤－32 ℃或≤－52 ℃的云顶面积等指标进行分类。红外卫星云图观测的是对流云的云顶，对于发展深厚的对流云而言，由于受到对流层顶的阻碍，上升气流将水汽快速输送到高空冻结并向外辐散，这些冰晶粒子形成的冰云也具有较低的温度，和对流区的云顶亮温很难区分，因此直接利用红外云图亮温无法细致地分析对流系统组织结构特征。因此目前基于卫星的 MCS 组织结构分类法得到的对流系统类型主要从对流云云顶形态方面给予描述，缺乏与物理过程的联系。基于卫星的 MCS 组织结构主要分两类：一种是中尺度对流复合体(MCCs)(Maddox，1983)；另一种则是定义的拉长的对流系统(PECS)(Anderson et al.，1998)。前者定义为一种有组织的，准圆形，$\alpha$ 中尺度的对流系统；后者则是指一种准线状的 MCC。两者的区别主要在云团的离心率的大小，PECS 的离心率在 0.2～0.7，而 MCC 的离心率≥0.7。

由此可见，目前基于卫星和雷达两类资料所获得的中尺度对流系统组织结构尚无法进行比较和关联分析。这也就意味着对一些在雷达站点稀疏或匮乏的区域内出现的中尺度对流系统，很难直接从 MCS 对流组织结构上理解系统演变的物理机制，同时也无法与其他地区中尺度对流系统物理机制建立联系。基于此，借助静止卫星观测优势，通过云顶与云内对流核的内在联系，建立一种基于卫星观测的 MCS 组织结构客观识别方法，并在此基础上开展对我国西北地区中尺度对流系统组织结构的认识。

### 5.1.4　识别方法

积雨云是积云对流发展的旺盛阶段，此时云体内形成了有组织的上升和下沉气流。从物理过程来说，积云对流在发展过程中，低层暖湿空气被强上升运动抬升到对流层中高层，当达到并超过抬升凝结高度时，水汽凝结并释放潜热，加热周围气块使其变得不稳定，从而形成强烈上升运动。由于对流区对应的是云体内上升运动中心，这里的气流不停向上涌动，在云砧上方形成一个一个翻滚的云泡，这种翻滚的云泡在空间上可以近似看成如图 5.4a 中的三维模型所示的一个一个小的凸起。由于卫星的水汽通道对大气中水汽含量敏感(水汽含量越高 $T_b$ 值越低)，这些凸起的地方由于被上升运动抬升到高空的暖湿空气增湿中高层大气，在 WV 通道上 $T_b$ 值会出现相对周围环境明显降低的现象。上升运动越剧烈，这种局部变化就可能越显著。在理想条件下，对应图 5.4a 的云泡在水汽通道的亮温分布近似倒置的 Gaussian 分布(图 5.4b 中绿色实线)，即对流核中心点的亮温最低，从对流核中心沿任意方向朝向层状降水区和云砧区延伸，亮温会逐渐增加，从而形成一个倒置的二维高斯分布。如果过某点的亮温在不同方向上都满足这种二维高斯分布特征，表明该点的亮温是局部低值点，它的高度相对周围像元点可能更高，这可能是局部上升运动将水汽抬升到更高的地方所导致的。

如果这些被筛选出来的对流核区域上的 $T_b$ 值在 30 min 内具有呈持续下降的趋势，则可

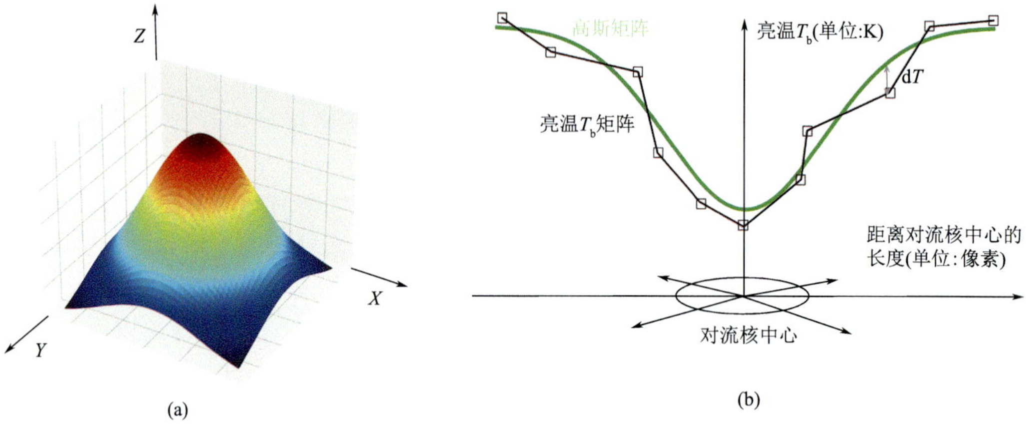


图 5.4　一个典型的快速增长对流云顶三维概念图(a)和云顶红外和水汽通道亮温分布及其理想的高斯分布特征(b)(Shou et al.，2024)

以判断这部分云顶下方对应的是低层强上升运动中心，即对流核。基于以上思路就可以对对流云进行对流和非对流区分割，并在此基础上形成与雷达观测一致的 MCS 组织结构特征的认识。算法基于 Himawari-8 上搭载的多通道光谱成像仪 AHI 研发，表 5.3 所示为算法中使用的 Himawari-8 AHI 的通道及其物理含义。

**表 5.3　Himawari/AHI 观测通道和物理含义**

| 观测通道 | 物理含义 |
|---|---|
| $T_b$ 6.2 $\mu$m | 表征对流层上部水汽含量(Zou et al.，2016) |
| $T_b$ 6.9 $\mu$m | 表征对流层中层水汽含量(Zou et al.，2016) |
| $T_b$ 7.3 $\mu$m | 表征对流层低层水汽含量(Zou et al.，2016) |
| $T_b$ 11.2 $\mu$m | 窗区通道，表征积雨云高度和云顶温度(Zou et al.，2016) |
| $BTD_{6.2\ \mu m-11.2\ \mu m}$ | 表征降水云的出现(Zbyněk et al.，2022)以及伴有强上升云顶的对流出现，当 BTD>0，表示可能出现穿透对流层顶的强对流(Bedka et al.，2010) |

算法由 3 个部分组成(如图 5.5 所示)，具体细节描述如下。

### 5.1.4.1　积雨云识别

在识别对流云组织结构前，首先要确定对流云目标。对流云目标识别是基于 11.2 $\mu$m 通道红外亮温，并采用阈值法获得。参考了 Pope 等(2008)所使用的阈值，即 11.2 $\mu$m 通道红外亮温≤240 K 的连续区域面积超过 5000 $km^2$；且当前时刻该对流云团云顶面积相对于前一时次的云顶面积的扩大速度≥100 $km^2 \cdot h^{-1}$，则该云团标记为积雨云目标，否则标记为非降水云，不做后续对流区和非对流区识别。

### 5.1.4.2　发展的对流云及层状降水区识别

算法借鉴了 Lee 等(2021)(以下简称 L21)提出的一种基于静止卫星成像仪红外通道观测的发展对流的识别算法思想。即首先定义一个以被检测像元点为中心的滑动窗，采用 5×5 大小窗口，对应约 10 km $\beta$ 中尺度对流核。然后对窗口区内的水汽通道亮温值进行归一化处理，

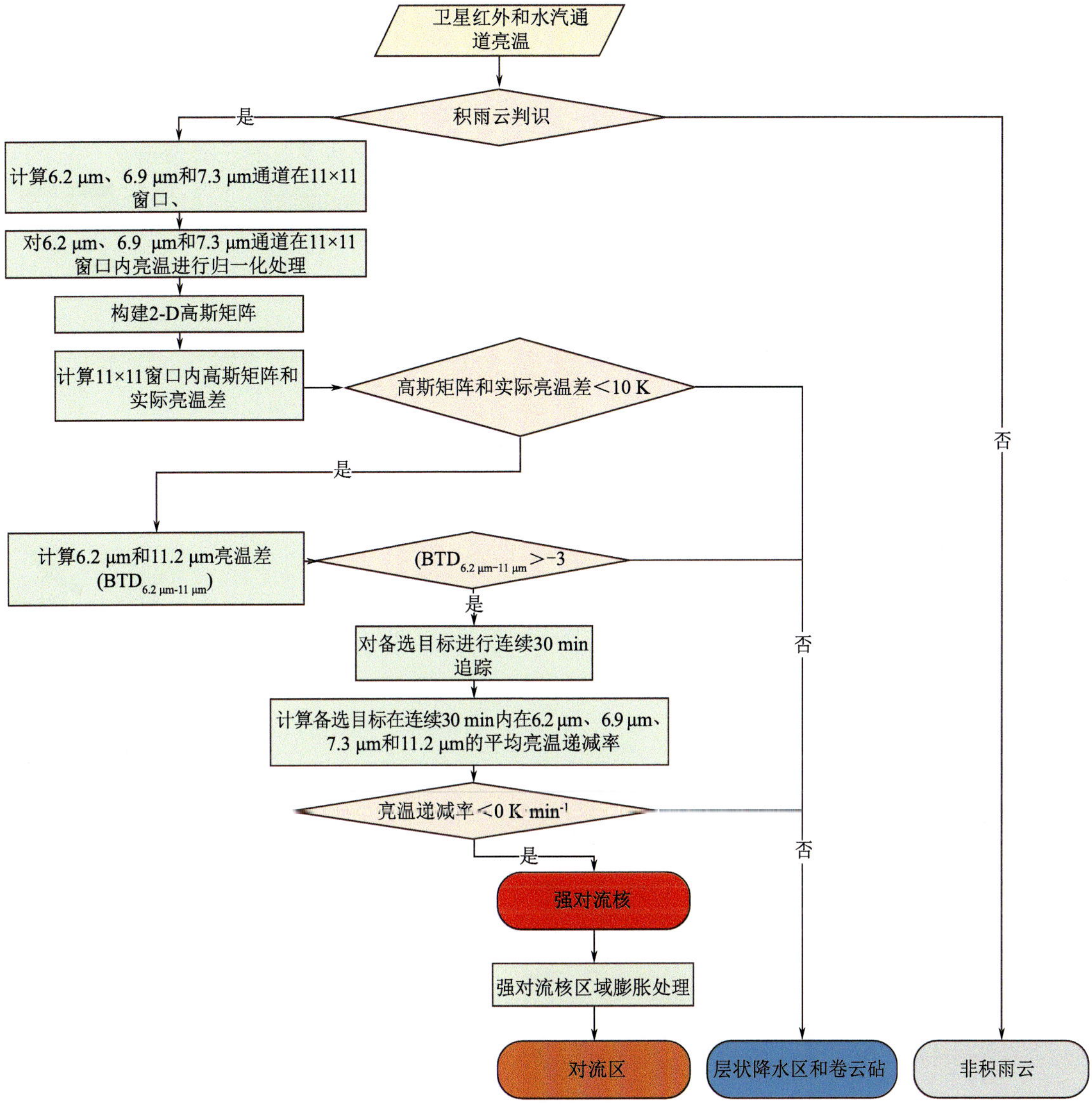


图 5.5　算法流程图(Shou et al.，2024)

构建亮温矩阵。归一化处理采用最大-最小值归一化，即首先求出窗口区内最大亮温和最小亮温值，然后用最大亮温减去每个像元点亮温，除以最大和最小亮温差。在 L21 的算法基础上，除了使用 6.2 μm 和 7.3 μm 两个通道以外，还增加了 6.9 μm 水汽通道。由于对流强度受水汽输送强弱和路径影响较大，中国西北地区受地理位置的影响，大气柱内的水汽较近海地区以及低纬度地区要少很多，因此该地区大部分对流垂直发展高度较低，多集中在对流层中层。6.9 μm 水汽通道最大权重高度位于约 450 hPa，可反映对流层中层水汽分布，因此补充 6.9 μm 通道信息，可以帮助识别降水质心较低的对流核。

在获得滑动窗内归一化亮温矩阵后，根据亮温矩阵均值和标准差再分别构建对应的 Gaussian 矩阵，并计算二者差值的绝对值。由图 5.1b 所示，黑线表示实际的亮温矩阵，绿色曲线表示对应的 Gassian 分布，如果二者的差值越小，表示以被检测像元点为中心的实际亮温分布接近 Gaussian 分布，即呈顶部向上凸起结构。

此外，算法中还计算了 6.2 μm 和 11.2 μm 两个通道亮温差（$BTD_{6.2\ \mu m-11.2\ \mu m}$），辅助深对流核区识别。该参数对于云顶高度较低的非对流云，一般具有较大的负值，当对流云发展并达到对流层高层，$BTD_{6.2\ \mu m-11.2\ \mu m}$ 则会逐渐增大为正值。为了更为客观地进行阈值选取，基于随机选取的 1000000 个样本对 $BTD_{6.2\ \mu m-11.2\ \mu m}$ 以及亮温和 Gaussian 矩阵差值的阈值进行了多组试验。表 5.4 所示为每组阈值搭配下识别为对流与雷达识别结果的精度比较。因为这里只考虑阈值选取对后面对流判识的影响，因此在精度评价时将其变为二分类问题，即将雷达识别的层状降水区归为非对流区，将雷达识别的深对流区归入对流区，与卫星识别结果进行比较。在此基础上，采用常用的击中率（POD）和准确率（ACC）作为评价。击中率（POD）和准确率（ACC）的公式如下：

$$\mathrm{POD}=\frac{\mathrm{TP}}{\mathrm{TP}+\mathrm{FN}} \tag{5.1}$$

$$\mathrm{ACC}=\frac{\mathrm{TP}+\mathrm{TN}}{\mathrm{TP}+\mathrm{TN}+\mathrm{FN}+\mathrm{FP}} \tag{5.2}$$

式中：TP 表示雷达识别为对流区，卫星识别也为对流区；FP 表示雷达识别为非对流区，卫星识别为对流区；FN 表示雷达识别为对流区，卫星识别为非对流区，TN 表示雷达识别为非对流区，卫星识别为非对流区。

由表 5.4 可见，水汽通道亮温和 Gaussian 矩阵差值选为 10，$BTD_{6.2\ \mu m-11.2\ \mu m}$ 选为 −3 K 时，POD 为 0.65，ACC 为 0.94，为试验组中最佳。基于此，算法将三个水汽通道亮温和 Gaussian 矩阵差值小于 10，且 $BTD_{6.2\ \mu m-11.2\ \mu m}>-3$ K 作为可能的对流区进入下一轮的判识，将滤除的点归入层状降水区。

**表 5.4　使用不同阈值基于卫星观测识别对流区的 POD 和 ACC（Shou et al.，2024）**

| $T_b$ 真实值与高斯矩阵的差值 | 6.2 μm 与 11.2 μm 亮温差 | POD | ACC |
|---|---|---|---|
| 5 | −1 | 0.02 | 0.98 |
| 5 | −2 | 0.2 | 0.98 |
| 5 | −3 | 0.22 | 0.98 |
| 8 | −1 | 0.12 | 0.98 |
| 8 | −2 | 0.47 | 0.97 |
| 8 | −3 | 0.55 | 0.96 |
| 10 | −1 | 0.17 | 0.98 |
| 10 | −3 | 0.65 | 0.94 |

#### 5.1.4.3　深对流和对流区识别

深对流区通常对应云内垂直运动最剧烈的地方，是系统内核心区域，是维持整个对流系统的关键。不断发展的对流核云顶亮温通常有随时间连续降温的特点。基于此，本研究对候选的对流核区进行像元点追踪，计算这些像元点在过去 30 min 内的亮温变化情况。具体采用的追踪算法是由 Kroeger 等(2016)提出的 DIS(Dense Inverse Search-based method，基于稠密逆搜索的方法)光流法。该方法的核心思想是基于图像块级别，使用反向搜索与梯度下降方法对目标物移动进行最优化估计，它将稀疏光流和稠密光流法的思想进行了有效的融合，其计算效率和精度相比于后者都有明显的提高。利用该方法，对每隔 10 min 的水汽通道(6.2 μm、6.9 μm 和 7.3 μm)和 11.2 μm 红外通道图像进行连续追踪，并计算当前像元点在过去 30 min 内各个通道上的平均亮温变化率，当以上通道中亮温变化率都为负值，即云顶亮温都随时间呈递减趋势，则确定该像元点为深对流(以下简称 Intense)所在的区域。

考虑到中等和偏弱的对流通常会围绕在这些深对流核周围。因此，本研究在识别的深对流区域的基础上，以深对流区为中心向层状降水区进行空间扩展。采用 5×5 大小窗口进行卷积计算。将识别的深对流区标记为 3，层状降水区标记为 1，卷积核如式(5.3)所示。卷积得到的结果介于 1 与 3 之间的区域，归为对流区，标记为 2。

$$G=\begin{bmatrix}0&0&1&0&0\\1&1&1&1&1\\1&1&1&1&1\\1&1&1&1&1\\0&0&1&0&0\end{bmatrix}\tag{5.3}$$

式中，$G$ 为核函数。

### 5.1.5 检验

为了验证本算法得到的结果的可信度，分别采用卫星和雷达对 2020 年 7 月 1—10 日期间的 MCS 进行分类。以雷达分类结果为真值，对卫星识别结果进行定性和定量检验。

用于检验的雷达资料是 6 min 间隔，空间分辨率为 1 km 的中国中东部区域雷达组合反射率资料。这里选取该资料用于算法的检验主要是考虑：一方面，中国中东部地区地势相对平坦，雷达回波受地形阻挡影响较小，且这些地区的雷达都以 S 波段雷达为主，数据质量较好；另一方面，7 月上旬是夏季对流频发时期，中尺度对流系统较为活跃，多种类型的中尺度对流系统出现概率较高，能更好地测试算法性能。

利用雷达资料识别对流系统组织结构的关键是区分对流系统中对流和层状降水区，目前国际上用于区分这两部分主要采用的是 Level-Ⅱ Mosaic 雷达资料(Hilgendorf et al.，1998)或雷达组合反射率资料(Parker et al.，2000；Schumacher et al.，2005)。Level-Ⅱ Mosaic 雷达资料是特定仰角高度上雷达基本反射率资料的拼图，通常选用 0.5°仰角(最低层)的观测进行合成。雷达组合反射率是雷达接收不同高度云层反射雷达回波的最大值。相比于雷达基本反射率资料，组合反射率能够更好地反映风暴系统内的信息。强回波中心往往对应较强对流或较强降水，因此现在越来越多的研究中使用雷达组合反射率区分对流和层状降水区。采用 Parker 等(2000)提出的基于雷达组合反射率的 MCS 组织结构分类方案。该方案中将 MCS 定义为回波大于 20 dBZ 且包含 40 dBZ 以上回波区的连续区域。其中，层状降水区指介于 20～40 dBZ 连续回波区，对流区和深对流区分别定义为雷达回波大于 40 dBZ 和大于 50 dBZ 的连续回波区。

#### 5.1.5.1 定性检验

首先，以2020年7月1日、7月3日以及7月7日出现的三个MCS为例，对算法性能进行定性分析。

图5.6是2020年7月1日湖南北部出现的一个中尺度对流系统，该系统引发了冰雹、短时强降水和雷暴等多种强对流天气。00:00(UTC)由该系统引发的局地短时降水最大达到64.7 mm·$h^{-1}$。从当时的雷达和卫星图上可以看到这个中尺度对流系统上雷达回波最大达到50 dBZ以上(图5.6a)，红外云图上云顶亮温最低接近200 K(图5.6c)。从两类资料的分类结果来看，两种资料中中尺度对流系统都表现出线状排列的特点，东西轴远大于南北轴的长度(图5.6b，图5.6d)。系统东西两端对流旺盛，00:00(UTC)时强降水中心位于东端对流区上；而中间对流相对较弱，卫星识别结果中中部的层状降水区出现了断裂，对流区也几乎没有识别出来。此外，两种观测资料中层状降水区与对流区面积基本相当。

第二个个例是7月3日影响江西到浙江一带的一个中尺度对流系统，该系统在05:00—06:00(UTC)期间给江西和浙江局部地区带来超过50 mm·$h^{-1}$的短时强降水。从雷达回波图结合雷达分类图上可见(图5.7a、b)，该系统强回波的对流区主要集中系统的北侧边缘，呈线状分布，系统的前部则主要由弱回波层状降水区构成，层状降水区面积是对流区面积的十几倍，表现为LS型MCS结构特征。然而，这个结构特征在红外云图上很难看出来。按照传统的卫星云图识别对流和深对流区的方法，亮温低于221 K(−52 ℃)的深对流区域范围几乎占整个MCS面积的一半以上，且形状呈椭圆形，而非线状分布特征，与雷达观测的MCS结构差别较大。但是在利用本算法得到的MCS分类图上(图5.7b、d)，对流区和层状降水区的面积比例，以及对流区在层状降水区上的位置与雷达结果更加接近。

第三个个例是7月7日午后安徽境内出现的一次飑线过程。受这条飑线影响，安徽中部在09:00(UTC)出现了87.1 mm·$h^{-1}$短时强降水。从图5.8a和图5.8c可见，雷达回波强度达到50 dBZ以上，但是卫星红外亮温图上，云顶亮温并没有出现前面两个个例中大片接近200 K的低温区，亮温最低值约为210 K。由雷达分类图上(图5.8b和图5.8d)可以看到，对流系统内层状降水区面积与对流区面积相当，对流区由西北到东南方向线状排列分布，主要集中分布在系统的西北端，中部以及东南端。比较来看，卫星识别的对流区范围虽然相对较小，但是分布规律与雷达是基本一致的。

#### 5.1.5.2 定量检验

在定性检验的基础上，采用定量检验的方法对算法进行评估。首先采用前面介绍的二分类问题的检验方法，以雷达识别的对流区为真值，对卫星识别的对流区的精度进行检验。检验时间段选为2020年7月1—10日。这里除了使用5.1.3.2节的POD和ACC作为评价指标以外，还增加了虚警率(FAR)，其定义为：

$$\mathrm{FAR}=\frac{\mathrm{FP}}{\mathrm{TP}+\mathrm{FP}} \tag{5.4}$$

检验中，将深对流和对流区合并作为对流区进行检验。计算得到的POD为0.65，FAR为0.39，ACC为0.94。可以看到前面阈值选取时基于抽样样本检验得到的POD和ACC与全集检验得到的结果是一致的。此外，虚警率相对较高的原因可能与卫星观测在云顶高度较高时存在一定的视差，导致识别的对流区相对于地面观测的位置会有偏移，云顶高度越高，这

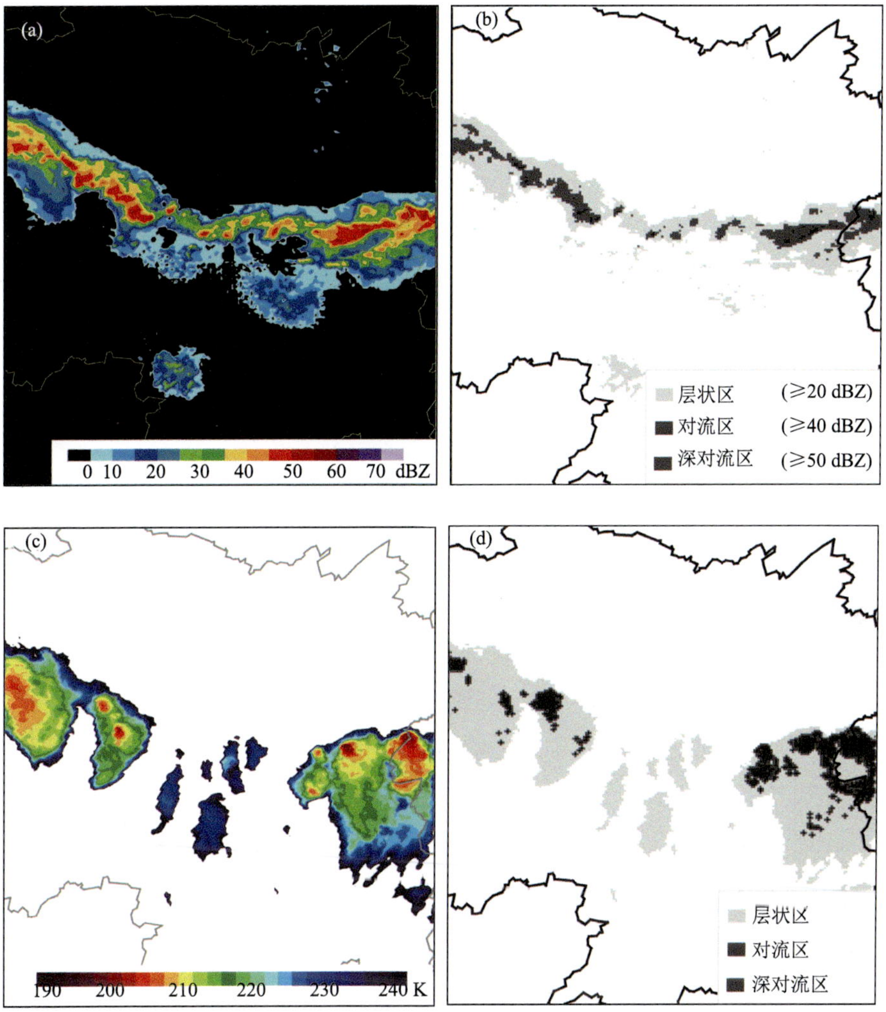


图 5.6　2020 年 7 月 1 日 00:00(UTC)湖南北部出现的一个中尺度对流系统对应的(a)雷达组合反射率和卫星红外云图(c)以及对流系统组织结构图(b、d)(Shou et al.，2024)

种视差就会越大。Yuan 等(2022)研究表明，云高达到 10 km 以上，视差所引起的位置偏移可达 50 km。

除了采用精度评价指标，针对组织结构的识别，有必要评估两种不同观测资料对同一个 MCS 得到的组织结构的相似度。这里采用图形分析中使用的结构相似度函数 Stucture Similarity Index Meaure(SSIM)指数。该指数是 Zhou 等(2004)提出的一种图像客观评价方法，其范围在 0～1，越接近 1 表示两张图像结构越相似，反之，越接近 0 两张图像越不相同。公式如下：

$$\mathrm{SSIM}(x,y)=\frac{(2\mu_x\mu_y+C_1)(2\sigma_{xy}+C_2)}{(\mu_x^2+\mu_y^2+C_1)(\sigma_x^2+\sigma_y^2+C_2)} \tag{5.5}$$

式中，$\mu_x$，$\mu_y$ 分别是卫星和雷达分类的 MCS 图的均值，$\sigma_x$，$\sigma_y$ 则代表分类图的方差，$\sigma_{xy}$ 是卫星和雷达分类图的协方差，$C_1$，$C_2$ 为常数，这里分别取为 $10^{-4}$ 和 $3\times10^{-4}$。基于该指数，对 50

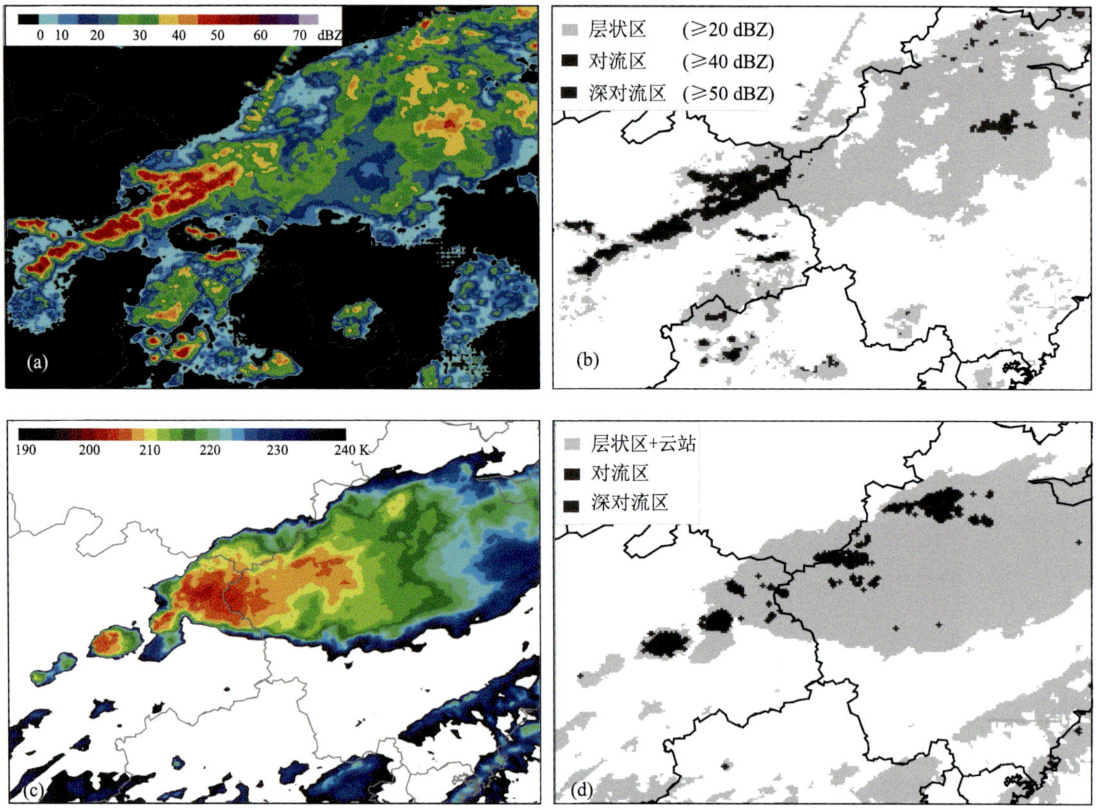


图 5.7 2020 年 7 月 3 日 05:00(UTC) 江西至浙江出现的一个中尺度对流系统对应的雷达组合反射率(a)和卫星红外云图(c)及对流系统组织结构图(b、d)(Shou et al.，2024)

个随机选取的 MCS 样本进行了相似度计算。50 个样本中 SSIM 的中值为 0.58，均值为 0.6，表明卫星和雷达得到的 MCS 组织结构分布基本相似。

### 5.1.6 “2016・8・21”贺兰山东麓特大暴雨过程的中尺度组织结构特征

利用基于卫星观测的对流组织结构识别算法，对 2016 年 8 月 21 日夜间在贺兰山东麓一带出现的一次特大暴雨过程(以下简称“08・21”暴雨) 的中尺度对流系统组织结构演变过程进行分析。

“08・21”暴雨过程是从 21 日 11:00(UTC)开始到 22 日 00:00(UTC)结束，历时 14 h，最大累计雨量达到 231.8 mm。其中大雨以上的强降水区主要出现在内蒙古巴彦浩特及宁夏贺兰山区，暴雨区集中在距贺兰山主峰以东 20 km 山脚下的滑雪场、拜寺沟口一带(如图 5.9 所示)，近似“单点”分布。

除了在空间分布上的不均匀性以外，降水过程大部分时间雨强都在 10 mm・$h^{-1}$ 以下，超过 20 mm・$h^{-1}$ 的强降水主要集中出现在 12:00—18:00(UTC)。且在这 6 h 内，强降水还具有波动特点，波动间隔 1 h 左右。滑雪场在 21 日 17:00(UTC)小时雨强达到 82.5 mm・$h^{-1}$，为此次过程最大雨强中心。

此次暴雨过程中副热带高压异常西伸，21 日 00:00(UTC)时，592 dagpm 等值线的西脊点

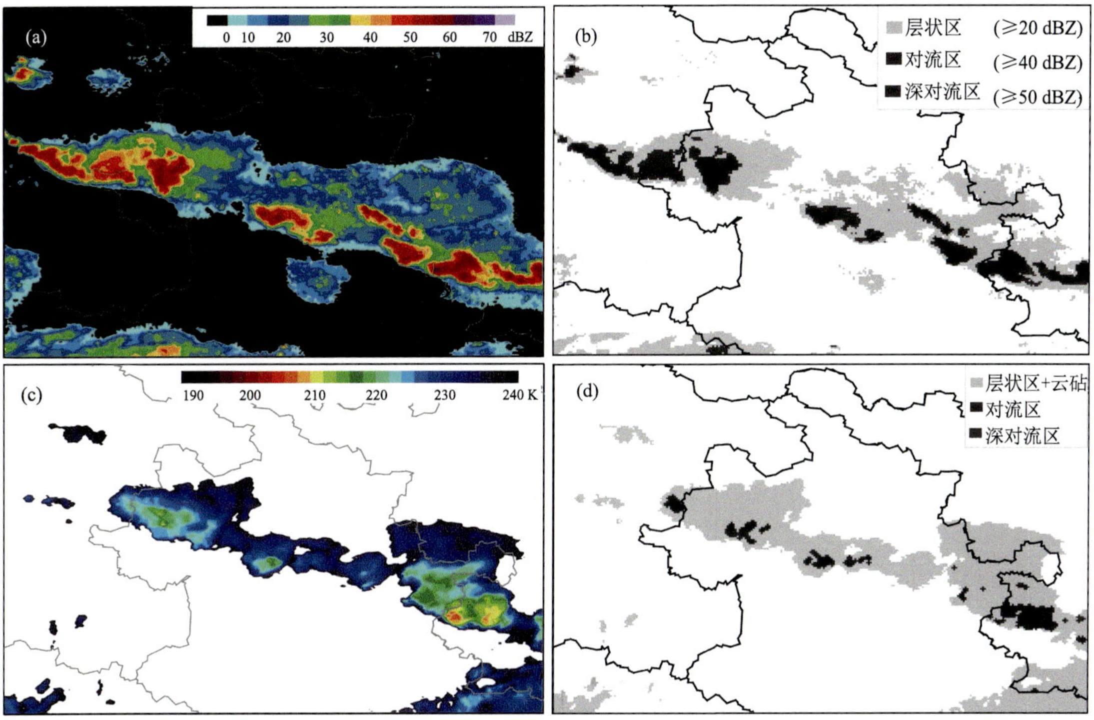


图 5.8　2020 年 7 月 7 日 09:00(UTC)安徽中部出现的一个中尺度对流系统对应的雷达组合反射率(a)和卫星红外云图(c)及对流系统组织结构图(b、d)(Shou et al.，2024)

伸至 100°E 附近，北侧边缘位于 35°—38°N。与此同时，700 hPa 上，位于青海东北部的低压系统逐渐增强，并不断东移，与副热带高压形成"西低东高"的形势。风场上，低空风不断加速，700 hPa 和 850 hPa 上沿副热带高压西南侧形成一支东南风急流，暴雨区出现在该支急流前端的辐合线附近(图略)。

#### 5.1.6.1　中尺度系统组织结构特征及演变路径

图 5.9 和图 5.10 是对流系统在旺盛发展阶段每隔 60 min 和 10 min 的组织结构的演变情况。由图 5.9 可见，在 2016 年 8 月 21 日 10:30—13:30(UTC)这个阶段的对流系统移动缓慢，几乎呈准静止状态。系统内对流核沿轴线分布，且生消频繁。单个对流核的平均维持时间约 20 min，其中位于西端上的对流核维持时间最长，位于东端的对流核维持时间最短。当东端对流核形成时，整个对流系统内的组织性最好，对流系统内对流核呈线性分布；相反，当东端对流核减弱消失时，对流系统内对流核组织性也会变差，杂乱地分布在云团的西端。另外，对流系统在该阶段还表现出了明显的后向建立的特点。15:30—16:00(UTC)(图 5.10a—d)，对流云团西侧新生对流开始快速发展并靠近主体云系，16:10—16:40(UTC)(图 5.10e—h)，该新生对流云团与对流系统的主体云系相连，最终形成了平底锅状(pan-like)结构。

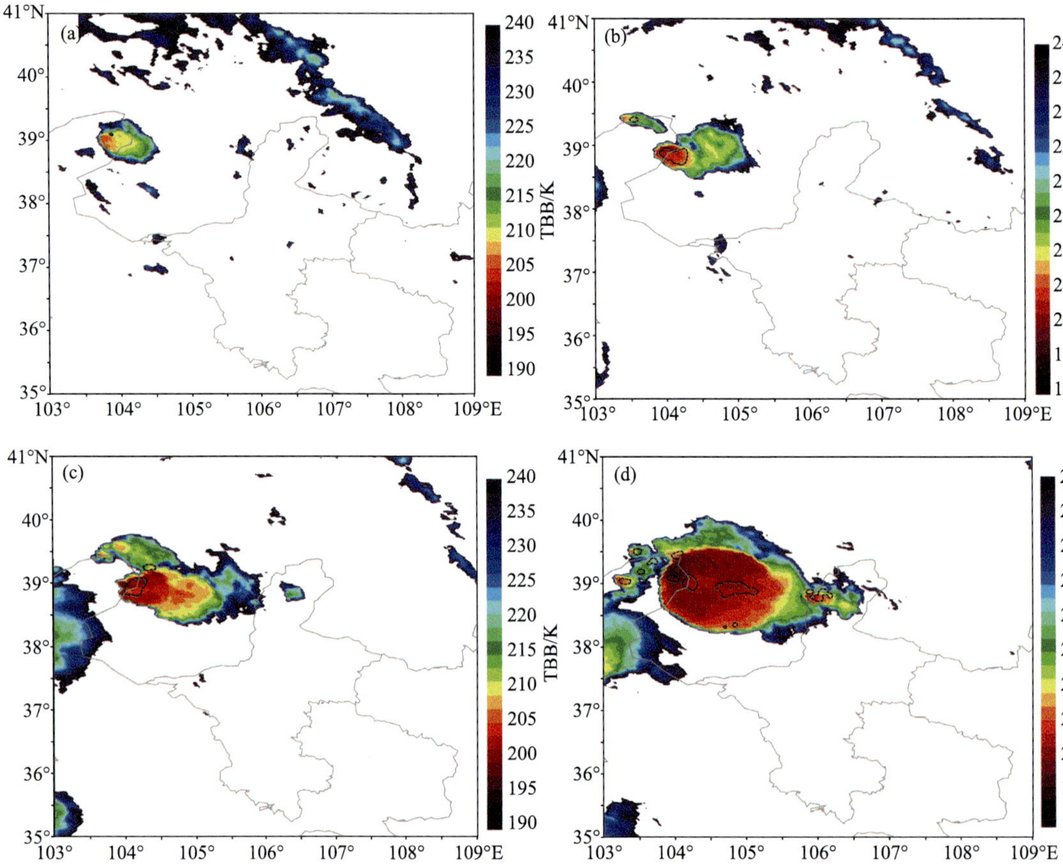


图 5.9 “08·21”暴雨中尺度对流云团在 10:30—13:30(UTC)期间(间隔 60 min)组织结构分布图
(填色区为红外亮温低于 240 K 的层云和云砧区域,黑色实线表示的区域为
识别的系统内的对流核区域)(Shou et al.,2024)

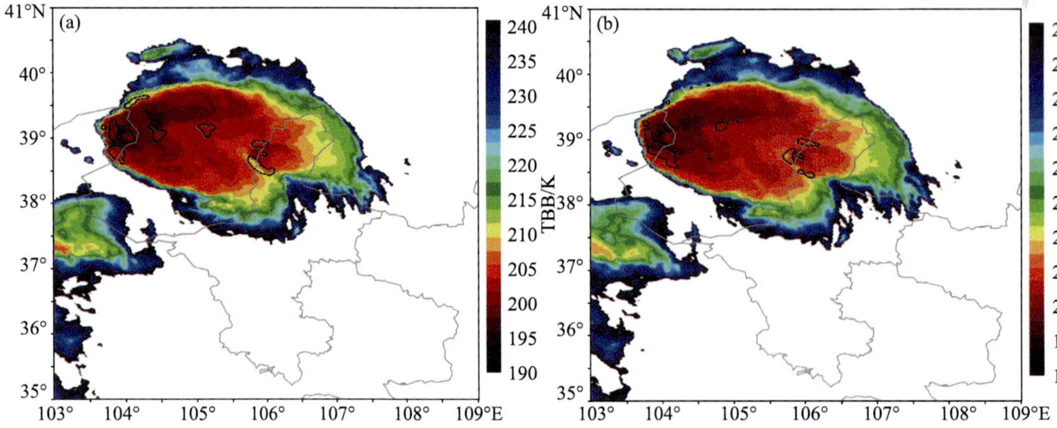

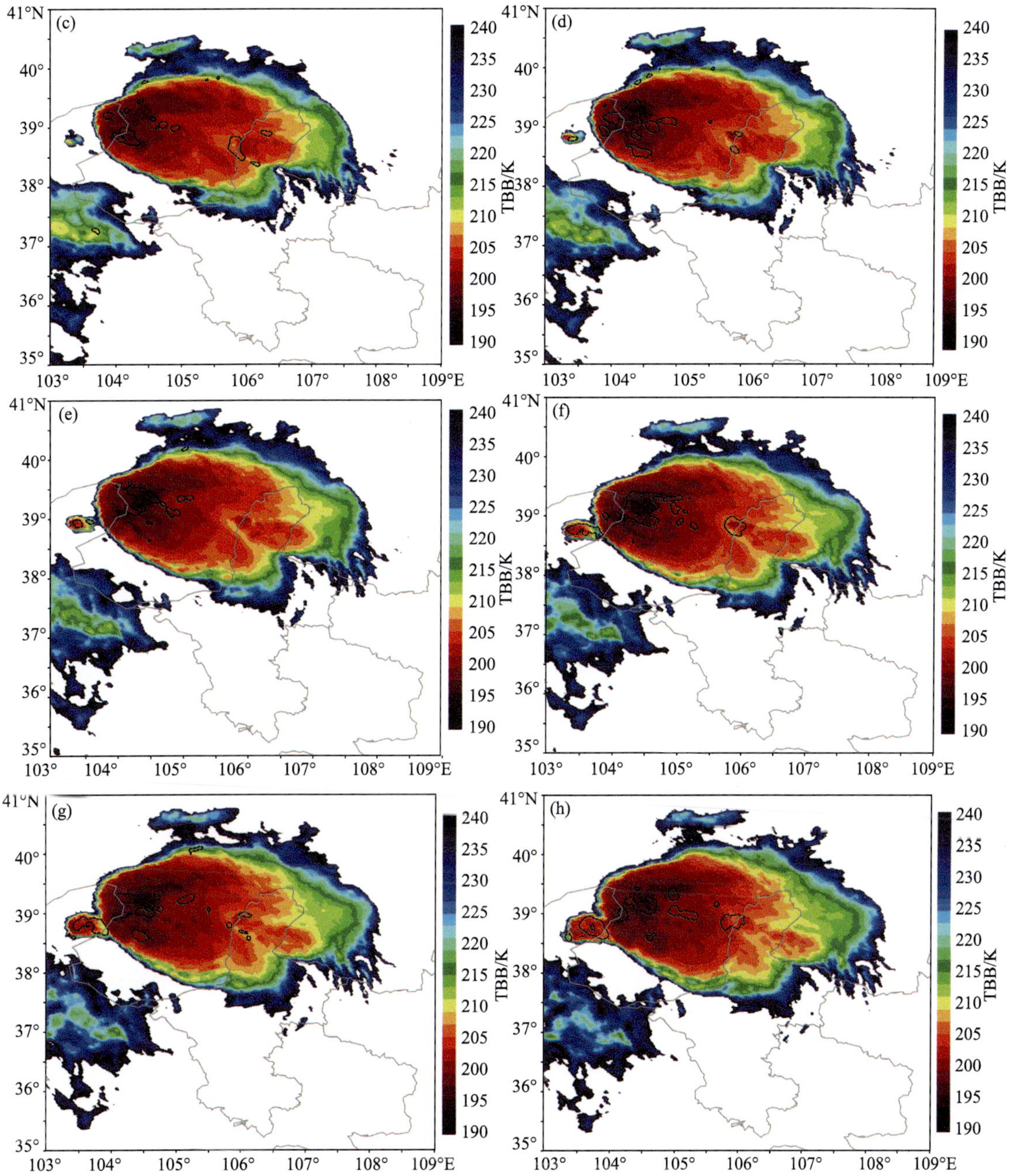


图 5.10　“08·21”暴雨中尺度对流云团在 15:30—16:40(UTC)期间(间隔 10 min)组织结构分布图
(填色区为红外亮温低于 240 K 的层云和云砧区域,黑色实线表示的区域为
识别的系统内的对流核区域)(Shou et al.，2024)

18:00(UTC)以后,降水强度明显减弱,标志着中尺度对流系统进入减弱期。由图 5.11 可见,MCS 进入减弱期以后,其组织结构表现出:①此时整个对流云的云砧覆盖范围达到了近 $30\times10^4$ $km^2$,但是对流区所占的比例不足 2%,由此可以推断此时降水以非对流性降水为主,

这是降水强度减弱的关键；②对流核从沿对流系统轴线分布逐渐转变为沿着对流系统西北侧边界分布，即位于与系统移动方向相反的一侧边界上，其前方为大范围的非对流区(包括层状降水区和云砧)。

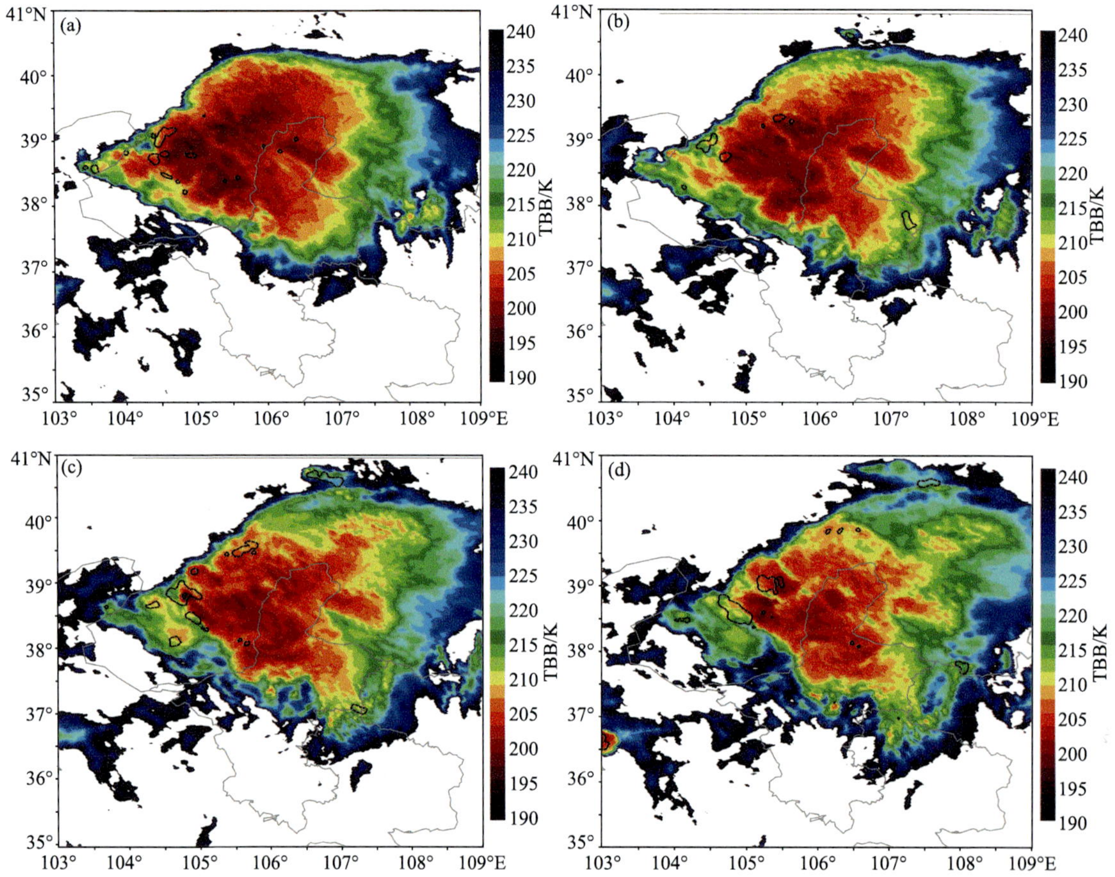


图 5.11 “08·21”暴雨中尺度对流云团在 18:30—20:00(UTC)期间(间隔 30 min)组织结构分布图(填色区为红外亮温低于 240 K 的层云和云砧区域，黑色实线表示的区域为识别的系统内的对流核区域)

借鉴 Squitieri 等(2020)划分标准，讨论的 MCS 在其生命周期内曾先后出现了 IC、PS、NL 及 LS 结构特征。图 5.12 是这些结构特征出现的时间序列示意图，在 MCS 初生阶段，系统呈 IC 结构特征。随着 MCS 进入快速发展阶段，系统表现为典型的 PS 结构特征。值得一提的是，在快速发展阶段，MCS 的这种 PS 组织结构并不稳定，它会与 NL 结构交替出现，表现为有序到无序再到有序的耗散过程，直到整个系统达到平衡，系统进入成熟状态。在减弱消亡阶段，本例中的对流系统从 PS 结构逐渐变化到 LS 结构，直至对流完全消失。

Pettet 等(2003)发现，LS 和 PS 是引发北美春夏季引发极端强降水的 MCS 最常出现的两种结构。而 Squitieri 等(2020)统计结果表明，具有 PS 结构的 MCS 是所有类型的 MCS 中最易引发极端强降水的风暴结构。本例中极端强降水出现的时期，MCS 具有 PS 结构特征，这个结果与以往的研究是一致的。但是“08·21”暴雨过程中，MCS 出现 LS 型结构时，强降水已经进入了减弱阶段。

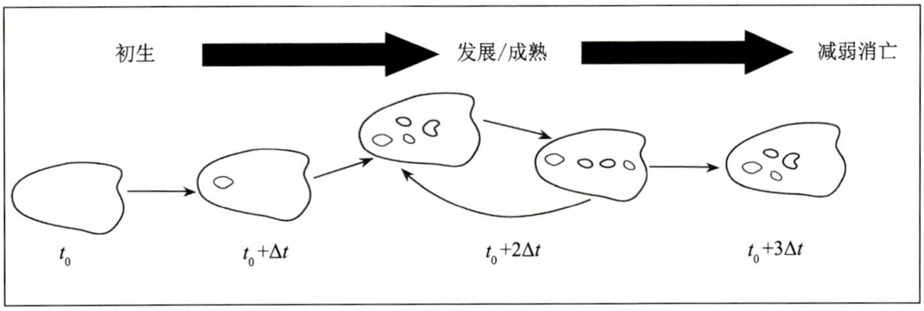


图 5.12 “08·21”暴雨中尺度对流云团组织结构演变路径图(Shou et al.,2024)

#### 5.1.6.2 组织结构的形成与环境场特征的关系

为了研究“08·21”暴雨过程中致雨云团的 MCS 组织结构的成因,使用 ERA5 再分析资料以及地面加密观测对 MCS 快速发展阶段出现的 PS 结构作进一步成因分析。图 5.13 是 2016 年 8 月 21 日 13:00—19:00(UTC)研究区域上低空风场和湿度场分布情况。由图 5.13 可见,强降水区表现为局地水汽高值区,最初沿东西方向伸长,并被两股干暖空气包围。湿区以南强劲的东南风,不断将干暖空气向北快速输送,阻挡湿区向南扩展。随着湿区强度不断加强,湿区与南部大范围的干区之间梯度不断加大,13:00(UTC)前后在 38°—39°N 附近形成一条 Ω 形的干线(图 5.13a),这条干线在暴雨过程中缓慢北推,几乎与降水同步。结合“08·21”暴雨的 MCS 内的对流核分布可见,这些对流核大部分都沿着这条干线北侧湿区分布。此外,由于对流云团的西端位于 Ω 形的干线的顶端,干暖空气交汇最为剧烈,因此这里不仅是对流初生的地方,也是对流核维持时间最长的地方。不仅如此,降水系统在快速发展期间,此处还会不断激发产生新生单体,使对流系统表现出明显的后向建立的特点。结合这些特征可见,Ω 形干线是“08·21”暴雨过程中引发 MCS 组织结构演变的关键环境条件之一,它的顶端是整个系统能量供应的源区。

此外,由图 5.13 中近地面风场可见,对流核出现的位置,低空风场有明显的风向和风速辐合。对流核南侧为东南风,13:00—17:00(UTC)期间该区域上空最大风速可达 16 $m \cdot s^{-1}$;而对流核以北有明显的东北气流,两股气流在 38°—39°N 附近汇合,形成辐合线。13:00—17:00(UTC)期间,辐合线主体位于 38.5°—39.5°N,103.5°—106°E,呈西北—东南走向(图 5.13a、b、c)。19:00(UTC)时,辐合线西端向东移动至(39°N,104°E)附近,东端北抬至(39.5°N,105.5°E),此时辐合线呈西南—东北走向(图 5.13d)。从前后对流核的分布特征上看,地面辐合线可能是导致此次暴雨过程 MCS 具有线性结构的关键条件。

从图 5.14 可以看到,MCS 西端不断有新生雷暴生成,在高空偏西风气流的引导下,沿着近地面湿区一侧,由西北向东南方向传播、发展。从沿对流核方向(图 5.13a 中虚线 *AB* 所示)的垂直剖面分析可以看到,沿对流核的环境大气中,垂直运动呈上升—下沉交替出现的波动特征(图 5.14),且上升运动区正是对流核所在的位置(图 5.13)。水平风廓线上,沿对流核有明显的风向切变,750 hPa 以下为偏东气流,气流随高度顺转,在 500 hPa 附近转为偏西气流。上升-下沉运动中心主要集中在 650~750 hPa,并随高度向下游方向(东南方向)倾斜,其中最强的下沉运动区位于贺兰山西麓。这个下沉运动区在 13:00(UTC)时与地面基本垂直,15:00—17:00(UTC)期间,这个下沉运动区在 700 hPa 以上的部分已经伸展到贺兰山以东。受地形阻挡，位于贺兰山西麓上空的下沉气流在到达地面后向偏西方向快速辐散，这部分气流恰好与从系统后部进入的偏西气流辐合，再次促发新生对流的发展，这使得对流系统内靠西侧的对流发展得以长时间维持。而位于700 hPa以上的下沉气流则伸展到贺兰山以东，这部分气流在下沉过程中沿山体东侧下滑，与东南沿海传输过来的暖湿气流正好迎面相遇，从而诱发了贺兰山东麓山脚附近的强对流发生。

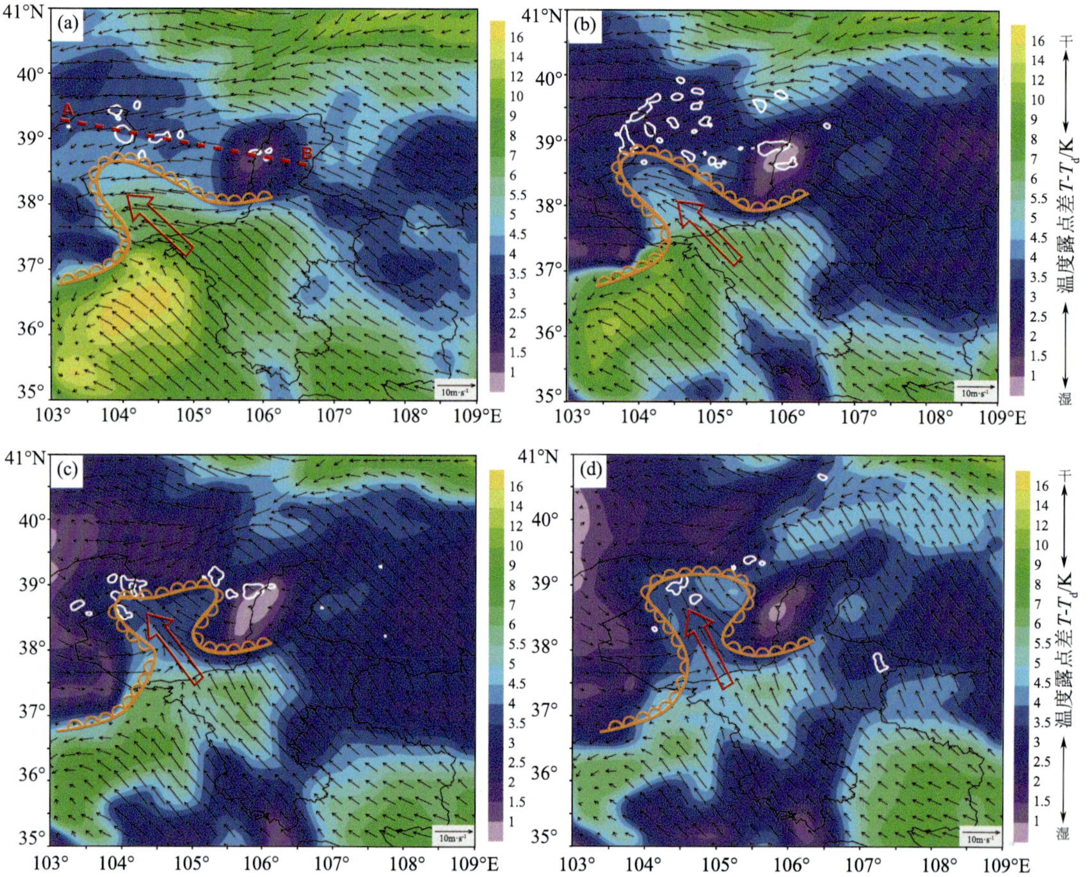


图 5.13 2016年8月21日近地面风场(10 m风，黑色矢量箭头)和温度-露点差(填色，蓝紫色表示湿区，黄绿色表示干区)(图中白色轮廓线为对应时刻卫星识别的影响宁夏贺兰山地区的中尺度对流系统中的对流核，橘色线表示干线；红色空心箭头为低空急流)
(a)13:00(UTC)；(b)15:00(UTC)；(c)17:00(UTC)；(d)19:00(UTC)

图5.15是21日12:00(UTC)—22日00:00(UTC)贺兰山以东的沙湖和陶乐两个自动站的地面气压和风向风速的时序变化。由图5.15所示，沙湖位于陶乐以西，两站相距约20 km左右。从两站气压变化可以看到，两站都于12:00(UTC)以后气压出现明显降低，并于13:00(UTC)前后地面气压开始出现波动。沙湖出现时间早于陶乐。此后，两站上的气压波动频率加快，且每次发生波动的时候，风向或风速上也会相应出现明显的变化。据估算，这些波动的周期平均约为60 min，最大振幅约0.8 hPa，平均约为0.2 hPa。按照沙湖到陶乐的距离估算，波动的相速度约为5.5 m·s$^{-1}$。从以上的特征看，“08·21”暴雨过程中的雷暴单体可能是通

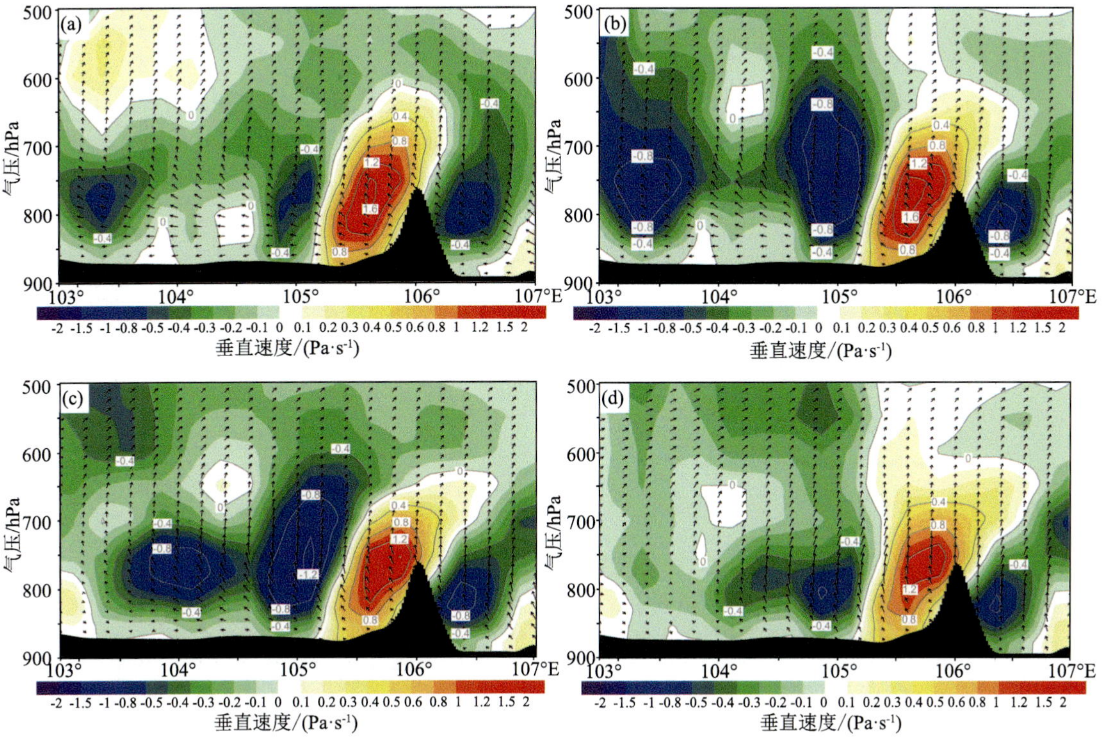


图 5.14 沿图 5.13a 虚线方向水平风场核垂直速度垂直剖面图
(黑色区域代表地形)
(a)13:00(UTC);(b)15:00(UTC);(c)17:00(UTC);(d)19:00(UTC)

过中尺度惯性重力波激发和传播的。

### 5.1.7 小结

由于宁夏天气雷达观测站网分布密度较低,贺兰山区仅有一部 C 波段雷达,该雷达受地形遮挡影响大,雷达观测质量不高。为了发挥高时空分辨率卫星资料在贺兰山短临天气监测中的作用,尝试使用 Himawari-8 AHI 资料开展对流系统组织结构研究。

通过对 2015 年以来的强降水过程的卫星资料分析,构建了一套基于 Himawari-8 资料的中尺度对流系统组织结构客观识别算法。从初步应用检验结果看,识别结果与观测一致性较高,POD0.65,FAR0.39,ACC0.94。采用图形分析中使用的结构相似度函数评价,卫星和雷达得到的 MCS 组织结构分布相似度约为 60%。

利用该套算法对 2016 年 8 月 21 日贺兰山东麓夜间极端暴雨云团对流组织结构演变规律以及成因进行初步分析。结果发现,MCS 在暴雨生命期中,先后出现 IC、PS、NL 以及 LS 型结构。其中,IC 结构主要出现在 MCS 初生阶段,MCS 快速发展阶段,PS 和 NL 结构交替出现,并呈现后向建立的特点。结合降水变化规律看,MCS 呈有组织 PS 结构时,降水加强,易出现短时极端强降水;反之,MCS 呈无组织 NL 结构时,降水减弱。这种结构轮换反映了系统耗散过程,一旦这种耗散过程减弱,则标志着系统达到平衡,将逐渐转入成熟减弱阶段。

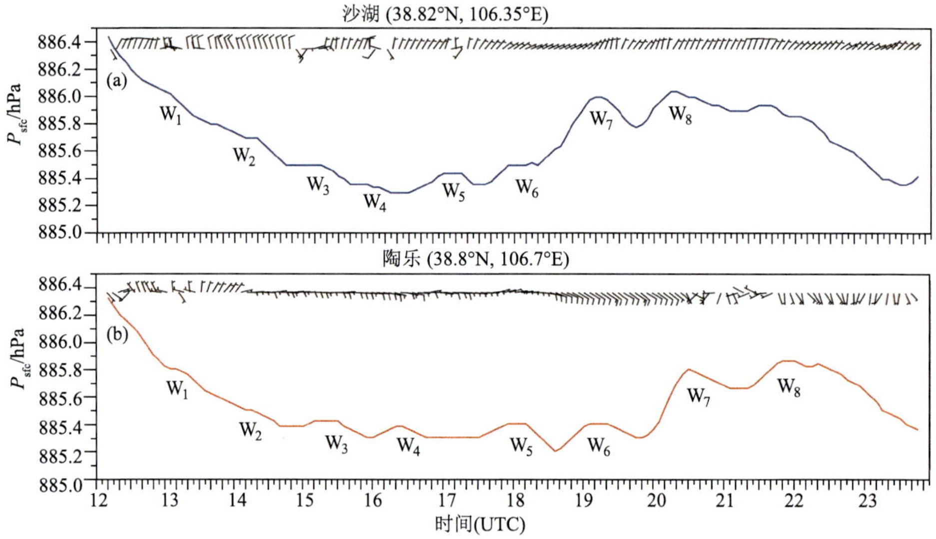


图 5.15　2016 年 8 月 21 日 12:00(UTC)—8 月 22 日 00:00(UTC)沙湖(a)和陶乐站(b)5 min 间隔的地面气压和风向风速时序变化图

从这个例子来看,PS 型线状结构可能是引发贺兰山东麓极端强降水的一种重要风暴结构特征,MCS 组织结构变化可能与 3 个环境条件有关:Ω 形干线、低层辐合线、中尺度惯性重力波。

该研究仅就一次引发西北东部极端强降水的 MCS 组织结构进行分析。接下来,将基于更长时间范围该地区资料开展对这个地区引发强降水的 MCS 组织结构普查分析,以期增加对西北干旱地区 MCS 认识,为该地区强风暴天气预报技术的改进提供思路。

## 5.2　基于葵花-8 卫星的暴雨中尺度云团特征

张晓茹等(2022b)利用葵花-8(简称 H8)卫星红外通道资料,结合地面观测降水数据,对宁夏 2017 年 5—9 月暴雨天气过程进行分析,归纳出暴雨对流云团的定量化特征,建立暴雨监测预警指标。

### 5.2.1　资料和方法

(1)暴雨标准定义

按照中国气象局和宁夏气象局业务规定,定义暴雨标准为 1 h 降雨量≥16 mm,或连续 12 h 降雨量≥30 mm,或连续 24 h 降雨量≥50 mm。为便于分析,结合以往研究主要定义两种暴雨,即短时暴雨和 24 h 暴雨,其中,短时暴雨标准为 1 h 降雨量≥16 mm;24 h 暴雨标准为某一天 24 h 累计降雨量≥50 mm(以北京时 08:00 为界,不管该日有几个时段出现降水)。宁夏实际预报业务中,当同一县两个或以上自动气象站同时出现暴雨时为单站暴雨,而相邻两个或以上县出现 3 个或 3 个以上自动站同时达暴雨标准时,则为区域性暴雨。因此,在短时和常规暴雨基础上再进行单站和区域性暴雨区分，即暴雨过程共计四种：短时单站暴雨、短时区域性暴雨、常规单站暴雨和常规区域性暴雨。需要注意的是，当某次降水同时满足短时暴雨和常规暴雨标准时，各暴雨过程均记录一例。

(2)资料处理说明

所用资料包括 2017 年 5—9 月逐 10 min 自动气象站降水资料和葵花-8 B13 通道数据，时、空分辨率为 10 min、2 km，中心波长为 10.4 μm。资料选取范围为 35.01°—39.6°N，104.1°—107.77°E。

根据暴雨标准，筛选出 59 例暴雨过程，确定每例过程实况达到暴雨标准的初始时刻、主要降水区域及雨量站点，从而提取最大降水量作为降水真实值，同时结合宁夏 2017 年 5—9 月重大天气过程进行针对性判别。

卫星资料处理具体分为三步：第一步使用“亮温阈值法”识别提取暴雨发生初始时刻前 1 h 对应降水区域的强对流云团信息，参考前人研究及个例回带检验，亮温阈值设为 228 K，共识别出 42 例暴雨过程，其中短时暴雨和常规暴雨分别为 30 例和 12 例，识别率较高(71.2%)，表明该值能识别出大部分暴雨过程中的强对流云团，可作为宁夏暴雨过程强对流云团识别阈值；第二步使用较为成熟的“逆向搜索法”对强对流云团边界进行识别；第三步提取计算卫星云团特征参数，进而结合降水量判断暴雨监测预警的有效指标。

(3)云团特征参数计算

平均云顶亮温($TBB_{avg}$)和最低云顶亮温($TBB_{min}$)。云顶亮温能反映云团降水强弱，其低值中心往往对应对流系统上冲云顶位置。TBB 越低，云顶越高。

亮温梯度($G$)。亮温梯度体现了云团内部对流活跃程度。一般梯度越大，表明云体纹理越丰富，对流越旺盛。本处采用 3×3 像素宽度来计算 $G$，其表达式如下：

$$G=[(T_{i+1,j}-T_{i-1,j})]^2+[(T_{i,j+1}-T_{i,j-1})^2]^{1/2} \tag{5.6}$$

式中，$T$ 为云顶亮温，$i$、$j$ 为像素坐标。强降水通常出现在云顶亮温梯度最大处，因此本研究采用对流云团最大亮温梯度代表过程最终梯度值。

冷云面积(Acc)。云团内部较低亮温区域的大小能反映对流的发展程度(徐双柱 等，2011)。本节冷云面积采用亮温≤228 K 的强对流云团内所含象素点的总数来表征。

云顶降温率(CTC)。对流云团云顶温度随时间的降低速率是云顶升高、变冷，空气垂直上升运动加强的间接表示，可用于表征对流加强的程度。采用 1 h 内对流云团最低亮温的下降值来表征降温率。

### 5.2.2　宁夏暴雨特征

根据暴雨标准，2017 年 5—9 月宁夏共统计提取暴雨过程 59 例，其中，短时暴雨 42 例，占总过程的 71.2%，表明宁夏暴雨过程多呈现时间短、对流性强等特征。短时暴雨又有局地性强的特点，表现为以单站短时暴雨居多(占总过程 40.7%)，且多发生在宁夏南部山区，这和南部山区受地形抬升影响明显，且这些地区日照充分，地面水汽充足，当高层有干冷空气入侵时，与低层暖湿气流易形成“高干冷、低暖湿”配置，不稳定能量增强，利于对流的发展加强有密切关系。17 例常规暴雨中单站和区域性暴雨发生次数相当(表 5.4)。此外，宁夏暴雨过程降水量较大且分布范围较广，其中，短时暴雨降水量范围为 16.9～61.9 mm，均值为 35.6 mm，常规暴雨降水量范围为 31.6～114.8 mm，均值为 71.8 mm。如表 5.4 所示，无论是短时暴雨还是常规暴雨，降水量都呈现出区域性暴雨均值高于单站暴雨均值的特点。

表 5.4 宁夏各类暴雨过程降水量均值及出现次数

| 特征量 | 短时暴雨 | | 常规暴雨 | | 合计 |
|---|---|---|---|---|---|
| | 单站暴雨 | 区域性暴雨 | 单站暴雨 | 区域性暴雨 | |
| 降水均值/mm | 33.1 | 38.4 | 59.2 | 80.8 | 45.9 |
| 实际暴雨过程/例 | 24 | 18 | 8 | 9 | 59 |
| 云团识别过程/例 | 16 | 14 | 5 | 7 | 42 |

### 5.2.3 对流云团特征参数分布

宁夏各类暴雨过程对应的 TBB 值较小，且 $TBB_{min}$ 分布范围均广于 $TBB_{avg}$，其中，$TBB_{min}$ 为 199～227 K，均值约 217 K，而 $TBB_{avg}$ 为 213～228 K，均值约 224 K。如表 5.5 所示，无论单站暴雨还是区域性暴雨，常规暴雨过程 $TBB_{avg}$ 和 $TBB_{min}$ 的均值极接近短时暴雨过程，但无论短时暴雨还是常规暴雨，区域性暴雨过程 $TBB_{avg}$ 和 $TBB_{min}$ 的均值(分别约 221 K 和 211 K)明显小于单站暴雨过程均值(分别约 226 K 和 223 K)。一般 TBB 越低，云体发展越强，暴雨落区越广。

亮温梯度在宁夏暴雨过程中的分布范围较广(4～50 ℃·$km^{-1}$)，均值约 23 ℃·$km^{-1}$。通常亮温梯度越大，云体起伏越明显，对流天气越强烈。如表 5.5 所示，区域性暴雨过程的亮温梯度均值≥30 ℃·$km^{-1}$，明显高出单站暴雨过程均值(约 14 ℃·$km^{-1}$)，且其又以常规区域性过程均值最高(32 ℃·$km^{-1}$)，与各类暴雨过程降水量的分布特征相似。此外，不同于 *TBB*，单站暴雨过程中，短时暴雨的梯度均值超过常规暴雨均值 6 ℃·$km^{-1}$，表明亮温梯度在区分局地暴雨时有较好的辨识力。

表 5.5 宁夏各类暴雨过程云团特征参数均值

| 特征参数 | 短时暴雨 | | 常规暴雨 | |
|---|---|---|---|---|
| | 单站暴雨 | 区域性暴雨 | 单站暴雨 | 区域性暴雨 |
| $TBB_{avg}$/K | 226 | 221 | 226 | 221 |
| $TBB_{min}$/K | 223 | 212 | 223 | 211 |
| $G$/(℃·$km^{-1}$) | 17 | 30 | 11 | 32 |
| $A_{cc}$/$km^2$ | 274 | 16817 | 365 | 9089 |
| CTC/(℃·$h^{-1}$) | 11 | 15 | 10 | 18 |

宁夏暴雨过程对应的冷云面积分布范围极广，为 $2.7\times10^1$～$5.7\times10^4$ $km^2$。不同暴雨过程冷云面积分布特征明显(表 5.5)，表现为区域性暴雨过程的冷云面积均值大于 $9.0\times10^3$ $km^2$，超过单站暴雨过程均值(均小于 $5.0\times10^2$ $km^2$)数 10 倍。和其他云团特征参数有所不同，短时区域性暴雨过程冷云面积均值最大，约为常规区域性暴雨均值的 1.9 倍，表明冷云面积可以更好地用于识别区域性暴雨类型，当对流发展强烈，冷云面积迅速扩张时，区域性短时

暴雨发生的可能性极高。

宁夏暴雨过程中的对流云团降温率最大为 36 ℃·$h^{-1}$，最小仅为 6 ℃·$h^{-1}$，平均值约 13 ℃·$h^{-1}$。如表 5.5 所示，降温率在各类暴雨过程中的差异相对较小，单站暴雨过程降温率均值约 10 ℃·$h^{-1}$，稍低于区域性暴雨过程（降温率均值为 17 ℃·$h^{-1}$）。虽然该云团参数表现特征稍弱，但其分布规律相似于亮温梯度，均以常规区域性暴雨过程均值最高，常规单站暴雨过程均值最低，和降水量对应较好。

## 5.2.4 暴雨过程降水量与云团特征参数的关系

(1)短时单站暴雨过程降水量与云团特征参数关系

识别出的 16 例短时单站暴雨过程中，小时最大降水量处于 16.9～48.8 mm，降水均值为 33.1 mm。降水量与云团特征参数的关系不尽相同，主要表现为：平均亮温为 225～228 K，随降水量的增大无明显变化，始终在均值 226 K 附近小幅度变动（图 5.16a）；最低亮温特征较平均亮温稍明显，降水量随亮温减小而增大，两者呈弱负相关，此外，当小时雨强＜30 mm 时，最低亮温始终大于 221 K（图 5.16a）；亮温梯度分布范围较广（5～38 ℃·$km^{-1}$），但大部分值在 10～25 ℃·$km^{-1}$（均值为 17 ℃·$km^{-1}$，当小时雨强＜30 mm 时，降水量与之正相关，而当小时雨强＞40 mm 时则反之，降水量处于 30～40 mm 的暴雨过程较少，亮温梯度变化不大（图 5.16b）；冷云面积在该类暴雨中普遍较小（$2.7\times10^{1}$～$7.1\times10^{2}$ $km^2$），均值仅为 $2.7\times10^{2}$ $km^2$，和降水量无明显关系（图 5.16c）；降温率与降水量的相关特征虽相似于亮温梯度，但相关系数更高，为 0.538，且小时雨强＜30 mm 时，两者虽呈正相关，但大多数值仍集中于 6 ℃·$h^{-1}$（图 5.16d）。

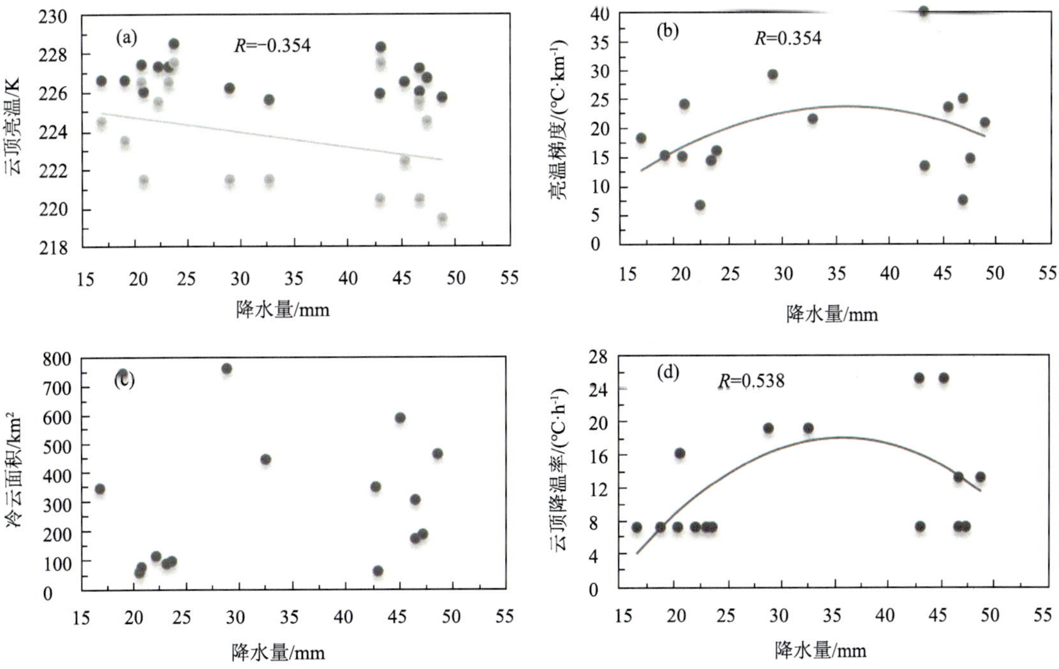


图 5.16 宁夏短时单站暴雨过程云团特征参数与降水量关系

(a)云顶亮温和降水量；(b)亮温梯度和降水量；(c)冷云面积和降水量；(d)云顶降温率和降水量

(2)短时区域性暴雨过程降水量与云团特征参数关系

识别出的 14 例短时区域性暴雨过程中，小时最大降水量处于 20.8～61.9 mm，降水均值为 38.4 mm。与短时单站过程相比，该类过程降水量稍高，云顶亮温显著偏低，亮温梯度、冷云面积和降温率明显偏高，且云团参数与降水量的相关性也普遍较好。如图 5.17 所示：该类暴雨过程平均亮温为 216～224 K，与降水量中等相关(相关系数为 0.569)，当降水量＜30 mm 时，平均亮温随降水量有微弱增加趋势，而当降水量＞30 mm 时，其与降水量负相关且降幅较大(图 5.17a)；最低亮温浮动于 199～219 K，与降水量的关系特征相似于平均亮温，此外，当降水量增加时，该类暴雨的最低亮温降幅较短时单站过程偏大(图 5.17a)；亮温梯度为 17～50 ℃·$km^{-1}$，与降水量中等正相关(相关系数为 0.565)，且当降水量＞30 mm 时，亮温梯度随雨量的增加幅度显著增大(图 5.17b)；冷云面积分布极广($1.2\times10^3$～$5.7\times10^4$ $km^2$)，但大多数个例对应的冷云面积均小于 $2.0\times10^4$ $km^2$(均值为 $1.7\times10^4$ $km^2$)，与降水量无相关性(图 5.17c)；除少数个例外，降温率普遍小于 20 ℃·$h^{-1}$，均值为 15 ℃·$h^{-1}$，且不同于短时单站过程，该类暴雨的降温率始终与降水量呈弱正相关(图 5.17d，相关系数为 0.400)。

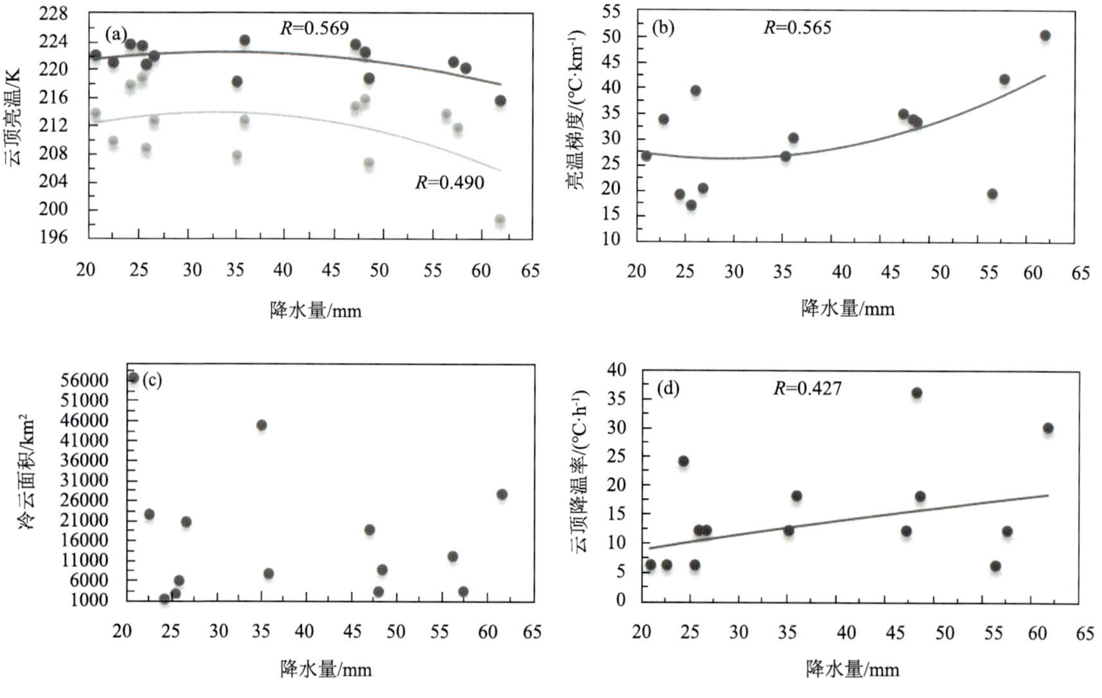


图 5.17　宁夏短时区域性暴雨过程云团特征参数与降水量关系

(a)云顶亮温和降水量；(b)亮温梯度和降水量；(c)冷云面积和降水量；(d)云顶降温率和降水量

(3)常规单站暴雨过程降水量与云团特征参数关系

识别出的常规单站暴雨过程只有 5 例，最大累计降水量介于 31.6～89.0 mm，降水均值为 59.2 mm。大部分云团特征参数在该类暴雨过程中与降水量的相关性较弱。如图 5.18 所示：平均亮温为 223～227 K，变动较小，均值约 225 K(图 5.18a)，最低亮温分布范围较之稍广(218～226 K)，均值约 223 K(图 5.18a)，云顶亮温均值虽与短时单站暴雨过程的均值相近，但与降水量的关系并未呈现明显规律；该类暴雨的亮温梯度普遍为 10～16 ℃・$km^{-1}$，显著小于其他暴雨过程，当降水量＞50 mm 时，其与降水量正相关明显（图 5.18b）；与短时单站暴雨相似，该类暴雨中云体发展较弱，冷云面积始终低于 $8.0\times10^2$ $km^2$，其均值虽稍高于短时单站过程，但与降水量也无相关性（图 5.18c）；降温率波动于 6～18 ℃・$h^{-1}$，与降水量呈强相关（相关系数为 0.991），且与亮温梯度相似，当降水量＞50 mm 时，降温率与降水量正相关趋势显著（图 5.18d）。

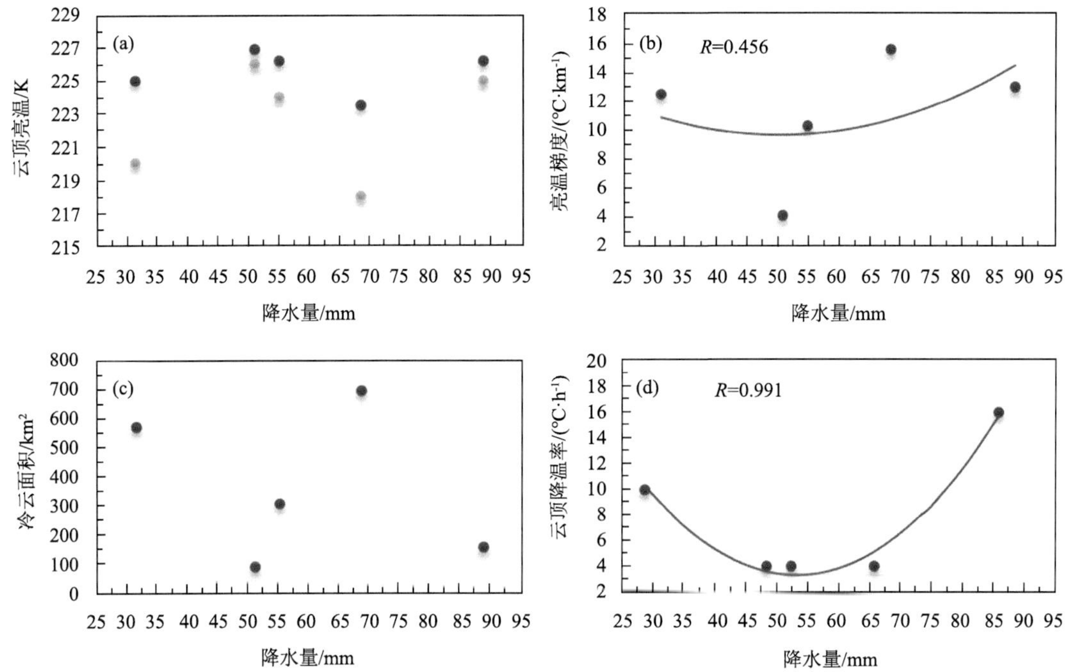


图 5.18　宁夏常规单站暴雨过程云团特征参数与降水量关系

(a)云顶亮温和降水量；(b)亮温梯度和降水量；(c)冷云面积和降水量；(d)云顶降温率和降水量

(4)常规区域性暴雨过程降水量与云团特征参数关系

常规区域性暴雨过程累计降水量最大，分布范围为 64.4～114.8 mm。识别出的 7 例暴雨过程中有 4 例降水量接近均值 80.8 mm，云团特征参数在该值处波动较大，且无明显分布规律，但整体来看，该类暴雨过程的大部分云团特征参数仍对降水量具有指示意义：平均亮温和最低亮温均值分别约 221 K 和 211 K，两者与降水量均呈弱相关，且当降水量＜85 mm 时，亮温随降水量的增加呈微弱减小趋势（图 5.19a）；亮温梯度介于 15～50 ℃・$km^{-1}$，均值约 32 ℃・$km^{-1}$，在四类暴雨过程中最大，与降水量呈中等相关，且当降水量＜85 mm 时，亮温梯度随降水量的增加而增大（图 5.19b）；与短时区域性过程相比，常规区域性暴雨的冷云面积较小，分布范围较窄（$2.2\times10^3$～$2.7\times10^4$ $km^2$），且大多数个例的冷云面积小于均值 $9.1\times10^3$ $km^2$，此外，不同于其他三类暴雨，该类暴雨的冷云面积与降水量呈中等正相关（图 5.19c）；降温率在该类暴雨中普遍低于 18 ℃・$h^{-1}$，其均值虽大于其他暴雨过程，但与降水量却无明显相关性（图 5.19d）。

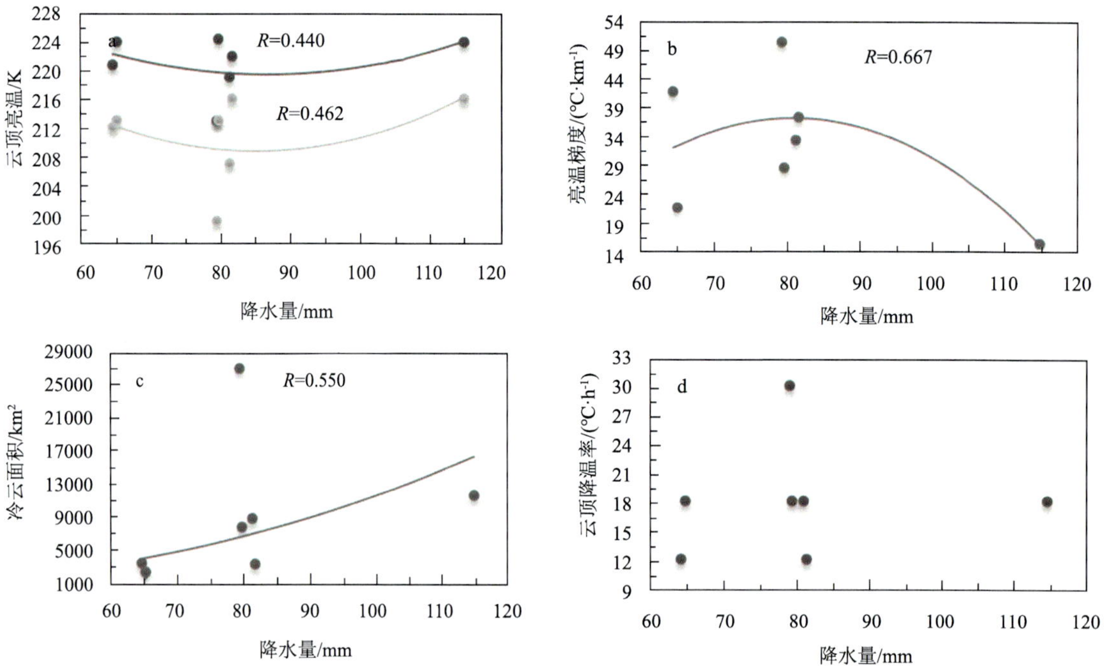


图 5.19 宁夏常规区域性暴雨过程云团特征参数与降水量关系
(a)云顶亮温和降水量;(b)亮温梯度和降水量;(c)冷云面积和降水量;(d)云顶降温率和降水量

### 5.2.5 小结

基于葵花-8 卫星红外通道资料和地面降水观测数据,对 2017 年 5—9 月宁夏四类暴雨过程(短时单站暴雨、短时区域性暴雨、常规单站暴雨和常规区域性暴雨)进行云团识别、特征参数(云顶平均亮温、最低亮温、亮温梯度、冷云面积和降温率)计算及监测预警指标分析,主要结论如下。

(1)宁夏暴雨以短时单站暴雨过程居多,降水均值具有常规暴雨高于短时暴雨,区域性暴雨高于单站暴雨的特点。暴雨发生时对流云团都呈现云顶亮温显著较低,冷云面积扩大,亮温梯度和降温率增加的特征。

(2)亮温阈值 228 K 可以较准确地识别宁夏暴雨过程中的强对流云团,识别率为 71.2%。基于云团识别基础上计算的宁夏暴雨的平均亮温和最低亮温分别介于 213～228 K 和 199～227 K,亮温梯度处于 4～50 ℃·$km^{-1}$,冷云面积介于 $2.7\times10^{1}$～$5.7\times10^{4}$ $km^2$,降温率处于 6～36 ℃·$h^{-1}$。各参数分布范围在不同类暴雨过程中均有不同程度的收缩。

(3)云团特征参数在不同类暴雨过程中有较明显的表现特征。短时暴雨的云团参数(除冷云面积外)与常规暴雨差异普遍较小,而区域性暴雨的云顶亮温较单站暴雨明显偏小,亮温梯度、冷云面积和降温率偏高。除冷云面积外,云团特征参数与降水量相关性较好。云顶亮温和冷云面积的结合使用在暴雨类型识别方面具有显著优势,而亮温梯度和降温率对降水量的预估更具指示意义。

(4)各云团参数在不同降水量级中的表现差异较明显,利用其监测预警暴雨时,应关注其与累计降水量的关系，尤其当降水量累计达 30 mm、40 mm、50 mm 和 85 mm 时，需注意云团参数变化趋势，当其出现异常或突变时，应加强监测，及时考虑降水量持续增加的可能性。

## 5.3 暴雨中尺度系统的雷达回波特征

以往暴雨研究分型大多基于暴雨事件的天气学尺度的分型统计，或者基于某一次特定的暴雨过程进行多尺度诊断、数值试验，抑或基于中尺度观测资料研究。事实上，基于“共性”问题的天气尺度合成研究方法往往容易掩盖暴雨过程的中小尺度动力学特征，而基于一次暴雨事件的某一中尺度特征研究又可能存在过度强调了单一因子或动力学过程在暴雨过程中的作用。有鉴于此，陈豫英等(2021)利用 2006—2017 年贺兰山东麓自动气象站逐时降水资料，挑选出 6 次暴雨过程(表 5.6)，利用宁夏银川 C 波段 D 型号多普勒天气雷达(离地约 100 m)，在中尺度系统分型基础上，对比分析贺兰山东麓不同类型暴雨中尺度系统的发生发展机制。

**表 5.6　2006—2017 年贺兰山东麓地区的暴雨天气过程**

| 过程分类 | | 主要降水时段 | 累计降水量/mm | | | | 暴雨中心 | |
|---|---|---|---|---|---|---|---|---|
| | | | 持续时间 | 区域平均 | ≥100 mm 测站数 | ≥20 mm·h$^{-1}$ 测站数 | 累计雨量/mm | 最大雨强/(mm·h$^{-1}$) |
| 线性对流系统 | 深对流系统 | 2017 年 7 月 5 日 03:00—18:00 | 16 h | 12.1 | 1 | 13 | 滑雪场 114.4 | 47.4(5 日 13:00) |
| | | 2016 年 8 月 21 日 19:00—22 日 08:00 | 14 h | 9.6 | 5 | 26 | 滑雪场 241.7 | 82.5(22 日 01:00) |
| | | 2009 年 7 月 7 日 15:00—8 日 03:00 | 13 h | 21.5 | 1 | 8 | 汝箕沟 107.6 | 39.6(7 日 22:00) |
| 非线性对流系统 | 深对流系统 | 2012 年 7 月 29 日 20:00—30 日 11:00 | 16 h | 58.8 | 14 | 22 | 滚钟口 174.3 | 47.7(30 日 00:00，永宁杨显林场) |
| | 混合对流系统 | 2017 年 6 月 4 日 15:00—5 日 10:00 | 20 h | 39.7 | 3 | 5 | 黄旗沟 116.5 | 26.7(4 日 23:00) |
| | | 2006 年 7 月 14 日 16:00—15 日 10:00 | 19 h | 76.6 | 8 | 16 | 黄草滩 168.2 | 33.3(15 日 00:00，银川中山公园) |

### 5.3.1 中尺度对流系统分型

贺兰山东麓暴雨大都伴有短时强降水，而短时强降水一般都与对流过程有关，中尺度对流系统 MCS 是这类过程的主要表现特征(陶诗言，1980)。关于对流系统的分类标准有很多，如：Lemon(1977)按照属性分为大陆强对流型(高质心)和热带强对流型(低质心)；Fovell 等(1988)按照雷暴系统的发生发展机制和生命周期划分 3 类：普通、多单体、超级单体等雷暴；Doswel 等(1996)按照对流系统与雨带移动方向的夹角划分 3 类：垂直、几乎平行(列车效应)、平行的分量很大；孙继松等(2015)将影响华北极端暴雨的对流系统分为 2 类：第 1 类为长生命周期对流单体停滞、反复生消或多单体组织合并形成；第 2 类为多单体依次经过同一点的“列车效应”；王晓芳等(2011)综合了国内外学者的研究，根据对流系统组织形状、单体和系统的移动特征，分为 3 类：单体、线状和区域；阮悦等(2018)基于对流强度、云顶高度、35 dBZ 回波区顶高等 3 个特征参数，利用模糊聚类分析方法将高原夏季对流云分为深厚和浅薄两类。慕建利等(2014)、王宝鉴等(2016,2017)、赵庆云等(2017,2018)对西北地区大暴雨过程分析表明对流系统呈现出明显的列车效应。

综合参考上述分类标准，结合研究区域极端暴雨雷达回波特征，根据对流系统的组织形态，可分为 2 类：线型对流系统和非线型对流系统。另根据对流系统的发展高度(回波顶高)，又可分为 2 类：深对流系统和混合对流系统，其中，深对流系统主导的暴雨回波顶高远高于 0 ℃层高度，甚至接近或超过 −20 ℃层高度，暴雨中心强回波质心在 5 km 或以上，而混合对流系统主导的暴雨回波顶高接近或稍高于 0 ℃层高度，远低于 −20 ℃层高度，暴雨中心强回波质心低于 5 km。

按照上述分类标准，线型对流系统主导的暴雨都属于深对流，而非线型对流系统主导的暴雨既有深对流、又有混合对流，以混合对流居多。具体分类见表 5.6 和表 5.7。

**表 5.7　强降水发生前、过程中对流参数和云顶高度变化与暴雨中心最强降雨时段的雷达回波和 TBB**

| 过程分类 | | 极端暴雨过程 | 对流参数变化 | | | | | | | 特殊温度层高度/km | | 暴雨中心对应雷达回波和 TBB | | | | |
|---|---|---|---|---|---|---|---|---|---|---|---|---|---|---|---|---|
| | | | 过程前 | | | 过程中 | | | | | | | | | | |
| | | | CAPE/(J·kg$^{-1}$) | CIN/(J·kg$^{-1}$) | $K$ 指数/℃ | CAPE/(J·kg$^{-1}$) | CIN/(J·kg$^{-1}$) | K 指数/℃ | LFC/hPa | 0 ℃ | −20 ℃ | 强度/dBZ | 顶高/km | 强回波高度/km | 液态水含量/(g·kg$^{-1}$) | TBB/℃ |
| 线型对流系统 | 深对流系统 | 170705 过程 | 430.4 | 447.4 | 30.3 | 1104.7 | 215.1 | 39.1 | 611 | 4.7～5.1 | 8～8.1 | 58 | 11 | 5.5(45 dBZ) | 28 | −46 |
| | | 160821 过程 | 3.6 | 148.7 | 35.9 | 536 | 18.7 | 43 | 678 | 5.6～6.0 | 9.0～9.2 | 63 | 16 | 7(50 dBZ) | 38 | −73 |
| | | 090707 过程 | 13.3 | 200.3 | 35 | 398.6 | 81 | 39 | 711 | 5.2～5.3 | 8.5～8.8 | 58 | 10 | 5.5(40 dBZ) | 13 | −36 |
| 非型对流系统 | 深对流系统 | 120729 过程 | 201.5 | 235 | 34.9 | 278.6 | 159.3 | 41.9 | 612 | 5.2～5.4 | 8.5～8.9 | 58 | 9 | 5.5(40 dBZ) | 25 | −57 |
| | 混合对流系统 | 170604 过程 | 30.6 | 348 | 23.5 | 37.4 | 1.6 | 30.1 | 854 | 4.2～4.9 | 7.4～7.6 | 48 | 5 | 3(35 dBZ) | 1.5 | −52 |
| | | 060714 过程 | 32.9 | 205.2 | 32 | 60.3 | 2.2 | 40 | 844 | 5.3～6.0 | 9～9.1 | 38 | 5 | 3(30 dBZ) | 1.5 | −19 |

## 5.3.2　不同类型暴雨过程的中尺度特征

### 5.3.2.1　降水分布

从表 5.7、图 5.20、图 5.21、图 5.22 中可以看出，贺兰山东麓暴雨频次少、范围小、局地性强、伴有短时强降水的对流性暴雨；暴雨主要集中在贺兰山东坡山前，中心都分布在东坡山洪沟口，约 50 km 范围内；7 月是集中期，夜雨特征显著。这样的降水分布与低空偏(东)南急流夜间增强，并配合地形影响在东坡山前触发或增强了暴雨中小尺度系统造成地形处降水增幅密切相关。其中：

160821 过程历时 14 h，最大累计雨量 231.8 mm，最大小时雨强 82.5 mm·h$^{-1}$(22 日 01:00)，雨强超过 20 mm·h$^{-1}$ 的有 4 个时次(21 日 21:00—22:00，22 日 00:00—01:00)，其他时次都在 10 mm·h$^{-1}$ 以下，雨强起伏变化大，而这 4 个时次的短时强降水虽然不连续，但累计降雨量占过程雨量的 84.8%，其中 22 日 00:00—01:00 两个时次降雨量占比达 55.2%(图

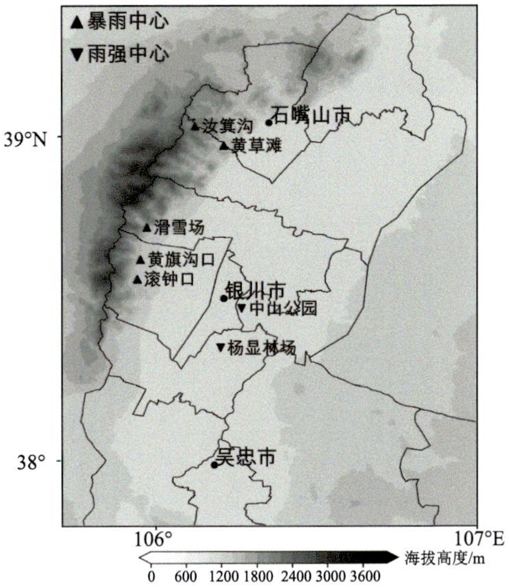


图 5.20　贺兰山东麓地形与极端暴雨中心分布
阴影为海拔(单位:m,▲为暴雨中心,▼为雨强中心)

5.22b);虽然雨强(量)大,但暴雨主要集中在贺兰山前约 20 km 范围内,大暴雨范围集中,近似"单点"分布(图 5.21b),区域平均雨量仅有 9.8 mm。170705 过程(图 5.21a、图 5.22a)和 090707 过程(图 5.21c、图 5.22c)也有相似的降水分布。由此可见,线型对流系统主导的暴雨历时短、范围小、雨强大、有间歇性,3～4 h 累计雨量约占过程总量的 85%,区域平均雨量远小于暴雨量级 50 mm·$d^{-1}$,暴雨和大暴雨主要集中在山前,极具地形性强对流暴雨特征。

060714 过程历时 19 h,暴雨中心累计雨量 168.2 mm,最大小时雨强 25.8 mm(15 日 00:00);降水分为 2 个阶段,14 日 17:00—15 日 01:00 雨强基本在 3～8 mm·$h^{-1}$,15 日 02:00—11:00 大都在 10～25 mm·$h^{-1}$,其中 15 日 02:00—05:00 连续 4 个时次的短时强降水累计雨量占过程雨量的 54%,虽然雨强不大,但 2 个阶段的雨量分布相对均匀,且持续时间长,累计雨量较大(图 5.22f);研究区域一半以上面积都出现了暴雨,大暴雨范围也较大,山前和平原都有出现(图 5.21f),区域平均雨量高达 76.6 mm。120729 过程(图 5.21d,图 5.22d)和 170604 过程(图 5.21e,图 5.22e)也有相似的降水分布,但 170604 过程暴雨和大暴雨的面积相对小,尤其是大暴雨呈单点分布,主要集中在山前。因此,非线型对流系统主导的暴雨历时长、范围大、雨强小、降水连续,区域平均雨量接近或超过暴雨量级,暴雨和大暴雨在山前和平原地区都有出现,锋面对流性降水和锋区层状云降水构成的混合性降水特征凸出。

#### 5.3.2.2　暴雨中尺度对流系统的触发机制

水汽、大气不稳定和抬升触发机制是对流性暴雨产生的基本条件(王晓芳 等,2011;俞小鼎,2020;Parker et al.,2000)。下面就围绕这 3 个条件对比分析有利于两类极端暴雨触发的环境场特征。

5.3.2.2.1　水汽输送

北方要发生很强的暴雨,必须有来自热带地区的暖湿水汽输送带(丁一汇,2014),而低空急流就是水汽输送的载体,钱正安等(2018)归纳的"三支急(气)流接力水汽输送模型"也印证

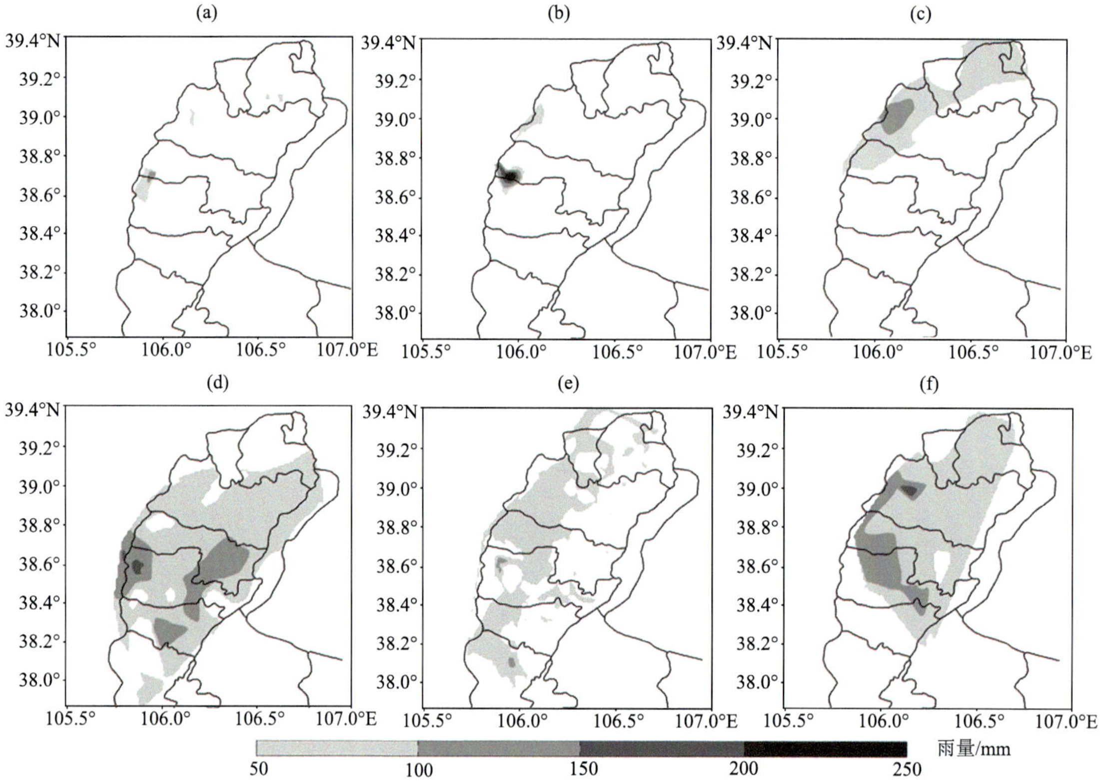


图 5.21　贺兰山东麓极端暴雨线形(a、b、c、)和非线性(d、e、f)对流系统过程的降水分布(阴影为过程雨量≥50 mm)
(a)170705 过程(03:00—18:00),(b)160821 过程(21 日 19:00—22 日 08:00);
(c)090707 过程(7 日 15:00—8 日 03:00);(d)120729 过程(29 日 20:00—30 日 11:00);
(e)170604 过程(4 日 15:00—5 日 10:00);(f)060714 过程(14 日 16:00—15 日 10:00)

了低空急流对西北夏季暴雨水汽输送的重要性。

考察 160821 过程随低空急流发展水汽输送情况:暴雨前 6 h 的 21 日 14:00,700 hPa 上来自渤海、黄海、东海的偏东暖湿气流在四川盆地转向后加强北上,形成的水汽输送带穿过暴雨区,急流建立,但位置偏北,主要在河套北部(图略);21 日 20:00—22 日 02:00 对应的强降水时段,偏南低空急流增强北抬,陇南到宁夏中南部形成了一支中心风速超过 16 $m \cdot s^{-1}$ 的南风急流带,将东海的水汽源源不断送向暴雨区,暴雨区水汽通量增加、水汽辐合增强(图略);850 hPa 上来自黄海和东海的偏东暖湿气流在陕西和四川转向西进北上,在河套东北部合并加强形成 10～12 $m \cdot s^{-1}$ 的东南低空急流,急流区虽然不连续,也较 700 hPa 弱(图略),但暴雨区处在水汽通量和水汽辐合大值区;湿层薄,主要在低层(图 5.23a)。以 120729 过程为代表的其他 3 次深对流过程与 160821 过程类似,不同的是 700 hPa 和 850 hPa 水汽源地都来自孟加拉湾(图略),且湿层深厚(图 5.23b)。

以 170604 过程为代表的 2 次混合对流过程:暴雨前 6 h,700 hPa 和 850 hPa 同样来自渤海、黄海、孟加拉湾、南海的偏东和偏南两支水汽带在四川盆地汇聚加强西北上,形成长度超过 1500 km、中心强度超过 16 $m \cdot s^{-1}$ 的东南低空急流带,将水汽持续不断运向暴雨区;强降雨时段,东南低空急流继续加强西进北抬,暴雨区水汽通量和水汽辐合持续增强(图略);170604

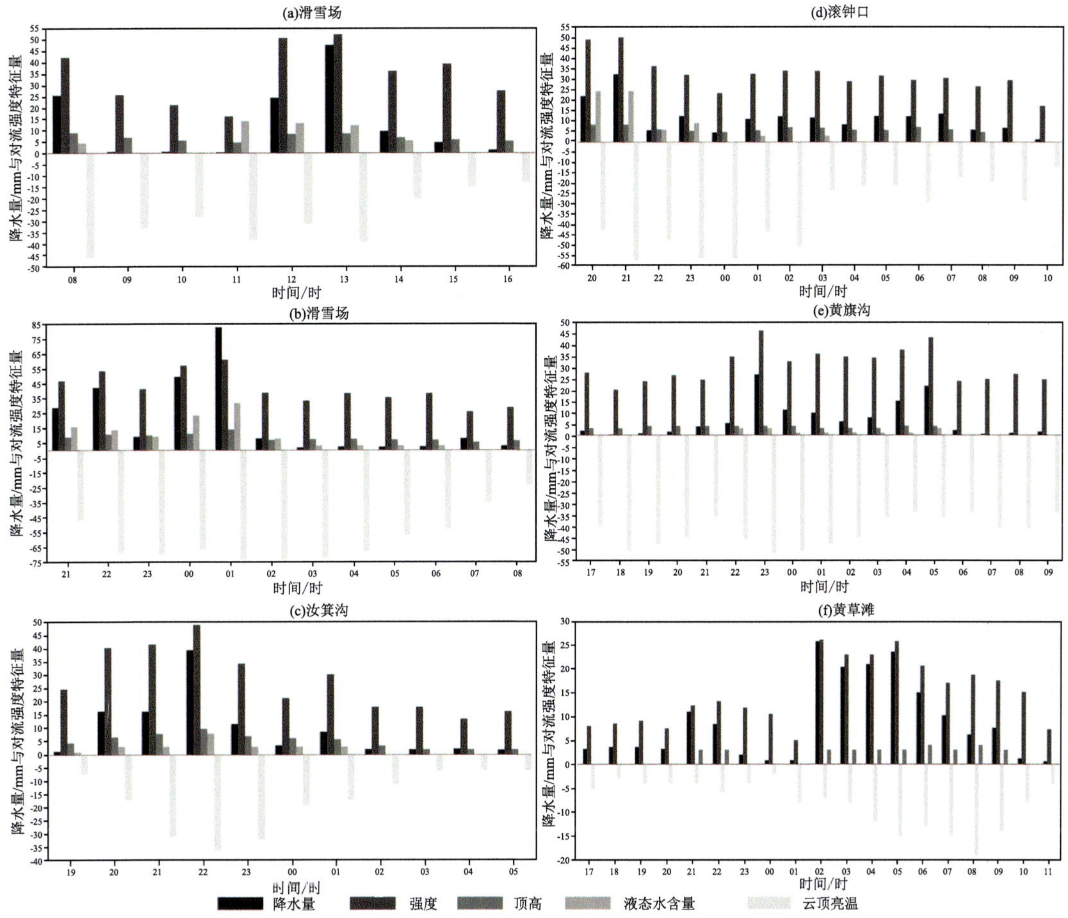


图 5.22 暴雨中心逐时降水量与对流强度特征量的时间演变
(a)170705 过程;(b)160821 过程;(c)090707 过程;(d)120729 过程;(e)170604 过程;(f)060714 过程

过程湿层深厚(图 5.23c),而 060714 过程湿层薄(图略),主要在低层。

上述分析表明:无论哪种类型的极端暴雨,低空都有一支来自东部或(和)南部海洋的低空偏(东)南暖湿气流形成的水汽输送带穿过暴雨区,四川盆地是低空急流形成的起始地,也是水汽聚集地和中转站;低空急流在暴雨前 6～12 h 建立,随着低空急流增强北上或西进,暴雨区低层水汽含量增加、水汽辐合增强,降水增强;暴雨区出现在急流轴左前方,急流最强、急流轴离暴雨区最近时段对应降水最强;暴雨强弱无关湿层厚薄,但低层必须有 70%以上高湿区,且一定是接地的。不同的是:深对流过程水源地相对单一,多数过程来自孟加拉湾,700 hPa 偏南急流区多集中在河套中南部、急流轴相对短,850 hPa 在河套附近没有明显的、连续的急流区;而混合对流过程在 850 hPa 和 700 hPa 从四川盆地到河套东北部有路径基本重合的东南低空急流带,急流轴较长,两支低空急流构成的水汽输送带将汇集了孟加拉湾、南海、黄海和渤海 4 个洋面的水汽源源不断输向暴雨区,水源地更丰富、水汽输送更充沛,更有利于持续性暴雨的产生。

5.3.2.2.2 大气不稳定

前述所选暴雨中心都位于银川探空站(106.22°E,38.48°N,海拔 1106 m)的西侧,且在强降水期间，对流层低层盛行偏（东）南气流。因此，下面主要利用银川探空站和 ECMWF 再分析资料对比分析极端暴雨发生前和过程中，对流有效位能 CAPE、对流抑止能量 CIN、$K$ 指数、假相当位温 $\theta_{se}$ 等对流参数来诊断环境大气的稳定度。其中，2007 年过程前后，银川站 CAPE 一直为 0，代表性不强，故利用低空急流带上、上游离银川探空站最近的延安探空资料来诊断。

对比分析以 160821 过程、120729 过程为代表的深对流过程与 170604 过程代表的混合对流过程的温湿风等物理量随时间变化（图 5.23）并结合表 5.7 的对流参数变化可以看到，随着低层偏（东）南暖湿气流加强向北或西推进，对流层低层风随高度顺转，暖平流增强的同时，低层 $\theta_{se}$、CAPE、$K$ 指数都呈增大趋势，而 CIN 进一步降低，低层增温增湿促进了大气稳定度的降低；暴雨时段，多数过程的 $K$ 指数都在 39 ℃以上，同时，对流层低层形成 $\theta_{se}$ 高值区，中层为 $\theta_{se}$ 低值区，两者之间的 $\theta_{se}$ 等值线梯度密集区正是冷暖空气团交汇的锋区，中低层垂直方向上这种“上干冷下暖湿”的层结分布有利于加剧环境大气不稳定发展。不同的是：多数深对流过程中较过程前 CAPE 呈百倍数量级增加，而混合对流过程 CAPE 增幅不明显，且暴雨阶段深对流系统对应的 CAPE 值较混合对流系统的大近百倍。这表明，深对流过程的大气稳定度更低，更有利于对流系统的发展加强。

5.3.2.2.3　抬升触发机制

在有明显对流抑止背景下，天气系统产生的上升气流通常不会直接触发对流系统，但强天气尺度的上升气流有利于对流天气的产生，而伴有锋面结构的对流性天气沿着锋面方向易触发中尺度系统，增强了对流天气发生的可能（陶诗言，1980；俞小鼎，2020）。对比两类极端暴雨发生时的自由对流高度 LFC 和 CIN（表 5.7），深对流过程 CIN 为 101～102 J・$kg^{-1}$，LFC 在 600～700 hPa，因此中低层需要有一定强度上升气流克服 LFC 以下的对流抑止能量 CIN，将地面附近气块抬升到 LFC，对流系统才能得以触发；混合对流过程 CIN 仅为 1.6～2.2 J・$kg^{-1}$，LFC 在 850 hPa 左右，相较而言，对流系统更容易触发。

从图 5.23 中还可以看出，以 120729 过程和 170604 过程为代表的低层有明显水平风向辐合伴有明显锋面结构的 4 次暴雨过程（其他 2 次 170704、090707 过程），强天气系统强迫下的上升运动都较强，中心大都在 600～700 hPa，中心值达 0.4 hPa・$s^{-1}$ 以上，个别过程中心位于 400 hPa，湿层厚，低层 $\theta_{se}$ 中心值在 330～358 K，且随着锋面系统入侵，过程中后期低层 $\theta_{se}$ 迅速减小，因此，相较低层高温高湿提供的热力抬升，锋面系统强迫的动力抬升对中尺度对流系统的触发更为关键；以 160821 过程为代表的低层没有明显水平风向辐合的 2 次过程（另 1 次 060714 过程），弱天气系统强迫的上升运动弱，中心位于 800 hPa，中心值仅有 0.2 hPa・$s^{-1}$，湿层薄，低层 $\theta_{se}$ 中心值在 362～366 K，且过程期间低层持续有 360 K 以上的高温区，因此，即使动力抬升条件有限，但低层强烈持续的高温高湿为中尺度对流系统的触发提供了重要的热力条件。另外，低空急流与贺兰山地形结合形成的地形抬升也是研究区域极端暴雨中尺度对流系统触发的重要机制。

### 5.3.2.3　暴雨中尺度系统的发生与发展

以 170705 过程和 170604 过程作为线型和非线型对流系统的典型个例，对比分析两类极端暴雨中尺度系统的发生与发展过程。

170705 过程对流系统的 2 次触发和加强过程，对应 2 个强降雨阶段。第 1 阶段在 5 日 05:00—08:00，云图上，锋面云带和暖区对流云带相互独立，05:00—06:00 暖区对流云带上触发的对流云团 A1 沿着贺兰山体向东北方向移动发展（图 5.24a），07:00—08:00 翻越贺兰山

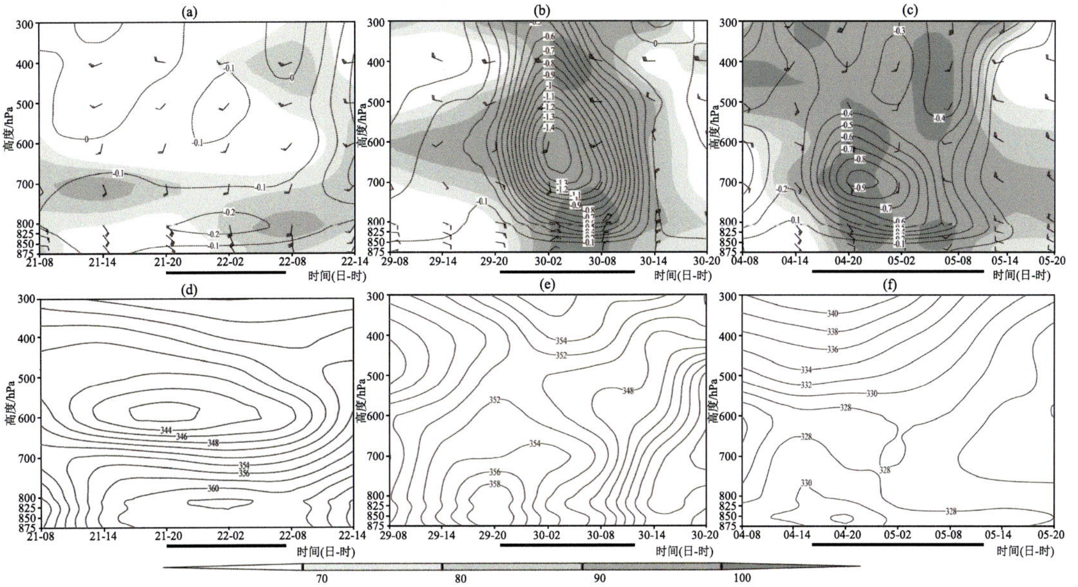


图 5.23　银川(38.47°E、106.2°N)上空的风矢量(风羽,单位:m·s$^{-1}$)、上升运动(虚线,单位:hPa·s$^{-1}$)、相对湿度(阴影≥70%,单位:%)(上)、假相当位温(黑实线,单位:K)(下)的时-空间剖面▁为强降雨时段
(a)160821 过程;(b)120729 过程;(c)170604 过程;(d)160821 过程;(e)120729 过程;(f)170604 过程

北部进入暴雨区,并进一步加强(图 5.24b);雷达上,05:00—07:00 平行于贺兰山体的南风低空急流轴上的风速脉动形成的中尺度扰动北上遇到贺兰山,受地形抬升影响,急流轴上触发新生对流系统 B1(图 5.25a),并沿山体传播图 5.26a),07:00—08:00 对流单体北上过程中,其后部在急流轴南端不断有新生单体触发,北(上过程中组织合并增强,形成短窄线状回波 B2(图 5.25b),速度图上在暴雨中心附近有气旋式辐合(图 5.26b),此时,暴雨中心爆发了 25.5 mm·h$^{-1}$ 的强降水,中心附近 TBB 达−46 ℃(图 5.22a),最强回波 58 dBZ、顶高 11 km、液态水含量 28 kg·m$^{-2}$。第 2 阶段在 5 日 11:00—13:00,云图上,锋面云带与暖区对流云带合并东移翻越贺兰山,锋面对流云带上的对流系统 A2 再次活跃(图 5.24c),进入暴雨区后继续加强(图 5.24d);雷达上,山前,低空急流在冷垫上不断触发对流系统 B3 沿山体传播并依次经过暴雨中心(图 5.25c),发展加强形成带状线型回波 B4(图 5.25d),对应速度图上也有气旋式辐合(图 5.26c、d),对流系统 B4 虽然没有 B2 强,暴雨中心附近 TBB 为−39 ℃,回波最强 53 dBZ、顶高 9 km、液态水含量 13 kg·m$^{-2}$,但组织化程度 B4 明显高于 B2,且对流系统 B4 在山前稳定少动,列车效应作用的强降水持续约 2.5 h,暴雨中心雨强 47.4 mm·h$^{-1}$ 见(图 5.22a);13:00 之后,冷空气增强南下,对流系统南下进入平原地区减弱东移出境,转为锋区降水,降雨迅速减弱。

其他 2 次线型对流系统主导的过程(图略)与 170705 过程相似,不同的是:160821 过程以暖区对流降水为主,对流云团为涡旋云系构成的 αMCS,090707 过程以锋区对流降水为主,对流云团由锋面对流云带上的切变线云系构成;160821 过程回波移动路径与传播方向几乎垂直,090707 过程先垂直后平行,这与急流方向有关;降水最强时段,160821 过程较 090707 过程、170705 过程回波更强、TBB 值更低、雨强更大,这与 160821 过程的低空急流更强有关。

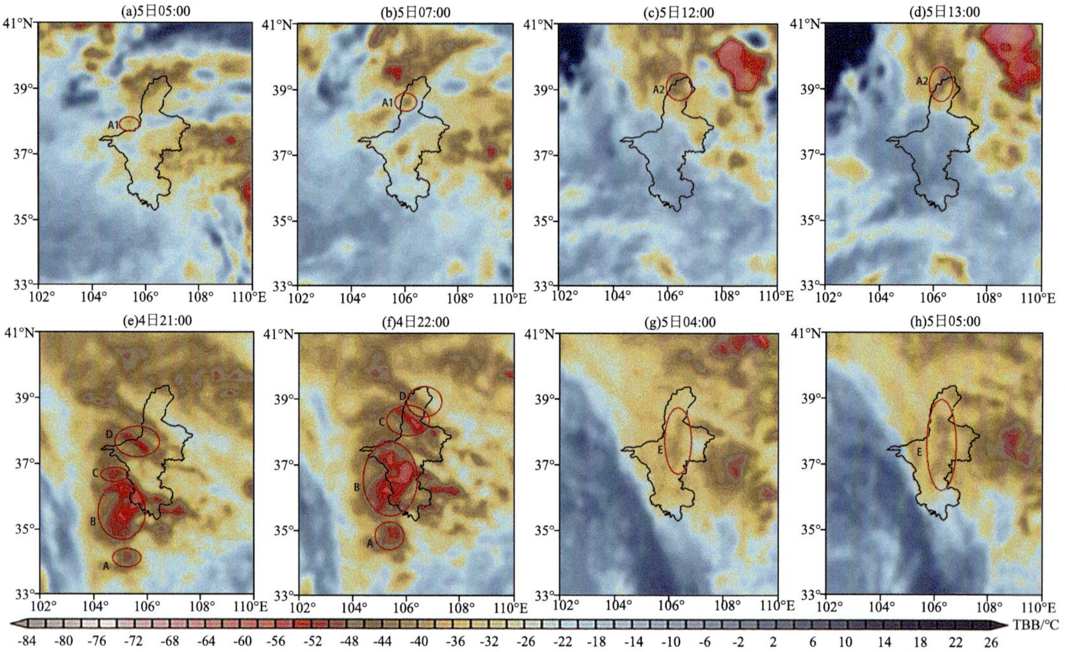


图 5.24 170705 过程(a—d)和 170604 过程(e—h)贺兰山东麓极端暴雨过程 TBB 演变
红色圆圈 A～E 代表对流云团

170604 过程以锋面对流降水为主,强降水主要在 4 日夜间。云图上,东南低空急流对应的暖区对流云带和锋面对流云带重合,过程期间,云带上先后触发 4 个对流云团快速北上经过暴雨区,云团 A 和 B 为两条线型对流,C 和 D 为团状对流,C 尺度最大,对流都不强,且移速快,暴雨区雨强大都在 20 mm·$h^{-1}$ 以下,其中,4 日 21:00—5 日 01:00 云团 A、B、C 先后经过暴雨区(图 5.24e、f),列车效应造成了 22～27 mm·$h^{-1}$ 的单点短时强降水(暴雨中心 22:00—23:00,雨强 26.7 mm,图 5.22e);5 日 03:00—05:00,锋面云带上仍然有弱对流系统沿偏南低空急流轴北上,但强度较之前更弱,且结构松散、形状模糊(图 5.24g、h),造成了 21～23 mm·$h^{-1}$ 的单点短时强降水(暴雨中心 04:00—05:00 雨强 21.7 mm,图 5.22e)。雷达上,冷暖空气长时间的交汇,受地形和锋面抬升的共同作用,低空东南气流在冷垫上触发的气旋式辐合或中尺度辐合线(图 5.26e—h)在山前长时间维持,对流系统 B1-4 主要在山前沿山体传播,而平原地区以偏南暖湿气流形成的层状云降水为主,由于低空急流不强(10 m·$s^{-1}$ 左右),虽然速度图上有“S”型回波分布,但对流系统结构松散、移速快,只在 4 日 21:00—23:00(图 5.25e、f)和 5 日 04:00—06:00(图 5.25g、h)等时段内山前对流系统组织合并形成组织化程度不高的非线型回波带 B1-2,山前暴雨中心 TBB 虽然达−52 ℃,但对流并不强,回波都在 40 dBZ 以下、顶高不足 5 km、液态水含量 1.5 kg·$m^{-2}$,山区出现了 5 个时次的单点短时强降水(图 5.22e)。

其他 2 次非线型对流系统主导的过程(图略)与 170604 过程相似,但 120729 过程和 060714 过程的东南低空急流更强,中心风速超过 20 m·$s^{-1}$,影响的雨强、雨量、暴雨范围也较 170604 过程更强。不同的是:120729 过程锋面云带上的对流云团由涡旋云系发展加强为 αMCS,060714 过程在锋面云带底部不断有 γMCS 单体南下,因此,120729 过程较 170604 过

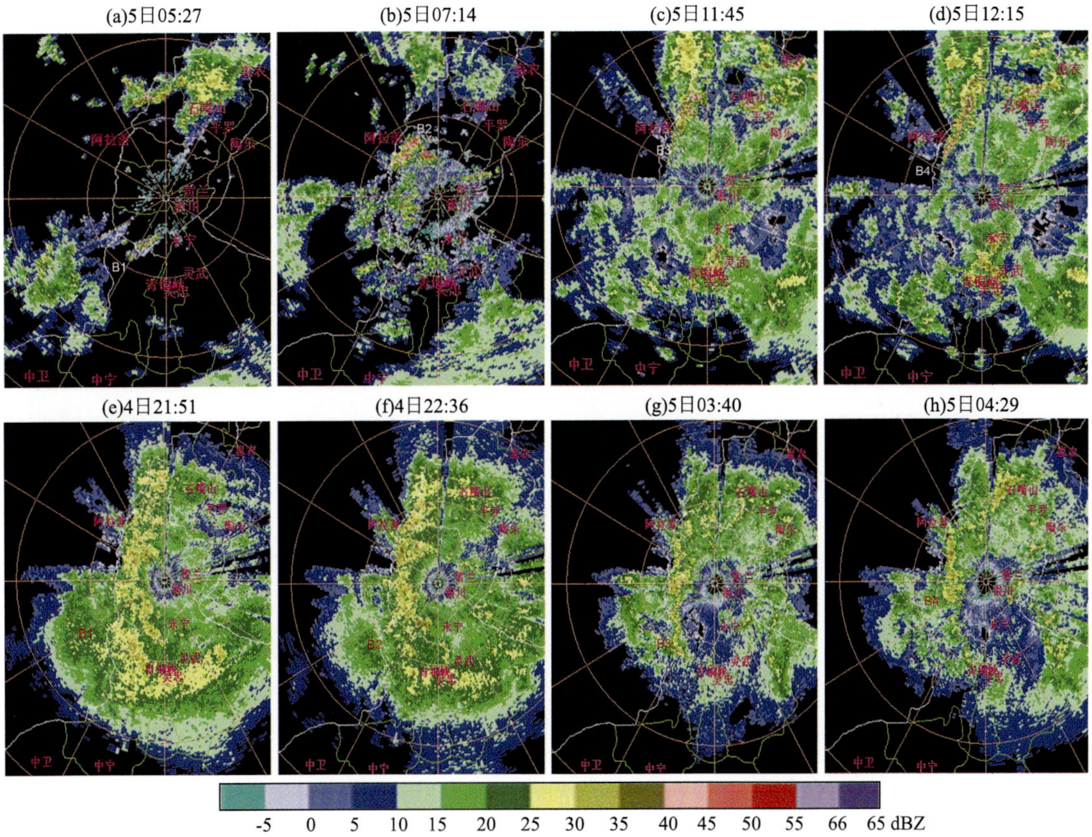


图 5.25　170705 过程(a—d)和 170604 过程(e—h)贺兰山东麓极端暴雨过程的雷达(2.4 °仰角)回波强度演变。B1～B4 为对流系统

程和 060714 过程对流发展更强、雨强也更强。

上述分析表明,贺兰山东麓暴雨主要有暖区对流降水、锋面对流降水、锋区层状云降水 3 种性质;暖区对流主要在山区,地形抬升是主要触发机制,锋面对流的触发是低层暖湿气流沿着冷垫抬(爬)升,平原和山区皆有,山区锋面对流的触发还叠加了地形抬升;对流系统的移动在云图和雷达上分别与高低层风场一致,山区和平原分别沿山体和低空急流轴传播,通常移动与传播方向平行或夹角很小,但在山区,当低层为偏东风,移动与传播几乎垂直或夹角很大,暴雨期间列车效应明显。

不同类型暴雨的冷空气强度不同,造成暴雨性质、对流系统触发机制不同,其中:

(1)线型对流系统主导的过程冷空气弱,以暖区或(和)锋面对流降水为主,对流单体在东坡山前沿山体传播形成组织化程度较高的的带状线型回波;非线型对流系统主导的过程冷空气强,以锋面对流降水和锋区层状云降水为主,对流单体在山区和平原沿山体和急流轴传播和移动形成组织化程度不高的非线型回波;

(2)大多数暴雨过程都有冷空气活动,因此都有锋面对流,但对流系统的触发、影响时间、活动区域、移动、发展等差异性较大,其中,线型对流系统主导的过程冷空气弱,受贺兰山阻挡,冷空气在山上堆积,受锋面和地形抬升共同作用,对流系统主要在山前活动,且稳定少动、组织

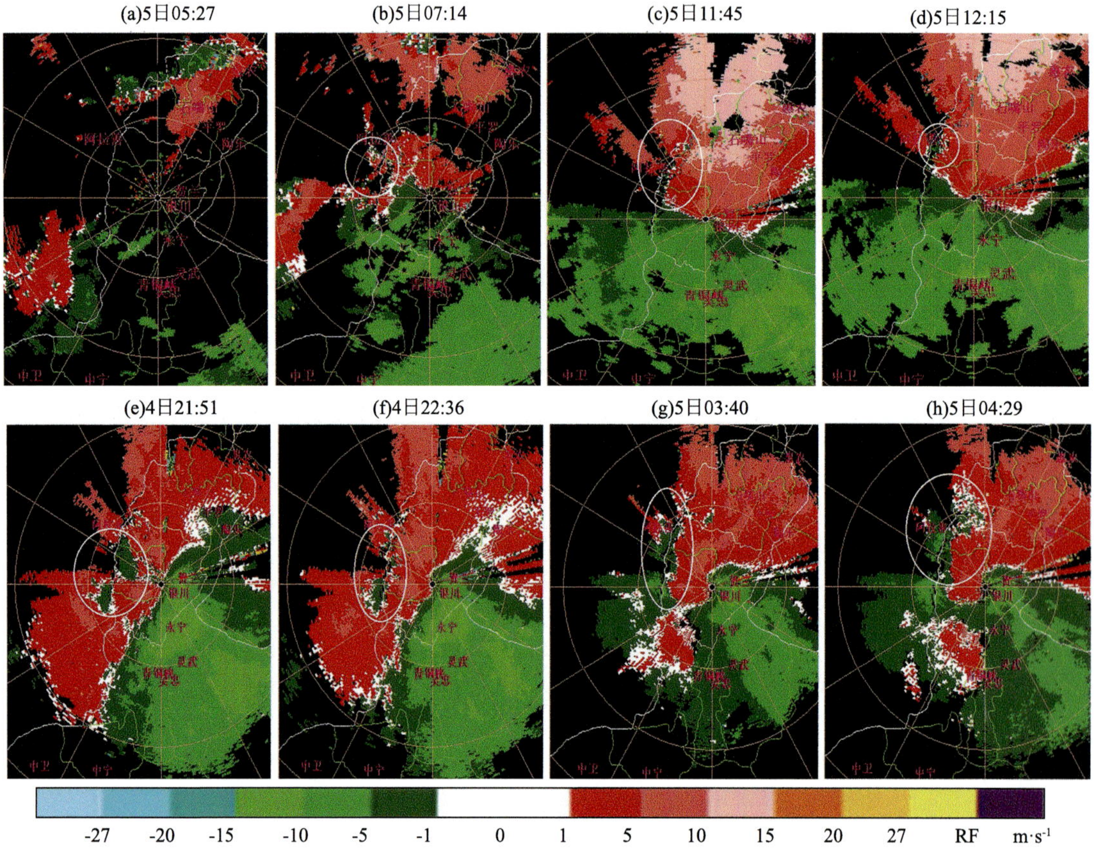


图 5.26　170705 过程(a—d)和 170604 过程(e—h)贺兰山东麓极端暴雨过程的雷达(2.4°仰角)回波速度演变。白色圆圈为气旋式辐合或中尺度辐合线，RF 表示该处速度值不确定、不可识别

化程度高、发展强盛，下山后移速加快或减弱；非线性对流系统主导的过程冷空气强，锋面云带翻山后能到达银川平原，速度图上在雷达站附近回波呈“S”形分布，平原和山区都有锋面对流触发，但对流系统的组织化程度总体不高、移速快、强度弱，相较而言，深对流系统的组织化程度高、对流发展强。

#### 5.3.2.4　对流强度与降水强度

下面分析暴雨中心雷达反射率因子强度、顶高、液态水含量、TBB 等反映中尺度对流系统强度的物理量与降水强度的对应关系，试图找到一些贺兰山东麓暴雨的短临预警定量指标。其中，2012 年之前，宁夏自动气象站无分钟级观测资料，无法考察分钟级降水强度与雷达观测资料的对应关系，为了便于比较，雷达回波各项参数皆采用小时单位内 6 min 间隔的平均值，可以更好地反映小时时段内，回波强度和强回波持续时间与降水强度(简称雨强)的对应关系。从图 5.22 和表 5.7 可以看到。

(1)无论哪种类型的极端暴雨，雨强 $R$ 都与回波强度 $Z$ 的正相关性最好，相关系数达到 0.85～0.92。当 $Z\geqslant40$ dBZ 时，在 95%的置信范围，各项参数匹配最优条件下，$Z$-$R$ 满足如下关系式：$R=3.67\times10^{-8}\times Z^{5.222}+4.835$，拟合曲线见图 5.27。

(2)雨强与液态水含量和回波顶高呈正相关，但相关性总体不高，明显的正相关只出现在深对流过程的强降雨时段。深对流系统主导的强降雨时段，雨强与回波顶高的相关系数为 0.83～0.9，雨强超过 20 mm·$h^{-1}$ 的多数时段，回波顶高突破 −20 ℃层高度，最大达到 16 km，强回波质心达到或略高于 0 ℃层高度，对流发展旺盛，冲破云顶，强回波可能含有霰或软雹等固态水，因此液态水含量大，超过 10 kg·$m^{-2}$，接近 40 kg·$m^{-2}$；而混合对流系统主导的过程，由于对流发展相对不强，回波顶高接近或略高于 0 ℃层高度，强回波质心则低于 0 ℃层高度，强回波主要由大粒径水滴产生，因此，回波顶高和液态水含量小或在雷达图上无反映。

(3)雨强与 TBB 呈反相关，但相关性不高，大体的变化趋势为：TBB 负值增大、雨强呈增大趋势，TBB 负值减小，雨强呈减弱趋势，深对流过程的反位相变化趋势更明显。

(4)雨强还与 CAPE 的增幅有正相关。CAPE 增幅越大，对流发展越强烈，雨强越大。

上述分析表明：CAPE 增幅越大、越有利于对流系统发展，回波越强、顶高越高、液态水含量越大、TBB 负值越大、对流越强、持续时间越长、降水强度越大，这种对应关系在深对流系统主导的过程中表现得更为清晰。

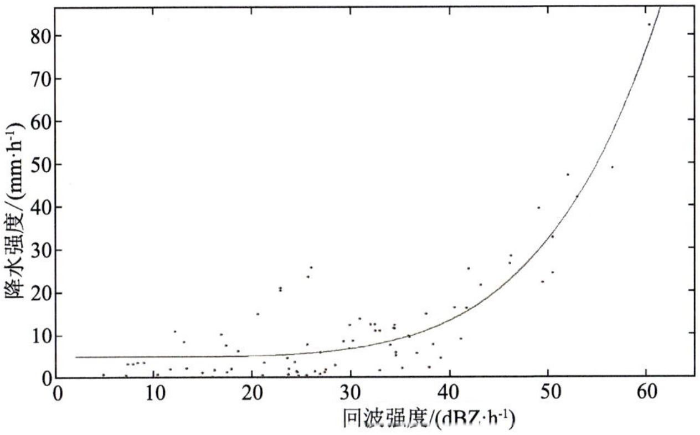


图 5.27　降水强度 $R$ 与回波强度 $Z$ 的拟合曲线($\alpha$=0.05)

## 5.3.3　小结

在贺兰山东麓近 10 a 6 次极端暴雨中尺度系统分型基础上，对比分析了不同类型极端暴雨的降水分布、环境场、对流系统的发生发展、降水强度与对流强度等中尺度特征，其中，线型对流系统主导的暴雨都属于深对流，而非线型对流系统主导的暴雨 1 次是深对流、2 次是混合对流。得到以下主要结论。

(1)极端暴雨的分布特征为：频次少、范围小、局地性强、夜雨特征显著、7 月是集中期、伴有短时强降水的对流性暴雨；暴雨主要集中在贺兰山东坡山前，中心分布在东坡山洪沟口。降水分布与低空偏(东)南急流夜间增强，并配合地形在东坡山前触发或增强了暴雨中小尺度系统造成地形处降水增幅密切相关。

(2)极端暴雨都满足对流性暴雨的 3 个基本条件，700 hPa 低空急流发展加强、向北或西推进，将来自东南部海洋的暖湿气流输向暴雨区，低层增温增湿促进了暴雨区的大气不稳定和动力、热力、地形抬升触发机制；暴雨形成与湿层厚薄、上升运动中心值大小、低层是否有锋面结构无关，只与低层高温、高湿接地、暴雨区持续上升运动有关。其中，深对流系统主导的过程 850 hPa 没有或低空急流不明显，多数水汽源自孟加拉湾，水汽来源地单一，水汽输送条件受限，但大气稳定度更低，有利于对流性暴雨的发生；混合对流系统主导的过程 850 hPa 和 700 hPa 有路径重合的低空急流，将汇集了孟加拉湾、南海、黄海和渤海 4 个水源地的水汽源源不断输向暴雨区，水源地更丰富、水汽输送更充沛，有利于持续性暴雨的产生。

(3)贺兰山东麓极端暴雨主要有暖区对流降水、锋面对流降水、锋区层状云降水 3 种性质，绝大多数暴雨都伴有冷空气活动的锋面对流降水；暖区对流主要在山区，地形抬升是主要触发机制，锋面对流的触发是低层暖湿气流沿着冷垫抬(爬)升，平原和山区皆有，而山区锋面对流的触发还叠加了地形抬升；对流系统的移动在云图和雷达上分别与高低层风场一致，山区和平原分别沿山体和低空急流轴传播，通常移动与传播方向平行或夹角很小，但在山区，当低层为偏东风，移动与传播几乎垂直或夹角很大，暴雨期间列车效应明显。

(4)线型对流系统主导的过程冷空气弱，以暖区或(和)锋面对流降水为主，对流系统主要在山前活动，沿山体传播形成组织化程度高的带状线型回波，低层为偏南风时，传播与移动方向平行，低层为偏东风时，传播与移动近似垂直，对流系统在山前稳定少动、发展强盛，下山后移速加快或减弱，列车效应在山前造成的强降水历时短、范围小、雨强大、有间歇性，3～4 h 累计雨量占过程总雨量的 85%左右，区域平均雨量远小于暴雨量级 50 mm · $d^{-1}$，地形性强对流暴雨特征凸显。

(5)非线型对流系统主要的过程冷空气强，以锋面对流性降水和锋区层状云降水为主，速度图上在雷达站附近回波呈“S”型分布，对流系统在山前和平原皆有触发，沿山体和急流轴传播和移动，山前传播与移动方向近似垂直，平原传播与移动方向平行，虽然对流系统组织化程度不高、移速快、强度弱，但列车效应形成的强降水历时长、范围大、雨强小，连续降水累计雨量大，区域平均雨量接近或达到暴雨量级，混合性降水特征明显。

(6)降水强度与 CAPE 增幅、回波强度、强回波持续时间、回波顶高、液态水含量呈正相关，与 TBB 呈负相关，该对应关系在深对流系统主导的过程中表现得更为清晰。回波强度 $Z \geqslant 40$ dBZ 时，与降水强度 $R$ 呈正相关，满足如下关系：$R=3.67\times10^{-8}\times Z^{5.222}+4.835$。

## 5.4 本章小结

利用 FY 卫星资料，研究了基于卫星观测的对流组织结构识别算法，识别结果与观测一致性较高。利用该套算法对 2016 年 8 月 21 日贺兰山东麓夜间极端降水过程中的对流组织结构演变进行了初步分析，当 MCS 呈有组织 PS 结构时，降水加强，易出现短时极端强降水；反之，当系统呈无组织的 NL 结构时，降水减弱。由此可见，PS 型线状结构可能是引发贺兰山东麓极端强降水的一种重要风暴结构特征。

利用 Himawari-8 和地面降水观测数据，建立亮温 228 K 的强对流暴雨云团识别阈值，以及短时单站暴雨、短时区域性暴雨、常规单站暴雨和常规区域性暴雨云团监测预警指标。

利用银川 C 波段天气雷达，在贺兰山东麓极端暴雨中尺度系统分型基础上，凝练不同类型 MCS 雷达回波形态结构特征，总结 $Z$-$R$ 关系式，建立暴雨雷达监测预警指标和概念模型。

# 第 6 章　贺兰山东麓暴雨过程数值模拟

西北地区观测站点稀少，中小尺度天气系统发展演变表征研究明显不足，因而高时空分辨率的中尺度数值模拟成为西北地区暴雨研究的重要方法。贺兰山东麓强降水过程大多受到贺兰山脉的影响，地形的阻滞作用对暴雨过程影响明显，不仅影响大尺度槽、脊的发生发展过程，同时中尺度对流云团的发生发展和小尺度环流的发展也会因复杂的地形影响而产生变化，从而影响降水过程的落区范围和降水幅度。随着数值模式的发展和普及，数值模式越来越多应用在中尺度天气系统的研究中，对中尺度天气系统相互作用引发暴雨的研究也越来越全面，尤其近年 WRF 模式被广泛应用于暴雨研究中。在地形影响降水过程发生机制的相关研究中，借助高分辨率的数值模式也可有效地弥补山地降水观测站点稀疏的问题。

李超(2023)、韩子霏(2021)、曹怡清等(2022,2023)采用中尺度 WRF3.8.1 模式和粒子扩散模式(FLEXPART)，通过数值模拟敏感性试验和经验模态分解(Empirical Mode Decomposition,EMD)方法，结合实况观测，研究地形及其诱发的局地环流、低空急流等关键因子对贺兰山东麓暴雨的影响机制，探讨了同化雷达反射率资料对暴雨强降水时段模拟的改进效果。

## 6.1　模式和方法简介

### 6.1.1　WRF 模式简介

WRF(The Weather Research and Forecasting Model，天气预报模式)模式是由美国国家大气研究中心(NCAR)、美国国家环境预报中心(NCEP)、俄克拉荷马大学以及美国国家海洋和大气管理局天气预测系统实验室(FSL)等科研部门和机构共同研发的新一代中尺度数值模式和数据资料同化系统，该模式主要由用于业务的 NMM(the Nonhydrostatic Mesoscale Model，非静力中尺度模式)和用于研究的 ARW(the Advanced Research WRF，非流体静力天气预报模式)两种框架构成。采用 ARW 框架进行研究可以实现模拟各种不同尺度系统影响的天气个例、数据资料同化、敏感性试验和诊断分析等，WRF 模式是当前较为成熟的数值模式之一。

WRF 模式是一种具有完全可压缩、非静力平衡特征的高分辨率中尺度气象数值模式，垂直方向使用地形追随质量坐标，水平方向采用 Arakawa-C(荒川 C)网格点，时间积分上采用三阶或四阶的 Runge-Kutta(龙格-库塔)算法。WRF 模式本身集合了数值天气预报、大气理想模拟和数据资料同化等各种功能，能够将大气中的微观物理过程和宏观动力过程进行有效结合。在模拟研究中，各种参数化方案的选取非常关键，包括积云对流参数化方案、微物理过程方案、边界层参数化方案、长短波辐射传输方案、陆面过程等。WRF 模式于 2000 年 11 月 30

日发布第一版，目前已更新至 4.2 版本，本章使用的是 2016 年 8 月发布的 WRF ARW Version3.8.1。

Em_hill2d_x 理想化试验模块，使用位温、水汽和风速的廓线(类似于探空数据)来为模拟所需的初始场提供数据支撑。本研究使用美国国家环境预报中心(NECP)/美国国家大气研究中心(NCAR)提供的全球再分析资料(Final Operational Global Analysis，FNL)作为初始场。该模块还可以修改地形的结构特征(地形高度、宽度)以及山体类型(钟形山、双脊形山等)，在这些物理量场以及山体形态可控的前提下，可以开展一系列的地形降水理想化试验。

资料同化将观测资料与数值预报模式产品以及其各自的误差统计有效结合，以提供一个更为精准的大气和海洋的状态评估，变分数据同化则是通过迭代来实现代价函数的极小化。WRF 模式包括变分同化系统 WRFDA，它结合了三维和四维同化版本，后者主要是在三维变分同化的基础上增加了一个暖云模式，本研究中使用的同化方法是三维变分同化。其主要作用是将不同种类的观测资料同化到 WPS 插值产生的场中，并随着 WRF 模式循环更新 WRF 模式的初始场。WRFDA 中的"GEN_BE"是利用 NMC 方法或集合扰动法来生成背景误差协方差的模块，包含 CV3、CV5、CV6、CV7 四种生成方法，主要区别是 CV3 采用垂直递归滤波表征，而 CV5、CV6 和 CV7 采用经验正交函数(Empirical Orthogonal Function，EOF)定义，本研究中选择 CV3 进行背景误差协方差统计。雷达资料同化的主要过程包括：通过 WRF 中的 real.exe 或者 wrf.exe 输出初猜场；将雷达资料的处理成同化所需格式 ob.radar；使用 WRFDA 同化系统对分析场进行同化；更新边界条件；将同化的分析场作为 WRF 模拟的初始场。

### 6.1.2 FLEXPART 模式简介

粒子扩散模式 FLEXPART 是由挪威学院大气系空气研究所和气候研究所开发的一个拉格朗日粒子扩散模式(Stohl et al.，2005)，最初是为计算点源空气污染物的远距离和中尺度扩散而设计的，例如在核电站发生事故后。FLEXPART 模型能够利用时间上的前向和后向运算模拟示踪剂从源区向周边地区的扩散，后向运算也可以确定对固定站点有影响的潜在源区分布，特别是当研究区域内的站点数量小于排放源数量时更有优势。它能够计算大量的粒子群轨迹，并用这个轨迹来描述示踪物在大气中的传输和扩散过程，被广泛应用于污染传输、温室气体循环和全球水循环的研究中。FLEXPART-WRF 耦合了 WRF 模式和 FLEXPART 模式，所以它可以用于中小尺度系统。

FLEXPART 的核心是研究空气污染物的源-受体关系：污染物排放是源，监测点是受体。通过计算大量点、线、面或体积源释放的颗粒物的轨迹，描述大气中的长距离、中尺度传输、扩散、干湿沉降和辐射衰减过程。模式通过排放大量随机粒子，并跟踪粒子在湍流中的运动，获取粒子位置并统计获得扩散浓度。拉格朗日粒子模型计算了大量粒子(不一定代表真实粒子，而是无穷小的空气包裹)的轨迹，以描述示踪剂在大气中的传输和扩散。拉格朗日模型的主要优点是，不像欧拉模型，没有数值扩散。此外，在欧拉模型中，点源释放的示踪剂在网格框内瞬间混合，而拉格朗日模型独立于计算网格，原则上具有无穷小的分辨率。目前大气粒子模型的基础是由 Thomson(1987)奠定的，他提出了模型在理论上正确必须满足的标准。用拉格朗日粒子模型对离散进行时间回溯建模的理论是由 Flesch 等(1995)和 Seibert 等(2004)发展起来的。

该模式通过"零加速度"方案跟踪粒子轨迹，公式描述如下：

$$X(t+\Delta t)=X(t)+v(X,t)\Delta t \tag{6.1}$$

式中，$t$ 表示时间，$\Delta t$ 表示时间增量；$X$ 表示污染物粒子的位置矢量；$v$ 表示风矢量，由网格尺度分量、湍流脉动分量和中尺度风脉动分量共同组成，可表示为：$v=\bar{v}+v_t+v_m$，其中，$v_t$ 代表湍流脉动分量，$v_m$ 代表中尺度风脉动分量，湍流脉动分量由马尔可夫过程的朗格文方程假设计算得到：

$$\mathrm{d}v_{ti}=a(x,v_t,t)\mathrm{d}t+b_{ij}(x,v_t,t)\mathrm{d}w_j \tag{6.2}$$

式中，$a$ 是漂移项，$b$ 是扩散项；$\mathrm{d}w_j$ 的平均值为 0，是微增量为 $\mathrm{d}t$ 的维纳过程中的一个微增分量。

模式对于 $T_c$ 时的浓度 $C_{T_c}$ 的计算是一定时间内 $[T_c-\Delta T_c/2, T_c+\Delta T_c/2]$ 的浓度平均值，以 $\Delta T_s$ 为 $\Delta T_c$ 时段内浓度计算的积分步长，划分为 $N=\Delta T_c/\Delta T_s$步，即

$$C_{T_c}=(1/N)\sum_{i=1}^{N}C_{T_s} \tag{6.3}$$

式中，$C_{T_c}$ 是 $T_c$ 时刻的浓度，$T_c$ 是时间平均窗，$C_{T_s}$ 是时间窗内的平均浓度，$\Delta T_s$ 是短时步的步长（积分步长），$N$ 表示网格单元中包含的粒子数，$\Delta T_c$ 与 $\Delta T_s$均为模式输入参数。$\Delta T_s$ 越小，积分步数越多，平均浓度就越准确。一个网格单元在时刻 $\Delta T_s$ 的浓度 $C_{T_s}$ 可表示为：

$$C_{T_s}=\sum_{i=1}^{N}(m_i f_i)/V \tag{6.4}$$

式中，$m_i$ 是第$i$ 个粒子的质量，$f_i$ 是第$i$ 个粒子相对于网格单元的质量分数，$N$ 是格点体积内的粒子总数，$V$ 是格点体积。质量分数与粒子位置和输出网格的经、纬向距离（$\Delta x, \Delta y$）有关，粒子位于边长为（$\Delta x, \Delta y$）的阴影矩阵中心，阴影区域通常覆盖 4 个网格单元，每个网格接收一部分粒子的质量分数，粒子所在网格的质量分数 $f_i$ 是该网格的阴影面积相对于总阴影面积的比例。

为了研究暴雨发生前后的水汽输送特征，采用了区域填充技术，将研究区域的大气划分为足够数量的气块，并记录每个气块在积分过程中的三维运动轨迹，从而可以模拟目标区域大气的输送和扩散过程。

在大气行星边界层高度内，拉格朗日体系近似地认为，地表蒸发和气块的降水是导致气块水汽含量在确定时间步长内变化的主要过程（James，2004；Stohl et al.，1999，2005），地表蒸发增加了气块的水汽含量，而降水会降低气块的水汽含量。每单位质量的气块有

$$e-p=m\frac{\Delta q}{\Delta t} \tag{6.5}$$

式中，$e$ 和 $p$ 分别是在时间步长 $\Delta t$ 内进入气块的地表蒸发和气块的降水量，$\Delta q$ 是比湿的变化。对于单个气块来说，$e-p>0$ 的位置表示气块中的水汽含量增加，可以认为是水汽的蒸发源区。

### 6.1.3　集合经验模态分解(EEMD)方法

经验模态分解（Empirical Mode Decomposition，EMD）是由美国国家宇航局华裔科学家 Norden e. Huang 博士于 1998 年提出的一种新的处理非平稳信号的方法（Huang et al.，1998）。EMD 方法可以完全自适应地将原始复杂信号分解成有限个不同时间尺度的本征模态函数（Intrinsic Mode Function，IMF），不需人为选择分解层数和基函数，原始复杂信号可以用有限个本征模态函数总和来进行还原。各 IMF 分量包含了原始信号各个不同时间尺度的局部特征信息，每个 IMF 分量都具有明显的物理背景，其中最低频率的分量通常代表原始信号

的趋势或均值(RES)。但是值得注意的是 EMD 方法在分解过程中常常出现模态混叠现象，于是 Huang 等(1998)对 EMD 方法进行了改进，提出了一种噪声辅助数据分析方法即 EEMD (Ensemble Empirical Mode Decomposition，EEMD)方法。EEMD 方法利用均匀分布的白噪声频谱，将信号加在时空频率一致的白噪声背景上，不同尺度的信号会自适应地分布至合适的参考尺度上，由于零均值噪声的特性，经过多次处理后，噪声信号将会被抵消，集成均值的结果就可作为最终运算结果。

EMD 分解的具体过程如下。

(1)利用三次样条插值法把信号 $x(t)$ 的极小值点和极大值点分别拟合成 $x(t)$ 的下包络线和上包络线，计算两条包络线的均值 $m_1$。从原始信号 $x(t)$ 中减去 $m_1$，即可得到一个移除低频信号的新序列：

$$h_{10}=x(t)-m_{10} \tag{6.6}$$

式中，$h_{10}$ 为原始信号拟合后的信号，$m_{10}$ 为包络线的平均值。

(2)将 $h_1$ 重复(1)中的处理过程直至包络线平均值趋近于零，此时所得数据为：

$$h_{1k}=h_{1(k-1)}-m_{1k} \tag{6.7}$$

式中，$h_{1k}$ 和 $h_{1(k-1)}$ 为上一次和再上一次拟合后的信号，$m_{1k}$ 为上次拟合后信号包络线的平均值。

(3)得到零均值数据 $h_1(t)$，将其作为第一个 IMF 分量，用 $C_1(t)$ 表示，它代表了原始信号序列中的频率最高的分量，从原始信号 $x(t)$ 中减去第一个 IMF 分量 $C_1(t)$，就可得到一个移除了高频信号的新信号 $r_1$：

$$r_1(t)=x(t)-c_1(t) \tag{6.8}$$

若 $r_1$ 中仍包含较长周期的信息，可重复(1)—(3)过程，直至所得信号 $r_1$ 已是单调函数时停止运算。

(4)以此类推，分解完成后可得 $r_n$，此时 $r_n$ 代表原始信号的趋势或均值，原始信号可由一个趋势项(RES)和这些 IMF 分量共同表示：

$$x(t)=\sum_{i=1}^{n}C_i(t)+r_n(t) \tag{6.9}$$

式中，$c_i(t)$ 表示信号在 $i$ 尺度上的本征模态函数 IMF，$r_n(t)$ 表示信号分解后的趋势项。

改进后的 EEMD 分解的具体思想如下：

(1)向原始信号中加入正态分布的白噪声；

(2)将加入白噪声的原始信号进行 EMD 分解，得到不同尺度的 IMF 分量；

(3)重新加入新的白噪声序列，重复步骤(1)—(2)；

(4)将每次得到的不同尺度 IMF 分量做集成平均处理后作为最终运算结果。

对于 EEMD 方法来说，加入白噪声的幅度和集成平均的次数非常重要，如果加入白噪声幅度过小，可能对于 EMD 分解起不到明显的改善作用，如果加入白噪声幅度过大，则会造成干扰从而影响最后的分解结果。一般在处理高频分量为主的信号时，可以适当减小添加噪声的幅度，当信号以低频分量为主时，应当增加噪声的幅度。

### 6.1.4 改进的 TS 评分方法

为了客观评估中尺度数值模式对降水模拟的效果，业务预报中常采用 TS(Threat Score 预兆评分)评分对模拟结果进行运算，这是目前中短期预报中应用最广泛的评估方法，其计算公式为：

$$TS=N_A/(N_A+N_B+N_C) \tag{6.10}$$

式中，$N_A$ 表示模式预报正确格点数，$N_B$ 表示模式空报格点数，$N_C$ 表示模式漏报格点数。TS 评分介于 0～1 之间，数值越大降水的模拟效果越好，数值越小降水的模拟效果越差。

引进 $K$ 最邻近分类算法(KNN，K-Nearest Neighbor)对传统 TS 评分方法进行改进，选取样本站点 10 倍格距范围内所有站点与样本站点预报值进行对比，若有一个站点的预报值达到观测预报值，则认为此站点预报正确，即在所有观测点 10 km 范围内寻找一点与之相比，若能达到观测量级则认为预报成功。这种优化方案可以有效改善点对点评分对模式预报效果的低估。

## 6.2　地形降水理想试验

贺兰山东麓地区强降水的形成除了与大尺度环流形势及低空急流系统有关外，地形对流场的扰动对降水的增强作用也不容忽视。考虑到贺兰山脉沿内蒙古和宁夏交界区呈东北西南向分布，其周边地形相对平坦，李超(2023)将贺兰山看作一个独立理想化的钟形山体，选取 2009—2020 年贺兰山东麓 20 次暴雨过程，以 20 次暴雨过程中的水汽场、温度场及风场等统计特征为基础，为模式提供温度场、湿度场和不同风场等分布，开展地形降水的理想数值试验，进一步揭示贺兰山东麓地区降水的形成和发展机理。

### 6.2.1　贺兰山脉两侧降水强度差异

图 6.1 为利用 GPM 资料分析的 2016—2020 年贺兰山体两侧不同季节的平均降水率分布图，结果表明，作为干旱半干旱区的贺兰山区域，该地区降水主要分布在夏季(图 6.1b)，且山体两侧降水差异明显，其东侧降水量要显著大于山体西侧，降水大值区位于贺兰山东侧山前，存在明显的地形降水特征。以往的研究指出，气流过山理论能够很好地解释这一现象，贺兰山东麓作为迎风坡，地形的辐合抬升加强了迎风坡暖湿气流抬升，对迎风坡降水有增强作用，此外，狭管效应和喇叭口地形收缩作用使贺兰山主峰东南侧称为强降水易发区(陈晓娟等，2020)，而西侧处于下坡风区，不利于降水形成，最终形成了沙漠地形。

以往的研究大多分析地形高度的变化对降水强度的影响，宁贵财等(2015)通过数值模拟试验，降低贺兰山高度后，贺兰山以西的腾格里沙漠东部地区低层流场将出现切变辐合，垂直运动、散度场、水汽通量散度加强，会导致该地区降水强度增强、范围扩大，而贺兰山东侧的银川地区降水则会减少，进一步说明了贺兰山脉的阻挡效应是这种降水分布的形成原因之一。此外，贺兰山东侧(迎风坡)迎风气流流场特征的变化对降水分布也具有重要影响，因此，下面针对与地形降水有关的迎风坡流场特征这一影响因素展开多组二维理想试验，通过在不同背景条件(不同风场和水汽条件)下的模拟结果分析环流特征和水汽分布的变化特征进而分析其对降水强度及分布的影响。

### 6.2.2　试验设计

WRFV3.8.1 的二维地形理想化试验模块(Skamarock et al.，2008)，采用无嵌套网格开

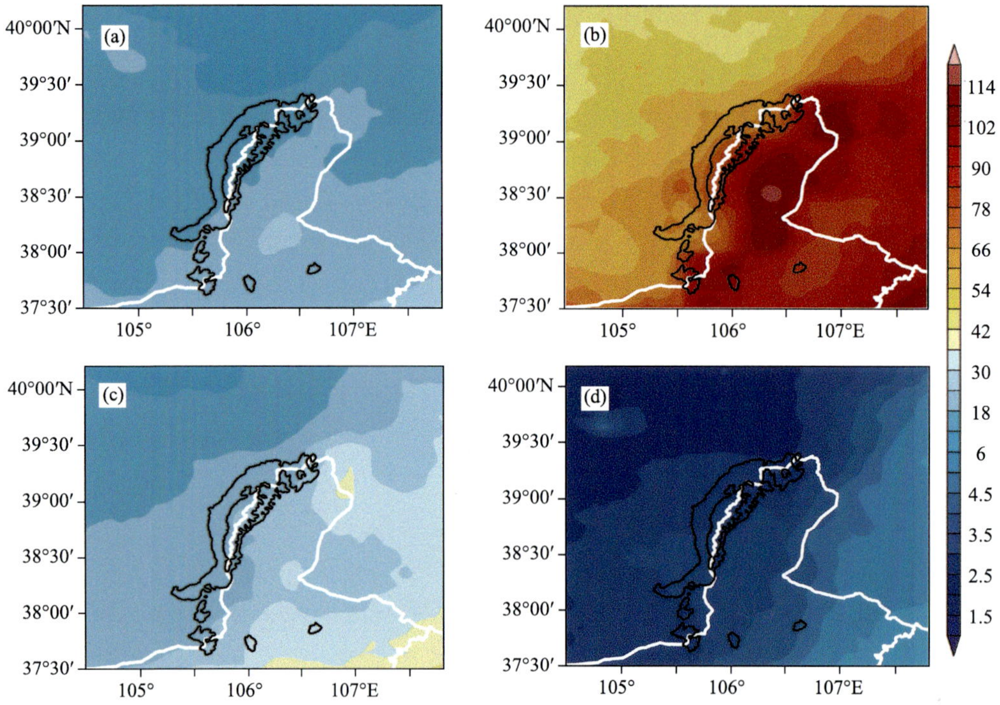


图 6.1 2016—2020 年贺兰山体两侧不同季节的降水率(单位:$10^{-3}$ mm·$h^{-1}$)分布,黑色点代表贺兰山主峰位置
(a)春季;(b)夏季;(c)秋季;(d)冬季

展数值试验。模拟区域的水平格点数为 302,水平分辨率为 1 km×1 km,垂直分层 41 层,模式层顶设在 30 km,吸收层设为 20 km,时间步长为 12 s,所有试验积分 10 h 且均可达到稳定状态。简单起见,仅在湿模拟试验中启动 WSM6 云微物理参数化方案,所有试验中未启动边界层以及辐射过程参数化方案。

数值试验可分为不考虑和考虑水汽分布的两类模拟试验,以下简称为“干过程”和“湿过程”试验,这两类试验中又依据不同的风场垂直分布特征分别进行了 2 组和 3 组数值试验,其中干过程主要研究的是重力波特征与不同风场分布之间的关系,湿过程试验则是为了进一步探究水汽的引入对地形波传播特征及不同风场结构特征对降水强度与分布特征的影响。em_hill2d_x 理想化试验模块需要比湿、位温和风速的廓线以及地形分布特征参数等作为初始场进行驱动,山体形状构造参考了贺兰山实际地形(图 6.2),贺兰山脉近南北走向,海拔 2000~3000 m(主峰相对高度约 2000 m),东西宽约 20 km,降水主要位于地势更加陡峭的贺兰山东麓(图 6.2a),其西北东南向廓线(图 6.2b 中黑线)可用理想化的钟形山山体(图 6.2b 中红线)来表征,数值试验中贺兰山山体采用如下的数学表达式:

$$h(x)=\frac{H}{1+(\frac{x-x_0}{r})^2} \quad 0\leqslant x\leqslant 301 \tag{6.11}$$

式中,$H$ 和 $r$ 分别为钟形山最大高度和山脉半宽,干过程的数值试验中,为了得到更加稳定的背风波,这两个值分别固定为 1200 m 和 8 km,在湿过程的数值试验中设为 1800 m 和 10 km,

钟形山置于水平计算域的中心($x_0$ 取 150)。

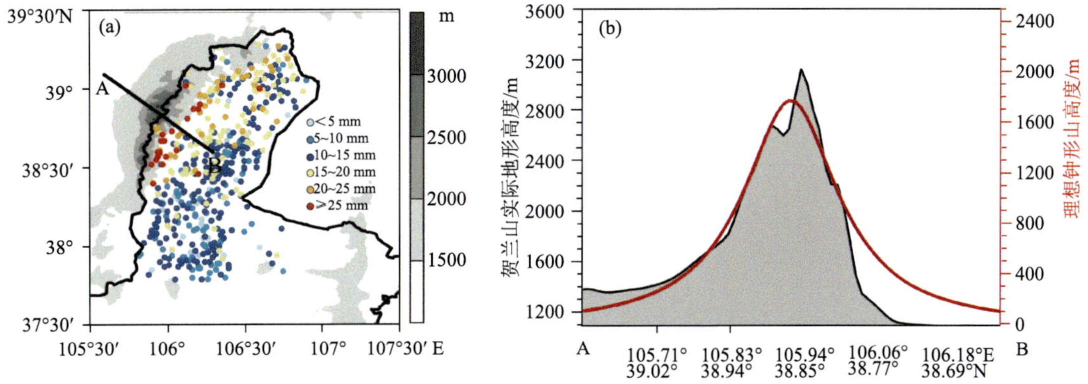


图 6.2　贺兰山周边地形高度和其东麓 20 次暴雨过程的平均降水量分布(a)以及沿 AB 所做的地形垂直剖面(b,灰色阴影,单位:m),(b)中红色折线为理想钟形山高度(单位:m)

比湿、位温及风速场的垂直分布(表 6.1)参考了 FNL 资料中贺兰山东麓 20 次暴雨事件的气象要素垂直分布特征(图 6.3)。干过程模拟中,比湿在整个高度层设为 0,位温廓线则通过式(6.11)计算得到,其中 $N$ 为大气浮力频率,取值 0.007 $s^{-1}$,地面位温($\theta_0$)取 300 K。湿过程模拟中,以贺兰山东麓 20 次降水事件的气象要素的平均分布作为初始场,其特点为:比湿在对流层随高度减小,从地面的 15 g · $kg^{-1}$ 左右降至对流层顶(12 km 左右)的 1 g · $kg^{-1}$(图 6.3a);位温在对流层中随高度增加,对流层低层(0～3 km 左右)其层结稳定度参数 $N$ 较小,3 km 以上逐渐增加至 0.012 $s^{-1}$,属于低层不稳定高层稳定的层结分布(图 6.3b)。

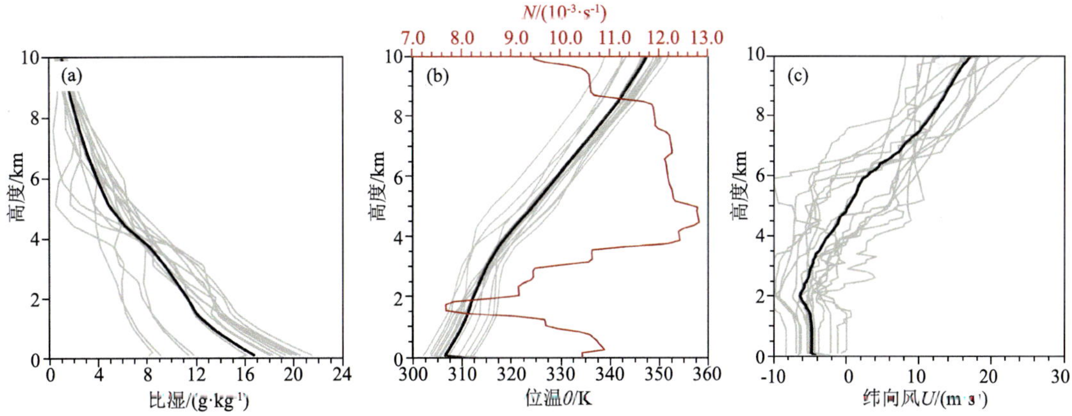


图 6.3　贺兰山东麓 20 次暴雨个例降水期间比湿(a,单位:g · $kg^{-1}$)、位温(b,单位:K)、风速(c,单位:m · $s^{-1}$)垂直分布(灰色实线)及各气象要素的平均分布(黑色实线),图(b)中红色实线为由平均位温廓线计算的大气浮力频率 $N$ 的垂直分布

$$\theta=\theta_0 e^{\frac{N^2}{g}(z-z_0)} \tag{6.12}$$

式中,$\theta_0$ 为地面($z_0=0$)位温,取 300 K,$N$ 为大气浮力频率,取值 0.007 $s^{-1}$,$z$ 为高度,$g$ 为重力加速度。主要分析不同风场结构对重力波和降水分布特征的影响,因此试验中以贺兰山东麓(迎风侧)20 次暴雨过程的平均风廓线为基础(图 6.3c),构造了 3 种类型的风场垂直分布(图 6.4):

(Ⅰ)单层均一东风(图 6.4a);(Ⅱ)对流层低层存在风切变的东风风场(图 6.4b);(Ⅲ)类在低空的分布与Ⅱ类风场类似,在高空逐渐转变为西风(图 6.4c),其具体的数学表达式如下:

$$
U(z)=\begin{cases} u_0 & z\geqslant 0 \quad (\text{Ⅰ}) \\ -4+(u_{\text{shear}}+4)\tanh\left(\dfrac{2z}{z_{\text{shear}}}\right) & z\geqslant 0 \quad (\text{Ⅱ}) \\ \dfrac{u_1}{z_1^2}z(z-2z_1) & 0<z<2z_1 \\ u_2\tanh\left(\dfrac{2(z-2z_1)}{z_2-2z_1}\right) & z\geqslant 2z_1 \quad (\text{Ⅲ}) \end{cases} \tag{6.13}
$$

式中:$u_0$ 为地面至高空风速,固定为东风取负值,其绝对值越大,代表风速越强;$u_{\text{shear}}$ 为风速由地面至高空逐渐增大到最大值,$z_{\text{shear}}$ 为最大值所在高度;$u_1$,$u_2$ 分布为高度 $z_1$ 和 $z_2$ 处的风速。

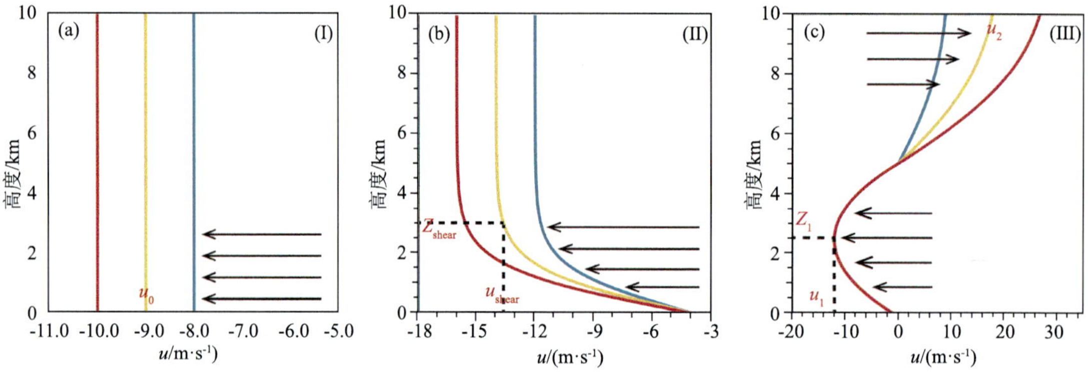


图 6.4 数值试验中采用的三种风场垂直分布结构:单层均一东风(a)、低空存在风切变东风(b)和低空与(Ⅱ)类似但高空为西风(c)

**表 6.1 试验设计**

| | 干过程(WRF-dry) | | 湿过程(WRF-moist) | | |
|---|---|---|---|---|---|
| 试验名称 | D1 | D2 | M1 | M2 | M3 |
| $N/s^{-1}$ | $N=0.007$ | | 以 20 次降水过程的平均位温阔线作为初始场 | | |
| 比湿/(g·g$^{-1}$) | 0 | | 以 20 次降水过程的平均比湿阔线作为初始场 | | |
| 风场结构 | (Ⅰ) | (Ⅱ) | (Ⅰ) | (Ⅱ) | (Ⅲ) |
| 东风/(m·s$^{-1}$) | $u_0$:-4、-6、-8、-10、-12、-15 | $u_{\text{shear}}$:-8、-10、-12、-15 | $u_0$:-4、-5、-6、-7、-8、-9、-10、-11、-12、-13、-14 | $u_{\text{shear}}$:-8、-9、-10、-11、-12、-13、-14、-15、-16、-17、-18、-19、-20、-22 | $u_1$:-14 |
| 西风/(m·s$^{-1}$) | — | — | — | — | $u_2$:5、10、20、30、40 |
| 试验目的 | 重力波特征 | | 重力波特征、降水分布特征 | | |

注:取西风为正值,—代表无。

## 6.2.3 干过程模拟结果分析

气流过山可引起地形重力波,这种波动是触发对流的一种重要机制(李驰钦 等,2018)。主要分析不考虑水汽分布时地形诱发的过山气流变化特征。

### 6.2.3.1　单层均一气流过山模拟结果分析

单层均一气流过山会形成过山波(图 6.5)，这种由地形抬升作用引起的重力内波的波长与风速和地形尺度有关，即与气流过山能力有关，这可用 Froude 数(以下简称 $F_r$ 数)来表征(Smolarkiewicz et al.，1989；Smolarkiewicz et al.，1990)，其表达式为：$F_r=\frac{U}{N \cdot H}$，其中 $U$ 为上游风速，$N$ 为大气浮力频率，$H$ 为山脉高度，$F_r$ 数越大气流过山能力越强。$F_r$ 数较大时(图 6.5e，图 6.5f)，山体上空存在稳定的垂直传播的重力波，波长较长，在山体下游没有出现重力波的破碎，上游也不出现阻塞现象。随着风速减小，气流过山能力减弱，过山波波长变短，振幅变小；当 $F_r$ 减小至 1.2 左右时，山脉下游对流层低层开始出现重力波破碎现象(图 6.5d)；当 $F_r$ 数减小至 0.7 左右时，不仅在下游存在波的破碎，而且在山脉上游开始出现上游阻塞现象(图 6.5b)。

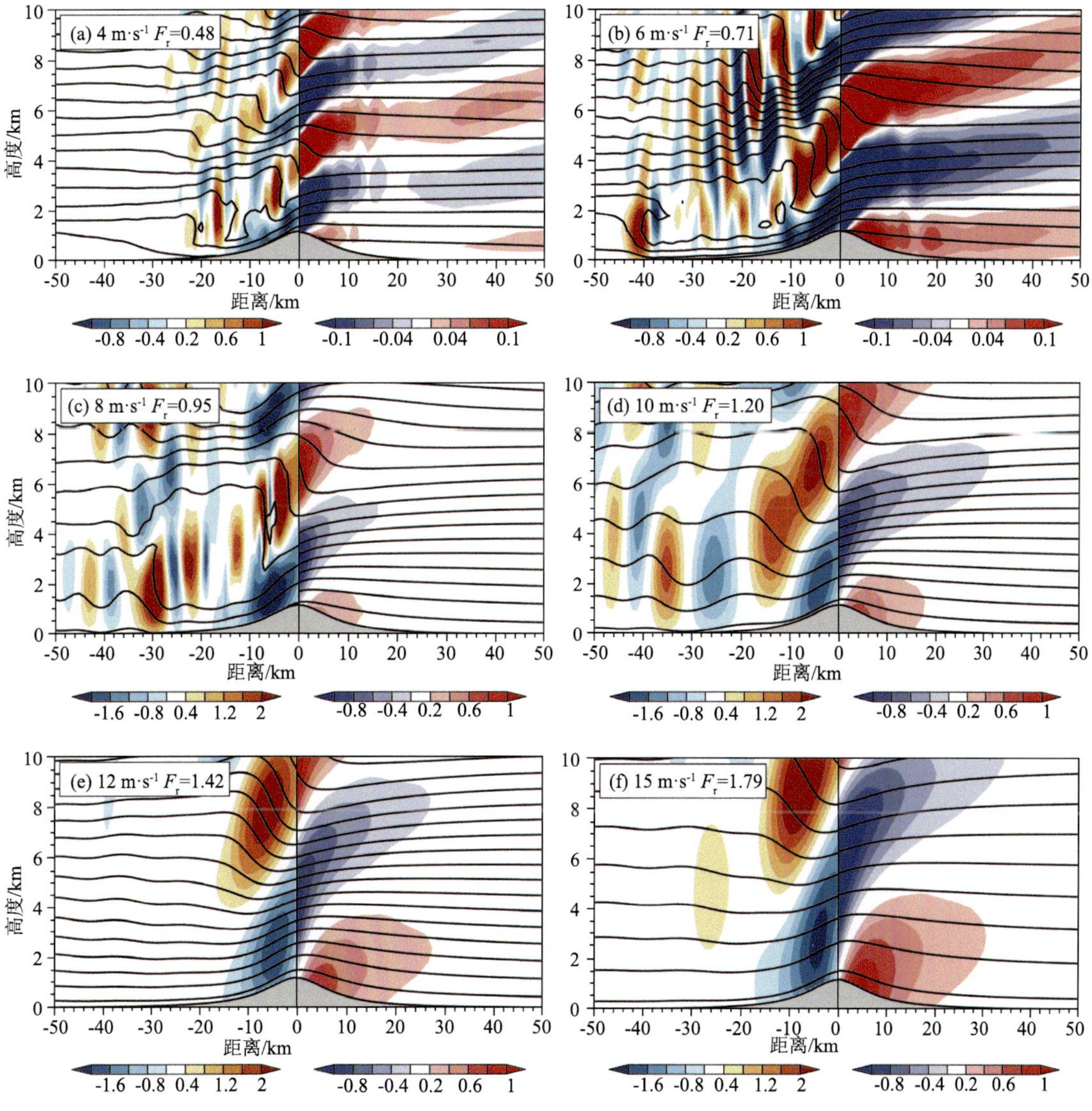


图 6.5　单层均一气流过山试验(D1)模拟的垂直速度垂直分布场(阴影，单位：$m \cdot s^{-1}$)及位温场(等值线，单位：K)
图中 0 为山体位置，负值为山体西侧，正值为山体东侧，下同

#### 6.2.3.2 存在低空风切变气流过山模拟结果分析

图 6.6 为 D2 试验的模拟结果，当低空风切变较大时(图 6.6d)，在背风侧出现稳定传播的背风波，其可向下游传播至 100 km 左右。背风波的稳定传播可用如下斯科勒(Scorer)参数(Scorer，1949)来度量：

$$L^2=\frac{\beta \cdot g}{U^2} \tag{6.14}$$

式中，式中 $L^2$ 称为斯科勒参数，$g$ 为重力加速度，$U$ 为上游风速，$\beta$ 为大气稳定度参数，$\beta=\frac{1}{\theta}\cdot\frac{\beta \cdot g}{U^2}$，$v$ 为位温。斯科勒指出，当大气层结满足 $\frac{\partial L^2}{\partial Z}<0$ 时有利于背风波维持。对流层低层存在风切变时(图 6.4b)，低空风速随高度增大，Scorer 参数($L^2$)随高度降低，有利于背风波的稳定传播。

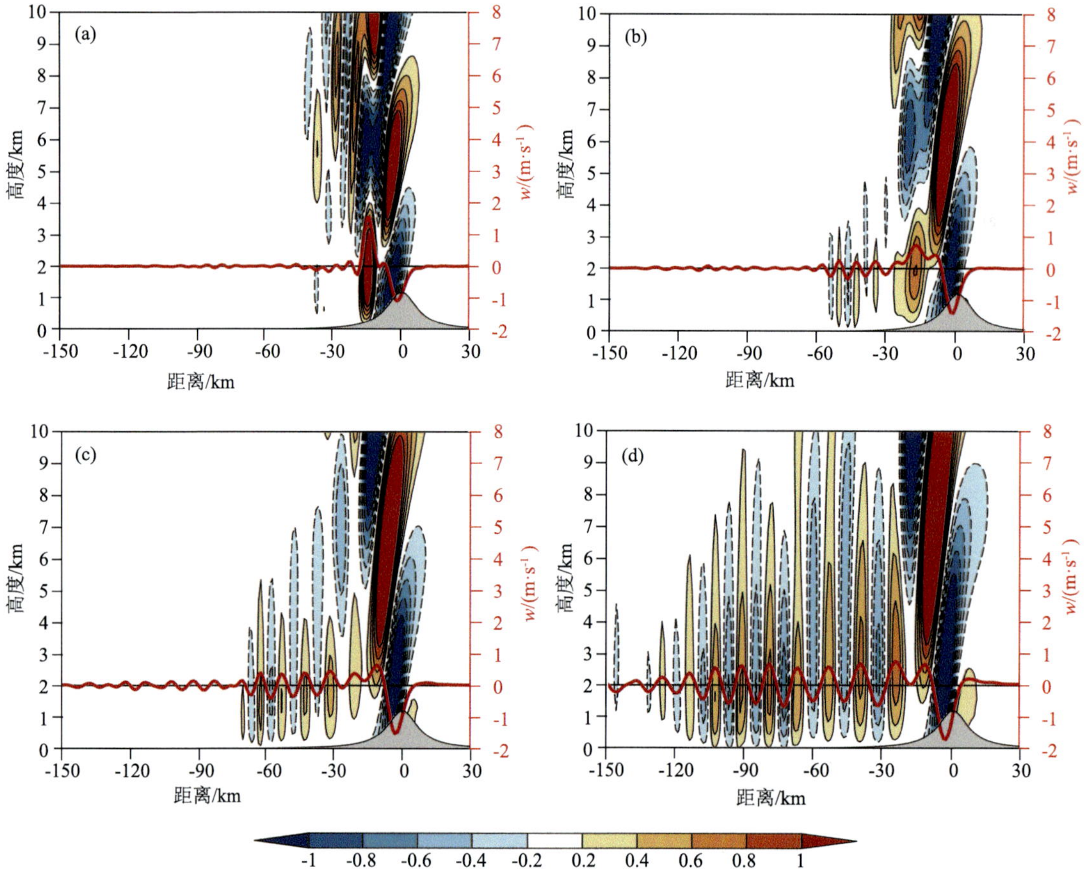


图 6.6 具有不同大小风切变的东风过山试验(D2)模拟的垂直速度场(阴影，单位：m·s$^{-1}$)及 2 km 高度处垂直速度在山体两侧的变化(红色折线，单位：m·s$^{-1}$)
(a)$u_{\text{shear}}=-8$ m·s$^{-1}$；(b)$u_{\text{shear}}=-10$ m·s$^{-1}$；(c)$u_{\text{shear}}=-12$ m·s$^{-1}$；(d)$u_{\text{shear}}=-15$ m·s$^{-1}$

当低空风切变较小($|u_{\text{shear}}|$较小)时(图 6.6a 和图 6.6b)，此时地形波的形态表现为与过山波(图 6.5)类似的垂直传播，在其下游有弱的小振幅背风波出现，其传播距离有限，仅出现

在下游 50 km 范围内。当迎风坡风切变增大（$|u_{shear}|$增大）后（图 6.6c），背风侧出现较为稳定的背风波，随着重力波的能量频散，可向下游传播至 70 km 左右并逐渐消失。当低空风速（$|u_{shear}|$）进一步增大后（图 6.6d），在背风侧形成的背风波传播距离更远、振幅更大、波长更长，并能够较为稳定的向下游传播至 100 km 左右。

图 6.7 为风速（$u_{shear}$）分别为 $-12\ m\cdot s^{-1}$（图 6.7a）和 $-15\ m\cdot s^{-1}$（图 6.7b）时模拟的 2 km 高度处垂直速度随时间的演变图，从图中可用看出低空风切变大小的变化会对背风波特征产生显著影响，较小的风切变下气流过山形成的背风波波长较短、振幅较小、有效传播距离也较小（图 6.7a），当风速（风切变，$|u_{shear}|$）较大时，背风波的波长较长、振幅较大、传播距离较远（图 6.7b）。

以上无水汽引入的理想试验（D1 和 D2）模拟结果表明，无风切变（Ⅰ）与存在风切变（Ⅱ）两种不同类型风场过山后其迎风坡特征基本一致，主要表现为地形对迎风坡气流的抬升作用，而背风坡波动特征出现明显不同的变化特征，在单层均一气流条件下，山脉背风坡主要表现为过山波的特征，且易出现沿山体的强下坡风，过山气流诱发的重力波主要沿垂直方向传播，而在低空存在风切变的风场条件下，背风侧主要体现背风波的特征，重力波呈水平传播与垂直传播共存的特征，且随着低空风切变增强，水平传播的背风波特征越来越明显，这种波动是背风坡降水形成的一种激发机制。

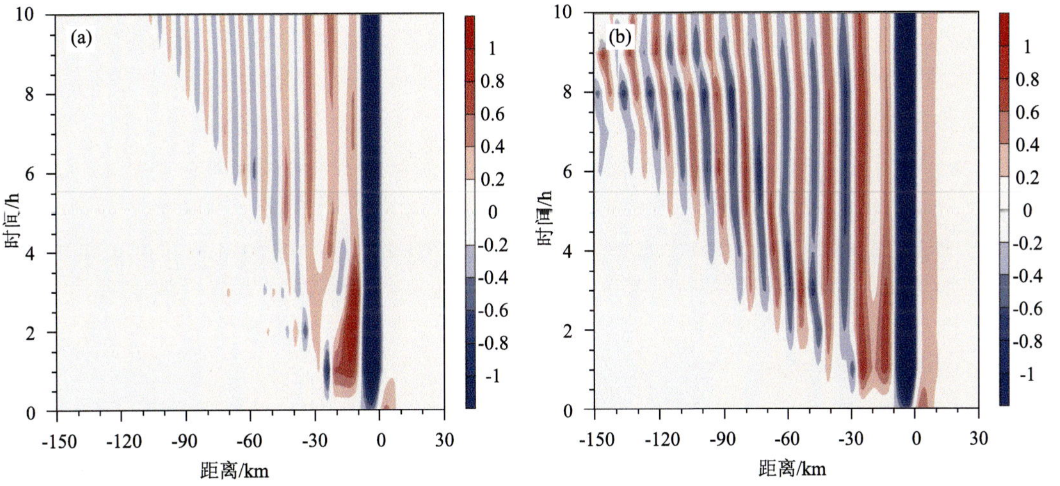


图 6.7　D2 试验（a：$u_{shear}=-12\ m\cdot s^{-1}$，b：$u_{shear}=-15\ m\cdot s^{-1}$）模拟的 2 km 高度处垂直速度（单位：$m\cdot s^{-1}$）随模拟时间的变化

## 6.2.4　湿过程模拟结果分析

### 6.2.4.1　单层均一湿气流过山模拟结果分析

在以贺兰山东麓（迎风侧）统计的环境参数为基础的条件下，单层均一湿空气过山试验（M1）模拟的降水主要集中于迎风坡一侧，当风速（$|u_0|$）达到 $10\ m\cdot s^{-1}$ 以上时迎风坡的降水强度明显加强（图 6.8b），降水强度可以达到暴雨量级，有研究指出，在我国西北地区有时会出现无低空急流的暴雨过程，暴雨的发生发展与中心风速可达 $10\ m\cdot s^{-1}$ 的相对强偏东风带密切相关（中国北方暴雨丛书《西北暴雨》编写组，1992），而背风坡降水的降水较少且变化不明显

(图 6.8a)。随着试验风速的增大,迎风侧所模拟的总累积降水量逐渐增大且逐渐集中于山顶迎风侧附近区域(图 6.8b)。

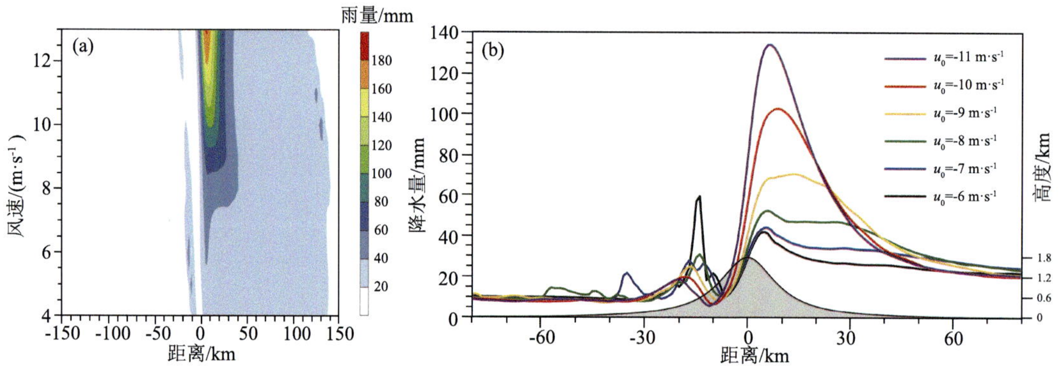


图 6.8 M1 试验中不同风速($u_0$)条件下模拟的降水量在山体两侧分布(a,单位:mm)以及几个特定风速条件下整个模拟时段的累积降水量(b,单位:mm)

M1 试验模拟的降水分布特征差异与地形阻挡及扰动作用造成的重力波传播机制不同有关。较弱的风速条件下(图 6.9a、b),迎风坡上升气流及背风坡扰动均较弱,随着风速的增大(图 6.9c、d),气流在迎风坡的抬升作用加强,背风坡一侧则出现明显的下坡风与背风坡波谷(图 6.9b、c、d),上游风速越大,下坡风越强,背风坡的波谷也变窄变深。与图 6.5 对比可以看出,引入水汽和云微物理过程后,地形波特征发生明显变化,云微物理过程的引入会导致在干过程中能够在垂直方向上维持稳定传播的重力波(图 6.5e)在背风侧更容易发生波的破碎(图 6.9d)。从图 6.9 中还可以看出,迎风坡的波动特征不明显,主要表现为由地形强迫抬升作用带来的较为稳定的上升气流,这为降水形成提供了有利的动力条件。背风坡的下坡风不利于降水的产生,这也与图 6.8b 结果较为一致,图 6.8b 中背风侧下游 10 km(−10 km 处)附近区域存在降水的低谷,背风侧降水主要集中于下游 20 km 左右处,该处的背风波表现为重力波波破碎的特征,湿气块在重力波的作用下离开平衡位置后凝结释放潜热导致气块加速上升,导致了重力波破碎现象的发生。

地形降水的分布特征与对流系统的发展演变密切相关。在较弱风速条件下,位于山前迎风侧的对流系统多为发展高度较低的浅对流系统(图 6.10a、b、c),而强降水中心集中出现在背风侧并与高空云水含量大值区具有较好的对应关系,出现多个强降水中心相伴(图 6.10b、c)。随着上游风速逐渐增大(图 6.10d、e、f),模拟的背风坡降水强度呈减弱的趋势,降水中心强度减弱呈单峰值(约位于下游 20 km 左右)分布,而迎风坡降水则呈逐渐增大的趋势,由于地形的阻挡作用,上游出现稳定发展的地形波系统,云水含量大值区可由地面伸展至高空 6 km 左右,水平方向上可发展至上游 60 km 左右,这导致山体右侧平原区域也出现较弱的降水,随着风速加强,迎风坡云水含量也逐渐增大,对流更强,降水中心逐渐向山顶集中,背风坡水凝物含量大值区范围逐渐变小,只在高空存在较为零散的弱对流云,产生的降水较弱(图 6.10d、e、f)。

#### 6.2.4.2 具有低空风切变湿气流过山模拟结果分析

前文的干过程模拟结果表明,风切变的存在导致背风波波动特征与单层均一气流下的波动特征出现差异,考虑水汽及其相变的物理过程后,这种差异也会导致地形降水强度与分布的

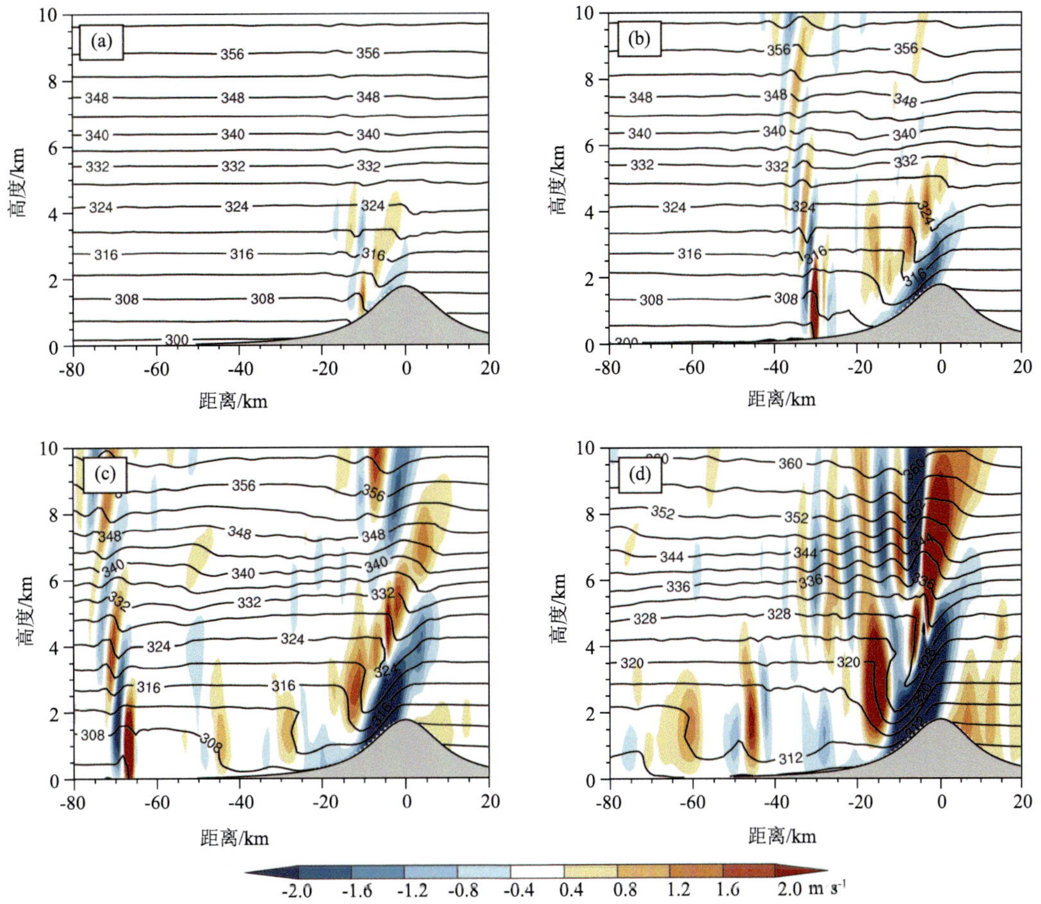


图 6.9　M1 试验(a:$u_0=-4$ m·s$^{-1}$,b:$u_0=-7$ m·s$^{-1}$,c:$u_0=-10$ m·s$^{-1}$,d:$u_0=-13$ m·s$^{-1}$)模拟至 360 min 时垂直速度的垂直分布场(阴影,单位:)及位温场(等值线,单位:K)

差异。在Ⅱ类风场条件下,山体两侧均出现较强的降水中心(图 6.11),其中迎风侧降水量随着低空风切变的增强($|u_{shear}|$增大)量值也越来越大,强降水中心逐渐向山顶偏移。与迎风坡不同的是,背风侧降水量在风速较小时呈波动式的分布,当风速较大时则表现为单一峰值(图 6.11b),背风侧的降水分布与背风波向下游传播有关(图 6.12),与干过程模拟结果(图 6.6)类似的是,在背风侧也存在向下游水平传播的重力波系统,只是水汽的引入使得该重力波系统向下游传播距离缩小至约 40 km 左右,较强的垂直上升运动出现在下游 20～30 km,这有利于背风坡出现强降水中心(图 6.11b)。

M2 试验模拟中的对流系统与 M1 试验结果的差异主要体现在背风一侧。M2 试验模拟结果显示在山脉下游 20～40 km 范围内存在一深对流系统(图 6.13),最高可发展至高空 10 km 处(图 6.13f),并与背风侧的强垂直上升区有较好的对应(图 6.12d),随着低空风切变的增大,此深对流系统更强,造成的降水强度也越强。此外,当风切变较小时($|u_{shear}|$较小),迎风坡山脉的阻挡效应造成的气流扰动导致迎风坡出现大范围波状云带,与 M1 试验模拟结果(图 6.10)不同的是,随着低空风切变的增大,云水含量大值区主要集中在山体东麓,扰动式的传播不再那么明显,这也造成了山体迎风侧的强降水中心逐渐集中于山前 0～40 km 范围内,

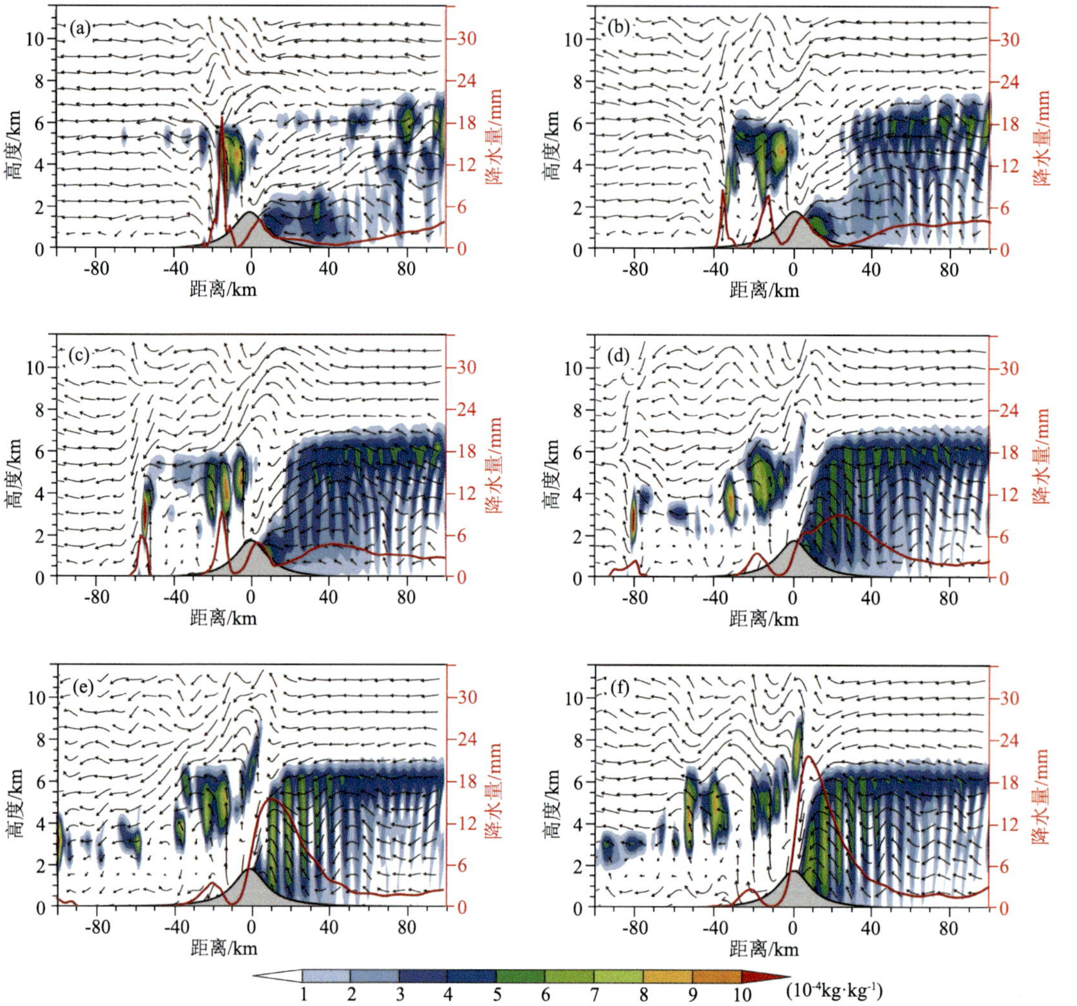


图 6.10　M1 试验($a:u_0=-6\ m\cdot s^{-1}$,$b:u_0=-7\ m\cdot s^{-1}$,$c:u_0=-8\ m\cdot s^{-1}$,$d:u_0=-9\ m\cdot s^{-1}$,$e:u_0=-10\ m\cdot s^{-1}$,$f:u_0=-11\ m\cdot s^{-1}$)模拟至第 540 分钟时的云水含量(阴影,单位:$10^{-4}\ kg\cdot kg^{-1}$)、流场(矢量箭头,单位:$m\cdot s^{-1}$)垂直剖面图及模拟的 480～600 min 内的累积降水量(红色曲线,单位:$m\cdot s^{-1}$)

山体右侧平原地区几乎不出现降水,低空风切变的存在不仅导致背风侧出现强降水中心,也使得迎风侧降水更加集中。

#### 6.2.4.3　存在高空西风湿气流过山模拟结果分析

降水的形成是高低空大气耦合的结果(朱乾根 等,2000),以下分析当高空存在西风气流时贺兰山地区降水的分布特征。图 6.14 为低空存在风切变($u_1$ 固定为$-14\ m\cdot s^{-1}$)且在高空逐渐转为西风气流控制下试验(M3)模拟的山体两侧总累积降水量分布图,需要注意的是,图中黑色折线为 M2 试验中 $u_{shear}$ 取$-14\ m\cdot s^{-1}$ 时的模拟结果,此结果为试验(M3)结果的对照曲线。高空西风的出现使得背风坡降水呈大幅减弱的特征(图 6.14),与 M1 试验类似,不仅迎风坡侧的降水强度有一定的增强,且随着高空西风的增强,降水落区越来越集中于山顶附近,且比 M1(图 6.8b)和 M2(图 6.11b)试验模拟的强降水中心区域要更加集中,这意味着高空西风的出现对降水强度及其分布具有一定的影响。

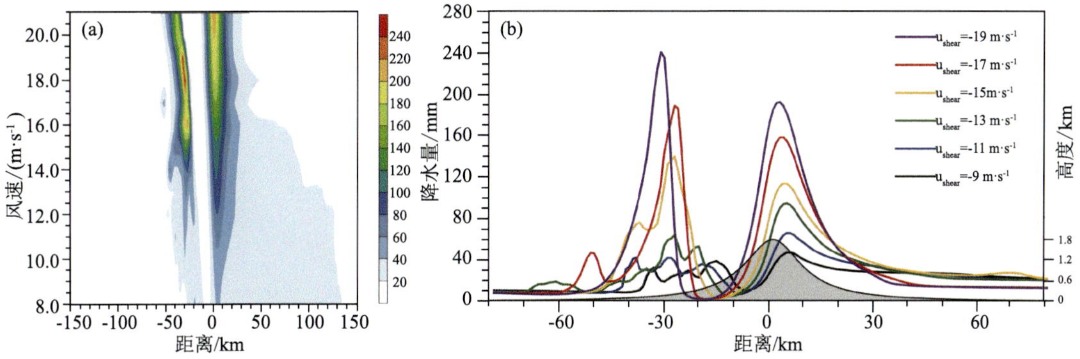


图 6.11　M2 试验中不同风速($u_{shear}$)条件下模拟的降水量在山体两侧分布图(a,单位:mm)以及几个特定风速条件下整个模拟时段的累积降水量(b,单位:mm)

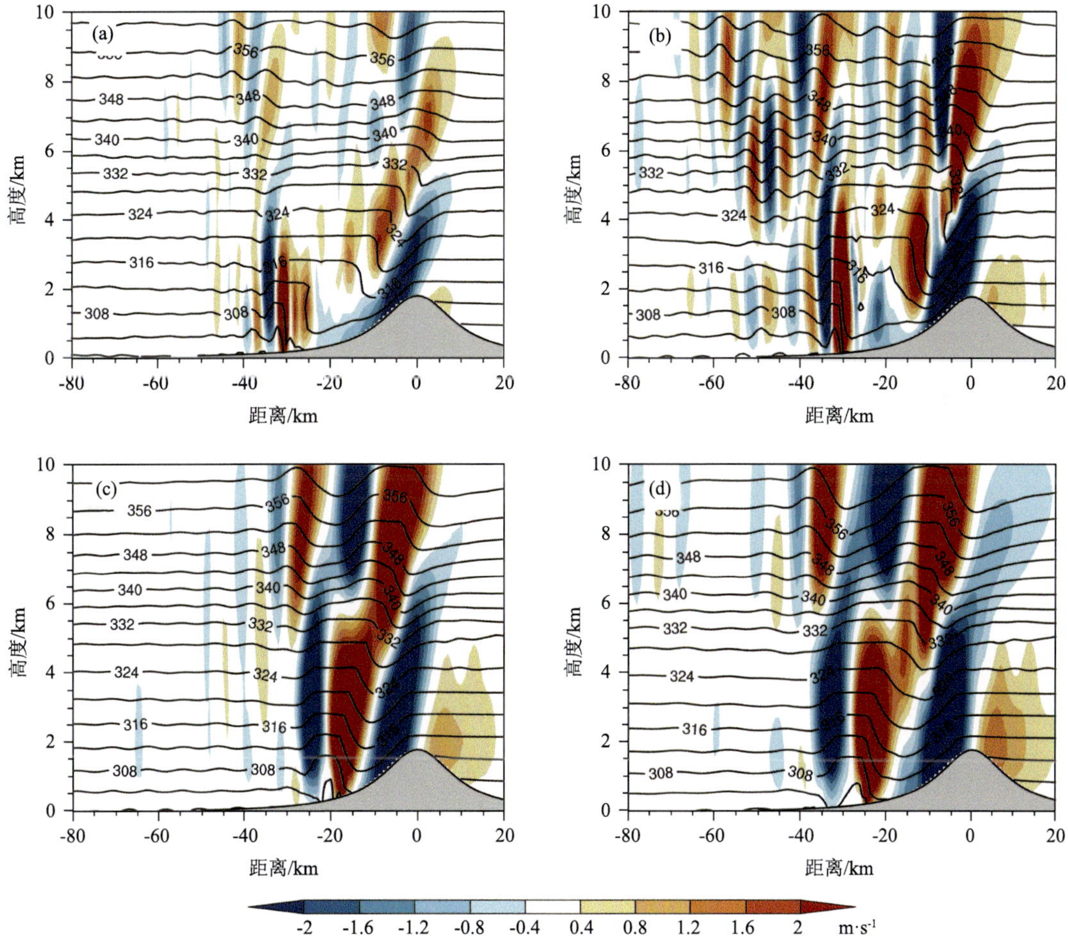


图 6.12　M2 试验(a:$u_{shear}=-8\ m\cdot s^{-1}$,b:$u_{shear}=-12\ m\cdot s^{-1}$,c:$u_{shear}=-16\ m\cdot s^{-1}$,d:$u_{shear}=-20\ m\cdot s^{-1}$)模拟至第 360 min 时垂直速度的垂直分布场(阴影,单位:$m\cdot s^{-1}$)与位温场(等值线,单位:K)

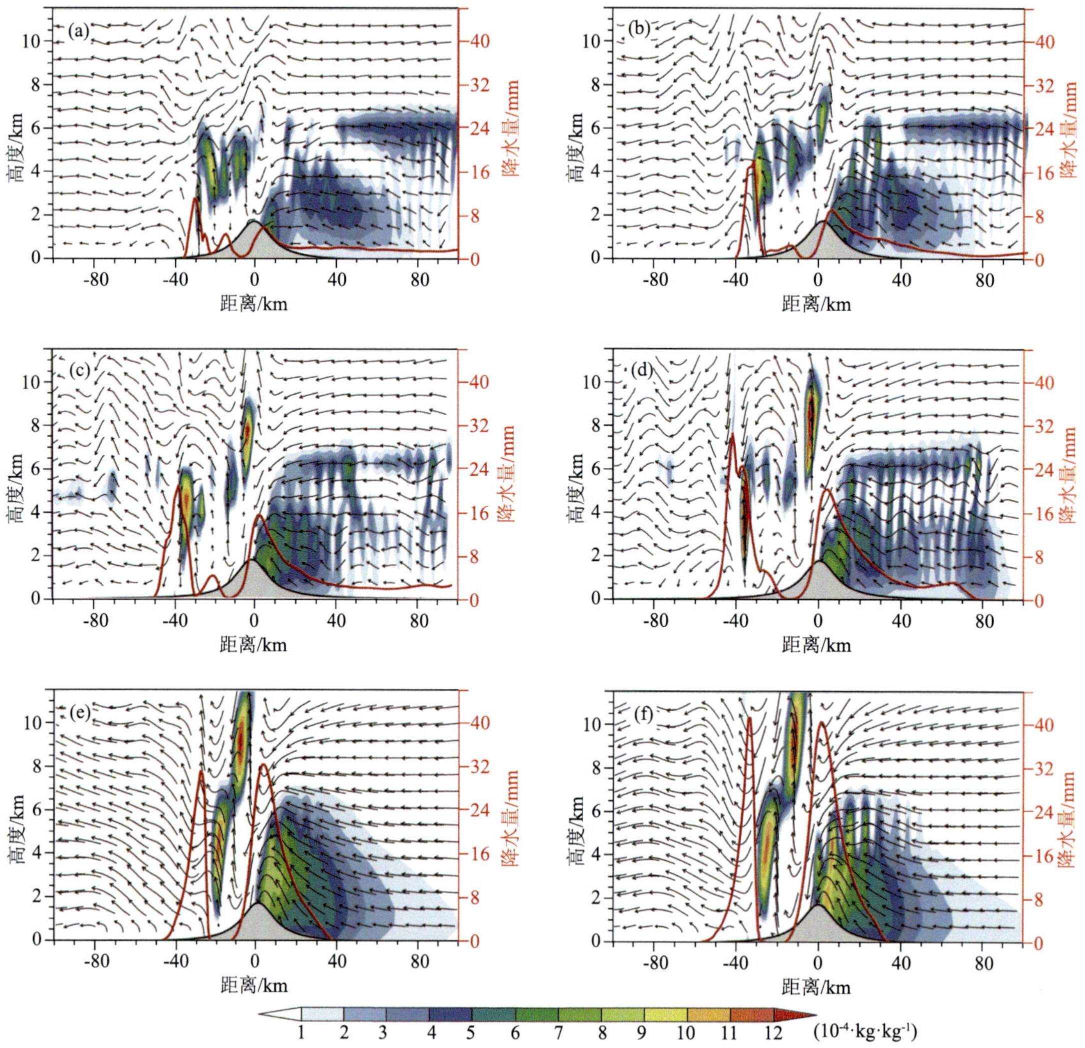


图 6.13　M2 试验（a：$u_{shear}=-6\ m \cdot s^{-1}$，b：$u_{shear}=-7\ m \cdot s^{-1}$，c：$u_{shear}=-8\ m \cdot s^{-1}$，d：$u_{shear}=-9\ m \cdot s^{-1}$，e：$u_{shear}=-10\ m \cdot s^{-1}$，f：$u_{shear}=-11\ m \cdot s^{-1}$）模拟至第 540 min 时的云水含量（阴影，单位：$10^{-4}\ kg \cdot kg^{-1}$）与流场（矢量箭头，单位：$m \cdot s^{-1}$）垂直剖面图及 480～600 min 内的累积降水量（红色曲线，单位：mm）

图 6.15a 为 M2 试验（$u_{shear}=-14\ m \cdot s^{-1}$）下的大气流场，图 6.15b—f 为 M3 试验（$u_1=-14\ m \cdot s^{-1}$，$u_2$ 分别为 $5\ m \cdot s^{-1}$、$10\ m \cdot s^{-1}$、$20\ m \cdot s^{-1}$、$30\ m \cdot s^{-1}$、$40\ m \cdot s^{-1}$）模拟的大气流场，对比可以看出，高空西风的出现对大气流场产生了重要的影响，低空东风受山体强迫抬升作用上升至高空（约 5 km 高度）遇西风气流后上升气流被进一步加强，并削弱了湿气流向下游水平运动的能力，背风侧云水含量大值区范围较小且呈弱的波动特征，且随着高空西风的增大，山体迎风坡的云水含量大值区更加集中于迎风坡山顶附近，在背风侧地面至上空 1 km 左右存在很强的下坡风，且 2～4 km 高度的水平运动明显较弱，水汽向下游的输送受阻，这可能是贺兰山东西两侧的降水分布差异原因之一。

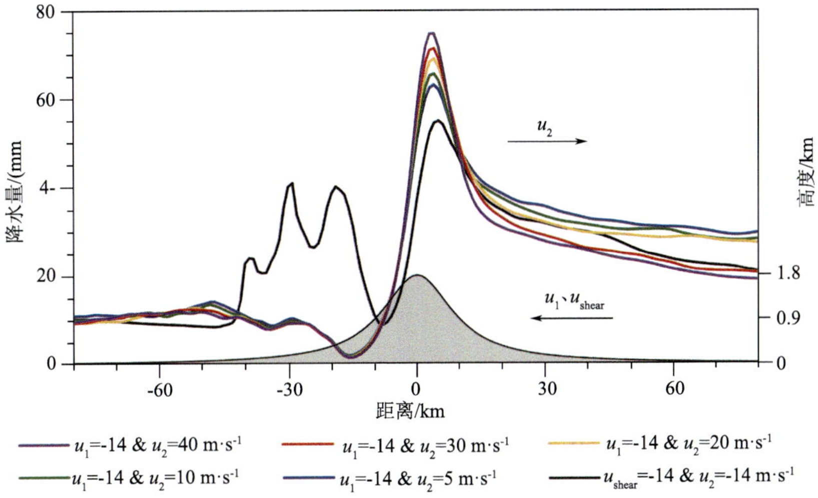


图 6.14　M3 试验($u_1=-14$ m·s$^{-1}$；$u_2$分别为 5 m·s$^{-1}$、10 m·s$^{-1}$、20 m·s$^{-1}$、30 m·s$^{-1}$、40 m·s$^{-1}$)所模拟的整个时段的累积降水量在山体两侧分布(单位：mm)，蓝色、绿色、黄色、红色、紫色实线分别代表 5 m·s$^{-1}$、10 m·s$^{-1}$、20 m·s$^{-1}$、30 m·s$^{-1}$ 和 40 m·s$^{-1}$ 不同的西风风速条件，黑色实线为 M2 试验 $u_{shear}=-14$ m·s$^{-1}$ 条件下模拟的对照试验结果

### 6.2.5　小结

将贺兰山看作相对独立的山体，以 FNL 资料中贺兰山东麓 20 次暴雨过程中强降水区的环境参数为基础，利用 WRF 模式中的 em_hill2d_x 模块开展不同垂直风场分布条件下山体附近环流特征及降水特征的理想数值试验，探讨了贺兰山东麓区域(迎风坡)降水强度显著大于西侧的形成和发展机理，得到如下主要结论。

(1)干过程模拟试验(D1、D2)结果表明，单层均一气流过山会形成波长较长且垂直传播的过山波，风速较小时易产生迎风坡气流阻塞及背风坡波破碎现象，且气流阻塞现象在更弱的风速条件下发生；而低层存在风切变的气流过山会形成水平传播的背风波，随着低层风切变增大，背风波振幅及波长变大，传播距离更远。当 $F_r$ 数较大时山体上空存在稳定的垂直传播的重力波，其波长较长且在山体下游没有出现重力波破碎的现象，上游气流的阻塞特征不明显；气流的过山能力随着风速减小而减弱，过山波波长也随之变短，振幅减小；当 $F_r$ 减小至 1.2 左右时，山脉下游对流层低层开始出现重力波的破碎现象；当 $F_r$ 数减小至 0.7 左右时，不仅在山体下游出现重力波的破碎，而且在山脉的上游出现明显的气流阻塞特征。

(2)水汽及云微物理过程的引入会对地形重力波特征产生较大影响，过山后的湿空气在背风波作用下产生垂直方向运动，在这一过程中水汽相变释放的潜热将进一步促使过山后的湿空气快速上升，导致在背风侧更易发生波的破碎，重力波传播能力较干过程更弱。模拟结果显示，单层均一湿气流条件下的降水主要集中于迎风侧，背风侧降水则相对较少；当上游风速大小增大至 10 m·s$^{-1}$ 及以上时，降水强度显著增强，降水位置逐渐向山顶迎风坡一侧集中，而背风侧由于较强的下坡风不利于降水的维持，降水强度较弱；低空存在风切变时的降水特征与前者显著不同，此时在山脉的迎风侧与背风侧均存在云水含量大值区，地面表现为山体两侧均

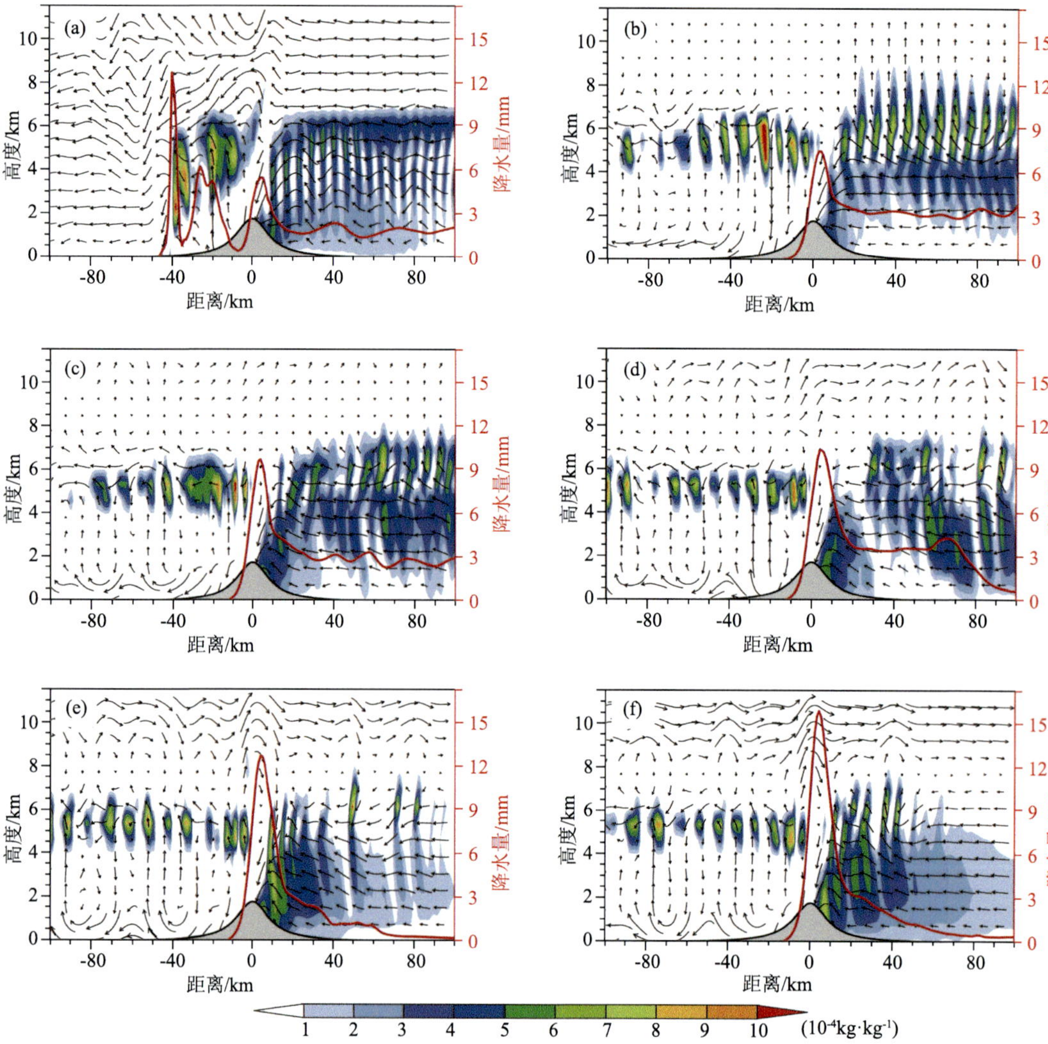


图 6.15 M3 试验($u_1=-14\ m\cdot s^{-1}$，b:$u_2=5\ m\cdot s^{-1}$，c:$u_2=10\ m\cdot s^{-1}$，d:$u_2=20\ m\cdot s^{-1}$，e:$u_2=30\ m\cdot s^{-1}$，f:$u_2=40\ m\cdot s^{-1}$)模拟至第 540 分钟时的云水含量(阴影，单位：$10^{-4}\cdot kg\cdot kg^{-1}$)与流场(矢量箭头，单位：$m\cdot s^{-1}$)垂直剖面图及 480～600 min 内的累积降水量(红色曲线，单位：mm)，图 a 为 M2 试验 $u_{shear}=-14\ m\cdot s^{-1}$ 条件下模拟的对照试验结果

出现强降水中心，降水的强度随着风速的增大而增强，其中背风侧的云体在垂直向的伸展高度较高，垂直运动较强，表现为深对流的特征。

(3)低空东风高空西风这种风场结构最接近实际的贺兰山东麓风场垂直分布，此情景下的模拟结果表明，高空西风的出现使得迎风侧的上升气流加强，背风侧的水汽含量显著减少，导致背风侧降水显著减弱，迎风侧的降水范围更加集中，强度也有一定的增强，这是贺兰山脉两侧降水特征存在显著差异的主要原因之一。

## 6.3 山谷风局地环流对贺兰山暴雨过程的影响数值模拟

地形及其诱发的局地环流对暴雨的落区及其强度有一定的影响。韩子霏(2021)利用EEMD 方法对无明显大尺度天气过程的 WRF 模式模拟结果进行尺度分离,得到贺兰山地区的山谷风局地环流系统,进而针对 2018 年 7 月 22—23 日的暴雨过程(简称“7·22”),通过增强和减弱山谷风局地环流系统的数值敏感性试验,研究贺兰山地区局地环流对此次暴雨过程的影响及此次暴雨过程中尺度环流系统的演变特征。

### 6.3.1 控制试验设计

控制试验(CTL)模拟区域中心设为贺兰山中段(106°N,38.8°E),采用三重双向嵌套网格,水平格距分别为 25 km、5 km 和 1 km,对应的水平网格点数均为 201×201,图 6.16 给出了模拟区域和 D03 模拟域的地形分布特征,其中 D03 模拟域以贺兰山为模拟域中心涵盖了宁夏北部地区。垂直方向设置为 31 层,初始场和边界条件由 FNL 客观分析资料产生,地形静态数据分辨率分别为 10′、2′和 30′。

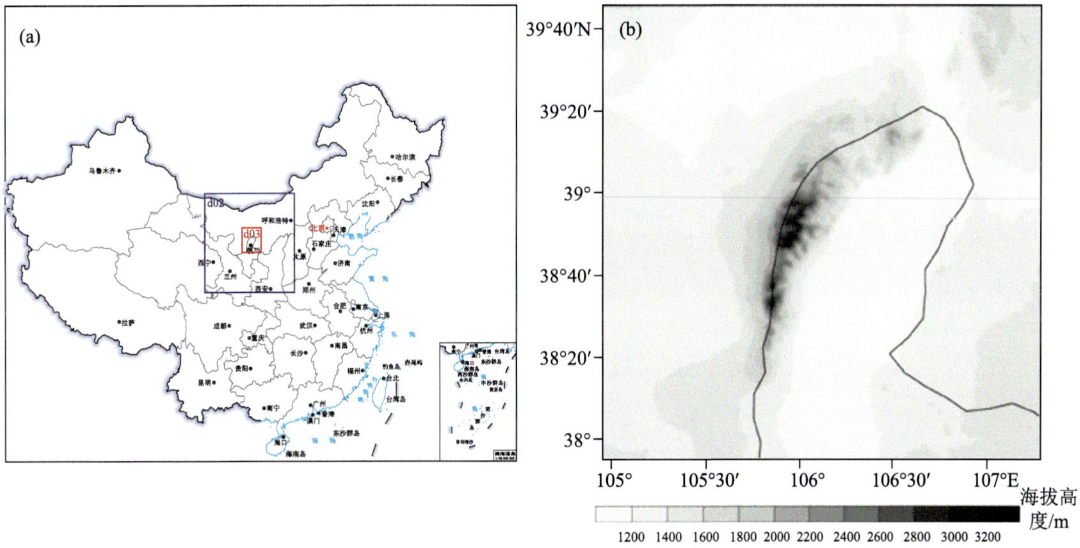


图 6.16 以贺兰山为中心的三层嵌套网格区域
(a,格距分别为 25 km、5 km、1 km)和 D03 区域的地形(b,阴影,单位:m)

数值模拟中边界层方案采用 YSU 边界层参数化方案,对湿物理过程采用 WSM5(WRF single-Moment5-class scheme)方案和 Grell-Devenyi 方案,辐射方案采用 RRTM 长波辐射方案和 Goddard 短波辐射方案,积云参数化方案采用 Grell-Devenyi 方案,由于 D03 区域分辨率达到 1 km,故 D03 域未采用积云参数化方案,其他参数化方案及具体模式设置见表 6.2。模拟时段为 2018 年 7 月 22 日 00:00—2018 年 7 月 23 日 00:00(UTC),共积分 24 h,积分步长 180 s,模拟结果每 5 min 输出一次。

**表 6.2　模式设置和试验设计**

| | D01 | D02 | D03 |
|---|---|---|---|
| 模拟时段 | 2018 年 7 月 22 日 00:00—2018 年 7 月 23 日 00:00(UTC) | | |
| 模拟中心 | (106°N,38.8°E) | | |
| 输出时间分辨率 | 5 min | | |
| 格点数 | 201×201 | | |
| 格距 | 25 km | 5 km | 1 km |
| 微物理过程 | WSM5 | WSM5 | WSM5 |
| 长波辐射 | RRTM | RRTM | RRTM |
| 短波辐射 | Goddard | Goddard | Goddard |
| 积云参数化 | Grell-Devenyi | Grell-Devenyi | — |
| 陆面过程 | RUC | RUC | RUC |
| 边界层方案 | YSU | YSU | YSU |

## 6.3.2　模拟结果检验

### 6.3.2.1　环流结果检验

图 6.17 为 7 月 22 日 12:00 模拟的 D01 区域环流形势特征，与客观分析场的分布特征(图略)对比分析可以看出，模式模拟的对流层高层 200 hPa 南亚高压稍弱，模拟的高空急流与客观分析资料的强度相当，宁夏地区位于高空急流入口处；模拟的 500 hPa 副热带高压强于客观分析资料的分析结果，高压中心位置偏东，模拟的宁夏地区西侧低值中心与客观分析结果位置一致，风速强度也相当；模式模拟显示在对流层低层 700 hPa 宁夏北部地区存在暖式切变线，这与客观分析资料分析的切变线位置一致，同时切变线南侧存在低空急流，强度强于客观分析的结果，贺兰山地区位于低空急流轴的右侧，与客观分析场形势相近。

总体来说，模式较好地模拟出了与此次暴雨过程有关的天气系统，包括南亚高压、高空急流、高空低值系统、副热带高压和低空切变线等。

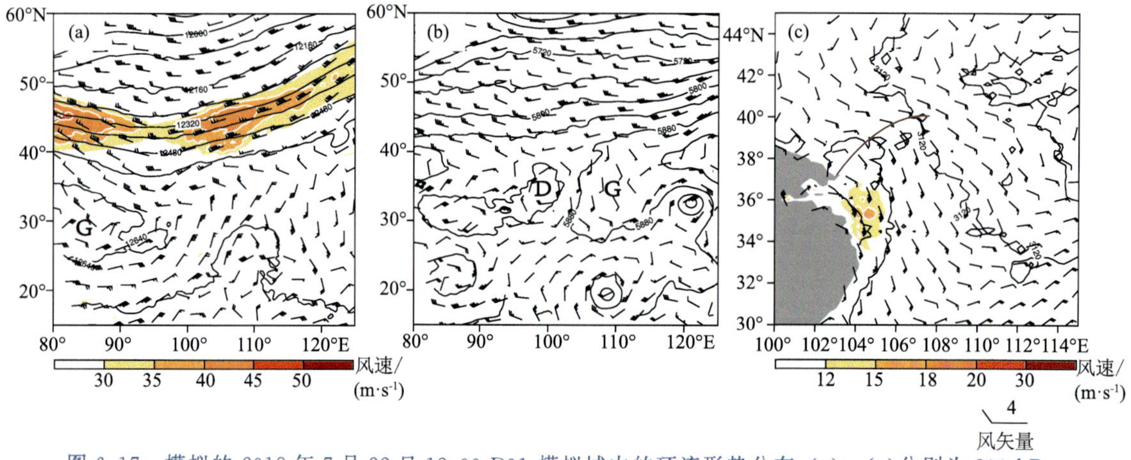


图 6.17　模拟的 2018 年 7 月 22 日 12:00 D01 模拟域中的环流形势分布，(a)—(c)分别为 200 hPa、500 hPa 和 700 hPa 的位势高度场(等值线，单位：gpm)和风场(风羽，单位 $m \cdot s^{-1}$)，图中的 D 和 G 分别为低压和高压中心，(a)中的彩色阴影为风速大于 30 $m \cdot s^{-1}$ 的高空急流区，(c)中的彩色阴影区为风速大于 12 $m \cdot s^{-1}$ 的低空急流，灰色阴影区为 700 hPa 地形大于 3000 m 的区域

#### 6.3.2.2 降水模拟结果检验

图 6.18 为 2018 年 7 月 22 日 00:00—23 日 00:00(UTC)模拟的和观测的 24 h 累计降水量分布，从图中可以看出模式模拟的强降水落区主要位于贺兰山沿山附近，这与观测结果较为一致，只不过模式模拟的降水最大中心的位置较观测结果略微偏北，强度稍弱，此外模拟的 75～150 mm 量级强降水落区较观测结果偏大，模拟的 10～75 mm 量级降水落区与观测较为一致。

图 6.19 为同时段模拟的和观测的最大站点的小时降水对比，由图可知，D03 区域可以成功模拟出降水过程的三个小时降水最大峰值，但模拟结果的第一个峰值出现时间较观测时间延后，第二、三个峰值模拟出现时间与观测出现时间相同。尽管模拟结果模拟的降水中心位置和强度与模拟结果存在差异，但从模拟雨带分布、模拟小时降水强度特征上来看，此次模拟结果还是比较理想的。

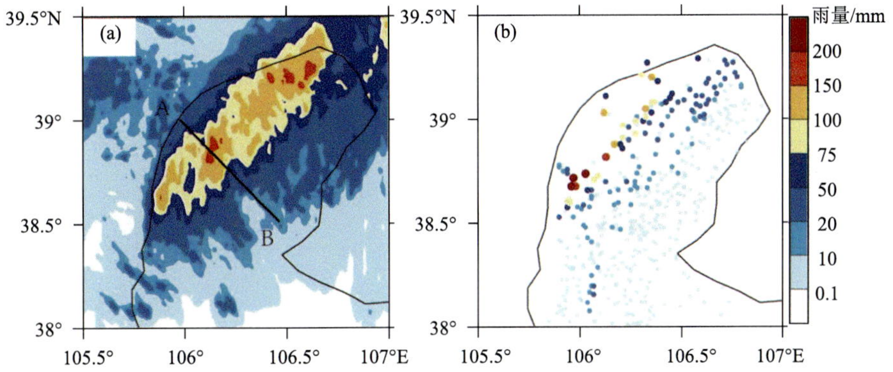


图 6.18　2018 年 7 月 22 日 00:00—23 日 00:00(UTC)贺兰山地区模拟的(a，单位：mm)和同时段观测的(b，单位：mm)24 h 累计降水，图中粗实线 AB 表示剖面位置

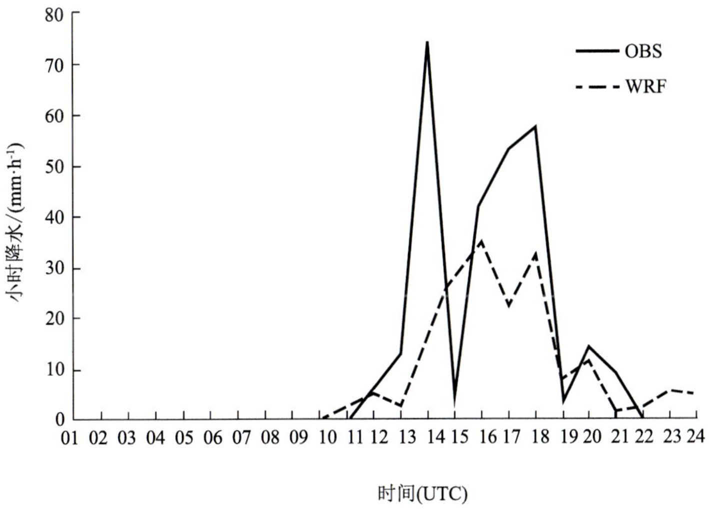


图 6.19　2018 年 7 月 22 日 00:00(UTC)—23 日 00:00(UTC)D03 区域模拟的最大降水站点(虚线，单位：mm·$h^{-1}$)和观测的最大降水站点(实线，单位：mm·$h^{-1}$)小时降水强度对比图

一般而言，由于初始场误差和模式误差导致，模式模拟结果会有一定误差，在强降水站点稀疏情况下，模拟结果在表征强降水中心的位置和强度方面存在一定困难，因此通常用评分指数可能会对模式性能有一定程度的低估。"7·22"暴雨过程降水范围较大，但出现强降水的站点相对较少，以下利用通用的 TS 评分及引入 KNN 算法的 TS 评分来评估模式对强降水的模拟效果。

表 6.3 为利用常用的传统 TS 评分和引入 KNN 算法的 TS 评分结果，对于此次暴雨过程，将降水量评分阈值划分为五个等级来进行评分，从评分结果可以看出，常用的传统 TS 评分结果相对较差，然而从模拟和观测的雨带分布上看，模拟效果还是比较理想的，这意味着这种 TS 评分指数对模式的模拟性能存在一定程度的低估；引入 KNN 方法的 TS 评分结果在每一个阈值上都有提高，其中 10～20 mm 阈值的 TS 评分达到 0.709，较传统的 TS 评分提高了 45 个百分点，20～50 mm 的评分相较传统评分提高了约 30 个百分点，50～75 mm 的评分相较传统评分提高了约 6 个百分点，由于 75 mm 以上暴雨量级的观测站点较少，评分结果变化不大，仅提高了 0.6 个百分点。

**表 6.3　不同阈值的 TS 评分以及引入 KNN 算法的优化 TS 评分**

| 预报检验 | ≥10 mm | ≥20 mm | ≥25 mm | ≥50 mm | ≥75 mm |
|---|---|---|---|---|---|
| TS 评分 | 0.256 | 0.146 | 0.126 | 0.063 | 0.0224 |
| 优化 TS 评分 | 0.709 | 0.459 | 0.350 | 0.122 | 0.0285 |

## 6.3.3　数值敏感性试验设计

地形诱发的局地环流属于尺度相对较小的中尺度环流系统，该尺度的环流系统通常掩盖在暴雨天气过程中的大尺度天气系统背景中。山谷风环流是一种在山脉及周边地区出现的因昼夜温差差异而生成的局地环流，是复杂地形下大气环流的重要组成部分，研究表明平原与孤立山脊也可形成山谷风，并且与两山脊—山谷地形的发展相似(Schmidli et al.,2012)。

局地热力作用导致的山谷风环流在无明显大尺度环流系统的晴天表现清楚，为了分析贺兰山局地山谷风环流对"7·22"暴雨过程的影响，数值试验进行如下设计：首先与 7 月 22 日暴雨过程辐射日变化比较接近的天气晴好的 7 月 25 日(简称"7·25")利用 WRF 开展模拟试验(EXP1)，并利用 EEMD 分解得到该地区的局地山谷风环流系统。EXP1 试验的模拟区域和物理过程参数化等设置与控制试验 CTL 的相同，模拟的启动时间为 2018 年 7 月 25 日 00:00(UTC)，D02 和 D03 域模拟结果每隔 5 min 输出一次，模拟时长为 24 h。利用 EEMD 对模拟结果进行分解时选取白噪音序列的幅度是原始信号标准差的 0.2 倍，分解层数为 4 层，即分解后得到 IMF1、IMF2、IMF3 分量和 RES 分量，集合平均成员数目为 250，将 IMF1＋IMF2＋IMF3 的合成分量作为晴好天气下的局地山谷风环流系统。第二，针对"7·22"暴雨过程开展数值敏感性试验时将 EXP1 试验中得到的局地山谷风环流系统减弱(EXP2)或增强(EXP3)进行数值模拟研究，在试验中采用 WRF restart 技巧每小时增强或者减弱 EXP1 中的局地山谷风环流系统，进而对比分析局地环流对暴雨过程的影响。EXP2 和 EXP3 模式设置与 CTL 完全相同，模拟的启动时刻为 2018 年 7 月 22 日 00:00(UTC)，共积分 24 h。

## 6.3.4　局地环流特征分析

山谷风环流是发生在山脉和山脉周围的具有日周期的地方性风，山谷风成因主要是昼夜交替过程中山顶和平地的热力差异造成。日间表现为由山谷向山坡运动的上坡风和由周围地区汇入山地的谷风，以及在夜间表现为由山坡向山谷运动的下坡风和由山地向周边地区运动的山风。山谷风是一种较弱的局地环流，它的强度与地形密切相关，一般来讲，山脉越高则昼夜温差越大，因而山谷风越强。

首先对“7・25”个例进行数值模拟，检验其降水结果后发现在宁夏北部几乎没有降水（图略），可以作为晴好天气下的山谷风模拟个例，然后将 D02 模拟域上空模拟的 $U$、$V$、$W$ 要素进行 EEMD 分解，得到不同要素的趋势分量（RES）和三个 IMF 分量。图 6.20 为分解的 IMF1＋2＋3 分量的垂直分布，垂直剖面沿山体垂直方向选取，分析不同时刻的 IMF1＋2＋3 分量发现，局地环流的日变化明显，在日间 08:00 山脉上空出现明显的上升气流，山地旁平原出现下沉气流，山脉与平原构成上坡风-下坡风的垂直环流，受重力因素影响下沉气流比上升气流强度大，且影响范围较广；在夜晚 19:00，山脉上空下沉气流明显，山地旁平原呈上升气流，构成山风-谷风环流，谷风垂直环流范围明显大于山风。由客观分析资料分析（图略）得知，此时贺兰山地区低层为东南风控制，与剖面截取方向一致，风沿斜坡向上吹，受地形的强迫作用较为明显，因此日间环流与夜间环流对比后发现，日间环流强度受背景风场影响明显，垂直速度较大，影响范围也较大。

以上分析表明，7 月 25 日的模拟结果进行 EEMD 分解后，得到的 IMF1＋2＋3 分量基本可以表征晴朗天气下的类似于山谷风的局地环流，有明显的日变化特征。

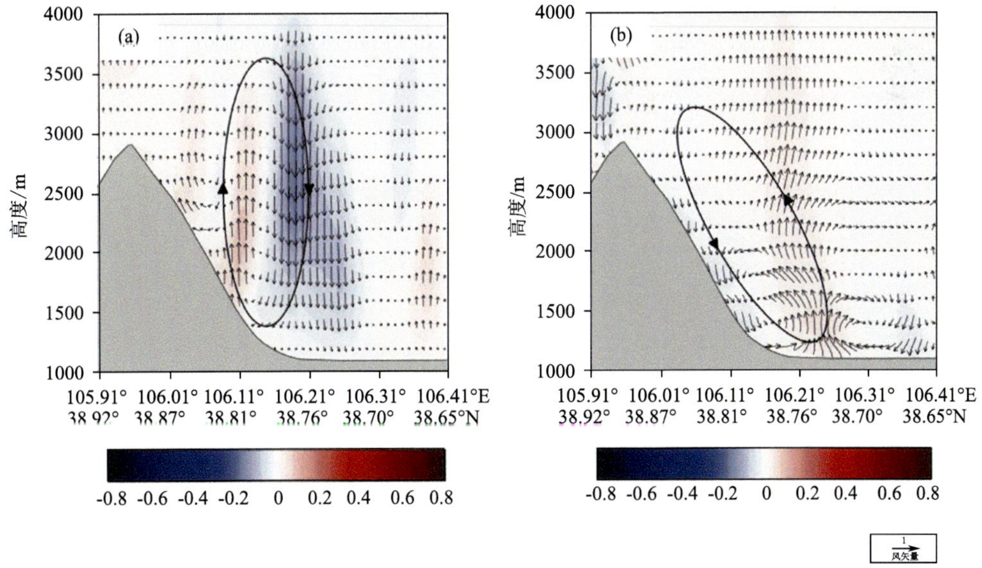


图 6.20　2018 年 7 月 25 日 08:00(a)和 19:00(b)D02 域模拟域上空环流经 EEMD 分解的 IMF1＋2＋3 分量剖面，矢量为 $u$ 和 $w\times 20$ 合成，填色为垂直速度，单位：$m \cdot s^{-1}$，灰色阴影为地形

## 6.3.5 山谷风局地环流对暴雨过程影响机制

### 6.3.5.1 修改环流后对大中尺度环流形势的影响

为了分析局地环流对此次暴雨过程的影响，将 EXP 试验的 D02 环流结果在 7 月 22 日的 WRF 模拟过程中减弱或增强，其中减弱山谷风局地环流可以看作无山谷风局地环流影响，增强两倍山谷风局地环流后为加强山谷风局地环流对降水的影响。利用 WRF 模式每小时中断一次进行相应处理，以保证在降水模拟过程中可以削弱或增强山谷风局地环流对降水过程模拟的影响。

“7·22”暴雨过程的大中尺度系统发展强盛。在有利的大尺度环流背景下，加强或减弱山谷风局地环流对对流层高层的环流形势基本没有影响，加强或减弱山谷风局地环流后对流层高层 200 hPa 可以模拟出南亚高压、高空急流的发展，对流层中层 500 hPa 可以模拟出宁夏东侧的低值中心和副热带高压的高压中心（图略）。在对流层低层 700 hPa，加强和减弱山谷风局地环流后的模拟环流结果如图 6.21 所示，可以看出风场和位势高度场的模拟基本一致，加强和减弱山谷风局地环流对对流层低层的环流也基本没有影响。以上分析表明，增强和减弱山谷风局地环流对大尺度环流和中尺度系统的发展不会产生明显影响。

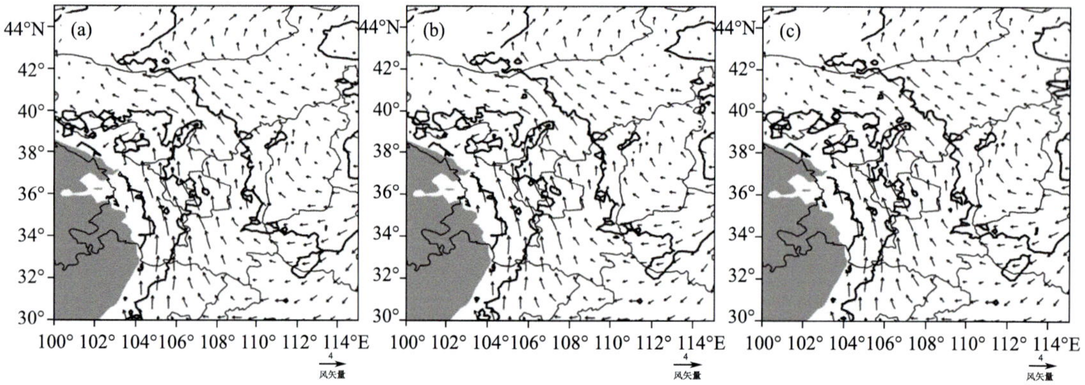


图 6.21 2018 年 7 月 22 日 17:00 D01 模拟域的 700 hPa 环流形势图，矢量箭头表示风场（单位：m·s$^{-1}$），等值线为位势高度（单位：gpm），灰色阴影代表海拔大于 3000 m 的地形
(a)为 CTL；(b)为 EXP2；(c)为 EXP3

### 6.3.5.2 修改环流后对降水落区的影响

局地环流呈现明显的日变化特征，此次降水发生在夜间凌晨，夜间环流为山风-谷风环流，山脉附近为下沉气流，山地旁平原为上升气流。在山谷盆地等复杂地形中，夜晚山脉附近的下沉气流抬高暖空气，有利于对流的发生，从而有利于降水的产生，因此在山地附近多“夜雨”。

图 6.22 所示为未修改山谷风局地环流和修改山谷风局地环流后的模拟结果对比，从降水雨带模拟结果可以看出，修改山谷风局地环流后雨带仍与山脉走向一致，山脉的抬升作用对降水仍有较大作用，减弱一倍山谷风局地环流后模拟降水大值落区与未修改山谷风局地环流的模拟结果相比向东北移动，且减弱山谷风局地环流后降水落区略微偏小，增强两倍山谷风局地环流后模拟落区与未修改山谷风局地环流模拟落区相比偏大；从模拟降水中心来看，减弱一倍山谷风局地环流后降水中心量级与未修改山谷风局地环流相比偏大，降水中心向东北方向移动，加强两倍山谷风局地环流后降水中心量级比未修改山谷风局地环流偏弱。

图 6.23 所示为将山谷风环流进行处理后的模拟结果与未处理的模拟结果差值，两次模拟结果差值对比后发现，减弱一倍山谷风局地环流山脉地区降水明显减弱，山旁平原降水增强；增强两倍山谷风局地环流后与减弱一倍山谷风局地环流形势相反，增强山谷风局地环流后山区模拟降水增强，山旁平原降水减弱。以上分析显示贺兰山山脉及其局地的山谷风局地环流对降水的强度存在一定影响，主要是对降水的落区影响偏多，加强山谷风局地环流有利于夜间降水的发展，减弱山谷风局地环流不利于夜间降水的发展。

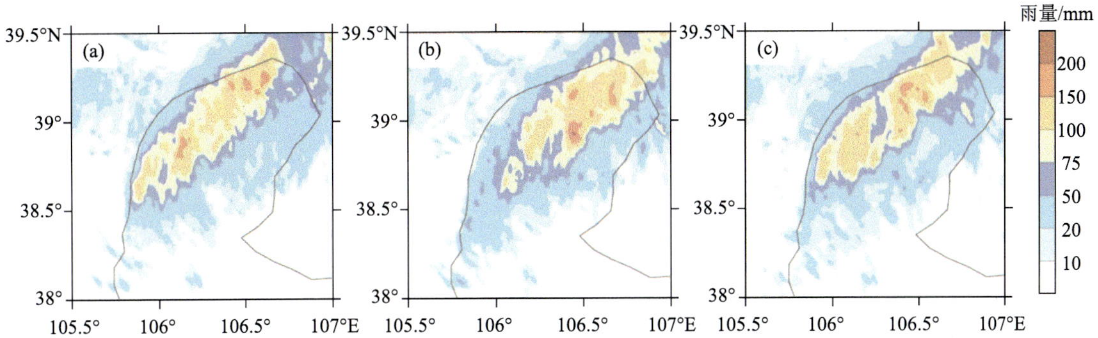


图 6.22　2018 年 7 月 22 日 00:00—23 日 00:00 D03 域模拟域模拟的 24 h 累计降水(单位:mm)
(a)为 CTL;(b)为 EXP2;(c)为 EXP3

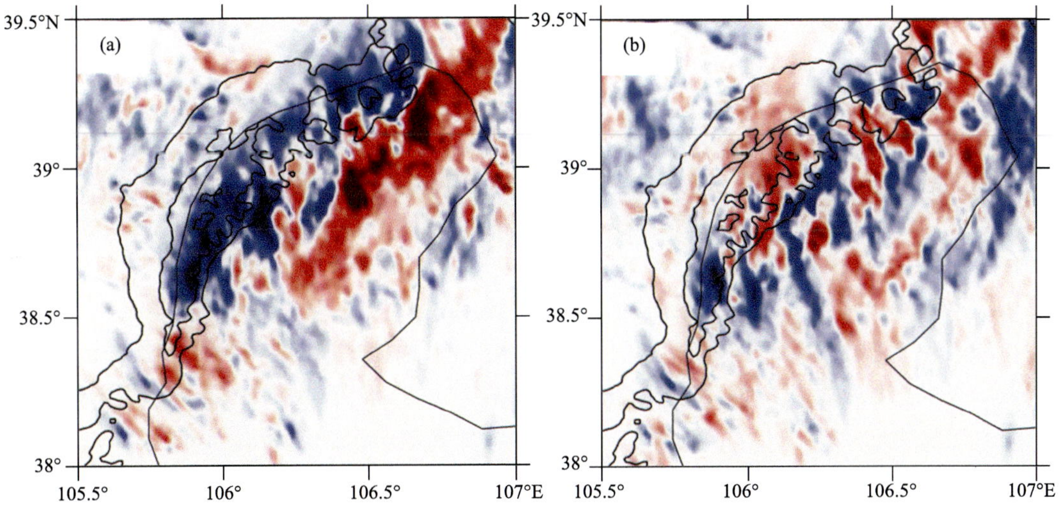


图 6.23　2018 年 7 月 22 日 00:00—23 日 00:00 D03 域模拟域模拟的 24 h 累计降水差值(单位:mm)
(a)为减弱一倍山谷风局地环流与未修改山谷风局地环流差值,(b)为加强两倍山谷风局地环流与未修改山谷风局地环流差值

#### 6.3.5.3　修改环流后模拟垂直结构的对比分析

沿前文剖面做同一垂直剖面，图 6.24 为夜间降水峰值前 1 h 的垂直剖面结构图。如图所示，夜间降水发生时，未修改山谷风局地环流的模拟结果仍然模拟出了较强的下坡风，与山旁地区的上升气流形成了明显的次级环流(图 6.24a)；减弱一倍山谷风局地环流后下坡风减弱，山旁平原上升气流增强，造成山区附近次级环流减弱，不利于夜间降水的发展(图 6.24b)；加

强两倍山谷风局地环流后模拟下坡风加强，山区附近次级环流明显加强造成夜间降水的增强（图 6.24c）。

以上分析可知，从模拟垂直结构对比来看，模拟降水落区的偏移和降水中心强度的变化可以得到较好的解释，即不存在山谷风局地环流时不利于山区夜间降水的发展，但有利于山旁平原降水过程的发展；加强山谷风局地环流后与减弱一倍山谷风局地环流结果相反，有利于山区夜间降水发展。

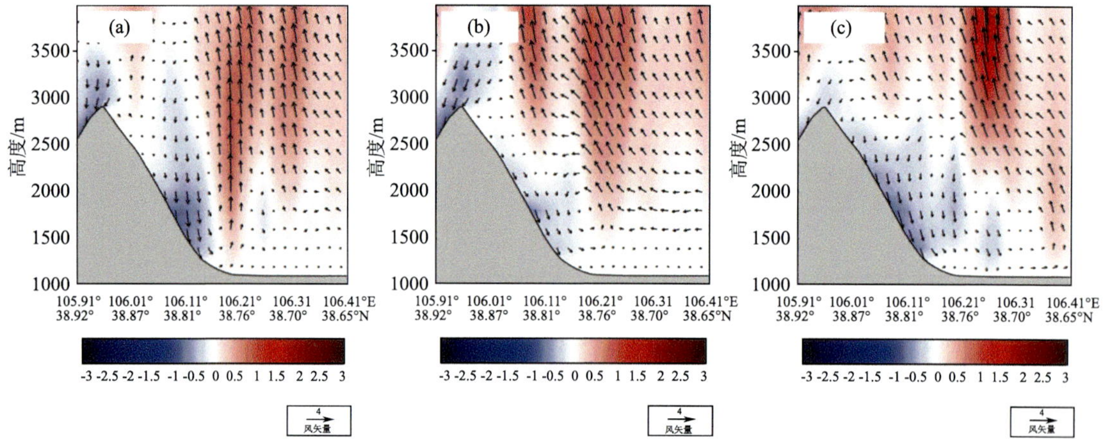


图 6.24 2018 年 7 月 22 日 17:00 沿强降水中心截取的垂直结构图，彩色阴影为垂直速度（单位：$m \cdot s^{-1}$），矢量为风场（$u$ 和 $w\times20$ 合成，单位：$m \cdot s^{-1}$），灰色阴影为地形

(a)为 CTL；(b)为 EXP2；(c)为 EXP3

#### 6.3.5.4 修改环流后模拟近地层气象要素的对比分析

图 6.25 利用未修改山谷风局地环流和加强与减弱山谷风局地环流后模拟的近地面 10 m 风场与散度对比图，由图可知，未修改山谷风局地环流与加强与减弱山谷风局地环流模拟的近地面风场在（106.5°E，38.5°N）附近均有一条明显的气流辐合带且强度相当，这说明在离山脉较远的地区几乎未受到修改环流的影响，修改山谷风局地环流后变化较大的区域仅在靠山一带。未修改山谷风局地环流与修改山谷风局地环流后模拟的风场在山脉均为下坡风，未修改山谷风局地环流在山脉旁区域模拟出了气流的辐合辐散大值区，减弱山谷风局地环流之后与未修改山谷风局地环流相比辐合辐散大值区范围明显减弱，对应模拟的山区降水偏弱，不利于降水过程的发展；增强山谷风局地环流后模拟风场相较未修改山谷风局地环流的模拟的辐合辐散大值区强度偏强，且范围也偏大，对应模拟的山区降水增强，利于夜晚山区降水的发生发展。

以上分析表明，减弱一倍山谷风局地环流后会造成山区附近辐合减弱，加强山谷风局地环流后则反之，这进一步证明了减弱山谷风局地环流不利于山区夜间降水的发生发展，增强山谷风局地环流有利于山区夜间降水的发展。

#### 6.3.5.5 修改环流后模拟近地层垂直速度估计的对比分析

垂直运动是降水发生的必要条件，地形抬升是造成气流垂直运动的重要条件，地形抬升的垂直运动可由下边界风场进行粗略估计，不考虑瞬时天气背景的地形强迫垂直速度估计公式如下所示：

$$w=\frac{\mathrm{d}h}{\mathrm{d}t}\approx V_{\mathrm{h}} \cdot \nabla h \tag{6.15}$$

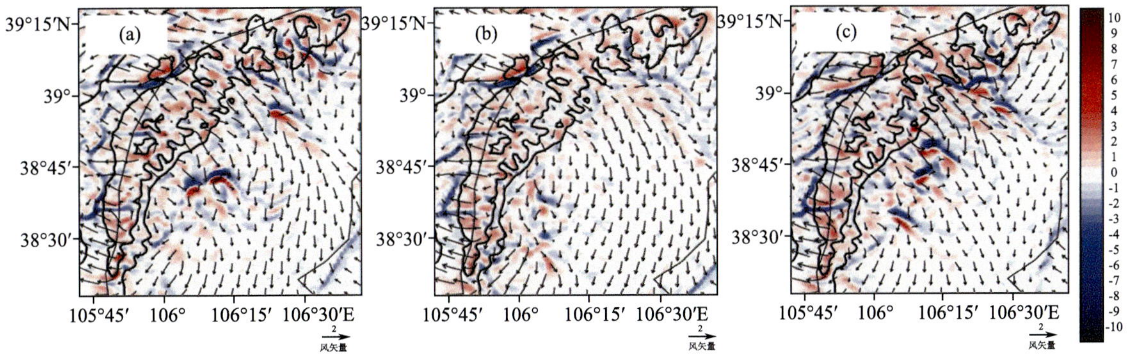


图 6.25　2018 年 7 月 22 日 17:00 模拟的 10 m 风场(矢量,单位:m/s)和散度(填色,单位:$10^{-5}s^{-1}$)合成图,实线为大于 1500 m 的地形

(a)为 CTL;(b)为 EXP2;(c)为 EXP3

式中,$w$ 表示由地形分布导致的近地层垂直风速,$h$ 表示地形分布,$V_h$ 表示近地层水平风场。

图 6.26 为利用未修改山谷风局地环流和加强与减弱山谷风局地环流后模拟 10 m 风场估算的地形强迫垂直速度,从图中可以看出,在山脉边缘估算的均为上升气流,说明沿山地区受地形强迫的上升气流依然占主导作用,具备形成地形降水的主要条件;从强度来看,减弱一倍山谷风局地环流后相比未修改时的模拟估算的山脉边缘垂直上升运动减弱,增强山谷风局地环流后与未修改相比估算垂直运动均加强,这与前文分析降水和风场辐合有很好的对应关系。

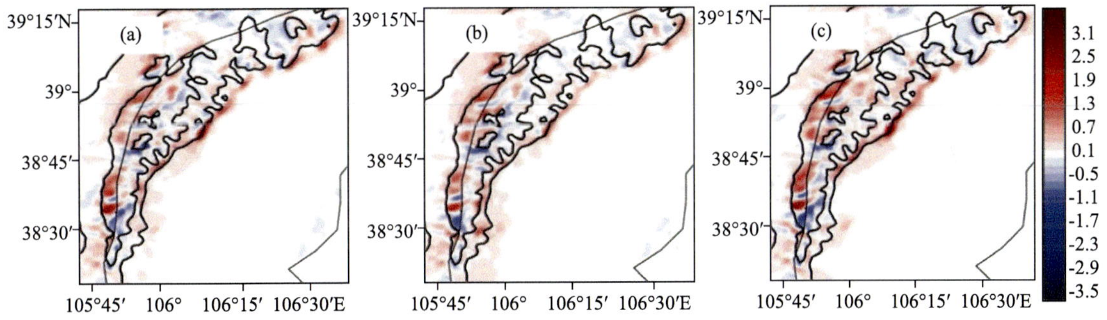


图 6.26　2018 年 7 月 22 日 17:00 模拟 10 m 风场估算的地形强迫垂直速度(填色,单位:$m \cdot s^{-1}$)图,实线为大于 1500 m 的地形

(a)为 CTL;(b)为 EXP2;(c)为 EXP3

### 6.3.6　小结

利用 WRF3.8.1 模式将 2018 年 7 月 22 日发生在宁夏贺兰山的暴雨个例进行模拟,检验模式模拟的降水、大尺度环流,在此基础上,利用集合经验模态分解(EEMD)方法将晴好天气下的山谷风局地环流进行分解,将分解环流在暴雨过程中加强或减弱,以分析山谷风局地环流对暴雨过程模拟的影响,得到如下结论。

(1)模式模拟的环流与客观分析资料对比后表明,此次模拟过程较好的模拟出了对暴雨过程作用较大的天气系统,包括高空急流、南亚高压、高空低值系统、副热带高压和低空切变线,较好的再现了"7·22"暴雨过程的大尺度环流系统和中尺度影响系统。

(2)对比模式模拟的降水形势与实况观测站点，从降水落区来看，虽然降水中心位置和强度有较小的差异，但从雨带走势和小时降水强度特征来看，此次模拟结果较为理想；从 TS 评分结果来看，普通点对点评分方式对本次降水模拟结果存在低估问题，普通评分效果较差，将 TS 评分方法改进之后，优化后的 TS 评分在每一个阈值都较普通 TS 评分有很大改进，有效的改进了点对点评分对模式预报效果的低估问题。

(3)选取"7·22"暴雨过程邻近的晴好天气 7 月 25 日进行高分辨率数值模拟，对数值模拟结果进行检验，发现模拟 24 h 累计降水极低，可以作为晴好天气个例的选取对象，利用 EEMD 分解方法对晴朗天气下模拟的贺兰山地区风场进行分解，去除大尺度背景风场和其他小尺度信号的影响，发现贺兰山地区存在明显的山谷风局地环流，此环流具有明显的日变化特征。

(4)利用 WRF restart 将分解出的山谷风局地环流在暴雨的模拟过程中进行减弱和增强进行数值敏感性试验，减弱一倍山谷风局地环流可以看作消除山谷风局地环流的影响，增强两倍山谷风局地环流可以看作扩大山谷风局地环流对暴雨模拟的影响。数值敏感性试验的模拟结果表示，贺兰山山脉地形诱发的局地山谷风局地环流基本不影响大中尺度环流的发展，在有利的大尺度环流背景下，山谷风局地环流对沿山降水存在一定影响，主要影响的是降水落区的位置，减弱山谷风局地环流不利于山区夜间降水的发生，增强山谷风局地环流有利于山区夜间降水的发生。

(5)数值敏感性试验结果分析表明，从沿山垂直结构来看，减弱山谷风局地环流不利于山区次级环流的发生发展，不利于降水的产生；增强山谷风局地环流则与减弱环流相反，有利于次级环流的发生发展，从而有利于降水的产生；从地面散度来看，减弱山谷风局地环流不利于气流的辐合辐散，增强山谷风局地环流则有利于气流的辐合辐散；从地面估计垂直速度来看，减弱山谷风局地环流会减弱沿山地区的上升气流，从而使降水减弱，增强山谷风局地环流增强沿山地区的上升气流，使降水增强。

(6)复杂的地形对于降水过程的影响是一个多尺度的过程，许多小尺度的局地环流都可能对降水过程产生影响。山谷风局地环流模拟试验表明，改变山谷风局地环流基本不会对大尺度环流形势和地形强迫抬升作用产生明显影响，但对于暴雨过程发生有利的中小尺度环流系统、山脉附近对流运动的发展和气流的辐合辐散等均会受到山谷风局地环流改变的影响，从而改变降水的落区分布。

## 6.4 低空急流对贺兰山东麓暴雨的数值敏感性试验

虽然气象学者们对贺兰山东麓的强降水做了较多的研究，也取得了一定的成果，但对贺兰山地区不同类型暴雨过程中的低空急流(LLJ)的作用机制还不是很清楚，对干旱半干旱地区复杂地形条件下强降水的中尺度特征和形成机制的研究还不够深入。西北地区的观测资料稀少，也导致目前的业务模式对极端降水和强降水时段的模拟存在较大的预报偏差，对地形和低空急流结合引发的强降水机制认识不足。针对以上问题，参考《中国西北天气》(白肇烨 等，1988)对西北地区东部暴雨最主要大尺度环流形势的分型及贺兰山地区低空急流统计特征(李超 等，2022)的研究，曹怡清等(2022，2023)通过天气学分析与数值模拟和敏感性试验的方法来研究两种 LLJ 对暴雨形成和发展的影响机制。

### 6.4.1　暴雨实况

选取偏南急流影响下的 2018 年 7 月 18—19 日暴雨过程(简称“7 · 18”过程)和东南急流影响下的 2017 年 6 月 4—5 日暴雨过程(简称“6 · 04”过程)作为模拟过程。

“7 · 18”暴雨过程是发生在贺兰山东麓山区的一次局地短时大暴雨过程,降水中心位于贺兰山东南侧呈东北西南向分布,这与贺兰山地形走势一致(图 6.27a),暴雨过程开始于 18 日 19:00(UTC,下同),至 19 日 02:00 结束共持续 8 h。统计结果表明,有 18 个区域自动站的累积降水量超过 50 mm,其中明长城站、小水沟站和大西峰沟站的累积降水量分别为 136.2 mm、109.7 mm 和 106.7 mm,均超过了 100 mm,从这三站小时降水和降水量前 20 位站点平均逐小时降水的时间序列图(图 6.27c)可以看出,过程降水量最大的明长城站降水峰值出现在 23:00,大西峰沟站峰值出现时刻比明长城站的滞后约 1 h,降水量前 20 位站点平均降水的峰值出现在 21:00,平均雨强达到 25 mm · $h^{-1}$ 以上。

“6 · 04”暴雨过程是一次大范围的、持续时间相对较长的降水过程,在贺兰山山体附近和河套平原中部地区均出现明显的强降水(图 6.27b),暴雨过程从 4 日 07:00 开始,至 5 日 02:00 基本结束,共持续 20 h。据统计,此次暴雨过程中有 118 个自动站的累积降水量超过 50 mm,也有三个站点的过程降水量超过 100 mm,分别为黄旗口站(116.5 mm)、玉泉村站(104.7 mm)和福鑫牧场站(100.7 mm)。“6 · 04”过程小时降水量的时间变化图(图 6.27d)中,过程降水量前 20 位站点的平均降水峰值出现时段为 14:00—22:00。尽管“6 · 04”过程有 118 个站点达到暴雨强度,明显多于“7 · 18”过程的 18 个,但其降水时间更长,雨强相对较弱。

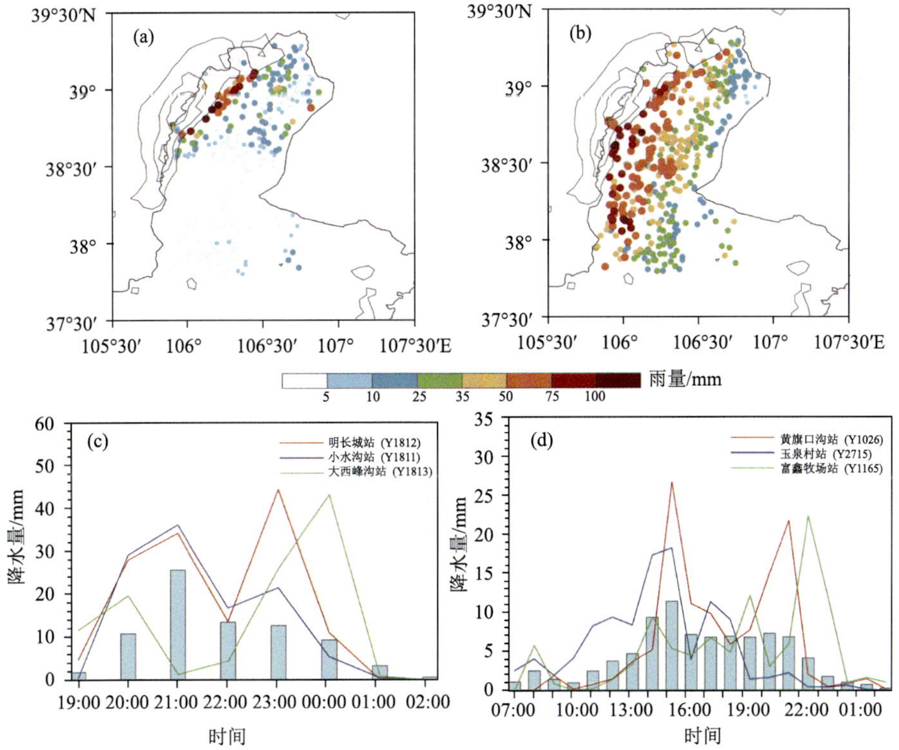


图 6.27　2018 年 7 月 18 日 19:00—19 日 02:00(a)和 2017 年 6 月 4 日 07:00—5 日 02:00(b)站点降水量(单位:mm,实线为大于 3000 m 的地形)分布和两次暴雨过程中前 3 位降水量站点逐小时降水(折线)、降水量前 20 位站点平均逐小时降水(蓝色柱形)叠加图(c、d,单位:mm · $h^{-1}$)

### 6.4.2 控制试验设计

控制试验(CTL)模拟域中心设在(34°N,110°E),采用三重嵌套网格,模拟格点域均为181×181,格距分别为27 km、9 km和3 km(图6.28)。"7·18"和"6·04"两次暴雨过程使用的微物理方案分别为WSM6和WSM5云微物理参数化方案,陆面过程方案分别为RUC和Noah陆面参数化方案,其他物理参数化方案相同,分别为RRTM长波辐射方案,Goddard短波辐射方案,YSU边界层参数化方案。模拟时D01、D02和D03对于云微物理参数化方案、长波辐射过程、短波辐射过程、陆面过程和边界层过程采用相同的参数化方案。需要说明的是,D01和D02启用Grell-Devenyi积云参数化方案来处理湿物理过程,由于D03的分辨率较高因此没有启动积云参数化。初始场和边界条件由每6 h一次的FNL全球分析数据产生。控制试验CTL1和CTL2的模拟时段分别为2018年7月18日00:00—19日12:00(UTC)和2017年6月3日12:00—5日12:00(UTC)。D01域的时间步长为180 s,每小时输出一次,模式主要模拟参数及参数化方案见表6.4。

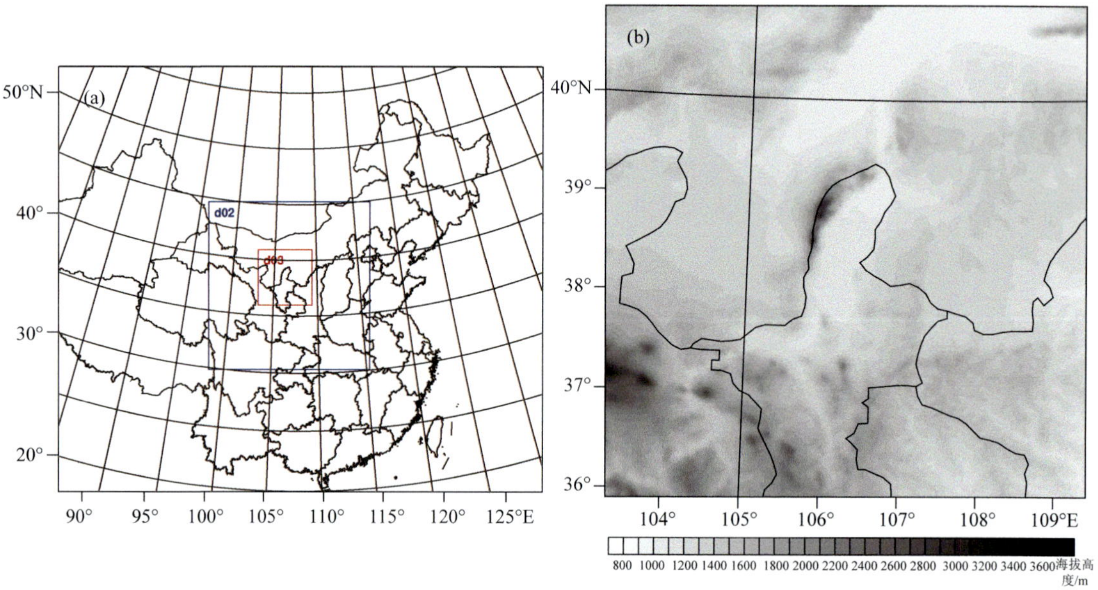


图6.28 数值试验的三重嵌套网格区域(a)及D03模拟域的地形高度分布(b)

**表6.4 WRF模式网格设计及参数化方案配置**

| 模拟域 | D01 | D02 | D03 |
|---|---|---|---|
| 格距 | 27 km | 9 km | 3 km |
| 格点数 | 181×181 | 181×181 | 181×181 |
| 微物理过程 | WSM6/WSM5 | WSM6/WSM5 | WSM6/WSM5 |
| 长波辐射 | RRTM | RRTM | RRTM |
| 短波辐射 | Goddard | Goddard | Goddard |
| 积云参数化 | Grell-Devenyi | Grell-Devenyi | 无 |
| 陆面过程 | RUC/Noah | RUC/Noah | RUC/Noah |
| 边界层过程 | YSU | YSU | YSU |

## 6.4.3　模拟结果检验与分析

### 6.4.3.1　大尺度环流特征检验

500 hPa 模拟结果显示，模式很好地模拟出两次过程东高西低的环流形势，但在细节上存在一些差异。“7・18”过程 18:00 模拟的高空槽偏西，环流形势演变落后于实况，这导致模拟的降水时间滞后。“6・04”过程 06:00 槽脊位置与实况较为一致，但宁夏东部的高压脊发展的更为强盛，导致东南风也偏强(图 6.29)。

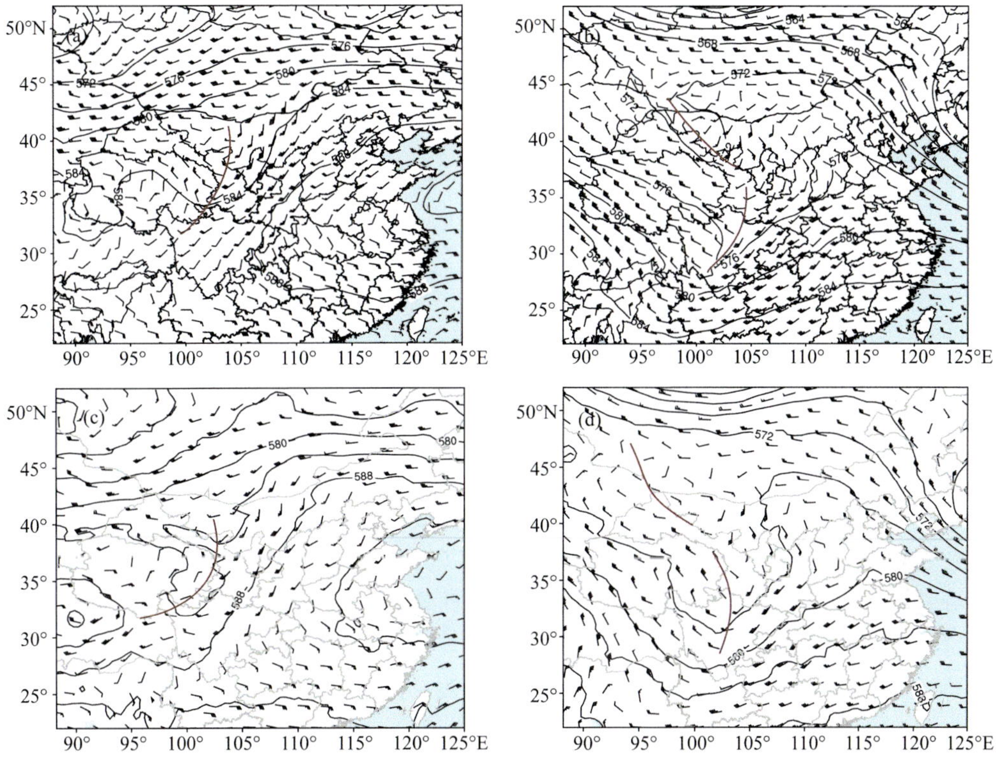


图 6.29　2018 年 7 月 18 日 18:00(a、c)和 2017 年 6 月 4 日 06:00(b、d)客观分析和控制试验的 500 hPa 环流场

### 6.4.3.2　降水模拟结果分析

图 6.30a 和图 6.30b 为控制试验模拟的两次暴雨过程 12 h 和 30 h 累积降水分布，可以看出，控制试验较为成功地模拟出了“7・18”和“6・04”两次贺兰山东麓暴雨的分布特征。“7・18”过程模拟的降水量级，强降水中心位置与实况基本一致，与观测降水分布(图略)相比模拟的强降水中心偏西靠近山侧，降水中心更加集中，降水范围偏小，模式模拟的 38°N 纬线附近急流区降水明显偏强，这与模拟急流范围偏大强度偏强有关。“6・04”过程模拟的降水量级、降水范围与实况基本一致，只是模拟的降水分布在平原地区较观测结果(图略)偏小。从降水的时间序列上看，“7・18”暴雨过程属于短时强降水过程，而“6・04”过程属于持续性的缓慢降水过程(图 6.31)。

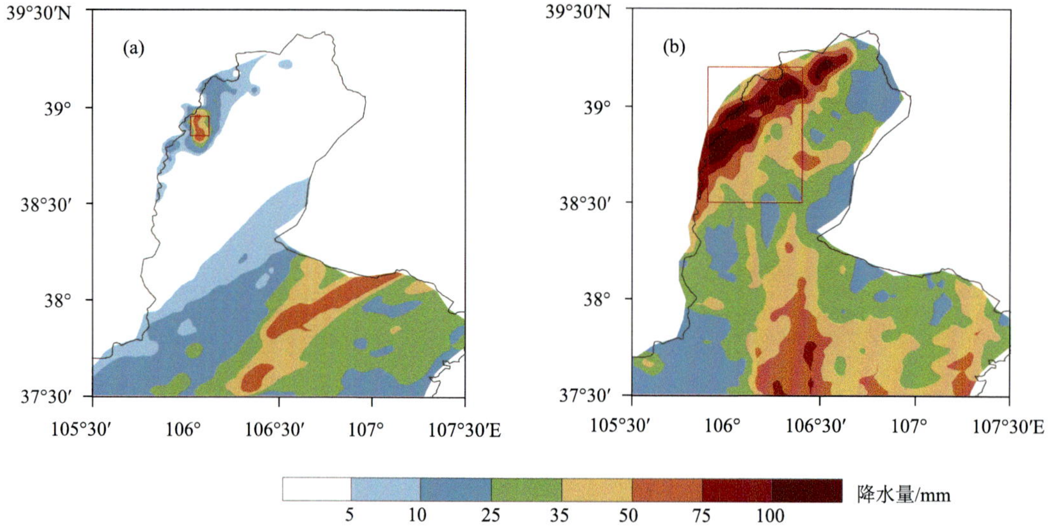


图 6.30　2018 年 7 月 18 日 18:00—7 月 19 日 06:00(a)和 2017 年 6 月 4 日 06:00—6 月 5 日 12:00(b)降水量(单位:mm)(图中红色方框表示为计算平均降水率计算的区域)

为了进一步研究降水与急流强度、风向的关系,取贺兰山山区以东 3 个经距、南北各 2 个纬距(37°—41°N,106°—109°E)为急流影响关键区域,计算该区域最大风速在降水过程中的变化特征。“7·18”过程南风分量较大,当急流中心移动到该区域,降水发生,而后降水强度随急流中心东移,南风减弱而迅速减小结束(图 6.31a);“6·04”过程降水开始时风速迅速增加,东风分量和南风分量相当,而后东风分量减小南风分量占主导作用,但降水强度与东风风速的变化一致性更好(图 6.31b)。两个个例降水率与 LLJ 强度均有较好的相关关系,其中“7·18”过程南风分量起着关键作用,王智等(2003)对一次与西南低涡相关的低空急流的数值模拟研究也表明,南风分量在西南低空急流的发展演变中起着更积极的作用;而“6·04”过程南风风速较大,但降水率峰谷值时间变化与东风分量更为一致,这可能与水汽输送来向有关。

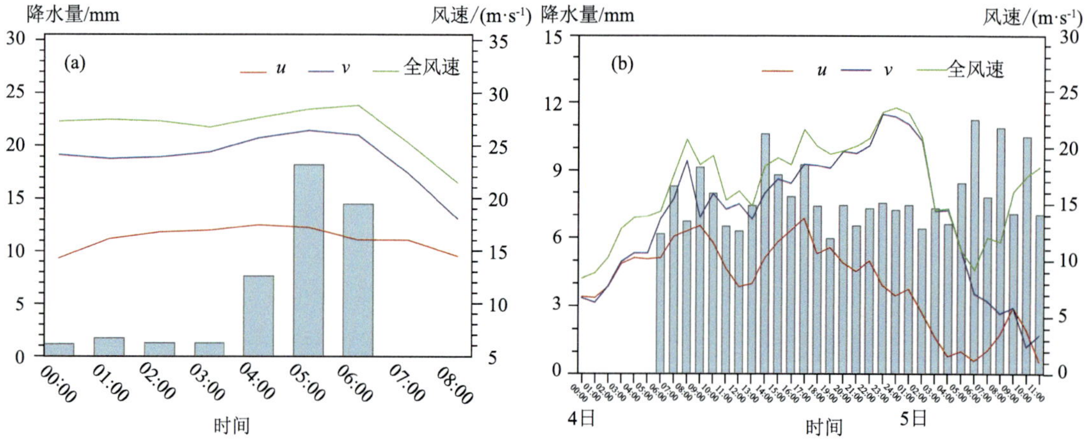


图 6.31　2018 年 7 月 19 日 00:00—08:00(a)及 2017 年 6 月 4 日 00:00—5 日 11:00(b)区域平均降水率(单位:$mm \cdot h^{-1}$)和风速(单位:$m \cdot s^{-1}$))的时间变化

#### 6.4.3.3　低空急流特征分析

CTL 试验模拟的 700 hPa 环流系统及急流等天气系统的分布(图 6.32、图 6.33)与客观分析结果(图略)一致,只不过模拟的 LLJ 范围偏大,强度稍强。“7・18”过程中,偏南 LLJ 在 18 日 12 时位于宁夏地区南侧,其中心强度达到 24 $m\cdot s^{-1}$,在青藏高原东侧出现一中尺度涡旋(图 6.32a);到 18 日 21:00,LLJ 范围不断扩大且强度不断加强,并向东北方向伸展,中尺度涡旋也不断东移,尺度不断扩大,贺兰山地区主要为偏南气流所控制(图 6.32b),地形对偏南气流的强迫抬升作用对强降水的形成起到增幅作用;到 19 日 04:00,急流中心向东北方向发展到宁夏地区以东,宁夏地区出现切变线(图 6.32c);19 日 07:00,急流东移减弱(图略),对宁夏地区的影响结束。

暴雨发生前,宁夏中南部形成一支南风低空急流带,将南海水汽源源不断地输送到暴雨区,但是急流左侧的强动力辐合中心位于宁夏西侧,急流在宁夏地区的动力辐合作用相对较弱。随着 LLJ 向北发展和贺兰山地形强迫抬升作用导致降水的形成及凝结潜热的释放,促使 LLJ 进一步发展,并从原偏南急流发展成西南低空急流,此时宁夏地区位于 LLJ 的左侧,动力辐合作用显著加强,这有利于暴雨过程的维持。

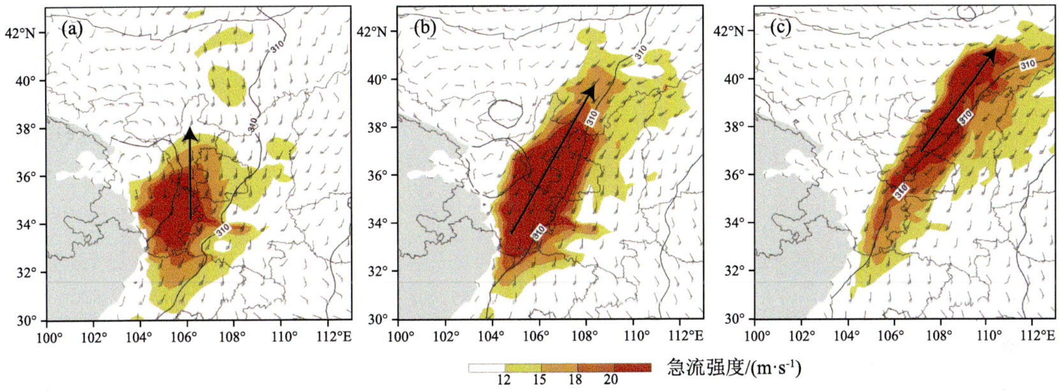


图 6.32　CTL1 试验模拟的 2018 年 7 月 18 日 12:00(a)、21:00(b)、19 日 04:00(c)700 hPa 位势高度场(实线,单位:dagpm)和风场(风羽,单位:$m\cdot s^{-1}$),填色区域为风速超过 12 $m\cdot s^{-1}$ 低空急流,灰色阴影为地形高度,黑色箭头表示 LLJ 风向

“6・04”过程中低空急流主要呈现为东南急流的发展演变。在 4 日 06:00,伴随 500 hPa 中尺度切断低压系统东移加深,气旋式切变东移至宁夏西部,贺兰山地区东南侧的东南急流开始发展,急流强度为 16 $m\cdot s^{-1}$,在青藏高原东侧也出现气旋性环流(图 6.33a);到 4 日 15:00,低空东南急流向东北方向移动,带状特征更为明显,强度增强到 18 $m\cdot s^{-1}$,此时中尺度低涡出现在宁夏西侧,贺兰山地区为东南气流所控制(图 6.33b);到 21:00,低空东南急流进一步向东北方向移动,强度增加到 20 $m\cdot s^{-1}$,宁夏地区西侧的中尺度涡旋范围也显著增加,宁夏北部地区为东南气流所控制(图 6.33c)。

此次暴雨过程中,东南低空急流向东北方向缓慢移动,急流中心强度较“7・18”过程的弱,贺兰山地区一直位于中尺度低涡东南侧和东南急流左侧,这种环流形势对大范围降水的产生与维持提供了有利的动力条件。

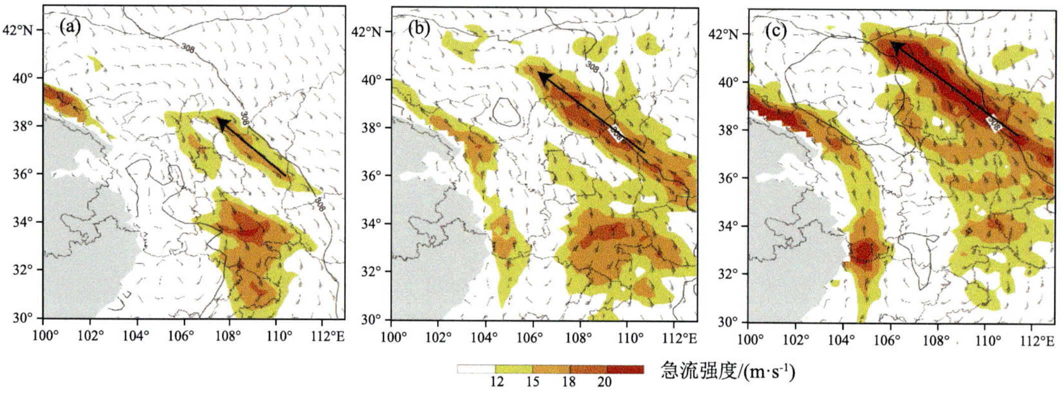


图 6.33 CTL2 试验模拟的 2017 年 6 月 4 日 06:00(a)、15:00(b)、21:00(c)700 hPa 位势高度场（实线,单位:dagpm)和风场(风羽,单位:m·$s^{-1}$)),填色区域为风速超过 12 m·$s^{-1}$ 低空急流,灰色阴影为地形高度,黑色箭头表示 LLJ 风向

### 6.4.4 数值敏感性试验设计

两次暴雨过程中 LLJ 的特征存在较大的差异,为了进一步研究 LLJ 对降水落区及强度的影响,针对两次暴雨过程设计的数值敏感性试验(EXP1 和 EXP2)中模拟域、物理过程参数化方案和积分时长与对两次暴雨过程的 CTL 试验相同,试验中用逐时 restart 的方法将两次暴雨过程中风速超过 12 m·$s^{-1}$ 的 LLJ 强度减弱至 12 m·$s^{-1}$,但其风向保持不变。

### 6.4.5 敏感性试验降水强度及雨带分布

对两次暴雨过程减弱急流强度的数值模拟结果表明,EXP1 和 EXP2 的数值敏感性试验中急流强度有明显减弱,急流中心强度维持在 12 m·$s^{-1}$ 左右(图略)。

减弱 LLJ 后模拟的降水量分布(图 6.34c、d)和控制试验(图 6.34a、图 6.34b)相比在强度和范围上均出现不同程度的减少,其中“7·18”过程降水减少的区域主要位于贺兰山东麓沿山地区(图 6.34c),这是由于 LLJ 强度减弱,导致向贺兰山东麓地区的水汽输送量减少,同时贺兰山地形与 LLJ 之间的相互作用减弱,山区降水受到的影响明显;而“6·04”过程降水减少则主要出现在距离山体较远的平原地区(图 6.34d),从动力学角度来看,LLJ 强度的减弱会导致其左侧气旋式环流强度的减弱并影响垂直运动的发展,当然水汽输送量的减少也是一个主要因素。

两次过程 LLJ 类型不同,LLJ 强度减弱后表现出不同的响应特征,两个个例贺兰山东侧降水与地形作用相关性较大,减弱低空急流后削弱了与地形的相互作用,造成降水的减少。“6·04”过程贺兰山东南侧平原地区降水是受东南低空急流左侧辐合作用影响而产生的降水过程,减弱低空急流后这部分降水显著减少,而“7·18”过程几乎没有平原降水。因此 LLJ 系统的演变特征对贺兰山东麓地区的降水分布有很大影响。

“7·18”过程减弱 LLJ 后的强降水中心的降水持续时间与控制试验 CTL1 基本一致,强度稍弱,且发生时间延后,降水期间风速变化较小,维持在 10～15 m·$s^{-1}$(图 6.35a);“6·04”过程减弱 LLJ 后,宁夏平原地区降水区近乎消失,而山体东侧强降水中心的降水时段与 CTL2

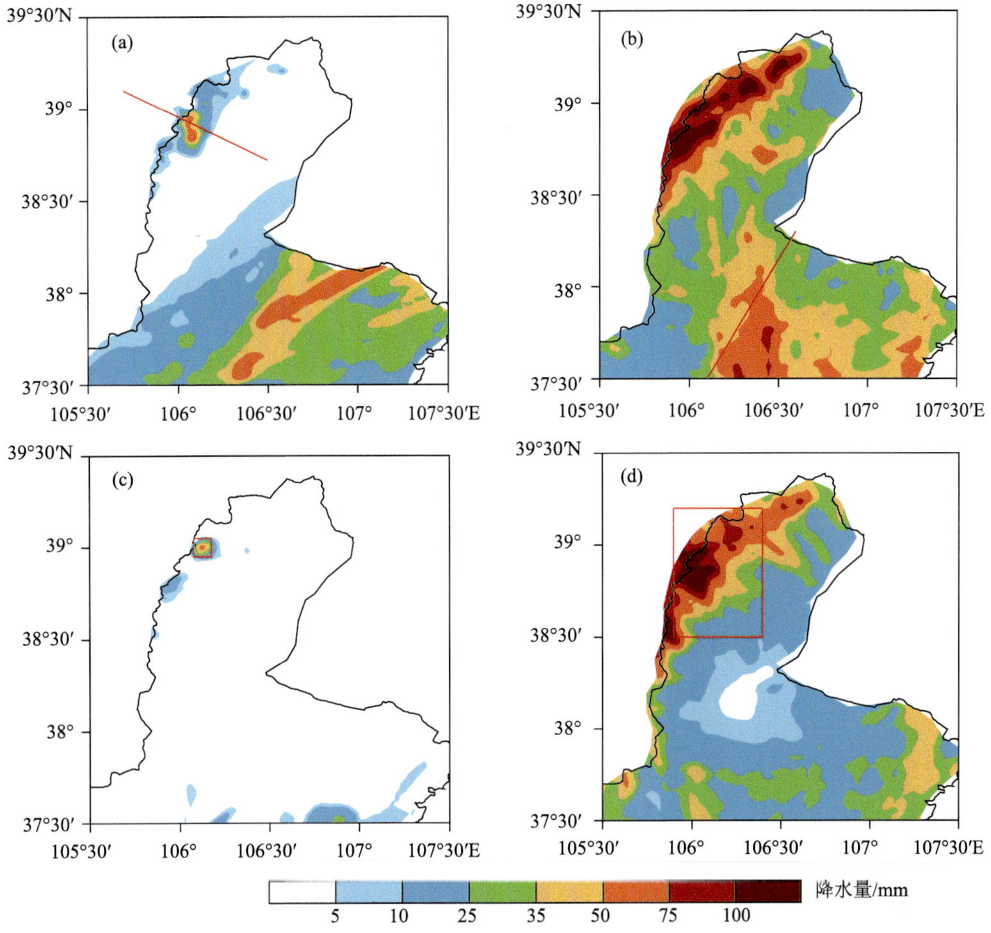


图 6.34　2018 年 7 月 18 日 18:00—19 日 08:00(a、c)和 2017 年 6 月 4 日 06:00—5 日 12:00(b、d)降水量（单位：mm，a、b 为控制试验 CTL1、CTL2，c、d 为减弱 LLJ 的敏感性试验 EXP1、EXP2，红色实线为剖面，红色方框表示计算平均降水率的区域，灰色实线为地形高度）

大致相同，降水期间风速变化较小，维持在 15 $m \cdot s^{-1}$ 左右(图 6.35b)，较“7・18”过程大，说明天气尺度过程降水受环流背景影响较大，修改风速场后风速又会迅速调整并增大。

## 6.4.6　减弱低空急流前后物理量场的变化特征

减弱低空急流后的敏感性试验 EXP1、EXP2 模拟的降水分布均呈现出强度减弱、范围变小的特征，其中“7・18”过程中降水减弱显著的区域主要位于贺兰山山体附近，“6・04”过程的降水强度总体上呈减弱的特征，但降水减少的区域主要位于距山体较远的东南侧平原地区，显然降水减少的分布特征是减弱 LLJ 后各物理量场综合作用的结果。以下采用诊断分析的方法，分析减弱 LLJ 后有关物理量的变化特征。

从图 6.34a 和图 6.34b 中降水变化较大区域(图 6.34 中红色实线)的垂直剖面图可以看出：控制试验 CTL1 模拟的“7・18”暴雨过程中贺兰山地区水汽大值区分布在 500～800 hPa 的层次，范围相对集中(图 6.36a)，此时贺兰山东麓的主要降水区呈低层辐合中层辐散的特

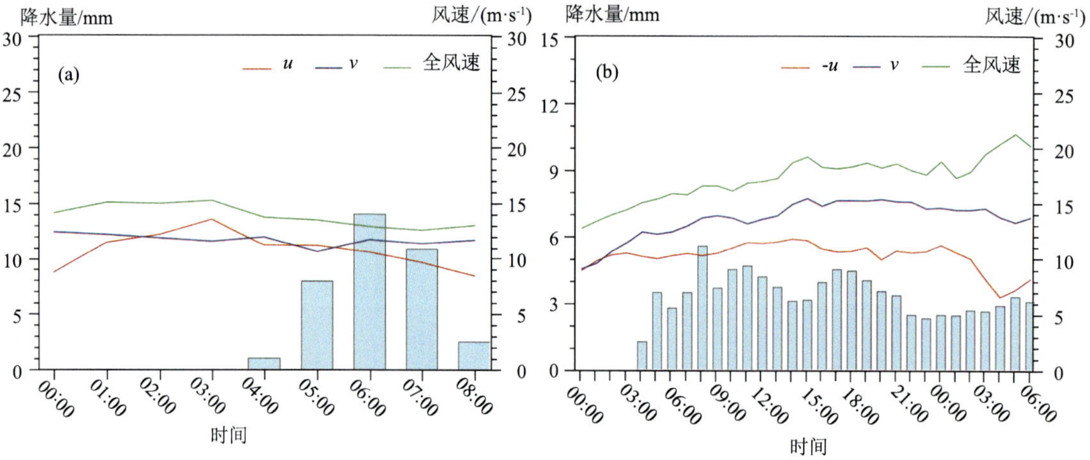


图 6.35　2018 年 7 月 19 日 00:00—08:00 EXP1(a)及 2017 年 6 月 4 日 00:00—5 日 02:00 EXP2 (b)区域平均降水率(单位:mm・h$^{-1}$)和风速(单位:m・s$^{-1}$)的时间变化

征,强辐合中心约在 700 hPa 左右,强度达$-150\times10^{-5}$ s$^{-1}$,辐散中心位于 550 hPa 左右,强度为$120\times10^{-5}$ s$^{-1}$(图 6.36b);涡度场呈现出正涡度区与辐合辐散区、强上升运动区位置一致的特点(图略)。假相当位温反映大气的温湿状况及层结特征,从图 6.36c 中可以看出,"7・18"过程中贺兰山东侧 106.1°E 附近为假相当位温高值区,近地面假相当位温达到 364 K,对流层低层的大气不稳定性明显,暖中心两侧干冷空气有利于暖湿气流的抬升,有利于暴雨过程发生。减弱 LLJ 强度后的模拟结果显示,强降水区的相对湿度急剧减小,散度、涡度场强度以及垂直运动的强度均显著减弱,同时暖中心消失,假相当位温等值线趋于平直,垂直梯度减小,表明大气的不稳定性减弱(图 6.36d、e、f),这意味着在"7・18"过程中,偏南急流不仅为暴雨的形成提供有利的水汽条件和大气不稳定层结作用,而且强的偏南 LLJ 受贺兰山山体的强迫抬升产生较强的垂直上升运动。

从"6・04"暴雨过程的垂直剖面(图 6.37)可以看出:控制试验 CTL2 模拟的"6・04"过程降水区水汽充沛,整层水汽接近饱和(图 6.37a),此时急流左侧平原地区为一低层辐合高层辐散区,辐合区位于地面至 700 hPa 之间,该高度之上至 500 hPa 为辐散区(图 6.37b)。对比图 6.35b 和图 6.36b 可以看出,"6・04"暴雨过程的辐散辐合和垂直上升运动的强度比"7・18"过程的弱,垂直方向伸展的高度也稍低。模拟结果也显示对流层低层为大范围正涡度区,这与天气尺度的低槽系统有关(图略)。假相当位温高值区出现在 106.3°E 附近的 600～950 hPa 高度层,并与强上升运动区相伴,700 hPa 以上假相当位温随高度增加,近地面假相当位温梯度很小,不稳定性弱(图 6.37c);减弱 LLJ 强度后的模拟结果显示强降水区的相对湿度仅在强度上略有减少,水汽的水平尺度和垂直高度变化较少(图 6.37a 和图 6.37d)。降水区上空散度场的强度和形态发生了明显变化,辐散辐合作用显著减弱(图 6.37b 和图 6.37e),假相当位温高值中心略有东移,且垂直运动的大值区也与之相伴减弱东移(图 6.37c 和图 6.37f)。以上分析表明,"6・04"暴雨过程中东南急流的主要作用体现在急流左前方的动力作用形成的辐合抬升方面。

"7・18"过程在 LLJ 强度减弱后低空相对湿度场明显减弱,辐合辐散场只是强度变弱,形

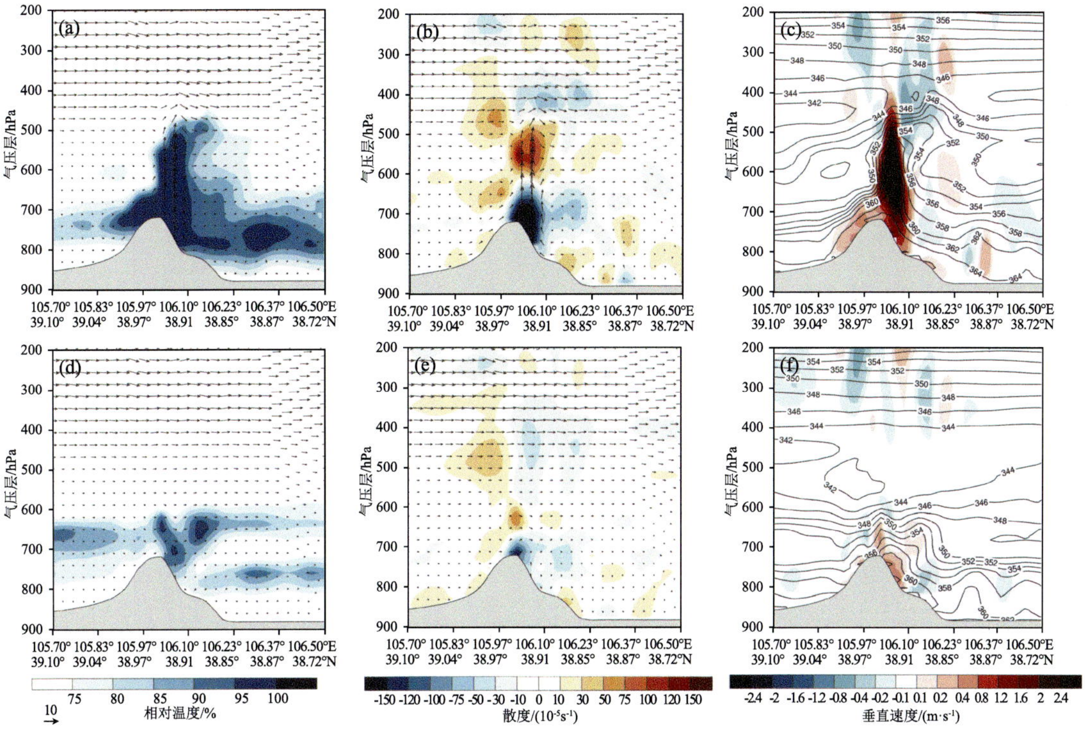


图 6.36 2018 年 7 月 19 日 04:00 控制试验(a、b、c)和减弱急流试验(d、e、f)的相对湿度(单位:%)、散度场(单位:$10^{-5}$ $s^{-1}$)和风场(单位:m·$s^{-1}$,其中 $w\times10$),假相当位温(单位:K)和垂直速度(单位:m·$s^{-1}$)的垂直剖面,灰色阴影表示地形高度分布

态变化较少,说明此次暴雨过程中低空急流具有水汽输送以及加强迎风坡垂直运动的作用;而“6·04”过程在减弱低空急流后,相对湿度场变化不大,其辐合辐散区则减弱至近乎消失的状态,说明此次低空急流其左前方的动力作用产生的辐合场对暴雨影响较大,其水汽输送作用并不明显。两次过程中 LLJ 强度减弱后暖中心均显著减弱,这意味着急流的低层增温增湿作用在两次过程中均发挥着重要作用。

## 6.4.7 减弱低空急流前后水汽输送特征分析

### 6.4.7.1 减弱低空急流对边界水汽收支的影响

上面分析表明,不同类型低空急流在暴雨过程中的动力机制存在差异,且大气层湿度特征也有较大差异。为定量研究 LLJ 对研究区域水汽输送的影响,选取两个过程水汽输送较强的时刻计算了 105°—108°E,37°—40°N 计算域四个边界上控制试验 CTL1、CTL2 和敏感性试验 EXP1、EXP2 的水汽通量收支,计算时的垂直积分层次为 200～900 hPa,输入为正输出为负(表 6.5),从表 6.5 中可以看出,由于“7·18”过程的 LLJ 为西南急流,偏南分量为主要水汽输入分量,达到 102.66 kg·(m·s)$^{-1}$。减弱 LLJ 强度后南北方向水汽输入从 57.67 kg·(m·s)$^{-1}$ 减少到 23.65 kg·(m·s)$^{-1}$,分析区域的净输入从 34.54 kg·(m·s)$^{-1}$ 锐减到 4.61 kg·(m·s)$^{-1}$,这说明西南急流对“7·18”暴雨过程中的水汽供给作用非常显著。“6·04”过程主要受低层东南急流影响,偏东和偏南水汽输入分量相当,偏南分量稍大,但是水汽输入量值均

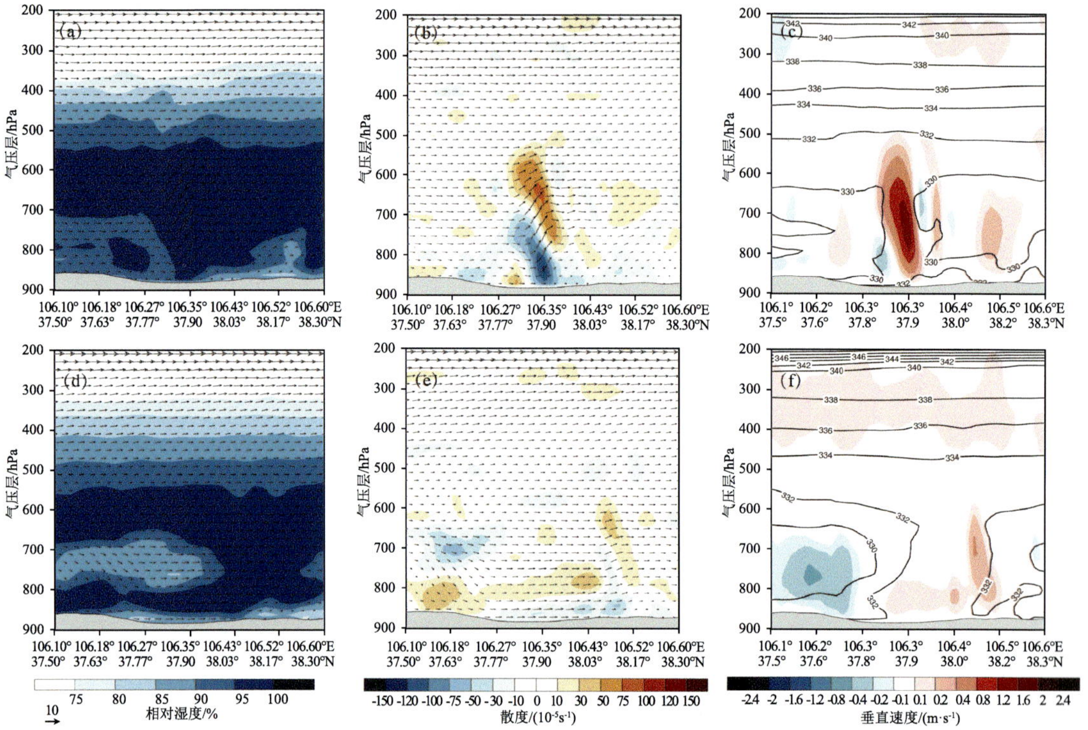


图 6.37　2017 年 6 月 4 日 15:00 控制试验(a、b、c)和减弱急流试验(d、e、f)的相对湿度(单位:%)、散度场(单位:$10^{-5}$ $s^{-1}$)和风场(单位:m・$s^{-1}$),假相当位温(单位:K)和垂直速度(单位:m・$s^{-1}$,其中 $w\times10$)的垂直剖面,灰色阴影表示地形高度分布

小于“7・18”过程的。减弱 LLJ 强度后水汽输送量级略有减小,净输入也略有减小,这意味着“6・04”暴雨过程 LLJ 对水汽输送作用较“7・18”过程弱。

**表 6.5　控制试验和敏感性试验诊断的两次暴雨过程中的水汽收支**

单位:kg・$m^{-1}$・$s^{-1}$

| 个例 | 急流类型 | 试验名称 | 东边界 | 西边界 | 东西方向输入 | 南边界 | 北边界 | 南北方向输入 | 净输入 |
|---|---|---|---|---|---|---|---|---|---|
| “7・18”过程 23:00 | 偏南急流 | CTL1 | −38.77 | 15.64 | −23.13 | 102.66 | −44.99 | 57.67 | 34.54 |
| | | EXP1 | −31.84 | 12.80 | −19.04 | 58.23 | −34.58 | 23.65 | 4.61 |
| “6・04”过程 13:00 | 东南急流 | CTL2 | 18.00 | 1.92 | 19.92 | 23.55 | −23.98 | −0.44 | 19.48 |
| | | EXP2 | 13.22 | 8.08 | 21.30 | 11.99 | −15.19 | −3.20 | 18.10 |

#### 6.4.7.2　基于 FLEXPART-WRF 模式的水汽来源及输送特征分析

粒子扩散模式 FLEXPART 是挪威学院大气系空气研究所和气候研究所联合开发的一个拉格朗日粒子扩散模式,它能够计算大量的粒子群轨迹,并用这个轨迹来描述示踪物在大气中的传输和扩散过程。利用 WRF 模拟逐时输出结果作为驱动场,使用 FLEXPART-WRF 粒子扩散模式来计算两次暴雨过程中的水汽轨迹,粒子群初始时刻放置于贺兰山东侧降水区域,释放 10000 个空气粒子,其范围为 38.34°—39.04°N,105.80°—106.50°E,高度位于 700 hPa,模拟时段分别为 2018 年 7 月 18 日 00:00—19 日 00:00 和 2017 年 6 月 4 日 00:00—5 日 00:00,

模拟高度为 100 m～3 km(距离地表面的高度 Above Ground Level，AGL)所有气块的三维空间位置和比湿等信息作为模式结果每小时输出一次。

图 6.38 为 FLEXPART 模拟的研究区域内目标气块从地表到对流层顶附近的后向运动轨迹，在可以准确显示气块运动特征的前提下，为了使图中的运动轨迹清晰可见，绘图时设定每隔 200 条画一条轨迹，从图中可以看出，“7・18”暴雨过程水汽输送的粒子轨迹呈南北向分布且比较集中，气块由四川中东部北上经过甘肃东南部在甘宁交界处向东偏转，到达贺兰山东麓地区，其中 1200 m 以下的水汽输送轨迹为偏南来向，到达宁夏西南侧后向东北方向移动；而 1600 m 以上高度的水汽输送轨迹偏西南来向，遇到地形阻挡较少，可直接从高空输送至贺兰山东麓。“6・04”暴雨过程有两条气块主要运动轨迹，但宁夏西侧为干旱区水汽含量较少，对宁夏降水贡献较低；东南水汽输送通道为主要水汽来源，其高度多在 1600 m 以下低层。

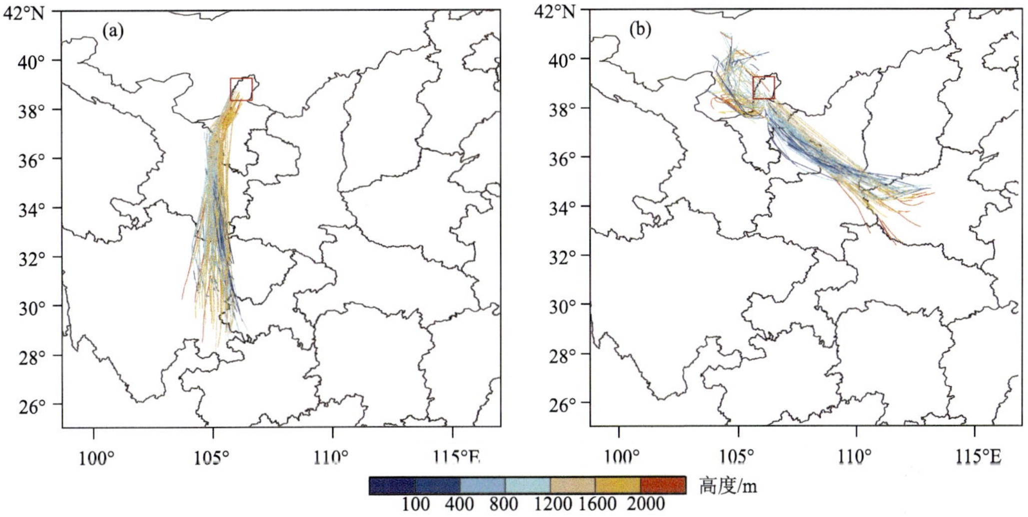


图 6.38　2018 年 7 月 18 日 00:00—19 日 00:00CTL1(a)和 2017 年 6 月 4 日 00:00—5 日 00:00 CTL2(b)目标气块后向运动轨迹(轨迹颜色表示气块距地表面不同高度，单位：m)

减弱低空急流后两次过程水汽路径均变短并趋于发散(图 6.39)，其中“7・18”过程低层水汽输送显著减弱，主要水汽输送路径位于 2000 m 以上，由四川东部向北输送至贺兰山南部，水汽路径偏转较小；“6・04”暴雨过程东南急流的远距离水汽输送作用减弱，其主要水汽来自于宁夏周边低空，但敏感性试验中整层水汽仍接近饱和，这可能是因为 12 $m \cdot s^{-1}$ 东南风已经可以为“6・04”暴雨过程提供充足水汽，LLJ 的水汽输送加强作用影响较小。

Wernli 等(1997)首先提出，可以通过追踪方法确定气块在大气中的输送过程，近似认为气块比湿的改变只是由于蒸发和降水过程引起，进而可确定水汽输送过程。在拉格朗日体系的大气行星边界层高度内，可以近似认为，引起气块水汽含量变化的主要因素是地表蒸发和气块内降水(James，2004；Stohl et al.，2005)，其中地表蒸发使水汽含量增加，而降水过程使气块水汽含量减少。

对单位质量的气块有 $e-p=m\dfrac{\Delta q}{\Delta t}$，式中，$e$、$p$ 分别为时间步长 $\Delta t$ 内进入气块的地表蒸发和气块的降水量，$\Delta q$ 为比湿变化。对单个气块而言，$e-p>0$ 的位置表示气块中水汽含量

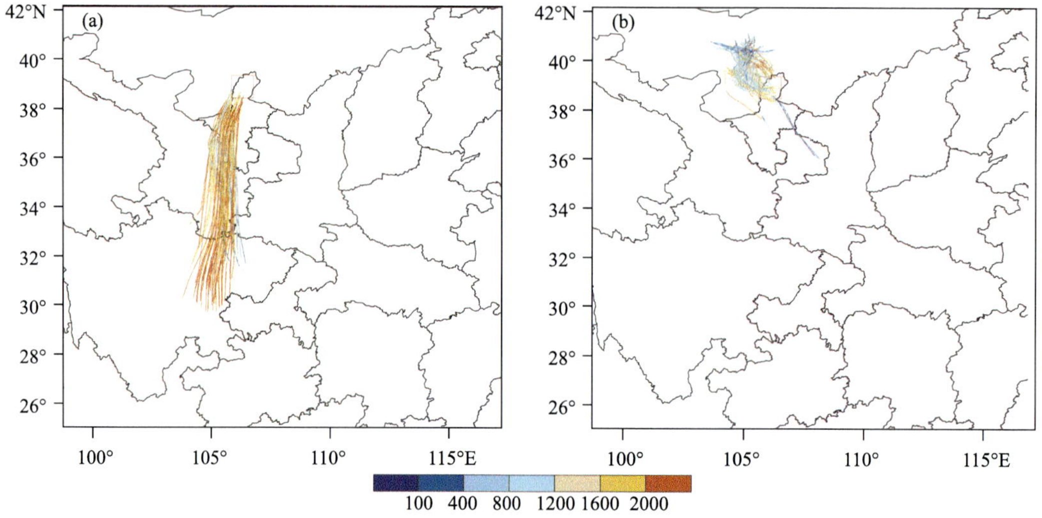


图 6.39　2018 年 7 月 18 日 00:00—19 日 00:00CTL1(a)和 2017 年 6 月 4 日 00:00—5 日 00:00CTL2(b)目标气块后向运动轨迹(轨迹颜色表示气块距地表面不同高度,单位:m),但为减弱低空急流后的 EXP1 和 EXP2 试验

的增加,可以认为是水汽的蒸发源区,$e-p<0$ 的位置可认为是水汽释放降水区。图 6.40 上粒子的颜色表示$\frac{\Delta q}{\Delta t}$的变化,粒子的后向轨迹单位时间的比湿变化表现出了水汽的补充和降水释放过程。“7·18”过程 18 日 0:00 左右,四川东部的水汽蒸发过程为本次降水事件补充了大量水汽,是此次降水的重要水汽集转地,1600 m 以上的气块轨迹主要表现为比湿增大,而 1600 m 以下低层水汽在输送路径上遇山体抬升等因素经历了多次蒸发和降水循环有一定折损,因此距地表 1600 m 以上中层水汽输送对此次贺兰山东麓降水有重要贡献。“6·04”过程东南路径的目标气块在河南西部有明显的净水汽吸收,在输送至宁夏地区的过程中经历了一些补充和释放,到达宁夏北部贺兰山地区的水汽有一定削减。

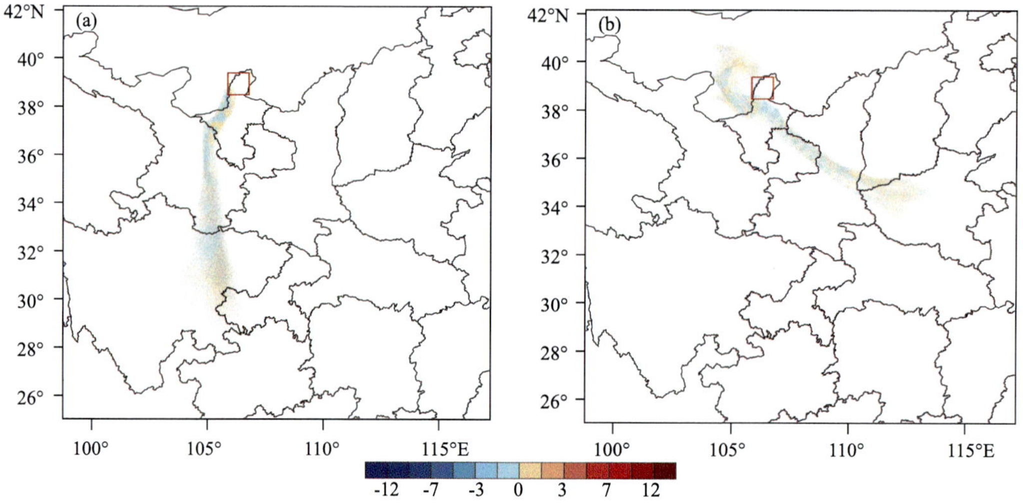


图 6.40　2018 年 7 月 18 日 00:00—19 日 00:00(a)和 2017 年 6 月 4 日 00:00—5 日 00:00(b)目标气块后向运动轨迹(轨迹颜色表示粒子运动过程中单位时间的比湿变化,单位:g·(kg·h)$^{-1}$)

如图 6.41 所示，减弱 LLJ 后，“7・18”过程水汽在四川东北部便开始降水释放，气块比湿下降，然后在输送途中均又经历了间歇性的降水和蒸发过程，水汽得到不同程度的释放和补充，水汽在传输途中折损较大，到达降水区的水汽含量明显下降。因整体粒子路径都位于 2000 m 及以上，气块性质比较相似，蒸发补充区和降水释放区呈横向带状分布。而对“6・04”过程减弱 LLJ 后，水汽输送路径缩短，但水汽传输路径上的比湿是持续增加的，水汽损耗较小，因此“6・04”过程低空急流减弱前后降水区水汽的输入量减少不明显。

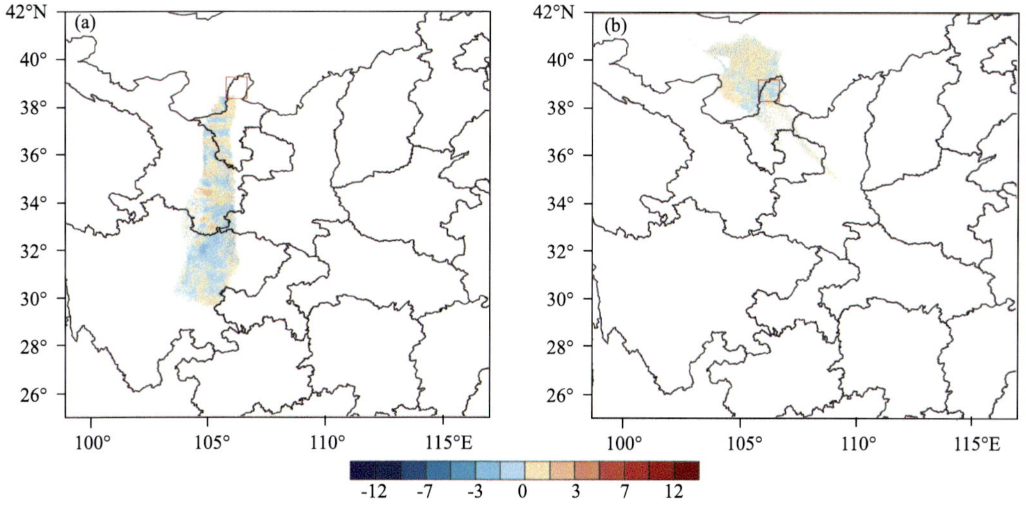


图 6.41 2018 年 7 月 18 日 00:00—19 日 00:00(a)和 2017 年 6 月 4 日 00:00—5 日 00:00(b)目标气块后向运动轨迹(轨迹颜色表示粒子运动过程中单位时间的比湿变化，单位：g・(kg・h)$^{-1}$)，但为减弱低空急流后的 EXP1 和 EXP2 试验

## 6.4.8 小结

对 2018 年 7 月 18—19 日和 2017 年 6 月 4—5 日贺兰山东麓两次伴随 LLJ 的暴雨过程进行了减弱低空急流的敏感性试验研究，并利用 FLEXPART-WRF 后向模拟资料进行水汽来源追踪，得到如下结论。

(1)数值模拟较好地模拟出了两次暴雨过程的主要影响系统，包括高空槽、副热带高压、低空急流中尺度低涡等。模式模拟的降水分布特征与观测站点资料基本一致，但雨带位置偏西靠近贺兰山山体。两个个例降水率与 LLJ 强度均有较好的正相关关系，其中“7・18”过程南风分量起着关键作用；而“6・04”过程南风风速较大，但降水率峰谷值时间变化与东风分量更为一致，这可能与水汽输送来向有关。

(2)两次暴雨过程 LLJ 分布形态不同，“7・18”过程暴雨发生前偏南 LLJ 左侧动力辐合区域在宁夏西侧，对贺兰山地区影响较小，低空偏南急流主要为降水过程提供有利的水汽条件，当偏南急流加强与贺兰山地形相互作用加强了山前的抬升运动，导致降水的形成及凝结潜热的释放，促使偏南急流偏转为西南急流。“6・04”过程东南急流移动缓慢，宁夏北部地区一直位于中尺度低涡东南侧和 LLJ 左侧，有利于发生大范围持续性强降水。

(3)减弱 LLJ 的数值试验结果显示，“7・18”过程贺兰山山区降水明显减少，而“6・04”过程的降水减少区域主要位于平原地区，这也验证了前文指出的不同 LLJ 的分布特征对贺兰山东麓地区的降水分布有显著影响。

(4)两次过程 LLJ 作用下低层的增温增湿明显，减弱 LLJ 后散度场和假相当位温特征变化显著。LLJ 对“7·18”过程的影响主要体现在水汽输送作用和加强迎风坡垂直运动的动力作用，对“6·04”过程的影响主要体现在急流左侧的动力辐合抬升作用。

(5)FLEXPART 模式后向轨迹显示，“7·18”过程粒子轨迹集中，距地表 1600 m 以上中层水汽输送对此次贺兰山东麓降水有重要贡献。“6·04”过程东南水汽输送通道为主要水汽来源，其高度多在 1600 m 以下。减弱 LLJ 的模式结果显示，两次过程低空水汽输送均显著减弱，“7·18”过程水汽主要源自中高空水汽输送，“6·04”过程水汽输送路径缩短，但是“7·18”过程水汽在传输路径上降水释放损失较多，到达暴雨区的水汽含量显著降低。

## 6.5 循环同化雷达对贺兰山东麓暴雨的影响数值模拟

通过 WRF 模式数值模拟试验发现，利用客观分析资料产生的初始场和边界条件可以较好地模拟出 2017 年 6 月 4—5 日暴雨过程(“6·04”)暴雨过程的降水量分布特征，只不过模拟的平原地区雨带位置略有偏移，同时强降水时段降水变化特征与观测的相比存在一定的差异。曹怡清等(2023)针对“6·04”过程模拟的贺兰山南侧强降水中心位置偏差问题，利用 WRF-3DVAR 将银川站 C 波段多普勒雷达反射率因子融合到模式的初始场中，并对比分析选择不同的同化窗对初始场及强降水模拟效果的影响，研究同化多普勒雷达资料对贺兰山东麓地区暴雨模拟的改进效果，以期为贺兰山东麓地区同化 C 波段雷达资料提高致灾性暴雨天气的预报水平提供参考。

### 6.5.1 同化试验方案设计

#### 6.5.1.1 同化方案设计

控制试验设置及参数化方案与前文相同，模式初始场和边界条件由每 6 h 一次的 FNL 全球分析数据产生，不进行任何同化。本研究仅同化了雷达反射率因子资料，分析引入反射率因子后对模式初始场和降水模拟的影响，雷达反射率因子同化采用 WRF-3DVAR 反演水凝物的间接同化方法，同化了九个仰角的雷达反射率因子，即 0.5、1.5、2.4、3.4、4.3、6.0、9.89、14.6、19.5。对雷达资料进行了地物回波的剔除和杂波的屏蔽，采用了 3DVAR 的简单质量控制，并进行了稀疏化处理。WRF-3DVARv3.8 及以上版本改善了反演水凝物同化方法，增加了干雪、湿雪、冰水等的反演。通过雷达反射率与雨水、干雪、湿雪、冰水之间的经验关系，将雷达反射率反演为相应的水凝物，不仅避免了线性观测算子造成的误差，而且充分考虑了冰相态水凝物，对深对流和冬季系统模拟有很大提升(何静 等，2019)。雷达反射率因子($Z$)与雨水($q_r$)、干雪($q_{ds}$，环境温度低于 0 ℃)、湿雪($q_{ws}$，环境温度高于 0 ℃)和冰水($q_g$)的经验关系采用以下公式：

$$Z(q_r)=3.63\times10^9(\rho q_r)^{1.75} \tag{6.16}$$

$$Z(q_{ds})=9.80\times10^8(\rho q_{ds})^{1.75} \tag{6.17}$$

$$Z(q_{ws})=4.26\times10^{11}(\rho q_{ws})^{1.75} \tag{6.18}$$

$$Z(q_g)=4.33\times10^{10}(\rho q_g)^{1.75} \tag{6.19}$$

式中，$\rho$ 为空气密度。等效反射率因子（$Z_e$）与环境温度（$T_b$）对应的经验关系为：

$$Z_e=\begin{cases}Z(q_r) & T_b>5\ ℃\\ Z(q_s)+Z(q_g) & T_b<-5\ ℃\\ \alpha Z(q_r)+(1-\alpha)\left[Z(q_s)+Z(q_g)\right] & -5\ ℃\leqslant T_b\leqslant5\ ℃\end{cases} \tag{6.20}$$

式(6.20)表示环境温度>5 ℃时采用反射率因子－雨水经验关系；环境温度 <－5 ℃时采用反射率因子－雪水、冰水经验关系；当环境温度为－5～5 ℃时则采用混合经验关系，其中 $\alpha$ 在 0（$T_b$＝－5 ℃）至 1（$T_b$＝5 ℃）之间线性变化。

同化试验参数设置与 CTL 试验相同，从 2017 年 6 月 3 日 12:00 开始积分，前 12 h 为模式的 spin-up 时间，分别于 4 日 06:00 和 4 日 00:00 开始对 D03 模拟域循环同化银川站雷达反射率因子至 12:00 开展两组同化试验（RAD6 和 RAD12），同化窗分别为 06:00—12:00 和 00:00—12:00。经过试验发现循环同化时间间隔为 3 h 的模拟效果较优，以每次同化反射率因子后 3 h 的模拟场作为下一次加入资料同化时的初始场，再次进行同化和模拟，完成循环同化，其同化时刻分别为 4 日 06:00、09:00、12:00 和 4 日 00:00、03:00、06:00、09:00、12:00，4 日 12:00 同化结束后进行 12 h 模拟。

#### 6.5.1.2　银川站雷达组合反射率因子的特征分析

由实际观测的多普勒雷达组合反射率因子的水平分布图（图 6.42）可以看出，2017 年 6 月 4 日 12:00—15:00 对流系统开始快速发展，贺兰山东麓地区形成一条沿山的有组织对流回波带，期间回波范围不断扩大，其整体强度在 14:00 达到最强（57.5 dBZ），与 14:00—15:00 的降水峰值相对应，此后回波大值区范围逐渐回缩，16:00 在银川西侧形成了数个回波强度在 45 dBZ 以上的对流单体，并逐渐形成线状云带，其强度较 14:00 显著减弱。

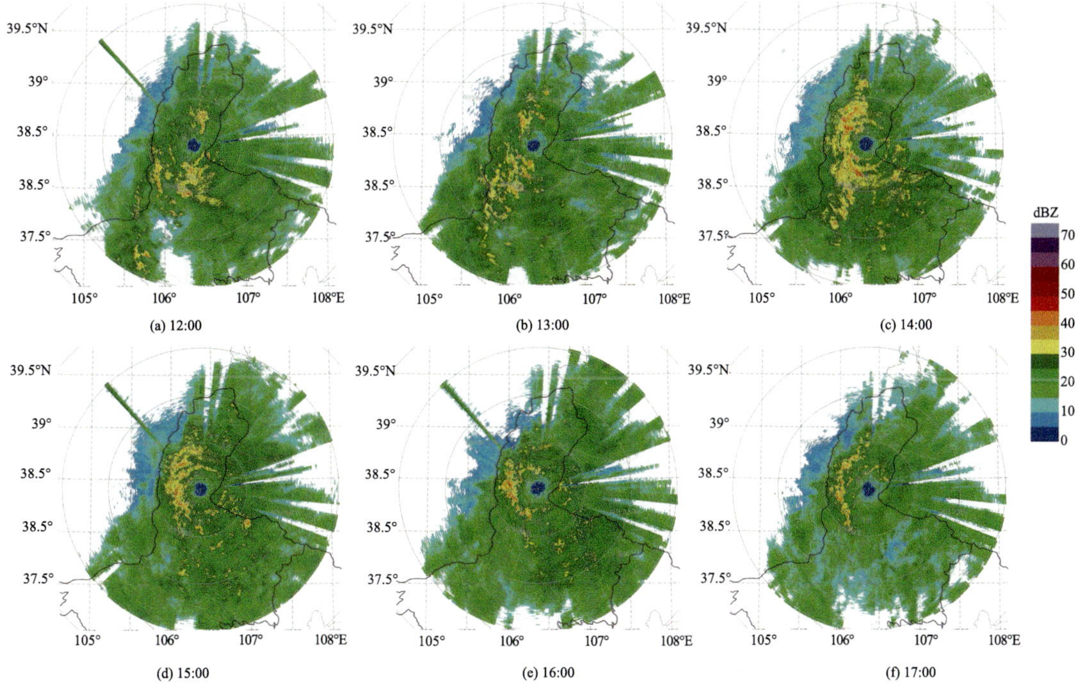


图 6.42　2017 年 6 月 4 日银川站多普勒雷达组合反射率因子（单位：dBZ）

## 6.5.2 同化前后初始场的分布特征分析

### 6.5.2.1 位势高度和风场特征

CTL 试验中 2017 年 6 月 4 日 12:00 500 hPa 的环流形势为东高西低的分布特征，槽线呈西北东南向分布，槽区宽广(图 6.43a)，RAD6 同化试验得到的 500 hPa 环流形势中低槽范围变窄，580 dagpm 线明显北抬(图 6.43b)，RAD12 试验的东部高压 580 dagpm 线进一步北抬，高压脊强度更为强盛，高度场在细节上的表现更为丰富(图 6.43c)。

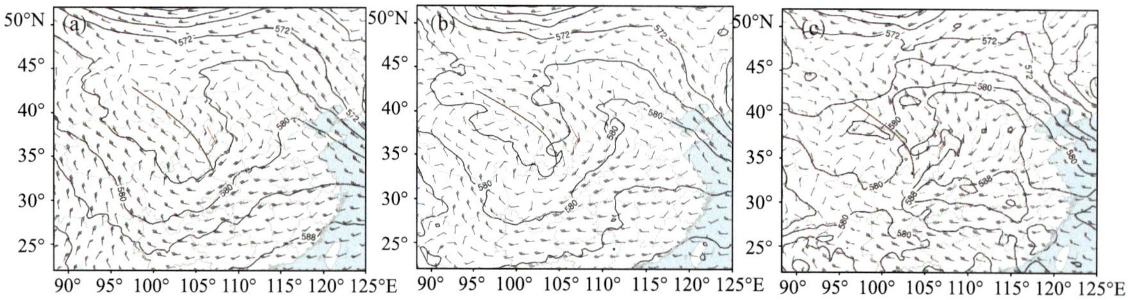


图 6.43 2017 年 6 月 4 日 12:00 500 hPa 高度场(等值线，单位:dagpm，棕色实线为槽线)和风场(风羽，单位:m·s$^{-1}$，红色风羽为银川站探空)
(a)CTL 控制试验;(b)RAD6 试验;(c)RAD12 试验

CTL 试验中模拟 700 hPa 的环流形势表明宁夏地区西侧为一中尺度低涡，其东侧为东南急流，其携带的暖湿气流和低压后部的西北干冷空气在贺兰山沿线一带交汇，有利于该地区降水的形成和发展(图 6.44a)。同化试验 RAD6 减去 CTL 试验的增量场分布显示，宁夏地区存在大范围的位势高度正增量区，正增量大值位于贺兰山东侧，且宁夏地区东侧的东南风加强，沿贺兰山山脉附近地区的风场增加不明显(图 6.44b)。RAD12 试验宁夏地区位势高度均显著增强，同时模拟域中的东南风显著增强，宁夏地区基本均为东南急流所覆盖(图 6.44c)，由于贺兰山沿东北—西南走向分布，东南风的加强有利于贺兰山地形对东南暖湿气流的抬升作用加强和降水的形成。

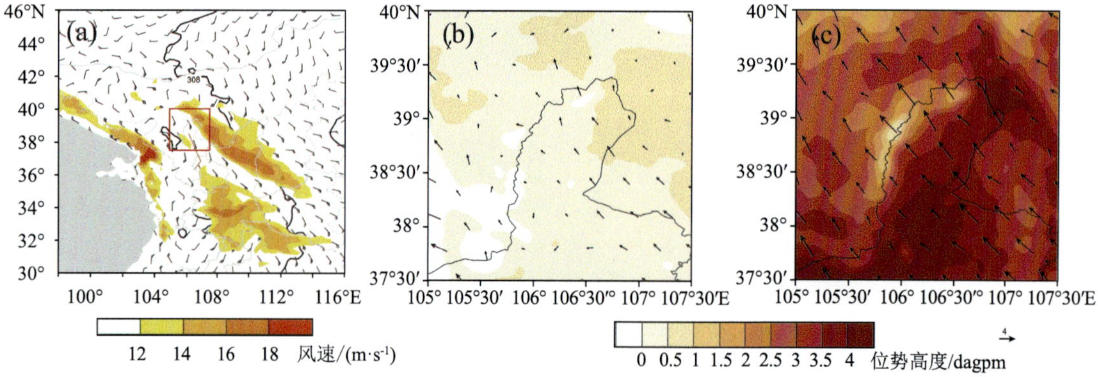


图 6.44 2017 年 6 月 4 日 12:00 700 hPa CTL 试验(a)高度场(等值线，单位:dagpm，红色方框为图 b、c 范围，填色为风速大于 12 m·s$^{-1}$ 的低空急流区)和风场(风羽，单位:m·s$^{-1}$)及同化试验-CTL 试验的位势高度增量(阴影，单位:dagpm，b:RAD6 试验;c:RAD12 试验)和风速增量(箭头，单位:m·s$^{-1}$)

#### 6.5.2.2　水汽及云、雨水场特征和热力场特征分析

从 700 hPa 水汽通量水平分布图可以看出(图 6.45)，CTL 试验和同化试验的强水汽辐合、辐散带均沿山体走向分布，辐合带位于贺兰山东南侧，而辐散区位于贺兰山的西北侧。和 CTL 试验结果相比，同化后东南来向水汽输送明显加强，水汽辐合带变宽，辐合强度加强，同化后的水汽通量辐合区向东扩展，其分布与雷达回波大值区(图 6.42)即暴雨落区位置更加接近(图 6.45b 和图 6.45c)，这意味着降水区水汽含量明显增加，为暴雨的形成和发展提供了更有利的水汽条件。

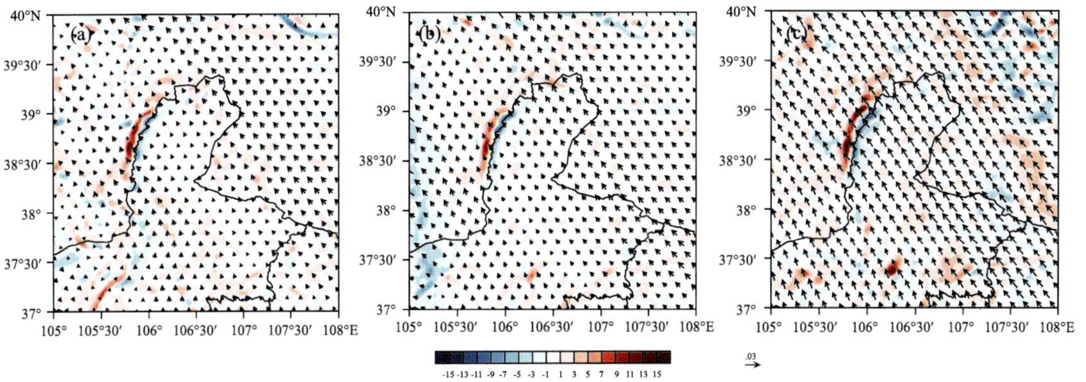


图 6.45　2017 年 6 月 4 日 12:00 700 hPa 水汽通量(箭头，单位：10 g·(hPa·cm·s)$^{-1}$)和水汽通量散度(阴影，单位：$10^{-8}$ g·(hPa·cm$^2$·s)$^{-1}$)

(a)CTL 控制试验；(b)RAD6 试验；(c)RAD12 试验

从观测的雷达组合反射率因子图(图 6.42)可以看出，雷达回波强度中心位于 106°E、38°—39°N 附近，呈南北向带状分布。图 6.46 为三组试验模拟的沿 38.8°N 的云水和雨水含量垂直剖面图，可以看出，CTL 试验模拟的云水和雨水含量大值区主要位于 600 hPa 以下的区域，其中雨水的大值区出现在贺兰山的西侧 700～800 hPa 区间，云水含量大值区则位于山顶附近，其东侧平原地区的雨水和云水含量均较少(图 6.46a)；RAD6 试验模拟结果显示在贺兰山的两侧附近区域均出现雨水的大值区，只不过东侧的雨水含量稍大于西侧的，和 CTL 试验的相比，云水的含量显著增强，两个大值中心分别位于贺兰山山顶和 106.3°E 附近，其中 106.3°E 附近云/雨水的高度在垂直方向可以伸展至 600 hPa 以上(图 6.46b)；RAD12 试验模拟的云水、雨水含量不仅量值显著提高，分布也更为集中于贺兰山山体的东侧至山顶的位置，而且模拟的云、雨水的伸展高度更高，其中云水混合比高度扩展到 500 hPa 以上，中心极值达到 0.9 g·kg$^{-1}$ 以上(图 6.46c)。

从沿 38.8°N 假相当位温和垂直速度场的纬向垂直剖面图上(图 6.47)可以看出：对比 CTL 试验，RAD6 试验贺兰山西侧 700 hPa 干冷空气向东侵入，贺兰山东侧垂直运动增强，但是热力场调整相对较小。而 RAD12 试验同化后贺兰山东侧低层 850 hPa 附近增温近 8 K，逆温区宽广，假相当位温梯度增大，垂直速度加强至 1.2 m·s$^{-1}$，这是由于水凝物潜热释放加热了云团，模式对大气热力场进行了正温度扰动调整，这种正温度扰动在维持对流发展过程中起到重要作用。这表明同化雷达反射率因子不仅可以为模式模拟降水的形成提供较好的云水和雨水条件，也可以改善大气动力和热力场的分布特征。

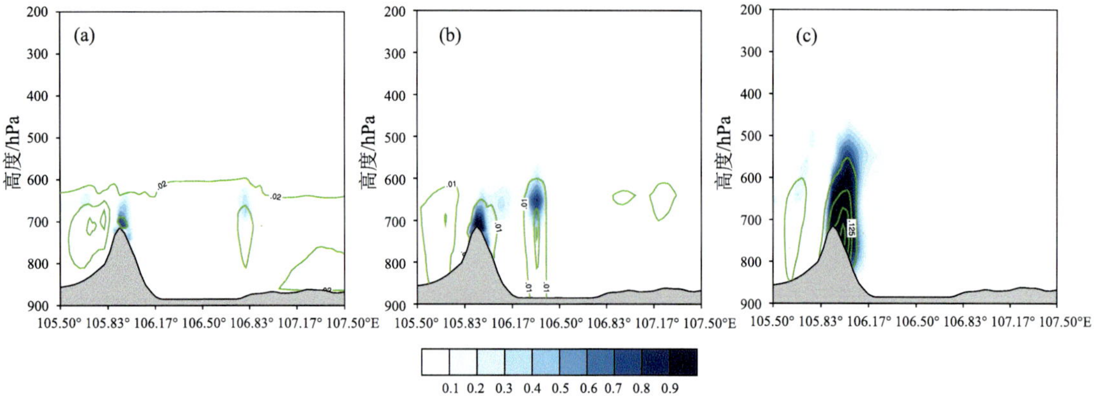

图 6.46 2017 年 6 月 4 日 12:00 沿 38.8°N 云水(阴影,单位:g · kg$^{-1}$)、雨水(等值线,单位:g · kg$^{-1}$)混合比含量的垂直剖面,灰色阴影表示地形高度分布
(a)CTL 控制试验;(b)RAD6 试验;(c)RAD12 试验

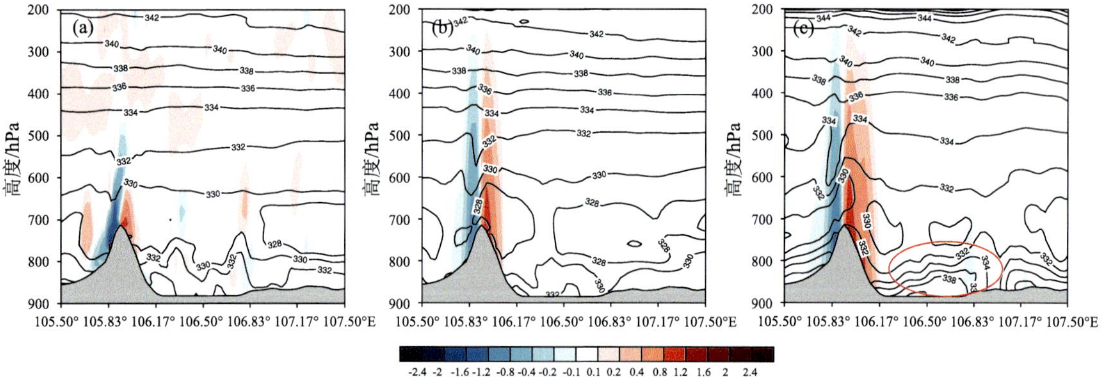

图 6.47 2017 年 6 月 4 日 12:00 沿 38.8°N 假相当位温(等值线,单位:K)和垂直速度(阴影,单位:m · s$^{-1}$)的垂直剖面,灰色阴影表示地形高度分布
(a)CTL 控制试验;(b)RAD6 试验;(c)RAD12 试验

## 6.5.3 同化前后降水特征分析

对比分析三组试验的模式模拟效果,从降水量的模拟结果(图 6.48)可以看出,与观测资料相比(图 6.48a),CTL 试验可以较好地模拟出贺兰山东麓地区的强降水带和宁夏平原地区的降水(图 6.48b);仅提前 6 h 同化 3 次雷达反射率因子的 RAD6 试验模拟的贺兰山附近地区的 12 h 强降水落区范围更加集中,位置和强度得到一定程度的改善,但对宁夏平原中部地区的降水量模拟效果明显变差(图 6.48c);提前 12 h 同化 5 次雷达反射率因子的 RAD12 试验对 12 h 降水量级和落区的模拟效果都有很大改善(图 6.48d),这在后面的 TS 评分结果中可以看出,只不过 RAD12 试验模拟的贺兰山北部山区降水的量级略高而对中部地区的降水量级有所低估。图 6.48a 中蓝色方框为贺兰山山体东侧强降水区域,三组试验对其都有不同程度的模拟,其中 RAD12 试验模拟的降水强度最强;红色方框为贺兰山南侧降水区域,CTL 试验及 RAD6 试验只模拟出了 25 mm 以下的降水,而 RAD12 试验成功模拟出了 35 mm 以上的

12 h 强降水，是同化后改善最明显的区域。

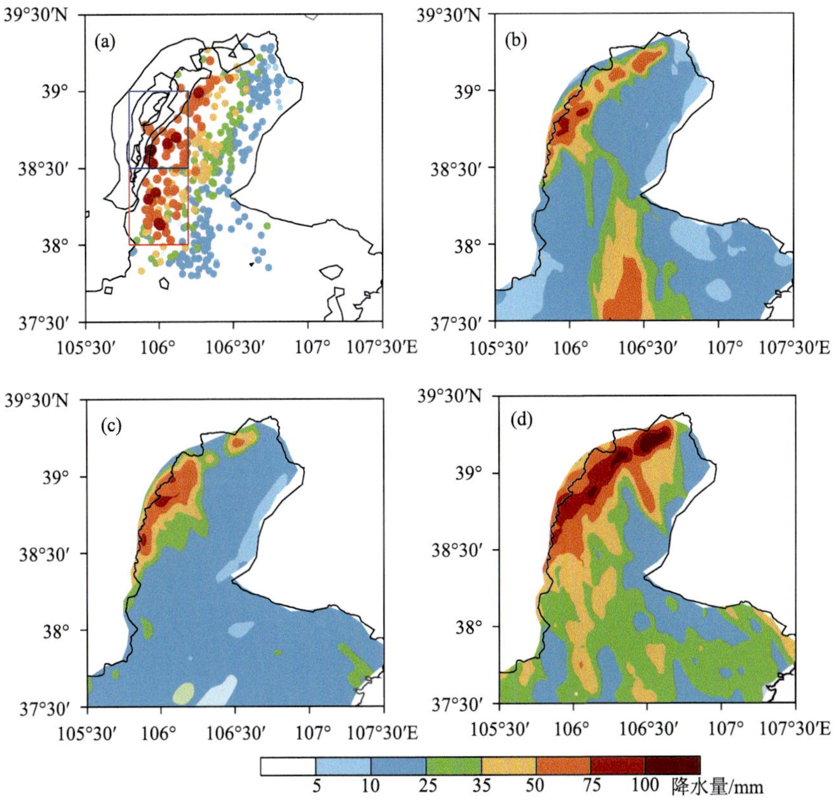


图 6.48　2017 年 6 月 4 日 12:00—5 日 00:00 降水量分布(单位:mm,红蓝方框为贺兰山山体东侧和南部两个物理量计算域,灰色实线为超过 3000 m 的地形高度)

为了更加客观地评估同化雷达资料对降水模拟效果的影响，表 6.6 为利用 TS(Treat Score)评分对三组试验的降水量模拟效果评估的结果，从表中可以看出，同化雷达资料后的 RAD6 试验和 RAD12 试验对阈值 10 mm 降水量的 TS 评分均有改进，但改进程度不明显，仅提高了 0.01 左右，值得注意的是，RAD6 试验对 25 mm 以上量级降水的评分比同化前更低，这在前面模拟的降水量的水平分布中也可以看出(图 6.48a 和图 6.48c)。从表 6.6 中也可以看出，RAD12 试验同化 5 次雷达资料后各阈值的 TS 评分都明显高于未同化的，尤其是对 25 mm 以上阈值的降水评分改进效果显著提高，达到 0.6，对 35 mm 以上阈值的降水评分有 0.26 的显著改进，对 50 mm 以上阈值的降水模拟效果也得到了显著提升，其 TS 评分从未同化时的 0 提高到 0.045。以上分析表明，长时间段较多次地循环同化雷达资料至强降水开始时段对暴雨落区和强度的模拟效果会有较大改善。

**表 6.6　TS 评分**

| 阈值 | CTL | RAD6 | RAD12 |
|---|---|---|---|
| 10 | 0.9503 | 0.9661 | 0.9659 |
| 25 | 0.2415 | 0.1196 | 0.8420 |
| 35 | 0.0497 | 0.0226 | 0.3070 |
| 50 | 0 | 0 | 0.0451 |

## 6.5.4 同化前后的物理量场特征分析

### 6.5.4.1 雷达反射率因子

综合以上分析说明，通过循环同化 12 h 雷达回波资料可以较好地修正初始场的水凝物含量和水汽含量，并调整大气热力场和动力场，以改善降水模拟。而循环同化 6 h 雷达资料由于水凝物场改进较小，初始场物理量调整不大，降水模拟效果改进也较小。以下具体分析了 RAD12 试验同化前后降水过程中物理量场的分布特征。雷达回波强度能反映大气中水凝物的空间分布结构，因此该观测资料在揭示中尺度对流系统的发展演变过程中有重要的参考价值。

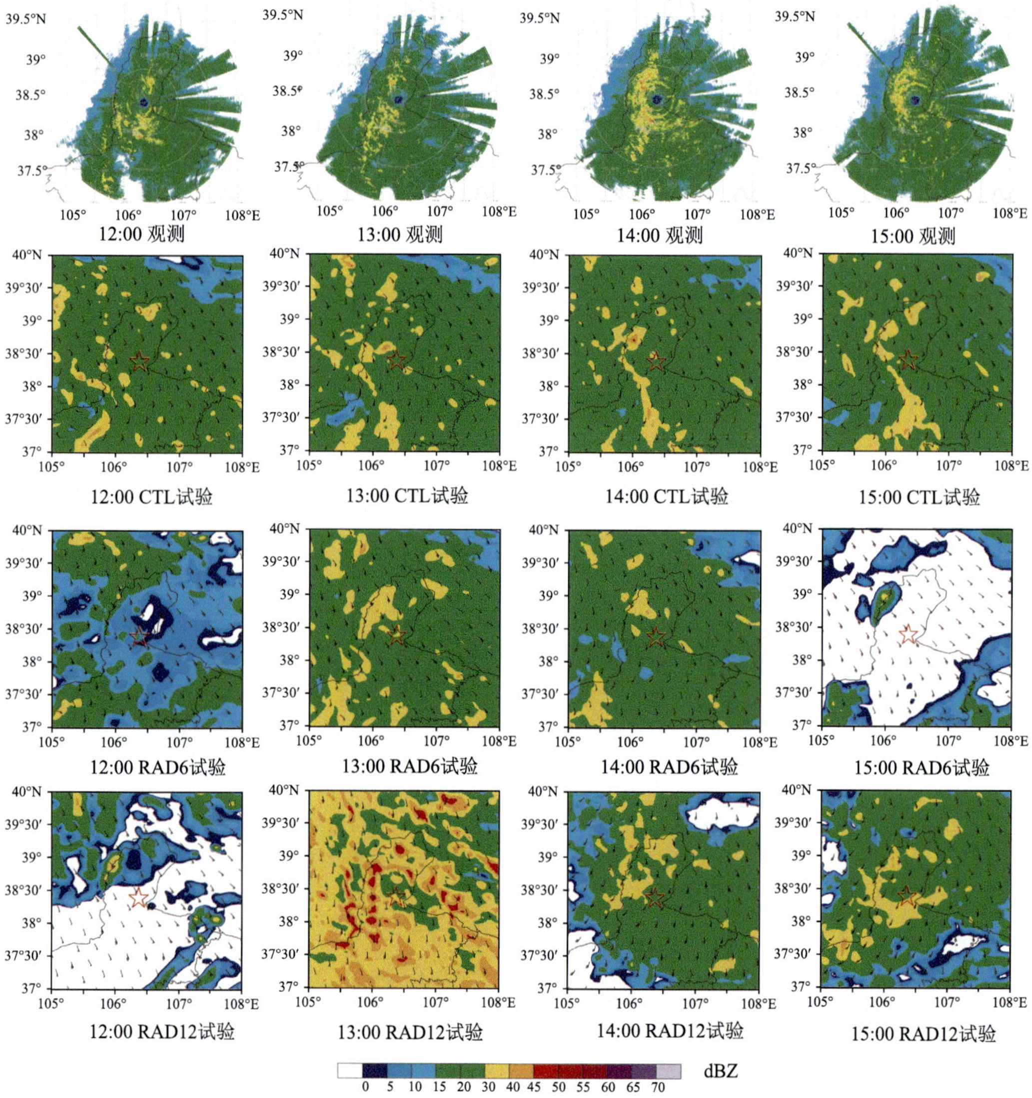


图 6.49　2017 年 6 月 4 日观测和模拟的雷达组合反射率因子（阴影，单位：dBZ，红色五角星为银川站位置）与风场（单位：m·s$^{-1}$）的水平分布

对比分析由三组试验模拟结果诊断的回波强度和雷达观测回波强度的特征可以看出(图 6.49),CTL 试验最大反射率因子的空间分布与实况降水分布形态基本一致,但较观测的回波中心偏左;同化 3 次雷达资料后的 RAD6 试验模拟的 13:00 回波位置与观测的组合反射率因子水平分布相比有明显调整,回波中心从山侧向平原地区延伸,这与实况观测结果吻合较好,但是到 15:00 模拟结果这段的雷达反射率因子与实况观测结果之间存在较大差异,这可能是由于该试验仅提前 6 h 于降水开始时刻循环同化 3 次雷达观测资料所致;RAD12 试验模拟结果诊断的 13:00 回波中心位置沿贺兰山山体呈南北线状分布,这与雷达观测实况及降水落区形状和位置吻合较好,到 4 日 15:00 降水峰值出现时刻,RAD12 试验的诊断结果较 CTL 试验和 RAD6 试验的效果明显提高,诊断的回波大值区围绕银川站收缩成环状云带,这与银川站雷达基数据组合反射率因子有很好的一致性。

针对贺兰山南部地区(图 6.48 红色方框)降水,沿 38.25°N 作雷达反射率因子的纬向垂直剖面(图 6.50),可以看到多普勒雷达基数据的剖面图中 12:00—15:00 在贺兰山南侧 106°—106.5°E 之间有雷达回波大值区的发展。CTL 试验中低层一直为东风控制,受地形的强迫抬升作用贺兰山东侧有较弱的垂直运动发展,但上升运动水平范围较窄,雷达回波较弱。RAD12 试验同化雷达资料后 14:00—16:00 对流系统快速发展,14:00 中层 700 hPa 存在西北干冷空气侵入;15:00 中层西风气流和东南急流的暖湿气流在贺兰山东侧交汇,105.9°—106.2°E 范围上出现垂直上升运动区,大于 30 dBZ 的雷达回波区较 CTL 试验的向东发展;16:00 模拟的雷达回波强度达到 45 dBZ 且在垂直方向伸展发展至 300 hPa,在贺兰山东侧形成次级环流圈,中层下沉运动加强了冷空气外流,进一步促进了低层暖湿空气辐合抬升,垂直上升运动发展旺盛;到 17:00 低层仍为东风气流,中层为西风气流,但上升运动较弱,垂直环流消失,与之相伴的对流活动迅速衰减。由此可知,RAD12 试验很好地模拟出了贺兰山南部地区降水极值时刻前后冷暖空气交汇与锋面抬升形成降水的过程,只是时间稍有滞后,这说明循环同化雷达反射率因子通过改善初始场的水汽热力条件,进而调整了动力过程发生发展的强度和位置,因而更好地模拟了贺兰山南侧的降水,调整了雨带的位置分布。

#### 6.5.4.2 层结不稳定特征分析

对贺兰山山体附近和南侧这两个强降水区域(图 6.48 中蓝色方框和红色方框)RAD12 试验同化前后的降水率、对流参数、不稳定性参数分别进行时间变化特征的对比分析,即山侧强降水区域和同化后降水改善最大区域,其中对降水率的计算只选取小时降水量大于 1 mm 的格点计算平均值,对 MCAPE 的计算取所在区域的最大值,并分别选取 4 日 12:00—5 日 00:00 两个区域降水量最大的两个站点,即西夏区沿山黄旗口沟站(38.62°N,105.95°E,累计降水量 111.8 mm)和邵岗镇玉泉村站(38.13°N,106.01°E,累计降水量 83.9 mm),计算两点 700 hPa 高度上的$\partial\theta/\partial z$ 以表征站点不稳定度。由 CTL 试验的物理量时间序列图(图 6.51a 和图 6.51b)可以看出,同化前强降水时段两个区域小时降水量量值较为稳定,山体附近降水率为 3～5 $mm \cdot h^{-1}$,山体南部区域降水率为 1～3 $mm \cdot h^{-1}$,山区降水明显大于山体南部降水;4 日 12:00 MCAPE 值分别为 250 $J \cdot kg^{-1}$ 左右和 200 $J \cdot kg^{-1}$ 左右,而后逐渐减小,但变化曲线较平滑;整个过程两站点$\partial\theta/\partial z$ 数值少变,且不稳定性较弱。同化雷达资料后(图 6.51c 和图 6.51d),小时降水率显著增大,山体附近小时降水峰值达到 13 $mm \cdot h^{-1}$ 以上,南部区域也有 10 $mm \cdot h^{-1}$ 的降水峰值;4 日 12:00 两个区域 MCAPE 值分别达到 640 $J \cdot kg^{-1}$ 和 660 $J \cdot kg^{-1}$,较同化前有显著提高,随着降水峰值的出现,对流有效位能迅速释放,MCAPE 值快速减

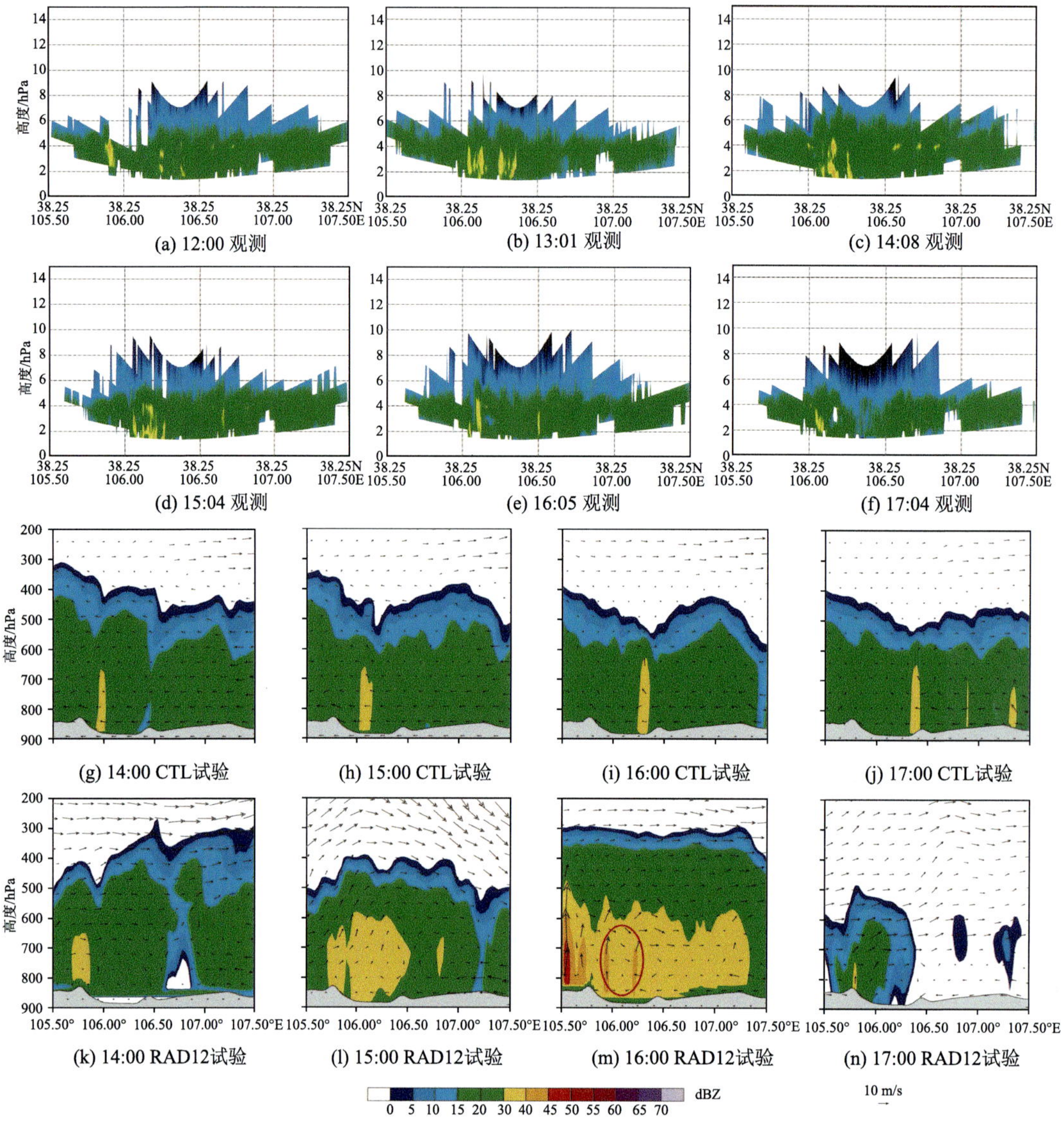


图 6.50　2017 年 6 月 4 日沿 38.25°N 观测、CTL 试验和 RAD12 试验模拟的雷达反射率因子（阴影，单位：dBZ）和风场（单位：m · $s^{-1}$）垂直剖面

小；4 日 12:00—15:00 $\partial\theta/\partial z$ 也有明显减小，与 MCAPE 的变化趋势基本一致，存在不稳定能量的释放，且山体附近不稳定度比贺兰山南部更高。

#### 6.5.4.3　风场和垂直涡度场分析

为了更好地了解强降水过程中动力系统的演变过程，对比 CTL 试验和 RAD12 试验的 700 hPa 垂直涡度与风场图（图 6.52）可以看出，14:00CTL 试验贺兰山山侧 38.8°N 以北基本为正涡度控制，以南为负涡度控制；而 RAD12 试验沿山为有组织的正负涡度中心，距山体一定距离存在一条从 38.5°—39.3°N 正涡度带，这与雷达回波带和降水带分布一致，进一步说明循环同化雷达资料对对流系统发展时机和位置有更好的调整，可以有效提升降水预报能力。另外，同化前后均在 39°N 以北模拟出了正涡度中心，但同化后正涡度中心更强，达到 12×

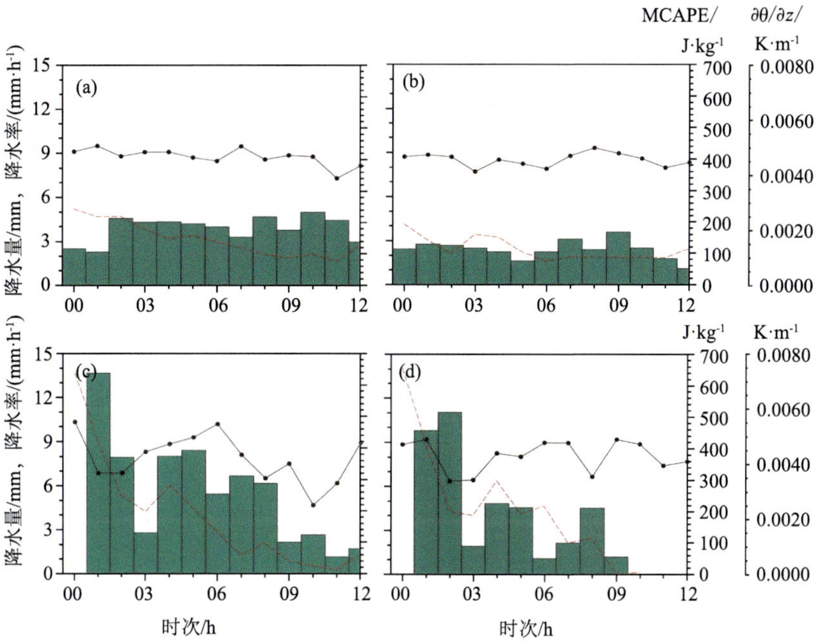


图 6.51　2017 年 6 月 4 日 12:00—5 日 00:00 贺兰山山体东侧和南侧降水率(柱形,单位:mm・$h^{-1}$)、MCAPE(红色虚线,单位:J・$kg^{-1}$)、$\partial\theta/\partial z$(黑色实线,K・$m^{-1}$)的时间变化序列

$10^{-5}s^{-1}$,同化后宁夏北部这部分降水量略有高估。15:00—16:00CTL 试验负涡度减弱,正涡度范围向东北和西南都略有扩展,但是强度和范围远小于 RAD12 试验;RAD12 试验正涡度场有一个在 15:00 减弱而后又增强的过程,这与对流系统发展有关。

### 6.5.5　小结

利用 WRF 模式的 3DVAR 同化系统对 2017 年 6 月 4—5 日贺兰山一次锋面降水过程进行了数值模拟和 C 波段雷达反射率因子循环同化研究,分析了同化不同时段雷达反射率因子对暴雨强降水时段模拟效果的影响,得到如下结论。

(1)此次暴雨过程是在高空低槽和东南急流共同作用下形成的大范围暴雨过程,同化雷达资料后不仅加强了初始场中 500 hPa 的东高西低环流形势,也明显增强了 700 hPa 东南急流的强度和范围。

(2)两组试验水汽通量散度在贺兰山山侧的辐合区域均明显扩展且水汽辐合中心强度更强,循环同化 12 h 雷达反射率因子后模式模拟出更大的云水、雨水含量和水平范围更宽广的假相当位温逆温区,层结不稳定性显著增大。

(3)循环同化 6 h 雷达资料对雷达反射率因子水平分布改善的时效性较短,而 RAD12 试验利用模拟资料诊断的强降水时段雷达反射率因子与雷达观测实况有较好的一致性,涡度场上正涡度的分布也与雨带位置更加一致。雷达回波的垂直剖面上很好地模拟出了降水极值时刻前后冷暖空气交汇,锋面抬升形成降水的过程。这说明循环同化雷达反射率因子通过调整初始场的水汽热力条件,进而调整了动力过程发生发展的强度和位置,从而使模拟的雨带位置分布与实况更加一致。

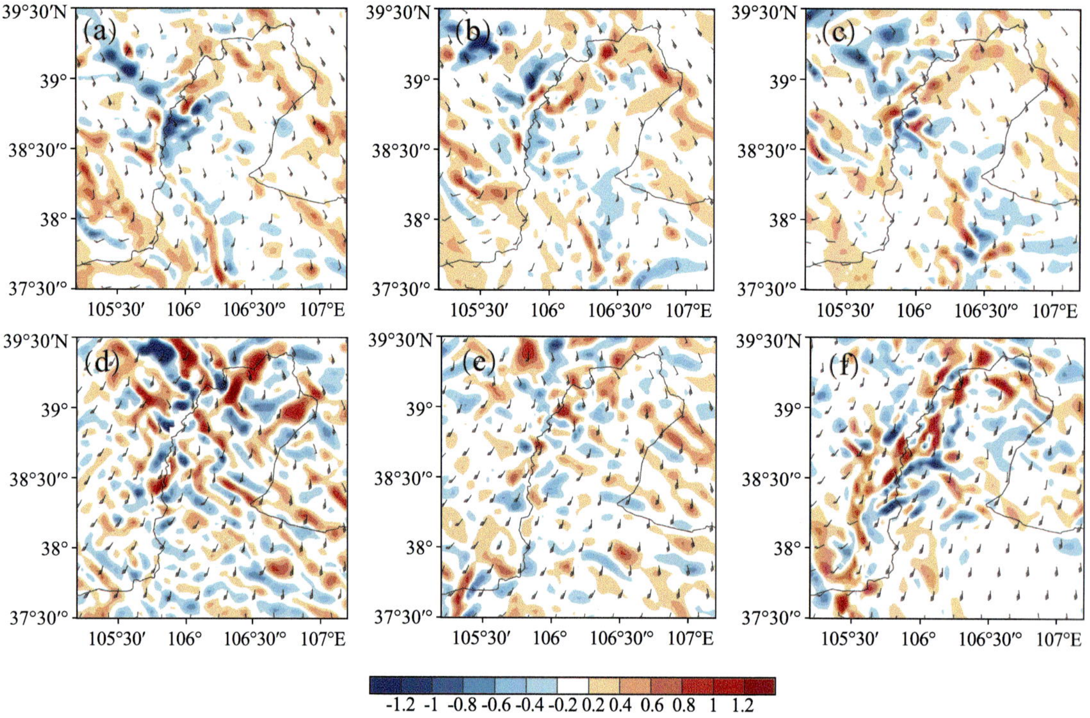


图 6.52 2017 年 6 月 4 日 14:00(a、d)、15:00(b、e)、16:00(c、f)CTL 试验和 RAD12 试验 700 hPa 垂直涡度(阴影,单位:$10^{-4}$ $s^{-1}$)和风场(单位:m·$s^{-1}$)

(4)3 组试验的 TS 评分结果表明,和 CTL 试验相比,6 h 循环同化试验 RAD6 模拟的降水仅对 10 mm 阈值的降水模拟效果有改进,12 h 循环同化试验 RAD12 的结果对降水量不同阈值模拟效果都有显著提升,其中对 25 mm 以上阈值降水 TS 评分的改进效果达到 0.6,对 50 mm 以上阈值的评分从未同化时的 0 提高到 0.045。这说明选择适当的同化窗将 C 波段的雷达观测资料融合到模式的初始场中可以显著提高对短时强降水的模拟效果。

## 6.6 本章小结

本章以贺兰山东麓暴雨过程的环境参数为基础,使用 WRF ARW Version3.8.1 模式中的 em_hill2d_x 理想化试验模块和三维变分同化系统、粒子扩散模式 FLEXPART、集合经验模态分解(EEMD)等方法,通过不同结构风场过贺兰山脉的多组地形理想试验、减弱低空急流、增强和减弱山谷风局地环流的数值敏感性试验,研究了不同天气背景流场对贺兰山东西两侧降水分布、不同方向 LLJ 、山谷风局地环流对贺兰山东麓暴雨的影响机制,揭示低层东风或低空急流、局地环流对贺兰山东麓暴雨形成的重要作用,选择适当同化窗将 C 波段雷达观测资料融合到模式初始场中可以显著提高对短时强降水的模拟效果。

# 第 7 章　贺兰山东麓暴雨预报方法

贺兰山东麓暴雨过程的形成与高低空及中低纬度天气系统相互作用、远距离暖湿输送造成的暴雨区水汽充足、大气不稳定增强、低值系统活跃、热力动力抬升机制发展关系密切。同时，贺兰山东麓暴雨过程一般都与不同天气系统配置结构下的锋面动力学过程有关，但是由于锋面结构特征、环境大气层结状态以及与低空急流有关的暖湿输送通道和强度不同，造成不同环流特征背景下，暴雨强度和量级及强降水空间分布上的差异。本章对前面内容进行了梳理，结合以往研究成果，从预报模型、预报指标、预报流程、暖湿季风输送带对北方暴雨的影响、预报方法、预报着眼点、降水预报方法、暴雨可预报性 8 个方面进行介绍。

## 7.1　预报模型

### 7.1.1　宁夏暴雨预报模型

宁夏暴雨预报模型指出（冯建民，2012），在“东高西低”的环流背景下，暴雨区上空存在四股气流：第一股气流是 200 hPa 西北气流，它使降水区上空存在辐散区，有利于上升运动的发展；第二股气流是 500 hPa 西南气流；第三股气流是 700 hPa 偏南气流；第四股气流是 850 hPa 偏（东）南气流。后三股气流主要为强降水的产生提供充沛的暖湿空气。这四股气流的汇合区即是强降水的落区。

### 7.1.2　不同环流背景下的贺兰山东麓暴雨预报模型

Chen 等（2022）利用 2006—2020 年逐时降水和 ERA5 再分析资料，使用层次聚类方法对贺兰山东麓 22 次暴雨过程进行客观分类合成，归纳出 3 种类型暴雨过程的环流配置和热动力特征。

纬向环流 Ⅰ 型（平直西风），贺兰山东麓地区从对流层低层到高层都处于暖气团控制，对流层中下层没有明显的冷空气活动，来自南海与孟加拉湾的东亚夏季风沿副高外围汇合，引导 700 hPa 偏南和 850 hPa 东南气流北上，与青藏高原东南部和河套北部的低值系统结合形成暖区强对流暴雨。水汽输送主要通过贯穿中低纬度的 700 hPa 偏南风急流与副高和地面高压南侧 850 hPa 偏东急流转向北上在河套东南部汇合，两支急流的汇合区也是整层水汽含量大值区和低层水汽辐合大值区、热力动力不稳定大值区。暴雨区上空存在高层强辐散、低层弱辐合和强垂直风切变，“上干下湿”的大气层结分布导致对流层中下层对流不稳定异常强盛，暴雨中心偏向低空急流轴左侧。这类暴雨需要着重关注 700 hPa 南风急流，贯穿整个中低纬度的 700 hPa 南风急流不仅有利于水汽输送，对暴雨区对流不稳定的反复重建、动力抬升机制增强、对流系统组织化等至关重要。

经向环流Ⅱ型(东高西低),中国东部地区的高压脊(脊线 120°E 附近)从对流层高层到低层同位相叠加,形成贯通高中低纬度的强大高压脊,而"东高西低"的环流背景有利于高压脊西侧的西南季风,与副高 588 dagpm 北侧减弱热带气旋携带的偏东气流汇合,引导低层 700 hPa 偏南和 850 hPa 偏东暖湿气流西进北上,与东移冷槽相遇,冷暖空气交汇形成持续性降水。位于副高 588 dagpm 北侧热带气旋携带的 850 hPa 偏东气流与中国东部高压脊西侧的西南季风引导 700 hPa 西南气流在河套东南部汇合,形成异常强劲的两支低空急流北上过程中,受到沿祁连山南下冷空气阻挡,在暴雨区形成的"高层弱辐散、低层强辐合"有利于暴雨区动力抬升发展强盛,且湿层厚、对流层中下层湿度大,锋区上的混合性降水或者稳定的持续性降水特征更清晰。这类暴雨需要着重关注冷暖空气的交汇。

纬向环流Ⅲ型(副高强盛),南亚高压、副高和河套热低压、热带气旋发展异常强盛,对流层中层没有明显的冷空气活动,地面从新疆和蒙古国有弱冷空气东移南下,而来自南部洋面的东亚夏季风异常强盛,引导 700 hPa 南风气流和 850 hPa 东南气流西进北上,沿地面弱锋面抬升形成强对流暴雨。河套东南部的 850 hPa 东南急流异常强盛,700 hPa 南风急流相对偏南,暴雨上空"高层弱辐散、边界层强辐合"导致低层动力抬升偏弱,湿层薄但低层湿度大。随高度向北倾斜的锋面结构以及较强的风垂直切变使得"上干下湿"的大气层结异常不稳定。靠近异常暖湿舌顶端的对流不稳定和锋面附近的条件性对称不稳定的维持机制对这类强对流暴雨过程非常重要,低空急流持续的暖湿平流输送对于不稳定机制的维持也至关重要。因此,Ⅲ型暴雨过程一般与弱锋面系统强迫下的对流性强降水过程有关,这种天气尺度形势和热动力学不稳定背景下的对流性降水强度大且组织化程度较高,可能是这类暴雨过程平均雨量最大区域与特大暴雨高频站点区域高度重合的天气学原因。副高更强更北导致低层湿度和不稳定能量更强,深厚的不稳定大气状态,低层偏南暖湿气流沿弱锋面抬升形成的暴雨,比同样纬向环流背景下的Ⅰ型暖区暴雨强对流特征更明显。

相较而言,Ⅰ型和Ⅲ型都以平直西风纬向气流为主,南亚高压和副高偏强偏北,南部洋面的热带系统活跃,贺兰山东麓从对流层低层到高层都处于暖气团控制,来自南部洋面的暖湿气流主要由贯通中低纬度的 700 hPa 偏南急流和 850 hPa 东南急流输向暴雨区,"上干下湿"的大气不稳定层结明显,动力抬升条件相对较弱,有利于对流系统的触发和组织化,强降水与 200 mm 以上的暴雨站点重叠性高,暴雨的强对流特征明显,其中,Ⅲ型较Ⅰ型的南亚高压和副高更强更北,热带系统更活跃,低层湿度更大、水汽条件更充沛,不稳定能量更强,低层暖湿气流沿弱锋面抬升形成的暴雨对流性、局地性更强,但Ⅰ型暖区暴雨的极端性更强;Ⅱ型东高西低的经向环流特征突出,副高偏弱、偏南,对流层中下层的锋面系统异常活跃,东部洋面的热带系统较活跃,高空急流更强更南、两支低空急流更强、更北,来自东部洋面的水汽由两支急流共同输送暴雨区,湿度大、湿层厚、上升运动异常深厚且强烈、大气层结不稳定性差,有利于锋面降水的持续性,对流性弱,强降水与 100 mm 以下的暴雨高频站点重叠性高。

### 7.1.3 不同量级贺兰山东麓暴雨预报模型

陈豫英等(2022)利用 2006—2021 年贺兰山东麓地区 23 次暴雨过程,对比分析了一般暴雨(50～100 mm)、大暴雨(100～200 mm)、特大暴雨(200 mm 以上)3 种不同量级暴雨过程的环流特征,建立了一般暴雨(50～100 mm)、大暴雨(100～200 mm)、特大暴雨(200 mm 以上)

3 个量级暴雨的天气学概念模型。

贺兰山东麓不同量级暴雨过程都处于一个相对稳定的环流背景和相对固定的天气系统配置下，南亚高压、副高、高低空急流等关键天气系统的分布差异是影响暴雨量级的主要因素，其中，副高与低空急流的位置和强度是影响暴雨量级的直接影响因素，低层温湿能与热动力强迫是影响暴雨强度的关键因子。低层高温高湿高能是贺兰山东麓大量级暴雨的重要特征，尤其是特大暴雨，而低空急流是对流环境反复重建的关键因素，它的强弱和位置直接决定暴雨的量级；暴雨的范围和持续时间则与冷暖空气强度及其在暴雨关键区滞留时间、活动区域相关。

一般暴雨过程（过程雨量 50～100 mm）：对流层中高层中高纬呈西风平直气流，西风带锋面系统最活跃，随着冷锋过境，动力抬升增强，但副高和低空急流最弱最南。由于南下冷空气较北上暖空气更强，因此，斜压性最强，500 hPa 和 700 hPa 动力抬升较强，850 hPa 动力和湿度、热力不稳定较弱，湿层最厚、暖云层最薄，$K$ 指数、SI、BLI 等对流参数值最小。因此，低层温湿、热力强迫和大气层结不稳定最弱，以锋区降水为主，暴雨量级小、对流弱。

大暴雨过程（过程雨量 100～200 mm）：贺兰山西侧有冷锋，副高和低空急流偏强偏北，冷暖空气势力相当，中低层动力抬升、热力强迫、温湿条件和大气层结不稳定较强，$K$ 指数、SI、BLI 等对流参数值较大。因此，锋面对流降水和锋区层云降水形成的暴雨持续时间长、范围广、量级较大、对流较强。

特大暴雨过程（过程雨量≥200 mm）：南亚高压、副高和低空急流都异常偏强偏北（西），地面处于河套热低压控制，西风带锋面系统偏弱、斜压性最小，湿层最薄，暖云层最厚，低层高温高湿高能及强动力抬升发展异常强烈，对流有效位能（CAPE）、$K$ 指数、高低层垂直风切变和温差等对流参数绝对值最大，“上干下湿”的大气层结不稳定最强。因此，低空急流北上西进与贺兰山地形结合，易在东坡山区形成以时间短、范围小、量级大、以暖区降水为主的强对流暴雨。

### 7.1.4 低空急流影响不同类型贺兰山东麓暴雨的预报模型

李超等（2022）利用地面加密降水观测资料和 NCEP/NCAR 再分析资料，选取 2009—2020 年贺兰山东麓 20 次暴雨过程，依据 500 hPa 环流形势特征将暴雨过程分为高空槽前型和副高西北侧型两类暴雨型，综合考虑贺兰山东麓暴雨发生过程中的环流背景及低空急流系统演变特征。通过概念模型可知，南亚高压、副高、高低空急流是关键影响系统，暴雨量级及落区差异主要来自低空急流系统的演变特征的不同。

“副高西北侧型”暴雨过程其暴雨强度更大，降水强中心区域集中分布于贺兰山体东侧，该类暴雨过程中的副高（586 dagpm、588 dagpm 线）均异常向西北地区伸展，具有较好的水汽输送条件，高空 200 hPa 南亚高压为东部型，暴雨区位于高空急流中心的南侧，加之低空急流前端遇贺兰山体对气流的强迫抬升作用，该类暴雨过程具有较好的水汽和动力条件，形成的暴雨强度也较“高空槽前型”暴雨过程强，降水落区也更加集中于山体附近。

500 hPa 西风槽东移是“高空槽前型”暴雨过程中的主要天气背景。该类降水事件其降水区域位于高空槽前、高空急流入口区南侧、南亚高压中心东侧（图 3.24b），高低空的动力配合加强了气流的上升，具有较有利的动力条件，此外低空急流的移动变化也与槽的移动方向相符，该类暴雨过程中低空急流系统左前方的辐合式气旋对贺兰山东麓暴雨的触发与维持起到了重要作用，因此该类暴雨过程其降水范围相对分散。

### 7.1.5 不同类型热带气旋影响宁夏暴雨的预报模型

闫军(2019)利用JMA最佳TC路径资料和NCEP/NCAR再分析资料，普查1961—2010年宁夏暴雨个例，对影响宁夏的热带气旋远距离暴雨统计和合成分析，根据诊断分析，将远距离热带气旋暴雨分为两类，根据Ⅰ类和Ⅱ类影响宁夏的远距离暴雨典型过程，概括出两类暴雨过程的预报概念模型。两类过程均包含热带气旋、中纬度槽(低涡)、副热带高压和水汽通道、高空急流等主要影响系统，但空间配置有所区别。热带气旋一般向西北或西北偏西方向移动进入影响关键区，迫使其北侧副热带高压位置偏北且伸入内陆偏西地区，并促使副高边缘偏南气流在700 hPa和850 hPa加强为低空急流向暴雨区输送水汽和能量，副高形成的“高压坝”阻挡了中纬度槽的东移，使低槽、低涡等动力影响系统在暴雨区上空长时间维持，200 hPa高空西风急流位于远距离暴雨区北侧，一方面增强了暴雨区上空的大气辐散；一方面能够将降水凝结潜热迅速带走，减缓高空增暖，有利于垂直运动的维持与加强。

Ⅰ类远距离暴雨：热带气旋集中在台湾东侧区域。200 hPa，30°N附近我国大陆为庞大的南亚高压所控制，高压北侧40°N一带有显著的高空急流，宁夏位于高压东北侧的反气旋辐散区。500 hPa，热带气旋位于台湾岛附近，处于副高南侧，副高主体位于黄海海域，副高脊线到达33°N附近，一直延伸至我国西南地区，平均西风槽线位置位于100°E附近，宁夏处于平均西风槽前与副高外围586 dagpm等值线之间。热带气旋往往导致副高出现明显的“形变”，海上副高主体呈东—西向带状分布，而伸入大陆部分的高压脊线则被热带气旋“挤压”成东北—西南向，从而使得副高西侧从青藏高原到河套表现为大范围的西南气流，几乎每个暴雨过程均有此特征。中纬度槽多以西来低槽影响为主，位于100°E附近，强槽可向南伸至30°N附近，弱槽则表现为仅仅是西南风气流中的弱波动。700 hPa副高主体位置与500 hPa相近，但副高控制范围明显“东缩”，宁夏处于低值区或鞍型场环流下，这种环流下往往有利于高原上低涡的发展东移。海平面气压场，宁夏处于西侧冷空气和河套低压倒槽之间锋面附近区域。低空急流，700 hPa急流有两种路径分布，一支从四川沿高原边缘进入河套；另一支由台风北侧东南气流直接输送至河套。850 hPa急流从台风外围东南气流直接进入河套地区。水汽源地来自台湾附近洋面及东海，以偏东南气流输送为主，热带气旋东侧水汽通量及向宁夏输送水汽的强度较Ⅱ类更强。

Ⅱ类远距离暴雨：热带气旋集中在海南岛附近区域。200 hPa，40°N一带为显著的西风急流，急流核位于河套北部。500 hPa，热带气旋中心位于海南岛附近，处于副高西南侧；副高脊线到达30°N，呈东西向延伸至四川盆地附近，平均西风槽线位置位于105°E附近，宁夏受副高西北侧西南气流控制。700 hPa副高主体位置与500 hPa相近，高原东侧为低压环流，宁夏位于副高与高原低压环流之间，受显著偏南气流控制。海平面气压场我国西南地区至西北地区东部为大范围低压槽区控制，冷空气强度很弱，主要以扩散冷空气形式影响宁夏。700 hPa和850 hPa低空急流位置基本一致，由台风北侧东南气流或偏南气流直接输送至河套，但从强度来看，700 hPa急流强度更强。水汽源地主要来自南海，以偏南气流输送为主。

相较而言，Ⅰ类200 hPa西风急流和南亚高压脊线位置较Ⅱ类偏北3～5个纬距；Ⅰ类副高较Ⅱ类位置偏北，且西脊点偏西；500 hPaⅡ类平均西风槽位置较Ⅰ类偏东5个经距左右；海平面气压场上，在蒙古国境内，Ⅰ类为冷高压控制，而Ⅱ类却为大范围低压环流；Ⅰ类中影响宁夏的锋面系统比较清楚，而Ⅱ类冷空气弱，为扩散冷空气形式影响；Ⅰ类中低空急流700

hPa 有两种分布路径，850 hPa 低空急流最强；而Ⅱ类 700 hPa 和 850 hPa 只有一条一致的路径，700 hPa 急流强度最强。

# 7.2 预报和监测预警指标

## 7.2.1 天气尺度预报指标

### 7.2.1.1 有利的环流配置

500 hPa 一般有 3 种环流形势：东高西低经向型、副高内部纬向环流型，平直西风纬向环流型；200 hPa 高原东部处于强盛的南亚高压，宁夏位于南亚高压东北部；700 hPa 和 850 hPa 河套东部为高值区、高原到河套西部为低值区，700 hPa 偏南急流区集中在河套南部，850 hPa 偏东急流从陕西中部西进至河套西北部；地面为河套热低压，沿祁连山或高原东侧有冷空气东移，有时伴有冷锋。这样的环流配置有利于动力抬升。暴雨一般出现在副高西北侧，暴雨区在 580～592 dagpm 附近。地面无冷空气入侵，弱动力强迫下暖区暴雨特征明显；地面有弱冷锋入境，中高层有弱冷空气入侵增强低层强动力，有利于触发锋面强对流暴雨；冷暖空气势力相当，强动力抬升条件下，锋区降水持续性特征明显。副高和低空急流越强越偏北、越接近河套，暴雨的极端性越强。

### 7.2.1.2 主要天气系统

西风槽、低涡切变线、低压倒槽、冷锋、高低空急流、台风或热带气旋。

### 7.2.1.3 异常充沛的水汽输送

水汽源地：孟加拉湾、南海、东海、黄海、渤海。700 hPa 上在甘肃中南部到宁夏中安内部有风速≥12 $m \cdot s^{-1}$ 偏南急流，850 hPa 上在陕西中南部到河套西北部有风速≥10 $m \cdot s^{-1}$ 偏东或东南急流，两支低空急流一般在宁夏东部盐池、麻黄山一带交汇，形成水汽输送带。但值得注意的是，700 hPa 低空急流一定有，850 hPa 可有可无；700 hPa 比湿在 6 $kg \cdot kg^{-1}$ 以上、850 hPa 比湿在 8 $kg \cdot kg^{-1}$ 以上、可以整层高湿或低层高湿，但 70％的高湿必须是接地的。对流性暴雨湿层薄，低层湿度大，70％以上的高湿集中在 700 hPa 以下，且接地；持续性暴雨湿层厚，70％以上的高湿集中在中低层 450 hPa 以下。

### 7.2.1.4 动力抬升

持续的上升运动，500～850 hPa 的中心在 0.1 $hPa \cdot s^{-1}$ 以上。可以是整层上升运动，也可以是低层上升运动，但是暴雨时段，暴雨区上空低层一定是上升运动。暴雨可以发生在强动力抬升的环境场，也可以发生在弱动力强迫的环境场。

### 7.2.1.5 热力不稳定

低层有暖平流，$\theta_{se}$ 在 350 K 以上，中低层垂直方向上有“上干冷下暖湿”的层结分布，$\theta_{se}$ 随高度减小（$\frac{\partial \theta_{se}}{\partial p}>0$），水平方向上可存在 $\theta_{se}$ 梯度，也可以不存在。

### 7.2.1.6 对流参数

开始前 6～12 h，随着低空急流的建立、发展、北抬或西进，暴雨区上空 CAPE、$K$、EHI、SWEAT 增大，$H_{warm}$ 和 $H_{wet}$ 增厚，CIN、$L_s$、LI、SI、$T_{75}$ 减小，LCL 和 LFC 降低，表明暴雨区

低层增温、增湿、增能，环境大气的不稳定性加大，对流潜势的可能性增加。暴雨前与过程中，CAPE 增幅达 $10^2$～$10^3$ J·kg$^{-1}$，$K$ 指数、LI、SI、0～6 km 切变等热力、动力不稳定对流参数绝对值增大。过程中，$L_s<-40$ ℃、LI<2 ℃和 SI<3 ℃、$K>30$ ℃、$T_{85}>20$ ℃、$T_{75}>13$ ℃、SWEAT>200、$H_{warm}$ 和 $H_{wet}>3$ km，LCL>800 hPa、LFC<750 hPa，0～6 km 垂直风切变 12～17 m·s$^{-1}$ 时，贺兰山东麓易发生对流性暴雨，而 CAPE 和 EHI 的量级跨越较大，CAPE 从 $10^0$～$10^2$ J·kg$^{-1}$，EHI 从 $-10^0$～$10^2$。$\theta_{se}$ 在中低层垂直方向上有"上干冷下暖湿"的层结分布，且低层垂直方向的梯度异常明显，而水平上基本无变化。

CAPE≥525 J·kg$^{-1}$，$K$ 指数≥37.9 ℃，SI<0 ℃，$H_{wet}\geq3.8$ km，SWEAT≥249，有利于暖区强对流暴雨发生发展；$\theta_{se}$ 水平方向上有较弱的梯度变化，且低层垂直方向上 $\theta_{se}$ 梯度变化远大于水平方向，CAPE≥741.8 J·kg$^{-1}$，$K$ 指数≥40 ℃，SI<−1.1 ℃，$H_{warm}\geq3.2$ km，SWEAT≥267.0 有利于锋面强对流暴雨发生发展；中低层 $\theta_{se}$ 水平梯度大于垂直梯度，但 $H_{wet}>4.6$ km、LCL>860 hPa、CAPE<20 J·kg$^{-1}$，暴雨的对流性弱，强度小。

总体上，低层露点较大，温度露点差较小，可降水偏大；整层相对湿度可以很大，也可以不大，但是湿层至少从地面向山伸展 1 km；深层垂直风切变可以较弱，也可以较强；暖云层厚度较大；大多数对流参数的绝对值越大，越有利于强对流降水的发生发展。

#### 7.2.1.7 特殊地形条件下的抬升触发机制

低层没有明显水平风向辐合，弱天气系统强迫下的上升运动弱，中心位于 800 hPa，中心值仅有 0.1～0.2 hPa·s$^{-1}$；低层东南急流在河套东南部维持且加强，700 hPa 急流核都超过 14 m·s$^{-1}$，850 hPa 超过 10 m·s$^{-1}$，强盛的东南低空急流增强了低层高温高湿，$\theta_{se}$ 中心值 362 K 位于 800 hPa，70%以上的高湿区至少在 700 hPa 左右。因此，即使动力抬升条件有限；但低层高温高湿为中尺度对流系统的触发提供了重要的热力抬升条件，同时，850 hPa 偏东急流与贺兰山地形几乎垂直，山前地形辐合抬升也是贺兰山东麓暴雨中尺度对流系统触发的重要机制。

### 7.2.2 中尺度监测预警指标

#### 7.2.2.1 卫星云图

暴雨中尺度系统可以表现为低涡云系、切变线和锋面云系上激发的中尺度系统。暴雨云团中心 TBB 只要为负值，但负值越大、梯度越大、雨强越大。暴雨云团移动方向与 200 hPa 风场基本一致。强对流暴雨云团一般具有明显的 α MCS 特征，通常在暴雨增强过程中由几个 γ MCS 合并成 α MCS，α MCS 发展到成熟阶段，对应小时降水最大。对流云系西北侧为正涡度中心，对流云团多位于涡度等值线较为密集的区域。对流云团均处在高 K 指数区，且均在 K 指数大于 40 ℃的区域内。

暖区暴雨对流云团在 588 dagpm 或 592 dagpm 西北侧生成，云团发展旺盛，较为稳定，移动缓慢，有时伴有"C"型结构；锋面对流暴雨云团在高空槽与副高 588 dagpm 之间形成，西侧有明显的高空槽云系，沿副高外围向东北方向移动；锋区层云降水为主的暴雨云团多为高空槽云系，有时伴有 MCS，但移动较快。

#### 7.2.2.2 雷达回波

强对流暴雨通常具有组织化程度高且稳定少动的带状线型对流系统，对流系统的组织化程度越高、移动与缓慢、回波强度和高度雨强，雨量越大。速度图上在暴雨前有 10 m·s$^{-1}$ 以上的偏南或东南急流发展加强，在山前或平原形成后向传播的线性或非线性对流系统。初始阶段都表现为稳定少动对流单体，由后向传播造成的局地强回波；发展阶段均符合深厚对流系统特征，由列车效应造成的强降水。强暴雨时段都有一支最大风速为 20 $m \cdot s^{-1}$ 左右的东南风急流；暴雨中心附近有中等强度中尺度气旋。其中：

线型深厚对流系统主导的暖区对流暴雨 50 dBZ 以上回波高度<0 ℃高度(5 km)、最高 ET 达 14 km，最大 VIL 达 36 $kg \cdot m^{-2}$，暴雨中心附近有中气旋活动，垂直剖面无明显回波穹隆，表现为低质心热带降水型，最大小时雨强可达 50～90 mm；

线型深厚对流系统主导的锋面对流暴雨 55 dBZ 以上回波高度≥－20 ℃高度(9 km)、最高 ET 达 15 km，最大 VIL 达 43 $kg \cdot m^{-2}$，有阵风锋，暴雨中心附近有中气旋活动，剖面可识别弱回波区、超级单体，表现为高质心大陆强对流型，最大小时雨强可达 50～80 mm；

非线型深对流系统主导的对流性暴雨，30 dBZ 以上的降水回波区域移动缓慢，暴雨中心附近有中尺度辐合线，最高 ET 达不足 10 km，最大 VIL 达 15 $kg \cdot m^{-2}$ 左右，40 dBZ 以上回波高度≥0 ℃高度(5 km)，表现为高质心大陆强对流型，最大小时雨强可达 20～50 mm；

非线型混合对流系统主导的持续性降水，25 dBZ 以上的层云降水回波区域快速移动，暴雨中心附近有中尺度辐合线，最高 ET 达不足 5 km，最大 VIL 不足 5 $kg \cdot m^{-2}$，35 dBZ 以上回波高度<0 ℃高度(5 km)，表现为低质心热带降水型，最大小时雨强可达 20～30 mm。

#### 7.2.2.3 对流强度与降水强度

总体上，CAPE 增幅越大、越有利于对流系统发展，回波越强、顶高越高、液态水含量越大、TBB 负值越大、对流越强、持续时间越长、降水强度越大，这种对应关系在深对流系统主导的过程中表现得更为清晰。

(1)无论哪种类型的极端暴雨，雨强 $R$ 都与回波强度 $Z$ 的正相关性最好，当 $Z \geqslant 40$ dBZ 时，$Z$-$R$ 满足如下关系式：$R = 3.67 \times 10^{-8} \times Z^{5.222} + 4.835$。

(2)雨强与液态水含量和回波顶高呈正相关，但相关性总体不高，明显的正相关只出现在深对流过程的强降雨时段。深对流系统主导的强降雨时段，雨强超过 20 $mm \cdot h^{-1}$ 的多数时段，回波顶高突破－20 ℃层高度，最大达到 16 km，强回波质心达到或略高于 0 ℃层高度，对流发展旺盛，冲破云顶，强回波可能含有霰或软雹等固态水，因此液态水含量大，超过 10 $kg \cdot m^{-2}$，接近 40 $kg \cdot m^{-2}$；而混合对流系统主导的过程，由于对流发展相对不强，回波顶高接近或略高于 0 ℃层高度，强回波质心则低于 0 ℃层高度，强回波主要由大粒径水滴产生，因此，回波顶高和液态水含量小或在雷达图上无反映。

(3)雨强与 TBB 呈反相关，但相关性不高，大体的变化趋势为：TBB 负值增大、雨强呈增大趋势，TBB 负值减小，雨强呈减弱趋势，深对流过程的反位相变化趋势更明显。

(4)雨强还与 CAPE 的增幅有正相关。CAPE 增幅越大，对流发展越强烈，雨强越大。

## 7.3 暴雨潜势预报流程

暴雨是各种尺度天气和环流系统相互作用的产物，尤其是特大暴雨或持续性暴雨都是出现在几种尺度的天气系统(行星尺度，天气尺度，中尺度和小尺度)明显有相互作用的情况下。大尺度系统制约和孕育小系统的发生和发展，小系统产生以后能成长壮大，反过来，又能对大系统起作用，这使整个暴雨系统能继续维持或加强，这既涉及小扰动在大尺度环境中发生和增长的问题，又涉及小扰动发展后对大尺度场的反馈过程。从数学上看，这种不同天气系统相互作用的问题是一种非线性问题，因而是一个很复杂的包含突变过程的问题。暴雨预报的困难在很大程度上也就在于此(陶诗言，1980)。

陶诗言(1980)指出，在暴雨的上述尺度相互作用中，有两个问题值得强调。

(1)暴雨虽然是发生在不同天气尺度系统相互作用之下，但暴雨本身是中尺度现象。造成暴雨的天气系统是尺度为 25～250 km 的中尺度系统，它对暴雨有两个作用；第一，产生强上升运动，水汽通量辐合和明显的位势不稳定层，其强度一般要比天气尺度大一个量级。暴雨出现时，降水强度很大，比一般降水强度大 1～2 个量级。降水强度取决于凝结函数($F$)与上升速度($\omega$)，在暴雨季节，$F$ 的量级为 $10^1$，而 $\omega$ 值的量级为 $10^0 \sim 10^2$ cm・s$^{-1}$，因而对暴雨，其强度为：

$$I = \int_t^{t+\Delta t} \int -\frac{1}{g} F w \, \mathrm{d}p \, \mathrm{d}t$$

更主要取决于 $\omega$ 的量级。陶诗言(1980)指出，10 min 的降水量是由单个积雨云细胞造成，1 h 降水量是由中尺度天气系统造成；24 h 降水量是由中间尺度和天气尺度系统造成；3～10 d 降水量是由大形势(长波)调整造成天气尺度系统长时间停滞或重复出现中间尺度系统的结果；1～3 个月降水量是由于大气环流的长时间的作用造成(如半球环流的异常等)。第二，对积云对流活动起明显的组织与增强作用。在这种 25～250 km 的中尺度系统中包含有几个长度为 2.5～25 km 的积雨云，新生的单体可以逐次在老单体的右前方发生，形成所谓的“列车效应”，使一场暴雨表现为几次强暴雨峰值依次发生的现象。

(2)持续 2 d 以上的暴雨必须考虑行星尺度(3000～8000 km)天气系统的作用。行星尺度系统并不直接产生暴雨，但它可以通过制约直接影响暴雨的天气尺度系统的运动，间接对暴雨产生作用。陶诗言(1980)指出，这种制约作用表现在四个方面：①影响天气尺度的移动速度，例如，如果下游有高压脊或副热带高压发展和稳定，可使上游系统(如高空槽)受阻，移速减慢。这种“东高西低”的东阻型天气形势可使系统中的降水增强；②影响天气尺度系统的强度变化；③使影响暴雨的天气尺度系统能重复出现，并沿近于类似的路径移动，造成连续性暴雨。并且还可以通过中尺度雨团的集中过程造成强烈的暴雨；④造成不同尺度天气系统间的相互作用，此外，行星尺度天气系统决定了大范围雨区出现的范围以及暴雨区的水汽来源或水汽通量。

根据暴雨发生多尺度相互作用机理，丁一汇等(2009)提出了暴雨形成的诊断分析流程，它包括八个步骤。

### 7.3.1 大尺度行星环流变化(暴雨发生背景和可能性)

起始时刻和前期环形势属于哪一种暴雨的环流型。对于 2 d 以上的暴雨，行星环流分布具有十分重要的作用，不但要分析欧亚中高纬环流是否会出现有利于暴雨的环流型，同时还要分析亚洲或东亚夏季风活动的情况(如是否处于活跃期，其季节内振荡的演变如何等)以及副热带高压的变化[如副高是否西伸，北跳，并形成东阻型(下游阻挡)形势]。要特别关注行星尺度环流的稳定性和出现大范围调整的可能性。只有大尺度行星环流的演变分析清楚了，才能掌握暴雨发生的背景和可能性。长波稳定性指数的计算对于诊断大尺环流的演变是十分有用的。

### 7.3.2　识别和追踪降水天气系统演变

降水天气系统如锋面、气旋、高空槽，台风、高空冷涡等虽不是直接造成暴雨的天气系统，但它们是影响中小尺度天气系统活动与造成不稳定层结的主要系统。追踪它们的移动速度、结构和强度变化以及与其他环流系统的相互作用对于确定暴雨区的潜在发生地区和强度是十分重要的，如对降水系统的移动变化，可考察是否会受到下游系统的阻挡而变成停滞。主要移动方向与引导气流的偏离有多大等，对于降水系统的结构主要是分析降水系统内主要气流的分布，尤其是主要上升气流的位置(所谓暖输送带)。这需要进行等熵分析得到等熵面的相对气流分布。

降水天气系统强度演变的分析有多种方法，关键是考察所关注的降水天气系统在未来是减弱还是加强，尤其考虑是否会有突然或爆发性发展(如气旋发展，强烈的锋生，台风迅速变性为温带气旋，高空冷涡的向下伸展等)，位涡分析是一个重要的方法，位涡(PV)是一个将热力和动力作用结合的物理量，可综合反映降水天气系统和相关暴雨的形成和发展条件。诊断分析表明，当 PV>0，大气对称稳定，PV<0，大气对称不稳定，降水系统有可能发展。相关的强降水总是位于干位涡比较小的地区。由于降水系统中有大范围饱和空气区，最好用湿位涡分析(MPV)。如 MPV>0，大气是湿对称稳定，MPV<0，大气是湿对称不稳定，降水系统可能发展，相关的强降水总是位于湿位涡负中心暖气流一侧。

### 7.3.3　高低空急流的耦合分析

高低空急流次级环流耦合对于天气系统发展和降水具有明显的增强作用。关于低空急流对暴雨的作用过去已有清楚的认识，但对高空急流(西风带或副热带急流和热带东风急流)及其与低空急流耦合对暴雨的作用认识不够。降水天气系统及相关暴雨区的发展经常出现在高空气流入口区右侧或出口区左侧以及低空急流左侧，由于低空急流常常是由于高空急流诱生的，所以它们之间的耦合(主要在西风急流中心出口区)对于诊断降水天气系统的发展是很重要的。在华南地区，有时会受到热带东风急流的影响，在其入口区右侧是上升运动的地区，它对暴雨有明显的增强作用。

#### 7.3.3.1　低空急流对暴雨的影响

我国绝大多数暴雨过程都伴随低空急流，低空急流在暴雨发生过程中有着不可忽视的重要作用。急流是一股强而窄的气流带，急流中心的长轴称为急流轴，急流轴在三维空间中呈准水平，多数轴线呈东西方向。低空急流是一支极不稳定的高速气流，它不仅能把低层的水汽、热量集中往下游输送，使下游地区造成或增大位势不稳定，且能在低空急流的左前方范围内造成强烈的辐合上升运动，特别是如在急流左侧有很强的切变正涡度时，则更有利于产生强上升运动，这些都是暴雨发生的重要条件。

在暴雨期间伴随出现的局地范围的低空急流，即次天气尺度低空急流，其成因与垂直对流动量的下传有关。因为它常发生在暴雨之前，不仅对暴雨区起着暖湿输送带的作用，而且起着动力上的抬升和触发作用。西北干旱、半干旱区低空急流对暴雨的作用主要是起水汽辐合和抬升作用。

低空急流按地形划分如下。①平原低空急流：主要与副高、西风带、季风有关，与副高关系最为密切，易在副高西侧出现低空急流；还有低层华北高压入海后的回流偏东风急流。②山区低空急流：与青藏高原的关系非常密切，气流遇山区折向并加速出现低空急流；在地形的背风坡和山后的平原地区有利于急流的产生。两种低空急流附近的散度场特征：①与暴雨相联系的低空急流，其左侧到切变线射近为一较强的辐合区，切变线附近辐合最强，急流轴与切变线之间流线向北是汇合的，且呈气旋性弯曲，同时存在着相对湿度≥90%(相应的 $T-T_d$ 在 2 ℃以下)的区域，暴雨就发生在这样的区域内。②与暴雨无关的低空急流，其左侧 2～3 个纬距内为一幅散区或弱辐合区，切变线附近的辐合很弱，急流轴与切变线之间流线向北是散开的，且呈反气旋性弯曲，急流轴左相对湿度在 60%～70%(相应的 $T-T_d$ 在 6～8 ℃)，切变线附近相对湿度更低，因此不利于暴雨发生。

低空急流的出现为暴雨的预报提供了相当好的信息(超前性)，据统计，从急流建立到暴雨的发生间隔的日数大多是 0～4 d，约占 80%。暴雨的落区是与低空急流紧密相联的。暴雨的落区绝大多数出现在低空急流伸展方向的左上侧，以及靠近急流头(急流轴北端)一带，此带区内上升运动强、气旋性切变强、气旋性涡度发展强烈，急流头处辐合也强，并且暴雨落区随急流头的进退而北移或南退。暴雨的落区随急流轴的宽窄及急流轴的东西位置而异，一般超过 100 $mm \cdot d^{-1}$ 的暴雨是在急流轴以南到急流轴以北数百公里之间，最大频率出现在急流轴北侧数百公里处。急流轴南侧数百公里以外很少有暴雨发生。暴雨带从急流轴的正下方向急流北侧伸展。统计结果表明，低空急流的加强与 6 h 以前雨量的相关比 6 h 以后要好。绝大部分暴雨发生在低空急流的左侧数百公里以内，其中多数又降落在低空急流中心的左前方。

低空急流生成地区与地形有密切的关系。低空急流是低层大气中特有的现象，是大尺度大气运动与地形相互作用的结果。世界上的三支大尺度准定常低空急流(东亚低空急流、美洲东岸低空急流和东非急流)有着一个共同的特征，那就是它们都发生在大洋的西岸，偏南风急流的西侧都是著名的高地或山脉，如青藏高原、落基山脉和东非高地。东南信风从海上向西进入大陆以后，受高山阻挡而折向北流，从而形成偏南风急流。

#### 7.3.3.2 高低空急流对暴雨的影响

虽然早年曾有不少人研究过高空急流与降水的关系，但陶诗言(1980)是我国最早指出高空急流与降水间有密切关系的研究者，并且指出高低空急流的耦合是引起强烈暴雨的关键条件之一。他们概括了三类高低空急流的关系。

一是高低空急流平行的情况，这常发生在经向型环流下的暴雨事件中。这时，云、雨区位于高低空急流轴之间，暴雨的走向与高低空急流轴一致。通过散度和垂直运动场计算表明：低空辐合上升运动中心位于低空急流轴左方和低空急流中心前方；另一方面，高空急流入口区南侧是高空辐散区。所以，在高空急流中心右后方和低空急流中心左前方高低空急流轴之间的区域正是高空辐散和低空辐合相配合的地区。这里也是暴雨区所在的范围。陶诗言进一步指出，这种模型也适用于中纬度纬向环流在西北地区引起的持续性暴雨，并绘制了高空急流对暴雨作用的示意图。

二是高低空急流交叉的情况。在交叉点附近即为暴雨中心。

三是暴雨出现在高空两支急流形成的气流散开区下方，低空急流北侧。由于高空气流散开，北侧又是辐合区，这种配置有利于暴雨发生。

### 7.3.4 暴雨触发条件的分析

暴雨的发生需要触发条件，它的作用是能够产生最大的抬升力，使气块的垂直位移足够大以能够到达自由对流高度(FCL)。能够起到暴雨触发作用的天气系统可以是天气尺度系统或中尺度系统，由于中尺度系统具有更强的上升运动，其触发作用更有效。中尺度触发过程可以分成三种条件(Johnson et al.，2003)：局地条件、平流条件和动力条件。局地条件有边界层环流、地形作用等，平流条件有各种辐合线如冷锋、阵风锋、海风、湖风、干线(或露点锋)以及多种边界线的交叉点，如锋面相遇，海风与盛行风相遇，弧云线与其他边界相互作用等；动力条件有重力流、重力波、边界层水平对流滚轴云等。触发条件的分析有时是困难的，借助于地面的中分析以及卫星云图与雷达回波图可以识别一些中尺度触发条件。例如根据卫星云图可以发现在早晨云区的边界最易在午后引起雷暴活动和对流性降水。

### 7.3.5　上升运动区诊断

垂直运动的分布与暴雨或强对流区有明显的关系，它不但是暴雨的一种触发机制，而且是暴雨持续的必要条件。暴雨区一定是位于上升运动区，但不一定是与上升运动最大中心一致。诊断垂直运动的最简单方法是直接用连续方程计算垂直运动(丁一汇，1989)，但根据这种方法无法分辨是什么原因引起的上升运动，为此可以用 $\omega$ 方程进行诊断。在 $\omega$ 方程中，涡度平流和温度平流都是主要的强迫函数，它们的垂直变化或水平分布都可以产生明显的上升运动，一般认为 500 hPa 或 300 hPa 强的正涡度平流和对流层下部的暖平流更为重要，对于中纬度天气尺度运动，可以用准地转 $\omega$ 方程。除了 $\omega$ 方程以外，$\boldsymbol{Q}$ 向量也常用来诊断垂直运动分布。

### 7.3.6　水汽辐合和湿层变化的计算和分析

对于持续性暴雨，大范围水汽通量与水汽辐合的计算尤为重要，它可以确定水汽的来源与可能的暴雨区，暴雨区一般与整层(地面－300 hPa)水汽辐合区及其演变有很好的对应关系，并且随着水汽输送辐合的加强，可以分析暴雨区湿层的变化，湿层的增厚是暴雨发生的一个重要先兆条件。对于大范围水汽辐合的计算也可用水汽通量流函数和水汽通量势函数计算，它们分别可表示水汽的来源和辐合情况。

$\theta_{se}$ 或 $\theta_e$ 图的分析对于了解湿层的变化与气团温度的状况很有用处(陶诗言，1980)。暴雨和强对流天气出现在高温高湿区域，对暴雨来说，还要求湿层很厚。$\theta_{se}$ 是个同时表征温度和湿度的参数。要注意 850、700 和 500 hPa 上等值线重叠区域，等 $\theta_{se500}-\theta_{se850}$ 线表示层结的位势不稳定，如果 $\theta_{se500}-\theta_{se850}$ 负值区与 $\theta_{se500}$、$\theta_{se700}$、$\theta_{se850}$ 高值区重合，这就是高温、高湿、高位势不稳定的区域，这个区域对暴雨生成最有利。

在 850 hPa 上等 $\theta_{se}$ 线的分布还能表示锋的位置，在夏季在 850 hPa 上等温线分布很稀疏，不容易确定锋的位置，而 850 hPa 等 $\theta_{se}$ 线密集的区域常常是锋的位置所在，并且 850 hPa 锋的位置常常沿着某一特定的 $\theta_{se}$ 线，根据这条 $\theta_{se}$ 线的移动，可追踪锋的移动。

陶诗言(1980)指出，在日本的暴雨预报中有一条经验是：当 $\theta_{se500}$ 和 $\theta_{se500}$ 达到 337 K 以上，同时从数值预报图看出，在未来 12 h 内，如果这个 $\theta_{se}$ 高值区是个上升区域，则在这个区域中，未来 12 h 出现大于 50 mm 的大雨可能性甚大。至于稳定度指标并不关键。暴雨可能出现在 $\theta_{se500}-\theta_{se850}$ 负值区或正值区。前者称作不稳定型大雨，后者称作稳定性大雨。而 $\theta_{se850}$、$\theta_{se500}$ 同时达到 337 K 以上是个临界条件。

### 7.3.7　大气层稳定度的分析

表征大气层稳定度的参数有很多，如 $K$ 指数、肖沃特指数、总指数、理查逊数、CAPE 等，根据这些指数的计算值可以判断强对流天气和暴雨发生的可能性，但是仅计算不稳定指数是不够的，尽可能利用静力稳定度方程分析平流过程对大气层结稳定度的影响。上下层的平流差异愈大，层结的变化愈大。

位势不稳定层结的建立和重建主要取决于高低层水汽和热量平流的差异，即高层冷平流，或干空气平流，低层是暖平流或湿空气平流，或中低层比上层增暖更明显。要造成明显的平流差异应具备两个条件，即要有明显的风垂直切变和明显的水汽和温度差异(即差异大)。如有下沉运动，这使逆温层加强，建立强位势不稳定层结。

在位势不稳定建立过程中低空急流起着重要作用，它可以迅速带来暖湿空气，并且在其前方有强水汽辐合，在边界层中造成显著增暖增湿。在这种情况下，以前的稳定层结区，往往只需要 12 h 就可转变为极不稳定的层结。另外当热带湿空气迅速从低层向北推进时，在近地面层能形成越来越湿的热带空气层，这时也能迅速地建立起不稳定层来。在有些情况下平流不是造成位势不稳定的主要原因，而是以地面加热为主，这常出现在夏季长期由热带海洋气团控制的地区或雨后比较湿润的地区。为了了解单站的大气稳定度，有时在热力学图表上分析几个代表性台站的探空曲线以了解大气稳定度状况也是很有用的。

### 7.3.8 中尺度不稳定分析

中尺度不稳定中最重要的是对称不稳定(SI)，如对饱和空气可用条件对称不稳定分析(CSI)。根据 SI 或 CSI 分析可以确定中尺度雨带可能发生的地区与层次。

根据上面八个方面的分析，丁一汇(1989)给出暴雨区影响系统和综合概括图(图 7.1)，从这个概括图可一目了然地看出影响天气系统和各种物理因子对所分析暴雨的作用。

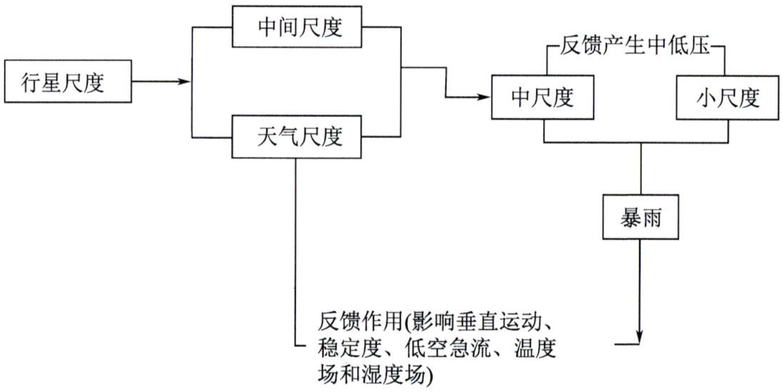


图 7.1　暴雨各种尺度天气系统的关系(陶诗言 等，1979；丁一汇，1980)

## 7.4　暖湿季风输送带对北方大暴雨的影响

在暴雨大尺度环流型的研究中，陶诗言等(1979)等强调了中低纬度环流系统的相互作用，尤其是低纬环流系统的作用。他们指出，在我国每一场大暴雨中都可发现有热带环流系统的作用。例如在 1975 年“75・8”和 1963 年“63・8”暴雨期间热带辐合区有明显的北推。在其他夏季暴雨期间也有类似现象。热带辐合区的北推加强了西南气流和东南气流，提供了大量的水汽来源，同时热带辐合区中的有些低压系统可直接北上造成暴雨。分析还指出，由于热带辐合区常常有不止一个涡旋存在，当一个台风登陆时，如果海上还有低压存在或发展构成涡旋群，这时涡旋群与北面副热带高压之间形成强偏东气流，这股东风从海上一直延伸到内陆，成为暴雨的主要水汽通道，并影响我国中东部的大部分地区。仇永炎(1998)专门分析了北方盛夏台风暴雨问题，并给出了台风与西风槽相互作用型。由上可见，北方要发生很强的暴雨，必须有来自热带地区的持续水汽输送或台风直接北上与西风槽相互作用。当热带辐合带十分活跃，其北侧的暖湿季风气流可以迅速北上，携带大量的水汽到达华北，当与北方冷空气相互作用时，不但可造成不稳定层结，更重要的是可供应源源不断的水汽。如果大尺度环流稳定，可造成十分强烈或持续性的大暴雨。来自孟加拉湾和南海—西太平洋地区西南或东南暖湿水汽输送带可称之为季风暖湿输送带，其地面相当位温值大于或等于 340 K。

蔡英等(2015)总结出“三棒接力”输送到西北内陆旱区的复杂的水汽输送图像：首先，借助台海一带的转向或西行台风，副高西南侧的东南低空急流(此乃“第一棒”)，先将沿海水汽输送到四川盆地；接着，再经北挺西伸的副高西侧及蒙古槽前等的偏南风急流(“第二棒”)，再将四川盆地的水汽继续北输到西北区东部；最后，还借助柴达木低压北缘的河西偏东风(“第三棒”)，水汽再被接力输送到河西阿拉善及南疆东部。同时，也总结出西北地区夏季暴雨的“东高西低”+“北槽南涡”+“上高下低”的三维组合流型图(图 7.2)。在该三维组合流型图中“东高”给西北地区东部带来了降水奇缺的台海区水汽，“北槽”带来了干冷空气，两者交汇致雨也决定了雨区位置，而“上高下低”环流的抽气机效应则加强了中低层气流的辐合上升。结果，地面暴雨带常分布在西伸副高的西北侧(图 7.2 暴雨区)。

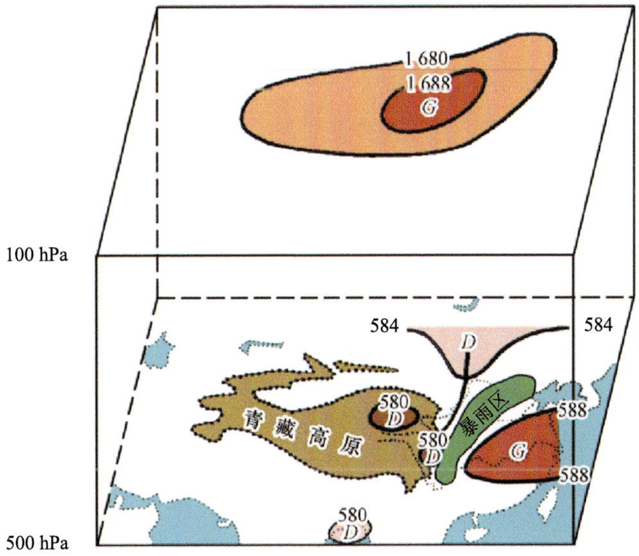


图 7.2 西北地区东部夏秋季大范围带状暴雨的三维组合流型
(单位：dagpm)(引自蔡英 等，2015)

钱正安等(2018)研究进一步指出：东南沿海水汽源地都是影响西北内陆旱区夏季降水的主要源地，它主要影响西北区东北部、河西阿拉善及南疆东部等广大地区的降水；而孟加拉湾、中亚及青藏高原等水汽源地或因距离也不近或因本身水汽少，其重要性则差些；至于少量登陆台风至河南一带带来渤、黄海源地水汽仅影响陕北降水的过程。因此，东南沿海水汽西北输通道为贺兰山东麓夏季降水的主要通道，并谓之“三支气流(即西伸副高西南侧的东南风急流、西侧的南风急流及河西偏东风)＋两个中转站(即四川盆地及西北区东部)的三棒接力”水汽输送模型。值得注意的是，青藏高原东侧的偏南风急流是台海水汽向西北接力输送的第二棒，它连南接北既给西北地区东部带来水汽，又为其水汽继续西输打下基础，是台海水汽西北输送过程中的关键一棒。研究特别强调：先出现副高西伸北挺，后出现河西偏东风等特定流型下利于台海水汽向西北东部输送的重要性。

那么，何时才出现该特定流型呢？副高西伸前常伴有台海区台风或出现南亚高压东部型活动又起什么作用呢？当台海区、我国东部及河西走廊分别相继出现多台风(特别是西行台风)或东部型南亚高压活动、副高西伸北挺及河西偏东风流型背景下，台海水汽将被相继接力输送到西北地区东部东、西部，接着还可将上述台海水汽西北输送过程中各天气系统及急(气)流等的出现时序、位置及功能等，勾勒出如下水汽输送动态过程详图(图略)。

首先，台海区在前 1 d、当日，分别有西行台风🌀$_{-1}$ 及🌀$_{0}$ 活动，或我国东部高空出现东部型南亚高压，它们驱使原在江南区的副高 $G_0$(虚线表示的 588 dagpm 线)西伸北挺至 $G_{1\text{-}2}$ 位置，这里在系统及气流右下角的角标-1、0 及 1 等分别表示当日前一天、当日及当日后一天，余者类推；继而，西伸北挺的副高 $G_{1\text{-}2}$ 南侧的华南东南季风急流 $SE_1$ 先将台海水汽经两广、黔东输入四川盆地；再继而，副高 $G_{1\text{-}2}$ 西侧的偏南风急流 $S_{1\text{-}2}$ 再把四川的水汽接力北输到西北地区东部，如遇带来冷空气的蒙古槽 $D_{2\text{-}3}$，则西北地区东部易出现暴雨；最后，如巧遇当日后第 2～3 天，柴达木盆地热低压 $D_{2\text{-}3}$ 发展，河西出现偏东风 $E_{2\text{-}3}$，它又将西北地区东部的水汽接力西输到河西及南疆东部，若再遇北疆槽 $D_{3\text{-}4}$，将诱发西北地区东部降水，即后来到达西北地区东部西部的水汽实际仍受到东亚或南亚夏季风的直接或间接影响。此乃台海水汽沿一逆“之”字形输送路径，由华南东南风急流等“三棒接力”水汽输送模型，它具体体现了东亚夏季风如何将台海(有时还有部分孟加拉湾水汽)输送至西北地区东部形成降水的图像。

## 7.5 暴雨落区预报方法

(1)描出高空槽线、地面锋线及低涡(尤其是未来的)位置；

(2)分析四股气流：第一股气流是 105°E 附近的近地面层(850 hPa)偏东气流(它往往和河西倒槽相联系)；第二股气流是 700 hPa 上的偏南气流；第三股气流是 500 hPa 上的高原西南气流；第四股气流是 200 hPa 上空偏北气流；

(3)在具备上述条件下，计算水汽临界值区即 500 hPa 比湿达 4～6 $g \cdot kg^{-1}$，700 hPa 比湿达 8～12 $g \cdot kg^{-1}$ 等值线区；

(4)计算 $K$ 值；

(5)描出锋区(前部)和偏南低空急流轴(暴雨在其左侧)和高空急流轴(暴雨在其右侧)；

(6)分析能量场具备 Ω 型区；

(7)500 hPa、700 hPa 上垂直速度上升运动大值区廓线；

(8)700 hPa 上散度预报图、辐合区廓线。

将上面这些特征等值线描在一张底图上，它们的重叠区就是暴雨的落区。

## 7.6 预报着眼点

### 7.6.1 一般性暴雨和极端性暴雨

(1)在环境场符合对流天气 3 个条件的前提下,极端强对流暴雨预报着眼点应放在中尺度对流系统的触发与演变,主要关注雷达回波上风场的演变对应中尺度对流系统的发生发展、移动与传播、组织与结构。

(2)一般性暴雨不一定是伴有短时强降水的对流性暴雨,因此,天气尺度也可以触发,而特大暴雨都是对流性暴雨,一定是有中尺度对流系统主导触发的。

(3)以往宁夏对于大气不稳定主要以 $K$ 指数、SI 指数、沙瓦特指数 Is、潜在不稳定指数等表征,但无论预报还是研究,CAPE 的应用更为广泛,宁夏在这方面没有系统性研究,所以对一般性暴雨和极端性暴雨的差异无法总结,但极端暴雨 CAPE 较过程前都是增加的,从过程前到过程中,CAPE 的增幅在 $10^2$～$10^3$ J・kg$^{-1}$,过程发生时段,CAPE 值在 $10^2$～$10^3$ J・kg$^{-1}$。

(4)卫星和雷达上,一般性暴雨不一定有中尺度对流系统,但极端暴雨一定伴有;极端暴雨中心都与低空急流与地形配合在山前形成带状线性回波稳定少动或持续时间较长密切相关。

(5)除了上述,尤其关注低空急流与地形配合在山前形成稳定少动、组织化程度高、对流发展强盛、生命周期长的带状线型回波,易形成极端暴雨。而平原极端暴雨与锋面系统激发的混合性降水相联系。

### 7.6.2 持续性暴雨和强对流暴雨

暴雨和强对流天气(强对流暴雨)与其环境条件(包括热力和动力的)有密切关系。大尺度环境条件不但制约了暴雨和强对流天气的性质和演变过程,而且还可影响对流系统内部的结构、强度、运动和组织程度。在大尺度环境中,有组织的对流系统不是随机发生和分布的,而是出现在一定地区和时间内,这也是制作中尺度天气预报的依据。陶诗言等(1979)归纳了暴雨和强对流发生一般需要满足的六个条件,即:

(1)有位势不稳定层结,对雷暴系统还应有逆温层存在;

(2)低层有湿舌或水汽辐合;

(3)有位势不稳定释放的机制(如低空辐合、重力波、密度流、地形等);

(4)常有低空急流和高空急流存在;

(5)强雷暴要求有强风垂直切变;

(6)对于强对流天气,中空有冷干空气。

目前对于上述条件与暴雨和强对流的关系虽然有了更多的了解,但对这些物理条件与中尺度系统的发展在物理上究竟有什么关系还不十分清楚,对于两者之间的因果关系还没有完全弄清楚。这在很大程度上是受观测资料的限制。应该指出,暴雨和强对流系统与大尺度环境条件之间在其发展的不同阶段,其相互作用的程度是不同的。在发生和初期发展时期,主要决定于大尺度环境条件的作用,但是暴雨和强对流系统得到强烈发展后,大尺度环境条件不但失去了对其制约的作用,反而会受到对流风暴的影响。近年来,Johnson 等(2003)对强对流天气发生的中尺度条件进行了总结，分为强天气发生的中尺度前提条件，由局地条件、平流条件和动力条件组成；中尺度触发条件和风暴发展的中尺度作用。

在暴雨和强对流发生的物理条件中，陶诗言(1980)特别强调了三个方面的问题。

(1)低空急流的作用

许多统计表明，无论在南方和北方，暴雨与低空急流都有密切的关系，相关率达 80%左右。一般暴雨多出现在急流轴的左前方或最大风速中心前方。从低空急流的建立到暴雨的发生，其间平均可有 2.5 d。因而低空急流分析具有一定的预报意义。

(2)边界层的作用

在华南和华北暴雨研究中，发现在暴雨期间在 500 m(约 950 hPa)(贺兰山东麓主要关注 850 hPa)水平辐合达最大值，并且水汽、温度值也很高，冷暖空气的对比也最明显。当暴雨减弱时，边界层的复合最大值消失，因而边界层中的动量、水汽、热量辐合对暴雨的贡献最大。并且在暴雨和强天气出现前，动量、热量、水汽的积累最先出现在边界层中，其中边界层风速最大值出现最早。以后再向上输送。以上结果说明，边界层对于位势不稳定层结的建立、水汽的供应和触发暴雨的发生都有重要作用。

(3)暴雨与强对流天气(如冰雹、雷暴、龙卷风等)物理条件差异的研究

根据最近的研究，两者有不少明显的差别。根据暴雨和强对流天气平均层结的比较，强对流天气时在近地面层有一个逆温层或等温层存在，暴雨则没有。从 750 hPa 向上强对流天气温度比暴雨的要明显偏低。到 400 hPa 两者差 8 ℃。因而 7 km 以下强对流天气的递减率比暴雨大 1～3 ℃・$km^{-1}$。这是中上层冷空气作用的结果。强对流天气的潜在不稳定能量层次比暴雨厚，但自由对流高一些。说明强对流天气需要更强的触发条件才能爆发。但一旦发生，对流发展的强度要比暴雨猛烈。边界层的物理量差别也很大，出现暴雨时的湿度也远较出现强对流时要大。最大可能降水、整层水汽辐合、水汽垂直输送等表征水汽含量和水汽来源的量差别也很明显。暴雨比强对流的整层水汽辐合可大三倍。这表明为了使暴雨维持，水汽应以比强对流大二倍的速度向暴雨区辐合，而对于强对流活动，则与空气柱本身开始时所含有的水汽量关系更大。风的垂直切变差别也很明显。暴雨是在弱切变环境下发展的，而强对流是在强切变环境下发展的。槽前暴雨和强对流形势下平均垂直切变的比较表明，两者差别十分明显。造成垂直切变差别大的主要原因在于高空风速的不同。强对流系统多位于高空急流轴附近，而暴雨多位于急流轴以南 200～500 km 的区域内。强垂直切变是使强对流风暴维持的重要条件。

表征气团性质的一些物理量差别很显著。比较 $T_{d500}$、$T_{se500}$、$T_{850}$、$T_{500}$、$\theta_{se850}$、$\theta_{se500}$后可以得到，低空的湿度差异是主要的，温度差异不大，即暴雨的低空是高温湿空气，而强对流的空气湿度要小得多，可以是变性的极地大陆气团。高层的温度、湿度差异都十分明显，强对流的中层空气非常干冷，尤其是温度很低，两者可差 13 ℃。这是由于在强对流发生时有明显的冷平流。暴雨时在 500 hPa 以下空气都是比较潮湿的，上下的温度差别不大。因而通过上面的分析可得，暴雨主要发生在较深厚的暖湿气团中，暴雨的特征也主要决定于中低层暖湿气团的性质及其与冷空气的水平配置；而强对流天气主要决定于上层冷空气(或冷平流)的强度以及它与中低层暖湿空气的垂直配置。

### 7.6.3 地形对暴雨的作用

陶诗言等对于地形在暴雨发生中的作用曾作过全面和精辟的总结(陶诗言，1980；丁一汇

等,2009)。他们指出,地形对暴雨有三方面的作用。

(1)地形对过山的气流有动力抬升和辐合作用

近地面地形的上升速度由 $V_s \cdot \nabla z$ 可以算出,以后再根据经验关系求出垂直分布,据此可以算出由地形抬升造成的降水($R=\frac{1}{g}\int Ffw\mathrm{d}p$ ,$F$ 是凝结函数)。一些特殊的地形如喇叭口状地形对气流有明显的辐合作用,使气流在这里汇合,从而形成强迫抬升,这种作用也可增强暴雨。许多强暴雨点往往与这种地形有关。在山地迎风坡雨量达到最大,在背风坡雨量迅速减弱。

(2)地形对中小尺度系统的影响

地形在一定的气流或条件下会生成中小尺度涡旋或切变线。当这种系统移出或加强时,可以造成暴雨。另外在山区,在一定气流条件下常常产生静止的中尺度辐合区,当这种小尺度系统移到山区时常可导致这些系统有强烈的发展或组织成强烈的风暴,从而造成更严重的天气。

(3)地形对降水的增幅作用

除了上述地形的机械作用外,地形能通过播撒作用影响中小尺度系统内的造雨过程。云的微结构过程对暴雨的影响已日益引起人们的关注。至于这种通过云微物理过程产生的地形对降水增幅作用的物理过程目前还没有完全弄清楚。但不论何种天气形势下要造成地形雨必须有两个条件。第一需要有播散的质点。它们是可以在中层增长以后融化的冰粒,也可以是中层小水滴与低层潮湿空气中的水滴碰并后增大的大水滴。第二是在山区要有低云存在。这些低云中包含有许多小水滴,它们都是由于扰动气流的上升部分较弱而没有足够时间增长的降水水滴。武田乔男等(1982)曾说明这种自然播散对降水增幅作用。由于地形作用,在山前形成大范围层状云,其中有许多小雨滴。如果积雨云由海上或其他地区移入到这片层状云区,可以形成积雨云与层状云共存的混合云系,两种不同大小的雨滴将发生明显的相互作用而产生播撒过程。积雨云中前部流入的强上升气流将携带其中的大雨滴向上,通过 0 ℃ 层后转化为冰晶或雪晶,也有一部分成为过冷水滴,由于冰面的饱和水汽压小于水滴表面的饱和水汽压,积雨云中的水汽将凝华到冰晶上,使冰晶增长,这使积云雨上部的水汽减少,过冷水滴将蒸发以补充水汽,结果发生由过冷水滴向冰晶的迅速转化(这种不稳定也被称为胶性不稳定)。通过这种方式增长的大冰晶一部分随上升气流被带到云区和砧区,在那里下落,通过零度层后变成大水滴,以后又落入到低空的层状云内,捕获在此层悬浮的大量小水滴而增长,最后下落到地面成为强降水。积雨云上面的另一部分冰晶则随后面的气流直接落入层状云中,通过碰并过程迅速增长到大雨滴,也使地面降水增加,这种混合云不但在沿海地区山区的迎风面可以观测到,在梅雨期,台风季也经常可以观测到。它使降水增幅形成暴雨。

## 7.7 宁夏降水预报方法

### 7.7.1 C 波段雷达快速循环同化技术在宁夏短临格点预报中的应用

宁夏气象台杨侃等(2019)研发基于 C 波段雷达的快速循环同化预报系统(WRF-RUC)检验评估模块,定量分析宁夏 WRF-RUC 的预报能力,并在检验评估基础上利用雷达外推临近预报和中尺度数值预报融合技术(blending)对 0～6 h 逐时降水格点预报进行偏差订正，进一步提高宁夏 WRF-RUC 的预报性能；利用改进后的 WRF-RUC 系统反演近 5 a 强对流天气典型个例，通过天气学统计分析方法定量计算和分析对强对流天气发生发展起重要作用的关键影响因子，在此基础上建立基于 WRF-RUC 的分类强对流天气预报模型，为提高宁夏短临格点预报准确率和强对流天气预报预警能力提供技术支撑。

#### 7.7.1.1 优化完善宁夏 WRF-RUC 模式

通过评估本地基于 C 波段雷达的中尺度数值模式 WRF-RUC 在强对流天气中的预报性能，认为其在宁夏夏季降水，特别是强对流降水有一定的预报能力，在多次强对流天气预报中，预报结果较之前未加同化的本地模式预报效果有明显提升，但是也存在一些问题，例如对强降水的预报普遍范围过大、强度过强。

表 7.1 所示，在改进方案中，运行模式的版本升级为 3.9；驱动模式的地形更新为航天飞机地貌雷达任务(Shuttle Radar Topography Mission，SRTM)高精度地形；为得到宁夏本地最合理有效的背景场信息，在雷达资料进入 WRF 模式快速同化系统之前，利用美国国家气象中心(NMC)方法，计算出本地分季节建立的背景场误差协方差，替换模式自带的由全球资料统计的背景误差；通过多次敏感性试验，雷达降水回波阈值确定为 25～50 dBZ，非降水回波反演的水汽相对湿度为 95%，非降水回波反演的冰晶相对湿度为 85%，均使 WRF-3DVAR 最后的分析场保持更好的动力平衡。通过对比试验证实，改进后所确定的最佳同化方案，能够使预报结果更加逼近实况，特别是对强降雨的预报带来了正面影响。

表 7.1 WRF-RUC 新旧版本同化方案设置

| 同化方案 | WRFRUC1(优化前) | WRFRUC2(优化后) |
|---|---|---|
| 同化模块版本 | V3.8 | V3.9 |
| 背景方差协方差 | 1 个月 | 按季度(3 个月) |
| 同化雷达资料 | 是 | 是 |
| 地形资料 | WRF 自带 | SRTM 高精度地形 |
| 雷达降水回波阈值 | — | 25～50 dBZ |
| 雷达非降水回波阈值 | — | 95% |
| 雷达反演冰晶补偿阈值 | — | 85% |
| BE 长度缩放 Len_scaling | 0.3 | 0.3 |
| BE 方差缩放 Var_scaling | 0.5 | 0.5 |

#### 7.7.1.2 雷达外推预报

将 0～6 h 雷达外推定量降水预报和宁夏本地 WRF-RUC 逐时格点降水预报结果进行融合(blending)，即以雷达外推预报修正 WRF-RUC 预报偏差。使用资料及具体方法介绍如下。

风暴跟踪信息图形产品是风暴单体识别和跟踪算法的图形方式输出产品。应用该产品时，首先对 1 h 降水估测产品和回波强度进行资料解码，提取文件头中实际需要的信息，并根据预报需要读取回波强度值或者经过订正的降水量估测值。之后通过雷达回波阈值(30 dBZ)过滤，将弱降水滤除，获取边界清晰的对流回波区域图。线性外推回波的位置则是利用风暴跟踪信息图形产品中对应的回波移动速度和方位对选定的回波区域进行位置的配对和外推预报。

雷达外推预报直接利用了风暴跟踪信息图形产品中对应的雷暴移动速度和方位数值，对选定回波区域的反射率因子进行外推，再根据 $Z$-$R$ 关系得到降水率，1 h 雨量预报即为降水率的累加。根据以往研究结果，对流性降水的 $Z$-$R$ 关系确定为 $Z=200R^{1.46}$。

当新单体生成时没有历史记录，外推算法停止运行。当新单体生成时没有历史记录，采用所有已被识别单体的平均移动。若没有实时的风暴跟踪信息图形产品文件时，即没有其他单体被确定，则采用预设的缺省速度和方向。

#### 7.7.1.3　宁夏中尺度数值预报模式产品

使用的数值产品是宁夏 WRF-RUC 逐时快速循环同化的输出结果。宁夏 WRF-RUC 于 2017 年投入业务试运行，2018 年优化完善，主要针对 0～12 h 的预报。该预报系统每 12 h 冷启动 1 次（即每日 08:00、20:00 冷启动），之后每小时循环进行暖启动，利用上一时次同化输出的预报场作为初边场，同化最新的雷达资料，提供未来 12 h 降水、气温、风向风速、云量、雷达回波以及高空物理量场的逐时预报产品。该系统在宁夏气象局曙光高性能计算集群上运行，单次运行约需滞后 40 min 左右出预报结果。

融合技术方案。雷达外推预报与本地数值预报模式预报的融合技术方案分为三步进行，分别是数值预报降水场位相校正、降水场强度校正及融合权重调整。

(1)数值预报降水场位相校正

数值预报降水位相校正方法采用两步校正。第 1 步，先用快速傅立叶变换(FFT)法，保证雨带整体位移偏差得到修正。第 2 步，用多尺度光流变分法，再使雨带的走向和小范围降水区得到合理调整，使得数值预报的降水落区与实况更吻合。

使用快速傅立叶变换获取总位相平移场：快速傅立叶变换算法是频谱分析的基础之一，可以有效地提取混合信号中含有周期成分信号的频率、幅值、相角等特征量，其主要的思想是将时域内信号分解为多个具有不同幅值相位的正弦信号叠加的形式，从而实现对信号的频谱分析。通过对同时刻的定量降水估计场和数值模式定量降水预报场进行快速傅立叶变换处理，可以求出同时刻降水观测和预报的谱空间偏差，根据谱空间的偏差，校正数值预报的降水分布。

使用多尺度光流变分法进行区域位相调整：光流的概念源自图像处理技术中的物体运动检测法，即物体的运动可以用运动矢量场描述，当投影在一个平面图像上，运动往往是通过图像序列中不同点的灰度或光度分布随时间的变化来体现，这种灰度或光度的变化趋势，定义为光流场，以矢量场$(u,v)$表示。基于变分法及光流场平滑化的算法，将光流方程写为代价函数 $J_0$，并假设光流具有物理运动的连续性，对其矢量场$(u,v)$加上平滑化的要求，以代价函数 $J_s$ 表示，运用变分法将总代价函数 $J_0$ 最小化。

$$J_0=J_s+\gamma=\iint\left(\frac{\partial I}{\partial t}+u\frac{\partial I}{\partial x}+v\frac{\partial I}{\partial y}\right)^2\mathrm{d}x\mathrm{d}y+\gamma\iint(\nabla^2u+\nabla^2v)\mathrm{d}x\mathrm{d}y$$

由于代价函数项 $J_0$、$J_s$ 两者的量级和单位不同，需要加入参数 $\gamma$ 以调校平滑的约束比重。因为客观分析雨区运动存在多重尺度特征，我们根据相关的雷达反射率因子数据，以不同的分辨率，共分 7 个等级进行光流分析，从低至高分辨率（即大至小尺度），逐一解出相应的光流场。具体来说，第 1 层级的分析尺度最大，取整个计算区域的宽度，第 2 层则定为计算域的五分之一宽度，而从第 3 层级开始，每层的分辨率设为上一层级的双倍，直至最终的第 7 层级。

在不同层级的光流分析中，由于对应的设定尺度或分辨率不同，所需的平滑化约束比重 $\gamma$ 都不尽相同。$\gamma$ 的数值随层级的上升而增大（7 级依次取为：0.001、0.001、0.01、0.01、0.05、0.05、0.1），显示平滑化的作用在小尺度上愈加重要。

（2）数值预报降水场强度校正

降水强度校正是通过模式定量降水预报向定量降水估计逼近来调整的。假设模式定量降水预报与定量降水估计场满足韦伯分布，且定量降水预报和定量降水估计两个场的累计分布函数（实型随机变量的概率分布）相同。含 2 个参数的韦伯分布的累计分布函数为：

$$F(x)=1-e^{-\alpha x^{\beta}}$$

式中，$x>0$，为降水量，$\alpha$、$\beta>0$。其中，$\beta$ 为形状参数，$\alpha$ 为尺度参数。形状参数通常为[1,7]，是重要参数，决定分布密度曲线的基本形状；尺度参数起放大或缩小曲线的作用，但不影响分布的形状。

（3）融合权重调整方法

采用正切动态权重融合法实现临近预报与数值模式的融合，临近预报和数值预报的输出预报值的相对权重随着时间的改变需调整，在较短的预报时间内，临近预报取最大权重，但随着预报时效的延长，临近预报误差增大，在预报时段较长时给数值预报结果一个较大的权重以延长预报的时效和准确性。模式的权重变化用一个双曲正切线来表示，正切曲线的两个端点根据降水的天气类型和预报员的天气变化经验给定，结合不同降水系统的时空尺度，在不同情况下取不同权重。计算数值模式权重时取经验方程为：

$$w_m(t)=\alpha+\left(\frac{\beta-\alpha}{2}\right)\times\{1+\tanh(\gamma(t-3))\}\quad(1<t<6)$$

式中，$\alpha$ 和 $\beta$ 分别是表示当前时刻及未来 6 h 时数值模式的权重，$\alpha$ 和 $\beta$ 的取值通常根据预报员的天气变化经验、雷达气候学、对流系统的强弱等确定，$\gamma$ 代表在融合时段中间部分 $W_m(t)$ 的斜率，通过调节 $\gamma$ 值来确定权重曲线的变化快慢，$\gamma$ 和 $\alpha$ 值根据降水系统类型和降水过程快慢等确定。由于对于局地的强对流系统，1 h 内临近预报的效果较好，因此，融合前 1 h 内的融合权重保持不变，即融合前 1 h 内数值预报权重保持 $\alpha$ 值不变；临近预报随时间延长预报效果急剧下降，6 h 后已不具备参考价值，因此，第 6 h 数值预报权重 $\beta$ 取 1。

确定具体预报权重前，选取近年来多次强对流天气进行个例试验，结合本地个例检验和相关文献资料参考数值后确定权重。由于数值预报对降水过程变化快的强对流系统个例预报能力目前水平有限，选取初始时刻数值预报权重 $\alpha=0.05$，并且，对流性天气过程变化快、雷达资料的谱空间相关性小，取 $\gamma$ 值为 1.2；在降水过程变化慢的系统性降水个例试验时，由于数值预报对系统性过程有一定的预报能力，特别经过位相和强度校正后的数值预报更有应用价值，因此，取初始时刻数值预报权重 $\alpha=0.1$，并且，系统性天气过程变化慢、雷达资料的谱空间相关性大，取 $\gamma$ 值为 0.7。根据该方程，前 1 h 的融合预报主要基于临近预报的结果，而在预报的后段，数值模式的比重相应增加，在融合前期数值模式权重上升较缓慢，中期上升比较快，后期数值模式权重增加率趋于平缓。

通过上述三步处理，实现雷达外推临近预报和本地中尺度数值模式 WRF-RUC 的融合技术，对 0～6 h 时段内 WRF-RUC 逐小时降水预报偏差进行订正。

#### 7.7.1.4 强降水预报模型

从 2013—2017 年发生在宁夏区内的强对流天气过程中筛选出影响范围较广、强度较大的

52 次天气过程，将其划分为暴雨、短时强降水、冰雹、雷暴大风和普通雷暴五类，其中暴雨过程 9 次，短时强降水过程 11 次，冰雹过程 10 次，雷暴大风过程 9 次，普通雷暴 13 次。另外，10 次冰雹均伴有短时强降水，与雷暴大风同时出现的有 7 次。划分标准如下：①暴雨：24 h 雨量≥50 mm 或 1 h 雨量≥16 mm；②短时强降水：1 h 雨量≥10 mm；③冰雹：实况出现冰雹和大于等于 17 $m \cdot s^{-1}$ 的阵风；④雷暴大风：实况出现有龙卷风或大于等于 17 $m \cdot s^{-1}$ 的阵风，且伴有冰雹、雷雨其中之一。

利用改进的宁夏中尺度模式 WRF-RUC 分别对 2013—2017 年暴雨、短时强降水过程进行模拟反演，输出高低空形势场、天气层结特征物理量、主要的热力、动力物理量、特殊高度层参数等产品，此基础上针对暴雨、短时强降水、冰雹、雷暴大风和普通雷暴这五类强对流天气，统计具有指标意义的预报因子（表 7.2），通过预报指标叠套建立不同类型的强对流天气预报模型。

表 7.2　短时暴雨、短时强降水天气建模动力、热力指标

| 预报指标 | 阈值 | 暴雨 | | 短时强降水 | |
|---|---|---|---|---|---|
| | | 敏感试验 | 最终确定 | 敏感试验 | 最终确定 |
| 雷达回波 | 反射率因子/dBZ | ≥35～40 | ≥35 | ≥35～40 | ≥35 |
| 层结稳定度指数 | $K$ 指数/℃ | ≥30～35 | ≥30 | ≥35～40 | ≥35 |
| | SI 指数/℃ | 0～3 | 0～3 | −4～1 | −4～1 |
| | 抬升指数 LI/℃ | −2～4 | 0～3 | −6～3 | −5～1 |
| 能量指数 | 对流有效位能 CAPE/($J \cdot kg^{-1}$) | <700 | <700 | ≥500 | ≥500 |
| | 对流抑制 CIN/($J \cdot kg^{-1}$) | 0～30 | 0 | 0～150 | 0～90 |
| 动力指数 | 最大上升速度 $W_{max}$/($m \cdot s^{-1}$) | 0～20 | 0～12 | 10～100 | 12～60 |
| 其他指数 | 大气可降水量 PWAT/mm | ≥30～40 | ≥40 | 10～60 | 20～40 |
| | 位涡 IPV/PVU | 200～800 | 400～700 | ≥500～800 | ≥700 |

（1）暴雨

统计 2013—2017 年环流形势，暴雨过程发生时的形势场配置分别为：高空 200 hPa 上宁夏处于槽前西南气流控制之中，北侧为风速大于 30 $m \cdot s^{-1}$ 的西南风急流轴；500 hPa 上，宁夏位于副热带高压边缘，盛行大于 14 $m \cdot s^{-1}$ 的西南风，相对湿度高，一般在 90%以上；700 hPa 上有偏南气流和偏北气流之间的风向切变，偏南风风速大于 12 $m \cdot s^{-1}$，相对湿度也需大于 90%；地面上一般为低压控制，海平面气压在 1000～1005 hPa。

由表 7.2 可以看到，影响暴雨的主要指标因子有反射率因子、$K$ 指数、沙氏指数(SI)、抬升指数(LI)、对流有效位能(CAPE)、对流抑制(CIN)、最大上升速度 $W_{max}$、大气可降水量(PWAT)、位涡(IPV)。短时暴雨发生时，雷达回波反射率在 35～40 dBZ 以上，$K$ 指数在 30～35 ℃以上，沙氏指数介于 0～3 ℃，抬升指数(LI)在−2～4 ℃，沙氏指数和抬升指数这两个指标数值与其他类型的强对流天气差异较大；对流有效位能值小于 700 $J \cdot kg^{-1}$，对流抑制为 0～30 $J \cdot kg^{-1}$，是四类对流天气中数值最小的一类；最大上升速度为 0～204 $m \cdot s^{-1}$；大气可降水量在 30 mm 以上，在四类强对流天气中数值最大；位涡数值为 200～800 PVU。

经过多次短时暴雨天气过程的参数套叠和阈值选取敏感性试验，最终从中选定对短时暴

雨影响最为显著的四个指标因子，确定以 $K$ 指数大于 30 ℃、沙氏指数 0～3 ℃、大气可降水量大于 40 mm、位涡数值为 400～700 PVU 这四类天气指标综合叠套建立短时暴雨数值预报模型。

(2)短时强降水

200 hPa 上处于偏西气流中，风速达 20～28 m·s$^{-1}$，有时在北侧存在大于 30 m·s$^{-1}$ 的急流轴；500 hPa 上处于副高外围的 580～584 dagpm 线控制之中，西南气流风速为 10～18 m·s$^{-1}$，相对湿度的要求达到 70%即可；700 hPa 上同样存在偏南气流与偏北气流之间的切变或者有低涡东移影响，偏南风速为 4～12 m·s$^{-1}$，相对湿度 70%；地面上的形势与暴雨一致，为低压控制，有时有弱冷锋配合。

影响短时强降水的主要指标因子与短时暴雨的相同，但各指标因子的阈值不同。短时强降水发生时，雷达回波反射率在 35～40 dBZ 以上，$K$ 指数在 35～40 ℃以上，沙氏指数介于 −4～1 ℃，抬升指数在 −6～3 ℃；对流有效位能值≥500 J·kg$^{-1}$，对流抑制为 0～150 J·kg$^{-1}$；最大上升速度为 10～100 m·s$^{-1}$；大气可降水量在 10～60 mm，位涡在 500～800 PVU。这项指标是四类强对流天气中数值最高的。

同样地，经过多次短时强降水天气过程的参数套叠和阈值选取敏感性试验，最终从中选定对短时强降水影响最为显著的四个指标因子，确定以 $K$ 指数大于 35 ℃、沙氏指数在 −5～1 ℃、大气可降水量 20～40 mm、位涡大于 700 PVU 这四类天气指标综合叠套建立短时强降水数值预报模型。

#### 7.7.1.5 业务应用与效果检验

(1)WRF-RUC 模式降水预报与雷达外推临近预报融合产品检验

利用 blending 技术将基于 C 波段雷达的 WRF-RUC 同化降水预报与雷达外推临近预报产品融合后的产品自投入业务运行以来，在多次降水过程中表现出比本地数值模式直接预报更加良好的水平，既解决了雷达识别外推预报时效较短(通常认为 0～2 h 内最优)的问题，同时在一定程度上减弱了数值模式由于受动力、热力条件及自身分辨率限制而对中、小尺度系统的刻画存在较大误差的影响。其预报结果为增加降水预报信心和及时准确的预报预警服务提供了有用的参考依据。以下将从两个方面讨论 blending 技术对降水的预报性能。

本地数值模式 WRF-RUC 和利用 blending 方法进行降水偏差订正后的预报，均对大雨及以上量级的降水预报性能较弱。但就 WRF-RUC 自身而言，改进后的 TS 评分在每个量级的降水预报中均有所提升，采用 blending 融合技术之后的降水预报评分较 WRF-RUC 更是有明显的改善，小雨预报较改进后的 WRF-RUC 提升了 13%，中雨提升 16.4%，大雨提升 15.6%，暴雨提升 11.6%。改进前、后的 WRF-RUC 模式在四个量级的降水 BIAS 评分均大于 1，表示 WRF-RUC 有明显的空报，特别是对于较小量级的降水，改进后的模式空报率有所减小。blending 的 BIAS 评分较 WRF-RUC 模式更接近 1，且对于暴雨量级的降水，BIAS 评分略小于 1，说明对 WRF-RUC 原本的空报有所改进，但同时对暴雨的降水估计略显不足，这可能与 blending 融合技术方法中的参数选取有关。

为进一步讨论 blending 融合技术究竟对哪个预报时效的模式降水预报有明显的正贡献，给出了 0～6 h 不同预报时效内逐小时预报的 TS 评分。检验结果表明，无论是小雨、中雨、大雨还是暴雨，采用 blending 技术之后的降水预报产品的 TS 评分均随着预报时效的延长而逐渐降低，但均大于单纯由数值模式 WRF-RUC 预报的产品 TS 评分。小雨量级预报中，改进后的 WRF-RUC 预报在 6 h 内的评分均在 0.35 左右，而将雷达识别外推预报与模式预报融合之后，在整个时段内的预报评分均大于 0.37，特别是在 1 h 预报时效内的评分达 0.397，而 WRF-RUC 最优版本的评分为 0.346，blending 预报产品评分提高 14%，效果明显。中雨量级预报中，blending 预报产品的改进效果也较为明显，3 h 预报时效以内的 TS 评分均大于 0.3，与数值模式相比，增幅最大为 0.05。大雨量级预报中，相较于本地模式 WRF-RUC 在大于 3 h 预报时效后的预报评分的下降(3 h 预报时效评分为 0.087，6 h 预报评分为 0.078)，blending 的预报水平较为稳定，在 6 h 预报时段内，评分曲线相对平直，均在 0.095 与 0.1 之间轻微变化，可见对于回波相对明显的降水，外推预报对于数值模式的修正效果明显。暴雨量级的预报一直是预报业务中的难点，加入雷达资料同化后的 RF-RUC 本身的预报能力相较于未加资料同化的 WRF 模式就已经有明显的提升。但是，根据以往的预报检验结果，数值模式往往对降水的预报偏强，范围偏大，当采用 blending 技术后，其评分均大于 0.025，有一定的改善。

(2)分类强对流预报产品检验评估

根据国家气象中心对强对流短时预报检验方式，对 2018 年所有强对流过程采用点对面检验方法，选取扫描半径为 40 km 进行命中率和空报率检验。

检验结果表明：对于暴雨和短时强降水天气，该预报模型命中率最高达到 0.92，最低为 0.37，全年平均 0.68；各次过程的空报率差别不如命中率显著，最高为 0.47，最低为 0.23，全年平均 0.33。

上述检验结果表明，对于短时暴雨和短时强降水，WRF-RUC 预报指标应用效果较好，其落区预报准确率相对其他数值模式好，但也存在一定程度的空报。

### 7.7.2 动态最优网格降水消空技术

宁夏气象台张成军等(2022)利用 2018—2020 年的 EC、CMA-MESO、CMA-SH9 和 CMA-BJ 等数值模式降水预报，应用动态建模和机器训练择优技术，借助新检验参数归一化后的单调性、新降水 TS 公式在计算上的便利性，建立了两种动态最优降水消空技术方案，开展网格降水消空研究。

新混合滑动准对称训练数据：取样本 $N=30$ 时，使用上年同期预报日前后各 $N/2$ 天样本、及当年预报日之前 $N$ 天样本，样本总数 $N=60$ d。这种取法，是考虑上年同期预报日之前的气候背景也有相似性，并加强对当年样本的应用。宁夏境内网格格点数为 2418 个。

设计新 TS 公式：

$$T_{SN}=(A+S1)/(A+B+C+S_2)$$

式中，$S_1$、$S_2$ 是两个常数。$A$、$B$、$C$ 分别表示降水正确次数、降水空报次数、降水漏报次数。公式可使 $T_{SN}$ 连续变化。假设样本 $N=100$ 时，按 2018 年 $A$、$B$、$C$、$D$ 各自在总样本中所占的百分率，形成模拟数据，分别为 18、15、5、62。此时正常的 TS 评分为 47.37%。令 $S_1=0.1$、0.2、0.3、0.4、0.5；$S_2$ 有 4 种方案：①$S_2=S_1$，②$S_2=2\ S_1$，③$S_2=3\ S_1$，④$S_2=4\ S_1$。从而得到如表 7.3 的计算结果。可见，方案①时，随着 $S_1$ 增大 TS 值越大，和实际不相符；方案③、④计算结果也和实际不一致；只有方案②中，当 $S_1=0.1$，$S_2=0.2$ 时，$T_{SN}$ 评分为 47.38%，和原公式评分非常接近。所以使用 $S_1=0.1$，$S_2=0.2$，即公式为：

$$T_{SN}=\frac{A+0.1}{A+B+C+0.2}$$

**表 7.3 $T_{SN}$ 公式随系数 $S_1$、$S_2$ 变化的模拟结果**

| 分子 | 分母 $S_2$ | | | | TS | $T_{SN}(S_1,S_1)$ | $T_{SN}(S_1,2S_1)$ | $T_{SN}(S_1,3S_1)$ | $T_{SN}(S_1,4S_1)$ |
|---|---|---|---|---|---|---|---|---|---|
| $S_1$ | $S_1$ | $2S_1$ | $3S_1$ | $4S_1$ | | | | | |
| 0 | 0 | 0 | 0 | 0 | 47.37 | | | | |
| 0.1 | 0.1 | 0.2 | 0.3 | 0.4 | | 47.51 | 47.38 | 47.26 | 47.14 |
| 0.2 | 0.2 | 1.2 | 0.6 | 0.8 | | 47.51 | 46.43 | 47.15 | 46.91 |
| 0.3 | 0.3 | 2.2 | 0.9 | 1.2 | | 47.78 | 45.52 | 47.04 | 46.68 |
| 0.4 | 0.4 | 3.2 | 1.2 | 1.6 | | 47.92 | 44.66 | 46.94 | 46.46 |
| 0.5 | 0.5 | 4.2 | 1.5 | 2 | | 48.05 | 43.84 | 46.84 | 46.25 |

按照上述公式，又模拟了一些特殊情况（表 7.4）：①当样本全部报降水且正确时，TS 和 $T_{SN}$ 公式的值分别为 100.00%和 99,90%，非常接近；②当样本全部是空报，或全部是漏报，或全部报错（空报和漏报），$T_S$ 评分为 0，$T_{SN}$ 公式为 0.10%，也是非常接近的；③当样本全部报晴天且正确，$T_S$ 不可计算，$T_{SN}$ 公式为 50.00%；但此时晴雨准确率为 100.00%，即 $T_{SN}$ 公式把纯粹晴天（$D=N$）的评分压低了一半，突出了对降水评分的重要性。

表 7.4 中还列出了当总样本为 100，但降水正确样本在 20%以内时，按照 2018 年空报率和漏报率的近似值（分别约为 30%、10%），得到几组模拟数据，再计算对比两个 $T_S$ 评分的结果。如当只有 1 个降水正确样本（$A=1$、$B=0$、$C=0$）时，$T_S$ 为 100.00%，$T_{SN}$ 公式 91.67%，迅速高于纯粹晴天 50%的评分；同样，当降水正确在 5、10、20 时，模拟数据计算的 $T_S$ 和 $T_{SN}$ 公式的结果基本一致，且均高于 62%，也高于纯粹晴天 50%的值；说明，当有降水样本时，$T_{SN}$ 公式会对降水正确次数做出迅速反应。且在实际计算时，2 a 同期样本数据累计达 60 d×2418 点/d=145080 点，表 7.4 中所列特殊情况，完全不会出现。因此，$T_{SN}$ 公式是适用的（注：该公式仅用于降水消空的计算流程中）。

**表 7.4 $T_{SN}$ 公式在一些特殊情况下的评分表现**

| | 降水正确 $A$ | 空报 $B$ | 漏报 $C$ | 晴天正确 $D$ | 分子常数 | 分母常数 | $T_S$/% | $T_{SN}(S1,2S1)$/% |
|---|---|---|---|---|---|---|---|---|
| | | | | | $S1$ | $S3$ | | |
| 情况 1 | 100 | 0 | 0 | 0 | 0.1 | 0.2 | 100.00 | 99.90 |
| | 0 | 100 | 0 | 0 | 0.1 | 0.2 | 0.00 | 0.10 |
| | 0 | 0 | 100 | 0 | 0.1 | 0.2 | 0.00 | 0.10 |
| | 0 | 70 | 30 | 0 | 0.1 | 0.2 | 0.00 | 0.10 |
| | 0 | 0 | 0 | 100 | 0.1 | 0.2 | 不可算 | 50.00 |
| 情况 2 | 1 | 0 | 0 | 99 | 0.1 | 0.2 | 100.00 | 91.67 |
| | 5 | 3 | 0 | 92 | 0.1 | 0.2 | 62.50 | 62.20 |
| | 10 | 4 | 1 | 85 | 0.1 | 0.2 | 66.67 | 66.45 |
| | 20 | 9 | 2 | 69 | 0.1 | 0.2 | 64.52 | 64.42 |

注：情况 1-降水正确 $A=N=100$ 或 $A=0$；情况 2-降水样本较少。

#### 7.7.2.1 动态最优降水消空技术方案 1——两步法

$A$、$B$、$C$、$D$ 分别代别降水正确次数、降水空报次数、降水漏报次数、晴天正确次数，$N$ 为总样本数或总格点数。当样本总数 $N$ 固定时，由于宁夏晴天多，雨天少，会导致 $A$、$B$、$C$、$D$ 等四个数值在量级上差别很大，尤其是 $D$ 值，有时甚至比其他参数的数值高一个量级，使得用这些数据计算出的检验参数，也在数量级上有较大差别，如晴雨准确率为 91%，降水 TS 为 47%，这造成在应用传统评分公式时会出现一定缺陷。如在机器训练中，当以晴雨准确率最大来选择最优消空阈值时，最优消空阈值会变得比较大；主要原因是数值模式的空报较多，提高消空阈值，可消除大多数空报，虽然产生小部分漏报，但最终换来了最大的晴雨准确率；那么，用这种消空阈值在实际预报时会增加降水的漏报，导致 TS 评分下降。所以，为了降低这种风险，可以通过三个步骤来完成寻找最优消空阈值的过程。

（1）通过全境降水 TS 最大来确定全境最大消空阈值

通过选一个全境（宁夏境内格点范围）降水 TS 最大时对应的消空阈值，当作全境每个格点上的最大消空阈值，以便对阈值偏大预先做一个抑制措施，以保障降水 TS 有一定的准确率。具体做法如下。

针对 $N=30$ 的混合滑动训练数据，取全部格点为一个总样本，从 0.1 mm 到 3.0 mm，逐步消空、检验，直到宁夏全境 TS 最大时，所对应的消空阈值就是全境最大消空阈值，记为 $T_{\mathrm{hmax}}$（注：在这种样本环境下，$A$、$B$、$C$、$D$ 数据都会正常存在，不会出现表 7.4 中所列的一些特殊情况）。

（2）通过每个格点上晴雨准确率最大来确定每个格点的最优消空阈值

在全境最大消空阈值的限制下，针对每个格点，应用机器训练方法，当晴雨准确率最大时，对应的消空阈值，即为该格点上的最优消空阈值，从而促使晴雨准确率有一定的提高。具体做法：

应用 $N=30$ 的混合滑动训练数据，针对每个格点，从 0.1 mm 到 $T_{\mathrm{hmax}}$，逐步消空、检验，直到该格点上晴雨准确率最大时，即得到该格点上的最优消空阈值 $T_{\mathrm{hopt}}(i,j)$。

（3）用每个格点的最优消空阈值去消空最新的网格降水预报，即得到消空后的降水预报

具体做法：读取下一个时次的网格降水预报，针对每个格点，当 $y(i,j)<T_{\mathrm{hopt}}(i,j)$ 时，则 $y(i,j)=0$。$i,j$ 分别表示横坐标、纵坐标。

#### 7.7.2.2 动态最优降水消空技术方案 2——归一化法

如前所述，由于统计数据 $A$、$B$、$C$、$D$ 在数量上的差别，导致检验参数在量值上也有较大差别。为了同时兼顾，需要使用归一化处理方式，把数量级并不相等的几个数值，完全放在同一条件下应用，相当于极大提高了雨对百分率、雨空百分率和雨漏百分率的权重。

容易证明，百分率（如 $A/N$、$B/N$、$C/N$、$D/N$）参数的归一化，就是统计数据 $A$、$B$、$C$、$D$ 次数的归一化。根据统计，易知，正常情况下，统计数据 $A$、$B$、$C$、$D$ 均为单调递增函数（图 7.3），即，随着消空阈值的增大，$A$ 和 $B$ 是单调减小的，而 $C$ 和 $D$ 是单调增大的，因此其最大值或最小值就出现在初始阈值 0.1 mm 或最终阈值 3.0 mm 上。

根据数学原理，曲线的交叉点表示了相关参量同时考虑的最理想点，所以用交叉点选择最优消空阈值。如，归一化晴对次数和归一化雨对次数之间的交叉点，和归一化雨空次数与归一化雨漏次数之间的交叉点，所对应的最优消空阈值是一样的，均为 0.8 mm；而归一化晴对次数和归一化雨空次数之间的交叉点，对应 0.7 mm，用此阈值时，比用 0.8 mm 阈值的降水 TS 略大，晴雨准确率略低，如果看重降水 TS，可用 0.7 mm 阈值。对宁夏而言，晴雨准确率很高，降水 TS 偏低，所以选归一化晴对次数和归一化雨空次数的交叉点。为方便计算，所谓交叉点，就是两条曲线之差的绝对值最小。

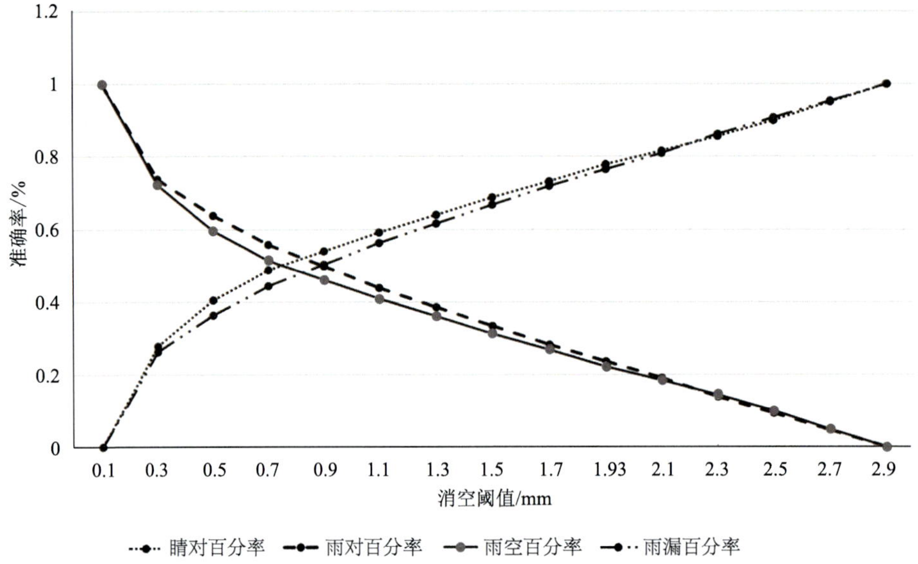


图 7.3　不同检验参数归一化后的曲线图

具体方法：先根据 0.1 mm 和 3.0 mm，统计出 $D$ 和 $B$ 的最大、最小值。再从 0.1 mm 到 3.0 mm 之间，计算每一个消空阈值对应的 $D$、$B$ 值，并归一化；求二者之间差的绝对值，当绝对值最小时，相对应的消空阈值是最优的。当 $D$ 或 $B$ 的最大值、最小值相同时，不是单调递增或递减函数，自动缺省最优阈值为 0.1 mm。这种设计思路可以迅速完成机器训练过程。

#### 7.7.2.3　数值模式降水产品空报漏报的特点

统计 2018 年 5 km 分辨率 EC 网格降水预报≥0.1 mm 空报点数，主要集中在 2.0 mm 以内，共 58302 次，占 94%，1.0 mm 以内达到 53572 次，占 86%。在 2.0 mm 以内，又主要集中在 1.0 mm 以内，达 53572 次，占 91%，而 0.5 mm 以内占 85%(图 7.4)。上述数据说明，2.0 mm 以内降水是空报的主要集中区域，在该区域，0.5 mm 以内又是主要的集中区。

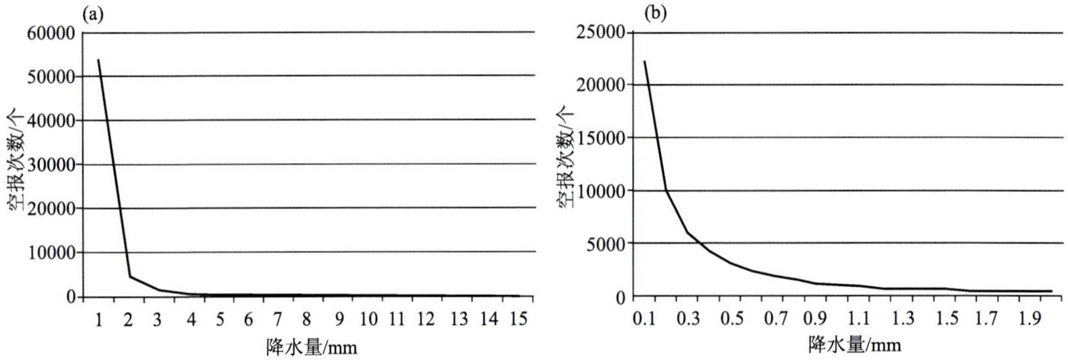


图 7.4　EC 网格降水预报的空报点数

(a)15.0 mm 内空报；(b)2.0 mm 内空报

#### 7.7.2.4　预报检验

用中央台格点降水实况对 2019 年 6 月—2020 年 5 月 12 个月的两种动态最优降水消空技术的预报产品做检验(表 7.5)。

表 7.5　2019 年 6 月—2020 年 5 月动态最优降水消空预报的检验

| 产品 | 预报时效/h | 两步法—消空后与前准确率之差/% | | 归一化法—消空后与前准确率之差/% | |
|---|---|---|---|---|---|
| | | 晴雨准确率 | 降水 TS | 晴雨准确率 | 降水 TS |
| EC | 36 | 2.63 | 3.64 | 2.39 | 2.98 |
| EC | 48 | 3.51 | 1.78 | 4.76 | 1.61 |
| CMA-MESO | 36 | 1.16 | 0.31 | 0.93 | 0.49 |
| CMA-MESO | 48 | 1.11 | 0.25 | 1.26 | 0.02 |
| CMA-SH9 | 36 | 2.00 | 0.33 | 1.03 | −0.19 |
| CMA-SH9 | 48 | 1.47 | −1.32 | 1.91 | −1.47 |
| CMA-BJ | 36 | 0.87 | −0.74 | 0.73 | −0.66 |
| CMA-BJ | 48 | 2.51 | −0.58 | 3.57 | −1.14 |

由表 7.5 可见，4 种数值预报产品中，消空后与前的晴雨准确率全部为正值，即消空后晴雨准确率提高了，且两步法在夜间提高多，归一化法在白天提高多。其中，无论黑夜或白天，EC 晴雨准确率提高最大，在 2.39%～4.76%，且白天(4.76%)高于黑夜(2.63%)。同时，交叉法均是白天高于黑夜。夜间，CMA-BJ 提高值最小，不到 1%；但白天，CMA-BJ 的晴雨准确率明显提高，在 2.51%～3.57%。

降水 TS，在 4 种数值预报产品中的表现各不相同，有升有降。对于 EC 而言，降水 TS 白天提高多(2.98%～3.64%)，夜间提高少(1.61%～1.78%)，两步法高于交叉法。CMA-MESO 和 EC 的特征类似，但提高幅度不大，均在 0.02%～0.49%。CMA-SH9 和 CMA-BJ，降水 TS 出现了较明显的下降，没有提高。

说明 4 种数值模式降水预报，经动态最优消空技术处理后，晴雨准确率全部是上升的，降水 TS 约有一半产品是上升的、一半产品是下降的。分析认为，动态最优消空技术对于像 EC 等这样的全球数值模式的消空效果最为显著。

求各数值模式在消空前、后的几个新检验参数(晴对百分率、雨对百分率、雨空百分率和雨漏百分率)的数据，然后用消空后检验数据减去消空前检验数据，得到了表 7.6 的结果，从中可以看到，经动态最优消空后的降水预报，晴对百分率增加幅度和雨空百分率下降幅度接近，而雨对百分率下降幅度和雨漏百分率增加幅度相当。如 CMA-MESO 白天(48 h)晴对百分率增加了 1.7%，而雨空百分率下降了同样数值；雨对百分率下降了 0.5%，而雨漏百分率增加了 0.6%，两个数据基本一致。说明，晴对百分率增加主要是雨空百分率下降造成，而雨对百分率下降的主要原因是雨漏百分率增加造成；归根到底，消空使雨空百分率大幅度下降，同时造成了雨漏百分率的小幅增加；4 种数值产品中，雨空百分率下降幅度是雨漏百分率增加幅度的 2～4 倍，且倍数越大，晴雨准确率和降水 TS 的增加更加明显，如 EC 的雨空百分率下降幅度就是雨漏百分率增加幅度的 3～4 倍，是几个产品中最大的。

表 7.6　2019 年 6 月—2020 年 5 月降水消空前后新检验参数的变化

| 参考产品 | 预报时效/h | 晴对百分率/% | 雨对百分率/% | 雨空百分率/% | 雨漏百分率/% |
|---|---|---|---|---|---|
| EC | 36 | 2.8 | −0.2 | −3.4 | 0.8 |
| | 48 | 4.6 | −1.1 | −5.3 | 1.8 |

续表

| 参考产品 | 预报时效/h | 晴对百分率/% | 雨对百分率/% | 雨空百分率/% | 雨漏百分率/% |
|---|---|---|---|---|---|
| CMA-MESO | 36 | 1.6 | −0.4 | −1.7 | 0.5 |
| | 48 | 1.7 | −0.5 | −1.7 | 0.6 |
| CMA-SH9 | 36 | 3.5 | −1.6 | −3.4 | 1.4 |
| | 48 | 3.1 | −1.6 | −2.9 | 1.4 |
| CMA-BJ | 36 | 1.9 | −1.0 | −2.2 | 1.3 |
| | 48 | 4.0 | −1.5 | −4.4 | 1.9 |

注:消空后百分率减去消空前百分率。

数据分析还表明,雨对百分率的下降幅度与雨空百分率的下降幅度之和,等于晴对百分率增加幅度与雨漏百分率增加幅度之和,即:$D/N+C/N=\mathrm{abs}(A/N+B/N)$。这是因为 $A+B+C+D=N$ 的缘故。也就是说,由于降水阈值消空的原因,导致雨空百分率下降和雨对百分率下降,必然引起晴对百分率上升和雨漏百分率的上升。分析认为,只想雨空百分率下降、而不让雨对百分率下降的可能性很小,因为数值模式的降水误差除了系统性误差外、还带有一定的随机偶然性;中尺度数值模式的降水误差中随机偶然性更大,从而使得消空效果有限、甚至没有效果。

由上分析可见,消空后降水 TS 下降的原因是:当空报降水值偏大且次数较多时,会导致所选择的最优消空阈值偏大,当下一时刻降水预报值低于消空阈值时就会被消掉,而实况又出现了降水,最终造成漏报,从而使降水 TS 变小。

## 7.7.3 基于多种模式实时优选和集成的降水预报方法

宁夏气象台 2022 年引进国家气象中心研发的自适应集成降水预报方法(曹勇 等,2022)。该方法基于多源数值天气模式预报值,构建了基于预报成员优选融合的 0~24 h 逐小时和 0~72 h 逐 3 h、12 h、24 h 定量降水预报模型 MAIT,分辨率为 1 km×1 km。

预报模型主要由 4 个技术模块构成。①单模式百分位映射订正技术模块。由于数值模式存在系统性的预报偏差,因此主要利用该技术模块订正单模式原始降水预报的系统性偏差。②模式订正预报成员实时优选技术模块。该技术模块会利用最新降水估测结果对数值模式订正预报进行实时检验评估,在检验评估基础上进行预报成员优选,挑选出预报结果最接近当前降水评估的数值模式订正预报成员。③预报成员实时融合技术模块。在优选成员基础上,将归一化的准确率评估结果作为权重系数进行多源模式订正预报结果融合。④融合预报的百分位映射订正模块。由于权重融合结果一定程度减弱了强降水预报,同时增加了弱降水预报,利用单模式订正预报对融合预报结果进行百分位映射,消除融合预报强度偏差,最终降水预报结果。

### 7.7.3.1 单模式百分位映射订正技术

百分位映射订正技术是一种模式降水预报订正技术,由于模式存在系统性偏差导致最终式预报降水的累积概率分布函数与实况降水的累积概率分布函数有差异,百分位映射技术主要就是实现此类系统性偏差的订正。具体计算公式为:

$$x_0=F^{-10}(F_m(x_m))$$

式中,$x_0$ 为模式降水预报订正预报值;$x_m$ 为数值模式降水预报值;$F_m(x_m)$为模式降水预报的累积概率分布函数;$F^{-10}(F_m(x_m))$为实况降水估测的累积概率分布逆函数。通过上式可以实现模式预报降水的订正。考虑到模式降水预报的误差随着季节以及预报时效会有差异，为了保证订正的效果和平稳性，在本模型中，会针对每个模式的每次起报及不同预报时效分别训练建立模型，训练数据采用滑动时间窗口的方式选取最近 3 a 的模式降水预报和对应的实况降水估测，建立短时降水预报模型，实现单数值模式预报的订正。

#### 7.7.3.2　预报成员实时优选技术

利用单模式百分位映射技术实现了模式降水预报的订正，但是对于每次降水过程预报，模式降水订正预报精度并不稳定，且精度优劣各异。因此，模型构建预报成员实时优选技术模块，在多源数值模式订正预报中挑选预报精度最高的降水预报用于后期的融合技术处理。相似标准采用余弦相似值，余弦相似值是通过测量 2 个向量的夹角余弦值来度量它们之间的相似性，余弦值为 1 代表 2 个向量同方向，−1 代表 2 个向量反方向，余弦相似值介于−1 和 1 之间。

余弦相似的特点是考虑 2 个向量之间的方向一致性，而不考虑彼此绝对长度的大小。对于模式降水预报订正场和实况降水估测场，余弦相似值则表达了两者降水预报雨带的相似程度。由于降水订正场在百分位映射部分已经实现了强度订正，余弦相似值能较好地表达出模式降水预报场和实况估测场的相似程度。在模型中，分别计算多源模式的订正降水预报与最新实况估测之间的余弦相似度。通过统计验证，发现选取 4 家数值模式订正预报参与后期的融合技术，降水预报准确率最高。

#### 7.7.3.3　预报成员实时融合技术

构建基于余弦相似值的权重融合技术，根据最新时次优选的数值模式订正预报开展实时融合，权重由实时余弦相似值进行标准化计算获取：

$$\overline{x}=\sum_{i=1}^{n}w'_i x_i$$

$$w'_i=\frac{w_i}{\sum\limits_{i=1}^{n}w_j}$$

式中，$\overline{x}$ 为多模式融合预报值；$w'_i$ 为标准化的权重；$x_i$ 为模式降水订正预报值；$w_i$ 为利用余弦相似值计算的非标准化权重；$n$ 为参与融合的模式降水订正预报值数量。

#### 7.7.3.4　融合预报百分位映射订正技术

由于构建模型中是采用线性权重融合方式，易导致预报强降水偏弱、预报弱降水偏强，主要原因为融合后的降水预报概率分布函数与单模式订正预报的分布有差异。为了消除这种系统偏差，采用百分位映射技术进行偏差订正，并设置输入训练数据为融合降水预报和优选的 4 个单模式降水订正预报，利用优选的 4 个单模式降水预报总体的累积概率分布函数完成融合降水预报的偏差订正。

#### 7.7.3.5　预报检验

利用宁夏 975 个区域自动站逐时降水资料，检验了 2022 年 6—9 月不同时效不同量级降水预报效果，结果表明：如图 7.5，0～72 h 预报时段间隔 24 h 降水 $R_{24\ \mathrm{h}}$，不同量级和预报时效的降水融合预报都较业务模式预报准确率有所提高，平均提高 3.4%，其中，$R_{24\ \mathrm{h}}\geqslant 0.1$ mm 小雨平均提高 0.8%，$R_{24\ \mathrm{h}}\geqslant 10$ mm 中雨提高 1.3%，$R_{24\ \mathrm{h}}\geqslant 25$ mm 大雨提高 0.21%，$R_{24\ \mathrm{h}}\geqslant 50$ mm 暴雨提高 0.5%；24 h 提高 0.52%，48 h 提高 2.55%，72 h 提高 1.94%。如图 7.6，0～24 h 预报时段间隔 1 h 降水 $R_{1\ \mathrm{h}}$，不同量级和预报时效的降水融合预报都较业务模式预报准确率有

所提高，平均提高 1.23%，其中，$R_{1h}\geqslant 0.1$ mm 降水提高 2.07%，$R_{1h}\geqslant 5$ mm 降水提高 0.9%，$R_{1h}\geqslant 10$ mm 降水提高 1.24%，$R_{1h}\geqslant 20$ mm 降水提高 0.62%。

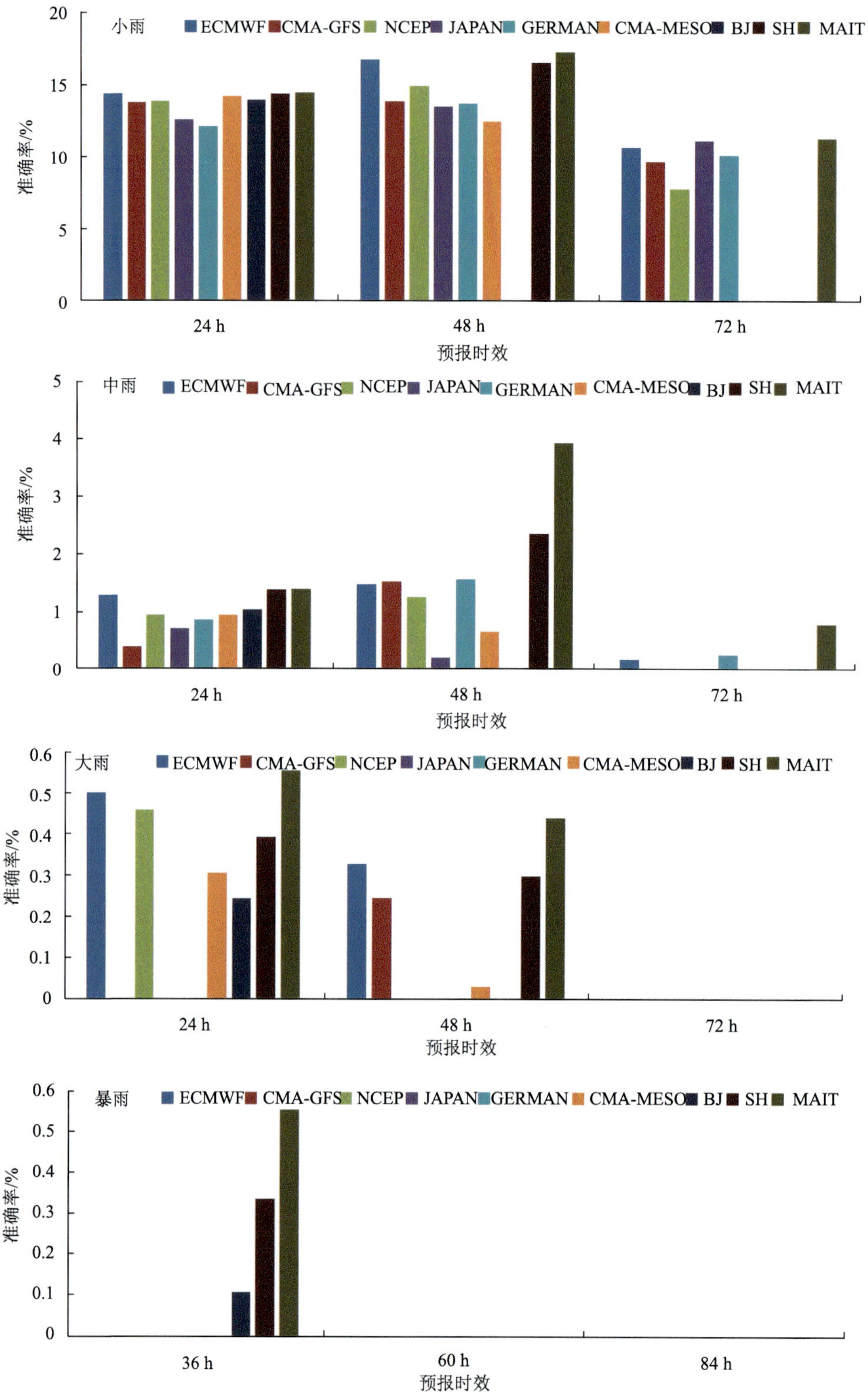


图 7.5　2022 年 6—9 月不同量级降水 0～72 h 间隔 24 h 预报准确率

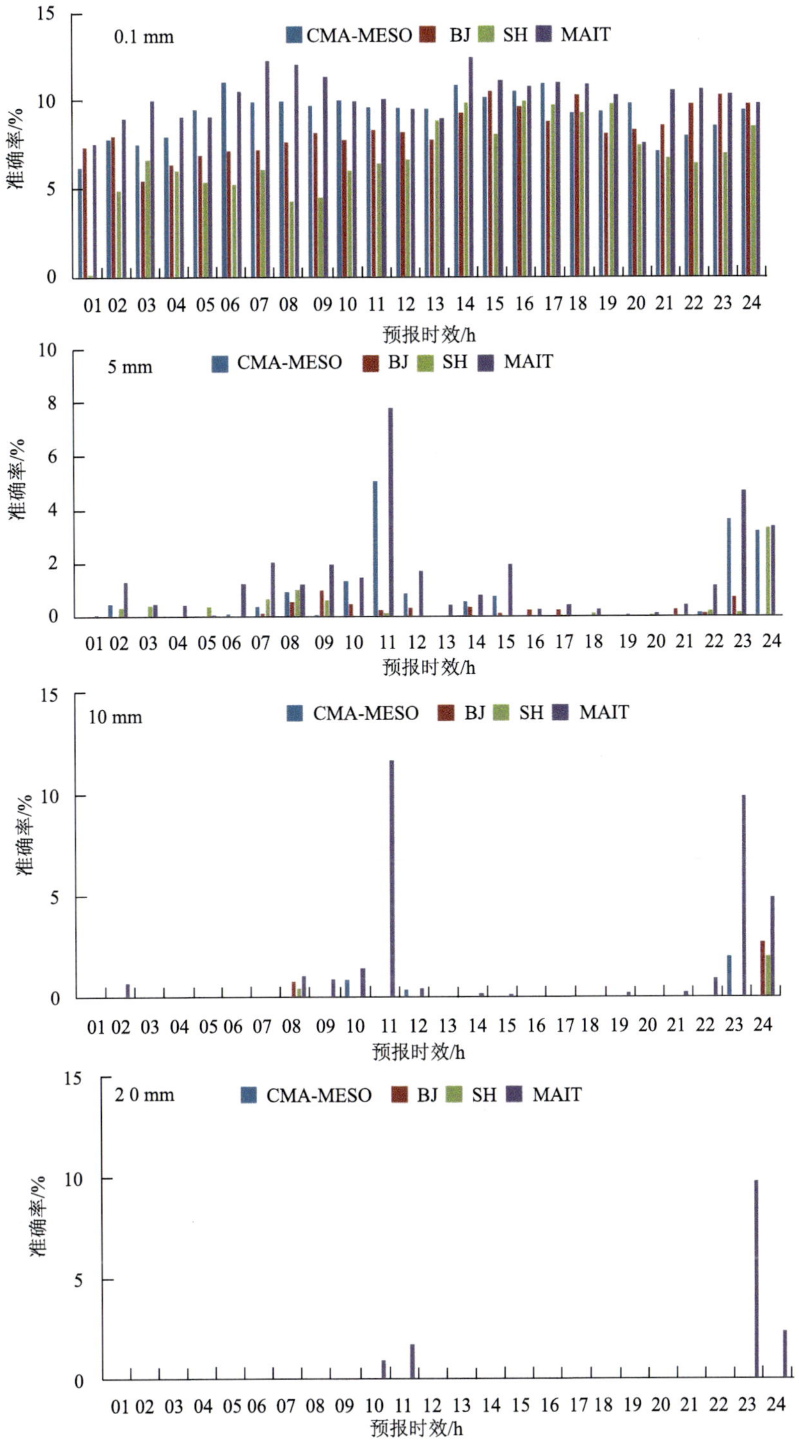


图 7.6 2022 年 6—9 月不同量级降水 0～24 h 间隔 1 h 预报准确率

## 7.8 暴雨的可预报性

数值预报已成为天气预报的核心技术，分确定性预报和集合预报，集合预报可以预报天气发展的不确定性。目前初始场数据质量不高，观测误差大，站点不足；模式分辨率提高，计算机能力不足；模式物理过程的定量化了解和描述不足，因为缺乏观测，很多因素并不知道；受到复杂地形等因素影响。从数值模式动力框架看，全球模式基本采用谱模式，计算稳定、精度高。模式分辨率的提高，意味着对物理过程的定量描述要求高。对暴雨降水强度，目前数值模式预报普遍偏小；暴雨发生、持续时间的预报准确率偏低；暴雨落区预报准确率偏低。

暴雨研究的核心问题是中尺度问题，但由于观测和科学水平认识的限制，目前仍面临着重大挑战。根据可预报性的研究，小尺度运动中不可避免的初始的不确定性，将向中尺度传播并能比天气尺度更早地达到中尺度，从而使中尺度系统具有更低的可预报性。因而增加观测密度，从而减少小尺度的不确定性是提高中尺度可预报性的一个关键。但由于这种高密度观测网费用极高，从业务上是很难实现的，即使能够实现，实践表明，也不能保证中尺度天气预报会有明显的提高。但这是否说明中尺度天气如暴雨和强对流天气的预报是不可能呢？

丁一汇(2014)根据近 20 a 的相关研究指出：对于某些重要的中尺度现象的预报并不是完全没有可能。其原因有两个。

(1)观测到的大气运动波谱由于是根据时空平均得到，只代表一种大气结构的统计状况，而许多中尺度事件是高度间断性出现的，它们并不一定符合三维乱流的理想谱，某些中尺度天气系统如锋面和热带气旋可具有特有的动力结构，它们可阻止能量向较大尺度和较小尺度的转换，对这种具有能量转换比较闭合的特性的中尺度系统可能比原认为的乱流系统具有更高的可预报性。因而提高中尺度天气可预报性的一个途径是从动力上研究和寻找中尺度系统发生发展的规律和特征以确定它们的可预报上限。

(2)影响大气中尺度系统演变和特征的第二个重要因子是边界强迫作用。许多中尺度天气事件和现象(如山脉波、海陆风、对流、地形雨、湖生雪暴、沿岸锋、地形性浅层冷空气堆)都与下垫面的不均匀性有关，它们包括地形，植被覆盖与地表特征(反照率、热容量、水汽源等)。只要在数值模式中把地面不均匀包括进去，就有可能增加由它们强迫产生的中尺度系统的可预报性。因而高分辨的具有不均匀下垫面特征的数值模式(主要是区域数值模式)的应用十分必要。由上可见，中尺度天气系统的发展可分为两类：一类是地面不均匀性强迫产生的；另一类是大尺度流场的内部影响所致，这一类除锋面，急流等系统外(由大尺度气流的切变与形变产生)，还包括大尺度气流产生的不稳定区，如在大尺度对流不稳定区发展的孤立雷暴和突发性暴雨。应该指出，即使大尺度不稳定区有较明显的可预报性，这种个别的突发现象的可预报性也可能很低，甚至完全不能预报。中尺度天气预报具有较高可预报性的条件：①预报的中尺度现象主要由大尺度气流与已知的地表不均匀性之间的相互作用产生和演变而来；②天气尺度预报比较准确，能够提供较准确的大尺度气流和天气尺度影响系统预报，根据这种好的预报至少可以确定中尺度系统和暴雨发生的潜在地区和时间，这是一种很有用的预报指导；③具有足够的大尺度气流在地表不均匀性强迫下产生变化导致中尺度系统生成和演变的知识。由于天气尺度预报目前在 1～3 d 时期内仍存在显著误差，为了使中尺度天气预报具有一定技巧，必须首先改进全球天气尺度的数值预报，尤其是发展高分辨率的全球模式，并与区域模式嵌套，同时使用集合预报方法，这是中尺度天气预报提高可预报性的必要前提。

## 7.9 本章小结

结合以往预报经验和最新研究成果，介绍宁夏和贺兰山东麓暴雨预报模型，结合暴雨触发的环境条件和卫星、雷达特征，给出了从天气尺度到中尺度的贺兰山东麓暴雨预报和监测预警指标阈值。给出了暴雨潜势预报的八个步骤，特别指出了预报中需要着重关注的关键因子，详细介绍了一般性暴雨和极端暴雨、持续性暴雨和对流性暴雨、地形对暴雨影响的预报着眼点。

针对实际业务应用情况，详细介绍了基于 C 波段雷达快速循环同化技术的宁夏 WRF-RUC、配料法、动态最优订正、多模式集成等 3 种定量降水预报方法，给出了检验评估效果。总体上，不论是中尺度数值模式，还是客观订正方法，24 h 暴雨和短时雨强 TS 评分都不足 10%，且空漏报率较高，预报效果都有待改进。

最后，探讨了暴雨的可预报性。数值预报是暴雨预报的核心技术，由于干旱区暴雨发生概率小、频次低、样本少、地形复杂，数值模式预报量级普遍偏小，暴雨发生和持续时间的预报准确率偏低，落区预报准确率偏低，预报员订正能力不足。暴雨研究的核心问题是中尺度问题，提高中尺度天气预报必须首先改进全球天气尺度的数值预报，尤其是发展高分辨率的全球模式，并与区域模式嵌套，同时使用集合预报方法，结合研究成果及预报经验和预报指标，是目前暴雨预报提高可预报性的必要前提。

# 第 8 章　贺兰山东麓典型暴雨过程分析

受地形、下垫面、天气气候的综合影响，宁夏极端暴雨主要集中在贺兰山东麓地区，多以局地短历时暴雨形式出现，致使当地洪水陡涨陡落，危害极大，是自治区防汛的重点区域。本章选取贺兰山东麓典型暴雨过程，从中尺度系统触发的环流背景和中小尺度特征，并结合 WRF 中尺度数值模拟进行详细分析，同时梳理了宁夏有完整气象数据以来的贺兰山东麓暴雨过程，详细介绍了暴雨发生时段、集中区域、过程雨量、雨强分布等特征。

## 8.1　典型暴雨过程分析

### 8.1.1　2012 年 7 月 29—30 日极值大暴雨过程的数值模拟

王晖等(2017)利用常规气象观测、银川 C 波段雷达、TBB 卫星，以及 WRF 模式模拟输出的高时空分辨率结果，对 2012 年 7 月 29—30 日贺兰山东麓地区历史极值大暴雨的环流特征及形成机理进行分析，以期为西北东部暴雨预报提供技术支撑。

#### 8.1.1.1　降水实况

2012 年 7 月 29 日 20:00—30 日 12:00，贺兰山东麓地区出现了区域性暴雨、局部地区大暴雨(以下简称“7·29”暴雨，图 8.1)。其中，累计雨量超过 50 mm 有 54 个站，超过 100 mm 有 13 个站，大暴雨主要集中在贺兰山沿山银川段及银川市。最大降水量出现在贺兰山滚钟口 174.3 mm，银川、贺兰、永宁 3 个国家级观测站分别为 119.1 mm、108.8 mm、80 mm，创宁夏有气象记录以来历史极值。

“7·29”大暴雨过程银川及周边地区经历两次强降水过程，其中，29 日 21:00—30 日 02:00 降水强度大，30 日 06:00—00:00 为降水的小峰值。宁夏北部的石嘴山地区降水呈单峰型，较大降水强度位于 30 日 06:00—08:00(图 8.2)。

#### 8.1.1.2　天气形势及影响系统

7 月 29 日 20:00(图略)，200 hPa 宁夏北部出现风速＞32 $m \cdot s^{-1}$ 的高空急流，且宁夏北部位于高空急流出口区的右侧，有利于高层空气辐散促使低层空气气流辐合抬升；500 hPa 高纬地区呈两槽一脊形势，西西伯利亚地区的槽不断分裂出短波槽向中纬度地区移动，29 日 20:00 短波槽槽线位于 96°E 附近，宁夏地区主要受西北气流控制。西太平洋副热带高压(简称“副高”)588 dagpm 线西侧位于 122°E，副高脊线在 32°N 附近，宁夏位于副高外围 584 dagpm 等值线附近。700 hPa 上，在宁夏中南部存在一稳定的暖式切变，切变线的存在不仅有利于南风气流和西北气流在该区域交汇，形成气流辐合并促使垂直运动的发展，也有利于副高外围而来的暖湿空气在宁夏北部地区聚集。

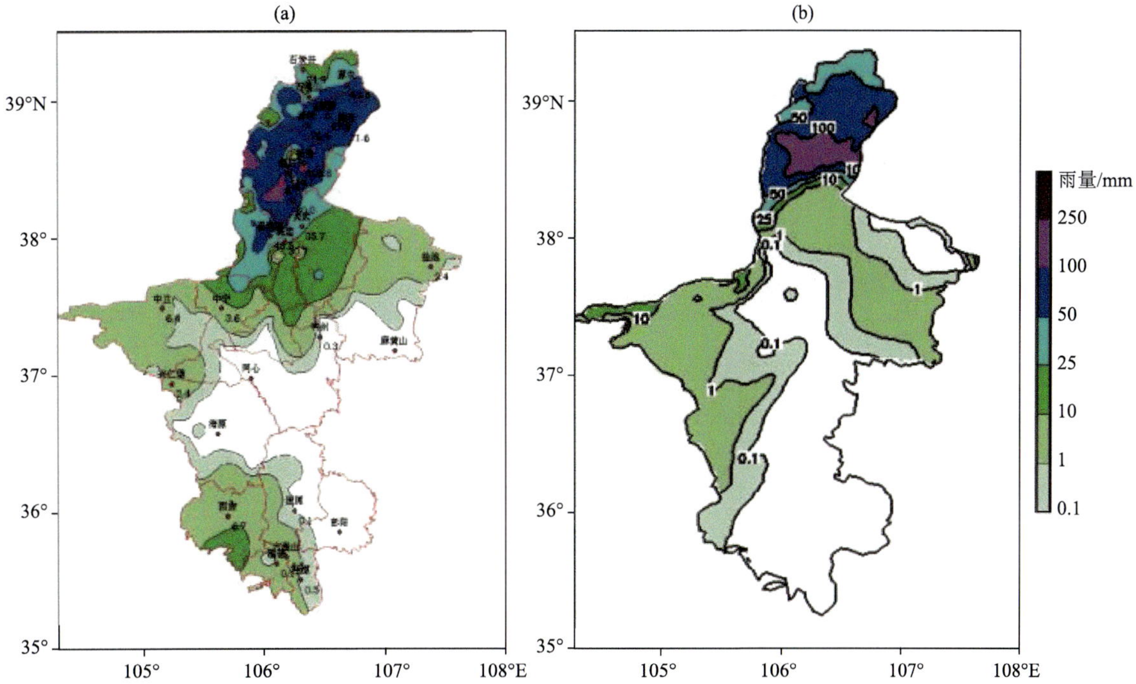


图 8.1　2012 年 7 月 29 日 20:00—30 日 12:00 贺兰山东麓实况观测(a)和模拟(b)累计雨量(单位:mm)

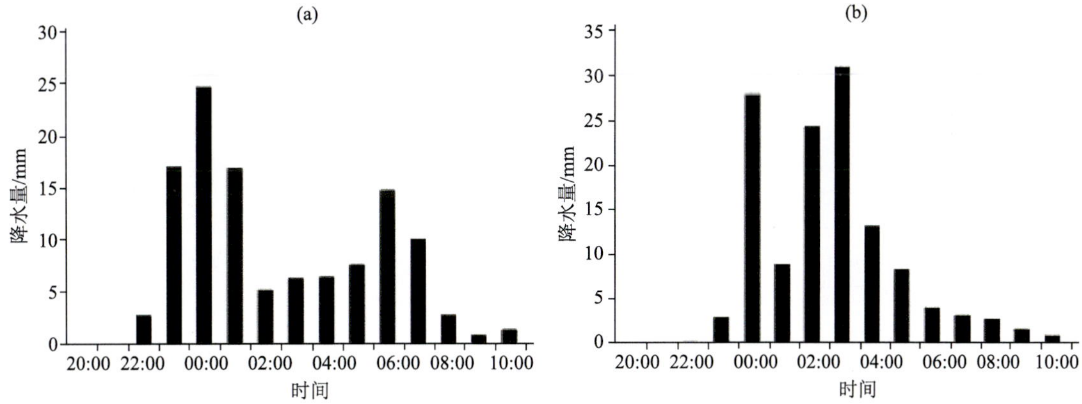


图 8.2　2012 年 7 月 29—30 日观测(a)和模拟(b)的银川站逐时降水量变化

30 日 08:00 时(图略),200 hPa 高空急流东移且强度减弱,500 hPa 短波槽移动到宁夏附近,700 hPa 宁夏以北地区有一低涡生成,低涡中心位于宁夏以北的内蒙古地区,切变线位置较 29 日 20:00 向北移动至宁夏北部地区。

以上分析说明,此次大暴雨过程与 200 hPa 高空急流,500 hPa 短波槽及 700 hPa 切变线发展密切相关。宁夏地区位于高空急流出口区的右侧,这种高空形势有利于高空强辐散运动的发展和低空气流的辐合抬升。短波槽的快速东移及切变线的北抬为暴雨的发展提供有利的动力学机制和水汽条件。

29 日 20:00 银川探空曲线分析(图略)显示 $K$ 指数为 42 ℃,明显超过 35 ℃的宁夏雷雨预报指标，在 500 hPa 到 350 hPa 之间存在正不稳定能量，CAPE 值为 79.6 $J \cdot kg^{-1}$，有一定的不稳定能量累积。银川地区存在上干下湿的垂直分布特征，在 700 hPa 到 500 hPa 之间存在明显的湿层，700 hPa 和 500 hPa 的相对湿度分别为 93%和 78%，比湿分别为 13 $g \cdot kg^{-1}$ 和 5 $g \cdot kg^{-1}$，400 hPa 附近相对湿度和比湿迅速减少，分别为 32%和 1 $g \cdot kg^{-1}$。

#### 8.1.1.3 雷达回波特征

雷达回波对引起暴雨的对流单体有很好的监测，可以再现暴雨过程中对流单体的移动和演变。从组合反射率可以看出(图 8.3)，29 日 19:00—30 日 02:00，雷达回波范围不断增大，宁夏中北部地区出现大范围>20 dBZ 的降水回波，在大范围回波中不断有>40 dBZ 的对流单体生成，这些新生成的对流单体向北移动，不断影响银川及其周边地区，宁夏中北部产生大范围强降水，强降水主要集中在银川周边。30 日 04:00 之后雷达回波强度和范围逐渐减小，且在 06:00 之后较强回波主要出现在贺兰山沿山和银川以北。10:30 之后(图略)，宁夏中北部只有部分地区出现>20 dBZ 的回波，降水过程逐渐结束。

此次暴雨过程中，雷达回波范围和强度比较大，同时在 30 日 02:00 之前不断有回波强度超过 40 dBZ 的对流单体生成，在 02:00 之后，雷达回波范围不断减小，强度逐渐减弱，降水强度也逐渐减弱。

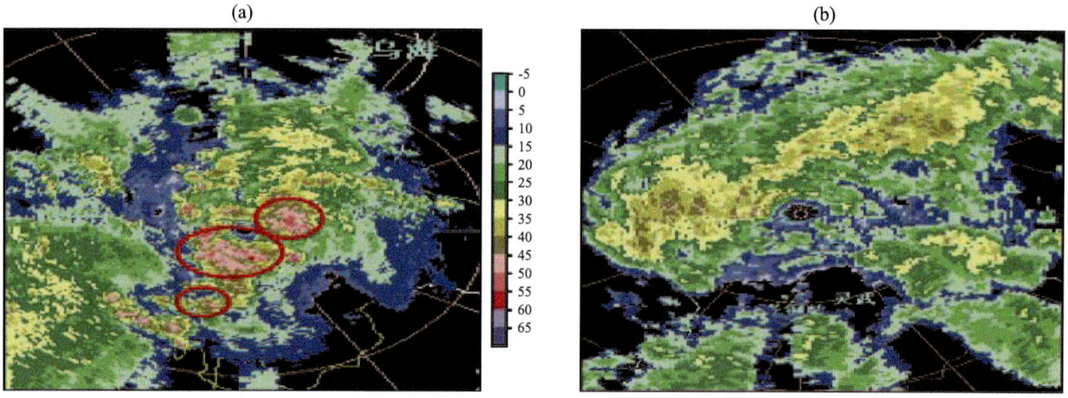


图 8.3　2012 年 7 月 29 日 22:29(a)和 30 日 08:25(b)银川雷达组合回波反射率演变(单位:dBZ)

#### 8.1.1.4 TBB 特征

TBB 资料对造成暴雨过程的强对流系统有很好的指示作用，$I_{TBB}$ 指数能够较好地显示强对流系统的结构和中心。$I_{TBB}$ 指数定义(隆霄 等，2009)如下：

$$\begin{cases} I_{TBB}=\dfrac{(225-T_{BB})}{5} & T_{BB}\leqslant 225 \\ I_{TBB}=0 & T_{BB}>225 \end{cases} \tag{8.1}$$

从 $I_{TBB}$ 指数可以看出，在 29 日 20:00(图 8.4a)，宁夏西部地区存在一个对流云团 A，同时在青海地区也存在一个强对流区 B。对流云团 A 中心 $I_{TBB}$ 指数>3.5，前缘已移近宁夏地区，宁夏北部贺兰山沿山地区降水开始。对流云团 A 继续向东发展，进入宁夏境内。至 30 日 00:00，对流云团 A 位于宁夏北部地区，对流云团 B 也东移加强，其前部已进入甘肃境内，最大 $I_{TBB}$ 超过 4.5(图 8.4b)。到 30 日 02:00(图 8.4c)，对流云团 A 的 $I_{TBB}$ 范围较 30 日 00:00 时扩大，但强度明显减弱。对流云团 B 范围也扩大，中心强度超过 4.5。30 日 04:00(图 8.4d)，对流云团 A 移出宁夏地区，对流云团 B 强度逐渐减弱，其中心 $I_{TBB}$ 为 3 左右。30 日 06:00—08:00(图 8.4e、f)，对流云团 A 在移出宁夏后逐渐消亡，对流云团 B 移动较缓慢，强度迅速减弱，

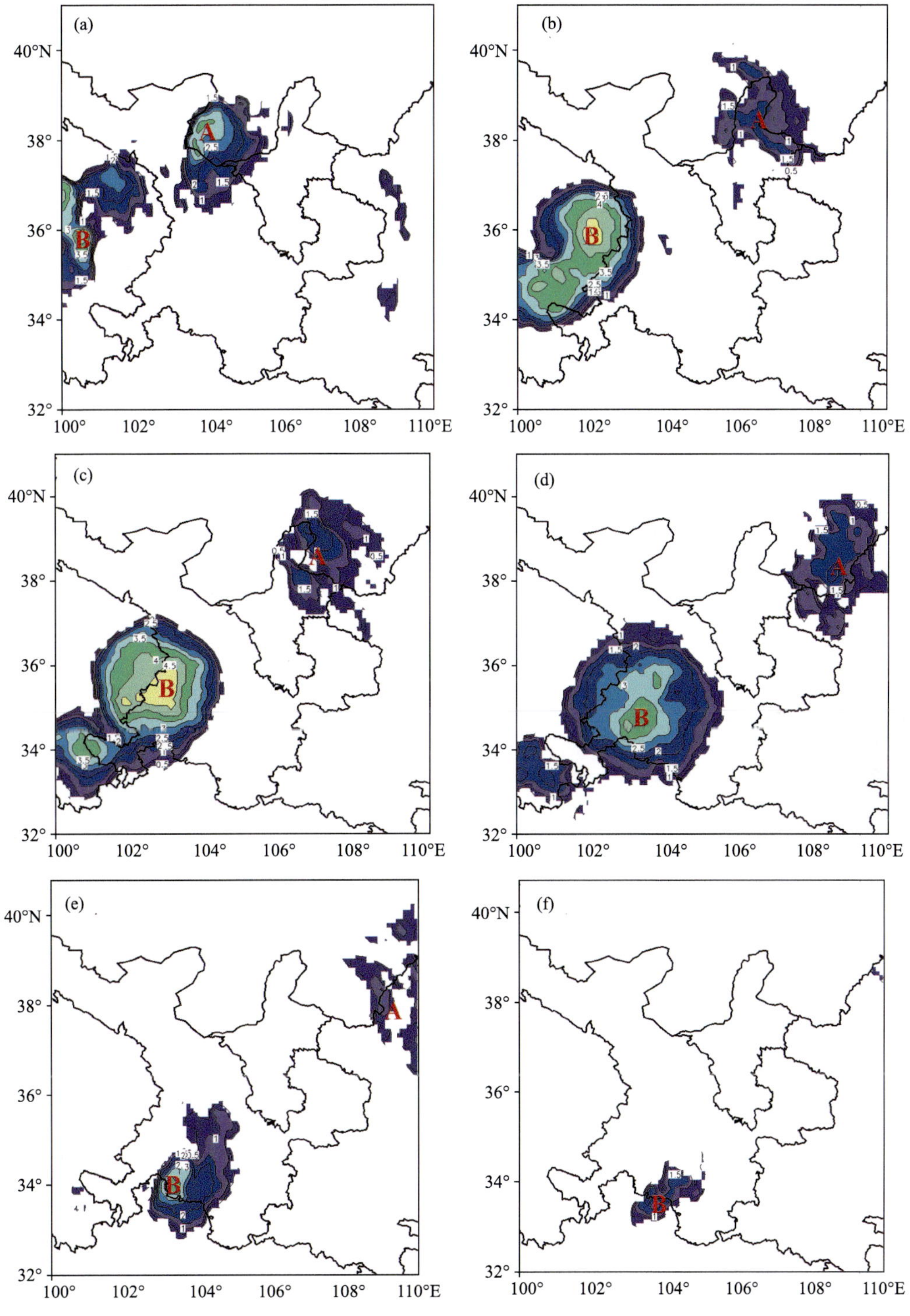


图 8.4 2012 年 7 月 29 日 20:00(a)、30 日 00:00(b)、02:00(c)、04:00(d)、06:00(e)、08:00(f)$I_{TBB}$ 指数的分布

基本未对宁夏南部地区造成影响。结合天气分析 700 hPa 环流特征发现，对流云团 A 与中尺度低涡相对应，这说明宁夏北部地区的大暴雨的强降水阶段与中尺度低涡前部的对流云团 A 的移动和发展密切相关。

#### 8.1.1.5 闪电活动特征

闪电是伴随雷暴的一种剧烈的天气现象，闪电活动与大气的不稳定因子之间必然存在一定关系，与大气中的对流运动密切相关。

观测结果也显示，此次暴雨过程中伴有明显的闪电过程（图略）。在 29 日 20:00 之前，银川地区闪电数几乎为零，此后闪电数开始增加，在 29 日 22:00—30 日 00:00 银川地区闪电活动频繁，最大闪电频次出现在 29 日 22:00，为 200 个左右，随后逐渐较少，直至次日 30 日 02:00 之后无闪电活动发生，闪电活动持续了近 6 h，并与最强降水阶段时间完全吻合。暴雨期间闪电的空间分布主要集中在贺兰、银川和永宁一带，这与此次大暴雨过程强降水落区基本一致。闪电的产生最重要的前提条件是强不稳定大气层结、丰沛的水汽和强上升运动，前面的分析表明 29 日 20:00 银川站 $K$ 指数为 42 ℃，明显大于 35 ℃雷雨指标，同时水汽供应也很充沛（700 hPa 相对湿度为 93%，比湿为 13 $g \cdot kg^{-1}$），这说明，与“7·29”大暴雨过程相伴的闪电活动是不稳定大气层结及强垂直运动的结果。

#### 8.1.1.6 数值模拟结果分析

WRF 模式是美国多单位联合开发的新一代高分辨率、非静力平衡的中尺度数值模式，主要研究从云尺度到天气尺度的天气过程，重点考虑 1～10 km 水平分辨率。因此该模式可用于中小尺度天气系统的精细研究。

本次数值模拟利用 WRFFv3.4，采用三重嵌套网格，模拟中心设在（106.13°E，38.29°N），三重嵌套网格距由外向内分别为 36 km、12 km 和 4 km，格点域分别为 180×180，195×165 和 276×273，垂直分 19 层，提供初始条件和边界条件由 NCEP 1°×1°FNL 资料产生，时间步长分别为 90 s、30 s 和 10 s，启动时间为 2012 年 7 月 29 日 08:00，共积分 36 h。

经过多次试验，选取模式结果较好的参数化方案组合，粗细网格选择相同物理过程方案，微物理过程方案第一重未使用，第二重和第三重嵌套采用 WSM6 类冰雹方案，行星边界层采用 YSU 方案，长波辐射选用 RRTM 方案，短波辐射采用 Dudhia 方案，陆面过程选用 Noah 陆面参数化方案，近地面层选用 Monin-Obukhov 方案，积云参数化第一重和第二重嵌套采用 Grell-Devenyi 集合方案，第三重未采用。粗细网格物理过程方案选择具体见表 8.1。

**表 8.1 模式物理方案参数选择**

| 物理方案 | D01 | D02 | D03 |
|---|---|---|---|
| 微物理过程 | 无 | WSM6 类冰雹方案 | WSM6 类冰雹方案 |
| 行星边界层 | YSU 方案 | YSU 方案 | YSU 方案 |
| 长波辐射 | RRTM 方案 | RRTM 方案 | RRTM 方案 |
| 短波辐射 | Dudhia 方案 | Dudhia 方案 | Dudhia 方案 |
| 陆面过程 | Noah 陆面参数化方案 | Noah 陆面参数化方案 | Noah 陆面参数化方案 |
| 积云参数化 | Grell-Devenyi 集合方案 | Grell-Devenyi 集合方案 | 无 |
| 近地面层 | Monin-Obukhov 方案 | Monin-Obukhov 方案 | Monin-Obukhov 方案 |

对比实况观测降水和模式模拟降水(图 8.1),可以看出在宁夏北部地区暴雨模拟结果的整体落区和实况较为一致,但是超过 100 mm 的大暴雨范围较实际观测范围大,宁夏中部和南部地区降水的模拟范围及量级比实况观测小。模拟的和观测的银川站逐时降水量的时间变化特征对比(图 8.2)显示,数值模式能够较好地模拟出银川站对流性和稳定性降水的阶段特征,只不过模拟的对流性阶段降水较强,而稳定性阶段降水较弱。虽然整体模拟结果的降水与实况观测的降水有一定差异,但从降水量级及其空间分布上看本次模拟结果是比较理想的。根据对比发现,本次模拟结果和实况观测高空环流形势基本一致(图略),降水落区模拟较好。由于两次实况观测时间(29 日 20:00 和 30 日 08:00)相距较远,因此,下面将利用模式模拟的高时空分辨率的结果对此次宁夏大暴雨过程的发生发展及维持机制进行深入研究。

8.1.1.6.1　中尺度环流演变特征

中尺度切变线和低涡是我国主要的降水天气系统之一,其变化对降水的产生具有重要作用,在切变线上容易产生气流辐合和上升运动,造成降水产生;而低涡的出现往往使地面气旋发生发展,使降水量大大增加,造成局地暴雨。低空急流为暴雨区带来丰沛的水汽和不稳定扰动,因此低空急流的形成和维持对暴雨区降水输送有着重要的意义。此外低空急流风速的增强对中尺度系统的触发也有着重要意义。从实况观测分析发现,在暴雨形成前期 29 日 20:00,低空急流未形成,而在 30 日 08:00,风速＞12 $m \cdot s^{-1}$ 的风区范围较小,接近消失。由实况和模拟结果对比可知,此次模拟结果和实况观测具有较好的对应,使用高水平和高时间分辨率的模拟结果分析此次暴雨的低空急流的形成和维持时间。

7 月 29 日 20:00 暴雨发生前(图 8.5a),宁夏中北部地区稳定存在一暖式切变,此时有较强的南风气流控制宁夏低层,风速逐渐增大。29 日 22:00(图 8.5b),暖式切变线北抬,低空急流逐渐形成,急流轴位于 105°E。30 日 00:00(图 8.5c,低涡环流逐渐形成,低涡中心位于 104°E 附近,切变线稳定维持在宁夏北部地区,低空急流强度和范围增大,急流轴位置移动到宁夏地区(39°N,105.5°E),急流轴方向呈东西向)。随着低涡的缓慢移动,低涡的强度和范围的增大,切变线略北抬,急流轴也随之移动,同时急流轴方向缓慢改变(图 8.5d)。30 日 08:00(图 8.5e),低涡中心东移到 105°E,暖式切变线位于宁夏北部边界地区,低空急流轴方向转为西南—东北向,急流逐渐移出宁夏北部地区,低涡后部的冷式切变逐渐增强。30 日 08:00 之后(图 8.5 f),低涡中心逐渐移动到宁夏中部地区,低空急流逐渐消失,低涡后部风速增大,冷式切变增强,冷空气南下,降水阶段结束。

“7·29”暴雨过程的对流性降水阶段,低涡和切变线的稳定少动,促使辐合增强,低空急流形成,宁夏北部位于急流轴出口地区,低层水汽不断输送到宁夏北部地区,使得对流性降水阶段有丰沛的水汽补充,强降水得以维持。随着急流轴的移动,水汽输送大大减少,降水强度逐渐减弱。从 29 日 22:00 低空急流的形成,到 30 日 08:00 低空急流轴移动并减弱,低空急流维持近 10 h,这为宁夏北部暴雨区提供了源源不断的水汽,使得降水时间得以持续。

8.1.1.6.2　高低空急流耦合

8.1.1.6.2.1　耦合机制

对比实况观测和 D03 模拟域发现,在实况观测两个时刻并无出现明显的低空急流,但 08:00 观测出现风速＞12 $m \cdot s^{-1}$ 两个站点,从 D03 模拟结果成功模拟出低空急流。以下将从高低空急流耦合机制对低空急流的形成进行分析。

在 29 日 20:00 开始,宁夏以北有高空急流,中心位于 41°N 附近,宁夏北部高空出现较强

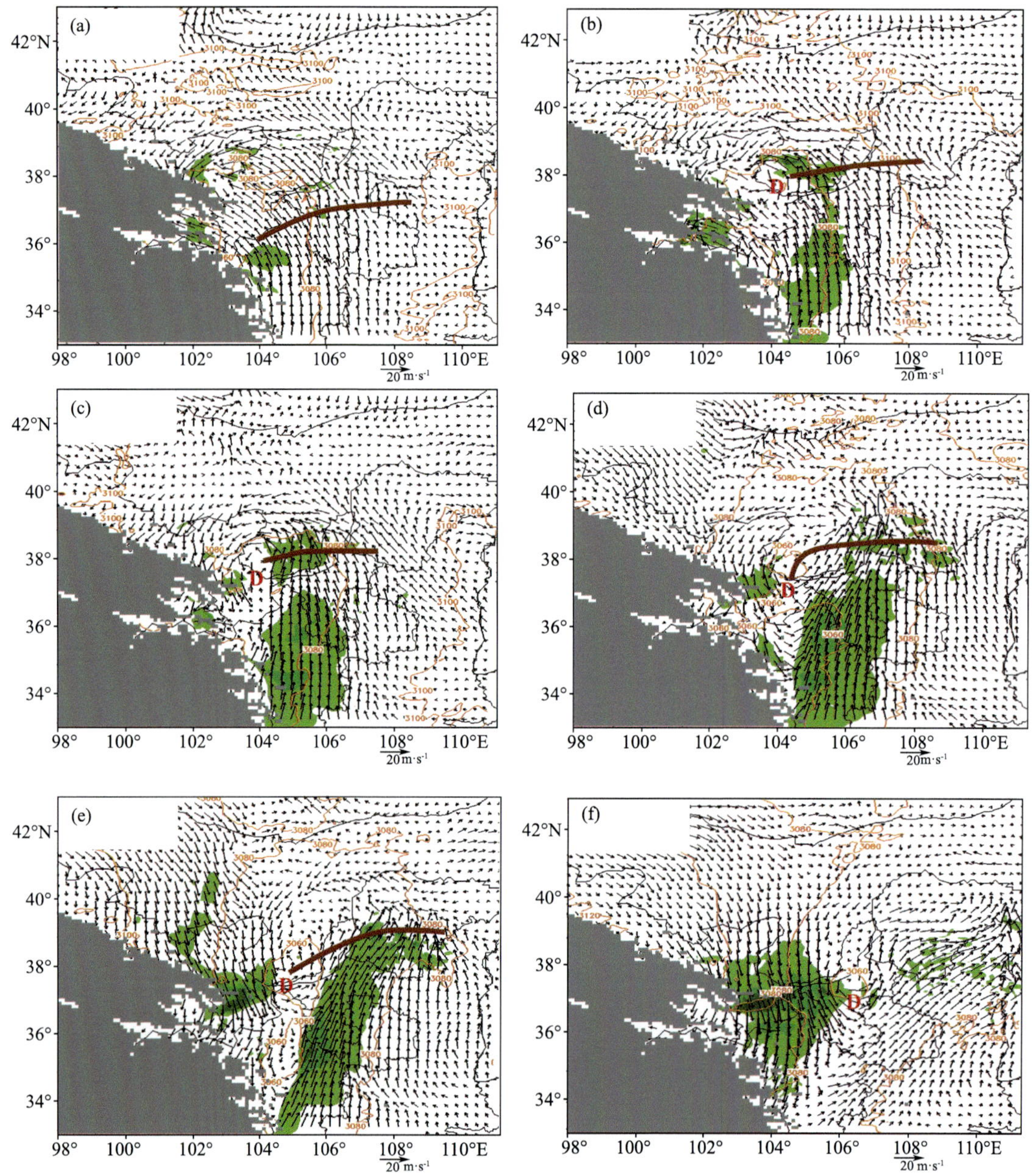


图 8.5 2012 年 7 月 29—30 日 700 hPa 的环流演变特征

(a)29 日 20:00;(b)29 日 22:00;(c)30 日 00:00;(d)30 日 04:00;(e)30 日 08:00;(f)30 日 12:00

灰色阴影区表示风速≥12 m·$s^{-1}$,黑色阴影表示地形高度>3000 m,黑色粗线为切变线

的辐散,此时在宁夏北部以南地区 700 hPa 风速<12 m·$s^{-1}$(图略)。到 30 日 02:00 对流性降水阶段,宁夏北部高空辐散增强至$-15\times10^{-5}s^{-1}$ 以上,中低层的辐合强度达到 $10\times10^{-5}s^{-1}$,高空强辐散低空强辐合导致明显的上升及 700 hPa 风速>12 m·$s^{-1}$ 的低空急流的形成和发展(图略)。到 30 日 08:00 稳定性降水阶段,高空急流强度减弱,宁夏北部的辐合辐散和上升运动明显减弱(图略)。

从散度时间—高度剖面图(图 8.6a)可以看出,29 日 20:00 的 250 hPa 高空有较强的高空辐散,但是在中低层的辐合辐散不明显,空气流入流出不平衡。在 23:00 之后低层出现明显的空气辐合,高层的辐散继续加深,到 30 日 01:00,低层空气的辐合达到最大,强度为 $20\times10^{-5}$ $s^{-1}$,高层的辐散强度在 02:00 达到最大,高低层空气辐合辐散在对流性降水阶段十分强烈。从垂直速度的变化(图 8.6b)看,29 日 22:00 以前,垂直速度较小,22:00 以后,对流活动增强,垂直速度也增大,垂直速度在 30 日 01:00—02:00 达到最大,中心位于 500 hPa 附近,随后逐渐减小,05:00 之后,对流活动减弱,垂直速度从低层到高层量级都较小。

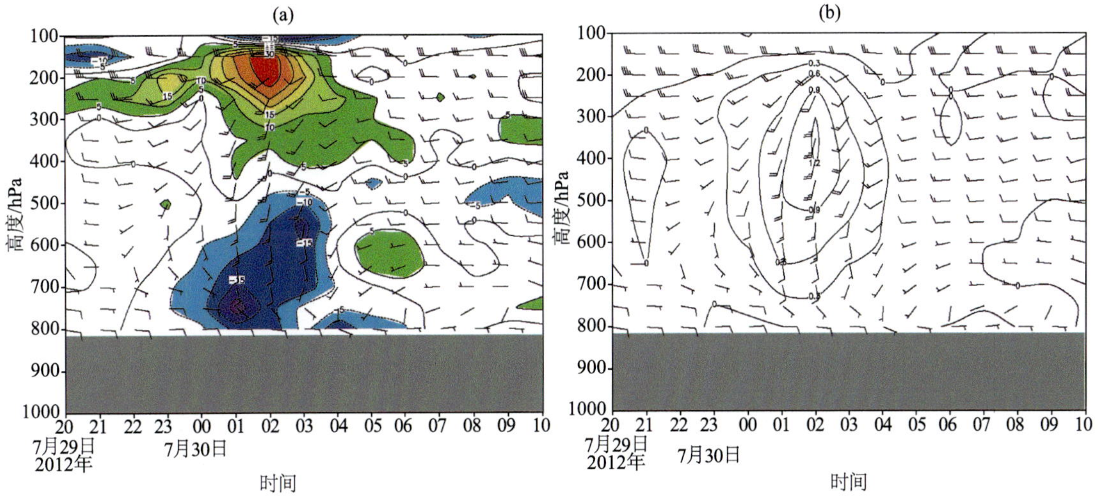


图 8.6 散度(a,填色,单位:$s^{-1}$)、垂直速度(b,等值线,单位:$m\cdot s^{-1}$)沿银川站(38.47°N,106.21°E)随时间变化剖面图。风向杆:$u$ 与 $w\times10$ 合成

以上分析发现,高层辐散明显早于低层的空气辐合,在低层空气辐合中心出现之后高空辐散继续加强,意味着高空的强辐散作用诱使低空气流辐合抬升,及低空急流的产生。丁一汇(2005)指出在高空急流出口处存在一间接环流。高空急流是低空急流形成的重要原因,在低空急流的辐合上升同时又加强了高空急流。高空急流和低空急流出现明显的交角(图略),随着高度增加,惯性平流作用不断加大,造成风随高度顺转和低层暖湿空气向上输送水汽和感热,同时低空急流向北输送水汽和感热到暴雨区,高空急流带为暴雨区带来了干冷空气,造成了暴雨区的对流不稳定。同时,高空急流出口的间接次级环流的上升支和低空急流的上升支重合,使得暴雨区的上升运动增强。

8.1.1.6.2.2 能量转化

丁一汇(2014)指出在高空急流入口为动能变化正的大值区,位能向动能转化,而在高空急流的出口区有动能变化负的大值区,动能向位能转化。200 hPa 高空急流及其动能分布(图略),高空急流在此次大暴雨过程中较为稳定,但随着时间急流中心向东移动。30 日 20:00 宁夏位于高空急流出口的右侧(图略),随着高空急流的移动,在 30 日 00:00 宁夏不再位于高空急流出口右侧(图略)。从动能分布看出,高动能区位于高空急流轴附近。

沿银川站 106.21°E 对高空急流出口做动能变化的剖面图(图 8.7a、b)中可以看出,在高空急流出口区主要为动能变化的负值,即动能向位能的能量转化区,能量的这种转化,使高空急流出口区右侧出现上升气流。

银川站动能变化随时间变化图表明(图 8.7c),从 29 日 20:00—30 日 04:00,银川站上空 100～300 hPa 主要为动能变化的负值区,最大动能转化出现在 29 日 23:00 的 200 hPa,低层在 30 日 01:00 左右出现动能变化的正值区,04:00 之后高空出现动能转化的负值区。表明:位于高空急流出口区右侧的银川地区在对流性降水阶段高空动能向位能转化,低层位能向动能转化,能量的转换有利于上升支上升运动的不断增强,使得大气垂直方向进行质量调整;低层的风速不断增大,垂直运动不断增强,这有利于低空气流辐合增强和低空急流的形成和发展;低空急流的辐合上升又加强了高空急流,高低空急流上下耦合作用是强暴雨发生的重要原因。

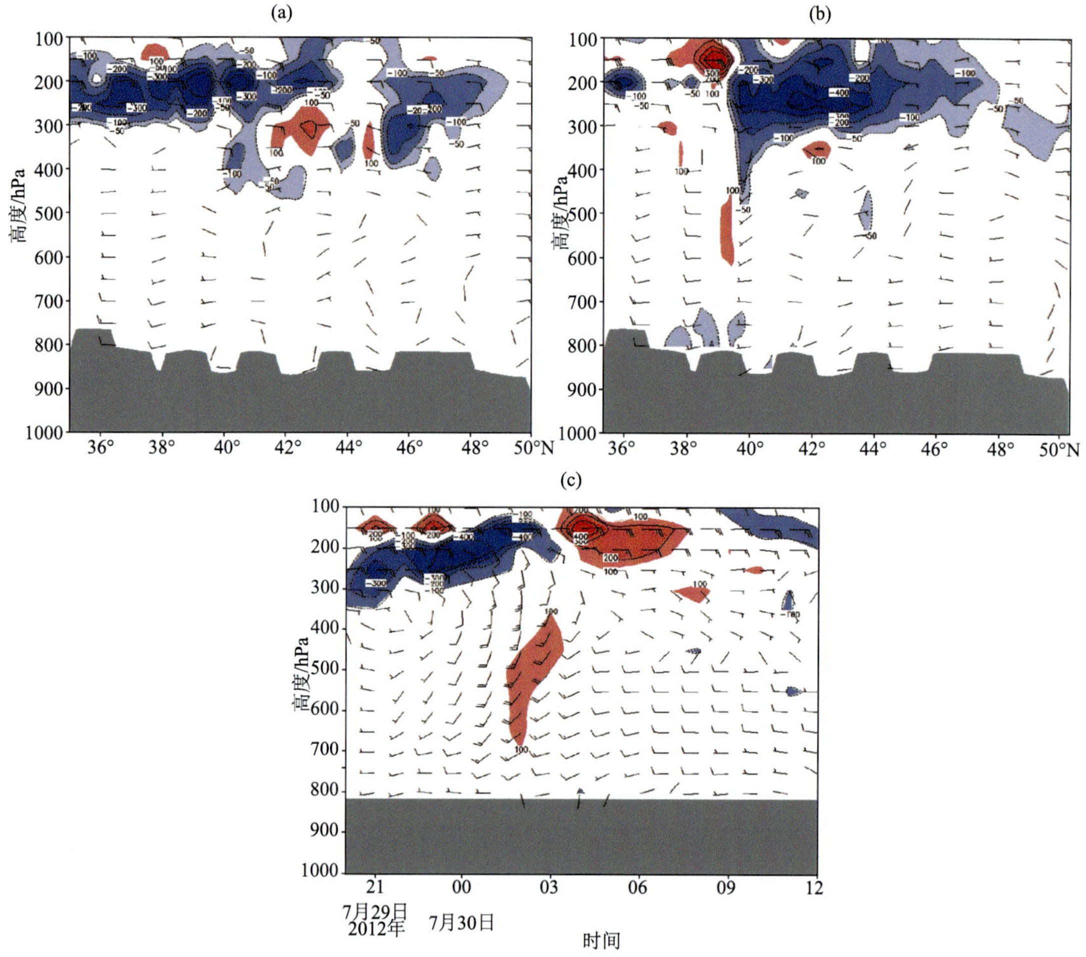


图 8.7　动能变化沿 106.21°E 高空急流出口区分布(a:29 日 22:00,b:30 日 04:00)与沿银川站(38.47°N,106.21°E)随时间变化图(c)。风向杆:$v$ 与 $w\times20$ 合成,填色:动能变化,单位:$10^{-4}\,\mathrm{J\cdot kg^{-1}\cdot s^{-1}}$),灰色阴影为地形高度

8.1.1.6.3　非线性平衡方程(ΔNBE))的诊断分析

一级近似的水平散度方程为(寿亦萱,2007):

$$\frac{\partial D}{\partial t} = -u\frac{\partial D}{\partial x} - v\frac{\partial D}{\partial y} - D^2 + 2J(u,v) + f\zeta - \nabla^2\phi - \beta u \tag{8.2}$$

式中，$\frac{\partial D}{\partial t}$为水平散度的局地变化，$-u\frac{\partial D}{\partial x}$和$-v\frac{\partial D}{\partial y}$为散度平流项，$-D^2$ 为散度平方项，$J(u,v)$为雅克比算子，$\zeta$ 为相对涡度，$\nabla^2$ 为拉普拉斯算子，$\Phi$ 为位势高度。尺度分析表明，对大尺度运动而言，相对散度方程的右边而言，左端各项为小项，可以得到如下的非线性平衡方程：

$$\Delta NBE=2J(u,v)+f\zeta-\nabla^2\phi-\beta u \tag{8.3}$$

在中小尺度天气系统的发展演化过程中，高空急流的发展及其相伴的能量转化必然引起低层空气质量的调整，促使低空急流产生，这也使得对流层低层的大气不平衡分布特征增强。而中小尺度天气系统的产生是大气内部非线性平衡强迫的产物，因此可以通过非线性平衡方程诊断和分析大气场的不平衡特征，动量场（地转流函数）和质量场（位势高度）之间的调整，从而为中小尺度天气系统的生成和预报作指导（陈忠明 等，2004；刘汉华 等，2010）。

由式（8.2）和式（8.3）可以看出：

$$\frac{\partial D}{\partial t}=-u\frac{\partial D}{\partial x}-v\frac{\partial D}{\partial y}-D^2+\Delta NBE \tag{8.4}$$

下面，将主要分析散度方程中散度的局地变化和 ΔNBE 中各项的变化特征。在对流性降水阶段，700 hPa 切变线附近水平散度的局地变化呈 $\frac{\partial D}{\partial t}<0$ 的特征，30 日 00:00 散度的局地变化达到 $-2\times10^{-6}\ s^{-2}$（图 8.8a）。在稳定性降水阶段，随着 700 hPa 切变线的东移和减弱，水平散度的变化减小（图 8.8b）。说明在对流性降水阶段，切变线周围水平辐合辐散变化剧烈，大气流场和质量场不平衡性特征明显，中小尺度系统不断发展，在稳定性降水阶段，局地水平辐合辐散变化较小，大气场内部的不平衡特征减弱。

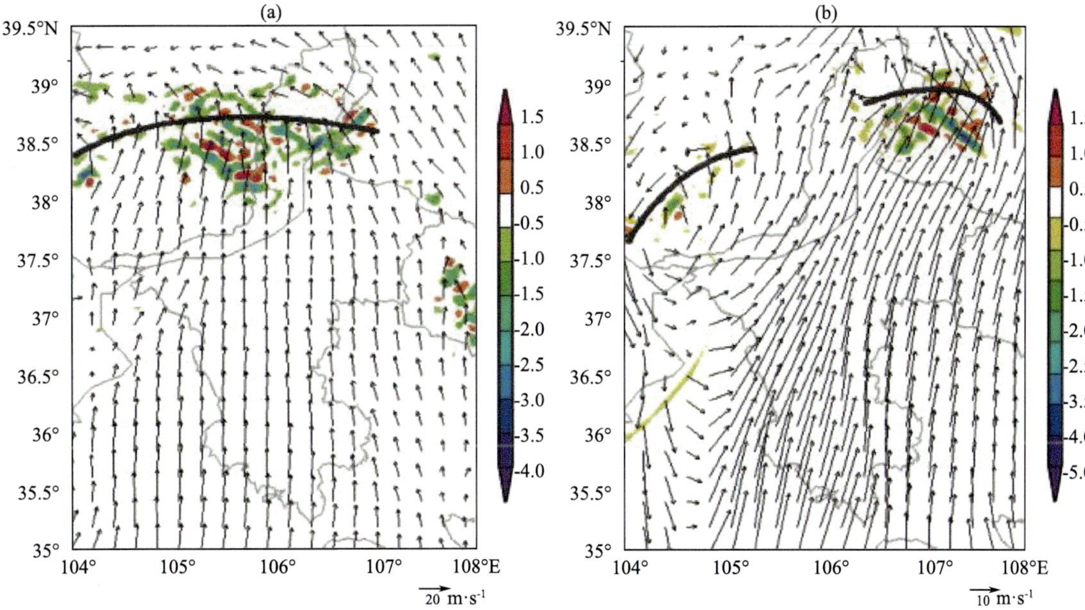


图 8.8 2012 年 7 月 30 日 00:00(a)和 05:00(b)700 hPa 风场（矢量，单位：$m\cdot s^{-1}$）和散度方程的局地变化项 $\frac{\partial D}{\partial t}$（彩色区，单位：$10^{-6}\ s^{-2}$）分布特征。黑色粗线为切变线

从流场演变可以看出，此次大暴雨过程与暖式气流切变密切相关。在 29 日 20:00（图

8.9a)，暖式切变线主要位于宁夏以西，切变线附近出现了 $1\times10^{-6}\,s^{-2}$ 的大值区和 1 h 后降水量为 5 mm 的降水中心，宁夏北部切变较弱；到 22:00(图 8.9b)，切变线迅速东移到宁夏北部地区，且强度增强，ΔNBE 的大值区也东移增强，1 h 后降水强度也不断增强(图 8.8b)；23:00(图 8.9c)，切变线稳定维持在宁夏北部地区，此时 ΔNBE 的范围和强度也不断增强，最大的 ΔNBE 达到 $6\times10^{-6}\,s^{-2}$，1 h 后降水范围和强度也达到最大；此后暖式切变线减弱东移时，ΔNBE 强度也变小，对应降水率也减弱(图 8.9d)。ΔNBE 大值区主要出现在暖式切变线较强切变附近，并与该切变线的发展变化相伴。

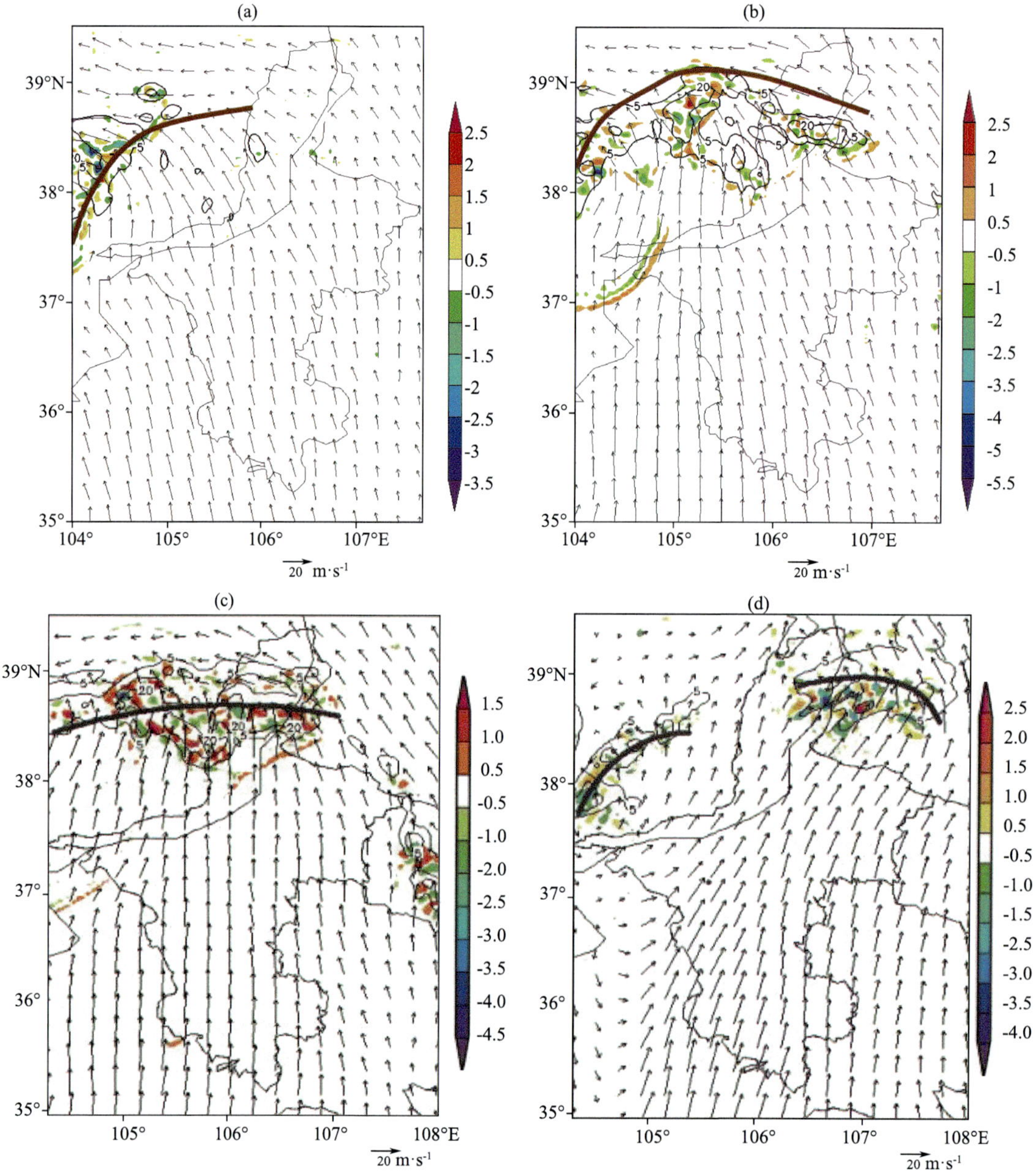


图 8.9　700 hPa 风场(矢量，单位：$m\cdot s^{-1}$)、ΔNBE(阴影，单位：$10^{-6}\,s^{-2}$)、1 h 后降水(等值线，单位：mm)分布图
(a)29 日 20:00；(b)29 日 22:00；(c)29 日 23:00；(d)30 日 04:00(粗实线为切变线)

ΔNBE 主要是由式(8.2)右端 $2J(u,v)$ 和 $-\nabla^2\phi$ 组成，$f\zeta$ 和 $-\beta u$ 分别在量级在 $10^{-7}\ s^{-2}$ 和 $10^{-8}\ s^{-2}$(图略)。从图 8.10 可以看出，在对流性降水阶段，随着切变线的东移和增强，切变线附 $2J(u,v)$ 和 $-\nabla^2\phi$ 逐渐增强，在 30 日 00:00 出现 $1\times10^{-6}\ s^{-2}$ 大值区，其范围和强度不断增强，大气内部的不平衡不断增强(图 8.10a、b)；在稳定性降水阶段，切变线东移减弱，$2J(u,v)$ 和 $-\nabla^2\phi$ 逐渐减弱(图 8.10c、d)。对比发现，在对流性降水阶段，$-\nabla^2\phi$ 的范围较 $2J(u,v)$ 大，二者中 $-\nabla^2\phi$ 对 ΔNBE 的贡献更大，在稳定性降水阶段，二者均迅速减小，大气内部流场和质量场的不平衡减弱。

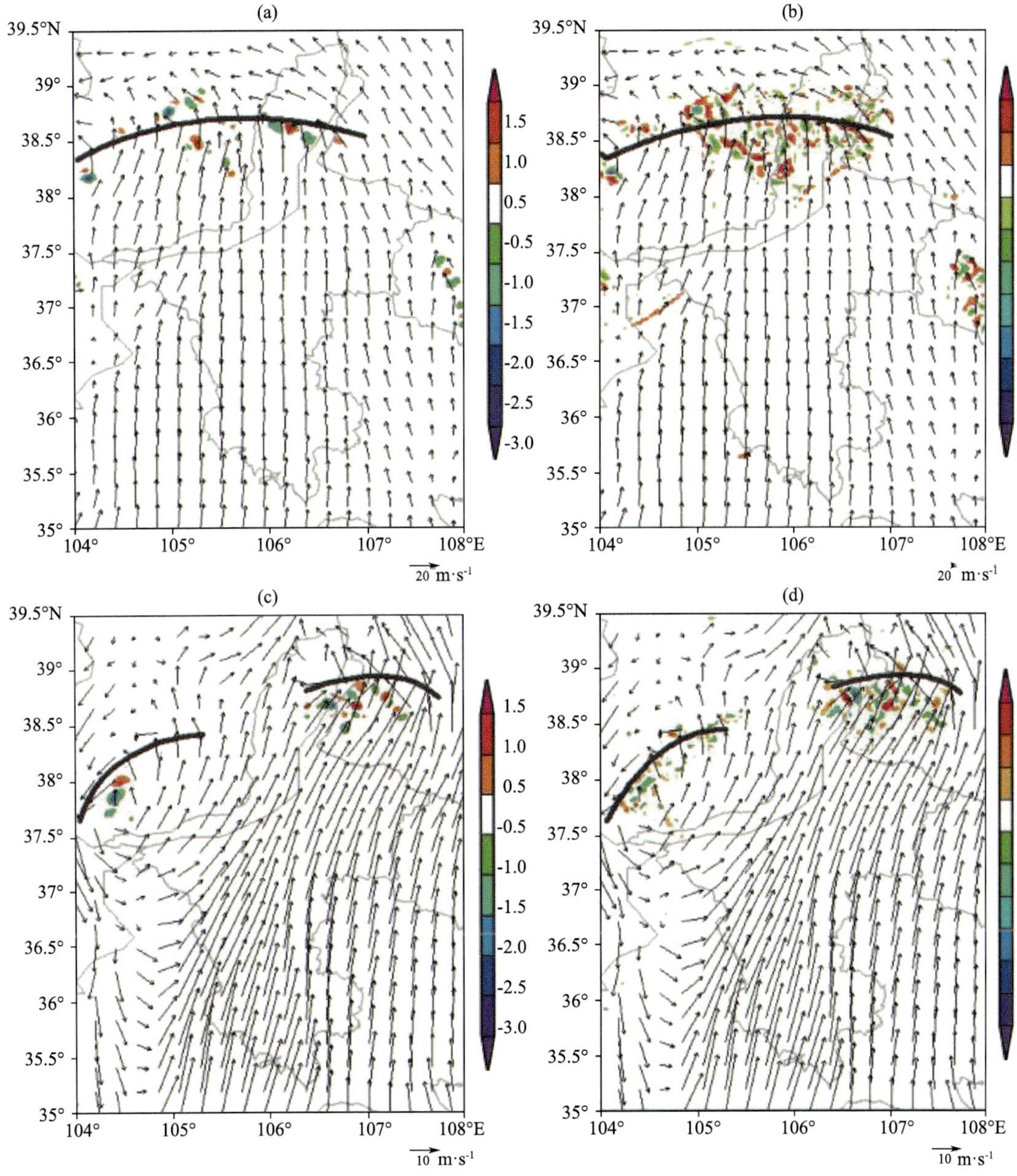


图 8.10　2012 年 7 月 30 日 00:00(a,b)和 05:00(c,d)700 hPa $2J(u,v)$(左，彩色区，单位：$10^{-6}\ s^{-2}$)和 $\nabla^2\phi$(右，彩色区，单位：$10^{-6}\ s^{-2}$)分布特征。矢量为风场(单位：m·s$^{-1}$)，黑色粗线为切变线

以上分析表明，在中小尺度系统发展演化的过程中，引起散度局地变化主要是 ΔNBE 贡献的结果，非线性平衡方程的残差 ΔNBE 主要与 $J(u,v)$ 和 $-\nabla^2\varphi$ 的分布密切相关，这说明大气内部的流场和质量场的不平衡发展与中小尺度系统相伴发生，同时这种不平衡的调整和增强，也影响着中小尺度系统的移动和维持，从而进一步影响强降水的形成和落区。ΔNBE 的范围与 1 h 后强降水的落区有较好的对应关系，对流性降水阶段 ΔNBE 较大，而在稳定性降水阶段，大气的质量场和流场之间的不平衡 ΔNBE 减小，ΔNBE 对稳定性降水的影响较小。

8.1.1.6.4　水汽特征及水汽输送

水汽的输送对降水的形成和维持具有重要的影响，但是单点降水的输送并不能代表该地区水汽输送的真实情况。本文选取 35.2°—39.4°N，104.2°—107.7°E 作为计算水汽输送的区域，水汽垂直积分为 400～800 hPa。各方向上水汽通量收支的计算公式（刘汉华 等，2010）为：

$$Q_L = \int_L \left[ -\frac{1}{g}\int_{p_2}^{p_1} qV\mathrm{d}p \right] dl \tag{8.5}$$

式中，$q$ 为比湿（单位：$\mathrm{g \cdot kg^{-1}}$），$L$ 为计算区域的周长。垂直积分正值和负值分别表示该边界的输入和输出水汽。

首先对暴雨区银川站的水汽条件进行分析。从比湿时间变化图 8.11a 看出，宁夏银川自 29 日 20:00 一直处于高湿环境中，700 hPa 其比湿为 12 $\mathrm{g \cdot kg^{-1}}$，500 hPa 比湿为 4 $\mathrm{g \cdot kg^{-1}}$。低空急流在 22:00 左右建立，此时 700 hPa 的比湿明显增大，同时由于低空急流的维持，使得水汽源源不断地补充，比湿在 700 hPa 此后一直维持在 14 $\mathrm{g \cdot kg^{-1}}$ 左右，500 hPa 水汽变化较 700 hPa 更为明显，22:00 后，比湿从 4 $\mathrm{g \cdot kg^{-1}}$ 增加为 6 $\mathrm{g \cdot kg^{-1}}$。30 日 04:00 之后，随着低空急流轴转向，水汽输送开始减弱，比湿逐渐减小，水汽厚度也逐渐减小，但低层水汽含量仍然较高。

从相对湿度剖面图 8.11b 可以看出，从 29 日 22:00 开始至 30 日 05:00，大于 95%相对湿度达到 400 hPa 附近。这样深厚的水汽条件为暴雨的持续提供了有利的水汽条件。同时，比湿和相对湿度时间变化剖面图也与此次暴雨的两个阶段有很好的对应，29 日 23:00—30 日 04:00 此次暴雨过程的对流性降水发生时段，水汽比较深厚，丰沛的水汽条件为对流性降水提供了源源不断的水汽。而 30 日 04:00 之后，比湿减少，相对湿度厚度减小，但低层仍然维持在较高的水汽条件下，这也是此次过程转为稳定性降水得以维持的原因之一。

综上所述，此次暴雨过程的水汽条件有以下两个特点：一是水汽输送持续时间长；二是水汽层厚度大。

图 8.11c 为宁夏净水汽输入，图 8.11d 为宁夏地区各边界水汽输送情况。从图 8.11c 中可以看出，在整个降水过程中，水汽输送有两个峰值区，一个位于 29 日 20:00—30 日 05:00，这个阶段的水汽输送较强，达到 $280\times10^7\ \mathrm{kg \cdot s^{-1}}$，另一个位于 30 日 05:00—11:00，净水汽输送为 $150\times10^7\ \mathrm{kg \cdot s^{-1}}$ 左右。这两个阶段的水汽输送特征与前面分析降水的两个阶段相适应。

在暴雨发生之前（29 日 20:00 前），宁夏地区各个边界的水汽输入和输出都较低，水汽输入以偏南风水汽输送为主，净水汽输送以弱的水汽输入为主，随着偏南风的不断增强净水汽输送不断增加。21:00 之后，低空急流建立南边界的水汽输送明显增大，东边界水汽输送逐渐由输出转为输入，北边界的输出和输入变化幅度较小，而西边界有持续稳定增大的水汽的输出。29 日 21:00—30 日 05:00，南边界都维持较高的水汽输入，西边界水汽输出也逐渐增大，宁夏地区的净水汽输入在 29 日 22:00—30 日 03:00 维持在 $250\times10^7\ \mathrm{kg \cdot s^{-1}}$ 左右的较高数值。30 日 05:00 之后，南边界水汽输送明显开始减弱，净水汽输入也降低，维持在 $150\times10^7\ \mathrm{kg \cdot s^{-1}}$

左右。在 30 日 11:00 之后，各个方向上水汽的输送和净水汽输入都明显减弱，降水过程逐渐结束(图 8.11d)。

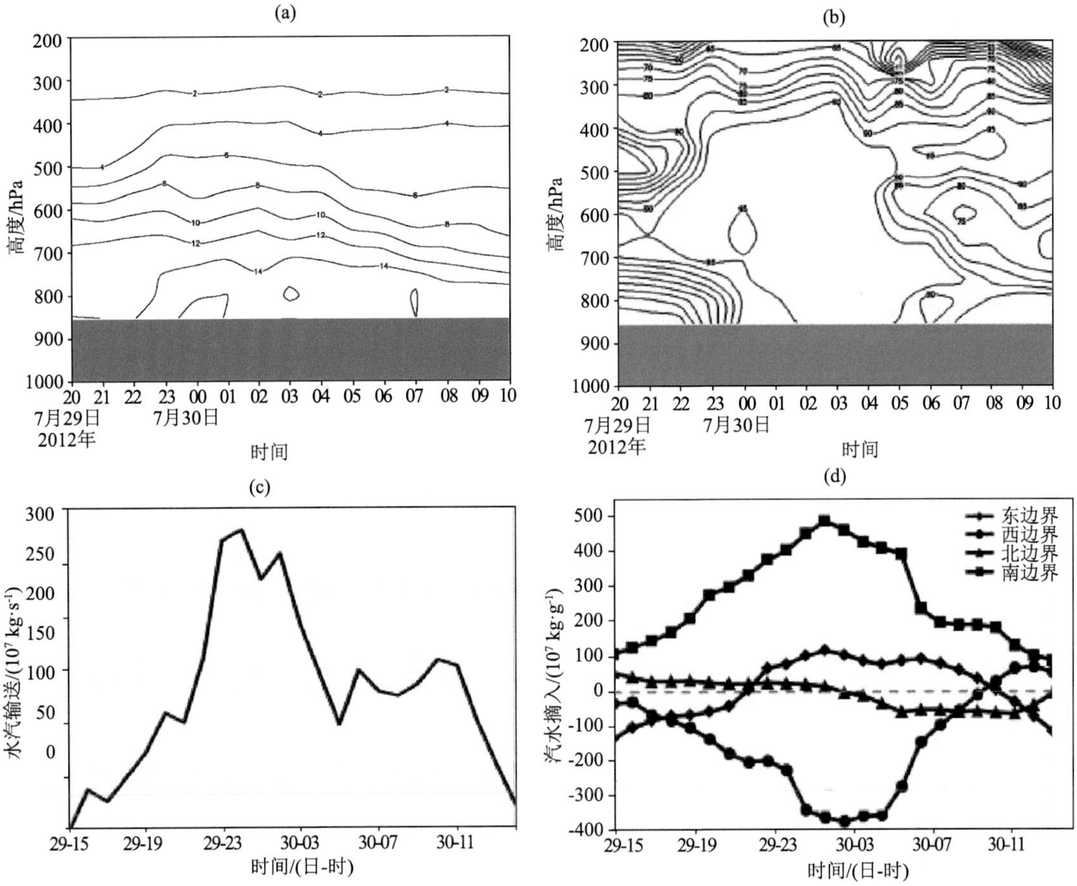


图 8.11　比湿(a，单位：$g \cdot kg^{-1}$)、相对湿度(b)沿银川站(38.47°N，106.21°E)随时间变化剖面以及 29 日 15:00—30 日 14:00 宁夏各边界水汽输送情况(单位：$10^7\ kg \cdot s^{-1}$)(c)和净水汽收支(d)各边界水汽输送图

以上分析说明，此次暴雨过程中水汽含量充沛，水汽层厚度大，水汽主要是由偏南风低空急流输送，水汽输送变化与低空急流形成和发展演变基本一致，净水汽输送量的变化也与此次暴雨过程中对流性降水阶段和稳定性降水阶段较为吻合，稳定性降水阶段和暴雨过程的结束与水汽输送的减少密切相关。

8.1.1.6.5　对流有效位能 CAPE 诊断

对流有效位能(CAPE)作为对流发展的重要标志，表征着湿对流条件下，地面气块绝热上升过程中可能释放的不稳定能量，对流有效位能为气块抬升提供了必要的能量，CAPE 的释放是对流发展所必需的。

图 8.12 为暴雨期间诊断的 CAPE 水平分布，在暴雨发生前期(29 日 20:00，图 8.12a)，宁夏大部分地区均存在正的对流有效位能，其中中北部地区中心最大值超过 800 $J \cdot kg^{-1}$，随后低空急流的建立，东南气流使不稳定能量在宁夏北部地区附近不断积累和维持，最强时 CAPE 只达到 1400 $J \cdot kg^{-1}$(图 8.12b，图 8.12c)，由于对流性降水阶段垂直运动很强烈，触发对流有

效位能的释放，随着降水发生秦岭地区的 CAPE 值逐渐减小，到降水过程后期（30 日 08:00，图 8.12d），CAPE 值减少为 700 J·kg$^{-1}$ 左右，且范围也大大减小。在稳定性降水阶段，垂直减小，对流有效位能进一步释放，在 30 日 10:00 时（图略），CAPE 减小低于 200 J·kg$^{-1}$，此时此次降水过程也接近结束。在 12 个小时内 CAPE 变化值达 1300 J·kg$^{-1}$，可见对流有效位能对此次暴雨过程形成大量级的降水有重要作用。对流有效位能的变化表明，暴雨区降水的形成与 CAPE 的释放密切相关。

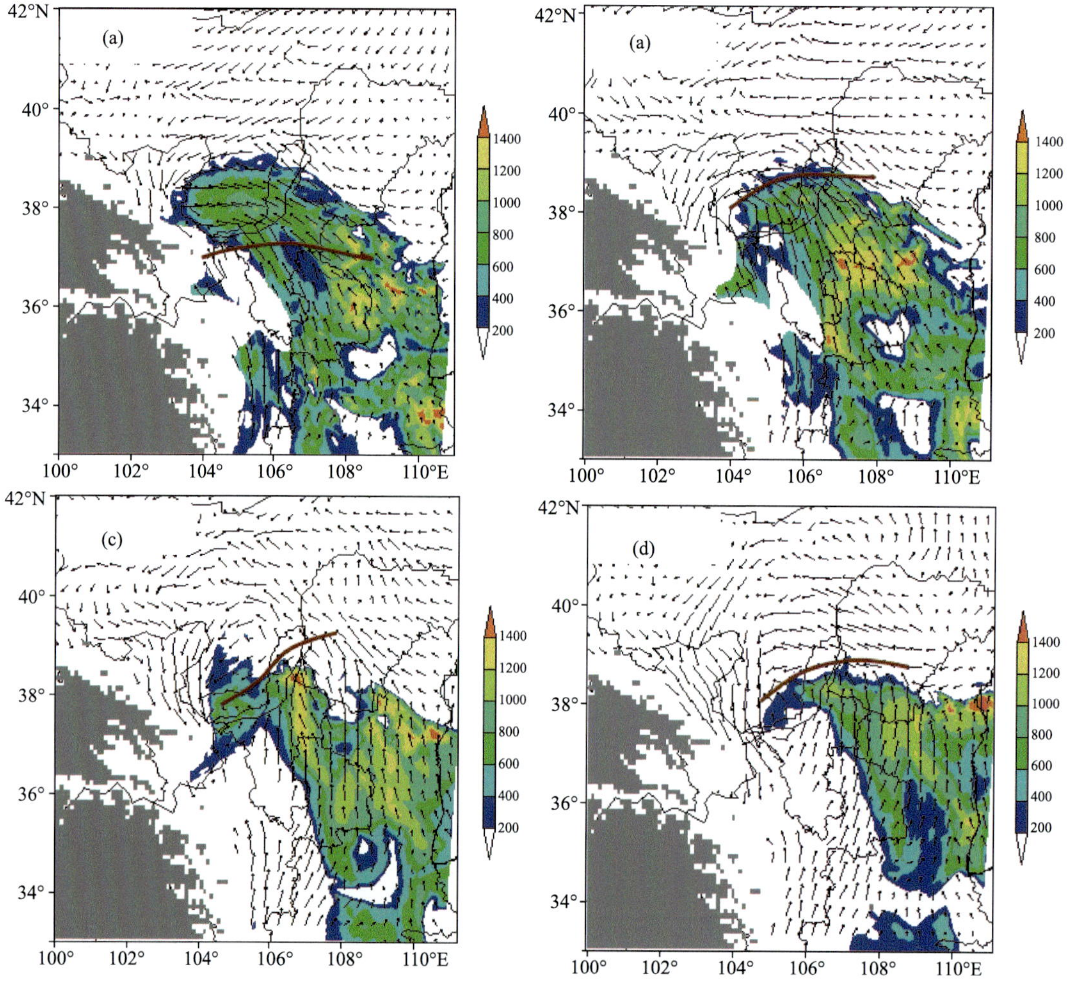


图 8.12　对流有效位能 CAPE 分布图（填色区：CAPE≥200 J·kg$^{-1}$，粗实线为切变线）
(a)29 日 20:00；(b)29 日 23:00；(c)30 日 04:00；(d)30 日 08:00

8.1.1.6.6　不稳定层结

对流不稳定是气层被整层抬升达到饱和时的不稳定，许多强对流天气都是发生在对流不稳定的情况下。$\theta_{se}$ 等值线密集区为大气能量锋区，暴雨的发生需要存在能量锋区。

$$\frac{\partial \theta_{se}}{\partial z} = \begin{cases} >0，对流性稳定 \\ =0，对流性中性 \\ <0，对流性不稳定 \end{cases} \tag{8.6}$$

式中，$\theta_{se}$ 为假相当位温。

从图 8.13a 可以看出，暴雨刚开始时(29 日 20:00)，从地面至 500 hPa$\theta_{se}$ 随高度增加而减小，在 500 hPa 以上 $\theta_{se}$ 随高度增加而增加，随着时间的推移，对流层中层的 $\theta_{se}$ 最小值中心的高度也在降低，尤其在 30 日 08:00 以后，最小值中心低于 550 hPa。

图 8.13b 分别为 29 日 20:00、30 日 00:00 和 30 日 08:00 银川站 $\theta_{se}$ 的高度变化特征图。在暴雨开始时(29 日 20:00)，对流不稳定层结在 500 hPa 附近，不稳定层结较为深厚。在对流性降水阶段(30 日 00:00)，不稳定层结主要集中在 600 hPa 以下，对流不稳定剧烈，由于对流发生时强烈的潜热释放加热大气使得 $\theta_{se}$ 在 600 hPa 至 400 hPa 变化很小。稳定性降水阶段(30 日 08:00)，$\theta_{se}$ 中心有所下降，其变化坡度变缓，对流不稳定度减弱，尤其在 750 hPa 产生明显的逆温，抑制了低层对流的发展。

低层的等 $\theta_{se}$ 线随时间推移经历先升高后降低的变化，不稳定度逐渐减弱，这说明在强对流时期，银川地区的不稳定层结深厚且能量积聚，与强降水相伴的能量释放，不稳定层结厚度也随之降低，对流强度在减弱。

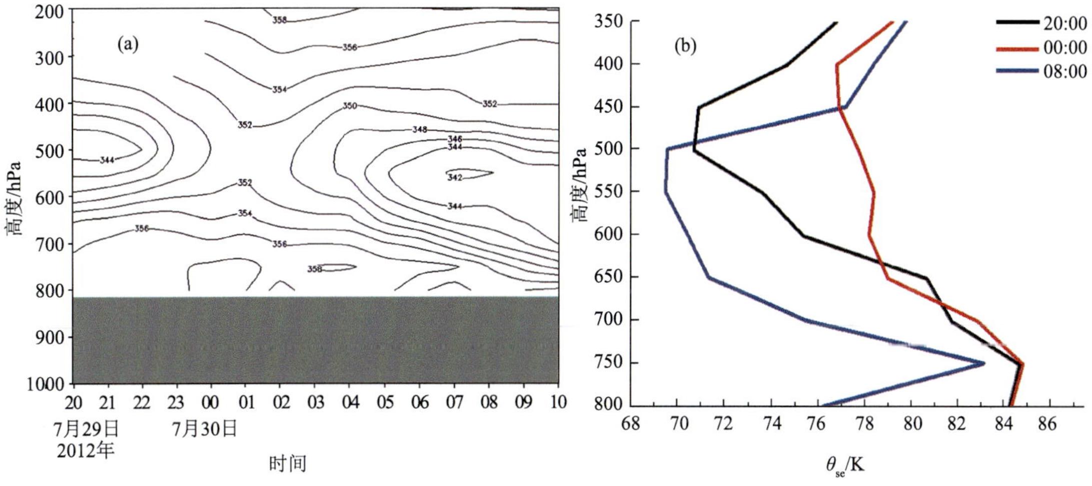


图 8.13　$\theta_{se}$ 沿银川站(38.47°N、106.21°E)时间-高度剖面图(a，单位：K)；不同时刻银川站 $\theta_{se}$ 随高度变化图(b，单位：℃)

8.1.1.6.7　动力和热力特征

在 ω 方程中指出垂直运动由动力强迫和热力强迫引起，涡度平流随高度增加会为恢复地转平衡而激发次级环流，产生上升运动。

$$\left(\partial\nabla^2+f_0^2\frac{\partial^2}{\partial P^2}\right)\omega=f_0\frac{\partial}{\partial P}\left[V_\delta\cdot\nabla\left(\frac{1}{f_0}\nabla^2\phi+f\right)\right]+\nabla^2\cdot\left[V_\delta\cdot\nabla\left(-\frac{\partial\phi}{\partial P}\right)\right]\tag{8.7}$$

式中，右边第一项表示由于地转涡度平流的垂直差异、动力强迫引起的垂直运动，第二项为温度平流的拉普拉斯项。

如果涡度平流随高度增加而增加，而式(8.7)第一项 $f_0\frac{\partial}{\partial P}\left[V_\delta\cdot\nabla\left(\frac{1}{f_0}\nabla^2\phi+f\right)\right]>0$，则左边 $\left(\partial\nabla^2+f_0^2\frac{\partial^2}{\partial P^2}\right)\omega<0$，为上升运动，这主要是由于当地转平衡遭到破坏时，为了恢复地转平衡而激发的次级环流产生上升运动的结果。

图 8.14 给出 30 日 01:00 和 07:00 的 500 hPa 减去 700 hPa 涡度平流(即差动涡度平流)。在 29 日 22:00 之前,宁夏北部未出现明显的差动平流正值区,22 日之后该地区正的差动平流逐渐增大,到 30 日 01:00(图 8.14a),在宁夏北部的银川地区、吴忠北部以及石嘴山南部出现范围较大的正的差动涡度平流,其中心强度为 $1.2\times10^{-7}\text{s}^{-2}$。此后,正的差动平流逐渐减小并向北移动,03:00 之后,宁夏北部的银川地区和吴忠地区的差动涡度平流较小(图略)。08:00 之后(图 8.14b),该地区出现强度大于 $3\times10^{-8}\text{s}^{-2}$ 的正差动涡度平流。正的差动涡度平流破坏了该地区的准地转平衡,产生水平辐散,根据质量连续性要求,该地区出现上升运动,激发了次级环流,质量场和流场相互调整,以建立新的地转平衡。与逐小时降水图(图略)对比发现,正的涡度差动平流与对流性阶段的降水有很好的对应,而与稳定性降水对应结果不好,这是对流性降水阶段大气非地转平衡的特征很强,而稳定性降水阶段大气准地转平衡的特征明显的缘故。

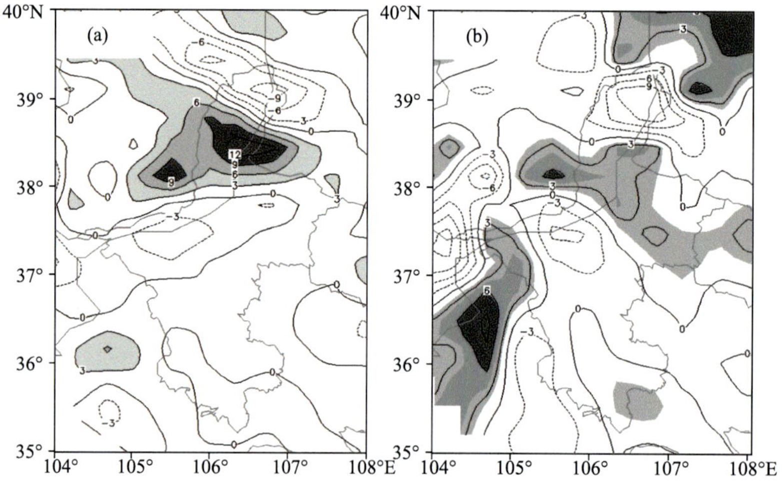


图 8.14　2012 年 7 月 30 日 01:00(a)和 08:00(b)差动涡度平流(单位:$10^{-8}\text{s}^{-2}$)

式(8.7)右边第二项与温度平流有关,当 $\nabla^2\cdot\left[V_\delta\cdot\nabla\left(-\dfrac{\partial\phi}{\partial P}\right)\right]>0$,暖平流区有上升运动,$\nabla^2\cdot\left[V_\delta\cdot\nabla\left(-\dfrac{\partial\phi}{\partial P}\right)\right]<0$,冷平流区有下沉运动。

暴雨发生期间,低层盛行西南风,高层一直为西北风,这种上层干冷下层暖湿的结构极利于造成大气层结的不稳定。29 日 21:00 低空急流建立后不断从南部带来暖湿气流,而中纬度地区对流层中层盛行的西北风不断带来干冷空气南下下沉,使得南部受到暖平流控制,而北部为冷平流,暖平流随高度向北伸展。从 30 日 01:00 温度平流纬度—高度剖面图(图 8.15a)可以看出,对流层中低层冷暖空气在 38.5°N 左右剧烈交汇,低层的暖平流上升,中层的冷平流下沉,上下气流的强烈扰动,激发了次级环流,加剧了宁夏北部地区对流的产生和维持。随后,高层冷空气继续下沉,暖空气继续上升,到 30 日 08:00(图 8.15b),38.3°N 以南冷平流位于低层,暖平流位于对流层中层,大气趋于稳定,38.3°N 以北,近地层有微弱的暖平流,低层为冷平流,上下两层冷暖空气的扰动大大减弱。此外对比图 8.14a 和图 8.14b 发现,对流性降水阶段冷暖空气交汇剧烈,冷空气和暖空气之间的坡度较为陡峭;而稳定性降水阶段,冷暖空气交界的坡度较为平缓且范围较广,冷空气的位置较低,上升运动较弱。

以上分析说明,冷暖空气的交汇以及正的差动涡度平流破坏了该地区的准地转平衡,激发次级环流产生,这种热力过程和动力过程的共同作用,使得宁夏北部地区产生强烈的上升运动,为暴雨对流性阶段降水提供了热力动力条件;稳定性降水阶段的较小对流也是热力过程和动力过程共同作用的结果,但强度较对流性降水阶段弱。

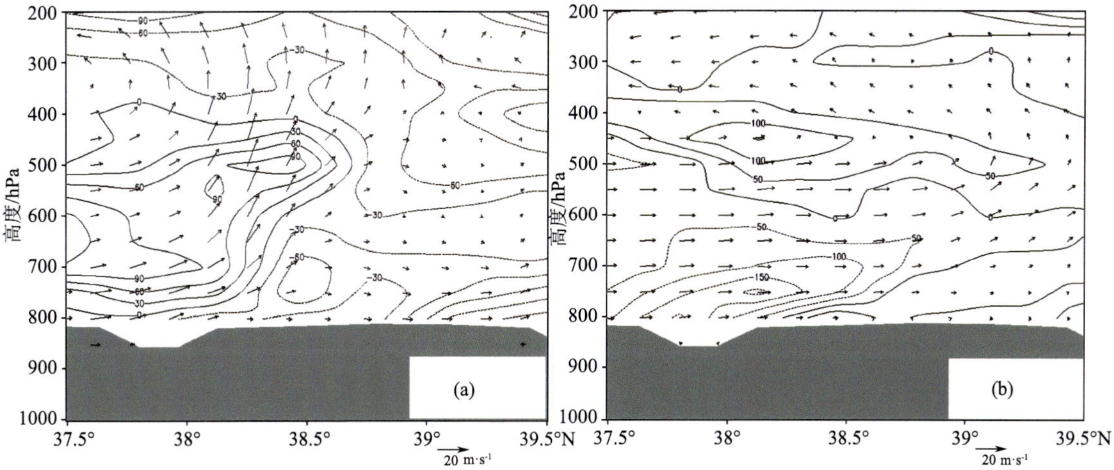


图 8.15 温度平流(单位:$10^{-5}$ K・$s^{-1}$)30 日 01:00(a)和 08:00(b)沿 106.21°E 纬度-高度变化剖面图(风向杆:$v$ 与 $w\times 20$ 合成)

#### 8.1.1.7 多尺度环流特征

大气具有多尺度特征,暴雨的形成是多尺度大气相互作用的结果,WRF 模式模拟结果表征了多种尺度大气的综合特征。通常采用滤波的方法来对大气场的各尺度信息进行尺度分离,已有的研究采用高阶高通滤波、25 点滤波等方法来进行气象要素场的尺度分离。谱分析方法主要用来对全球大气进行研究,该方法较少使用到有限区域网格,这主要是由于物理量场在有限区域模式中是非周期的。有关研究表明,二维离散余弦变换(Discrete Consine Transform,2D-DCT)能够成功的用来计算有限区域模式结果的动能谱并能进行尺度分离。

王晖(2014)采用 2D-DCT 方法分析 2012 年 7 月 29—30 日(简称"7・29")宁夏极值大暴雨过程的多尺度环流特征及水汽输送特征。

8.1.1.7.1 DCT 方法介绍

DCT 方法,即离散余弦变换,被广泛应用与图像的处理中(黄杏英 等,2007;Soline et al.,2006),在气象数据分析中还没有得到广泛应用。Bertrand 等(2002)研究发现利用 DCT 方法可以通过方程谱选择波数将气象数据进行尺度分离,计算各尺度水汽输送情况。

二维离散余弦变化(2D-DCT)表达式为:

$$F(m,n)=\beta(m)\beta(n)\sum_{i=0}^{i=N_i-1}\sum_{j=0}^{j=N_j-1}f(i,j)\times\cos\left[\pi m\frac{(i+\frac{1}{2})}{N_i}\right]\cos\left[\pi n\frac{(j+\frac{1}{2})}{N_j}\right]\quad(8.8)$$

其逆变换为:

$$f(i,j)=\sum_{m=0}^{m=N_i-1}\sum_{n=0}^{n=N_j-1}\beta(m)\beta(n)F(m,n)\times\cos\left[\pi m\frac{(i+\frac{1}{2})}{N_i}\right]\cos\left[\pi n\frac{(j+\frac{1}{2})}{N_j}\right]\quad(8.9)$$

其中：

$$\beta(m)=\begin{cases}\sqrt{\dfrac{1}{N_i}}, m=0 \\ \sqrt{\dfrac{1}{N_i}}, m=1,2,\cdots,N_i-1\end{cases}$$

$$\beta(n)=\begin{cases}\sqrt{\dfrac{1}{N_j}}, n=0 \\ \sqrt{\dfrac{1}{N_j}}, n=1,2,\cdots,N_i-1\end{cases} \tag{8.10}$$

式中，$f(i,j)$为 $N_i \times N_j$ 格点气象场，$F(m,n)$为$(m,n)$波数的谱响应系数。2D-DCT 可以将 $N_i \times N_j$ 格点气象场 $f(i,j)$变换为 $N_i \times N_j$ 格点的响应系数 $F(m,n)$。

8.1.1.7.2　DCT 方法方差分布

式(8.8)—式(8.9)为 2D-DCT 的表达，在二维气象场中，总方差可表示为：

$$\sigma^2=\frac{1}{N_iN_j}\sum_{i=0}^{i=N_i-1}\sum_{j=0}^{j=N_j-1}[f(i,j)-<f>]^2 \tag{8.11}$$

式中，$\langle f\rangle$为区域平均值。

利用 2D-DCT 方法可将总方差表示为：

$$\sigma^2=\sum_{n=0}^{N_i=1}\sum_{m=0}^{N_j-1}\sigma^2(m,n),(m,n)\neq(0,0) \tag{8.12}$$

式中，$\sigma^2(m,n)=\dfrac{F^2(m,n)}{N_iN_j}$，$<f>=\sqrt{\sigma^2(0,0)}=\dfrac{F(0,0)}{\sqrt{N_i}\sqrt{N_j}}$

图 8.16 为采用 2D-DCT 方法计算的风场方差分布，从图中可以看到风场的方差随波数 $k$ 的变化具有明显的多尺度特征，越靠近(0,0)点附近方差越大，可以方差分布选择不同波数组$(m,n)$或波长 $\lambda$，根据所需进行尺度分离，其中波长 $\lambda=2N\Delta/k$，$k=(m^2+n^2)^{1/2}$。

根据方差的分布，取波长约为 950 km，波数在[0,5]区间作为大尺度环流场的分布，其他作为中小尺度环流分布。考虑到我国西北地区东部地形高度较高，对流层低层与等压面存在相交的问题，本节中 2D-DCT 方法的计算是在模式面中进行的，其中 $\eta=0.988$ 为近地层，$\eta=0.8613$ 约为 700 hPa 等压面高度层，$\eta=0.6327$ 约为 500 hPa 等压面高度。

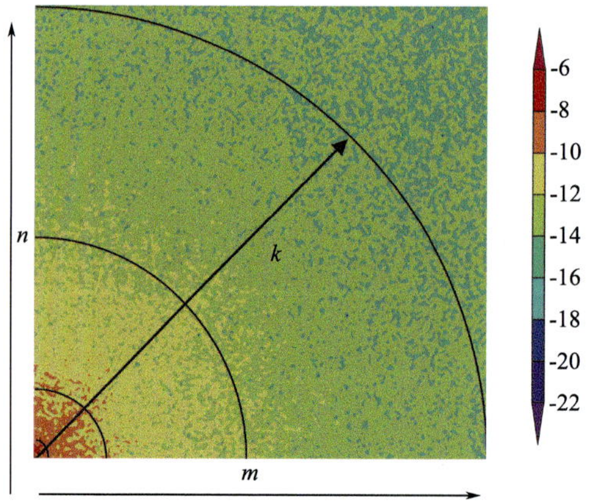


图 8.16　2D-DCT 方法方差分布图

8.1.1.7.3　DCT 方法尺度分离后环流形势

(1)低层($\eta$=0.8613)环流形势

从大尺度风场看出，2012 年 7 月 29 日 20:00，低涡中心位于青海省(36.8°N,98.3°E)，低涡的暖式切变从低涡中心到宁夏中部地区。低涡向东缓慢移动，至 29 日 22:00 其中心移动至 100°E 附近，暖式切变线较 20:00 略北抬，南风气流风速较大。30 日 00:00(图略)，低涡稳定维持，切变线略北抬，强盛的南风和东南气流仍控制着宁夏地区。30 日 04:00(图略)，低涡中心向东北方向移动到武威地区(37.2°N,102.2°E)，暖式切变稳定维持在宁夏中北部交界处。30 日 08:00(图略)，低涡中心东移至宁夏中卫地区，南风气流强度明显减弱，暖式切变强度减弱。30 日 12:00(图略)，低涡中心位于宁夏中部地区，暖式切变强度明显减弱且不再影响宁夏北部地区。

从中小尺度风场看出，29 日 20:00(图略)，宁夏中部存在一中尺度切变线，到 22:00(图略)，在宁夏北部以西地区(38°N,104°E)出现一 $\beta$ 中尺度低涡，中尺度切变线北抬至宁夏北部地区，中尺度涡旋位置与同时刻 TBB 资料对流云团 A 有很好的对应，对流云团 A 在 $\beta$ 中尺度低涡前部(图略)。30 日 00:00，$\beta$ 中尺度低涡和其暖式切变线稳定维持，但风速增大，此时中尺度涡旋仍然与对流云团 A 相伴(图略)。30 日 04:00，低涡和暖式切变线向北略抬升，宁夏北部受西南气流控制，此时对流云团 A 快速向东移动出宁夏境内(图略)。30 日 08:00，低涡稳定维持，切变线北抬至石嘴山北部(图略)。30 日 12:00，$\beta$ 中尺度低涡中心东移至宁夏贺兰山地区，中尺度切变线北抬至内蒙古地区，不再影响宁夏地区(图略)。

尺度分离结果表明，“7·29”宁夏暴雨过程低层的大尺度环流特征主要表现为天气尺度低涡的东移发展，而中尺度环流特征主要为水平尺度约 200～300 km 的 $\beta$ 中尺度涡旋的发展演变，对流性降水阶段中尺度涡旋位置与同时刻 TBB 资料对流云团 A 有很好的对应，此后对流云团 A 快速东移，中尺度涡旋稳定维持。

(2)中层($\eta$=0.6327)环流形势

从对流层中层($\eta$=0.6327，约 500 hPa)的风场特征可以看出，29 日 20:00(图 8.18a 和图 8.19a)，槽位于 100°E 附近，在大尺度槽前存在强度较弱的中尺度短波槽。到 29 日 23:00(图 8.18b 和图 8.19b)，大尺度槽移动缓慢移动至 101°E 附近，较 29 日 20:00 增强加深，中尺度槽随之东移，宁夏位于槽前部，受西北气流控制。30 日 08:00(图 8.18c 和图 8.19c)，大尺度槽北部快速移动至 104.5°E，槽由东西向转为东北—西南向，且强度减弱，大尺度槽和中尺度短波槽位置基本重合。30 日 12:00(图 8.18d 和图 8.19d)，大尺度槽和中尺度短波槽过境。

以上分析发现，大尺度和中尺度环流场特征主要表现为槽的东移发展，在大暴雨过程中，宁夏北部位于大尺度槽前，槽前有中尺度短波槽随大尺度槽相伴东移共同影响中层风场环流，槽过境后降水停止。

8.1.1.7.4　DCT 方法尺度分离后水汽特征

(1)近地层($\eta$=0.988)水汽特征

大尺度水汽通量图可以看出，29 日 20:00(图 8.20a)，水汽通量中心位于宁夏以南的陕西、甘肃地区，中心强度为 150 $g \cdot s^{-1} \cdot hPa^{-1} \cdot cm^{-1}$，宁夏北部的水汽通量约为 60 $g \cdot s^{-1} \cdot hPa^{-1} \cdot cm^{-1}$。30 日 00:00—02:00(图 8.20b，图 8.20c)，水汽通量中心较 29 日 20:00 位置偏东且呈东西向分布，宁夏北部水汽含量则增加到 80 $g \cdot s^{-1} \cdot hPa^{-1} \cdot cm^{-1}$。到 30 日 08:00(图 8.20d)，水汽通量中心水汽减小到 100 $g \cdot s^{-1} \cdot hPa^{-1} \cdot cm^{-1}$，宁夏北部的水汽通量减弱

十分明显，约为 40 $g \cdot s^{-1} \cdot hPa^{-1} \cdot cm^{-1}$。在暴雨过程中，宁夏北部水汽通量经历先增大后减小，对流性降水阶段到稳定性降水阶段水汽通量变化达 40 $g \cdot s^{-1} \cdot hPa^{-1} \cdot cm^{-1}$。

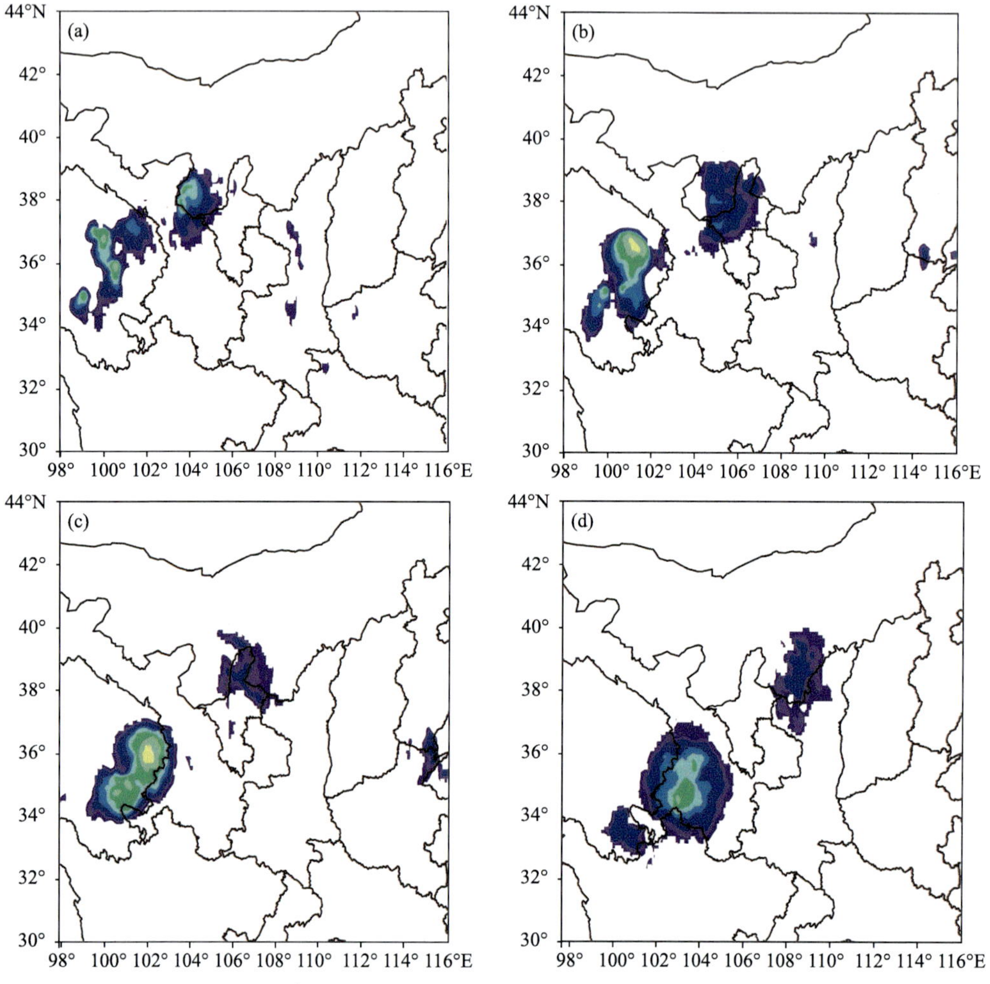


图 8.17 TBB 卫星云图（填色：TBB 指数）

(a)29 日 20:00；(b)29 日 22:00；(c)30 日 00:00；(d)30 日 04:00

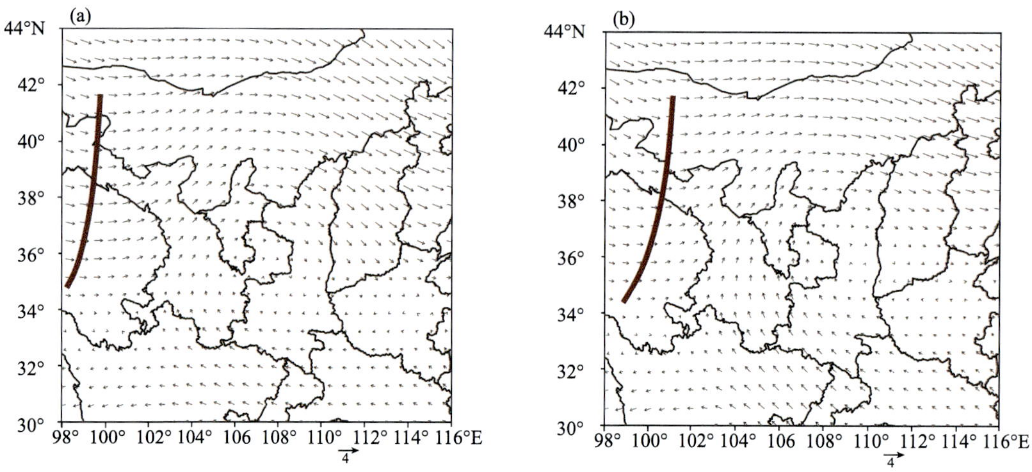

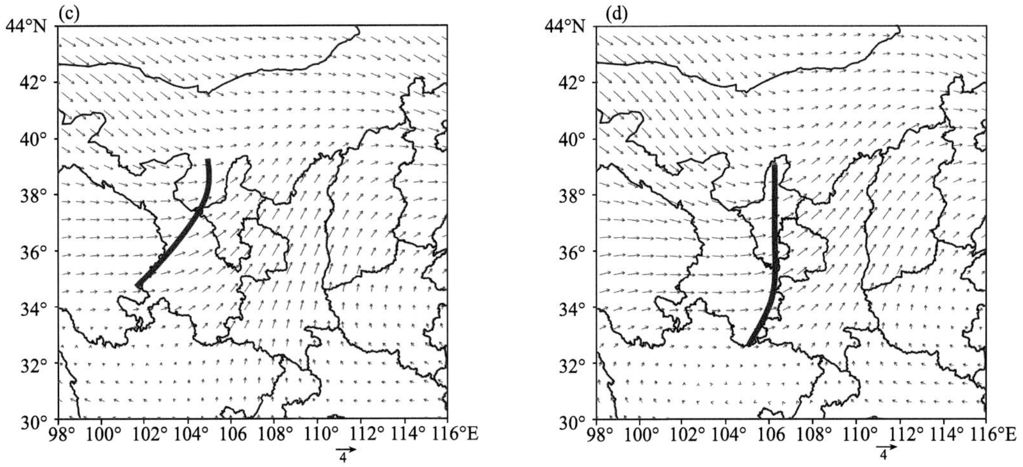


图 8.18　中层($\eta$=0.6327)大尺度风场特征

(a)29 日 20:00;(b)29 日 22:00;(c)30 日 00:00;(d)30 日 04:00

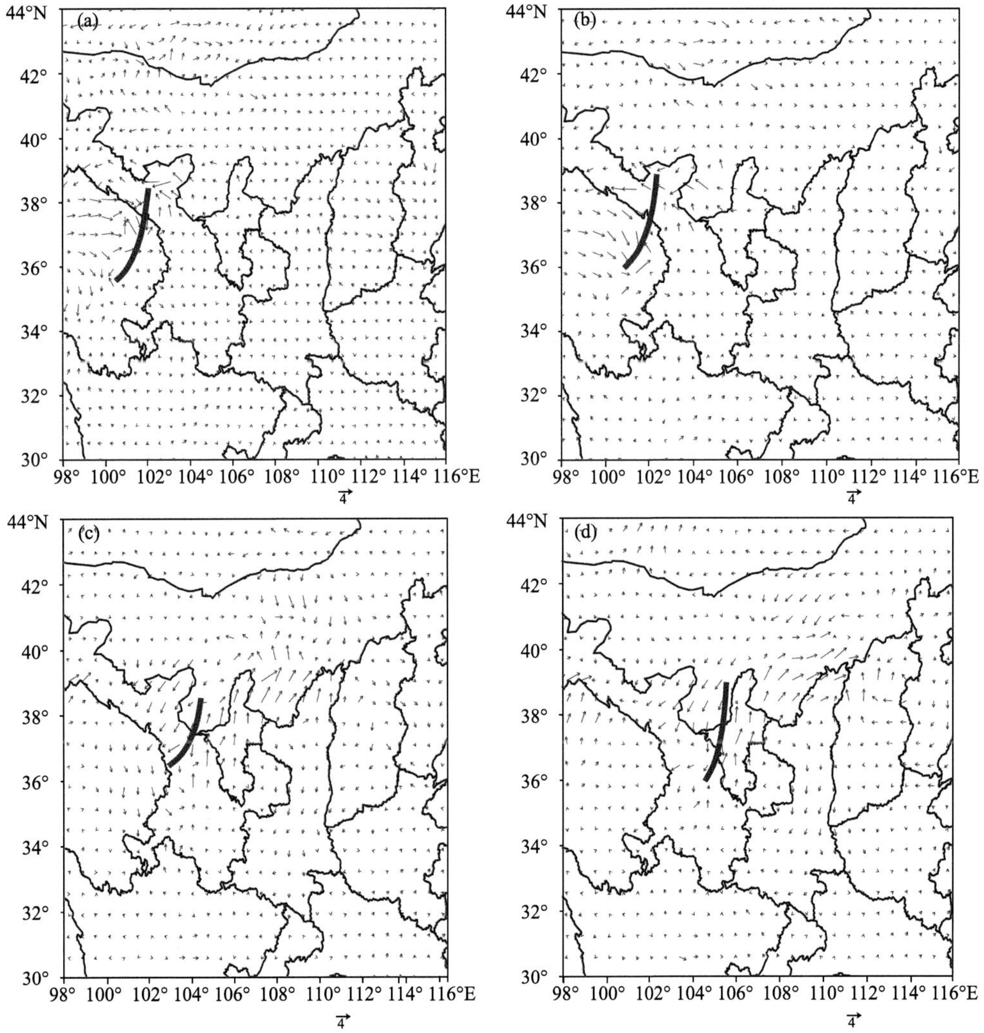


图 8.19　中层($\eta$=0.6327)中尺度风场特征

(a)29 日 20:00;(b)29 日 22:00;(c)30 日 00:00;(d)30 日 04:00

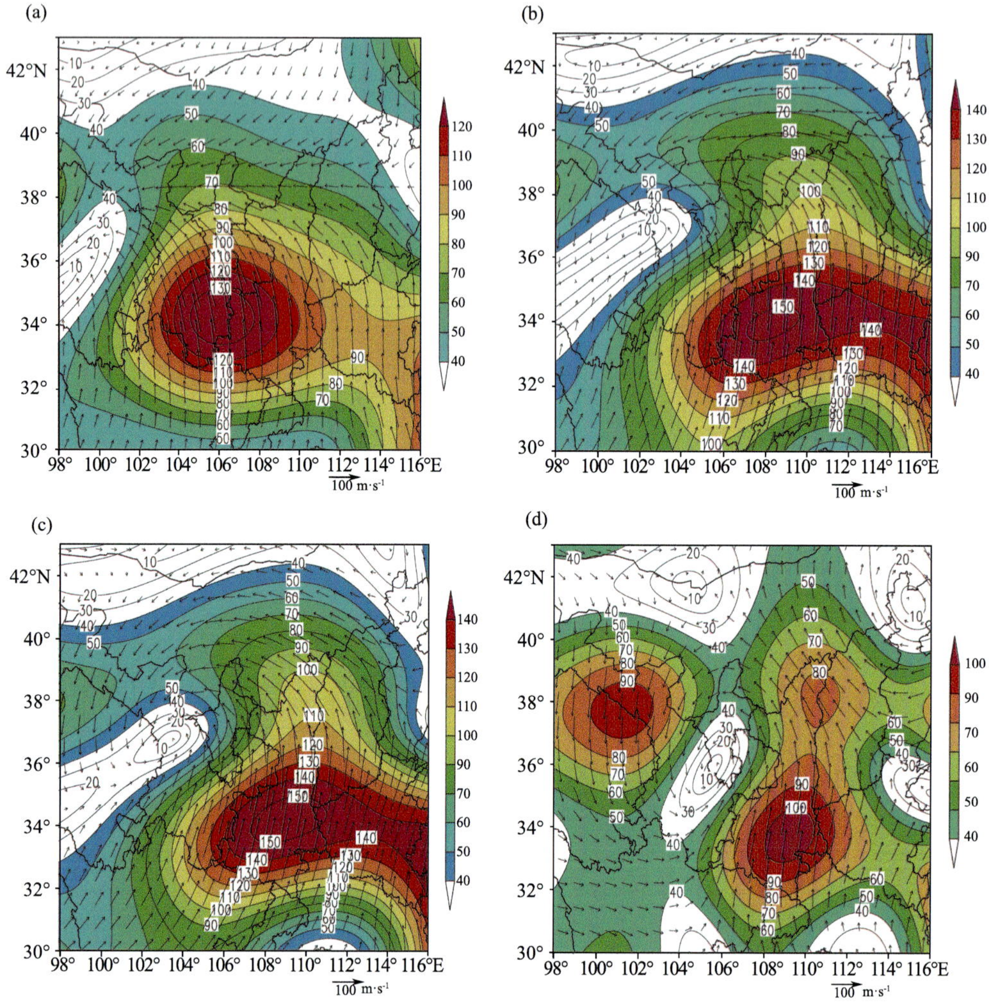


图 8.20 近地层($\eta$=0.988)大尺度水汽通量分布特征(填色和矢量:水汽通量,单位:g·$s^{-1}$·$hPa^{-1}$·$cm^{-1}$)
(a)29 日 20:00;(b)30 日 00:00;(c)30 日 02:00;(d)30 日 08:00

中小尺度水汽通量图可以看出,29 日 20:00(图 8.21a),水汽通量中心位于河西走廊地区,其中心水汽通量输送为 90 g·$s^{-1}$·$hPa^{-1}$·$cm^{-1}$ 以上,此时宁夏北部的水汽通量仅为 10 g·$s^{-1}$·$hPa^{-1}$·$cm^{-1}$ 左右。水汽通量中心随 β 中尺度低涡移动而移动,到 30 日 00:00—02:00(图 8.21b、c)中心位于宁夏北部以西地区,此时宁夏北部水汽通量增大至 30 g·$s^{-1}$·$hPa^{-1}$·$cm^{-1}$ 以上,部分地区水汽通量超过 50 g·$s^{-1}$·$hPa^{-1}$·$cm^{-1}$。30 日 08:00(图 8.21d),宁夏北部水汽通量减小到 10 g·$s^{-1}$·$hPa^{-1}$·$cm^{-1}$ 以下。在暴雨过程中,宁夏北部中尺度水汽输送平均变化为 20 g·$s^{-1}$·$hPa^{-1}$·$cm^{-1}$ 左右。

以上分析表明,暴雨过程降水强度的变化与宁夏北部大尺度和中尺度水汽通量的变化密切相关,水汽通量变化分别为 40 g·$s^{-1}$·$hPa^{-1}$·$cm^{-1}$ 和 20 g·$s^{-1}$·$hPa^{-1}$·$cm^{-1}$,大尺度水汽输送对宁夏北部的水汽贡献最大。

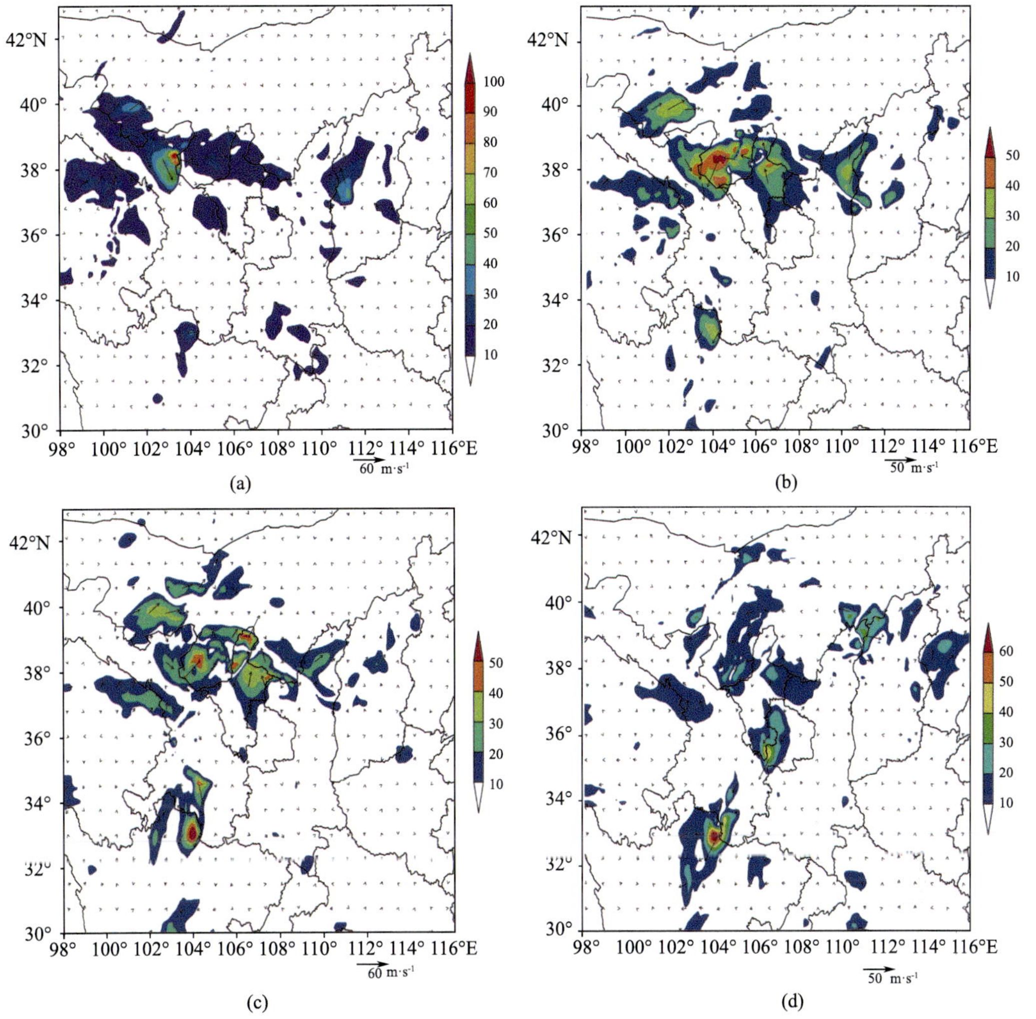


图 8.21　近地层($\eta$=0.988)中小尺度水汽通量分布特征(填色和矢量:水汽通量,单位:g·$s^{-1}$·$hPa^{-1}$·$cm^{-1}$)
(a)29 日 20:00;(b)30 日 00:00;(c)30 日 02:00;(d)30 日 08:00

(2)低层($\eta$=0.8613)水汽特征

从大尺度水汽通量分布图可以看出,29 日 20:00(图 8.22a),水汽通量中心位于宁夏南部、陕西、甘肃交界地区,中心强度为 90 g·$s^{-1}$·$hPa^{-1}$·$cm^{-1}$ 以上,宁夏北部的水汽通量约为 60 g·$s^{-1}$·$hPa^{-1}$·$cm^{-1}$。30 日 00:00(图 8.22b),水汽通量中心强度增加到 100 g·$s^{-1}$·$hPa^{-1}$·$cm^{-1}$,宁夏北部水汽含量基本没有变化。30 日 02:00(图 8.22c),水汽通量中心强度增加到 110 g·$s^{-1}$·$hPa^{-1}$·$cm^{-1}$,宁夏北部水汽含量仍然在 60 g·$s^{-1}$·$hPa^{-1}$·$cm^{-1}$ 左右。到 30 日 08:00(图 8.22d),水汽通量中心水汽通量基本无变化,位置较 30 日 00:00 偏东,宁夏北部的水汽通量减弱十分明显,减小为 30 g·$s^{-1}$·$hPa^{-1}$·$cm^{-1}$ 以下。暴雨过程中,宁夏北部水汽通量值变化达 30 g·$s^{-1}$·$hPa^{-1}$·$cm^{-1}$。

从中小尺度水汽通量分布图可以看出,29 日 20:00(图 8.23a),水汽通量中心位于河西走廊地区,其中心水汽通量输送为 20 g·$s^{-1}$·$hPa^{-1}$·$cm^{-1}$ 以上,此时宁夏北部的水汽通量仅在 10 $g \cdot s^{-1} \cdot hPa^{-1} \cdot cm^{-1}$ 左右，部分地区水汽通量在 10 $g \cdot s^{-1} \cdot hPa^{-1} \cdot cm^{-1}$ 以下。水汽通量中心随低涡移动而移动，到 30 日 00:00 中心位于宁夏北部以西地区，数值迅速增大至 40 $g \cdot s^{-1} \cdot hPa^{-1} \cdot cm^{-1}$ 左右，此时宁夏水汽通量增大至 30 $g \cdot s^{-1} \cdot hPa^{-1} \cdot cm^{-1}$ 左右(图 8.23b)。30 日 02:00，宁夏北部位于水汽通量中心，其中心强度超过 50 $g \cdot s^{-1} \cdot hPa^{-1} \cdot cm^{-1}$，宁夏大部分地区水汽通量为 40 $g \cdot s^{-1} \cdot hPa^{-1} \cdot cm^{-1}$ 左右(图 8.23c)。30 日 08:00，宁夏北部水汽通量减小到 20 $g \cdot s^{-1} \cdot hPa^{-1} \cdot cm^{-1}$ 以下(图 8.23d)。暴雨过程中，低层宁夏北部水汽通量值变化达 20 $g \cdot s^{-1} \cdot hPa^{-1} \cdot cm^{-1}$，与近地层变化基本一致。

以上分析发现，低层水汽通量的变化基本与近地层相似，大尺度水汽通量 30 日 00:00—08:00 的减少小，约为 30 $g \cdot s^{-1} \cdot hPa^{-1} \cdot cm^{-1}$。从水汽通量可以看出，大尺度的水汽对宁夏北部暴雨区的水汽贡献最大，使得降水得以持续；大尺度和中小尺度水汽场输送的减小是对流性降水转为稳定性降水的主要原因之一。

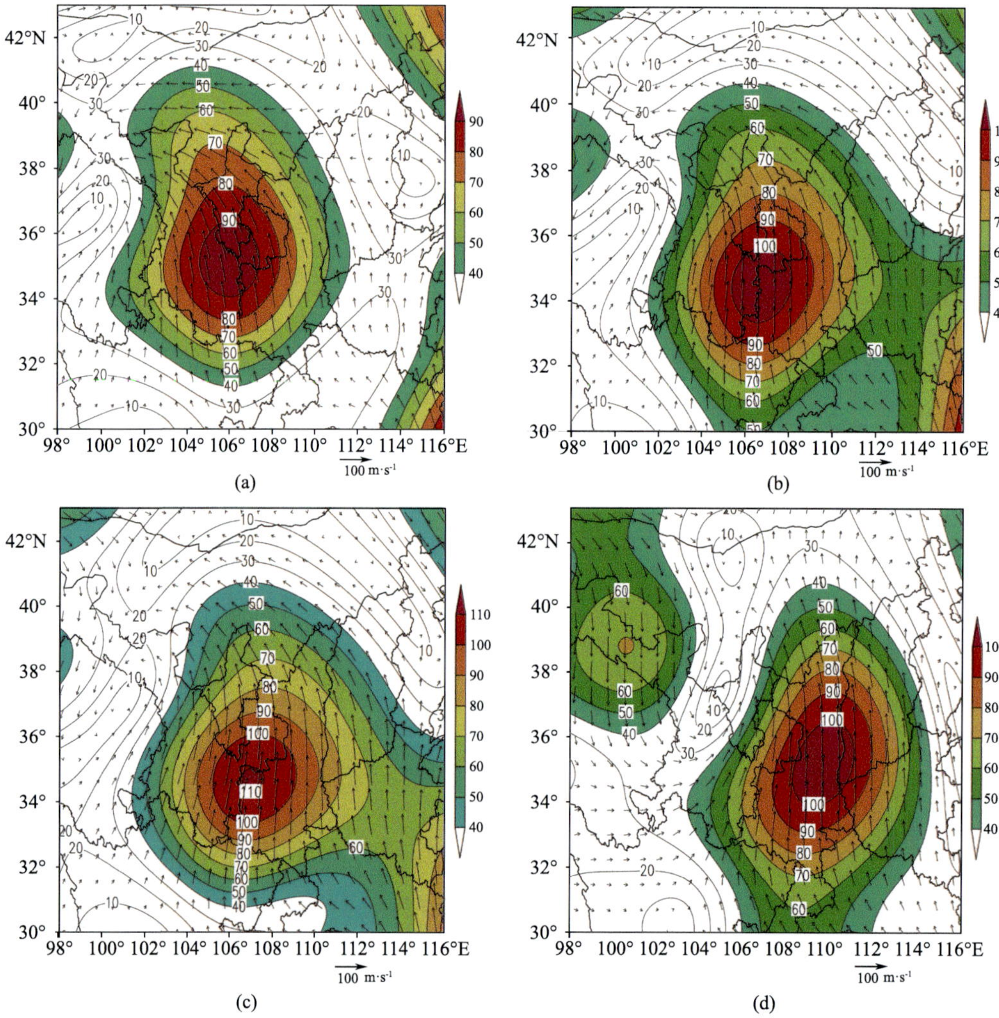


图 8.22 低层($\eta$=0.8613)大尺度水汽通量分布特征(填色和矢量:水汽通量，单位:$g \cdot s^{-1} \cdot hPa^{-1} \cdot cm^{-1}$)

(a)29 日 20:00;(b)30 日 00:00;(c)30 日 02:00;(d)30 日 08:00

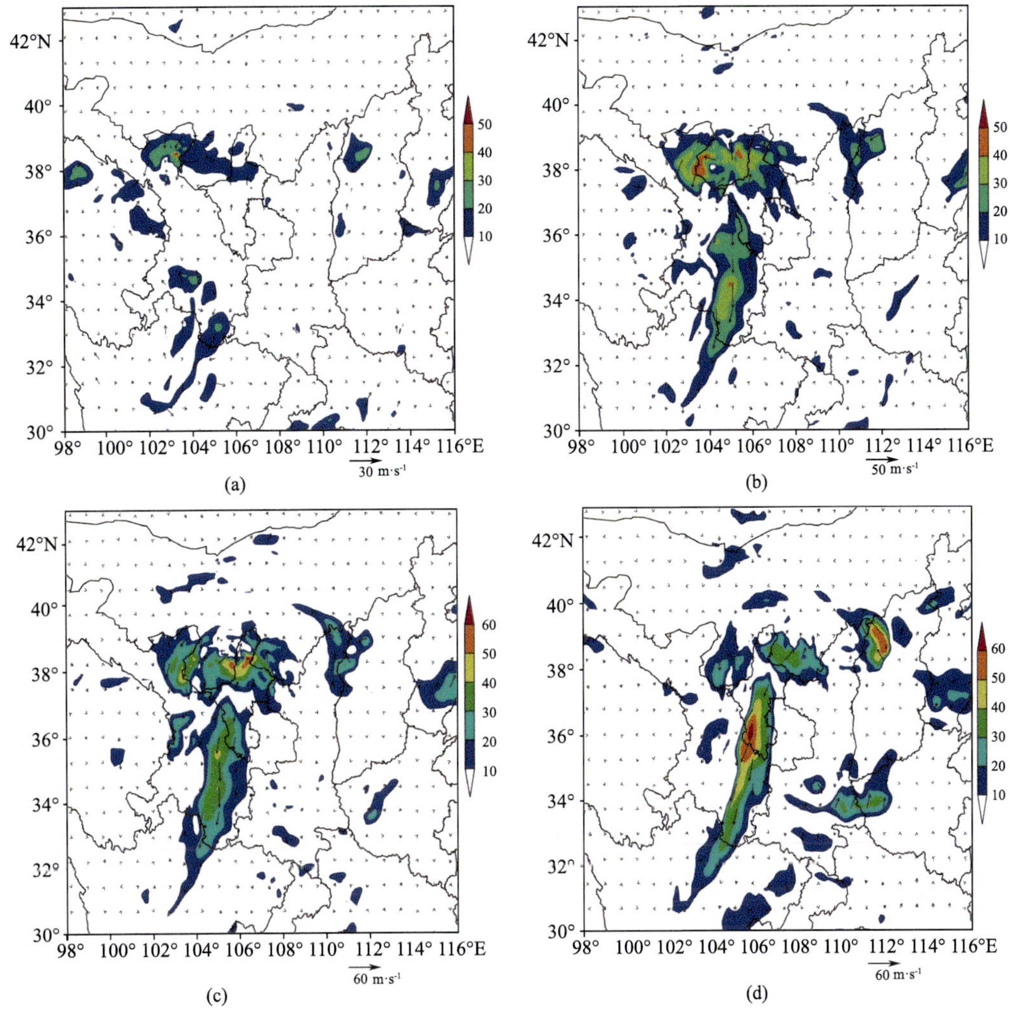


图 8.23　低层($\eta=0.8613$)中小尺度水汽通量分布特征(填色和矢量:水汽通量,单位:g · $s^{-1}$ · $hPa^{-1}$ · $cm^{-1}$)
(a)29 日 20:00;(b)30 日 00:00;(c)30 日 02:00;(d)30 日 08:00

#### 8.1.1.8　小结

(1)200 hPa 高空急流出口右侧的高空辐散有利于垂直上升运动加强,500 hPa 短波槽带来的冷空气触发副高外围的不稳定能量,700 hPa 切变线附近和东移来的低涡前部产生强烈的辐合上升运动,切变线和低涡前部的偏南偏东气流以及低空急流使得水汽在宁夏北部汇合,这种高低空配置的共同作用和干湿分布不均匀为对流性降水阶段提供了动力条件和水汽条件,深厚冷空气的南下为暴雨提供了扰动条件。

(2)雷达回波显示,30 日 02:00 之前不断有强回波对流单体生成,02:00 之后雷达回波范围和强度不断减小;TBB 资料分析表明,对流云团移动和变化与中尺度低涡相对应,与暴雨过程降水强度密切相关;闪电空间分布与强降水落区基本一致,闪电出现在 29 日 20:00—30 日 02:00,这与暴雨过程中对流性降水阶段相一致,稳定性降水阶段主要集中在 30 日 02:00—30 日 12:00,闪电频次明显减少。

(3)数值模拟结果显示，暴雨过程的形成和发展与低层东移低涡和其暖式切变线密切相关，对流性降水阶段低涡稳定少动，暖式切变线缓慢北抬；稳定性降水阶段，低涡移动至宁夏中部，冷式切变增强，暖式切变逐渐北抬至宁夏以北地区。低空急流于 29 日 22:00 形成，到 04:00 之后急流减弱并移出宁夏地区，维持近 7 h，对强降水的形成和发展起到重要作用。

(4)模式输出的高分辨率资料的诊断分析表明，持续的水汽输送和深厚的水汽层为暴雨的形成和发展提供了充沛的水汽来源，水汽输送主要以南边界为主，这与低空急流发展和演变基本一致，净水汽输送量的变化与暴雨过程中对流性降水阶段和稳定性降水阶段较为吻合。

(5)高空急流的出口区高空强辐散明显早于低层辐合的出现，这促使上下层大气之间质量调整，增强的南支变压风成为形成低空急流的重要组成部分和原因；冷暖空气的交汇，正的差动涡度平流破坏了暴雨区的准地转平衡，激发次级环流，热力和动力的共同作用促使宁夏北部强烈上升运动的产生；ΔNBE 的范围与对流性阶段强降水的落区有很好的对应关系，在稳定性降水阶段 ΔNBE 相对较小，大气的准地转平衡特征明显。

(6)利用 2D-DCT 方法对“7・29”暴雨过程的多尺度特征分析表明，对流层低层的大尺度环流特征主要表现为天气尺度低涡的东移发展，中尺度环流特征主要为水平尺度约 200～300 km 的 $\beta$ 中尺度涡旋的发展演变，$\beta$ 中尺度涡旋的变化与 TBB 资料中对流云团有着很好的对应；对流层中层大、中尺度环流场特征主要表现为槽的东移发展；暴雨过程中降水强度的变化与宁夏北部大尺度和中尺度水汽通量的变化密切相关，大尺度水汽输送对宁夏北部的水汽贡献最大，低层水汽通量的变化基本与近地层相似，大尺度和中小尺度水汽场输送的减小是对流性降水转为稳定性降水的主要原因之一。

### 8.1.2　2016 年 8 月 21 日夜间暖区极值暴雨的预报偏差和可预报性分析

2016 年 8 月 21 日夜间，贺兰山东麓突降特大暴雨（以下简称“8・21”暴雨），最大累计雨量 241.7 mm，最大洪峰流量 420 $m^3 \cdot s^{-1}$，遭遇超 50 年一遇洪水，创宁夏有气象和水文观测记录以来的历史极值。暴洪造成银川市 3 个县（区）50 余万人、2400 $hm^2$ 农作物受灾，3 人死亡，42 人被困，50 余万群众转移，直接经济损失 2.9 亿元。虽然数值模式对此次极端天气都预报 15 mm 以下降水，出现明显预报偏差，但环流形势、天气系统和关键物理量的预报却与以往总结的宁夏暴雨指标相符，尤其是 $Q_{700}$、$\theta_{se}$、CAPE、$K$ 指数等关键物理量大值中心的预报甚至超过了 2012 年 7 月 29 日贺兰山东麓极值暴雨（最大降水量为 166.2 mm），而宁夏气象台在 21 日下午预报中仅仅预报了 21 日夜间贺兰山沿山有阵雨，报错降水性质，漏报极端降水，出现重大预报偏差。

陈豫英等（2018）从实时预报角度出发，分析在数值模式对降水量级预报一致偏小的情况下，预报员能否结合以往的预报经验和指标，根据模式实时预报精细分析，订正模式预报偏差，同时探讨极值暴雨的可预报性，为提高宁夏极值暴雨的预报和订正能力积累预报经验。

#### 8.1.2.1 降雨实况

2016 年 8 月 21 日 19:00—22 日 08:00（图 8.24a），贺兰山东麓突降特大暴雨，强降水主要集中在贺兰山沿山银川到平罗段，有 9 站累计雨量≥50 mm，4 站超过 100 mm，2 站超过 200 mm，过程最大雨量出现在贺兰山滑雪场，为 241.7 mm。此次过程伴有短时强降水，有 39 站次小时雨量≥10 mm，28 站次超过 2 m，3 站次超过 50 mm，其中，21 日 21:00 小时雨量≥10 mm 范围最大（19 站），最大小时雨强出现在 22 日 01:00 的贺兰山滑雪场，达 82.5 mm

(图8.24b)。雷电活动从21日19:00—22日06:30,持续了近11 h,过程期间发生雷电频次265次,最强达到−216 kA,其中强雷电出现在22日01:00左右,有112次雷电发生。

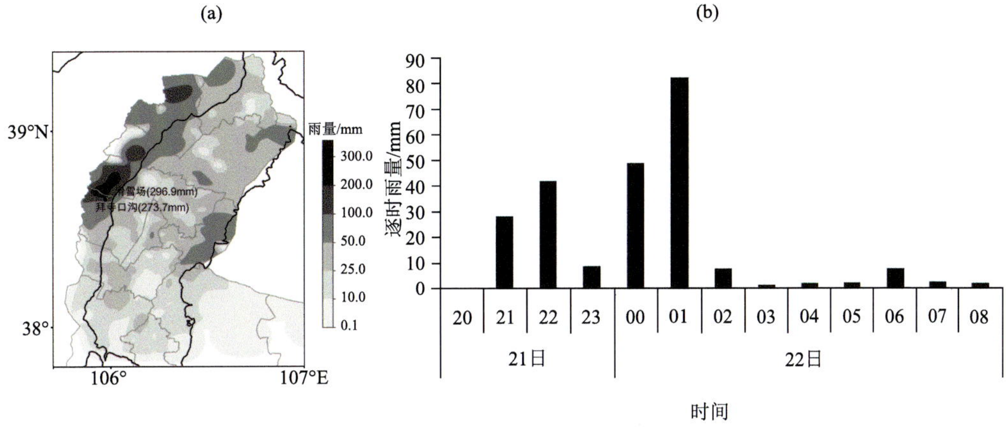


图8.24 2016年8月21日19:00—22日08:00贺兰山东麓累积雨量(a)和贺兰山滑雪场逐时雨量(b)

"8·21"充分表现出范围小、时间短、雨强大的极端强对流暴雨特征,过程雨量和小时雨强同创历史极值。

#### 8.1.2.2 环流异常分布特征

(1)西太平洋副热带高压异常活跃

陶诗言(1980)、丁一汇(2014)等国内众多学者研究都表明:我国夏季降水与西太平洋副热带高压(简称"副高")变化密切相关,8月副高偏北有利于我国黄河中上游降水偏多。纪晓玲等(2010)、陈豫英等(2010,2014)宁夏预报员分析多个暴雨个例发现:当副高西伸脊点越过95°E以西、脊线位置北抬到30°N以北,且稳定少动,宁夏多持续性强降水。

对比ECMWF 21日08:00预报与NCEP历史同期8月21日副高各项指标,表明:2016年8月中下旬,随着副高西伸北抬,588 dagpm线稳定维持在我国西北和华北地区,形成东西向强大的闭合高压,副高的这种异常分布造成了宁夏从8月12—25日持续暴雨,而8月21日是副高最强的一天,592 dagpm线甚至北跃到宁夏南部,形成宁夏常见的副高西北侧暴雨型(图略)。21日副高588 dagpm线北界、南界、脊线、西脊点位置分别位于42°N、23°N、33°N、90°E,较历史同期偏北7°、偏南5°、偏北8°、偏西38°,面积和强度指数偏大4.5倍、偏强13倍(图略),各项指标远超宁夏暴雨指标。21日夜间副高在西北地区东部经历了短期内的快速进退,588 dagpm线变化没有592 dagpm线剧烈,且西北到华北始终受588 dagpm线控制,其中,20:00—23:00,592 dagpm线从陕西中南部迅速西伸北跃到宁夏南部,面积也增大了5倍之多,592 dagpm线西北侧受850 hPa切变线西进影响,贺兰山东麓暴雨开始发展加强;23:00—次日02:00,592 dagpm线南退至山西南部且面积迅速减小,暴雨发展到鼎盛后迅速衰减;02:00—08:00,592 dagpm线减弱消失,暴雨减弱趋于结束。

(2)异常副高控制下的高温湿能区和暴雨区

2016年8月中下旬副高的稳定维持使得河套地区始终处于高温高湿高能区。陶诗言(1980)、丁一汇(2014)等指出:$\theta_{se}$能很好地反映大气温湿变化和能量分布,其水平和垂直分布与对流性天气的发生发展密切相关，对流性暴雨对应 $\theta_{se500}-\theta_{se850}$ 负值区与 $\theta_{se500}$、$\theta_{se850}$ 同时 ≥337 K 高值区的重合区，即高温高湿的位势不稳定区域。

分析 ECMWF 21 日 08:00 预报的 $\theta_{se}$ 分布和变化可知：从 21 日 20:00 开始，中纬度地区低层 $\theta_{se}$ 等值线逐渐密集，在 38°—39°N 形成 $\theta_{se}$ 等值线梯度密集区，位于贺兰山东麓，即 592 dagpm 线西北侧和 850 hPa 切变线西侧，暴雨就出现在 $\theta_{se}$ 等值线梯度密集区（图 8.25a、b）。若以 350 K 为特征线，特征线以北为低温低湿区，以南为高温高湿区，那么 $\theta_{se}$ 等值线梯度密集区正是冷暖空气团交汇的锋区所在，38°—39°N 之间，如暴雨中心的 $\theta_{se}$ 时空剖面图 8.25c 显示，暴雨中心上空中层 700 hPa 在 21 日 20:00—22 日 02:00 一直维持有 $\theta_{se}$ 等值线密集带，密集带上部在 500—600 hPa 有干冷空气，密集带以下在低层 850 hPa 有超过 358 K 的位势不稳定区，并在 20:00 达到峰值 366 K，中低层垂直方向上这种“上干冷下暖湿”的层结分布有利于暴雨天气的发生发展。同样，沿暴雨中心作 $\theta_{se500}$、$\theta_{se850}$ 和 $\theta_{se500}-\theta_{se850}$ 的经向-时间剖面图 8.25d，由于冷暖空气的交绥，大气温湿结构发生变化，形成湿斜压锋区，在暴雨区 38°—39°N 范围内，$\theta_{se850}$、$\theta_{se500}-\theta_{se850}$ 在 21 日 20:00 同时达到最强，中心值分别为 369.5 K 和 −19.5 K，在之后的 6 h 逐渐减小，而 $\theta_{se500}$ 则在 21 日 20:00—22 日 02:00 时间段内从 350 K 缓慢增加到 354 K，中层入侵的干冷空气通过降低低层稳定度和强迫低层暖空气抬升，触发低层不稳定能量释放，使得中层不稳定能量得以聚积，暴雨就发生在低层能量释放时段。

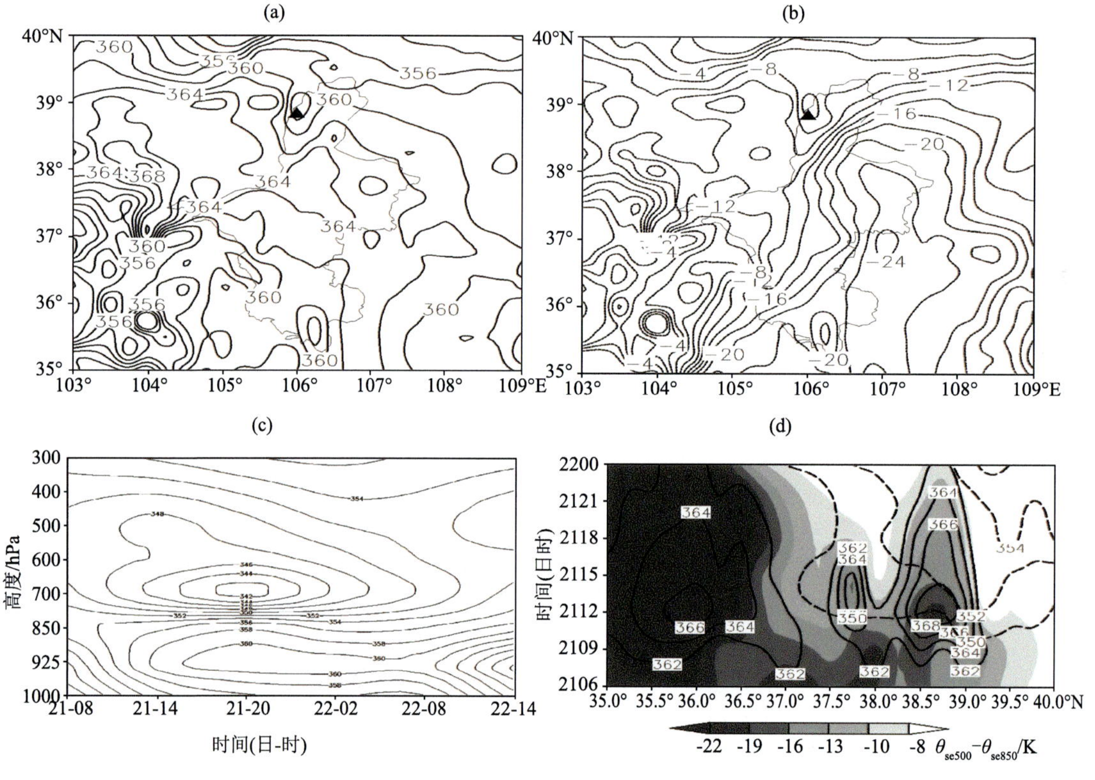


图 8.25　2016 年 8 月 21 日 $\theta_{se}$ 时空变化(单位:K)。(a)、(b)分别为 21 日 20:00 的 $\theta_{se850}$ 和 $\theta_{se500-850}$ 分布，(c)为沿暴雨中心 $\theta_{se850}$ 时空剖面，(d)为沿暴雨中心(105.97°E)的 $\theta_{se500}$(虚线)、$\theta_{se850}$(实线)、$\theta_{se500}-\theta_{se850e}$(阴影区为≤−8 K 的位势不稳定区域)经向−时间剖面图，(a)、(b)中▲为暴雨中心，(d)中▬为暴雨区

上述分析表明：副高的持续异常偏北偏强为暴雨发生提供了有力的环流背景，副高的短期进退影响气团的温湿和雨区雨强变化；随着副高加强西伸北抬，副高西北侧低层增温增湿增能、中层有干冷空气入侵，当 $\theta_{se850}$、$\theta_{se500}-\theta_{se850}$ 增强到最大值时，暴雨开始，暴雨集中区域对应 $\theta_{se850}$ 和 $\theta_{se500}-\theta_{se850}$ 等值线梯度密集区，暴雨持续在低层能量释放时段；随着副高东退南落，位势不稳定区减弱东退南落，暴雨趋于减弱结束。

#### 8.1.2.3　贺兰山地形对暴雨的影响

（1）地形对低层流场的影响

ECMWF 预报 8 月 21 日 17:00 开始，来自东海的 850 hPa 和 700 hPa 上的偏东气流在西进过程中，分别沿副高的北侧和南侧在陕西和青海东部转向加强为东南风急流和偏南风急流，并在转向处形成一切变线或辐合线；21 日 20:00—22 日 02:00，两支急流在贺兰山东麓交汇继续西进受到贺兰山阻挡，在 850 hPa 沿贺兰山山脉绕流形成气旋式切变（图 8.26a—c），东麓地区吹东北风，700 hPa 在宁夏境内为一致的南风气流，没有风向切变，但贺兰山东麓地区有明显的风速辐合（图 8.26d—f），暴雨出现在两支急流轴前端和切变线的右侧。21 日 23:00—22 日 02:00，两支急流在宁夏境内发展至最强，也伸展到最北最西的位置，在急流轴前段的急流汇合区暴雨最强（图 8.26c、f）；22 日 02:00 以后，随着副高南落、宁夏境内急流减弱东退，气旋式切变减弱消失，暴雨减弱趋于结束。

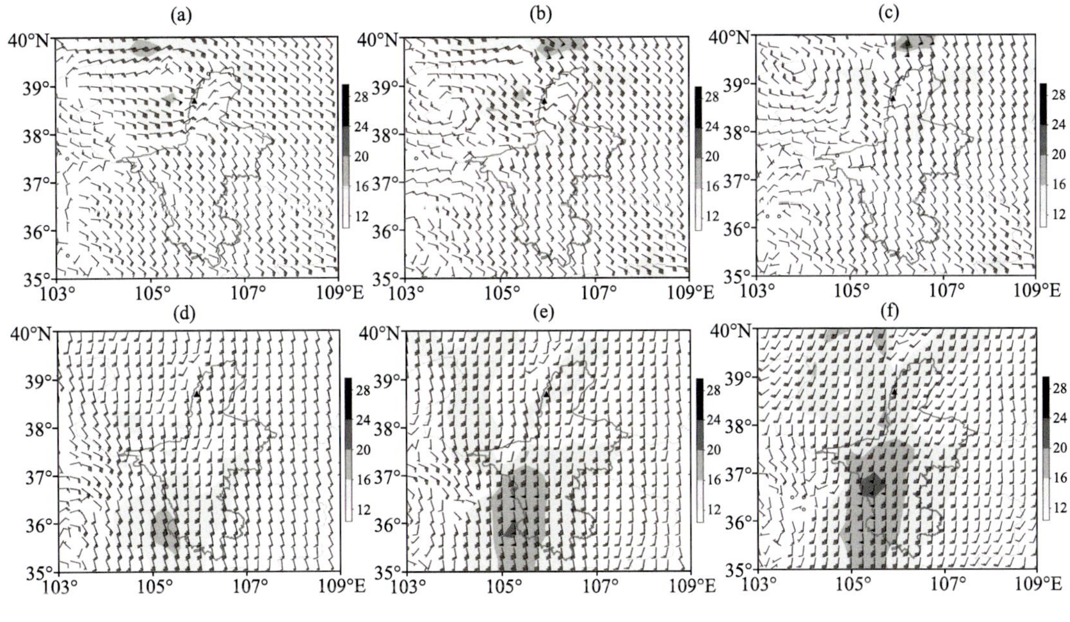


图 8.26　2016 年 8 月 21 日夜间 850 hPa(a—c)流场和 700 hPa(d—f)风场演变（单位：m · s$^{-1}$）
其中，(a)和(d)为 21 日 20:00，(b)和(e)为 21 日 23:00，(c)和(f)为 22 日 02:00；
阴影区为风速≥12 m · s$^{-1}$ 区域，▲为暴雨中心

由于贺兰山东麓布设的自动气象站只观测气温和降水两个要素，没有风场。故此，利用银川雷达资料来分析低层是否存在急流、切变线以及切变线活动和强度变化和影响区域。21 日 20:00—22 日 02:00，贺兰山东麓一直维持一条中心强度在 55 dBZ 以上的带状回波（图 8.27a—d）；径向速度图 8.28 上，对应强回波中心有明显的气旋式辐合，并在距离雷达东南方

约 15 km 处的上空 0.8 km 处存在一支 20 $m \cdot s^{-1}$ 的低层东南风急流，该急流维持了约 6 h，于 22 日 02:00 前后减弱消失。预报对比实况，ECMWF 准确预报出了 850 hPa 的低层东南风急流和贺兰山东麓气旋式切变，但 ECMWF 预报该切变线自东向西缓慢移动，而实况监测其稳定少动，故此，预报的切变线位置明显偏东，低空急流的实况比预报的也更强。切变线在贺兰山维持稳定少动和强劲的低空急流是导致此区域遭遇特大暴雨之主要原因。

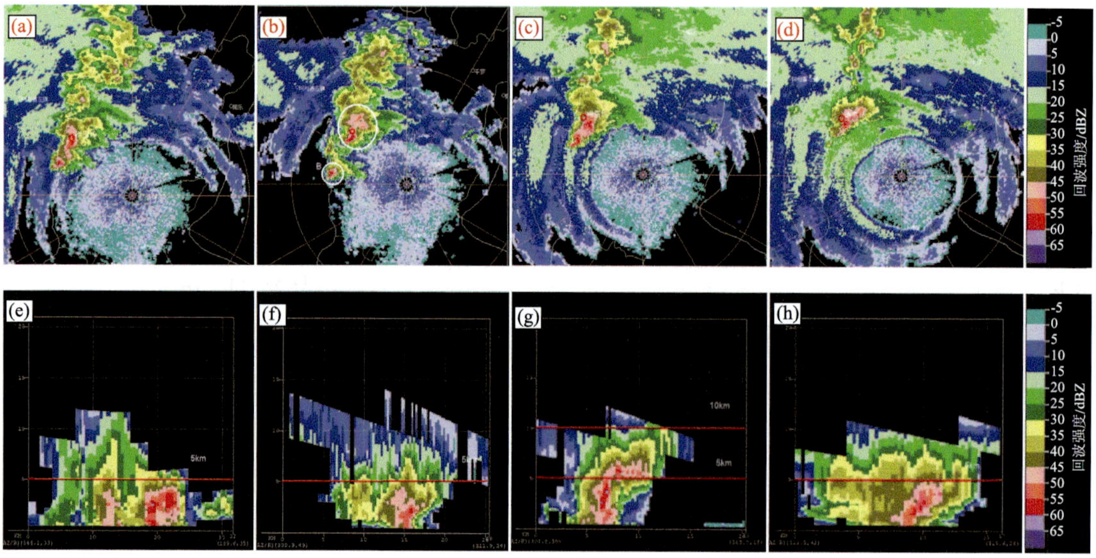


图 8.27　2016 年 8 月 21—22 日银川雷达组合反射率因子和垂直剖面图。其中，(a)、(e)为 21 日 21:27，(b)、(f)为 21 日 22:11，(c)、(g)为 21 日 23:07，(d)、(h)为 22 日 00:02，(e)—(h)红线为 0 ℃层和−20 ℃层高度

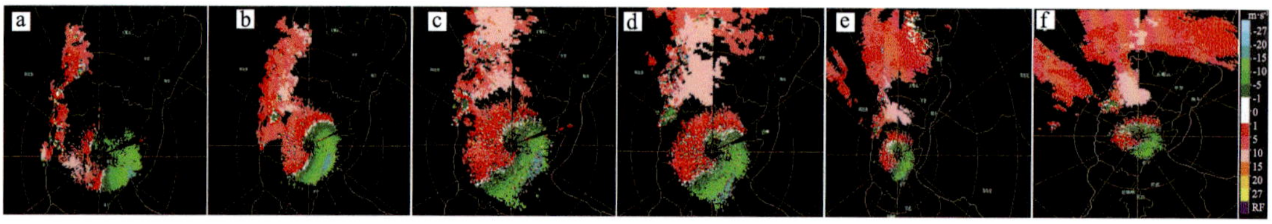


图 8.28　2016 年 8 月 21—22 日银川雷达径向速度(单位：$m \cdot s^{-1}$)。其中，(a)、(c)—(f)为 1.5°仰角，(b)为 2.4°仰角；(a)为 21 日 19:47，(b)为 21 日 20:48，(c)为 21 日 22:06，(d)为 21 日 23:12，(e)为 22 日 00:19，(f)为 22 日 00:58

(2)地形抬升增强动力机制

从 ECMWF 预报 21 日 20:00—22 日 02:00 的散度和垂直速度场变化看(图 8.29a—c)：暴雨期间，暴雨区上空在 500 hPa 一直有明显的辐合中心，最强在 22 日 02:00，中心值超过 $-8 \times 10^{-5} s^{-1}$，而 500 hPa 以下一直为辐散区，这可能与 ECMWF 预报 850 hPa 切变线位置偏东，贺兰山东麓地区吹东北风而出现辐散，700 hPa 在贺兰山东麓没有风向辐合有关；暴雨区上空虽然一直维持着上升运动，但只向上发展到 600 hPa，上升运动中心一直维持在 700 hPa，最强在 22 日 02:00，中心值超过−0.8 $Pa \cdot s^{-1}$。

对比 2006 年 7 月 14 日和 2012 年 7 月 29 日贺兰山东麓暴雨(纪晓玲 等，2010；宁贵财等,2015)的动力抬升条件:不同于 2006 年 7 月 14 日和 2012 年 7 月 29 日由东移翻越贺兰山的 700 hPa 低涡切变线引发的暴雨区上空有“高层强辐散、低层强辐合,上升运动伸展到 400 hPa 以上”的典型系统性暴雨动力抬升机制,由西进低层切变线和低层辐合共同触发的“8・21”暴雨过程高层辐散不明显、低层辐合较强;但对于东风气流,东麓处于贺兰山迎风坡,低层东风急流垂直于贺兰山脊,强烈的地形抬升加强了低层辐合而在低层维持强烈的上升运动,为强对流暴雨的发生发展提供了有力的动力条件。21 日 20:00 银川探空观测(图略)也表明:暴雨开始时段,中低层风随高度顺转,低层有暖平流,风速 8～10 $m \cdot s^{-1}$,平流较强,最大上升速度达到 32.6 $m \cdot s^{-1}$,自由对流高度 LFC 达到 700 hPa。由于暴雨区距离银川有 30 km 左右,银川站 21 日夜间累计雨量仅有 6.5 mm,因此仅凭银川站探空还不能完全真实的反映暴雨区的上升运动。利用银川雷达,作暴雨回波的反射率因子垂直剖面(图 8.27e、f),证实:暴雨开始时段,45 dBZ 和 55 dBZ 以上强降水回波的高度基本在 3 km 和 2 km 以下(减去地理和雷达高度,以下同),质心较低;随着降水发展,45 dBZ 和 55 dBZ 以上强回波向上扩展到 8 km 和 6 km ,呈现出高质心强对流暴雨结构;降水期间,暴雨回波顶高也维持在 11 km 以上,最强甚至接近 16 km(图略),表现出典型的大陆性强对流特征(俞小鼎 等,2012)。可见,在有力的环境场条件下,强烈的地形抬升促进和加强了低层辐合和上升运动,有利于强对流暴雨的发生发展。

(3)地形增强水汽辐合

从 ECMWF 预报 21 日 20:00—22 日 02:00 的水汽通量及其散度场变化看(图 8.29d—f):暴雨期间,随着副高 592 dagpm 线的西进北抬,700 hPa 偏南急流和 850 hPa 偏东急流的发展加强,两支急流携带水汽向北向西输送过程中,受到贺兰山阻挡,水汽在东麓地区堆积,低层形成与贺兰山脉走向一致的水汽输送带和水汽辐合区,为此次特大暴雨提供了水汽来源。其中,21 日 20:00 水汽通量大值区在 850 hPa,中心值超过 $20\times10^{-2}$ $g \cdot (cm \cdot hPa \cdot s)^{-1}$,22 日 02:00 水汽通量大值区伸展到 700 hPa,中心值超过 $18\times10^{-2}$ $g \cdot (cm \cdot hPa \cdot s)^{-1}$;暴雨区的水汽辐合主要集中在 700 hPa,并在 21 日 23:00 达到最强,中心值超过 $-40\times10^{-7}$ $g \cdot (cm^{-2} \cdot hPa^{-1} \cdot s^{-1})$。

#### 8.1.2.4　不稳定指数变化

分析 ECMWF 预报 21 日 08:00—22 日 8:00 暴雨中心上空逐 3 h 对流有效位能 CAPE、对流抑止有效位能(CIN),抬升指数 LI、$K$ 指数、700 hPa 比湿 $Q$、整层可降水量 PW 等表征能量、稳定度、水汽的对流不稳定指数变化,对应逐时雨量,对比以往经验总结,试图寻找强对流暴雨的一些定量预报指标。

图 8.30 表明:暴雨前 21 日 08:00—20:00,随着 CAPE、$K$ 指数、LI 负值、$Q$ 和 PW 增大、CIN 减小,暴雨区上空增温增湿增能,大气层结越来越不稳定;暴雨时段 21 日 20:00—22 日 02:00,CAPE、$K$ 指数、LI 负值、$Q$、PW 等对流指数继续增加,PW 在 22 日 02:00 达峰值、其他指数在 23:00 达峰值后开始减小,CIN 降至 0 并持续,对流发展到鼎盛之后减弱,即能量释放时段,爆发了强对流暴雨。对应逐时雨量变化,小时雨强超过 40 mm 的强对流暴雨出现在:$K$ 指数≥40 ℃、CAPE≥3400 $J \cdot kg^{-1}$、$Q$≥13 $kg \cdot kg^{-1}$、PW≥40 mm、LI≤−5、CIN≤1 $J \cdot kg^{-1}$,雨强最强时段对应 $K$、$Q$、LI、CAPE 等对流指数到达峰值后减小、PW 达峰值、CIN 为 0 时刻。

“8・21”对流不稳定指数变化与陈楠等(2012)、纪晓玲等(2010)、张泽等(2014)分析的宁夏 2010・8・10、1998・5・20、2006・7・14、2012・7・29 暴雨过程一致,并超过了宁夏暴雨指标:$K$ 指数≥38 ℃、LI≤−3、$Q$≥12 $kg \cdot kg^{-1}$。

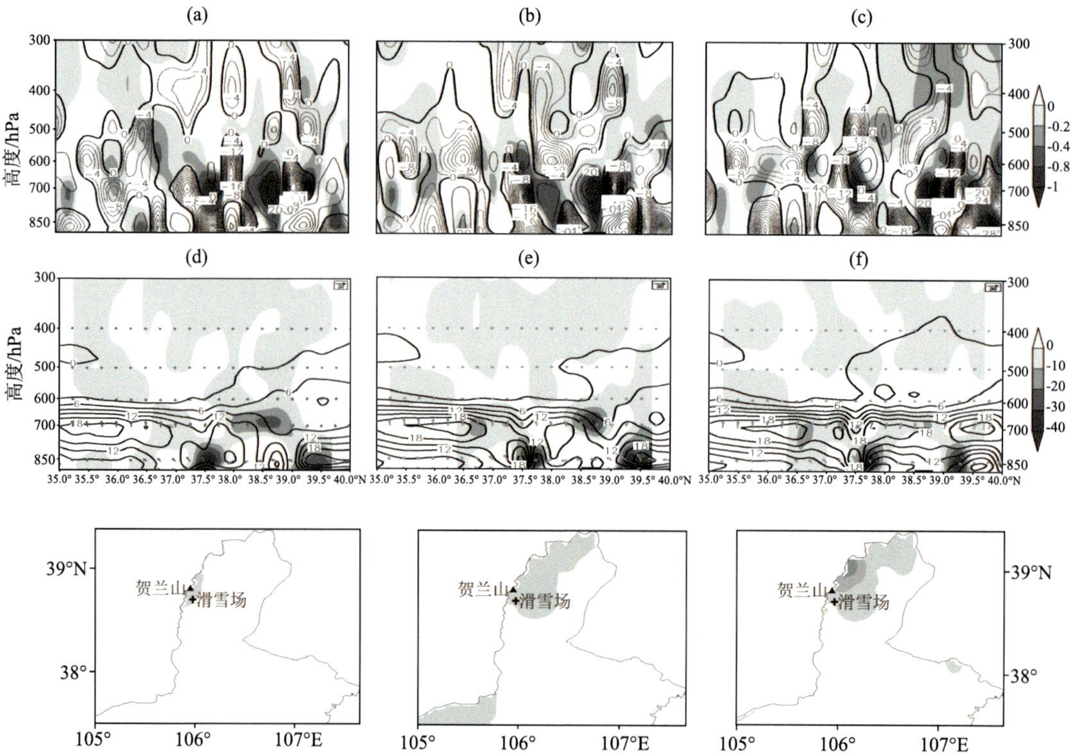


图 8.29　2016 年 8 月 21 日夜间沿暴雨中心(105.97°E)的散度和垂直速度(a—c)、水汽通量及其散度(d—e)经向垂直剖面图。其中,(a)和(d)为 21 日 20:00,(b)和(e)为 21 日 23:00,(c)和(f)为 22 日 02:00;(a)—(c)中的实线为散度($10^{-5}$ $s^{-1}$),阴影为上升运动区(Pa · $s^{-1}$),(d)—(f)中实线为水汽通量($10^{-2}$ g · (cm · hPa · s)$^{-1}$),阴影为水汽辐合区($10^{-7}$ g · $cm^{-2}$ · $hPa^{-1}$ · $s^{-1}$);图中▬为暴雨区

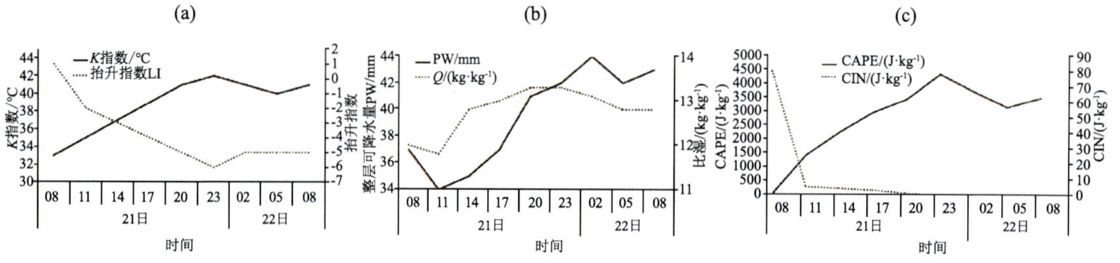


图 8.30　2016 年 8 月 21 日 08:00—22 日 08:00 暴雨中心逐 3 h 抬升指数 LI、$K$ 指数(a,单位:℃)、700 hPa 比湿 $Q$、整层可降水量 PW(b,单位:kg · $kg^{-1}$、mm)、对流有效位能 CAPE、抑止有效位能 CIN(c,单位:J · $kg^{-1}$)等对流不稳定指数变化

#### 8.1.2.5　预报失误原因和可预报性讨论

(1)模式降水量预报显著偏小

随着数值模式预报能力的提升,预报员越来越依赖数值模式的要素预报,尤其是对降水预报的“信任”与日俱增。先看模式降水预报,再去寻找与之匹配的预报理由已成“常态预报模式”。虽然数值模式没有能力预报的极端降水天气,预报员也未必能做出有效订正,但偏离了

正确的预报流程，预报员即使看到天气形势和物理量配置有出现强降水的可能，但受到模式预报先入为主的干扰而忽略这些重要的预报信息，是目前强降水预报失误的首要原因。需要结合具体情况和预报员释用水平对数值预报产品进行订正。

从 ECMWF、T639 和 WRF 3 个业务模式最近 3 个时次起报的降水预报看：ECMWF 预报非常稳定，3 个时次都预报贺兰山东麓有中心 15 mm 左右的中雨，落区接近实况，但量级显著偏小(图 8.31a—c)；T639 降水预报在宁夏北部和东南部不断调整，中心始终在 2 mm 以下，降水落区和量级与实况相差较远(图 8.31d—f)；WRF 随预报时效临近降水落区缩小、量级下降，临近 24 h 预报了贺兰山东麓有中心 5 mm 左右的小雨，虽然量级显著偏小，但降水落区预报与实况较为接近(图 8.31g—i)。

模式降水预报检验表明：不同模式受地形影响的小区域极端降水预报效果不同，总体而言，模式预报整体偏弱，预报员对模式降水预报过度依赖，导致宁夏气象台出现重大预报偏差；相对而言，ECMWF 预报效果明显优于其他模式，预报性能稳定、落区预报准确，但量级预报显著偏小，需要结合实际情况大胆订正。

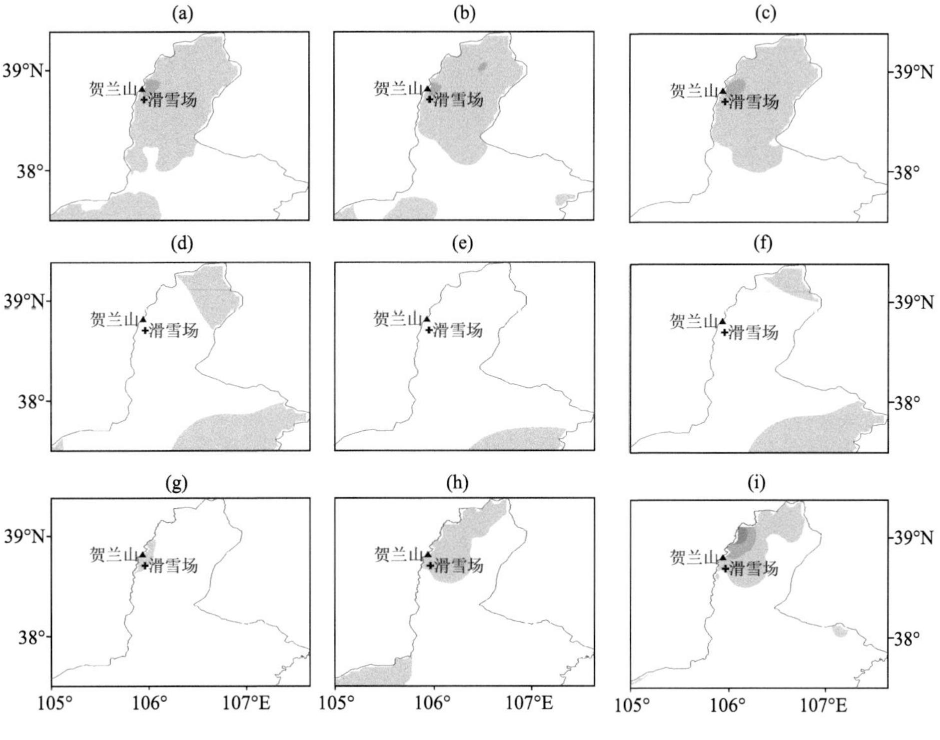


图 8.31　ECMWF、T639、WRF 模式对 2016 年 8 月 21 日 20:00—22 日 08:00 宁夏中北部 12 h 累计雨量的 24 h、36 h、48 h 预报

(a)ECMWF 24 h 预报；(b)ECMWF 36 h 预报；(c)ECMWF 48 h 预报；(d)T639 24 h 预报；(e)T639 36 h 预报；(f)T639 48 h 预报；(g)WRF 24 h 预报；(h)WRF 36 h 预报；(i)WRF 48 h 预报

(2)宁夏强副高控制下的极端暴雨少

宁夏预报员分析多个暴雨个例总结出：夏季，副高能北抬到河套北部以 580 dagpm 线或 584 dagpm 线最多，588 dagpm 线少见，592 dagpm 线罕见；副高控制下宁夏以高温酷暑天气

为主，局地或伴有弱的热对流；宁夏暴雨往往出现在副高西伸北抬后又东退南落的过程，暴雨区最常在副高西缘或西北缘，对应 700 hPa 低涡切变线活动的区域，2010 年 8 月 10 日王乐井暴雨（陈楠 等，2012）、1998 年 5 月 20 日、2002 年 6 月 7 日、2003 年 9 月 2 日、2006 年 7 月 14 日、2012 年 7 月 29 日等贺兰山东麓极值暴雨（张华 等，2007；纪晓玲 等，2010；宁贵财 等，2015）都是如此，数值模式对这种类型的暴雨预报效果也较好，个例多、经验多、模式预报效果好、关注度高，因此较少出现预报偏差。但是，在副高主体 588 dagpm 线控制下，592 dagpm 线快速进退过程中，受地形影响，由低层切变线引发的暴雨个例罕见，数值模式预报效果也差，个例少、缺乏预报经验、模式预报效果差、关注度不够，极易出现重大预报偏差。

（3）有效物理量场释用经验不足

上述分析表明：ECMWF 预报“8・21”特大暴雨的副高强大和东西进退、低空急流增强并向北推进形成高温、高湿、高能和大气层结不稳定区以及地形的作用建立了低层切变线，促使低层产生强烈的辐合上升运动、源源不断的水汽输送等暴雨发生的天气学条件；虽然这次过程没有高层强辐散抽气效应，气流伸展高度不是很高，但是低层的强辐合、热力和水汽等条件诱发了极端暴雨事件。正如一些学者所指出：虽无低层强辐合、高层强辐散及强垂直运动的经典暴雨动力条件，但在水汽、稳定度等条件满足情况下，低层辐合即能触发不稳定能量释放，造成对流性强暴雨（朱乾根 等，2000）。因此，即使数值模式降水量级预报一致偏小，天气影响系统与宁夏典型暴雨有差异，但与历史上多个副高进退过程中爆发的极值暴雨个例相比，暴雨的发生发展机理相似，关键物理量的变化尤其相似，而“8・21”的副高强度、中低层 $\theta_{se}$、$K$ 指数、$Q$ 等暴雨关键指标超过了历史上贺兰山东麓的暴雨指标。所以，在天气过程物理机制深入分析并与总结经验对比的基础上，预报员有对数值模式预报偏差的订正空间，虽然降雨中心强度订正不到 200 mm 以上，但强对流暴雨天气至少可以做到不漏报，暴雨预报的提前量至少能提前 6 h 左右。所以，“8・21”暴雨过程是有可预报性的。

#### 8.1.2.6 小结

通过对“8・21”贺兰山东麓历史罕见特大暴雨的预报偏差和可预报性分析，得到如下结论。

暴雨出现在副高持续异常偏强偏北的环流背景下，宁夏处于高温高湿高能区，副高快速进退、低空急流北抬西进过程中，受贺兰山地形影响而在东麓地区产生的气旋式切变线、低层强辐合、持续上升运动和水汽辐合等为暴雨发生发展提供了有利的热力、动力、水汽和对流不稳定条件。

预报偏差主要体现在 4 个方面。

（1）数值模式降水量级预报一致显著偏小是主因。3 家数值模式都预报 15 mm 以下的降水，但 EC 预报的稳定性、落区和量级最优。

（2）副高异常偏强偏北的暴雨环流背景认识不清。2016 年 8 月中下旬副高持续异常偏强偏北，21 日发展到最强，在 588 dagpm 线控制下，592 dagpm 线从宁夏南部东退过程中，受低层辐合与切变线引发的这种极端暴雨个例在宁夏极其罕见，预报员经验匮乏；而且受贺兰山地形影响，850 hPa 切变线在东麓地区很普遍，绝大多数情况下没有天气发生，只有配合特殊的天气形势和影响系统才能产生严重天气。

⑶忽略了贺兰山地形影响。对偏东气流而言，东麓地区处于贺兰山迎风坡，地形对东麓地区的低层绕流气旋、低层辐合与持续上升运动及水汽辐合有促进和加强作用。

⑷缺乏极端天气的预报敏感性。没有与历史相似个例的关键物理量进行有效对比，对 $K$ 指数≥38 ℃、LI≤−3、$Q_{700}$≥12 kg・kg$^{-1}$ 等宁夏暴雨预报指标掌握应用不熟练。

综上所述，在对天气过程物理机制深入分析并与历史相似个例对比的基础上，“8・21 ”暴雨过程是有可预报性的。在数值模式降水量级预报一致显著偏小的情况下，预报员凭借对以往暴雨天气型和关键物理量的总结，至少可以做到：强对流暴雨不漏报，提前 6 h 确定暴雨落区，订正降水量级为暴雨，但在东麓地区历史上没有出现 200 mm 以上降水记录的气候背景下，预报员无法预报出超过历史记录的降水强度。

### 8.1.3　2018 年 7 月 22 日极值暴雨中尺度系统的发生发展机制

2018 年 7 月 22 日夜间（“7・22”过程），贺兰山滑雪场再次爆发历史罕见百年一遇极端暴雨，特大暴雨引发多地山洪，致银川、石嘴山两市 6007 人、598.6 $hm^2$ 农作物受灾，1 人死亡，直接经济损失 1.06 亿元。韩子霏（2021）利用 FNL 客观分析资料、自动气象站观测、FY-4A、WRF 模拟等资料，采用 EEMD、数值模拟等方法，分析“7・22”暴雨中尺度系统发展演变特征，并对 WRF 模拟的 D02 区域进行水平空域分解，利用分解所得的三个高频分量 IMF1、IMF2 和 IMF3 和趋势分量 RES 分析相关气象要素的多尺度特征。

#### 8.1.3.1　环流背景和中尺度特征

8.1.3.1.1　24 h 累计降水量及闪电分布

2018 年 7 月 22 日 12:00—22:00（UTC，下同）宁夏贺兰山周边地区出现了一次暴雨天气过程，降水过程持续时间为 10 h，其中 3 个站点的累积降水量超过 200 mm，累计降水超过 100 mm 的站点共 9 个，降水超过 50 mm 的站点共 35 个，过程降水量刷新宁夏有观测记录以来的日降水量极值，其中最大降水站点位于贺兰山滑雪场，累积降水量为 277.6 mm（图 8.32a）。暴雨主要集中在贺兰山沿山中北段，呈东北—西南走向，具有非常明显的地形降水特征，同时，小时雨量大、降雨区集中。此次暴雨引发多条山洪沟暴发 200 年一遇的特大洪水，暴发的洪水具有持续时间长、范围广、量级大的特点，最大洪水流量可达 1500 $km^3 \cdot s^{-1}$。闪电是发生在云与云之间、云与地之间或云体内各部位之间的强烈放电现象，具有很强的破坏性和杀伤力。闪电的发生与大气的对流运动以及大气湿度密切相关（Ezcurra et al.，2002；Katsanos et al.，2007），对暴雨的发生有着一定的指示作用。图 8.32b 为宁夏北部地区的闪电分布图，闪电分布主要集中在贺兰山东麓与附近平原地区一带，与此次暴雨的降水落区一致。

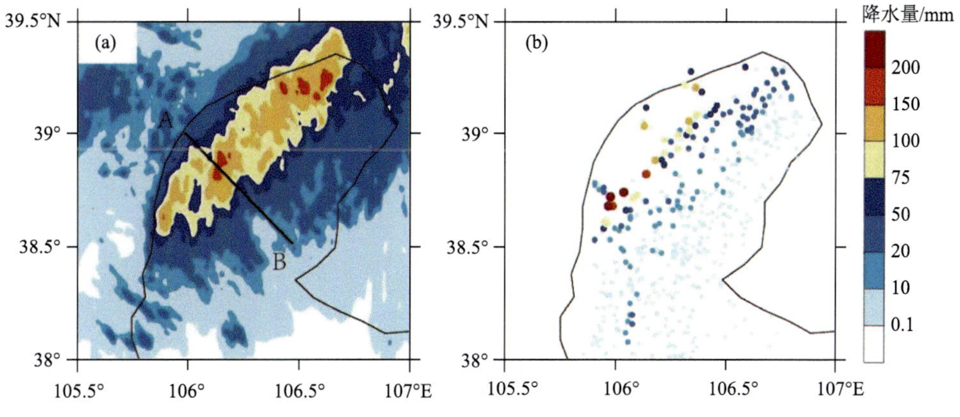


图 8.32　2018 年 7 月 22 日 00:00—23 日 00:00 降水量（a，单位：mm）和闪电分布（b，浅蓝色圆点为贺兰山岩画站，绿色圆点为石嘴山站，紫色圆点为石炭井站，红色星为滑雪场站），灰色填色为大于 1500 m 的地形高度

8.1.3.1.2　小时平均降水强度

图 8.33 为 24 h 最大累计降水站点贺兰山滑雪场站小时降水量变化图，最大降水站点呈现“三峰值”特征，其中降水最大时刻出现在 14:00(UTC)，最大小时降水强度达到 74.1 mm，18:00 再次达到降水峰值，此时降水强度达 57.2 mm，20:00 达到第三个小峰值，降水强度为 14.4 mm，降水强度与前两个峰值时刻的降水强度相比较弱，随后最大站点的降水过程基本结束，三次小时降水强度峰值出现后都伴随着降水的迅速减弱，说明这次降水过程是一次典型的短时强降水过程。

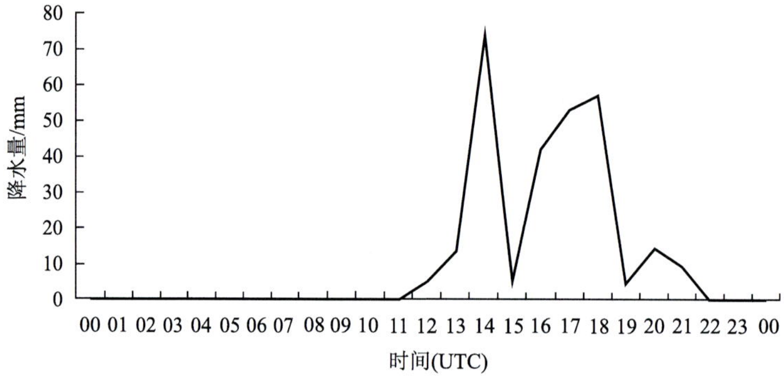


图 8.33　2018 年 7 月 22 日 00:00—23 日 00:00
贺兰山滑雪场站逐时降水量变化图

图 8.34 为石嘴山站和银川站的小时降水量和闪电频次的逐时变化图，强降水时段为 22 日 15:00—22:00。石嘴山站强降水峰值出现在 22 日 18:00 和 21:00，分别达到 9.5 mm 和 17.9 mm，两次降水峰值之后都呈现降水强度骤降的现象；银川站的降水明显较弱，峰值出现在 19:00—21:00。石嘴山站和银川站的闪电活动特征与降水强度变化趋势相近，石嘴山站强闪电活动的时段为 14:00—21:00，银川站强闪电活动的时段为 16:00—20:00，从强度来看，石嘴山站闪电活动明显强于银川市。石嘴山站和银川站的闪电活动峰值均出现在 17:00，达到 542 个和 89 个，石嘴山站降水强度在闪电达到峰值后 1 h 达到峰值，银川站则在闪电达到峰值后 3 h 达到峰值，这说明“7·22”暴雨过程与闪电活动密切相关。

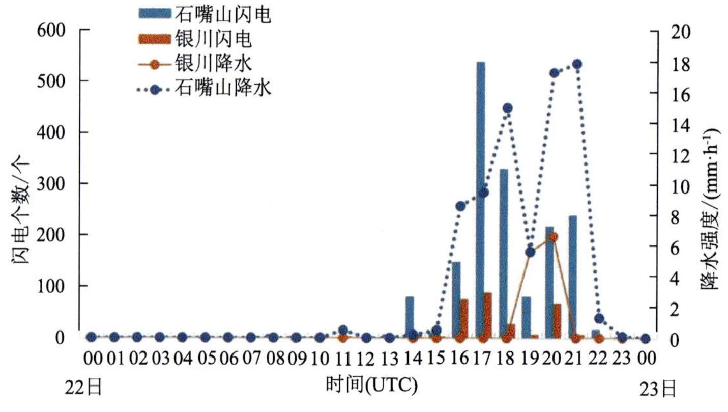


图 8.34　2018 年 7 月 22 日 00:00—23 日 00:00 石嘴山(蓝色)、银川(橘色)
逐时降水量和闪电个数变化图

8.1.3.1.3　地面观测气象要素变化特征

由于暴雨中心贺兰山滑雪场站无地面风场、气压和温度等气象要素数据，所以选取滑雪场站附近的贺兰山岩画站进行分析。图 8.35 为 2018 年 7 月 22 日 05:00—23 日 05:00 贺兰山岩画、石嘴山和石炭井三个观测站的地面观测气象要素随时间变化特征。从 1 h 降水来看，贺兰山岩画先开始降水，降水减弱之后石嘴山降水逐渐开始增强，石炭井降水开始时刻最晚，说明贺兰山西南部先开始降水、东北部后开始降水。降水开始之前，贺兰山岩画地表温度下降，地面气压升高，地面 1 h 变压在 22 日 15:00 到达负峰值，地面风速达到峰值，随后 16:00 达到贺兰山岩画降水峰值；在降水维持期间贺兰山岩画地表温度一直处在低值区，地面气压下降，两次风速大值区和地面 1 h 变压负峰值均伴随两次降水峰值出现，且在第一次降水峰值前风向出现明显东北风向西南风的突变，降水减弱至结束后气温和气压逐渐升高，风向转变为东北风；石嘴山在降水开始前地表气温呈升高趋势，地面气压下降，地表气温在 08:00 到达峰值，随后地表气温下降，地面气压升高，13:00 地面风速达到最低值，风向由西北风转为东南风，14:00 东南风逐渐增强，此时降水过程开始，降水过程中存在两个小峰值，两个降水峰值均对应变压的负值峰值，且峰值前 1 h 均对应风速的大值，降水到达第一个峰值前出现由东南风转为西北风的风向突变，随后降水迅速减弱，此时风向出现西北—东北—西北的剧烈变化，并达

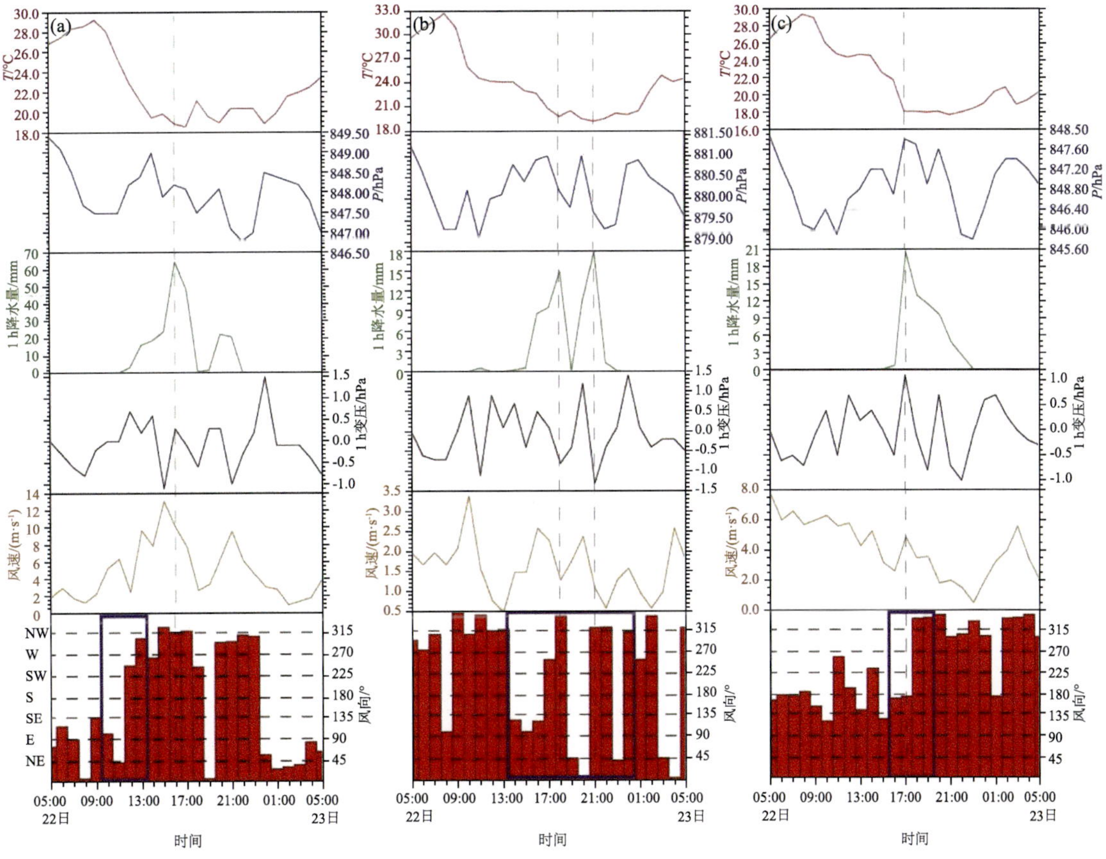


图 8.35　2018 年 7 月 22 日 05:00—23 日 05:00 贺兰山岩画(a)、石嘴山(b)和石炭井温度(红色实线，单位：℃)、气压(蓝色实线，单位：hPa)、1 h 降水量(绿色实线，单位：mm)、1 h 变压(黑色实线，单位：hPa)、风速(黄色实线，单位：m・$s^{-1}$)和风向(柱形图)的时间演变图

到第二个降水峰值，降水结束后石嘴山站基本为偏西风控制；石炭井站的地表温度和地面气压的变化趋势与石嘴山站基本一致，但值得注意的是，石炭井站的降水过程只出现一个峰值，降水开始时刻对应地面 1 h 变压负峰值，降水达到峰值时伴随着风速的增大和风向由东南风向西北风的突变，至降水过程结束石炭井站基本均为偏西风控制。

以上分析表明，三个站点地面气压与地表气温均呈反位相变化趋势，即地表气温升高伴随着地面气压下降，1 h 降水和变压特征也呈现明显反位相形势；降水是沿山脉的西南—东北方向发展，且三个站点降水峰值前都对应了风速的峰值和风向的改变，说明降水发生时风速的增强和风向的变化有利于降水的发生和维持。

值得注意的是，三个站点在降水开始前均出现了风向的突变，即由东南风转为西北风。有学者研究指出低层偏东风对西北暴雨过程的发生发展有重要影响(中国北方暴雨丛书《西北暴雨》编写组，1992；韩子霏 等，2021)，且低层偏东气流有利于山前暴雨的产生(盛春岩 等，2010)，说明低层东南风可能对贺兰山东麓暴雨的发生起到重要的作用。

8.1.3.1.4　大尺度环流特征

从 200 hPa 形势场来看，宁夏地区一直处于高空西风急流入口区南侧，高层为辐散区，利于形成中低层的辐合和气流上升运动的发展。降水发生前 22 日 06:00，南亚高压的东伸脊点位于(98°E，32°N)附近(图 8.36a)，12 时南亚高压范围扩大，东伸脊点东伸至(105°E，35°N)，在高空急流和南亚高压的共同影响下，有利于暴雨的形成(图 8.36b)；22 日 18:00—23 日 00:00 南亚高压的东伸脊点西退至(95°E，28°N)，降水过程逐渐减弱至结束(图 8.36c、d)。

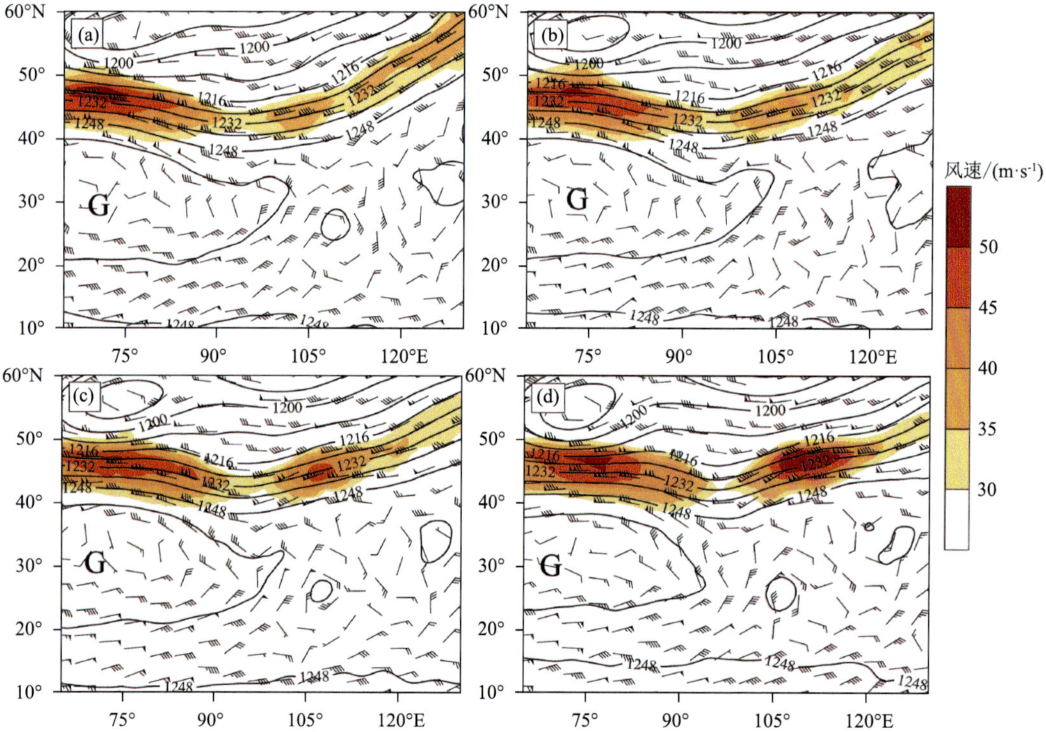


图 8.36　22 日 06:00(a)、12:00(b)、18:00(c)和 23 日 00:00(d)200 hPa 环流形势(等值线，单位：gpm)和风场(风羽，单位：m·s$^{-1}$)合成图(彩色阴影代表风速大于 30 m·s$^{-1}$ 高空急流区)

从 500 hPa 形势场看，降水开始前中高纬呈现“两槽一脊”形势，7 月 22 日 06:00—12:00 在青藏高原上空有一低值系统存在，此时在(120°E，30°N)附近有台风登陆，影响华南地区并推动“588”线北移西伸，副热带高压在华北一带活动(图 8.37a、b)；18:00 闭合低值系统发展为一深槽，宁夏位于槽前，华南地区低压系统减弱，副热带低压东退至朝鲜半岛(图 8.37c)；23 日 00:00 台风逐渐消亡，槽东移发展对宁夏影响减弱(图 8.37d)。

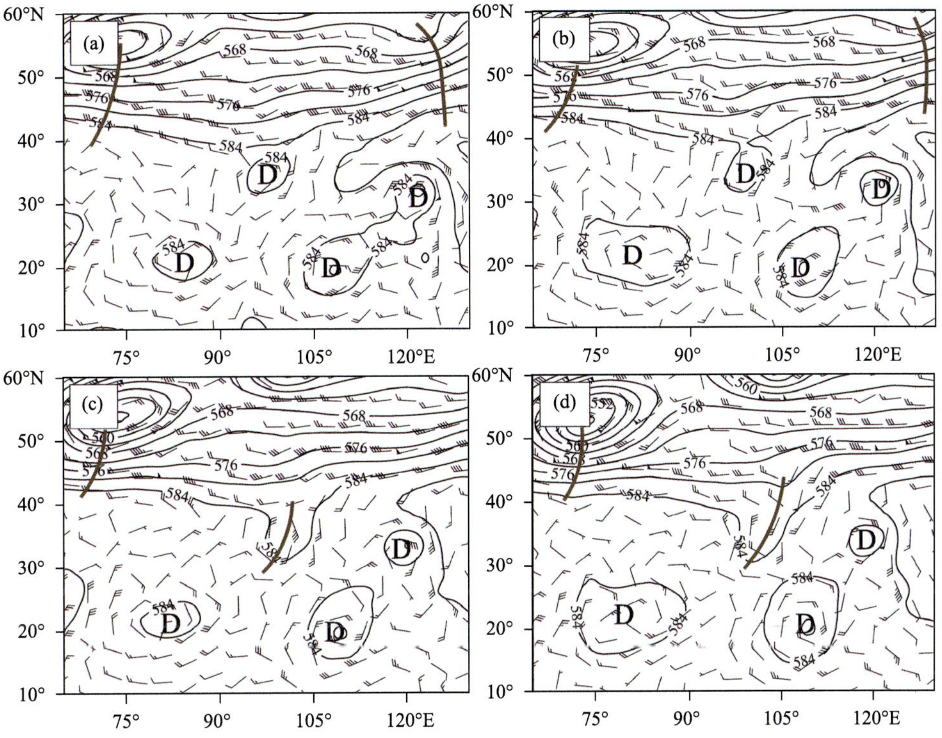


图 8.37　2018 年 7 月 22 日 06:00(a)、12:00(b)、18:00(c)和 23 日 00:00(d)500 hPa 环流形势(等值线，单位：gpm)和风场(风羽，单位：m·s$^{-1}$)合成图(棕色线代表槽线，D 表示低压中心)

从 700 hPa 形势场来看，7 月 22 日 06:00 在宁夏北部有一偏南风与偏东风构成的暖式切变线，贺兰山地区低层由南风控制(图 8.38a)，偏南气流可将水汽输送至贺兰山地区；12:00(图 8.38b)南风增强至急流强度；18:00 低空南风急流发展，中心风速达 20 m·s$^{-1}$，并在急流轴左侧出现一闭合气旋式环流(图 8.38c)，值得注意的是，贺兰山地区位于低空急流轴右侧，从动力学条件来看，低空急流轴右侧多为下沉气流区，因此急流的发展与气旋式环流的生成可能未对此次贺兰山降水的动力抬升条件起到有利作用；23 日 00:00 暖式切变线北移发展，在贺兰山西北侧也出现一气旋式环流(图 8.38d)，降水逐渐减少暴雨过程结束。

以上分析表明，暴雨过程的发展都是在有利的大尺度条件下中尺度系统发展的结果。在此次暴雨过程中南亚高压东脊点的东进西退与西太平洋副热带高压的西进东退相伴，同时在对流层高层有高空急流和南亚高压的配合发展形成高空辐散，对流层中层存在深槽的发展，副热带高压西伸等有利的大尺度环流背景，对流层低层偏南风低空切变线的发生发展以及低涡的形成与高空形势对应形成低层辐合高层辐散的特征，有利于抽吸作用和垂直运动的发生发展。

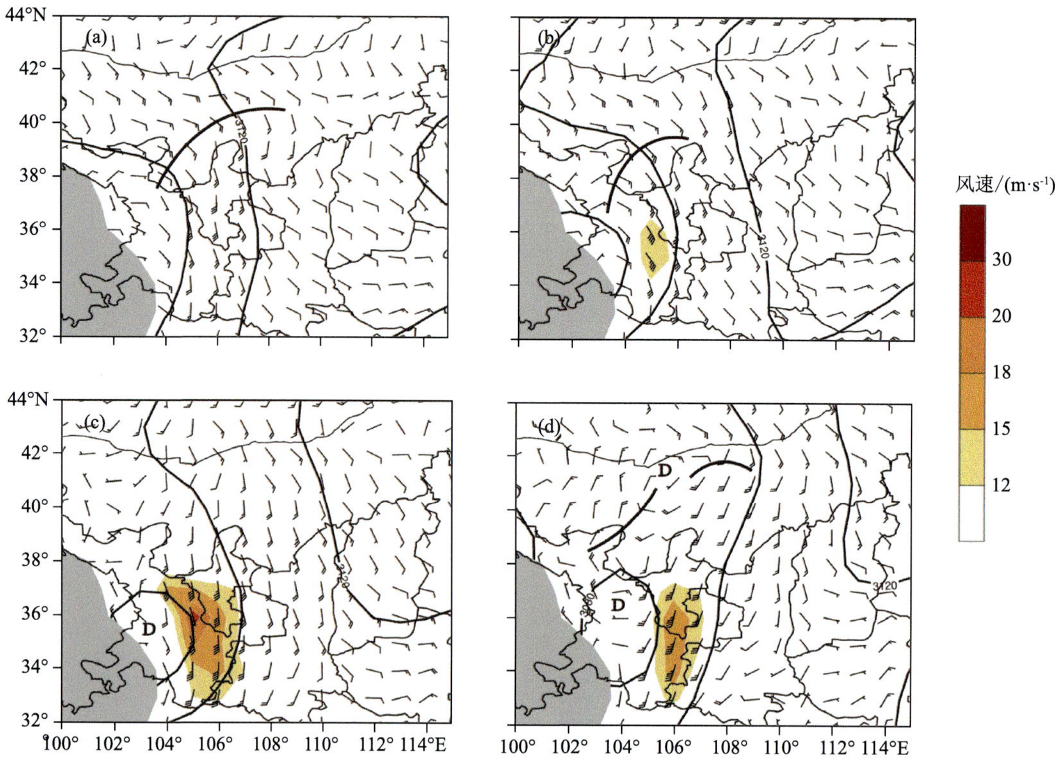


图 8.38　2018 年 7 月 22 日 06:00(a)、12:00(b)、18:00(c)和 23 日 00:00(d)700 hPa 环流形势(等值线,单位:gpm)和风场(风羽,单位:m·s$^{-1}$)合成图(彩色阴影代表风速大于 12 m·s$^{-1}$ 的低空急流区,棕色线代表切变线,D 表示低压中心,灰色阴影代表地形高度大于 3000 m 的地形)

8.1.3.1.5　中尺度对流云团特征

TBB 可以很好地表征云的变化特征,在揭示对造成暴雨的强对流系统方面有很好的指示作用,TBB 值越低,表示云顶越高,对流越旺盛。以下利用国家卫星气象中心提供的 FY-4A 卫星逐小时 TBB 资料分析此次暴雨过程中尺度对流系统的结构和中心及其发展演变。

暴雨的发生发展过程与中尺度对流系统的发展演化有着密不可分的关系,从 TBB 演变图 8.39 上可以看到,7 月 22 日 12:00,在高原地面上出现两条明显的气流辐合带,对流云团的位置与辐合带有很好对应关系(图 8.39a),此时高原上空 500 hPa 存在一低值系统(100°E,34.5°N),陕西东部存在一高值系统(110.5°E,33°N),高低值系统的发展使得宁夏西北侧出现一狭长的气流辐合带(图 8.39b);14 时降水过程开始,线状对流云团在宁夏与内蒙古交界处发展,在 12:00 高空的气流辐合带前端出现 TBB 值低于−60 ℃的低值中心(图 8.39c);15:00 线状对流云团继续发展,低值中心范围扩大(图 8.39d);16:00—17:00 时对流云团范围扩大,逐渐发展至宁夏贺兰山上空(图 8.39e、f);18:00 影响宁夏的对流云团位置相较 16:00 几乎停滞,这意味着贺兰山脉的特殊地形可能对于对流云团发展有一定阻滞作用,此时在青藏高原地面可以看到强的地面辐合线发展,对流云团位于辐合线上,其北部形成一气旋式环流,对流云团主体在气旋式环流的暖式切变线附近,控制宁夏北部大部分地区(图 8.39h),此时高层 500 hPa 低值系统演变为高空槽(图 8.37c),高值系统相对减弱,对流云团处于槽前(图 8.39i);随后云团继续向东发展减弱，移出宁夏地区上空，影响降水的对流活动逐渐减弱结束(图 8.39j)。

以上分析表明，整个暴雨过程中都伴随着线状中尺度对流云团的发展、移动、减弱，线状对流系统配合近地层的地面辐合线和高空的气流辐合带是造成此次暴雨过程的主要中尺度系统。

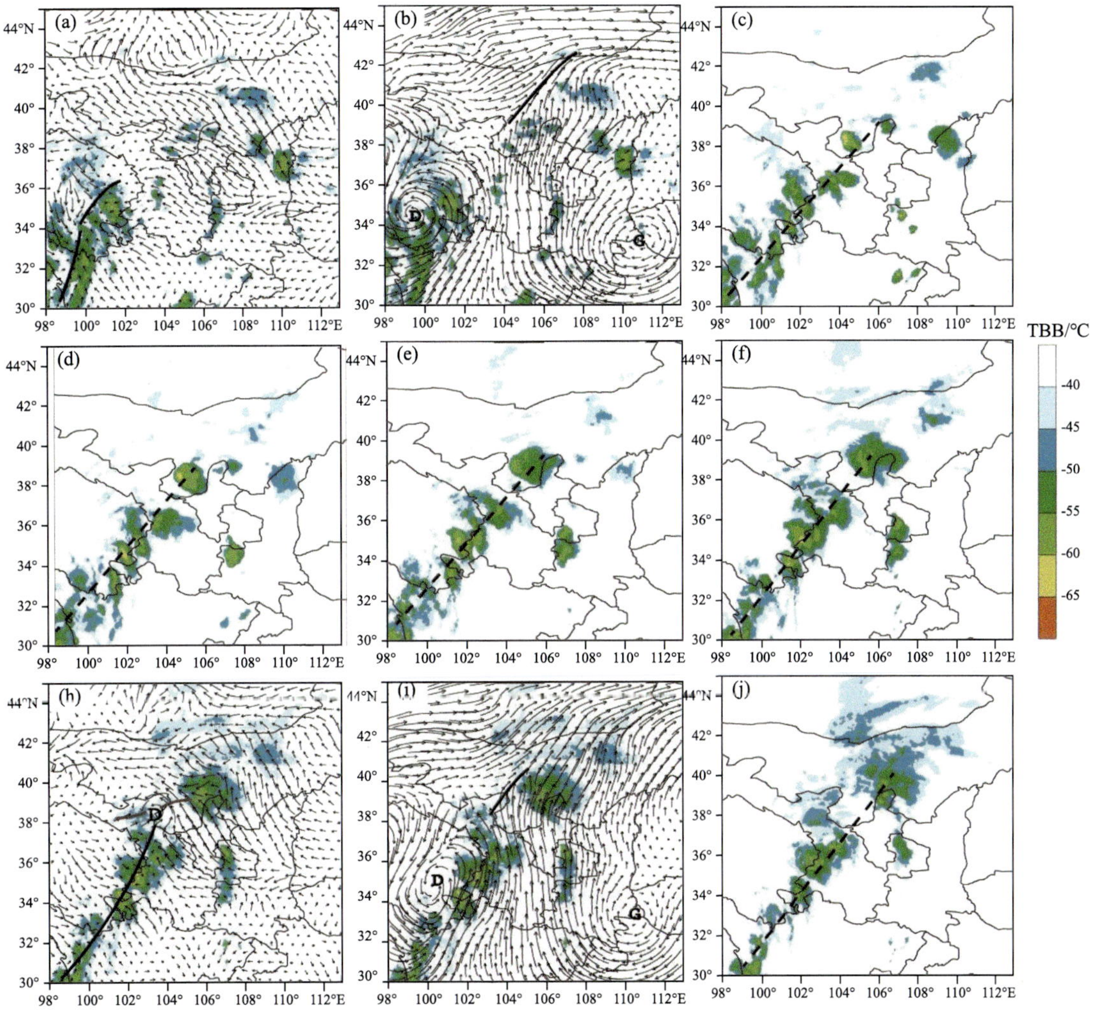


图 8.39　2018 年 7 月 22 日 12:00(a、b)、14:00(c)、15:00(d)、16:00(e)、17:00(f)、18:00(h、i)和 19:00(j)的 TBB 演变(阴影，单位：℃，a、h 分别叠加了对应时刻的地面风场形势，b、i 分别叠加了对应时刻 500 hPa 的风场形势)

8.1.3.1.6　雷达回波特征

多普勒雷达的高分辨率回波图像可以清楚地揭示降水粒子的发展过程。从雷达基本反射率水平分布图来看，降水开始前回波大值区主要出现在贺兰山南部，大值区范围较小，随后回波大值区沿贺兰山逐渐向北发展(图 8.40a、b)；16:00 降水过程开始，雷达回波大值区呈与沿贺兰山走势一致的带状分布，且大值区范围扩大，回波强度最大增至 62.5 dBZ(图 8.40c)；18:00 小时降水强度达到最大，雷达回波大值区范围进一步扩大，并向北逐渐发展，值得注意的是在贺兰山南部滑雪场附近存在一小范围的大值区，此大值区位置与最大降水站点基本一致(图 8.40d)；20:00 宁夏北部雷达回波强度增强，最强强度为 61.5 dBZ，大值区范围减小(图 8.40e)；22:00 降水逐渐减弱，雷达回波的大值区逐渐向北发展，不再对贺兰山地区产生显著影响(图 8.40f)。

以上分析表明，降水过程中水平方向雷达反照率的演变过程与降水分布和 TBB 的发展演变基本一致，是一次具有对流性降水特征的降水过程。

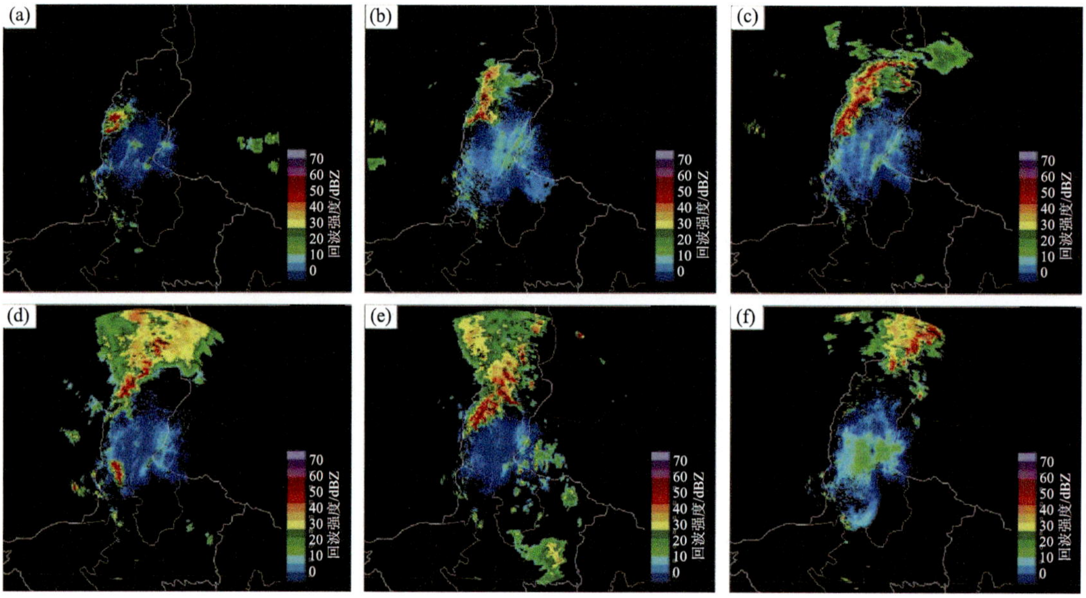


图 8.40 2018 年 7 月 22 日 12:00(a)、14:00(b)、16:00(c)、18:00(d)、20:00(e)和 22:00(f)银川站多普勒雷达 0.48°仰角层的雷达基本反射率(单位:dBZ)强度分布

#### 8.1.3.2 中尺度环流系统的数值模拟

采用中尺度模式 WRF3.8.1 对“7·22”暴雨过程开展数值模拟研究，分析暴雨中尺度系统的发展演变特征并进行诊断分析有关物理量的特征。模拟区域和实验设计见 6.3.1 节。

8.1.3.2.1 水汽条件

充沛的水汽供给是暴雨过程发生的必要条件，分析“7·22”暴雨过程中对流层低层的水汽通量及水汽通量散度的演变特征。图 8.41 为 7 月 22 日 12:00 和 18:00 WRF 模拟的 D01 区域 700 hPa 水汽通量和水汽通量散度合成图。暴雨发生前水汽在贺兰山附近积聚，从四川盆地至宁夏地区的东南气流将暖湿空气带至贺兰山上空，水汽通量散度的辐合区与暖式切变线位置对应较好；暴雨发生时水汽辐合带范围变宽，从高原东部一直延伸至宁夏北部，位于宁夏北部的水汽辐合大值区与降水中心位置一致，此时的水汽辐合为暴雨的持续提供了充沛的水汽条件，与暴雨发生前的形势对比，暴雨发生时的水汽辐合更加明显，有利于暴雨的发展和维持。

8.1.3.2.2 垂直结构分析

强烈的上升运动有利于水汽抬升凝结和降水过程的形成，同时水汽凝结释放的潜热又进一步促进垂直运动的发展。假相当位温 $\theta_{se}$ 是可以表征大气温度和湿度的物理量，其垂直结构

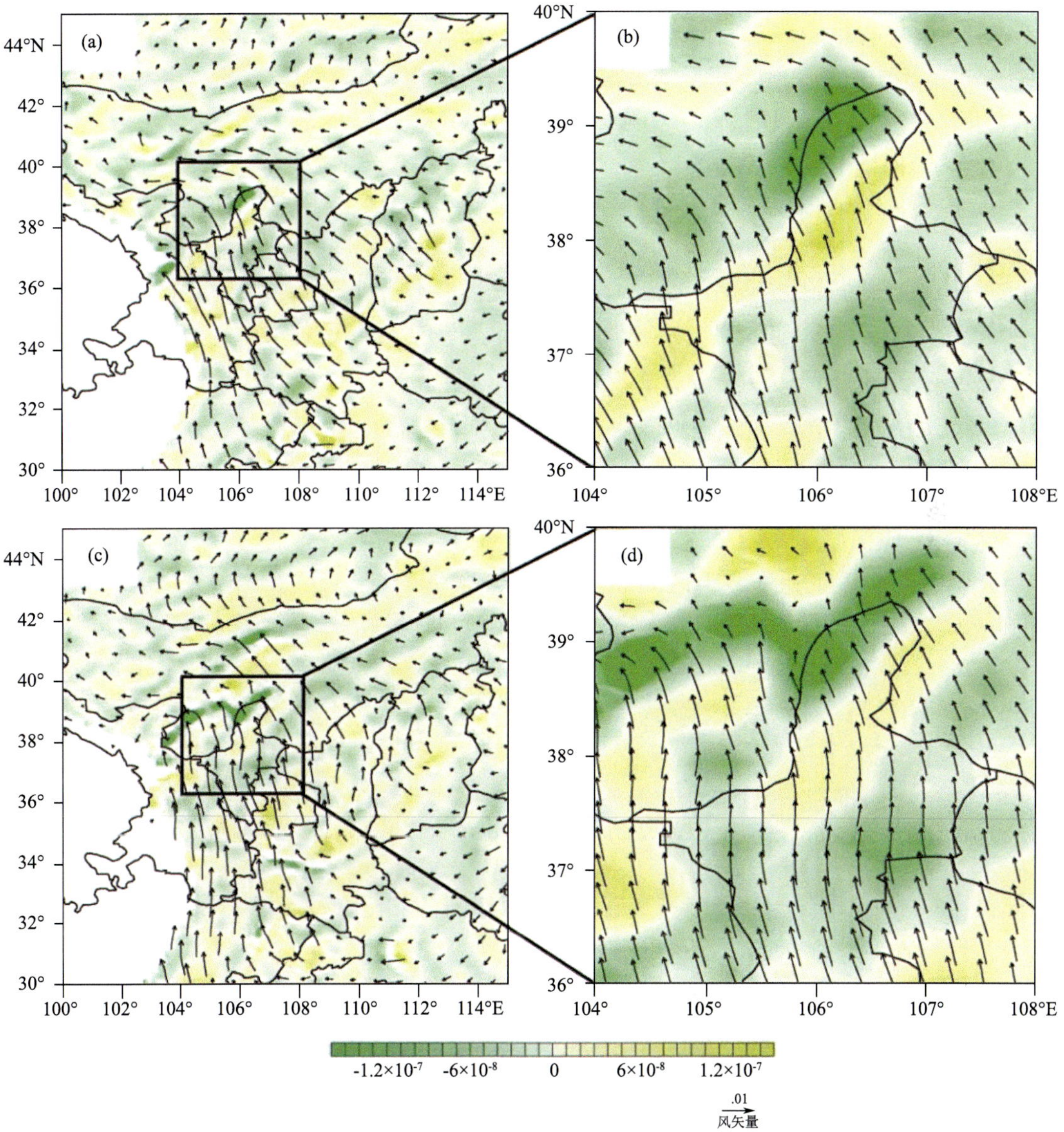


图 8.41　2018 年 7 月 22 日 12:00(a、b)、7 月 22 日 18:00(c、d)模拟 D01 区域 700 hPa 水汽通量(矢量,单位:g・$m^{-1}$・$hPa^{-1}$・$s^{-1}$)和水汽通量散度(阴影,单位:g・$hPa^{-1}$・$m^{-2}$・$s^{-1}$)合成图(b、d 分别为 a、c 实线框内区域放大图)

可以表示大气的热力结构和稳定度,其等值线密集带为大气能量锋区,能量锋区的存在有利于降水的形成。沿强降水中心(滑雪场)作垂直剖面,在降水两个峰值出现前 1 h 的两个时刻 12:00 和 18:00,从垂直结构图可以看出,18:00 垂直速度最大值可以达到 4.8 m・$s^{-1}$ 以上,300～700 hPa 假相当位温等值线的密集带与垂直速度的大值区有很好的对应,大气能量锋区配合较强的垂直运动(图 8.42a、b),有利于对流不稳定的发展以及低层的水汽和能量向高层输送;12:00 和 18:00 从地面至对流层中层 500 hPa $\theta_{se}$ 随高度增高而减小,500 hPa 以上 $\theta_{se}$ 随高度增高而增大,18:00 的 $\theta_{se}$ 冷中心值低于 12:00 的 $\theta_{se}$ 冷中心值,这说明 500 hPa 存在对流不稳定，且 18:00 对流不稳定更加剧烈。

涡度和散度是衡量大气运动的物理量，从相对涡度图来看，降水区上空存在明显正涡度柱，强度可以达到 $1.50\times10^{-3}\,s^{-1}$，正涡度的范围可以从低层延伸至高层 200 hPa，配合风场较强的上升气流，有利于暴雨的发生(图 8.42c、d)。从散度场来看，此时降水区上空的散度场高层辐散低层辐合特征非常明显，辐合中心位于 600 hPa 附近，中心强度约为 $-150\times10^{-5}\,s^{-1}$，辐散中心位于 350 hPa 附近，中心值达 $1.50\times10^{-3}\,s^{-1}$；模拟的散度场形势和中心与涡度场正涡度柱位置相近，高层辐散、低层辐合的形势有利于高层抽吸作用的发展，从而使得降水区垂直上升运动明显，在上升气流旁有下沉气流的存在形成次级环流有利于环流的维持(图 8.42e、f)。

云中含水量多少因云的种类及其发展阶段和在云中所处的部位的不同有很大差异，从图中云水含量来看，大值区均出现在贺兰山东麓即山脉迎风坡，云水含量的大值区与降水区基本吻合，18:00 云水含量高于 12:00 且范围变大，此时对应小时降水达到最强(图 8.42g、h)。

以上分析表明，暴雨过程垂直运动大值区、$\theta_{se}$ 等值线大值区、正涡度柱、辐合辐散区和云水含量大值区均位于贺兰山东麓迎风坡，且位置对应较好。说明，造成降水的中尺度系统具有对流不稳定性强烈、正涡度发展旺盛、高层辐散低层辐合并且伴随强上升运动的特征。暴雨过程的不稳定层结促进上升运动加强，大量的暖湿空气随垂直运动输送至高层，配合地形的抬升作用，释放潜热从而加强大气的不稳定度，这些特征为暴雨的形成提供有利的热力条件和动力条件。

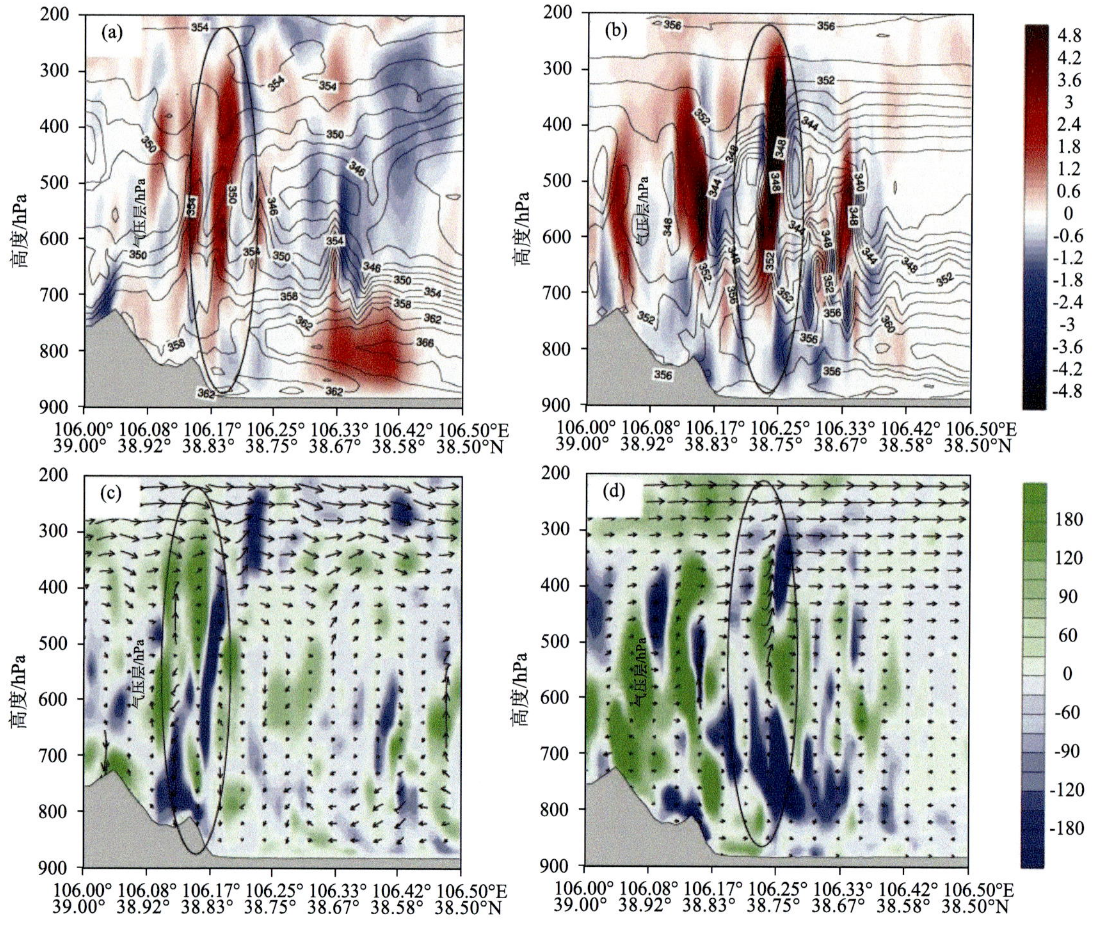

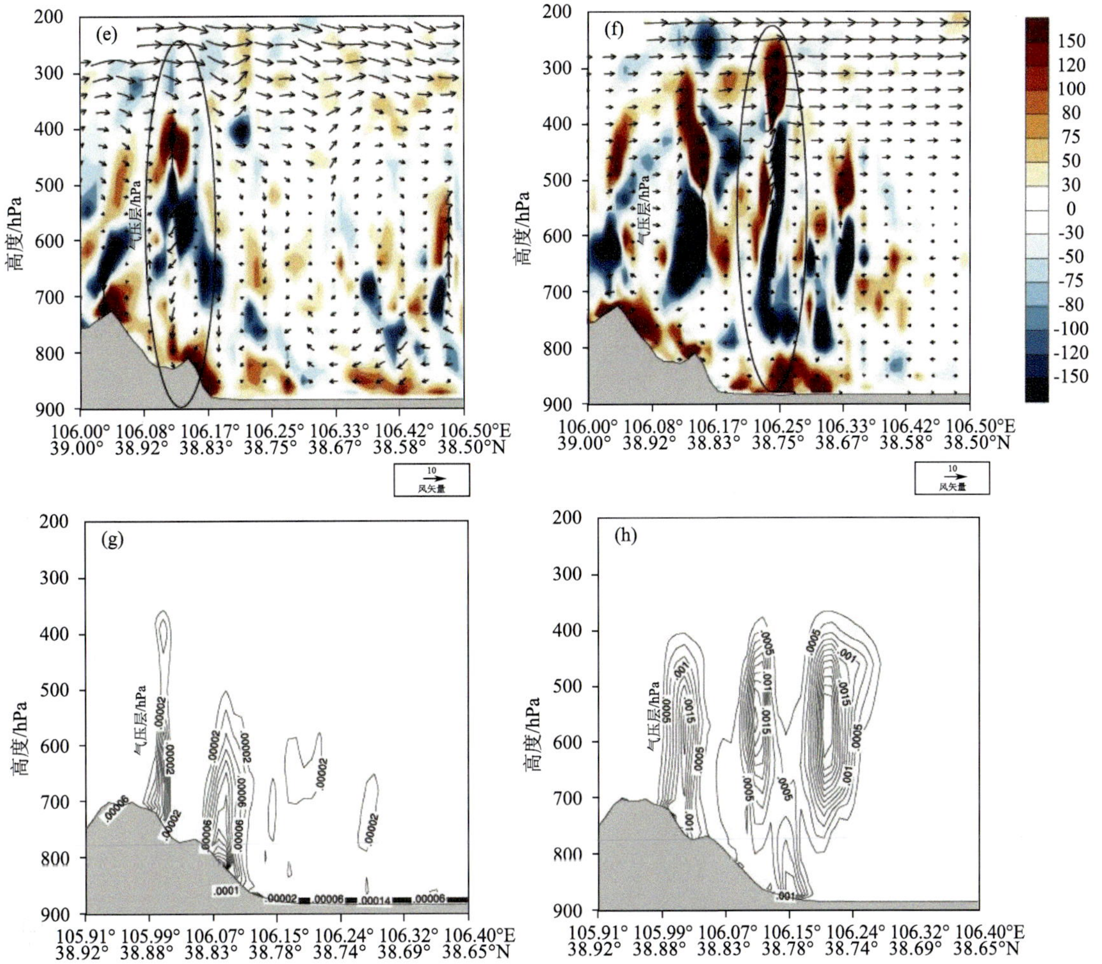


图 8.42　2018 年 7 月 22 日 12:00(a、c、e、g)、7 月 22 日 18:00(b、d、f、h)D03 模拟区域沿强降水中心截取假相当位温(a、b,等值线,单位:K)和垂直速度(a、b,填色,单位:m·$s^{-1}$),涡度(c、d,填色,单位:$10^{-5}s^{-1}$)和风场(矢量,c,$u$ 和 $w$×10 合成,d,$u$ 和 $w$×2 合成,单位:m·$s^{-1}$),散度(e、f,填色,单位:$10^{-5}s^{-1}$)和风场(矢量,e,$u$ 和 $w$×10 合成,f,$u$ 和 $w$×2 合成,单位:m·$s^{-1}$),云水含量大值区(g、h,等值线,单位:kg·$kg^{-1}$)合成的垂直剖面结构对比图(灰色阴影为地形高度)

8.1.3.2.3　空间多尺度特征

采用 EEMD 方法将“7·22”模拟的 D02 区域进行水平空域分解,利用分解所得的三个高频分量 IMF1、IMF2 和 IMF3 和趋势分量 RES 分析相关气象要素的多尺度特征。

(1)大尺度特征

将 EEMD 方法分解得到的 700 hPa 各要素场大尺度趋势分量(RES)进行分析,从水平风场的发展来看(图 8.43),暴雨发生前 14:00(UTC),宁夏上空为东南风控制,宁夏南部和甘肃东部地区存在一低空急流,急流中心弱;暴雨发生时 18:00(UTC),宁夏北部上空逐渐转为西南气流,南部的急流加强,最大风速可达 20 m·$s^{-1}$;以上分析表明,暴雨过程发生时的风场出现纬向东风转变为西风,经向南风北上加强的特征。从垂直速度的发展来看,暴雨发生的过程中，山脉东麓一直为上升气流，山脉西侧为下沉气流，上升气流区与下沉气流区均沿山脉呈东北—西南走向，这说明地形对气流的强迫抬升有重要作用，山脉东麓为迎风坡抬升，山脉西侧为背风坡下沉，这种稳定的强迫抬升为贺兰山东麓暴雨在的发生提供了有利的条件。

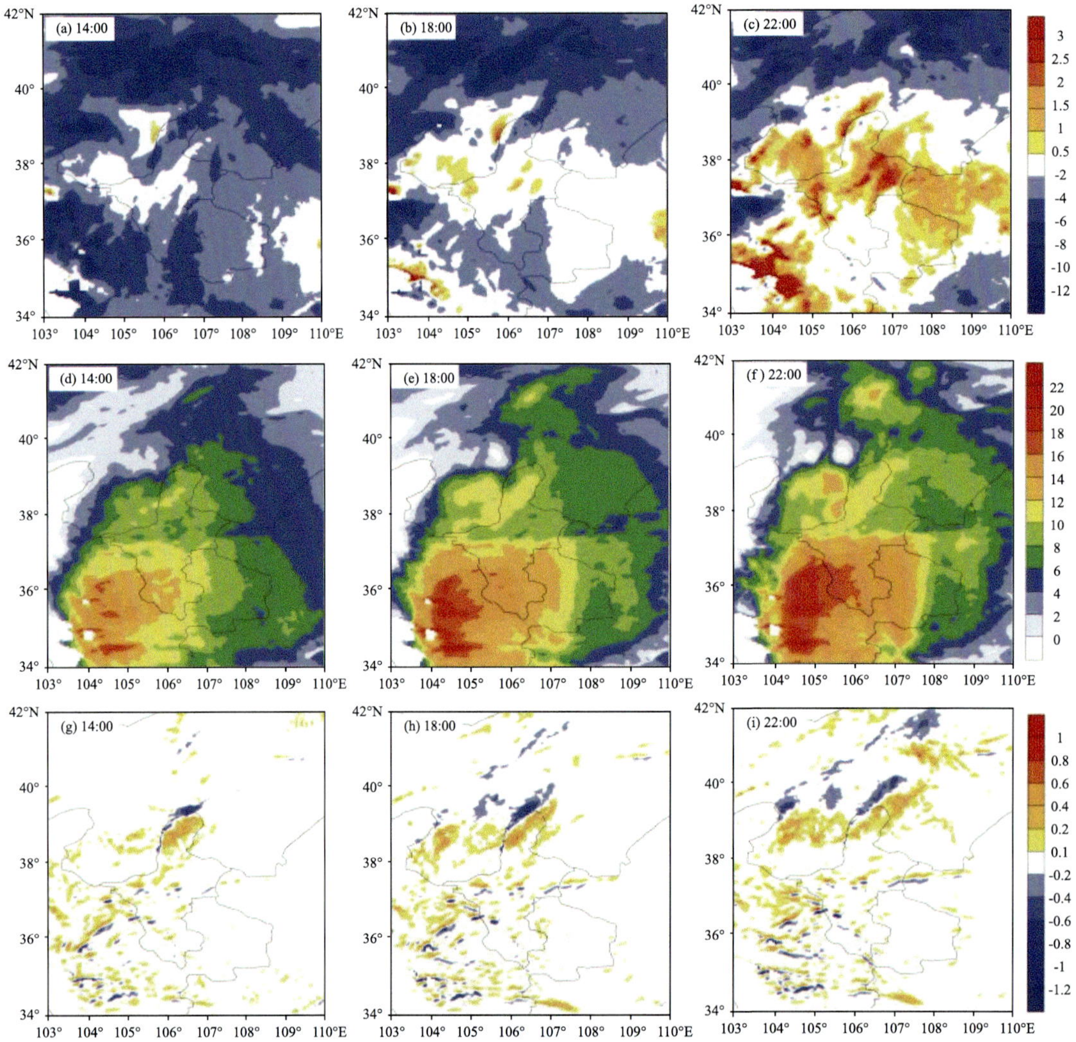


图 8.43 2018 年 7 月 22 日 D02 区域不同时刻[14:00、18:00 和 22:00(UTC)]
不同气象要素时间序列经 EEMD 分解所得的 700 hPa 的 RES 分量
(a—c)纬向风 $u$ 分量(阴影，单位：$m \cdot s^{-1}$)；(d—f)经向风 $v$ 分量
(阴影，单位：$m \cdot s^{-1}$)；(g—i)垂直速度 $w$(阴影，单位：$m \cdot s^{-1}$)

(2)EEMD 尺度分离后环流形势

图 8.44 为 2018 年 7 月 22 日 13:00—16:00 的 D01 模拟域经 EEMD 分解后 IMF1＋IMF2 的地面风场结果，由图可知地面风场经尺度分离后的中尺度结果中存在一明显辐合中心的发生发展。12:00 甘肃西部有一辐合线，此辐合线位置与线状对流云团对应较好(图 8.44a)；13:00 时辐合线西侧有一辐合中心生成，辐合线向东北方向发展移动，到达宁夏北部地区上方，强度减弱(图 8.44b)；14:00 甘肃西侧的辐合中心逐渐西移减弱，辐合线在宁夏北部

发展为一辐合中心，辐合中心的生成对应着此时宁夏地区对流云团的发展，此时在辐合区内存在两个对流单体，宁夏西侧的对流单体强度相对较强(图 8.44c)；15:00 位于宁夏西侧的对流云团发展东移，此时辐合中心范围变小强度变强与对流单体发展一致(图 8.44d)；17:00 对流单体仍活动在宁夏北部地区但其强度减弱，辐合中心强度也开始逐渐减弱为一辐合线，此时降水也相应减弱(图 8.44e)；19:00 宁夏北部地区对流云团和辐合区逐渐减弱至消散(图 8.44f)。值得注意的是，与 TBB 演变对比可知，此辐合中心的发展演变过程与中尺度对流云团非常相近，是一个由辐合线发展为强辐合中心后又发展为辐合线的过程，且其发展移动的速度与对流云团相比较快。

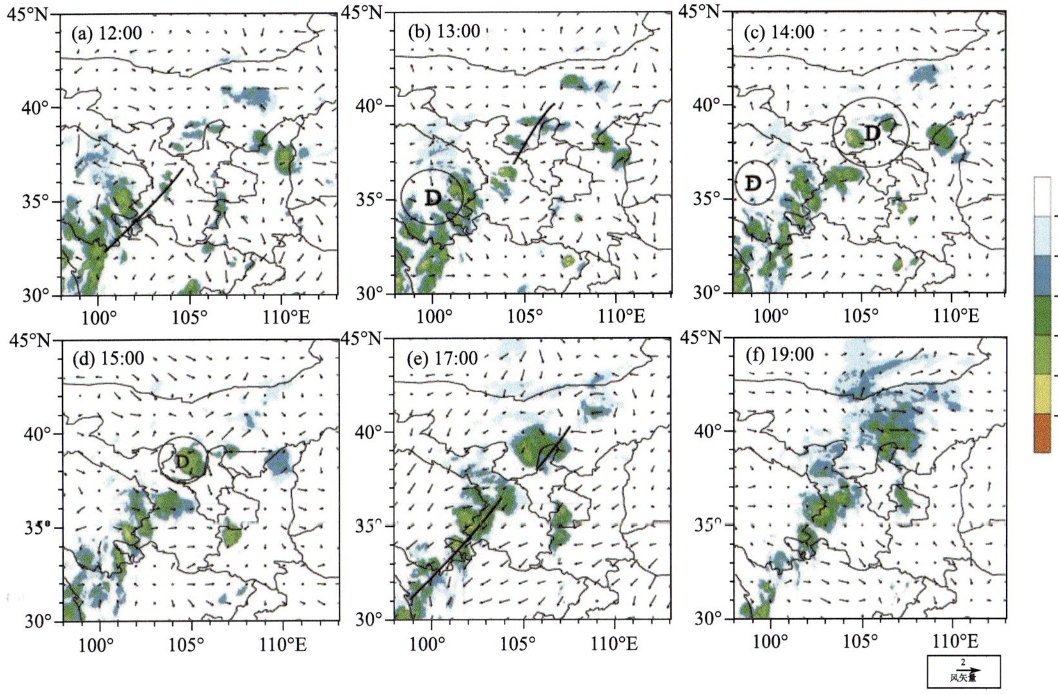


图 8.44 2018 年 7 月 22 日 13:00(a)、14:00(b)、15:00(c)、16:00(d)、17:00(e)和 19:00(f)D01 模拟域经 EEMD 分解后的地面风场结果(矢量，单位 m·s$^{-1}$)和 TBB(彩色填色，单位:℃)合成图

WRF 模式垂直方向采用 eta 坐标系，考虑到我国西北东部地区地形较高且复杂，对流层低层和等压面存在相交问题，直接利用模式面进行计算。图 8.45 为 22 日 D01 模拟域经 EEMD 分解后 IMF1+IMF2 的对流层低层(eta=0.8318)的风场结果，在对流层低层，12:00 降水未开始，宁夏上空没有明显中尺度系统(图 8.45a)，13:00 在宁夏北部西侧存在一较强的辐合线，辐合线呈南北向走势，降水区为东风控制(图 8.45b)，14:00 降水过程开始，辐合线向东北发展移动至宁夏北部上空(图 8.45c)，17:00 气流辐合带东移发展，宁夏地区降水逐渐减弱(图 8.45d)，19:00 辐合线继续东移发展至内蒙古地区，且对宁夏北部地区影响逐渐减弱(图 8.45e)；20:00 对流层低层的气流辐合带逐渐减弱至消散，对应此时降水过程减弱至结束(图 8.45f)。

以上分析表明，“7·22”暴雨过程是在有利的大尺度环流背景下发生的，将大尺度环流形势进行 EEMD 分解，可将影响暴雨过程的中小尺度系统进行分离。在地面，影响此次暴雨过程的中尺度系统为发生在宁夏地区的辐合线的发展和辐合中心的生成，此辐合线和辐合中心的发展与中尺度线状对流云团的位置和发展演变基本一致，由西南向东北发展移动为宁夏地区产生对流性降水提供了有利的条件；在对流层低层，影响此次暴雨过程的主要中尺度系统为宁夏北部上空狭长的气流辐合带，气流辐合带东移发展影响降水的强度和落区。

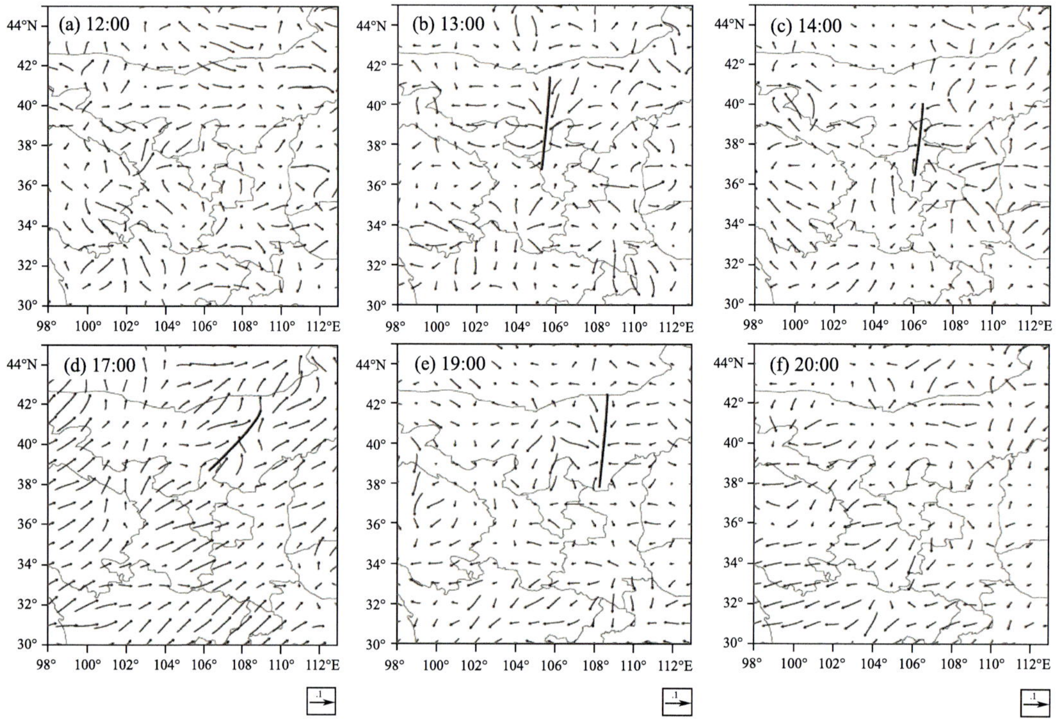


图 8.45　2018 年 7 月 22 日 12:00(a)、13:00(b)、14:00(c)、17:00(d)、19:00(e)和 20:00(f)D01 模拟域对流层低层经 EEMD 分解后的风场(矢量，单位 $m \cdot s^{-1}$)，黑色粗曲线为辐合线

### 8.1.3.3　小结

（1）暴雨过程具有降水强度大、范围较广等特征，从雨带走势来看这是一次受地形影响较为明显的降水过程，暴雨的强降水时段较为集中，出现在 22 日 14:00—20:00(UTC)，最大站点的小时降水显示其间出现三次小时降水峰值，分别出现在 14:00、18:00 和 20:00，是典型的短时强降水过程；闪电观测资料可以表明，暴雨过程与闪电活动密切相关，逐小时闪电数与小时降水强度对应，24 h 闪电分布与累计降水分布一致；地面观测站数据分析表明，降水是沿山脉走势先西南后东北发展，地面气压与地表气温呈反位相变化趋势，1 h 降水与变压也呈现反位相变化趋势，且降水峰值前都对应了风速的峰值和变压负峰值，值得注意的是三个观测站点在降水开始前均出现了东南风转为西北风的风速切变，低层东南风的存在更有利于西北地区山前地区暴雨的出现，这说明低层东南风的发展有利于贺兰山东麓暴雨的发展和维持。

（2）大尺度环流分析表明，暴雨过程是由高空急流和南亚高压加强、南亚高压东进西退与西太副高西进东退相伴发展、高空槽发展演变和低空切变线发生发展造成，高低空系统共同为暴雨发生发展提供了动力条件。

（3）中尺度对流云团分析表明，暴雨的发生发展过程与线状中尺度对流系统发展演化有着密不可分的关系，低层与线状对流云团发展一致的狭长的地面辐合线以及高层由于高低值系统而产生的气流辐合带都有利于暴雨过程的发生和维持;高分辨率的多普勒雷达资料显示降水过程中水平方向基本反射率的演变与中尺度对流云团的发展相对应,回波大值区的位置和强度变化基本与中尺度对流云团一致。

(4)数值模拟结果表明,强降水中心上空存在强的水汽辐合带,从四川盆地吹来的东南气流为暴雨带来了充沛的水汽;从垂直结构来看,造成降水中尺度系统具有对流不稳定剧烈且伴随强上升运动、正涡度发展旺盛、低层辐合高层辐散等特征,这些特征为暴雨的形成提供有利的热力条件和动力条件。

(5)EEMD 多尺度分解表明,天气尺度特征主要表现为暴雨过程中贺兰山地区由东风控制发展成西风,南风不断增强北上,地面辐合线的东移发展和中尺度线状对流云团发展基本一致,对流层低层气流辐合带的东移发展对应降水量级和雨带分布的变化。

### 8.1.4　2020 年 8 月 2 日夜间局地强对流暴雨

张晓茹等(2022a)对 2020 年 8 月 2 日夜间贺兰山东麓突发局地强对流暴雨的中尺度特征进行了分析。

#### 8.1.4.1　资料和方法

所用资料包括:①H8 静止卫星 R21 和 B13 通道数据(中心波长为 10.4 μm),其时空分辨为 2 km・(10 min)$^{-1}$;②欧洲中期数值预报中心(ECMWFMWF)提供的空间分辨率为 0.25°×0.25°、间隔 1 h 的 ERA5 再分析资料;③国家气象信息中心下发的常规观测和探空资料;⑤宁夏气象信息中心提供的逐 5 min、10 min 和 1 h 自动气象站、逐 6 min 银川 CA 雷达、逐毫秒雷电等高分辨率观测资料。

其中,H8 R21 通道数据和银川 CA 雷达资料用于分析中尺度对流系统(MCS)的触发和发展;H8 B13 通道数据和逐 10 min 自动站降水数据用于研究降水期间强对流云团物理量特征,分析中以亮温−45 ℃为阈值,对降水期间主要降水站点对应的强对流云团进行提取,并对云顶亮温(TBB)、亮温梯度($G$)和降温率(CR)等云团特征参数进行计算,计算方法详见徐双柱等(2011)和张春龙等(2012)的文献;ERA5 再分析、常规气象探测和自动站资料用于研究触发 MCS 的环境场特征;自动站降水数据和雷电资料用于降水实况分析。

#### 8.1.4.2　降水实况

2019 年 8 月 2 日 19:20—23:00(北京时,下同),靠近贺兰山东坡山前突发局地短历时强对流暴雨天气。如图 8.46a 所示,该过程历时不足 4 h,降水最强时段在 20:00—21:00,落区集中面积不足 160 km$^2$,有 6 站过程累积雨量≥50 mm,有 34 站最大小时雨强≥20 mm、超过 50 mm 有 3 站;过程最大雨量和小时雨强均出现在暖泉农场,分别为 70.1 mm 和 53.9 mm(21:00),降水效率(1 h 雨量与过程累积雨量之比)高达 76.9%,该站最大 10 min 雨强为 16.8 mm(20:30—20:40);18:40—22:30 暴雨区还出现了 60 次雷电,最强在 19:00—20:00,达 168.6 kA,雷电和强雷电出现时间均较强降水提前约 1 h。

由此可见,暴雨过程具有历时短、强度大、局地性强、夜发性明显等强对流天气特征。此外,分析强降水期间逐小时降水量落区变化(图 8.46b—e)可知,强降水中心先西行,再沿贺兰山东坡山前南下,强降水区集中在银川平原,暴雨中心暖泉农场的海拔为 1105 m,距离贺兰山约 11.2 km。

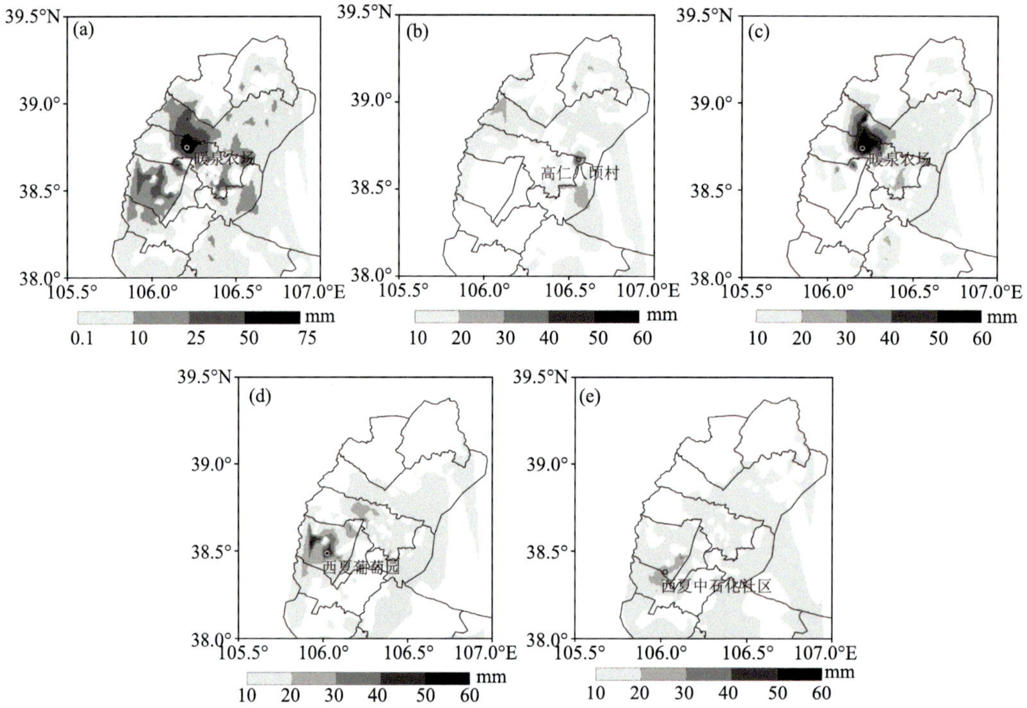


图 8.46 2019 年 8 月 2 日贺兰山东麓暴雨过程降水量(单位:mm,空心圆表示暴雨中心或强降水中心)
(a)19:00—23:00;(b)19:00—20:00;(c)20:00—21:00;(d)21:00—22:00;(e)22:00—23:00

#### 8.1.4.3 触发中尺度对流系统的环境场特征

水汽、大气不稳定和抬升触发机制是此类强对流天气产生的基本条件,而来自热带地区的暖湿水汽输送带是北方地区产生强暴雨的必要条件,暖而湿的低空急流不仅能为西北地区暴雨提供充足的水汽,也有利于暴雨区大气不稳定与上升运动的增强,从而为暴雨的发生发展创造有利的环境场条件(陶诗言,1980;钱正安 等,2018;Chen et al.,2021)。以下围绕低空急流的演变着重分析暴雨区的环境场特征。

(1)水汽输送

暴雨发生前 22 h,即 8 月 1 日 21:00,700 hPa 和 850 hPa 来自台风“韦伯”外围南海和西太平洋副热带高压(以下简称“副高”)西南侧东海的偏东暖湿气流在四川盆地汇聚后北上,将水汽输送至暴雨区;随着台风在海南登陆北上,2 日 13:00,700 hPa 甘肃和四川的交界处建立了中心强度为 12 $m \cdot s^{-1}$ 的偏南急流;暴雨时段,即 2 日 19:00—23:00,850 hPa 上东海水汽输送通道与 700 hPa 趋于重合,水汽通量增大、水汽辐合增强(图 8.47a、b),随着 700 hPa 急流不断增强北抬至宁夏中部,中心强度达 14 $m \cdot s^{-1}$,急流将东海和南海的水汽源源不断送向暴雨区,暴雨区水汽通量增加至 6 $g \cdot (cm \cdot s \cdot hPa)^{-1}$(图 8.47c)、850 hPa 急流较 700 hPa 偏北(图 8.47d),暴雨区位于 700 hPa 急流轴左前方。强降水期间,湿层增厚、湿度增大,相对湿度≥70%的高湿区向上扩展至 600 hPa 附近,比湿≥10 $g \cdot kg^{-1}$ 的湿层延伸至 700 hPa,850 hPa 比湿≥12 $g \cdot kg^{-1}$(图 8.47e)。

(2)大气不稳定

暴雨中心位于银川探空站的西侧,且在强降水期间,对流层低层盛行东南气流。因此,利

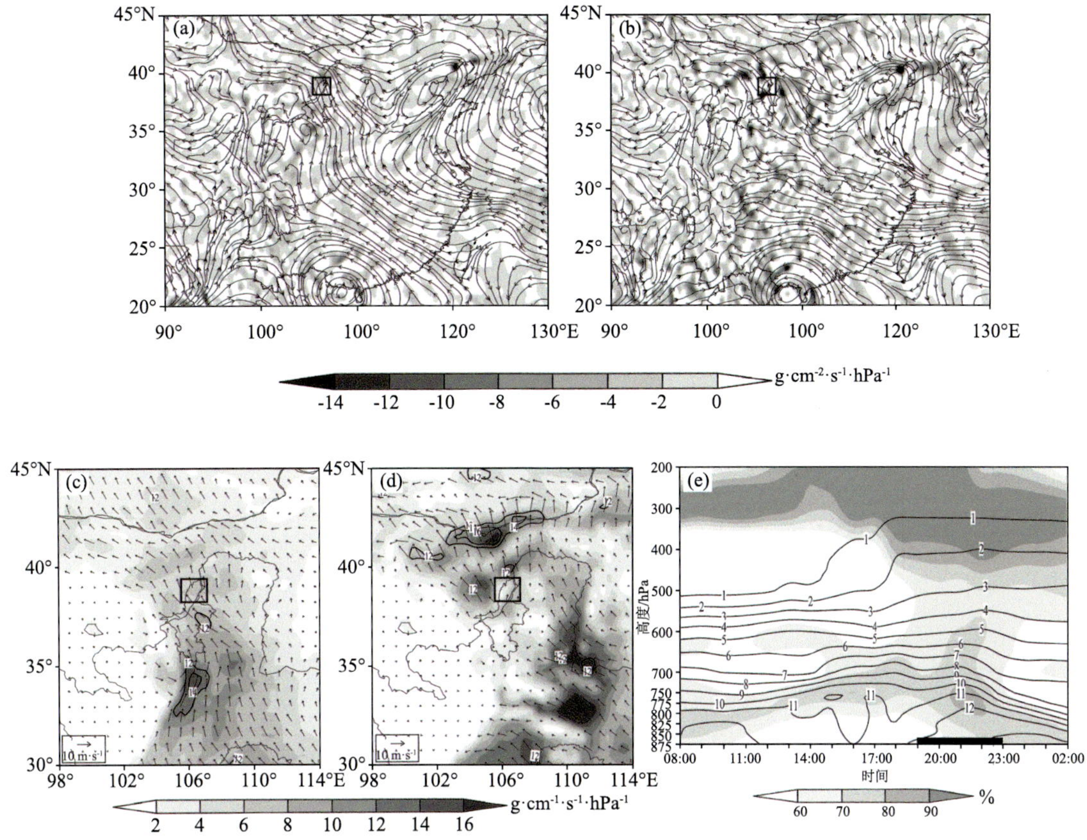


图 8.47　2019 年 8 月 2 日 19:00 700 hPa(a)和 850 hPa(b)水汽通量辐合(阴影,单位:g・cm$^{-2}$・s$^{-1}$・hPa$^{-1}$)和流场(流线)分布;2019 年 8 月 2 日 23:00 700 hPa(c)和 850 hPa(d)水汽通量(阴影,单位:g・(cm・s・hPa)$^{-1}$)和风场(矢量,c 图黑色实线表示风速≥12 m・s$^{-1}$ 的急流;d 图黑色实线表示风速≥10 m・s$^{-1}$ 的急流)分布;2019 年 8 月 2 日 08:00—3 日 02:00 沿暴雨中心的相对湿度≥60%(阴影)和比湿(黑色线,单位:g・kg$^{-1}$)的时—空间剖面(e);黑色方框为暴雨区,▬为暴雨时段

用 ERA5 再分析资料分析过程前后暴雨中心假相当位温 $\theta_{se}$,并利用银川探空资料对比分析暴雨前后对流有效位能 CAPE、对流抑制有效位能 CIN、$K$ 指数、沙氏指数 SI、抬升指数 LI 和 0～6 km 垂直风切变 $W_{sr}$ 等对流参数,从而诊断环境大气的稳定性。

结合暴雨中心温湿物理量的时-空剖面和银川站探空资料分析可知,2 日 11:00—15:00,随着低空偏南急流的建立,500～850 hPa 风随高度顺转逐渐明显,对流层中低层暖平流增强,配合 600～800 hPa 上 $\theta_{se}$ 等值线梯度增加(图 8.48a),同时,400～600 hPa 存在明显干层(图 8.47e),对流层中低层方向形成“上干冷下暖湿”的垂直分布,环境大气处于不稳定状态;2 日 16:00—18:00,受 500 hPa 低涡东北移动影响,400～500 hPa 由偏南风转为偏北、偏东风,冷空气入侵,进一步加剧了大气不稳定的发展;2 日 19:00—23:00(暴雨过程中),低空急流加强北上,配合 $\theta_{se}$ 在低层(650～800 hPa)水平方向上形成梯度区(图 8.48a)。同时,暴雨过程中,暴雨区的 CAPE、SI、LI 等对流参数增加了近 5 倍,CIN 减小了近 6 倍,$K$ 指数从 37 ℃激增到 45 ℃。此外,$W_{sr}$ 在过程前和过程中均较弱,不足 1.5 m・s$^{-1}$(表 8.2),有利于短时暴雨的发生(肖递祥 等,2017;刁秀光 等,2020)。上述物理量和对流参数的变化表明,暴雨区环境大气极其不稳定,有利于对流系统的触发和加强。

(3) 抬升触发机制

此次暴雨发生前和过程中,虽然 CIN 从 231 J・kg$^{-1}$ 降低到 38.9 J・kg$^{-1}$,自由对流高度 LFC 从 567 hPa 下降到 724 hPa(表 8.2),但 LFC 仍然较高,低层需要一定强度的上升气流克服 LFC 以下的 CIN,将地面附近气块抬升到 LFC,对流系统才能得以触发。由暴雨中心的风场和垂直运动随时间演变可知,低空急流建立前(13:00 前),中低层无明显的水平风向辐合,弱天气系统强迫的上升运动弱,垂直速度中心位于 600 hPa 附近,仅为 −0.2 Pa・s$^{-1}$(图 8.48a);13:00 后,随着急流的建立和发展,不稳定条件加强,低层持续存在 346 K 以上的 $\theta_{se}$ 高温区(图 8.48a)、相对湿度≥60%的高湿区(图 8.47e)、CAPE 超过 1500 J・kg$^{-1}$ 的高能区(表 8.2),这种强烈高温高湿高能的热力抬升条件进一步促使了上升运动增强,但强度达 −1.2 Pa・s$^{-1}$ 的上升速度中心较高,在 400 hPa 附近(图 8.48a);暴雨过程中(2 日 19:00—23:00),低空急流加强北上,上升运动中心迅速下降,最强降水时段(20:00—21:00),上升速度中心降至 800 hPa 附近,强度维持在 −1.2 Pa・s$^{-1}$(图 8.48a)。因此,低空急流的建立和发展为中尺度对流系统的触发和维持提供了有利条件。

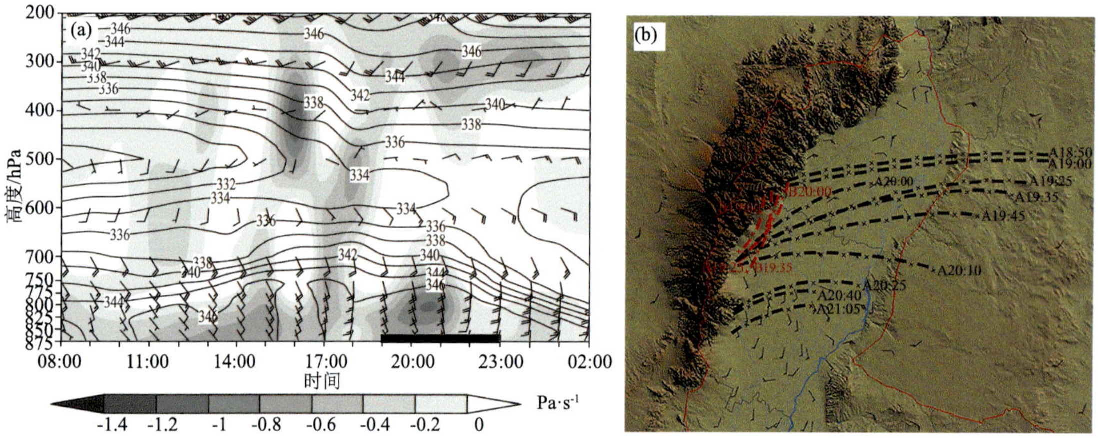


图 8.48 2019 年 8 月 2 日 08:00—3 日 02:00 暴雨中心(暖泉农场)假相当位温(黑色实线,单位:K)、上升速度(阴影,单位:Pa・s$^{-1}$)和风场(单位:m・s$^{-1}$)的时间-空间剖面(a);2019 年 8 月 2 日 18:50—21:05 地面辐合线演变和 19:25 自动站风场(单位:m・s$^{-1}$)(b)(▬▬为暴雨时段,X▬X 为地面辐合线)

**表 8.2 银川站暴雨发生前和发生时的对流参数对比**

| 对流参数 | CAPE/(J・kg$^{-1}$) | CIN/(J・kg$^{-1}$) | $K$/℃ | LI/℃ | SI/℃ | $W_{sr}$/(m・s$^{-1}$) | ZH/m | LFC/hPa |
|---|---|---|---|---|---|---|---|---|
| 2 日 8:00 | 318.9 | 231.3 | 37 | −1.2 | −1.0 | 0.6 | 4863 | 567 |
| 2 日 20:00 | 1569.1 | 38.9 | 45 | −5.7 | −4.5 | 1.2 | 4766 | 724 |

注:CAPE、CIN、$K$、LI、SI、$W_{sr}$、ZH 和 LFC 分别表示对流有效位能、对流抑制有效位能、$K$ 指数、抬升指数、沙氏指数、0~6 km 风矢量差、0 ℃层高度和自由对流高度。

研究(苏爱芳 等,2016)表明,中尺度抬升机制是强对流天气被触发的必要条件,尤其是中尺度辐合线,可通过提供带状辐合上升运动,起着胚胎和组织积云对流的作用。从逐 5 min 地面自动站风场可发现，过程降水开始前 30 min，即 18:50，银川站北侧出现一条东北风和东南风形成的中尺度辐合线 A(图 8.48b)，该辐合线维持至 21:05，期间受地形影响和 500 hPa 低涡外围气流引导而自北向南缓慢移动且略微西行，于 19:25 发展最明显，东北风和东南风最强分别达 10 $m \cdot s^{-1}$ 和 14 $m \cdot s^{-1}$，对应强降水开始时刻；19:00—20:00，贺兰山沿山平罗—贺兰段也有一条西北风和东南风形成的中尺度辐合线 B(图 8.48b)，该辐合线稳定少动，于 19:35 发展最明显，西北风和东南风最强分别达 8 $m \cdot s^{-1}$ 和 12 $m \cdot s^{-1}$。对应雷达回波可知，两条辐合线附近均有对流系统存在(图 8.49a、b)，表明中尺度辐合线的存在和维持也为该过程对流系统的触发、组织和维持提供了有利条件。

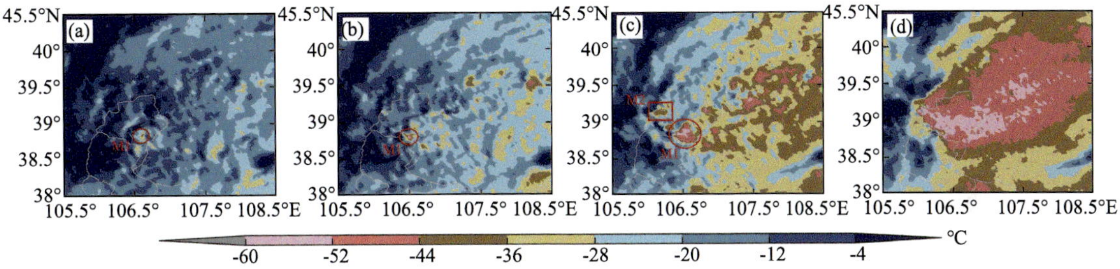


图 8.49　2019 年 8 月 2 日 19:00(a)、19:30(b)、19:40(c)和 20:00(d)H8 TBB(阴影，单位：℃)演变
红色圆圈 M1 和红色方框 M2 均代表对流云团

### 8.1.4.4　中尺度对流系统演变过程

此次暴雨过程从开始到结束持续不足 4 h，突发性、局地性和夜发性特征显著，具有 β 中尺度活动特征。为此，利用 2019 年 8 月 2 日 19:00—23:00 的 H8 卫星和银川雷达资料，着重对暴雨中尺度对流系统的触发(19:00—20:00)、发展(20:00—21:00)和过程期间(19:00—23:00)云团特征参数进行深入分析。

(1) 中尺度对流系统的触发

从 H8 红外云图演变(图略)分析可知，8 月 1 日 08:00，青藏高原就有斜压叶状云系生成，并于 20:00 发展为低涡云系，对应 500 hPa 低涡；受东部副高阻挡，该低涡沿副高外围 584 dagpm 西北侧缓慢东北向移动，于 2 日 08:00 进入宁夏南部从而逐渐影响宁夏；13:00，低涡云系头部覆盖宁夏北部地区，但云体并不稠密；19:00，配合 500 hPa 低涡发展、700 hPa 急流增强北抬和地面中尺度辐合线生成，云系发展增强，低涡云系头部不断有独立的对流云团于降水区上空生成，初始对流云团 M1 位置偏东，位于银川平原东侧，面积较小，云顶较低(图 8.49a 红色圆圈内)；至 19:30，M1 受低涡外围偏东气流引导略西移并不断发展，<－45 ℃的冷云面积约 40 $km^2$，平均亮温约－46 ℃，最低亮温为－52 ℃，为引起该过程降水的初始 β 中尺度 MCS (图 8.49b)，其于 10 min(19:20—19:30)内造成平罗高仁乡八顷村 21.2 mm 的强降水；19:40，M1 最低亮温已迅速降至－62 ℃，<－45 ℃的冷云面积已增长至上一时次 3 倍大小(图 8.49c)，同时，受 500 hPa 低涡后部南下冷空气、东南低空急流及地面辐合线的共同影响，贺兰山沿山平罗段又有小对流云团 M2(图 8.49c 红色方框内)发展；20:00，各独立对流云团已迅速合并发展为一个椭圆形、平均亮温约－52 ℃、最低亮温为－62 ℃、水平范围达 α 中尺度的 MCS(图 8.49d)，为造成此次局地暴雨过程的主要对流系统。

对应分析银川雷达组合反射率(图 8.50)和地面辐合线演变(图 8.48b)可知，19:01，银川站北侧的辐合线A南侧有两个对流单体C1和C2，最大回波强度均超过60 dBZ，且其前侧有一条由冷池出流生成的阵风锋，贺兰山沿山平罗—贺兰段的辐合线B附近有对流单体C3，最大回波强度约50 dBZ(图8.50a)；随后，辐合线A北侧有单体C4于19:20生成，并受东北风引导西南向发展移动，于19:35发展最强达50 dBZ，在此期间，单体C1和阵风锋受东南风引导也缓慢西行，C1超过50 dBZ的强回波范围发展扩大(图8.50b)，对应区域10 min(19:20—19:30)出现21.2 mm的强降水；19:47—20:04，分散的强对流回波单体C1、C3和C4已于辐合线附近合并成一条多个强度中心为55 dBZ、西北—东南向狭长的强回波带(图8.17c、图8.1d)，对应实况，此时强降水中心西移(图8.46b、c)。此外，2.4°仰角的径向速度图上自19:01起均可观察到低层东南风明显增大(图8.50e)，19:35出现明显的速度模糊，去模糊后东南风速为20～22 $m \cdot s^{-1}$(图8.50f)；19:47—20:04径向速度图可看到清楚的"牛眼"结构(图8.50g、h)，其维持高度为1.4～2.0 km，最大速度超过20 $m \cdot s^{-1}$，表明低层存在一定的垂直风切变，且低空急流已增强明显，该急流对水汽及能量的输送和动力抬升十分重要。

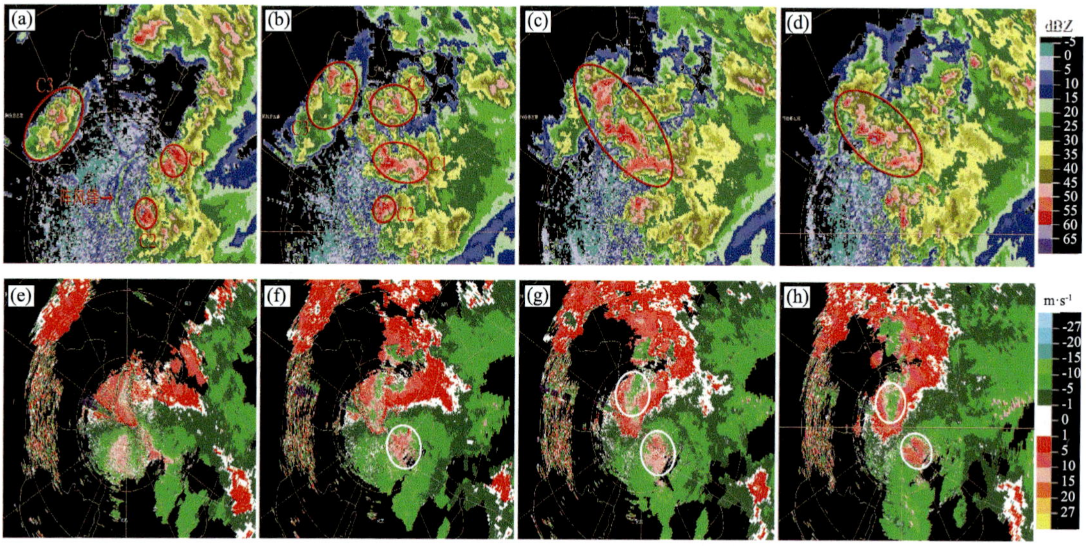


图8.50 2019年8月2日19:01(a)、19:35(b)、19:47(c)和20:04(d)雷达组合反射率(单位:dBZ)，19:01(e)、19:35(f)、19:47(g)和20:04(h)雷达2.4°仰角径向速度场(单位：$m \cdot s^{-1}$)，(a)—(d)中红色圆圈代表对流单体或回波带，C1—4为单体编号；(f)—(h)中白色圆圈代表大风速中心

(2)对流系统的发展

20:00后，对流云系始终处于500 hPa低涡北侧，受低涡外围偏东气流引导，合并生成的α中尺度MCS上风方，即其后部东北侧不断有对流云团并入，使得云系自身形态和结构不断组织化发展增强，冷云面积不断增加，云顶亮温也迅速下降，同时，配合偏东气流及贺兰山地形抬升，冷云前端西南侧(图8.51a、b)也不断有对流单体生成并入，使得MCS强中心(图8.51c、d)始终沿着贺兰山东麓地形南扩。MCS于20:10—20:40发展极为强烈，此期间云团更为密实，云顶高度更高，亮温更低，可见光图上可看到明显的上冲云顶，对应200 hPa辐散，850 hPa辐合，说明MCS位于天气尺度上升气流区的有利环境下。对流发展最旺盛的时刻为20:30—20:40(图8.51c)，此时亮温小于−45 ℃的面积增加至1.5×10$^4$ km$^2$，亮温小于−52 ℃的面积增加至0.9×10$^4$ km$^2$，但仍小于Maddox(1983)定义的MCC冷云面积

($5\times10^4$ km$^2$),约为其 1/5,因此,捕捉和预报这种尺度的现象无疑十分困难,但云团特征对其仍有一定反映—冷云中心值迅速降至−66 ℃,冷云发展前端 TBB 等值线密集,亮温梯度最大为 27 ℃ · km$^{-1}$,此后 10 min 内最大亮温梯度前端出现 16.8 mm 的强降水,落区为暴雨中心暖泉农场。可见,MCS 移动前沿的对流旺盛区与短时强降水区域对应较好,强对流暴雨易发生在 TBB 等值线密集区梯度最大处。此期间,低空急流的维持一方面为降水提供了充沛的水汽,另一方面低层暖湿气流的输送也能维持一定的对流有效位能,从而为促进 MCS 的发展提供了保证。

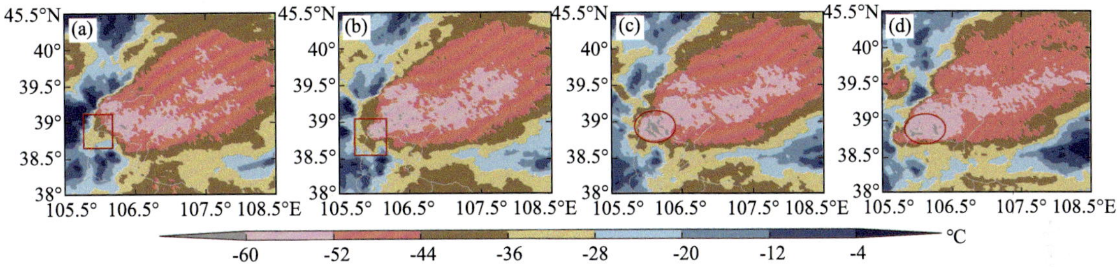


图 8.51　2019 年 8 月 2 日 20:10(a)、20:30(b)、20:40(c)和 21:00(d)H8 TBB(阴影,单位:℃)演变
(a)、(b)中红色方框代表冷云发展处,(c)、(d)中红色圆圈代表 MCS 强中心

对应的雷达回波和地面辐合线演变(图 8.48b)显示,受地面辐合线 A 南压和地形影响,强回波带西段不断沿贺兰山东麓向南移动并发展增强。20:26 单体 C2 也并入回波带中(图 8.52a),强回波整体组织化发展,并呈现涡旋状旋转,于 20:38 达最强(图 8.52b),此期间对流发展最旺盛,回波带西段移动速度明显较快,伴有大范围 50 dBZ 以上的强回波区,最大反射率因子超过 65 dBZ,垂直积分液态水含量在 11 kg · m$^{-2}$ 以上(图 8.52d),回波顶高超过 10 km(图 8.52e),强回波的位置和强度均和云图上出现的最低 TBB≤−66 ℃的对流旺盛区对应较好。对 20:38 的强回波如图 8.52b 黑色实线所示方向做垂直剖面(图 8.52c)可看到,回波带上依次排列着 3 个强度≥55 dBZ 的强回波中心,且 55 dBZ 强回波的高度基本在 0 ℃以下或附近(20:00 的 0 ℃高度为 4.8 km,表 8.2),使得降水效率较高,这也是造成该过程 20:00—21:00 小时雨强达 53.9 mm 的原因之一。此外,19:45—20:50 暴雨中心逐 5 min 的降水量与回波强度、回波顶高及液态水含量随时间演变趋势(图 8.52f)显示,强降水开始(20:25)前,回波顶高始终保持增加趋势,但其增幅在强降水开始前 20 min 明显加大(20:04—20:09 回波高度升高 4.2 km),此时,回波强度和液态水含量也出现跃升现象(20:04—20:09 回波强度和液态水含量分别增加 31 dBZ 和 19.5 kg · m$^{-2}$),此后逐渐减小,表明回波强度和液态水含量的跃升、回波顶高的持续升高均对强降水出现有较好的指示作用。

(3)对流云团特征参数

研究指出(徐双柱 等,2011;张春龙 等,2012),云顶亮温(TBB)、亮温梯度($G$)和降温率(CR)等云团特征参数能反映对流云团发展程度及对流活跃强度,一般 TBB 越低、$G$ 和 CR 越大,表明云顶伸展越高,云体纹理越丰富、对流发展越旺盛。因此,利用 H8 的 B13 通道数据对 19:00—23:00 每小时最大雨强站点对应的强对流云团特征参数进行计算,进而结合逐 10 min 降水资料来揭示云团特征参数对暴雨的指示作用。

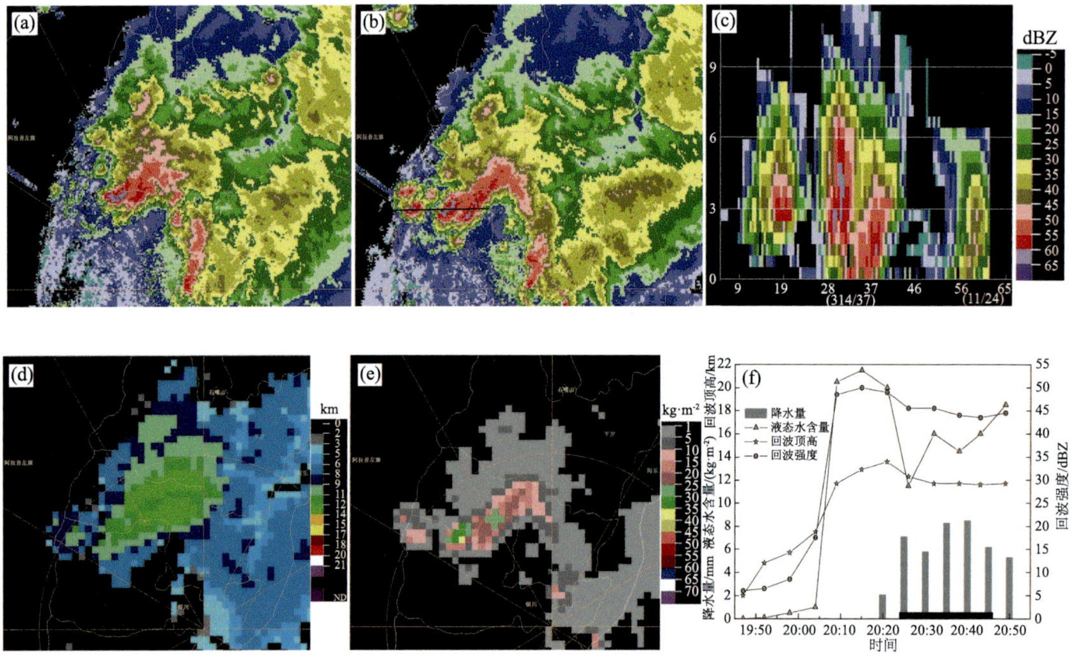


图 8.52 2019 年 8 月 2 日 20:26(a)和 20:38(b,黑色实线为图 c 的剖面位置)雷达组合反射率(单位:dBZ)、20:38 回波垂直剖面(c)、回波顶高(d,单位:km)和液态水含量(e,单位:kg·m$^{-2}$);19:45—20:50 暴雨中心(暖泉农场)逐 5 min 降水量(单位:mm)与回波强度(单位:dBZ)、回波顶高(单位:km)及液态水含量(单位:kg·m$^{-2}$)的时间演变(f)(▬为强降水时段)

**表 8.3 2019 年 8 月 2 日暴雨过程中逐小时最大雨强站点对应的云团特征参数统计表**

| 时间 | 站点 | $R$/(mm·h$^{-1}$) | $TBB_{avg}$/℃ | $TBB_{min}$/℃ | $G$/(℃·km$^{-1}$) | CR/(℃·h$^{-1}$) |
|---|---|---|---|---|---|---|
| 19:00—20:00 | 平罗高仁八顷村 | 43.1 | −53 | −63 | 24 | 18 |
| 20:00—21:00 | 贺兰暖泉农场 | 53.9 | −53 | −66 | 27 | 24 |
| 21:00—22:00 | 西夏葡萄园 | 44.6 | −52 | −62 | 27 | 18 |
| 22:00—23:00 | 西夏中石化社区 | 25.9 | −49 | −54 | 14 | 6 |
| 平均值 | — | 41.9 | −52 | −61 | 23 | 16 |

如表 8.3 所示,当雨强介于 20～30 mm·h$^{-1}$ 时,平均亮温和最低亮温分别为−49 ℃和−54 ℃,最大亮温梯度为 14 ℃·km$^{-1}$,降温率为 6 ℃·h$^{-1}$;当雨强介于 40～50 mm·h$^{-1}$ 时,平均亮温和最低亮温分别约−53 ℃和−62 ℃,最大亮温梯度约 27 ℃·km$^{-1}$,降温率为 18 ℃·h$^{-1}$;当雨强大于 50 mm·h$^{-1}$ 时,平均亮温和最低亮温分别为−53 ℃和−66 ℃,最大亮温梯度为 27 ℃·km$^{-1}$,降温率为 24 ℃·h$^{-1}$。由此可知,雨强变化与强对流云团特征参数变化密切相关,亮温越低,亮温梯度越大,降温率越高时,雨强越大,且雨强的变化幅度明显大于 TBB 的变化。此外,利用逐 10 min 资料对 19:00—22:00 的 3 个强降水中心(依次为平罗高仁八顷村、贺兰暖泉农场、西夏葡萄园)作降水量与云团特征参数对应关系分析发现,对于高仁八顷村(图 8.53a),最大亮温梯度较最强降水提前 10 min 出现,最低亮温出现在最强降水时刻;对于暖泉农场(图 8.53b),最大亮温梯度和最低亮温均较最强降水提前 20 min 出现;对于

葡萄园(图 8.53c),最大亮温梯度和最低亮温较最强降水分别提前 10 min 和 20 min 出现,这表明最低亮温和亮温梯度对强降水的出现也具有明显的指示作用,可作为对流快速发展,降水迅速增强的重要指标。

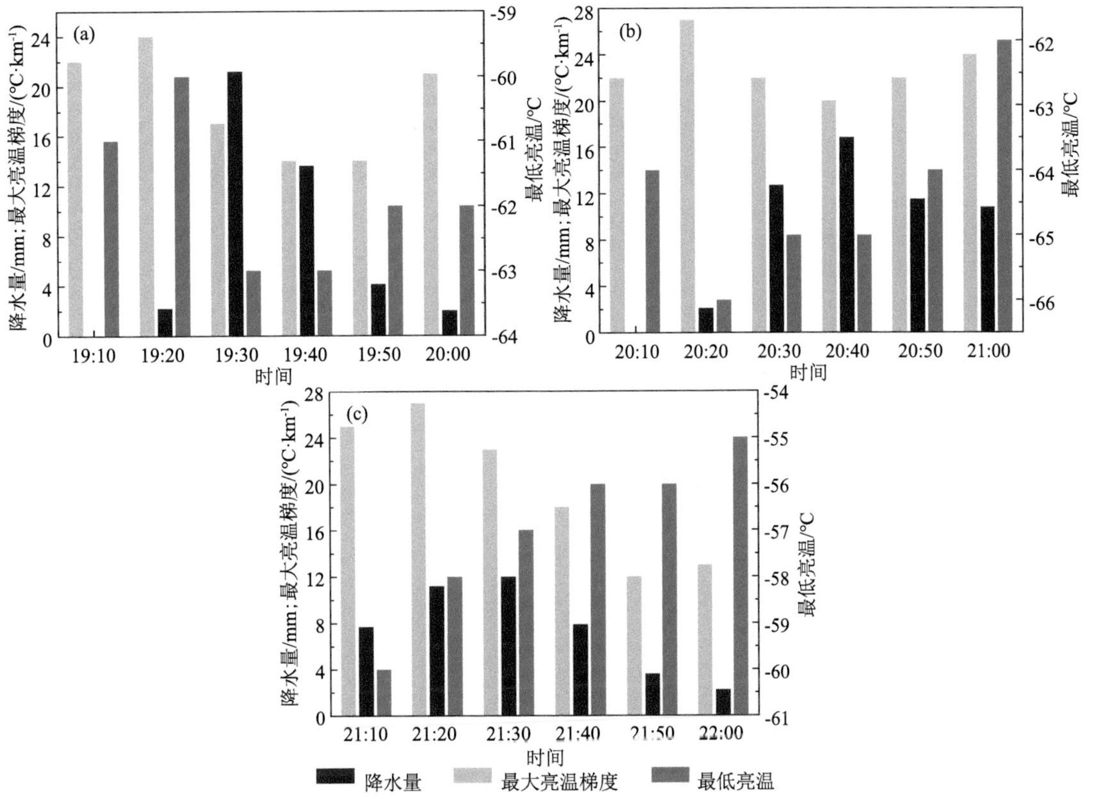


图 8.53　2019 年 8 月 2 日 19:00—20:00(a)、20:00—21:00(b)和 21:00—22:00(c)最大雨强站点的逐 10 min 降水量和云团特征参数对应关系

#### 8.1.4.5　小结

2019 年 8 月 2 日 19:20—23:00,贺兰山东麓突发年内最强、历时短、强度大、局地性强、夜发性明显的强对流暴雨过程。利用 H8 卫星、银川 CA 雷达、ERA5 0.25°×0.25°逐 1 h 再分析、地面加密观测、常规气象探测等多源气象资料,对该过程的中尺度特征进行分析,结果如下。

(1)低空急流的建立、发展、加强北上为此次暴雨过程提供了有利的环境场条件。来自东海和南海的低空偏东暖湿气流于暴雨前 6 h 汇合形成低空急流,在暴雨时段增强北抬,促使暴雨区上空水汽、大气不稳定性、动力和热力抬升增强,暴雨区出现在 700 hPa 急流轴左前方。暴雨期间,700 hPa 急流轴距离暴雨区最近,低层持续有中心强度$\leqslant -1.2\ Pa \cdot s^{-1}$的上升运动区、346 K 以上的$\theta_{se}$高温区、水汽通量$\geqslant 6\ g \cdot cm^{-1} \cdot s^{-1} \cdot hPa^{-1}$和比湿$\geqslant 10\ g \cdot kg^{-1}$的高湿区、CAPE$\geqslant$1500 $J \cdot kg^{-1}$的高能区。

(2)$\beta$MCS 及其组织形成的$\alpha$MCS 是此次强对流暴雨的直接影响系统。对流发展最旺盛阶段冷云中心 TBB 低至−66 ℃,亮温梯度高达 27 $℃ \cdot km^{-1}$,但低于−52 ℃的冷云面积约为

MCC 的 1/5。云团特征参数与降水量相关性较好，TBB 越低，梯度越大，降温率越高，雨强越大，且暴雨中心出现在冷云发展前端 TBB 梯度大值区，降水量的变化幅度大于 TBB 的变化。最低 TBB 和最大 TBB 梯度一般较最强降水提前 10～20 min 出现，可作为对流快速发展，降水迅速增强的重要指标。

(3)降水开始前 30 min 形成的中尺度地面辐合线为此次强对流天气的重要触发机制。辐合线触发生成的对流单体前部因冷池出流又生成阵风锋，两者相互作用，促使回波组织化发展增强。最大小时雨强出现期间，回波中心强度超过 65 dBZ，回波顶高超过 10 km，垂直液态水含量高于 11 $kg \cdot m^{-2}$。回波顶高、强度和液态水含量对强降水的出现有较好指示作用，强降水出现前 20 min，回波强度和液态水含量跃升、回波顶高增幅加大。

## 8.2 历年暴雨过程概述

宁夏从 1950 年开始有气象观测记录，1961 年建设完成 20 个国家级观测站(其中贺兰山站中间取消观测站，无观测记录)，2006 年开始布设区域自动气象观测站，2015 年建设实况观测数据库。目前，全区共有 1051 个区域自动气象站，贺兰山东麓有 559 个。统计 20:00—次日 20:00 或 08:00—次日 08:00 的 24 h 过程雨量，将过程雨量 50 mm、100 mm、200 mm 分别作为暴雨、大暴雨、特大暴雨的标准，1 h 雨强 20 mm、50 mm 分别作为短时强降水、极端短时强降水的标准。

暴雨过程选取标准，2006 年以前，依据 20 个国家观测站，统计 08:00—20:00 和 20:00—次日 08:00 两个时段过程雨量，贺兰山东麓有 2 站或以上 24 h 过程雨量达到暴雨，记为 1 次暴雨过程；2006 年以来，依据陆续建设的区域自动气象站，相邻区域有 5 个自动站 24 h 过程雨量达到暴雨，或 1 个自动站达到大暴雨或特大暴雨，记为 1 次暴雨过程。根据上述标准，挑选出贺兰山东麓暴雨过程 55 次，其中，2006 年以前有 26 次，2006 年以来有 29 次。

### 8.2.1 1964 年 7 月 4—5 日暴雨过程

1964 年 7 月 4 日 20:00—5 日 20:00，全区普降中雨，部分地区大到暴雨，全区平均雨量 24.2 mm。3 站出现暴雨(占比 14.2%)，暴雨集中在 4 日夜间，青铜峡到盐池一带。最大雨量在盐池，为 72.5 mm，是当地年均降水量(304.1 mm)的 21.2%，当月平均雨量(71 mm)的 91.1%，其次为青铜峡 52.8 mm，第 3 为灵武 50.3 mm。

### 8.2.2 1964 年 8 月 11—12 日暴雨过程

1964 年 8 月 11 日 20:00—12 日 20:00，全区普降大雨，区域性暴雨，全区平均雨量 36.4 mm。6 站出现暴雨(占比 28.5%)，暴雨集中在 11 日后半夜到 12 日白天，银川市北部、吴忠市中东部、中卫市东北部。最大雨量在中宁，为 77.8 mm，创该站有气象观测记录以来的历史极值，过程雨量是当地年均降水量(196.8 mm)的 36.4%，当月平均雨量(41.3 mm)的 1.8 倍，其次为灵武和麻黄山 66.4 mm，第 4 为吴忠 62.1 mm，第 5、6 依次为贺兰 58.1 mm、盐池 52.6 mm。

### 8.2.3 1966年8月14—15日暴雨过程

1966年8月14日20:00—15日20:00,全区普降小雨,局地大到暴雨,全区平均雨量12.2 mm。2站出现暴雨(占比9.5%),暴雨集中在14日夜间,贺兰山沿山银川段和石嘴山市东北部。最大雨量在贺兰山,为69.4 mm,是当地年均降水量(184.4 mm)的37.6%,当月平均雨量(33.8 mm)的2倍,其次为惠农64 mm。

### 8.2.4 1967年7月16—17日暴雨过程

1967年7月16日20:00—17日20:00,全区普降中雨,区域性大到暴雨,全区平均雨量36.8 mm。7站出现暴雨(占比33.3%),暴雨集中在16日夜间,石嘴山、银川、吴忠三市的东部。最大雨量在灵武,为80.6 mm,是当地年均降水量(194 mm)的41.5%,当月平均雨量(39 mm)的2倍,其次为惠农75.8 mm,第3为贺兰72.1 mm,其他依次为盐池72 mm、陶乐71 mm、银川64.2 mm、永宁52.5 mm。

### 8.2.5 1967年8月1—2日暴雨过程

1967年8月1日20:00—2日20:00,宁夏大部出现小到中雨,区域性中到大雨,部分地区大到暴雨,全区平均雨量15.6 mm。3站出现暴雨(占比15.7%),暴雨集中在1日夜间,银川市东南部、吴忠市西部和东部。最大雨量在永宁,为59.7 mm,是当地年均降水量(186.6 mm)31.9%、当月平均雨量(36.2 mm)1.6倍,其次为青铜峡和盐池52.9 mm。

### 8.2.6 1970年8月1—2日暴雨过程

1970年8月1日20:00—2日20:00,宁夏普降中雨,区域性大到暴雨,全区平均雨量33.3 mm。3站出现暴雨(占比14.2%),其中1站大暴雨,暴雨集中在1日夜间,贺兰山沿山北段及银川市东南部。最大雨量在灵武,为101.8 mm,创该站有气象观测记录以来的历史极值,过程雨量是当地年均降水量(194 mm)的52%,当月平均雨量(40.9 mm)的2.4倍,其次为贺兰山57.1 mm,第3为永宁53.8 mm。

### 8.2.7 1970年8月17—18日暴雨过程

1970年8月17日20:00—18日20:00,宁夏大部出现中雨,部分地区大到暴雨,全区平均雨量27.9 mm。4站出现暴雨(占比19%),其中1站达到大暴雨,暴雨集中在17日夜间,贺兰山沿山北段及石嘴山市。最大雨量在平罗,为125.2 mm,创该站有气象观测记录以来的历史极值,过程雨量是当地年均降水量(183.8 mm)的68%,当月平均雨量(36.1 mm)的3.4倍,其次为贺兰山86.8 mm,第3为惠农65.3 mm,第4为平罗57.3 mm。

### 8.2.8 1973年7月9—10日暴雨过程

1973年7月9日20:00—10日20:00,宁夏普降小雨,北部大到暴雨,全区平均雨量20.3 mm。5站出现暴雨(占比23.8%),暴雨集中在9日夜间,贺兰及以北区域。最大雨量在贺兰,为76.5 mm,是当地年均降水量(184.4 mm)的41%,当月平均雨量(47.9 mm)的1.5倍,其次为惠农66.1 mm,第3为大武口61.3 mm,其他依次为平罗54.4 mm、银川52.2 mm。

### 8.2.9 1973 年 8 月 9—10 日暴雨过程

1973 年 8 月 9 日 20:00—10 日 20:00，宁夏北部出现降水，区域性大雨，局地暴雨，全区平均雨量 11.1 mm。1 站出现大暴雨(占比 4.1%)，暴雨集中在 9 日夜间，大武口区。最大雨量在大武口，为 132.9 mm，创该站有气象观测记录以来的历史极值，过程雨量是当地年均降水量(173.3 mm)的 76.6%，当月平均雨量(31.8 mm)的 4.1 倍。

### 8.2.10 1975 年 8 月 4—5 日暴雨过程

1975 年 8 月 4 日 20:00—5 日 20:00，宁夏大部出现小雨，银川及以北地区和六盘山区中到大雨，局地暴雨、大暴雨和特大暴雨，全区平均雨量 22.2 mm。3 站出现暴雨(占比 12.5%)，其中 1 站大暴雨，1 站特大暴雨，暴雨集中在 4 日夜间，贺兰山沿山北段和石嘴山市北部。最大雨量在贺兰山，为 212.5 mm，创该站有气象观测记录以来的历史极值，过程雨量是当地年均降水量(189.3 mm)的 1.1 倍，当月平均雨量(93.5 mm)的 2.2 倍，第 2 为大武口 108.4 mm，第 3 为惠农 93.8 mm，创该站有气象观测记录以来的历史极值，过程雨量是当地年均降水量(173.3 mm)的 54%，当月平均雨量(31.8 mm)的 2.9 倍。

### 8.2.11 1976 年 7 月 26—27 日暴雨过程

1976 年 7 月 26 日 20:00—27 日 20:00，宁夏普降小雨，同心及以北地区中到大雨、局地暴雨，全区平均雨量 18 mm。2 站出现暴雨(占比 8.3%)，暴雨集中在 26 日夜间，平罗和银川。最大雨量在平罗，为 80.5 mm，是当地年均降水量(183.8 mm)的 43.7%，当月平均雨量(47.9 mm)的 1.6 倍，第 2 为银川 61.3 mm。

### 8.2.12 1976 年 7 月 27—28 日暴雨过程

1976 年 7 月 27 日 20:00—28 日 20:00，宁夏普降中雨，银川及以北地区大到暴雨，全区平均雨量 23.8 mm。5 站出现暴雨(占比 20.8%)，暴雨集中在 27 日夜间，贺兰山沿山北段及石嘴山市和银川。最大雨量在平罗，为 97.4 mm，是当地年均降水量(183.8 mm)的 52.9%，当月平均雨量(47.9 mm)的 2 倍，其次为贺兰山 68.9 mm，第 3 为银川 65 mm，其他依次为大武口 60.9 mm、惠农 52.2 mm。

### 8.2.13 1976 年 8 月 2—3 日暴雨过程

1976 年 8 月 2 日 20:00—3 日 20:00，宁夏普降小雨，海原及以北地区出现中雨，部分地区大到暴雨，全区平均雨量 27.4 mm。5 站出现暴雨(占比 20.8%)，暴雨集中在 2 日夜间，中宁吴忠到贺兰一带。最大雨量在灵武，为 91.8 mm，是当地年均降水量(194 mm)的 47.3%，当月平均雨量(40.9 mm)的 2.2 倍，其次为永宁 79.9 mm，第 3 吴忠 64.2 mm，其他依次为中宁 54.2 mm、贺兰 52.4 mm。

### 8.2.14 1977 年 7 月 4—5 日暴雨过程

1977 年 7 月 4 日 20:00—5 日 20:00，宁夏部分地区出现大到暴雨，局地大暴雨，全区平均雨量 31.3 mm。6 站出现暴雨(占比 26%)，其中 2 站大暴雨，暴雨集中在 4 日夜间，固原市东部和石嘴山市东部。最大雨量在隆德，为 159.4 mm，第 2、3、5 为六盘山 145.6 mm、泾源 91.9 mm、原州区 64.5 mm，第 4、6 为平罗 68.1 mm、陶乐 59.9 mm。

### 8.2.15 1977 年 7 月 27—28 日暴雨过程

1977 年 7 月 27 日 20:00—28 日 20:00，宁夏普降中雨，区域性大雨，部分地区暴雨，全区平均雨量 33.7 mm。5 站出现暴雨（占比 20.8%），暴雨集中在 27 日夜间，固原市西部和石嘴山市西北部。最大雨量在贺兰山，为 69.5 mm，是当地年均降水量（189.3 mm）的 36.7%，当月平均雨量（77.9 mm）的 89.2%，第 2 为大武口 59.7 mm，第 3 为惠农 53.1 mm。

### 8.2.16 1978 年 7 月 29—30 日暴雨过程

1978 年 7 月 29 日 20:00—30 日 20:00，宁夏普降中雨，海原及以北地区大到暴雨，全区平均雨量 41.8 mm。10 站出现暴雨（占比 41.6%），暴雨集中在 29 日夜间，中卫吴忠到平罗一带。最大雨量在平罗，为 62.4 mm，是当地年均降水量（183.8 mm）的 33.9%，当月平均雨量（47.9 mm）的 1.3 倍，第 2 为贺兰 62.3 mm，第 3 为陶乐 61.5 mm，其他依次为永宁 61.4 mm、银川 59.5 mm、灵武 58.4 mm、青铜峡 57.1 mm、吴忠 54.9 mm、中卫 54.1 mm、贺兰山 53.2 mm。

### 8.2.17 1978 年 8 月 6—7 日暴雨过程

1978 年 8 月 6 日 20:00—7 日 20:00，宁夏普降中雨，中卫、吴忠及以北地区大到暴雨，全区平均雨量 35.9 mm。9 站出现暴雨（占比 37.5%），暴雨集中在 6 日夜间，吴忠以北大部分地区。最大雨量在陶乐，为 85.7 mm，创该站有气象观测记录以来的历史极值，是当地年均降水量（179.9 mm）的 47.6%，当月平均雨量（33.8 mm）2.5 倍，第 2 为青铜峡 83.4 mm，创该站有气象观测记录以来的历史极值，第 3 为平罗 78.9 mm，其他依次为贺兰山 59.4 mm、永宁 59.1 mm、贺兰 59 mm、惠农 55.9 mm、大武口 55.1 mm、吴忠 54.6 mm。

### 8.2.18 1979 年 7 月 25—26 日暴雨过程

1979 年 7 月 25 日 08:00—26 日 08:00，宁夏普降中到大雨，部分地区大到暴雨，全区平均雨量 35.2 mm。5 站出现暴雨（占比 20.8%），暴雨集中在 25 日白天，永宁到平罗一带和西吉。最大雨量在银川，为 77.6 mm，是当地年均降水量（193.8 mm）的 40%，当月平均雨量（41.9 mm）的 1.8 倍，第 2 为平罗 62 mm，第 3 为西吉 60 mm，其他依次为贺兰 54.6 mm、永宁 50.5 mm。

### 8.2.19 1979 年 7 月 26—27 日暴雨过程

1979 年 7 月 26 日 08:00—27 日 08:00，宁夏普降中到大雨，部分地区大到暴雨，全区平均雨量 38.5 mm。6 站出现暴雨（占比 25%），暴雨集中在 26 日白天，银川到大武口一带和西吉。最大雨量在银川，为 72.1 mm，是当地年均降水量（193.8 mm）的 37.2%，当月平均雨量（41.9 mm）的 1.7 倍，第 2 为平罗 69.5 mm，第 3 为西吉 61.7 mm，其他依次为贺兰 58.7 mm、大武口 53.3 mm、贺兰山 53 mm。

### 8.2.20　1984 年 8 月 1—2 日暴雨过程

1984 年 8 月 1 日 08:00—2 日 08:00，宁夏普降小到中雨，部分地区大到暴雨，全区平均雨量 27.1 mm。4 站出现暴雨(占比 16.6%)，暴雨集中在 1 日夜间，贺兰山沿山北段、陶乐盐池到麻黄山一带。最大雨量在麻黄山，为 138.8 mm，第 2 为贺兰山 95.1 mm，第 3 为平罗 68.9 mm，第 4 为盐池 55.3 mm。

### 8.2.21　1985 年 8 月 24—25 日暴雨过程

1985 年 8 月 24 日 20:00—25 日 20:00，宁夏普降大雨，部分地区暴雨，全区平均雨量 39.7 mm。5 站出现暴雨(占比 20.8%)，暴雨集中在 24 日夜间，石嘴山市大部、吴忠和同心。最大雨量在大武口，为 82.8 mm，是当地年均降水量(173.3 mm)的 47.7%，当月平均雨量(31.8 mm)的 2.6 倍，第 2 为海原 67.7 mm，第 3 为同心 57.6 mm，其他依次为平罗 55 mm、吴忠 50.2 mm。

### 8.2.22　1987 年 9 月 2—3 日暴雨过程

1987 年 9 月 2 日 20:00—3 日 20:00，宁夏普降中雨，部分地区大到暴雨，全区平均雨量 33 mm。4 站出现暴雨(占比 16%)，暴雨集中在 2 日夜间，石嘴山市北部、贺兰山沿山银川段、青铜峡到灵武一带。最大雨量在惠农，为 61.9 mm，是当地年均降水量(174.4 mm)的 35.4%，当月平均雨量(26.2 mm)的 2.3 倍，第 2 为灵武 53 mm，第 3 为贺兰山 51.6 mm，第 4 为青铜峡 50.4 mm。

### 8.2.23　1989 年 8 月 4—5 日暴雨过程

1989 年 8 月 4 日 20:00—5 日 20:00，宁夏普降中雨，部分地区大到暴雨，全区平均雨量 22.5 mm。2 站出现暴雨(占比 8%)，暴雨集中在 4 日夜间，贺兰到灵武一带。最大雨量在贺兰，为 76 mm，是当地年均降水量(184.4 mm)的 41.2%，当月平均雨量(33.8 mm)的 2.2 倍，第 2 为灵武 53.6 mm。

### 8.2.24　1992 年 8 月 11—12 日暴雨过程

1992 年 8 月 11 日 20:00—12 日 20:00，宁夏普降小到中雨，部分地区大到暴雨，全区平均雨量 20.3 mm。4 站出现暴雨(占比 16.6%)，暴雨集中在 11 日夜间，石嘴山市北部、固原市南部及永宁到灵武一带。最大雨量在永宁，为 59 mm，是当地年均降水量(186.6 mm)的 31.6%，当月平均雨量(36.2 mm)的 1.6 倍，第 2 为石炭井 54.5 mm，第 3 为灵武 52.8 mm，第 4 为泾源 50.9 mm。

### 8.2.25　1995 年 7 月 12—13 日暴雨过程

1995 年 7 月 12 日 20:00—13 日 20:00，宁夏普降中到大雨，海原以北大部分地区大到暴雨，全区平均雨量 34.3 mm。5 站出现暴雨(占比 20.8%)，暴雨集中在 12 日夜间，石嘴山市北部、固原市南部及永宁到灵武一带。最大雨量在惠农，为 78.4 mm，是当地年均降水量(174.4 mm)的 44.9%，当月平均雨量(45.5 mm)的 1.7 倍，第 2 为平罗 58.2 mm，第 3 为贺兰 54.9

mm,其他为银川 53.2 mm、大武口 50.4 mm。

### 8.2.26 2002 年 6 月 7—8 日暴雨过程

2002 年 6 月 7 日 08:00—8 日 08:00,宁夏普降大到暴雨,全区平均雨量 56.1 mm。17 站出现暴雨(占比 70.8%),暴雨集中在 7 日夜间,同心及以北大部分地区、固原市东部。最大雨量在韦州,为 96.6 mm,创当地有气象观测记录以来历史极值,过程雨量是当地年均降水量(272.2 mm)的 35.4%,当月平均雨量(35.7 mm)的 2.7 倍,第 2 为麻黄山 84 mm,第 3 为六盘山 74.2 mm,其他为泾源 72.9 mm、平罗 72.5 mm、盐池 69.4 mm、大武口 63.5 mm、永宁 62.9 mm、同心 62.5 mm、灵武 59.1 mm、隆德 59.1 mm、银川 58.8 mm、兴仁 57.8 mm、惠农 56 mm、吴忠 53.6 mm、陶乐 53.4 mm、贺兰 51.1 mm。

### 8.2.27 2006 年 7 月 14—15 日暴雨过程

2006 年 7 月 14 日 08:00—15 日 08:00,同心以北地区普降中到大雨,部分地区大到暴雨、局地大暴雨,全区平均雨量 30.4 mm。6 站出现暴雨(有效降水测站 24 个,占比 71%),其中 2 站大暴雨,暴雨集中在 14 日 12:00—15 日 04:00,贺兰山沿山北段和永宁及以北地区。最大雨量在惠农 119.9 mm,创当地有气象观测记录以来历史极值,过程雨量是当地年均降水量(174.4 mm)的 68.7%,当月平均雨量(45.5 mm)的 2.6 倍,其次是银川 105.1 mm。最大小时雨强在惠农,为 32.1 mm(14 日 15:00),是当地日雨量的 26.7%。

### 8.2.28 2007 年 6 月 16—17 日暴雨过程

2007 年 6 月 16 日 08:00—17 日 08:00,宁夏普降中到大雨,中北部地区大到暴雨,平均雨量 37.2 mm。9 站出现暴雨(有效降水测站 40 个,占比 22.5%),暴雨集中在 16 日 17:00—18:00、17 日 04:00—08:00,贺兰山沿山和中卫市南部。最大雨量在贺兰山苏峪口 79.9 mm,是当地年均降水量(171.3 mm)的 46.6%。最大小时雨强在苏峪口,为 16.6 mm(16 日 17:00)。

### 8.2.29 2009 年 7 月 7—8 日暴雨过程

2009 年 7 月 7 日 20:00—8 日 20:00,宁夏中北部普降中雨,部分地区大到暴雨、局地大暴雨,全区平均雨量 12 mm。8 站出现暴雨(有效降水测站 90 个,占比 9.5%),其中 1 站大暴雨,暴雨集中在 7 日 22:00—8 日 01:00,贺兰山沿山平罗段和惠农北部。最大雨量在贺兰山沿山平罗段汝箕沟 113.3 mm,是当地年均降水量(181.5 mm)的 62.4%。最大小时雨强在汝箕沟,为 39.6 mm(7 日 22:00)。

### 8.2.30 2012 年 7 月 29—30 日暴雨过程

2012 年 7 月 29 日 20:00—30 日 20:00,宁夏中北部普降中雨,部分地区大到暴雨,平均雨量 26.7 mm。30 站出现暴雨(有效降水测站 145 个,占比 20.6%),其中 7 站大暴雨,暴雨集中在 29 日 20:00—30 日 04:00,吴忠以北地区。最大雨量在永宁县杨显林场 138.5 mm,是当地年均降水量(110.4 mm)的 1.25 倍。最大小时雨强在贺兰习岗镇,为 40.6 mm(7 日 22:00)。最大 5 min 雨强在贺兰山滚钟口,为 15 mm(29 日 21:00—21:05)。

### 8.2.31 2015 年 9 月 3—4 日暴雨过程

2015 年 9 月 3 日 08:00—4 日 08:00，宁夏中北部出现小雨，部分地区大到暴雨，平均雨量 16.2 mm。18 站出现暴雨(有效降水测站 670 个，占比 2.6%)，暴雨集中在 3 日 15:00—4 日 02:00，贺兰山沿山银川段和六盘山区南部。最大雨量在泾源县红峡林场 68 mm，中北部最大雨量在贺兰山沿山银川段小口子 66.3 mm。最大小时雨强在永宁县望远镇板桥村，为 27.9 mm(3 日 19:00)。最大 5 min 雨强在永宁望远镇板桥村，为 15.5 mm(3 日 19:35—19:40)。

### 8.2.32 2015 年 9 月 8—9 日暴雨过程

2015 年 9 月 8 日 08:00—9 日 08:00，宁夏大部出现小雨，中北部局地大到暴雨，平均雨量 17.5 mm。5 站出现暴雨(有效降水测站 670 个，占比 0.7%)，暴雨集中在 8 日 09:00—10:00，平罗县东部。最大雨量在平罗县高仁乡东沙村 55.9 mm，是当地年均降水量(160 mm)的 34.9%。最大小时雨强在兴庆区银古路街道办丽景家园社区，为 27.4 mm(8 日 10:00)。最大 5 min 雨强在永宁县李俊镇，为 10.3 mm(8 日 13:55—16:00)。

### 8.2.33 2016 年 7 月 23—24 日暴雨过程

2016 年 7 月 23 日 08:00—24 日 08:00，宁夏大部出现小雨，局地大到暴雨，平均雨量 16.9 mm。10 站出现暴雨(有效降水测站 873 个，占比 1.1%)，暴雨集中在 8 日 09:00—10:00，灵武市东部和盐池县西北部。最大雨量在盐池县高沙窝镇营西村 97.6 mm。最大小时雨强在宁东镇石槽村煤矿，为 56.5 mm(24 日 07:00)。

### 8.2.34 2016 年 8 月 13—14 日暴雨过程

2016 年 8 月 13 日 08:00—14 日 08:00，宁夏大部出现小雨，部分地区大到暴雨、局地大暴雨，平均雨量 13 mm。64 站出现暴雨(有效降水测站 872 个，占比 7.3%)，其中 4 站大暴雨，暴雨集中在 13 日 16:00—14 日 05:00，吴忠市部分乡镇。最大雨量在盐池县高沙窝镇营西村 133.8 mm。最大小时雨强在灵武，为 51.7 mm(13 日 18:00)。最大 5 min 雨强在灵武，为 16.6 mm(13 日 18:25—18:30)。

### 8.2.35 2016 年 8 月 21—22 日暴雨过程

2016 年 8 月 21 日 08:00—22 日 08:00，宁夏有 9 站(有效降水测站 869，占比 1.1%)日雨量超过 50 mm，4 站超过 100 mm，2 站超过 200 mm，最大雨量在贺兰山滑雪场 241.7 mm，是当地年均降水量(211.1 mm)的 1.1 倍，强降水集中在 21 日 21:00 到 22 日 8:00 贺兰山沿山银川到贺兰段。28 站次 1 h 雨量超过 20 mm，3 站次超过 50 mm，2 站次超过 80 mm，最大 1 h 和 3 h 雨量分别在贺兰山滑雪场和拜寺口沟，为 82.5 mm(22 日 01:00)和 182.9 mm(21 日 21:00—22 日 00:00)，是当地日雨量的 34%和 82%。81 站次 5 min 雨量超过 5 mm，7 站超过 10 mm，最大 5 min 和 20 min 雨量在贺兰山拜寺沟口，为 12.4 mm(21 日 21:40—21:45)和 35.4 mm(21 日 21:35—21:55)，是当地小时雨强的 16.1%和 46.2%。

过程日雨量有 2 站位列历史第 4、5，11 站超过当地 8 月降水量历年平均值 1～3 倍，5 站突破当地 8 月历史极值。1 h 雨量有 2 站 3 个时次位列历史第 3、4、5，6 站突破历史极值，11 站突破当地 8 月历史极值。5 min 雨量有 11 站突破历史极值，14 站突破当地 8 月历史极值。

### 8.2.36　2016 年 8 月 22—23 日暴雨过程

2016 年 8 月 22 日 08:00—23 日 08:00，宁夏北部出现小雨，局地大到暴雨，平均雨量 7.3 mm。5 站出现暴雨(有效降水测站 868 个，占比 0.5%)，暴雨集中在 22 日 20:00—23 日 08:00，贺兰山沿山银川段、惠农北部和盐池西北部。最大雨量在惠农区燕子墩乡路家营子村 64.5 mm，是当地年均降水量(162 mm)的 39.8%。最大小时雨强在兴庆区玉皇阁北街街道办蓓蕾社区，为 53.7 mm(23 日 04:00)。最大 5 min 雨强在银川市兴庆区景太社区，为 13.3 mm(23 日 04:50—04:55)。

### 8.2.37　2017 年 6 月 4—5 日暴雨过程

2017 年 6 月 4 日 08:00—5 日 08:00，宁夏北部出现小雨，局地大到暴雨，平均雨量 28.4 mm。108 站出现暴雨(有效降水测站 858 个，占比 12.5%)，2 站大暴雨，暴雨集中在 4 日 21:00—5 日 06:00，贺兰山沿山。最大雨量在贺兰山沿山银川段黄旗口沟 114.8 mm，是当地年均降水量(220.8 mm)的 51.9%。最大小时雨强在贺兰山沿山银川段黄旗口沟，为 26.7 mm(4 日 23:00)。

### 8.2.38　2017 年 7 月 4—5 日暴雨过程

2017 年 7 月 4 日 20:00—5 日 20:00，宁夏大部出现小雨，部分地区大到暴雨、局地大暴雨，平均雨量 11.7 mm。11 站出现暴雨(有效降水测站 860 个，占比 1.2%)，其中 1 站大暴雨，暴雨集中在 5 日 03:00—16:00，贺兰山沿山贺兰段。最大雨量在贺兰山滑雪场 114.8 mm，是当地年均降水量(211.2 mm)的 54.3%。最大小时雨强在贺兰山滑雪场，为 47.4 mm(5 日 13:00)。最大 5 min 雨强在红寺堡区红寺堡镇弘德村，为 10.8 mm(5 日 14:30—14:35)。

### 8.2.39　2017 年 7 月 24—25 日暴雨过程

2017 年 7 月 25 日 20:00—26 日 20:00，中北部出现分散性降水，贺兰山沿山大到暴雨，平均雨量 5.5 mm。11 站出现暴雨(有效降水测站 859 个，占比 1.2%)，暴雨集中在 25 日 21:00—26 日 00:00，贺兰山沿山银川到贺兰段。最大雨量在贺兰山沿山窑子圈 73.1 mm，是当地年均降水量(223 mm)的 32.7%。最大小时雨强在贺兰山滑雪场，为 57.7 mm(25 日 22:00)。最大 5 min 雨强在西夏区沿山套门沟东，为 14.3 mm(25 日 21:50—21:55)。

### 8.2.40　2018 年 6 月 30 日—7 月 1 日暴雨过程

2018 年 6 月 30 日 20:00—7 月 1 日 20:00，全区大部出现小雨，中部大到暴雨、局地大暴雨，平均雨量 15.7 mm。38 站出现暴雨(有效降水测站 759 个，占比 5%)，其中 3 站大暴雨，暴雨集中在 1 日 12:00—20:00，吴忠市西部和南部及中卫市北部。最大雨量在中宁县太阳梁乡渠口林果基地 132.4 mm，是当地年均降水量(144.4 mm)的 91.6%。最大小时雨强在同心县丁塘镇新华村，为 55.8 mm(1 日 17:00)。最大 5 min 雨强在中卫市中宁舟塔乡，为 20.4 mm(1 日 18:05—18:10)。

### 8.2.41 2018 年 7 月 18—19 日暴雨过程

2018 年 7 月 18 日 20:00—19 日 20:00，宁夏北部和中部出现分散性降水，局地大到暴雨，平均雨量 6.7 mm。11 站出现暴雨（有效降水测站 758 个，占比 1.4%），1 站大暴雨，暴雨集中在 19 日 04:00—08:00，贺兰山沿山平罗到石嘴山段。最大雨量在贺兰山沿山平罗段大水沟明长城 136.7 mm，是当地年均降水量（240.9 mm）的 56.7%。最大小时雨强在大武口区长胜街道办贺东庄园，为 54.5 mm（19 日 05:00）。

### 8.2.42 2018 年 7 月 22—23 日暴雨过程

2018 年 7 月 22 日 20:00—23 日 20:00，宁夏有 51 站（有效降水测站 759，占比 6.8%）日雨量超过 50 mm，9 站超过 100 mm，4 站超过 200 mm，最大雨量在贺兰山滑雪场 296.9 mm，是当地年均降水量 1.4 倍，强降水集中在 23 日 00:00—05:00 贺兰山区。22 站次 1 h 雨量超过 20 mm，4 站次超过 50 mm，2 站次超过 70 mm，最大 1 h 和 3 h 雨量也在贺兰山滑雪场，为 74.1 mm（22 日 22:00）和 184.4 mm（21 日 22:00—22 日 02:00），是日雨量的 27%和 66%。426 站次 5 min 雨量超过 5 mm，31 站次超过 10 mm，2 站超过 20 mm，1 站超过 30 mm，最大 5 min 和 20 min 量在贺兰山滑雪场，为 35 mm（23 日 01:00—01:05）和 57.1 mm（23 日 01:05—01:25），是当地小时雨强的 61.1%和 99.8%。

日雨量有 4 站位列历史第 1、2、3、8，2 站超过当地年均降水量 1 倍，120 站超过当地 7 月降水量历年平均值 1～3.5 倍，11 站突破当地历史极值，20 站突破当地 7 月历史极值。1 h 雨量有 1 站 1 个时次位列历史第 9，25 站突破历史极值，33 站突破当地 7 月历史极值。5 min 雨量有 1 站位列历史第 2，48 站突破历史极值，112 站突破当地 7 月历史极值。

### 8.2.43 2018 年 8 月 6—7 日暴雨过程

2018 年 8 月 6 日 08:00—7 日 08:00，宁夏出现分散性降水，局地大到暴雨，平均雨量 7.3 mm。10 站出现暴雨（有效降水测站 758 个，占比 1.3%），其中 1 站大暴雨，暴雨集中在 6 日 12:00～7 日 05:00，贺兰山沿山青铜峡到银川段和灵武市东部。最大雨量在贺兰山沿山银川段镇北堡镇马莲口北 107.2 mm，是当地年均降水量（249.8 mm）的 42.9%。最大小时雨强在贺兰山沿山银川段镇北堡镇马莲口北，为 52.3 mm（6 日 12:00）。最大 5 min 雨强在海原县史店乡，为 19.9 mm（6 日 19:25—19:30）。

### 8.2.44 2018 年 8 月 9—10 日暴雨过程

2018 年 8 月 9 日 8:00—10 日 08:00，宁夏出现分散性降水，局地大到暴雨，平均雨量 5.8 mm。10 站出现暴雨（有效降水测站 757 个，占比 1.3%），暴雨集中在 9 日 11:00—10 日 01:00，贺兰山沿山平罗段和盐池西北部。最大雨量在灵武市临河镇 71.4 mm，是当地年均降水量（168.5 mm）的 42.3%。最大小时雨强在灵武市临河镇，为 71.4 mm（9 日 13:00），位列历史排位第 8。最大 5 min 雨强在同心县下马关镇申家滩村，为 12.8 mm（9 日 20:30—20:35）。

### 8.2.45 2018 年 8 月 31—9 月 1 日暴雨过程

2018 年 8 月 31 日 20:00—9 月 1 日 20:00，宁夏出现分散性降水，北部大到暴雨、局地大暴雨,平均雨量 12.1 mm。40 站出现暴雨(有效降水测站 895 个,占比 4.4%),其中 7 站大暴雨,暴雨集中在 1 日 00:00—10:00,惠农区和平罗县东部。最大雨量在惠农区燕子墩乡苦水沟 136.9 mm,是当地年均降水量(189.5 mm)的 72.2%。最大小时雨强在平罗县高庄乡银光村,为 65.1 mm(1 日 01:00),位列历史排位第 9。

### 8.2.46　2019 年 8 月 2 到 3 日暴雨过程

2019 年 8 月 2 日 08:00—3 日 08:00,宁夏北部和东南部出现降水,部分地区大到暴雨、局地大暴雨,83 站出现暴雨(有效降水测站 757 个,占比 10.9%),1 站大暴雨,平均雨量 17.1 mm。暴雨集中在 2 日 16:00—23:00 贺兰山沿山贺兰段和固原市东部。最大雨量在彭阳县 102.7 mm,是当地年均降水量(505.2 mm)的 20.3%。最大小时雨强在贺兰县暖泉农场,为 53.9 mm(2 日 21:00)。最大 5 min 雨强在银川市西夏区镇北堡镇德林村,为 13.2 mm(2 日 21:45—21:50)。

### 8.2.47　2020 年 8 月 10—11 日暴雨过程

2020 年 8 月 10 日 20:00—11 日 20:00,宁夏北部和东南部出现降水,部分地区大到暴雨、局地大暴雨,平均雨量 7.5 mm。10 站出现暴雨(有效降水测站 757 个,占比 1.3%),其中 1 站大暴雨,暴雨集中在 11 日 08:00—21:00 惠农。最大雨量在惠农区红果子镇五渠村 116.8 mm,是当地年均降水量(185.1 mm)的 63.1%。最大小时雨强在惠农区红果子镇五渠村,为 84.5 mm(11 日 11:00)。最大 5 min 雨强在平罗县西永惠村,为 19.5 mm(11 日 16:30—16:35)。

### 8.2.48　2020 年 8 月 29—30 日暴雨过程

2020 年 8 月 29 日 08:00—30 日 08:00,宁夏普降小雨,中北部部分地区大到暴雨,平均雨量 17.2 mm。10 站出现暴雨(有效降水测站 967 个,占比 1%),暴雨集中在 29 日 08:00—17:00,惠农和银川市的个别乡镇。最大雨量在惠农区河滨街道办沙巴台煤矿 89 mm,是当地年均降水量(189.2 mm)的 47%。最大小时雨强在惠农区河滨街道办沙巴台煤矿,为 33.3 mm(29 日 09:00)。

### 8.2.49　2021 年 9 月 14—15 日暴雨过程

2021 年 9 月 14 日 20:00—15 日 20:00,宁夏普降小雨,贺兰山沿山大到暴雨,平均雨量 19.3 mm。9 站出现暴雨(有效降水测站 965 个,占比 1%),暴雨集中在 15 日 02:00—12:00,贺兰山沿山永宁到贺兰段。最大雨量在贺兰山沿山银川段甘沟 94.6 mm,是当地年均降水量(111.5 mm)的 84.8%。最大小时雨强在贺兰山沿山平罗段大西峰沟,为 23.2 mm(15 日 03:00)。

### 8.2.50　2022 年 6 月 20—21 日暴雨过程

2022 年 6 月 20 日 20:00—21 日 20:00,宁夏中北部出现降水,部分地区大到暴雨,平均雨量 11.9 mm。13 站出现暴雨(有效降水测站 976 个,占比 1.3%),暴雨集中在 21 日 18:00—20:00,银川市部分乡镇。最大雨量在银川市金凤区黄河东路街道办福通社区 93.9 mm,是当地年均降水量(137.2 mm)的 68.4%。最大小时雨强在银川市金凤区黄河东路街道办福通社区,为 45.4 mm(21 日 18:00)。最大 5 min 雨强在银川市西夏区贺兰山三清观,为 11.5 mm(20 日 17:35—17:40)。

### 8.2.51 2022 年 7 月 10—11 日暴雨过程

2022 年 7 月 10 日 08:00—11 日 08:00,宁夏普降中雨,中部大到暴雨、局地大暴雨,平均雨量 22 mm。109 站出现暴雨(有效降水测站 984 个,占比 1.3%),其中 11 站大暴雨,暴雨集中在 10 日 23:00—11 日 08:00,银川到盐池一带。最大雨量在灵武市崇兴镇龙徐滩社区 129.9 mm,是当地年均降水量(146.1 mm)的 88.9%。最大小时雨强在银川市兴庆区通贵乡通南村,为 72.1 mm(11 日 00:00)。最大 5 min 雨强在银川市兴庆区通贵乡通南村,为 27 mm(3 日 11:25—11:30)。

### 8.2.52 2022 年 8 月 1—2 日暴雨过程

2022 年 8 月 1 日 08:00—2 日 08:00,宁夏北部出现降水,偏西地区局地大到暴雨,平均雨量 2.9 mm。10 站出现暴雨(有效降水测站 978 个,占比 1%),暴雨集中在 1 日 20:00—2 日 02:00,银川市西部。最大雨量在兰县洪广镇金山村 89.2 mm,是当地年均降水量(131.5 mm)的 67.8%。最大小时雨强在贺兰县洪广镇金山村,为 74.1 mm(1 日 21:00)。最大 5 min 雨强在贺兰县洪广镇金山村,为 13 mm(1 日 21:20—21:25)。

### 8.2.53 2022 年 8 月 3—4 日暴雨过程

2022 年 8 月 3 日 08:00—4 日 08:00,宁夏贺兰山和沙坡头区出现降水,局地大到暴雨,平均雨量 0.8 mm。7 站出现暴雨(有效降水测站 977 个,占比 0.7%),暴雨集中在 3 日 19:00—21:00,贺兰山沿山贺兰段。最大雨量在贺兰山大岭 97.2 mm,是当地年均降水量(348.5 mm)的 27.8%。最大小时雨强在贺兰山大岭,为 66.2 mm(3 日 21:00)。

### 8.2.54 2022 年 8 月 9—10 日暴雨过程

2022 年 8 月 9 日 20:00—10 日 20:00,宁夏有 13 站(有效降水测站 889,1.4%)日雨量超过 50 mm,3 站超过 100 mm,1 站超过 200 mm,最大雨量在灵武西三社区 212 mm,是当地年均降水量(159.8 mm)的 1.3 倍,强降水集中在 10 日 02:00—06:00 鄂尔多斯台地和贺兰山区附近。27 站次 1 h 雨量超过 20 mm,2 站次超过 80 mm,最大 1 h 和 3 h 雨量也在灵武西三社区,为 89.5 mm(10 日 03:00)和 199.6 mm(10 日 03:00—05:00),是日雨量的 42%和 94%。61 站次 5 min 雨量超过 5 mm,8 站次超过 10 mm,最大 5 min 和 20 min 雨量在灵武西三社区,为 14.9 mm(10 日 02:45—02:50)和 52.8 mm(10 日 02:40—03:00),是当地小时雨强的 16.6%和 58.9%。

日雨量有 1 站位列历史第 7,1 站超过当地年均降水量 1.5 倍,23 站超过当地 8 月降水量历年平均值 1~3.3 倍。1 h 雨量有 1 站 2 个时次位列历史第 1、3,8 站突破历史极值,11 站突破当地 8 月历史极值。5 min 雨量有 5 站突破历史极值,11 站突破当地 8 月历史极值。

### 8.2.55　2022 年 8 月 17—18 日暴雨过程

2022 年 8 月 17 日 20:00—18 日 20:00，宁夏大部出现降水，银川、盐池、海原、西吉等地有大到暴雨，平均雨量 11.9 mm。13 站出现暴雨(有效降水测站 983 个，占比 1.3%)，暴雨集中在 18 日 02:00—11:00，银川、盐池、海原等地的部分乡镇。最大雨量在盐池县王乐井乡官滩村 68.6 mm，第 2 在银川市金凤区满城北街街道办银川花博园 65.9 mm，是当地年均降水量(137.9 mm)的 47.7%。最大小时雨强在银川市金凤区满城北街街道办银川花博园，为 56.6 mm(18 日 04:00)。

## 8.3　本章小结

结合实际业务应用，利用地面加密观测、全球再分析资料、卫星、雷达、雷电等多源精细数据集，详细分析 2012 年 7 月 29 日、2016 年 8 月 21 日、2018 年 7 月 22 日、2019 年 8 月 2 日 4 次贺兰山东麓极端强对流暴雨的降水精细分布特征、大尺度环流和关键物理量配置、中尺度对流系统的演变特征，第 7 章暴雨预报预警指标在 4 次暴雨过程分析中得到应用检验。另外，整理 1961 年以来所有贺兰山东麓暴雨过程，为当地预报员暴雨预报预警业务提供应用基础。

# 参考文献


白肇烨,徐国昌,孙学筠,等,1988. 中国西北天气[M]. 北京:气象出版社:250-254.

毕宝贵,刘月巍,李泽椿,2006. 秦岭大巴山地形对陕南强降水的影响研究[J]. 高原气象,25(3):485-494.

蔡英,宋敏红,钱正安,等,2015. 西北干旱区夏季强干、湿事件降水环流及水汽输送的再分析[J]. 高原气象,34(3):597-610.

曹怡清,2023. 贺兰山东麓两次低空急流影响下暴雨过程的数值模拟研究[D]. 兰州:兰州大学.

曹怡清,隆霄,李超,2022. 低空急流对贺兰山东麓两次暴雨影响的数值模拟[J]. 干旱区研究,39(6):1739-1752.

曹勇,张恒德,郭云谦,等,2022. 基于多模式预报优选融合技术的短时定量降水预报[J]. 河海大学学报,50(5):10-15.

陈芳丽,姜帅,李明华,等,2021. 边界层急流在粤东暴雨中心两次极端强降水过程中的作用[J]. 气象,47(3):290-302.

陈联寿,2007. 登陆热带气旋暴雨的研究和预报[R]. 上海:第十四届全国热带气旋科学讨论会.

陈联寿,孟智勇,丛春华,2017. 台风暴雨落区研究综述[J]. 海洋气象学报,37(4):1-7.

陈楠,陈豫英,杨侃,等,2012. 一次强对流暴雨天气的环境条件及中尺度对流云团分析[J]. 干旱区资源与环境,26(7):84-90.

陈涛,张芳华,于超,等,2020. 2020 年 6—7 月长江中下游极端梅雨天气特征分析[J]. 气象,46(11):1415-1426.

陈晓光,DECLAN Conway,陈晓娟,等,2008. 1961—2005 年宁夏极端降水事件变化趋势分析[J]. 气候变化研究进展,4(3):156-160.

陈晓娟,王咏青,毛璐,等,2020. 贺兰山区两次极端暴雨动力作用数值模拟分析[J]. 干旱区研究,37(3):680-688.

陈豫英,王秀文,陈楠,等,2010. 2008 年宁夏久旱转雨天气过程诊断分析[J]. 高原气象,29(3):737-743.

陈豫英,陈楠,谭志强,等,2014. 2012 年 6 月 26—29 日宁夏强降水成因[J]. 干旱气象,32(4):599-607.

陈豫英,陈楠,任小芳,等,2018. 贺兰山东麓罕见特大暴雨的预报偏差和可预报性分析[J]. 气象,44(1):159-169.

陈豫英,苏洋,杨银,等,2021. 贺兰山东麓极端暴雨的中尺度特征[J]. 高原气象,40(1):47-60.

陈豫英,苏洋,张一星,等,2022. 贺兰山东麓不同量级暴雨过程的环流特征和概念模型[J]. 高原气象,41(5):1161-1174.

陈忠明,2007. 暴雨激发和维持的正、斜压强迫机制的理论研究[J]. 大气科学,31(2):291-297.

陈忠明,闵文彬,徐茂良,等,2004. 大气运动非平衡强迫与"97·7"暴雨云团的中尺度特征[J]. 气象学报,62(3):375-383.

丛春华,陈联寿,雷小途,李英,2012. 热带气旋远距离暴雨的研究[J]. 气象学报,70(4):717-727.

刁秀光,刘畅,万明波,等,2020. 山东 3 次大暴雨过程云街雷达回波特征及其作用分析[J]. 气象,46(2):179-188.

丁一汇,1980. 影响华北暴雨的几类天气尺度系统分析[M]//中国科学院大气物理研究所. 中国科学院大气物理所集刊第9号．北京:科学出版社．
丁一汇,1989. 天气动力学中的诊断分析方法[M]. 北京:科学出版社:293.
丁一汇,2005.高等天气学[M].北京:气象出版社:138-149.
丁一汇,2014. 陶诗言先生在中国暴雨发生条件和机制研究中的贡献 [J]. 大气科学,38 (4):616-626.
丁一汇, 张建云,2009. 暴雨洪涝 [M]. 北京:气象出版社:290.
丁治英,赵晓慧,邢蕊,等,2014.2000—2009年夏季东亚热带气旋远距离暴雨统计分析及个例的数值模拟[J].热带气象学报,30(2):229-238.
冯建民,2012. 宁夏天气预报手册[M]. 北京:科学出版社:81.
韩子霏,2021. 贺兰山一次极端暴雨个例的数值模拟及局地环流的影响机制研究[D]. 兰州:兰州大学．
韩子霏,隆霄,王思懿,等,2021. 不同初始场对一次西北地区暴雨影响的数值模拟研究[J]. 高原气象,40(2):333-342.
郝莹,姚叶青,郑媛媛,等,2012. 短时强降水的多尺度分析及临近预警[J]. 气象,38(8):903-912.
何静,陈敏,仲跻芹,等,2019. 雷达反射率三维拼图观测资料在北方区域数值模式预报系统中的同化应用研究[J]. 气象学报,77(2):210-232.
侯建忠,张弘,李明娟,等,2010. 台风活动对陕西重大洪灾事件影响的综合分析[J]. 气象,36(9):94-99.
胡雅君,张伟,赵玉春,等,2020."5·7"闽南沿海暖区特大暴雨中尺度特征分析[J]. 气象,46(5):629-642.
黄美金,俞小鼎,林文,等,2022. 福建沿海冷锋前暖区和季风槽大暴雨环境背景与对流系统特征[J]. 气象,48(5):605-617.
黄荣辉,张振洲,黄刚,1997. 东亚季风区夏季水汽输送特征及其与南亚季风区水汽输送的差别[J]. 大气科学,22(4):460-469.
黄杏英,黄华灿,2007. 一种二维离散余弦变换系数快速算法[J]. 华侨大学学报,28(2):131-134.
黄玉霞,王宝鉴,黄武斌,等,2019. 我国西北暴雨的研究进展[J]. 暴雨灾害(5):515-525.
纪晓玲,桑建人,马筛艳,等,2010. 贺兰山东麓宁夏一次极值暴雨过程分析[J].气象科学,30(3):332-337.
纪晓玲,杨婧,朱海斌,等,2016. 宁夏西吉两次诱发地质灾害的极值暴雨对比分析[J]. 灾害学,31(4):54-60.
孔祥伟,杨建才,李红,等,2021. 甘肃河东地区不同环流形势下短时强降水的雷达回波特征分析[J]. 高原气象,40(5):1057-1070.
李超,2023. 贺兰山东麓暴雨过程环流场特征合成分析及局地地形降水理想试验[D]. 兰州:兰州大学．
李超,隆霄,曹怡清,等,2022. 贺兰山东麓20次暴雨过程环流形势及低空急流特征[J]. 干旱区研究,39(6):1753-1767.
李驰钦,左群杰,高守亭,等,2018. 青藏高原上空一次重力波过程的识别与天气影响分析[J]. 气象学报,76(6):904-919.
李慧芹,李江南,于艳,等,2018. 一次海南秋季台风暴雨的特征和成因分析[J]. 热带气象学报,34(1):133-144.
刘汉华,唐伟民,赵利刚,2010.2008年"凤凰"台风暴雨的水汽和螺旋度分析[J].气象科学,30(3):344-350.
刘鸿波,何明洋,王斌,等,2014. 低空急流的研究进展与展望[J]. 气象学报,72(2):191-206.
刘瑞鑫,孙建华,傅慎明,2021. 不同类型华南暖区暴雨过程的环流特征[J]. 气候与环境研究,26(4):359-373.
隆霄,潘维玉,邱崇践,等,2009.一次非典型梅雨锋暴雨过程及其中尺度系统的数值模拟[J]. 高原气象,28(6):1335-1347.
卢珊,胡泽勇,付春伟,等,2022. 黄土高原夏季极端降水及其成因分析[J]. 高原气象,41(1):241-254.
罗辉,肖递祥,匡秋明,等,2020. 四川盆地暖区暴雨的雷达回波特征及分类识别[J]. 应用气象学报,31(4):460-470.
慕建利, 谌云, 李泽椿, 等, 2014. 一次陕西关中强暴雨环境条件及中尺度系统分析[J].大气科学学报, 37

(5):591-604.
穆建华,胡文东,杨侃,等,2014. 宁夏平原极值暴雨遥感资料中小尺度特征分析[J]. 宁夏大学学报,35(4):380-387.
宁贵财,尚可政,王式功,等,2015. 贺兰山对银川一次致灾暴雨过程影响的数值模拟[J]. 中国沙漠,5(2):464-473.
钱正安,蔡英,宋敏红,等,2018. 中国西北旱区暴雨水汽输送研究进展[J]. 高原气象,37(3):577-590.
仇永炎,1998. 北方盛夏台风暴雨的一些问题[M]//中国科学院大气物理研究所. 东亚季风和中国暴雨——庆贺陶诗言院士八十华诞. 北京:气象出版社:314-325.
阮悦,阮征,魏鸣,等,2018. 基于C-FMCW雷达的高原夏季对流云垂直结构分析研究[J]. 高原气象,37(1):93-105.
赛瀚,苗峻峰,2012. 中国地区低空急流研究进展[J]. 气象科技,40(5):766-771.
邵建,裴晓蓉,刘娟,等,2015. 近53 a宁夏暴雨时空分布特征[J]. 干旱气象,33(4):595-601.
盛春岩,高守亭,2010. 一次北京大暴雨过程低空东南风气流形成机制的数值研究[J]. 地球物理学报,53(6):1284-1294.
施能,魏风英,封国林,等,1997. 气象场相关分析及合成分析中蒙特卡洛检验方法及应用[J]. 南京气象学院学报,20(3):355-359.
寿亦萱,2007. 中尺度高空急流-锋云系与暴雨的结构及演变机制的动力学研究[D]. 南京:南京信息工程大学:90-92.
苏爱芳,张宁,袁小超,等,2016. 河南"7·14"强降水和"8·02"雷暴大风过程β中尺度对流系统对比分析[J]. 暴雨灾害,35(2):126-137.
苏爱芳,席乐,吕晓娜,等,2022. 豫北"21·7"极端暴雨过程特征及成因分析[J]. 气象,48(5):556-570.
苏洋,陈豫英,杨侃,等,2023. 低空急流与贺兰山东麓暴雨过程的相关性研究[J]. 气象,49(10):1171-1186.
孙继松,雷蕾,于波,等,2015. 近10 a北京地区极端暴雨事件的基本特征[J]. 气象学报,73(4):609-623.
陶林科,杨侃,胡文东,等,2014."7·30"大暴雨的数值模拟及贺兰山地形影响分析[J]. 沙漠与绿洲气象,8(4):32-39.
陶诗言,1980. 中国之暴雨[M]. 北京:科学出版社:225.
陶诗言,丁一汇,周晓平. 1979. 暴雨和强对流天气的研究 [J]. 大气科学,3:227-238.
汪小康,崔春光,王婧羽,等,2022."21·7"河南特大暴雨水汽和急流特征诊断分析[J]. 气象,48(5):533-544.
王宝鉴,孔祥伟,傅朝,等,2016. 甘肃陇东南一次大暴雨的中尺度特征分析[J]. 高原气象,35(6):1551-1564.
王宝鉴,黄玉霞,魏栋,等,2017. TRMM卫星对青藏高原东坡一次大暴雨强降水结构的研究[J]. 气象学报,75(6):966-980.
王成福,谢蕊,吉哲君,等,2019. 甘南高原大到暴雨天气过程分型及特征[J]. 干旱气象,37(1):97-108.
王东阡,张耀存,2012. 中国东部西南低空急流日变化特征及其机制[J]. 地球物理学报,55(8):2498-2507.
王晖,2014. 宁夏一次大暴雨过程的数值模拟研究[D]. 兰州:兰州大学:49-60.
王晖,隆霄,温晓培,等,2017. 2012年宁夏"7·29"大暴雨过程的数值模拟研究[J]. 高原气象,36(1):268-281.
王晓芳,崔春光,2011. 中尺度对流系统研究的若干进展[J]. 暴雨灾害,30(2):97-106.
王晓芳,崔春光,2012. 长江中下游地区梅雨期线状中尺度对流系统分析Ⅰ:组织类型特征[J]. 气象学报,70(5):909-923.
王智,高坤,翟国庆,2003. 一次与西南低涡相联系的低空急流的数值研究[J]. 大气科学,27(1):75-85.
武田乔男,高濑邦夫,陈乾,1982. 因地形效应而变化的降雨系统的雷达观测[J]. 甘肃气象(1):64-70.
肖递祥,杨康权,俞小鼎,2017. 四川盆地极端暴雨过程基本特征分析[J]. 气象,43(10):1165-1175.
肖云清,胡文东,赵立斌,等,2008. 宁夏中北部两次强暴雨过程综合对比分析[J]. 高原气象,27(3):576-583.
谢金南,卓嘎,2000. 台风活动对青藏高原东北侧干旱的影响[J]. 高原气象,19(2):244-252.

邢蕊,2015. 热带气旋、副热带高压及远距离降水间的关系研究[D]. 南京:南京信息工程大学.
徐建芬,王锡稳,1986. 西北地区暴雨的气候特征[J]. 干旱气象(4):2-5.
徐双柱,吴涛,张萍萍,2011. 风云 3 号气象卫星资料在暴雨预报中的应用[J]. 灾害学,26(3):97-102.
许彬,熊秋芬,张玉婷,2019. 一次热带风暴背景下南昌暴雨的水汽来源及输送特征[J]. 气象,45(10):1392-1401.
薛纪善,2005. 我国西北高原地区数值预报的几个科学问题[J]. 干旱气象,23(1):68-71.
闫军,2019. 影响宁夏的热带气旋远距离暴雨特征和预报概念模型[D]. 南京:南京信息工程大学.
闫军,王黎娟,纪晓玲,等,2020. 影响宁夏的热带气旋远距离暴雨特征和预报概念模型. 热带气象学报[J]. 36(1):32-41.
杨程,董美莹,陈锋,等,2018. 浙江多源资料高空风对比分析[J]. 沙漠与绿洲气象,12(4):74-81.
杨侃,郭建茂,冯双磊,等,2019. C 波段雷达快速循环同化技术在宁夏降水天气预报中的应用[J]. 科学技术与工程,19(22):44-50.
杨侃,纪晓玲,毛璐,等,2020. 异常环流背景下贺兰山地形对"8·21"特大致洪暴雨的影响分析[J]. 自然灾害学报,29(1):132-142.
杨晓霞,陈联寿,刘诗军,等,2008. 山东省远距离热带气旋暴雨研究[J]. 气象学报,66(2):236-250.
姚慧茹,李栋梁,王慧,2017. 1981—2012 年西北东部夏季降水不同强度雨日变化及其环流特征的对比分析[J]. 气象学报,75(3):384-399.
姚日升,涂小萍,俞芳芳,等,2018. 1614 号超强台风"莫兰蒂"在浙江沿海降水预报偏小的原因[J]. 热带气象学报,34(5):637-644.
姚宗国,赵光平,王咏青,等,2008. 西北太平洋台风对西北地区东部降水的影响分析[J]. 中国沙漠,28(6):1156-1162.
俞小鼎,2020. 雷暴与强对流天气临近预报[M]. 北京:气象出版社.
俞小鼎,周小刚,王秀明,2012. 雷暴与强对流临近天气预报技术进展[J]. 气象学报,70(3):311-337.
宇如聪,李建,陈昊明,等,2014. 中国大陆降水日变化研究进展[J]. 气象学报,72(5):948-968.
张成军,赵声蓉,任小芳,等,2022. 动态最优网格降水消空技术[J]. 气象科技,50(5):677-685.
张春龙,肖稳安,邓树民,等,2012. 基于气象卫星观测资料的雷电预报指标研究[J]. 黑龙江气象,29(1):21-24.
张东,林芳妮,何如意,等,2019. 珠江口以西登陆热带气旋引发粤东暴雨的成因和预报着眼点分析[J]. 热带气象学报,35(1):14-24.
张弘,梁生俊,侯建忠,2006. 西安市两次突发暴雨成因分析[J]. 气象,32(5):80-86.
张华,汪文浩,2007. 宁夏贺兰山东麓"060714"暴雨洪水分析[J]. 水资源与水工程学报,18(2):83-85.
张晓茹,陈豫英,姚姗姗,等,2022a. 贺兰山东麓一次局地强对流暴雨的中尺度特征[J]. 气象,48(7):801-812.
张晓茹,李映春,纪晓玲,等,2022b. 基于葵花-8 卫星宁夏暴雨监测预警指标研究[J]. 沙漠与绿洲气象,16(1):41-47.
张泽,李德帅,王式功,等,2014. 2012 年银川"7·29"大暴雨天气过程诊断研究[J]. 兰州大学学报(自然科学版),50(2):221-227.
赵庆云,宋松涛,杨贵名,等,2014. 西北地区暴雨时空变化及异常年夏季环流特征[J]. 兰州大学学报(自然科学版),50(4):517-522.
赵庆云,傅朝,刘新伟,等,2017. 西北东部暖区大暴雨中尺度系统演变特征[J]. 高原气象,36(3):697-704.
赵庆云,张武,陈晓燕,等,2018. 一次六盘山两侧强对流暴雨中尺度对流系统的传播特征[J]. 高原气象,37(3):767-776.
赵蔚,丁永红,马筛艳,2010. 台风登陆背景下宁夏北部两次暴雨天气对比分析[J]. 山东气象,30(3):19-24.

中国北方暴雨丛书《西北暴雨》编写组，1992. 西北暴雨[M]. 北京：气象出版社.

周静，郑永骏，苗春生，等，2017. 梅雨锋强降水与低空急流日变化的观测分析和数值模拟[J]. 热带气象学报，33(5)：750-761.

朱乾根，林锦瑞，寿绍文，等，2000. 天气学原理与方法：第三版[M]. 北京：气象出版社：320-322.

卓嘎，谢金南，马镜娴，2000. 登陆台风与我国降水的统计关系[J]. 高原气象，19(2)：260-264.

ANDERSON C J, ARRITT R W, 1998. Mesoscale convective complexes and persistent elongated convective systems over the United States during 1992 and 1993[J]. Monthly Weather Review, 126(3):578-599.

BADGER J, HOSKINS B J, 2001. Simple initial value problems and mechanisms for baroclinic growth[J]. Journal of the Atmospheric Science, 58(1):38-49.

BEDKA K M, BRUNNER J, DWORAKR, et al, 2010. Objective satellite-based overshooting top detection using infrared window channel brightness temperature gradients[J]. Journal of Applied Meteorology and Climatology, 49:181-202.

BERTRAND Denis, JEAN Cote, RENÉ Lapris, 2002. Spectral decomposition of two-dimensional atmospheric fields on limited-area domains using the Discrete Cosine Transform(DCT)[J]. Monthly Weather Review, 130(7):1812-1829.

BLUESTEIN H B, JAIN M H, 1985. Formation of mesoscale lines of pirecipitation: Severe squall lines in Oklahoma during the spring[J]. Journal of the Atmospheric Sciences, 42(16):1711-1732.

BONNER W D, 1968. Climatology of the low level jet [J]. Monthly Weather Review, 96(12):833-850.

BLUESTEIN H B, MARX G T, JAIN M H, 1987. Formation of mesoscale lines of precipitation: Severe squall lines in Oklahoma during the spring[J]. Mon Wea Rev, 115(11): 2719-2727.

CHEN Y Y, LI J P, LI X, et al, 2021. Spatio-temporal distribution of the rainstorm in the east side of the Helan Mountain and the possible causes of its variability [J]. Atmospheric Research, 252.

CHEN Yu-ying, LI Jian-ping, ZHANG Su-zhao, et al, 2022. Circulations and thermodynamic characteristics of different patterns of rainstorm processes in the eastern foot of Helan Mountain [J]. Journal of Tropical Meteorology, 28(3):343-363.

CHENG W, QIAO T, XUE C, et al, 2022. Computation of binding energy of MCS and GO-Grafted MCS with waterborne epoxy resin using density functional theory method: Investigating the corrosion resistance of the composite coatings[J]. ACS Omega, 7(44):40374-40386.

COTE M R, 2007. Predecessor rain events in advance of tropical cyclones[D]. New York: Department of Atmospheric and Environmental Sciences, University at Albany, State University of New York:200.

DOSWELL Ⅲ C A, BROOKS H E, MADDOX R A, 1996. Flash flood forecasting: An ingredients based methodology[J]. Weather and Forecasting, 11(4):560-581.

EZCURRA A, AREITIO J, HERRERO I, 2002. Relationships between cloud-to-ground lightning and surface rainfall during 1992—1996 in the Spanish Basque Country area[J]. Atmospheric Research, 61(3):239-250.

FLESCH T K, WILSON J D, YEE E, 1995. Backward-time Lagrangian stochastic dispersion models and their application to estimate gaseous emissions[J]. Journal of Applied Meteorology and Climatology, 34(6):1320-1332.

FOVELL R G, OGURAY, 1988. Numerical simulation of a mid-latitude squall line in two dimensions[J]. Journal of Atmospheric Science, 45(24):3846-3879.

HEIFETZ E, BISHOP C H, HOSKINS B J, et al, 2004. The counter-propagating Rossby-wave perspective on baroclinic instability. I: Mathematical basis[J]. Quarterly Journal of the Royal Meteorological Society, 130(596):211-231.

HILGENDORF E R, JOHNSON R H, 1998. A study of the evolution of mesoscale convective systems using

WSR-88D data[J]. Weather and Forecasting, 13(2):437-452.

HOSKINS B J,1982. The mathematical theory of frontogenesis[J]. Annual Review of Fluid Mechanics,14(1): 131-151.

HOSKINS B J,VALDES P J,1990. On the existence of storm-tracks[J]. Journal of the Atmospheric Science, 47(15):1854-1864.

HOUZE R A Jr,2004. Mesoscale convective systems[J]. Reviews of Geophysics, 42(4): RG4003.

HOUZE R A,Coauthors, 2017. The Olympic Mountains Experiment(OLYMPEX)[J]. Bulletin of the American Meteorological Society,98:2167-2188.

HUANG N E, SHEN Z, LONGS R, et al, 1998. The empirical mode decomposition and the Hilbert spectrum for nonlinear and non-stationary time series analysis[J]. Proceedings of the Royal Society of London. Series A:Mathematical, physical and engineering sciences, 454(1971):903-995.

IPCC, 2013. Intergovernmental Panel on Climate Change: Fifth Assessment Report (AR5)[M]. Cambridge: Cambridge University Press:2216.

JAMES C, 2004. Global status of commercialized biotech/GM crops:2004[J]. ISAAA briefs, 32:1-12.

JIANG Z N,ZHANG D L,XIA R D,et al,2017. Diurnal variations of presummer rainfall over southern China [J]. J Climate,30(2):755-773.

JOHNSON R, MAPESB E, 2003. Meso-scale processes and severe weather: Chapter 3[M]// Parson D V Emanuel L, Enitch J M, et al. Meteor Monographs: 50.

KATSANOS D, LAGOUVARDOS K, KOTRONI V, et al, 2007. Combined analysis of rainfall and lightning data produced by mesoscale systems in the central and eastern Mediterranean[J]. Atmospheric Research, 83 (1):55-63.

KROEGER T, TIMOFTE R, DAI D, et al, 2016. Fast optical flow using dense inverse search[C]//Computer Vision-ECCV 2016:14th European Conference, Amsterdam, The Netherlands, October 11-14, 2016, Proceedings, Part IV 14. Springer International Publishing:471-488.

LEMON L R,1977. New severe thunder storm radar identification techniques and warning criteria:Apreliminary repor[J]. NOAA Tech Memo,NWS NSSFC1:60.

LEE Y,KUMMERW C D,ZUPANSKI J A,2021. A simplified method for the detection of convection using high-resolution imagery from GOES-16[J]. Atmos Meas Tech,14:3755-3771.

MACQUEEN J,1967. Some methods for classification and analysis of multivariate observations[C]//Proceedings of the fifth Berkeley symposium on mathematical statistics and probability, 1(14):281-297.

MADDOX R A, 1980. Mesoscale convectivecomplexes[J]. Bull Amer Meteor Soc, 61(11):1374-1387.

MADDOX R A, 1983. Large-scale met eorological conditions associated with midlat itude mesoscale convective complexes[J]. Monthly Weather Review, 111(7):1475-1493

ORLANSKI I, SHELDON, et al, 1993. A Case of Downstream Baroclinic Development over Western NorthAmerica[J]. Monthly Weather Review,191(11): 2929-2950.

PARKER M D,JOHNSON R H,2000. Organizational modes of midlatitude mesoscale convective systems[J]. Monthly Weather Review,128:3413-3436.

PETTET C R, JOHNSON R H, 2003. Airflow and precipitation structure of two leading stratiform mesoscale convective systems determined from operational datasets[J]. Weather and Forecasting, 18(5):685-699.

POPE A, BUSSMANN R S, DEY A, 2008. The nature of faint Spitzer-selected dust-obscured galaxies[J]. The Astrophysical Journal, 689(1):127.

QIAN J H,TAO W K,LAU K,2004. Mechanisms for torrential rain associated with the Mei-yu development during SCSMEX 1998[J]. Monthly Weather Review,132(1):3-27.

SCHMIDLI J, ROTUNNO R, 2012. Influence of the valley surroundings on valley wind dynamics[J]. Journal of the Atmospheric Science, 69(2):561-577.

SCHUMACHER R S,JOHNSON R H,2005. Organization and environmental properties of extreme-rain-producing,mesoscale convective systems[J]. Monthly Weather Review,133(4):961-976.

SCORER R S,1949. Theory of waves in the lee of mountains[J]. Quarterly Journal of the Royal Meteorological Society,75(323):41-56.

SEIBERT P, FRANK A, 2004. Source-receptor matrix calculation with aLagrangian particle dispersion model in backward mode[J]. Atmospheric Chemistry and Physics, 4(1): 51-63.

SHEPHERD M,MOTE T,DOWD J,2011. An overview of synoptic and mesoscale factors contributing to the disastrous Atlanta flood of 2009[J]. Bulletin of the American Meteorological Society,92(7):861-870.

SHOU Y X, ZHANG S, LU F,2024. Recognition of organizational morphology of mesoscale convective systems using Himawari-8 observations[J]. Journal of Tropical Meteorology,30(3):289-305.

SKAMAROCK W C, KLEMP J B, DUDHIA J, et al, 2008. A description of the advanced research WRF Version 3 [J]. NCAR Technical Note, 475:113.

SMOLARKIEWICZ P K, ROTUNNO R, 1989. Low froude number flow past three-dimensional obstacles. Part Ⅰ: Baroclinically generated lee vortices [J]. Journal of the Atmospheric Sciences, 46(8): 3611-3613.

SMOLARKIEWICZ P K, ROTUNNO R, 1990. Low Froude number flow past three dimensional obstacles. Part Ⅱ:Upwind flow reversal zone [J]. Journal of the Atmospheric Sciences, 47(12):1498-1511.

SOLINE Bielli, RENE Laprise, 2006. A methodology for regional-scale-decomposed atmospheric water buget: Application to a simulation of a Canadian Regional Climate Model Nested by NCEP-NCAR reanalyses over North America[J]. Monthly Weather Review:854-873.

SQUITIERI B J,GALLUS JR W A, 2020. On the forecast sensitivity of MCS cold pools and related features to horizontal grid spacing in convection-allowing WRF simulations[J]. Weather and Forecasting, 35(2): 325-346.

STOHL A, FORSTER C, FRANK A, et al, 2005. The Lagrangian particle dispersion model FLEXPART version 6. 2[J]. Atmospheric Chemistry and Physics, 5(9):2461-2474.

THOMSON D J, 1987. Criteria for the selection of stochastic models of particle trajectories in turbulent flows [J]. Journal of Fluid Mechanics, 180:529-556.

TIAN F Y,ZHENG Y G,ZHANG T,et al,2015. Statistical characteristics of environmental parameters for warm season short-duration heavy rainfall over central and eastern China[J]. Journal of Meteorological Research,29(3):370-384.

VERA C,BAEZ J,DOUGLAS M,et al,2006. The South American low-level jet experiment[J]. Bulletin of the American Meteorological Society,87(1):63-77.

VERTZ N J, GALLUS Jr W A, et al, 2020. Can pre-storm errors in the low-level inflow help predict spatial displacement errors in MCS initiation? [J]. Atmosphere, 12(1):7.

WANG P,XIAO Z,2021. Study on the application of PCA data analysis method in frontal rainstorm forecast [J]. In IOP Conference Series:Earth and Environmental Science,63(1):012017.

WEISMAN M L,ROTUNNO R,2004. "A theory for strong long-lived squall lines" revisited[J]. Journal of the Atmospheric Science,61(4):361-382.

WERNLI H, DAVIES H C, 1997. A Lagrangian-based analysis of extratropical cyclones. I:The method and some applications[J]. Quarterly Journal of the Royal Meteorological Society, 123(538):467-489.

YAN Y,CAI X,WANG X,et al,2021. Low-Level Jet Climatology of China Derived From Long-Term Radiosonde Observations[J]. Journal of Geophysical Research:Atmospheres,126(20):e2021JD035323.

YANG R, ZHANG Y, SUN J, et al,2019. The characteristics and classification of eastward-propagating mesoscale convective systems generated over the second-step terrain in the Yangtze River Valley[J]. Atmospheric Science Letters, 20(1):e874.

YUAN Y, DI H, LIU Y, 2022. Confidence and error analyses of the radiosonde and Ka-Wavelength Cloud Radar for detecting the cloud vertical structure[J]. Remote Sensing, 14(18):4462.

ZBYNĚK S, BROŽKOVÁ R, POPOVÁ J, et al, 2022. Evaluation of ALADIN NWP modelforecasts by IR10. 8 μm and WV06. 2 μm brightness temperatures measured by the geostationary satellite Meteosat Second Generation[J/OL]. Atmospheric Research, 265: 105920. https://doi. org/10. 1016/j. atmosres. 105920.

ZHANG M R,MENG Z Y,2019. Warm-sector heavy rainfall in Southern China and its WRF simulation evaluation:a low-level-jet perspective[J]. Monthly Weather Review,147(12):4461-4480.

ZHOU R W,HE X F,MIAO S G ,et al,2010. Atmospheric circulation types and their climatic characteristics over Beijing[J]. Advances in Climate Change Research,6(5):338-343.

ZOU X, ZHUGE X, WENG F, 2016. Characterization of bias of advanced Himawari Imager infrared observations from NWP background simulations using CRTM and RTTOV[J]. Journal of Atmospheric and Oceanic Technology,33:2553-2567.

ZHOU W,BOVIK A C,SHEIKH H R,et al,2004. Image quality assessment:From error visibility to structural similarity[J]. IEEE Trans on Image Processing,13(4): 600-612.